Praktische Forstwirthschaft.

Von

Carl von Fischbach,

Fürstlich Hohenzollern'schem Oberforstrath.

Springer-Verlag Berlin Heidelberg GmbH 1880

ISBN 978-3-662-00257-5   ISBN 978-3-662-00277-3 (eBook)
DOI 10.1007/978-3-662-00277-3

Seiner Königlichen Hoheit

dem Fürsten

Carl Anton von Hohenzollern

ehrfurchtsvoll gewidmet

vom

Verfasser.

Vorwort.

———

Die Lehren der Forstwissenschaft sind in dieser Schrift in einer
anderen, als der gewöhnlichen systematischen Ordnung vorgetragen, damit
das, was bei den einzelnen Wirthschafts= und Betriebsarten zu be=
obachten ist, nicht erst mühsam an verschiedenen Stellen des Systems
zusammengesucht zu werden braucht, wobei der nicht technisch vorgebildete
Leser sich nicht einmal die Gewißheit verschaffen kann, ob er alles
Hergehörige auch wirklich gefunden habe. Deßhalb sind die verschiedenen
Wirthschaftssysteme mehr monographisch, als abgeschlossene Ganze be=
handelt worden, wobei das Ineinandergreifen der einzelnen forst=
wirthschaftlichen Verrichtungen, welches für den ökonomischen Erfolg
der Wirthschaft von so großer Bedeutung ist, viel klarer und anschau=
licher hervortreten kann, so daß es auch dem Waldbesitzer ohne forst=
liche Vorstudien deutlich werden sollte.

Es war dabei das Bestreben, die wichtigsten forstlichen Lehren
allgemein verständlich darzulegen, was aber nicht ausschloß, daß eine
Vertheilung derselben in verschiedene Abschnitte erfolgte, wie z. B. bei
der Taxation und Wirthschaftseinrichtung, welche theils beim Kiefern=,
theils beim Weißtannen= und Fichtenhochwald, theils beim Femelwald
eingefügt wurde; im Uebrigen ist jeweils auf die betr. Abschnitte Bezug
genommen und die Paragraphenzahl in (—) angegeben; damit Wieder=
holungen nach Thunlichkeit vermieden würden. Doch brachte es die
monographische Behandlung mit sich, daß dieß manchmal nur auf
Kosten der Deutlichkeit möglich gewesen wäre, und deßhalb wird der
geneigte Leser solche kleinere Parallelstellen zu entschuldigen wissen,

zumal es sich hiebei meistens nur um Warnungen vor eingerissenen Mißbräuchen und vor schädlichen Vorurtheilen handelt.

Die übermächtige Concurrenz des Auslandes hat dem forstlichen Gewerbe eine äußerst schwierige Lage geschaffen, und es muß deßhalb der Waldbesitzer Alles aufbieten, um nur den heimischen Markt behaupten zu können, und so soll denn die nachfolgende Anleitung in dieser wie in mancher anderen Richtung praktische Fingerzeige geben, um den forstlichen Betrieb so rentabel als möglich zu gestalten. Zur Verdeutlichung der wichtigsten Lehren sind wo immer möglich der Wirklichkeit entnommene Zahlenbeispiele angeführt worden, welche zwar nicht für alle Verhältnisse gelten können, doch oft die Sache anschaulicher machen als lange theoretische Beweisführungen.

Sigmaringen, den 1. September 1879.

Der Verfasser.

Inhalt.

Einleitung.

I. Nutzen des Waldes.

Der Wald spielt eine wichtige Rolle zunächst durch seine Erzeug= 1
nisse, welche für die Bewohner der gemäßigten Zone besonderes Be=
dürfniß und im Großen nur schwer durch andere Surrogate zu ersetzen
sind. Diese Bedeutung des Waldes ist in fortwährendem Steigen
begriffen, weil der Umfang desselben durch berechtigte und unberechtigte
Rodungen immer mehr beschränkt wird, woneben bei ungeeigneter
Behandlung noch vielfach eine Schwächung der Ertragsfähigkeit des
verbleibenden Waldbestandes eintritt, die meist schädlicher wirkt als
Rodung.

Darüber, wie weit der Wald durch seine Erzeugnisse direkt für
den menschlichen Haushalt nutzbar wird, dürfte eine besondere Aus=
führung hier nicht nöthig sein, da ohnehin die Darstellung der Erziehung
und Nutzbarmachung sämmtlicher Walderzeugnisse der Zweck dieser
Schrift ist; dagegen soll als Einleitung ein kurzer Ueberblick gegeben
werden über den indirekten Nutzen des Waldes, wodurch derselbe
mehr oder weniger Gemeingut und Gegenstand der Staatsfürsorge,
jedenfalls aber der Waldeigenthümer verpflichtet wird, auch diese für das
Gemeinwohl so bedeutsamen Wirkungen gebührend zu beachten. Diese,
oft viel wichtigere Bestimmung des Waldes wird vielfach verkannt,
weil der größte Theil der Bevölkerung, unter dem Einfluß der Tradition
aus den Zeiten der ersten Besiedelung stehend, den damals noth=
wendigen und berechtigten Krieg gegen den Wald unter ganz veränderten
Verhältnissen noch fortführt. Je näher die Bevölkerung jenen primi=
tiven Zuständen steht, um so rücksichtsloser wird der Wald behandelt
(Nordamerika und theilweise auch die östlichen Provinzen Deutschlands)

leider nicht blos auf illegalem, sondern auch auf legalem Wege, letzteres in denjenigen Ländern, wo der vielfach mißdeutete Begriff von Freiheit und die Verkennung der Eigenthümlichkeiten des forstlichen Gewerbes zusammen gewirkt haben, um dem Waldbesitzer ein schrankenloses Verfügungsrecht über sein Eigenthum einzuräumen; während andrerseits gerade die Staaten mit freister Constitution z. B. die republikanischen Schweizer Cantone und die Eidgenossenschaft den Waldbesitzer verpflichten, bei Benutzung seiner Waldungen die zum Wohle des Ganzen nothwendigen Rücksichten sorgfältig zu beobachten, um das Land bewohnbar und fruchtbar zu erhalten; denn die Verwüstung und Vernichtung der Wälder bildet zum großen Theil die Ursache, daß die alten Culturländer Vorderasiens und der Mittelmeerküste von ihrem früheren blühenden Zustand herabgekommen sind. Aber man braucht nicht mehr auf die fernen Länder und Zeiten zu verweisen, man findet leider genug der traurigen Belege in der eigenen Heimath. Der kgl. preuß. Oberlandforstmeister O. v. Hagen sagt in seiner Schrift Die forstlichen Verhältnisse Preußens: „Wer Beispiele sucht, sehe nach der Kurischen Nehrung, dem Eichsfelde, nach der Eifel, nach der Grafschaft Wittgenstein und dem Oberbergischen Lande; er verschließe auch nicht geflissentlich seine Augen, er wird sie in kleinerem Maßstab im ganzen Lande finden."

2 Dieser indirekte Nutzen des Waldes äußert sich zunächst in rein mechanischer Weise durch die Befestigung des Bodens, indem die Bewurzelung der Bäume im Verein mit der Bodendecke an den Gehängen das Abschwemmen der Feinerde verhindert, welche bei längerem Bloßliegen und bei stärkerer Neigung des Terrains immer zunächst vom Regenwasser ausgewaschen und fortgeführt wird, wobei sich Rinnsale bilden, in denen das Wasser stets größere Gewalt erlangt und um sich greift, bis schließlich nur noch der nackte, unfruchtbare Fels zurückbleibt. Die abgeschwemmten Erd= und Steinmassen werden dann entweder in unmittelbarer Nähe auf fruchtbarem Gelände abgelagert und machen auch dieses ertraglos; oder sie werden noch eine Strecke weit vom Wasser fortgeschoben und füllen dann die Flußbetten, verursachen Ueberschwemmungen, Ausbrüche der Hochwasser, oder zu deren Abwendung einen großen Aufwand für Dammbauten und deren fortwährende Unterhaltung.

Jene anfänglich kleinen und kaum merklichen Verwüstungen kann man fast allenthalben beobachten; ihre durch Jahrzehnte hindurch summirten Wirkungen treten namentlich in Gebirgsländern in erschrecken=

dem Umfang zu Tage. Im Departement der Niederalpen hat sich nach dem offiziellen Steuerkataster in Folge der Entwaldung das bebaute Land während des Dezenniums 1842 bis 1852 von 99 000 auf 74 000 ha vermindert, und ebenso ging die Bevölkerung von 1846 bis 1856 in diesem Departement um 7400 Seelen zurück.

In gleicher Weise dient der Wald auf flüchtigem Sandboden zur Befestigung und zur Nutzbarmachung desselben, welche sonst auf anderem Wege nicht möglich wäre; es bildet dann aber auch hier die Bewaldung einen Schutz für die angrenzenden, in höherer Cultur stehenden Ländereien. Die Tragweite dieser Funktion läßt sich daran erkennen, daß im Regierungsbezirk Bromberg die Flächenausdehnung der vollständig versandeten Grundstücke 1857 zu 36 616 Morgen angegeben war und seit 1837 sich um das $2\frac{1}{2}$fache vergrößert hatte.

Zu den mechanischen Wirkungen gehört auch die Abwehr und der Schutz gegen Schneelawinen im Hochgebirge, welchen der Wald bis zu einem gewissen Grad zu leisten vermag. —

Die Waldungen brechen die Kraft der Winde und halten [3] in ihrer nächsten Umgebung einzelne Winde ganz ab. Entwaldete Länder haben unter heftigeren Stürmen zu leiden, wie z. B. die Steppen und Wüsten, der Karst bei Triest und der Westerwald. Auf dieser im vorigen Jahrhundert fast ganz entwaldeten Hochebene war der Bau landwirthschaftlicher Gewächse wegen der heftigen kalten Winde ganz unsicher geworden, was sich nun in Folge der neuangelegten Waldstreifen und Bewaldung der Höhenrücken wesentlich gebessert hat. Auch in der Normandie muß der Apfelbaum durch Windmäntel (Baumwände) gegen die heftigen Seewinde geschützt werden, wenn er blühen und Frucht tragen soll.

Von allgemeinerer und größerer Bedeutung sind die physikalischen [4] Einwirkungen des Waldes auf das Klima; zunächst auf die Luftwärme, welche im Wald und durch den Wald in ihren meist schädlichen Extremen abgeschwächt wird; der Jahresdurchschnitt weist nach den bayrischen Beobachtungen für das freie Feld eine um $0{,}78^{\circ}$ R höhere Temperatur nach als für das Waldinnere in einer Höhe von 5' über dem Boden, wobei jedoch daran zu erinnern, daß diese Differenz während der Vegetationszeit eine viel größere ist, namentlich unmittelbar an der Bodenoberfläche wo im offenen Feld die Wärmestrahlung ungehindert wirksam wird.

Vom Einfluß des Waldes auf Verminderung der Hagelbildung [5] ist zwar noch nichts ganz Zuverlässiges erhoben, doch werden in den vom Hagel häufiger heimgesuchten Gegenden manche Waldbestände als Schutzwehr gegen diese schädlichen Meteore bezeichnet und glaubt man da fest an diese günstige Einwirkung, welche Anschauung in § 48 des Forstgesetzes für den Canton Aargau vom 29. Hornung 1860 zum Ausdruck gekommen ist; dieser verordnet: „Waldungen auf Anhöhen, welche erfahrungsgemäß gegen Hagelgewitter schützen, sollen so bewirth= schaftet werden, daß ihr Bestand der Gegend möglichst lange den nöthigen Schutz zu erhalten vermag. Gemeinderäthe haben die Auf= sichtsbeamten jedenfalls auf derartige Verhältnisse aufmerksam zu machen." — Wenn nun freilich dieser Schutz nur darin bestünde, daß das betr. Hagelwetter von der einen Gegend ab= und der anderen mit dem vollen, ungeschwächten Zerstörungsapparat zugewiesen würde, so wäre dieß für das ganze Land von keiner Bedeutung; dem widerspricht aber eine Beobachtung aus Frankreich, wo am 8. Juni 1874 ein heftiges Gewitter den südlichen, mit Nadelwald bedeckten Theil des Departements de l'Aude überzog, nachdem es zuvor im benachbarten Departement de l'Ariège großen Schaden verursacht hatte. So lange es nun über der erwähnten Waldgegend hinzog, hörte der Hagel auf, begann aber gleich wieder, als es in das fast ganz entwaldete Departe= ment der Ostpyrenäen eingetreten war. — Es scheint aber, daß der Laubwald diese den Hagel abwehrende Kraft weniger besitzt, als der Nadelwald, denn in Württemberg hat man aus einer längeren Reihe von Jahren nachgewiesen, daß die Gegenden mit Laubholz dem Hagel mehr ausgesetzt sind als die mit Nadelholz.

6   Von größter Bedeutung ist der Einfluß der Bewaldung auf die Feuchtigkeit der Luft, die Regenmenge und die Thaubildung. Genaue Beobachtungen haben nachgewiesen, daß die relative Feuch= tigkeit der Luft in und über dem Walde erheblich größer ist, als außerhalb desselben und gerade dadurch wird die Thau=, Nebel= und Regenbildung befördert, wie schon der flüchtige Beobachter wahrnehmen kann, wenn im Sommer bei feuchtem Wetter die Wälder dampfen, wo zunächst aus einzelnen kleinen Bestandeslücken, dann in größerem Umfang Nebelwölkchen sich erheben, während über dem offenen Land eine solche Nebelbildung erst viel später oder gar nicht eintritt. — Die neusten Versuche von Fautrat haben über Laubwald eine um 4,37 %, über dem Nadelwald um 11,26 % größere relative Feuchtigkeit der Luft nachgewiesen, während unter dem Schirm des Nadelholzbestandes dieser Unterschied gegenüber der Luft außerhalb des Waldes sich auf 24,1 % steigerte. Hiedurch wird sodann auch die Schwere der Luft

vermindert und ein Austausch zwischen der trockeneren Luft außerhalb des Waldes und der feuchteren innerhalb desselben veranlaßt.

Eine Thaubildung erfolgt allerdings nicht unter dem Schirm der Bäume und des geschlossenen Bestandes, allein dem ungeachtet vermögen dieselben der Luft einen Theil ihrer Feuchtigkeit zu entziehen, wenn im Herbst und Winter Nebel über dem Walde lagert, welcher dann an den durch die Vegetationsthätigkeit erkälteten Nadeln und Zweigen in tropfbarer oder in fester Form (als Rauhreif) sich niederschlägt und auf den Boden abtropft; der Reif fällt oft in solcher Menge von den Bäumen ab, daß er für die Holzschlitten die Schneebahn ersetzen kann.

In den offenen Schlägen, Waldlücken ꝛc. ist sodann, begünstigt durch die relative Feuchtigkeit der Waldluft, die Thaubildung intensiv und extensiv viel stärker, sie dauert einerseits viel länger in den Tag hinein und fängt am Abend wieder früher an; andrerseits reicht sie auch viel weiter in die Höhe als im freien Feld, wie sich an dem vom Reif befallenen jungen Nachwuchs leider nur allzu oft erkennen läßt. — Ein solcher wässeriger Niederschlag erfolgt aber nicht blos an den Blättern der Pflanzendecke, sondern auch, wie leicht ersichtlich, an Felsen und Steinen, ja selbst an wundem Boden.

Die Einwirkung der Bewaldung auf den Regenfall wurde früher vielleicht etwas überschätzt, während man neuerdings mehr ins entgegengesetzte Extrem fällt. Doch haben die in Frankreich an zwei verschiedenen Orten angestellten Versuche unbedingt zu Gunsten des Waldes entschieden, daß er nemlich den Regen vermehrt. Mathieu, Direktor der Forstschule in Nancy, hat nach zehnjährigem Durchschnitt für bewaldetes Terrain eine Steigerung von 6 % gefunden; Fautrat's Beobachtungen ergaben für den Regenfall über einem Laubholzbestand während eines Jahres 3,44 %, über einem Nadelholzbestand 7,71 % mehr als im freien Feld (300 m außerhalb des Waldes).

Daneben tritt aber noch die weitere gleich günstige Wirkung einer entsprechenden Bewaldung hervor bezüglich der gleichmäßigeren Vertheilung der Niederschläge und Verminderung verheerender Wolkenbrüche, eine Wirkung, welche selbst von Denjenigen anerkannt wird, die sonst dem Einfluß auf Steigerung der Regenmenge kein so großes Gewicht beilegen.

Die wichtigste Aufgabe des Waldes liegt wohl unstreitig in der ihm übertragenen Regulirung der ober- und unterirdischen

Wasserläufe, wobei vorherrschend die Wälder des Gebirges und Hügellandes betheiligt sind, obgleich auch die Bewaldung der Tiefebenen immer noch einen beachtenswerthen Einfluß darauf ausübt, namentlich auf die Erhaltung und nachhaltige Speisung der Quellen.

Es ist Erfahrungssache, daß das während der Vegetationszeit im Frühjahr und Sommer fallende Regenwasser größtentheils durch die unmittelbare Verdunstung und den Bedarf der Gewächse in Anspruch genommen wird, so daß zur Speisung der Quellen, Bäche und Flüsse nur die während des Herbstes und Winters erfolgenden Niederschläge verbleiben. — In dem mit älterem als 10—15jährigem Holze be= standenen Walde wird nun ein großer Theil des Regenwassers von den Kronen der Bäume aufgefangen, verbreitet sich auf den Blättern und verdunstet da wenigstens theilweise. Nach den in Bayern angestellten Beobachtungen gelangten von dem jährlichen Regenfall im älteren Holz nur 74 % an den Boden; während Fautrat im Laubwald nur 69,6 %, im Nadelwald sogar blos 46,8 % erhielt (was freilich auch durch die höhere Temperatur und die größere Trockenheit der Luft beeinflußt ist). Während der Monate November bis März einschließ= lich gelangten im Laubwald 82 %, im Nadelwald 46 % der Nieder= schläge an den Boden; es scheint übrigens bei letzterer Zahl das Wasser von dem auf den Aesten schmelzenden Schnee nicht mit einbezogen zu sein. Außerdem wird ein Theil des verdunsteten Wassers wenigstens bei windstillem Wetter zeitweilig in der den Wald umgebenden Atmo= sphäre verbleiben und dann innerhalb desselben und in seiner nächsten Umgebung als Thau der Vegetation und dem Boden wieder zu gut kommen.

8   Um aber eine richtige Bilanz ziehen zu können, ist es noch noth= wendig, die Verdunstung der Bodenfeuchtigkeit zu beachten, in welcher Beziehung zwischen Wald und Feld ein dem letzteren un= günstiges Verhältniß besteht und nebenbei noch innerhalb des Waldes zu unterscheiden ist zwischen dem mit gut erhaltener Bodendecke und dem durch die Streunutzung davon entblößten. Nach den Aufzeich= nungen der bayrischen meteorologischen Stationen ergaben sich für das Sommerhalbjahr folgende Verhältnißzahlen; es verdunstet nemlich von dem gefallenen Regen

im Wald mit Streudecke 625,92 cbm pro ha 100 %,
„   „   ohne   „   1592,13   „   „   „   254 %,
„   offenen Feld   4086,56   „   „   „   653 %.

Die Speisung der Quellen wird sodann in bewaldetem Terrain noch besonders dadurch gefördert, daß das Eindringen des Wassers in die tieferen Bodenschichten längs der lebenden und abgestorbenen Baumwurzeln wesentlich erleichtert ist. In dieser Richtung verhalten sich die eben erwähnten Kategorien umgekehrt, wenn der Untergrund des mit Streudecke versehenen Waldes eine Wassermenge erhält, die man = 100 setzt, so giebt der seiner natürlichen Decke beraubte Waldboden nur 85,8 und das offene Land blos 56,5 an die tieferen Bodenschichten ab, von denen aus es den unterirdischen Wasseradern zugeführt wird und dann in den Quellen zu Tage tritt.

Diese Zahlen lassen erkennen, daß die Speisung der Quellen und der offenen Wasserläufe innerhalb eines Waldgebietes eine langsamere, aber andauerndere, gleichmäßigere und reichlichere sein muß als die aus einer offenen, unbewaldeten Gegend. Es berechnet z. B. Professor Ebermayer, daß eine eben gelegener Landstrich vom Umfang des Spessarts (34 000 ha) den Bedarf für den mittleren Wasserstand des Mains bei Aschaffenburg bei voller Bewaldung und geschonter Bodendecke auf 12 Tage, ohne Bodendecke auf $10^3/_4$ und ohne Bewaldung auf nur $6^1/_2$ Tage liefern könnte; im Gebirg ist aber diese Wirkung der Bewaldung noch viel bedeutender.

Von günstigem Einfluß ist die Bewaldung auch auf die Regelmäßigkeit des oberirdischen Wasserabflusses; insbesondere wirkt hier die Decke des Waldbodens, in erster Linie das Moos, dann auch der Unkräuterwuchs und die verwesende Laubschicht in beachtenswerthem Grade hemmend und also regulirend darauf ein; diese Wirkung tritt aber ausschließlich nur im Gebirgs- und Hügellande hervor. Hier ist der an Hängen gelegene nackte Boden bei eintretendem Regen bald mit Wasser erfüllt und übersättigt, oder auch nach vorausgegangener längerer Trockenheit oberflächlich verhärtet und dem Regen verschlossen; derselbe sammelt sich also mit Leichtigkeit zunächst in feinen Wasserfäden, die aber rasch zusammenrinnen und immer tiefere Furchen reißen. Darin gewinnt das Wasser bald eine größere Geschwindigkeit und Gewalt, es eilt auf dem kürzesten Wege dem Hauptgerinn in der Thalsohle zu, worin es auch noch weitergeführt wird, so lange dessen Gefäll stark genug ist, weiter abwärts aber stößt es auf die träger fließende Wassermasse des Hauptstromes, welcher dadurch über seine Ufer hinausgedrängt wird. Hiebei lagern sich die mitgeführten Senkstoffe in- und außerhalb des Flußbettes ab, dieses

kann mit jedem Jahr weniger Wasser aufnehmen und wird dadurch die
Wiederkehr der Ueberschwemmungen beschleunigt und deren verheerende
Kraft gesteigert.

Im Walde fällt zunächst nur ein Theil des Regenwassers auf den
Boden (cf. oben 7), was aber nur bei schwächeren Regen merklich hervortritt, bei länger dauernden nur im Anfang. Von der Bodendecke wird
hierauf ein größerer oder geringerer Theil des Wassers aufgenommen
und festgehalten; der Boden befindet sich unter dieser Decke in einem
lockeren, dem Wasser leicht zugänglichen Zustande, wodurch dessen Einbringen und dessen Zuleitung in die tieferen Schichten wesentlich gefördert, also auch die oberirdisch abfließende Menge vermindert wird.
Diese wird überdieß durch die Bodendecke verhindert, Gerinne zu bilden
und erlangt deßhalb auch nie die zerstörende Kraft, wie sie oben beschrieben ist.

Ueber das Verhalten des Waldmooses zum Wasser hat Oberbaurath von Gerwig in Carlsruhe interessante Versuche angestellt, welche
ergaben, daß 5 Loth trockenes Moos unter Wasser gebracht in der ersten
Minute 30 Loth davon aufsaugten, in den folgenden 9 Minuten aber
nur noch $1\frac{1}{4}$ Loth mehr. Ein derartig gesättigter Moosrasen faßt
also mindestens eine 4,47 mm hohe Schicht Regenwasser, bei reichlicher
Moosdecke im Gebirg bis zu 10 mm, woneben noch eine nahezu
doppelte Menge zwischen den Stengeln und Aestchen des Mooses durch
Capillarität zurückgehalten wird, so daß also ein damit bedeckter
Waldboden in kürzester Frist eine Wasserschicht von 2—3 cm Höhe
aufzunehmen vermag; eine Quadratmeile Wald kann hienach 1—$1\frac{1}{2}$
Millionen cbm Wasser zurückhalten. Der Autor zieht daraus folgenden beachtenswerthen Schluß: „Es wird in manchen Fällen zutreffen,
daß ein Unterschied von 20—30 cbm Wasserzufluß in der Secunde
von der Fläche einer Quadratmeile entscheidet, ob ein Hochwasser verderblich wirkt, oder nicht. Alsdann wird die kahle Fläche schon 15
Stunden früher als die bewaldete jene 20—30 cbm abgeben. Läßt
man hiebei nicht außer Acht, daß die schädlichen Hochgewässer meist
nur von kurzer Dauer sind, so wird man finden, wie auch ganz mäßige
Annahmen über die in der Moosdecke eines Berghangs enthaltene
Wasserschichte schon zu einem günstigen Ergebniß führen." „Dort, wo
der Wald seine naturgemäße Stellung findet, darf er nicht zerstört und
verwüstet, er muß mit aller Sorgfalt gehegt werden. Die sonst unfruchtbare Höhe, der steile Felshang wird dann für das ganze Fluß-
gebiet segenbringend." —

Unwiderleglich beweiskräftige Fälle aus der Wirklichkeit, wo Ent- 10 waldung oder Bewaldung als einzige auf die Verminderung oder Vermehrung des Wasserquantums einer Quelle wirkende Ursache sofort und unzweifelhaft erkannt wird, sind verhältnißmäßig selten, weil die Wirkungen sich nur allmählig geltend machen, deßhalb meistens erst spät erkannt und auf ihren ursächlichen Zusammenhang zurückgeführt werden können. Nachfolgende Beispiele dürften deßhalb um so größere Beachtung verdienen: Cantonsforstmeister A. Marchand in Bern berichtet, daß die Spinnerei in St. Ursanne (Jura) die benöthigte Wasserkraft durch größere Kahlschläge im Quellgebiet des Flusses verlor; ebenso die Eisenwerke von Unterwyl an der Sorne. In Folge größerer Entwaldungen sind folgende Quellen ausgeblieben: die von Combefoulat in der Gemeinde Seleute, die Quelle von Barieux und die Hundsquelle bei Pruntrut. Der Wolfsbrunnen in der Gemeinde Soubey entstand in Folge einer Aufforstung und verschwand wieder nach Abholzung des betr. Waldes. Aehnliches berichtet der französische Forst-Inspektor Cantegril in Carcassonne, daß der im Forst von Montaut am Montagne Noire entspringende Bach Caunan früher verschiedene Tuchwalken in Bewegung setzte, nachdem aber der umgebende Wald abgeholzt war, wurde der Wasserstand des Baches so unregelmäßig, daß die Werke einen Theil des Jahres still stehen mußten, ein Uebelstand, der aber durch die Wiederaufforstung des Waldes bald beseitigt wurde, so daß die Walkmühlen nun wieder das ganze Jahr hindurch arbeiten können.

Wie im Allgemeinen die Pflanzendecke die Funktion hat, die Be- 11 standtheile der Atmosphäre im richtigen Gleichgewicht zu erhalten, die für Menschen und Thiere schädliche Kohlensäure ihr zu entziehen und gegen den für beide unentbehrlichen Sauerstoff auszutauschen, so kommt diese Funktion in erhöhtem Grade dem Walde zu, namentlich in der Jahreszeit, wo der Gras- und Kräuterwuchs in Folge der sommerlichen Hitze seinen Abschluß gefunden hat und insbesondere das Ackerland abgeerntet ist. Zu dieser Zeit flüchtet sich der Bewohner der Ebene zur Sommerfrische ins Gebirg, wo ihm der Waldesschatten seine körperliche und geistige Spannkraft wiedergiebt.

Beachtenswerth ist auch noch in volkswirthschaftlicher Hinsicht die 12 **Beschäftigungsgelegenheit**, welche der Wald der Bevölkerung bietet. Im Hochgebirge übertrifft er in diesem Punkt meistens alle anderen Erwerbszweige (Bergbau und Hüttenbetrieb etwa ausgenommen), hier bildet er häufig die einzige oder doch die hauptsächlichste Arbeitsquelle.

Anders freilich gestaltet sich dieses Verhältniß im Hügellande und der Ebene, wo die landwirthschaftlich bebauten Flächen die meiste Arbeit in Anspruch nehmen, jedoch nur den Sommer über, während dem Walde dann die Beschäftigung für den Winter zufällt. In Gegenden mit devastirten Forsten verarmen nicht blos deren Besitzer, sondern auch die Arbeiter, weil diese im Winter keinen Verdienst finden und beßhalb hungern oder fortziehen müssen.

13 Wie groß die für Gesundheit und Wohlbefinden der Bevölkerung nöthige Waldfläche sein muß, läßt sich nicht unbedingt und für alle Fälle genau feststellen. Im Gebirge, wo viele und starke Gehänge nur durch die Holzzucht nutzbar gemacht werden können, ist in der Regel schon dadurch die für klimatische Zwecke nöthige Bewaldung hergestellt, und es bleiben nur wenige Prozente der Bodenfläche für die anderen Culturarten frei. Allein auch die Hochebenen bedürfen des schützenden Waldes, wie das bereits oben erwähnte Beispiel vom Westerwald zeigt; ähnliche Erfahrungen hat man auf der Eifel, dem Hundsrück und anderwärts gemacht. Naturgemäß überwiegt in der Tiefebene die landwirthschaftliche Benutzung und hier schwindet die Bewaldung immer mehr zusammen, während mindestens ein Drittel oder doch ein Viertel des Ganzen ihr überlassen sein sollte. Die traurigen Verhältnisse der friesischen, hannöverischen, schleswig-holsteinischen u. a. Heidegegenden, wo nur 2—3 % der Gesammtfläche der Holzzucht gewidmet sind, haben dort längst zur Erkenntniß geführt, daß die Landwirthschaft ohne den Schutz des Waldes nicht entsprechend gedeihen kann, und man bemüht sich deßhalb daselbst nun allmählig ihr wieder diesen Schutz zu verschaffen, wozu aber nicht blos viele Zeit, sondern auch ein großes Anlagekapital erforderlich ist, welches erst nach vielen Dezennien ein Zinsenerträgniß erwarten läßt und deßhalb auch nicht in dem gewünschten Umfange zur Disposition steht.

II. Erklärung der wichtigsten technischen Ausdrücke.

14 Zur besseren Verständigung und zur Vermeidung von Wiederholungen ist zunächst einiges Allgemeine vorauszuschicken; doch wird es nicht möglich sein, in diesem Theil alle vorkommenden technischen Ausdrücke sachgemäß und eingehend zu erklären, weßhalb theilweise noch auf den Text selbst verwiesen werden muß. — Die häufiger gebrauchten Ausdrücke folgen hier mit der zugehörigen Erklärung.

Dabei ist zu unterscheiden zwischen den auf den einzelnen Baum, oder den einzelnen Wald, oder auf eine größere Zahl von zusammengehörigen und zusammen bewirthschafteten Waldungen anwendbaren Begriffen.

Die einzelnen Holzgewächse unterscheidet man nach ihrer Größe und der Art ihrer Entwicklung als Sträucher, wenn sie sich unmittelbar über dem Boden mehrfach in einzelne Zweige, Ausschläge oder Loden theilen, wobei sie eine Höhe von 5—10 m selten überschreiten; andrerseits gehören aber auch die niedrigen, kaum über den Boden sich erhebenden Heiden, Heidelbeeren ꝛc. noch zu den Sträuchern. Die größeren Straucharten entwickeln sich unter günstigen Verhältnissen zu Halbbäumen, an welchen ein einziger Stamm in der Höhe von 8—15 m sich in Aeste und Zweige theilt; letztere beiden faßt man zusammen in dem Begriff Baumkrone, während man den Stamm und seine unmittelbare Verlängerung innerhalb der Krone als Schaft bezeichnet. Diejenigen Bäume, welche obige Höhen überschreiten, werden als Bäume erster, zweiter, dritter Größe angesprochen, wofür man aber keine scharfen Grenzen angeben kann; die erste Größe dürfte bei unseren Waldbäumen etwa mit 40 m, die zweite mit 25 bis 30 m erreicht sein, was darunter bleibt, gehört sodann in die dritte Größe. Ein Laubholzbaum dritter Größe, der sich unter dem Einfluß ungünstiger Verhältnisse (häufig wiederkehrende Spätfröste, Verbeißen durch Weidvieh oder Wild ꝛc.) nur sehr niedrig und mit dichter buschiger Krone entwickelt, wird Kollerbusch genannt; beim Nadelholz und namentlich bei der Kiefer bilden sich in freiem vereinzelten Stande von unten auf sich in stärkere Aeste theilende Büsche, Kusseln. Ist die Baumkrone verhältnißmäßig niedrig oder hoch angesetzt, so sagt man, der Stamm ist kurzschäftig oder langschäftig.

Die als direkte Verlängerung des Stamms senkrecht in den Boden eindringende Wurzel heißt Pfahl= oder Herzwurzel, die übrigen Seiten= und Faserwurzeln, letztere sind die feineren Verästelungen und werden Thauwurzeln genannt, wenn sie in der obersten Schichte des Bodens sich entwickeln. Der Punkt, an welchem sich der aufwärts wachsende Stamm von der abwärts wachsenden Wurzel scheidet, heißt der Wurzelknoten. Der Wurzelstock oder kurzweg Stock ist der unterste Theil des Stammes, aus welchem die Wurzeln hervortreten; bei der Fällung des Stammes bleibt der Stock und manchmal noch ein längeres oder kürzeres Stück des Schafts stehen, welche zusammen als Stockholz, Stubbenholz gewonnen werden. —

Mutterstöcke sind diejenigen Laubholzstöcke, von welchen durch neue Triebe, Loden oder Stockloden ein Ausschlag, Stockausschlag erfolgen soll. Einzelne Laubhölzer treiben Wurzelloden, schlagen aus der Wurzel aus.

Nach den verschiedenen Altersstufen unterscheidet man zunächst die jüngste, den Nachwuchs, und zwar Kernwuchs, wenn er aus Samen, Anflug aus leichtem geflügelten Samen, Aufschlag aus schwerem, senkrecht vom Mutterbaum abfallenden Samen erwachsen und noch nicht so weit entwickelt ist, daß er den Boden vollständig deckt.

Bei künstlich erzogenen Pflanzen unterscheidet man unverschulte oder unverstapelte und verschulte oder verstapelte Pflänzlinge, je nachdem sie direkt aus dem Saatbeet kommen, oder nachher nochmals in ein anderes Beet verpflanzt waren; dieselben kommen entweder mit der die Wurzeln umgebenden Erde, dem Ballen, Erdballen, als Ballenpflanzen, oder mit nackten Wurzeln zur Verwendung. Bei Laubholzpflänzlingen wird manchmal der Stamm unmittelbar über der Wurzel vor der Verpflanzung abgehauen, und heißen dieselben sodann Stutz- oder Stummelpflanzen. Heister und Halbheister nennt man 2—4 bezw. 1—2 m hohe Pflänzlinge. Stufig sind dieselben, wenn sie einen kräftig entwickelten, mit der nöthigen Zahl von Seitenzweigen versehenen, nicht zu rasch in die Höhe getriebenen Stamm haben.

Raitel, auch Stange nennt man einen jüngeren Baum, namentlich in der Zeit, wo seine Krone noch weniger entwickelt ist, später heißt er Latt- oder Bohlstamm. Ueberständig oder rückgängig ist der Baum, wenn er die Zeit der kräftigeren Entwicklung überschritten hat, der Höhenwuchs still steht und das Wachsthum in die Dicke sich allmählig verringert; steigert sich dieser Zustand, so wird der Baum abständig, die obersten Aeste sterben ab, der Baum wird gipfeldürr, zopftrocken.

Windständig nennt man diejenigen Bäume, welche so gut bewurzelt und sonst so beschaffen sind, daß sie dem Wind widerstehen können. Die vom Sturm geworfenen Stämme heißen Windwurf, wenn sie mit der Wurzel ausgehoben sind, und Windbrüche, wenn der untere Theil des Stamms stehen geblieben und nur der obere Theil abgebrochen ist.

Jeder Baum bewirkt mit seiner Krone eine zeitweilige Beschattung auf der umgebenden Fläche, welche verschieden ist nach der Holzart, der

Dichtigkeit der Krone und der Belaubung, der Höhe des Baumes und seines Standorts, in der Ebene oder am Hang, Nordhang oder Südhang. Dadurch gewährt der Baum Schutz gegen extreme Hitze und Frost; oder übt durch Entziehung von Licht, Thau, Regen ꝛc., durch seinen Druck oder Schirmdruck einen nachtheiligen Einfluß auf den umgebenden jüngeren Bestand aus; man spricht in diesen Fällen von Seitenschutz und Seitendruck. Starke Stämme, namentlich solche mit glatter Rinde werfen die Sonnenstrahlen zurück und steigern dadurch die Hitze auf der Süd und Südwestseite in schädlicher Weise bis auf eine Entfernung von 6—8 m. — Die senkrecht unter den Aesten der Baumkrone belegene Fläche heißt die Schirmfläche.

Aeckerich oder Mast nennt man die Gesammtheit der in einem Jahr wachsenden Samen von Eichen oder Buchen, wonach man unterscheidet zwischen Eichel und Bucheläckerich.

Mastjahr oder Samenjahr ist ein solches, in dem die Mast oder anderer Samen reichlich gediehen ist; volle Mast, halbe Mast und Sprengmast beziehen sich auf die größere oder geringere Menge des erzeugten Samens; eine Sprengmast ist es, wenn nur einzelne Bäume Bucheln oder Eicheln tragen.

Aus einer größeren Zahl von Bäumen oder auch von Straucharten, welche eine zusammenhängende Fläche einnehmen, bestocken, bildet sich ein Waldbestand oder kurzweg Bestand. Eine bestimmte Minimal oder Maximalgröße läßt sich für denselben nicht wohl angeben; es hängt dieß von dem Umfang und der Eintheilung des ganzen Waldbesitzes ab. Treten dann in dem Bestand kleinere, zusammenhängende, vom übrigen nach Alter und Holzart verschiedene, in sich aber gleichartige Theile hervor, so nennt man dieß Horste.

Die Bestände sind regelmäßig oder unregelmäßig, je nachdem die einzelnen Bäume in Beziehung auf Alter oder Größe, sowie in Beziehung auf ihre Vertheilung über der Fläche gleich oder ungleich sind.

Vollkommene oder geschlossene, im Schluß stehende Bestände sind solche, in denen durch die mehr oder weniger in einander greifenden Zweige der vorhandenen Bäume der Boden durchaus beschattet wird; im Gegensatz davon braucht man die Ausdrücke unvollkommen, licht, lückenhaft.

Die nicht mit Bäumen bewachsenen, und nicht von ihnen überschirmten Stellen heißen Lichtungen oder Lücken, wenn sie klein; Blößen aber, wenn sie größer sind.

Normal ist ein Bestand, welcher die unter den gegebenen äußeren Verhältnissen höchst mögliche Regelmäßigkeit und Vollkommenheit besitzt; Einige steigern den Begriff noch, und sprechen dann von idealen Beständen. Diese beiden Begriffe bezeichnen keinen absolut feststehenden Zustand, sondern ziemlich verschiedene Verhältnisse, je nach dem Standort, der Holz-, Betriebs- und Behandlungsart; besonders aber nach der Ausdehnung der Flächen, für welche sie gelten sollen.

Reine Bestände sind solche, die blos von einer einzigen Holzart gebildet werden, oder wo andere Holzarten nur in verschwindend kleiner Anzahl auftreten; jene ist die herrschende, diese die eingesprengte Holzart; untergeordnet heißt dieselbe, wenn sie der Zahl nach, oder wirthschaftlich von keiner Bedeutung ist.

Gleichmäßig oder einzeln gemischt heißt ein Bestand, wenn in allen Theilen desselben zwei oder mehrere Holzarten, jede in demselben Verhältniß zu den andern auftreten.

Horstweise gemischt wird derjenige Bestand genannt, in welchem jede einzelne Holzart oder Altersstufe in größerer Zahl gruppenweise beisammen vorkommt.

Nach außen, gegen die nicht zur Holzzucht benutzten Flächen grenzt sich der Bestand ab durch den Waldtrauf, welcher zum Waldmantel wird, wenn er dicht geschlossen und nach außen voll beastet ist. Auch im Innern des Waldes können solche Mäntel nothwendig werden zur Abgrenzung des Bestandes gegen jüngeres Holz und zum Schutz des ersteren gegen Windschaden.

Der Bestand theilt sich in Haupt- und Neben- oder Zwischenbestand; jener wird gebildet aus den herrschenden (dominirenden) Stämmen, welche in Wipfel und Krone sich frei entwickelt und den übrigen einen Vorsprung abgewonnen haben. Wird der Bestand älter und bedürfen die einzelnen Stämme zu ihrer gesunden Entwicklung je einen größeren Raum, so muß ein Theil derselben, zunächst immer die schwächeren, nach und nach den Platz räumen; sie bleiben namentlich bezüglich der Kronenentwicklung und bald auch bezüglich des Höhen- und Stärkewachsthums zurück, werden beherrschte Stämme und im weiteren Verlauf kommen sie unter den Seiten-, später auch noch unter den Schirmdruck der herrschenden Stämme, sie werden unterdrückt oder verdämmt, und zwar um so rascher je lichtbedürftiger die betr. Holzart ist.

In der ersten Jugend heißt der Bestand Schlag, Schonung,

Mais, Jungmais, Cultur oder Pflanzung; wenn er sich sodann geschlossen hat, Dickung, beim Laubholz Gertenholz, später Raitel= oder Stangenholz, namentlich in der Periode, wo der Höhenwuchs vorherrscht und die untern Aeste abgestorben sind.

Haubar oder hiebsreif ist derjenige Bestand, bei welchem der zur Benützung oder zur Verjüngung geeignete Zeitpunkt eingetreten ist; da dieser Zeitpunkt als Haubarkeitsalter nach verschiedenen maß= gebenden Rücksichten festgesetzt werden kann, so läßt sich weder eine bestimmte, noch eine annähernde Altersangabe dafür machen. An= gehend haubare, mittelwüchsige oder mittelalterige Be= stände sind hienach solche, welche das Haubarkeitsalter noch nicht er= reicht haben, wovon aber die ersteren demselben näher stehen, als die letzteren; die überständigen und überhaubaren Bestände haben dagegen das Haubarkeitsalter bereits überschritten.

Der im Zeitpunkt der Haubarkeit vom Hauptbestand anfallende Holzertrag bildet die Haubarkeitsnutzung oder den Haubar= keits= oder Abtriebsertrag (unrichtiger Weise auch Hauptnutzung genannt). Alles, was vom Zwischen= oder Nebenbestand anfällt, heißt Zwischennutzungs= oder Durchforstungsertrag, welcher in den Durchforstungen gewonnen wird. Haubarkeits= und Zwischen= nutzungsertrag zusammen bilden die Hauptnutzung; die übrigen Produkte an Baumfrüchten und Samen, Baumsäften, Gras ꝛc. werden unter dem Begriff Nebennutzungen zusammengefaßt.

Mit der Erhebung der Haubarkeitserträge geht die Verjüngung, d. h. die Anzucht eines neuen Bestandes an Stelle des alten Hand in Hand; sie ist eine natürliche, wenn sie durch den von den Mutter= bäumen abfallenden Samen, oder durch Stockausschlag bewirkt wird, eine künstliche, wenn Saat aus der Hand oder Pflanzung zur An= wendung kommen. Dauert die Verjüngung eines Bestandes mehrere Jahre, so bezeichnet man diese Zeit als Verjüngungszeitraum.

Je nach der Behandlungs= und Verjüngungsweise der Bestände unterscheidet man verschiedene Betriebsarten, und zwar den Hoch= waldbetrieb auch Samenwald oder schlagweisen Hochwald, bei welchem die Verjüngung gleichzeitig auf einer größeren zu= sammenhängenden Fläche erfolgt, entweder durch natürliche Be= samung, oder durch Ansaat aus der Hand, oder durch Pflanzung oder sich gegenseitig ergänzend auf all diesen drei Wegen. Beim Nieder= wald erfolgt dagegen die Verjüngung ausschließlich durch Stockausschlag und beschränkt sich deßhalb auch dieser Betrieb auf Laubholzbestände.

Beim Mittelwald ist das Laubholz ebenfalls die Regel, doch kann auch vereinzelt Nadelholz beigemischt sein. Die Verjüngung erfolgt durch Stockausschlag (beim Unterholz) und durch Samen (beim Ober-holz). Der Femel= oder Femelwaldbetrieb, auch Plenter= oder Plänterwald genannt, verjüngt sich zwar auch durch Samen wie der Hochwald, doch nicht in zusammenhängenden Flächen, sondern ver-einzelt über den ganzen Wald vertheilt; die verschiedenen Altersstufen stehen hier in gleichmäßiger, stammweiser Einzelmischung bei-sammen, während sie im Hochwald in gleichaltrigen Beständen getrennt auftreten.

17   Bei der Waldwirthschaft handelt es sich in der Regel um die Bewirthschaftung einer größeren Zahl von Einzelbeständen, welche, wenn auch nicht gerade räumlich zusammenhängend, doch als zusammen-gehörig und in gegenseitiger Wechselbeziehung zu einander stehend, be-handelt werden. Diese gegenseitigen Wechselwirkungen äußern sich ins-besondere dadurch, daß der auf der ganzen zusammengehörigen Fläche erfolgende Zuwachs jeweils nur auf einem bestimmten kleineren Theil derselben erhoben wird. Wenn man nemlich ununterbrochen oder nachhaltig jedes Jahr 100jähriges Holz nutzen will, so muß man eine Reihe von hundert gleich großen und gleich gut beschaffenen Beständen (die normale Altersreihe, Altersabstufung) zur Verfügung haben, wovon jeder nachfolgende um ein Jahr jünger ist, als der vorhergehende; der älteste 100jährige Bestand schließt nun den Haubarkeitszuwachs sämmtlicher jüngerer Altersstufen in sich; durch Nutzbarmachung des ältesten Bestandes bezieht man also den Jahres=Haubarkeitszuwachs aller 100 Einzelbestände und darin besteht hauptsächlich die Wechsel-wirkung in einer solchen Wirthschaftseinheit, oder Wirth-schaftscomplex oder Block, auch Wirthschaftsganzes oder Betriebsklasse, Betriebscomplex genannt.

Innerhalb der Wirthschaftseinheit können die einzelnen Altersstufen durch einen einzigen, oder durch mehrere Bestände vertreten sein, welche gegenüber von benachbarten Beständen durch natürliche oder künstlich gezogene Grenzen geschieden und so gebildet sind, daß sie in der ge-gegebenen geometrischen Form sich als bleibende Bestandescin-heit erhalten lassen; dieß sind die Abtheilungen.

Kommen in denselben vorübergehende Abweichungen von der durchschnittlichen Beschaffenheit des größeren Theils des Bestandes vor, so werden solche bei entsprechender Größe als Unterabtheilungen ausgeschieden.

Eine zusammenhängende Reihe von Abtheilungen, welche in bestimmter, gegen Windbeschädigungen möglichst sichernder Ordnung nach einander zum Abtrieb kommen, wird ein Hiebszug oder eine Hiebsfolge, Schlagfolge oder auch Schlagreihe genannt, wobei es aber nicht nöthig ist, daß Jahr um Jahr in derselben geschlagen werde.

Ist es nicht möglich, die gegen Windschaden am meisten sichernde Ordnung in solchem Hiebszug einzuhalten, so werden an den durch vorzeitige Hiebe exponirten Beständen auf der bedrohten Seite Loshiebe geführt, um den Bestand an dieser Seite durch zeitige Freistellung möglichst widerstandsfähig zu machen; solche werden hergestellt entweder durch Anpflanzung windständiger Holzarten, oder durch Anlage eines Waldmantels längs eines unbestockt bleibenden Streifens, was allerdings in höherem Holz nicht mehr möglich ist.

Aehnliche Sicherungsmaßregeln werden an den Langseiten zweier zusammenstoßender Hiebszüge getroffen durch die Anlage von Wirthschaftsstreifen (Sicherheitsstreifen) mit beiderseitigen Windmänteln.

Die in einer Wirthschaftseinheit mit gleichmäßiger und vollzähliger Vertretung sämmtlicher Altersstufen in den einzelnen Hauptbeständen vorhandene Holzmasse heißt der Normalvorrath; wohl zu unterscheiden vom Normalertrag, welcher die im hiebsreifen, normalbestockten Bestande anfallende Holzmenge bezeichnet und also der Flächeneinheit nach viel größer ist als jener, welcher nur etwa 0,4—0,5 des normalen Haubarkeitsertrages beansprucht.

Die Zahl dieser Altersstufen, oder das Lebensalter des ältesten Bestandes ist gleich der Umtriebszeit, dem Umtrieb oder Turnus der Zeit, in welcher sämmtliche Bestände eines Wirthschaftsganzen zur Verjüngung kommen. Bei normaler Bestockung fällt das Hiebsalter, welcher Ausdruck sich stets auf den einzelnen Bestand bezieht, mit der Umtriebszeit zusammen, bei abnormer Altersabstufung kommen dagegen vielfache Abweichungen des Hiebsalters von der Umtriebszeit vor.

Ein solcher in einer regelmäßigen ununterbrochenen Altersreihenfolge vorhandener Normalvorrath gewährt sodann die höchstmögliche, gleichmäßig nachhaltige Jahresnutzung. Ist der wirkliche Holzvorrath geringer als der normale, so darf bei einem nachhaltigen Bezug keinesfalls jährlich mehr erhoben werden, als jährlich an Holzmasse zuwächst. Es macht keine Aenderung am Begriff der Nachhaltigkeit, wenn die Nutzung ein oder mehrere Jahre nicht, dann aber für die ausgefallenen Jahre nachträglich voll erhoben wird, man nennt

dieß aussetzende Nutzung, und sie behält den Charakter der Nach=
haltigkeit, so lange der in der Zwischenzeit erfolgte Zuwachs dem er=
hobenen Quantum gleichsteht. Kommen aber Verschiedenheiten in den
hiebsreifen Beständen vor, so ist zum Zweck der Einhaltung der Nach=
haltigkeit neben der Menge auch noch die Qualität des zu nutzenden
Holzes in Betracht zu ziehen.

Unnachhaltig ist hienach jene Nutzungsart, bei welcher nach
Menge und Güte mehr Holz geschlagen wird, als in der Zwischenzeit
von einem Hieb zum andern wieder zuwächst, ohne dabei den Wald in
seiner Existenz zu gefährden. Tritt dann letzterer Fall ein, so spricht
man von Devastation, Waldabschwendung, wobei es sich aber
nicht blos um die Schwächung und Vernichtung des zur Holzerzeugung
nothwendigen Materialkapitals, sondern oft ebenso häufig um Zugriffe
auf die im Waldboden vorhandenen Pflanzennährstoffe handelt, deren
Wegnahme den Boden mit der Zeit ertraglos macht.

Vom Standort.

III. Die Vegetationsgrenzen und Höhenlagen.

18   Die im Walde wirksamen Kräfte entspringen einerseits dem Klima,
Boden und der Lage, welche drei Faktoren man unter den Gesammt=
begriffen Standort oder Standortsgüte, Bonität zusammen=
faßt, andrerseits den Eigenthümlichkeiten der wald= oder bestandes=
bildenden Holzarten.

Das Vorkommen und Gedeihen der letzteren ist auf ein gewisses
klimatisches Gebiet beschränkt, welches im Hochgebirge je nach der süd=
licheren oder nördlicheren Lage in einer größeren oder geringeren Höhe
aufhört. Diese obere Baumgrenze schließt mit der Fichte, Zirbel=
kiefer oder Legföhre ab, und zwar am Südabfall der Alpen etwa in
einer Erhebung über dem Meer von 2200 m, am Nordabfall von
1800 m, während sie im bayrischen Wald, kaum 2 Breitegrade weiter
nördlich, etwa bei 1500 m, im Schwarzwald bei 1400 m, in den
Sudeten bei 1300 m und im Harz bei 1100 m der forstlichen Thätig=
keit eine unübersteigliche Grenze setzt.

Unterhalb dieser Höhen haben sodann die übrigen Waldbäume je [19] ihre besondere obere Grenze, über welche hinaus ihre Anzucht unmöglich wird.

Das höchste Vorkommen geschlossener Bestände oder vollkommen entwickelter Bäume ist in nachstehender Uebersicht in Metern vorgetragen.

| | Alpen. | | | | Schweizer Jura | Schwarzwald | Bayrischer Wald | Harz | Sudeten |
Holzart	Ober-Oesterreich und Steyermark	Deutsch-Tyrol	Bayern	Ost- und Central-Schweiz					
Arve	1940	2000	1900	2100	—	—	—	—	—
Legföhre	—	2050	2060	2000	—	—	—	—	1400
Lärche	1600	2000	1900	2200	—	—	—	—	—
Fichte	1500	1900	1650	1980	1100	1300	1350	1000	1300
Tanne	1250	1600	1480	1600	1500	1100	1200	—	1100
Kiefer	950	1200	1400	1800	—	1000	—	370	850
Buche	1380	1500	1400	1560	1250	1050	1200	680	1100
Bergahorn	1300	1500	1500	1650	—	—	1300	580	1200
Esche	—	1500	1360	1300	—	—	950	—	700
Birke	—	1500	1500	1600	—	1100	1200	1100	900
Weiße Erle	—	1500	1450	1900	—	630	700	—	—
Schwarze Erle	—	1200	850	950	—	—	800	500	800
Stiel-Eiche	780	830	920	800	700	650	950	—	—
Trauben-Eiche	560	—	580	1000	—	900	700	550	500
Ulme	1100	1300	1300	—	—	—	1000	—	1000

Die untere Vegetationsgrenze kommt im deutschen Ge- [20] biet nur bei der Zirbelkiefer in Betracht, da diese Holzart gewöhnlich nicht unter 1000 Meter absolute Höhe herabgeht. Obgleich sodann die Lärche gleichfalls ein Baum des Hochgebirgs ist, so läßt sie sich doch auch im Mittelgebirge und in feuchtem Klima an der Seeküste in Meereshöhe mit Erfolg anziehen. Aehnlich verhält sich die Weißtanne. — Auch die Fichte meidet im mittleren Deutschland die Tiefebenen, während sie an der nordöstlichen Grenze die feuchten Niederungen bewohnt.

Innerhalb der Verbreitungsregion einer Holzart bewirkt sodann [21] das mildere oder rauhere Klima Verschiedenheiten in der Entwicklung einzelner Individuen wie ganzer Bestände, welche von Einfluß auf den Ertrag sind und deßhalb vom Forstmann beachtet werden müssen. An der oberen Grenze kommen die Individuen der betr. Holzart nur noch vereinzelt und mehr oder weniger verkrüppelt vor; geschlossene Waldbestände treten erst weiter unten auf. Der einzelne Baum entwickelt sich in diesen exponirten Hochlagen zu geringerer Höhe, auch wenn er ausnahmsweise keine Beschädigungen durch Elementarereignisse erleidet; die Zunahme in die Dicke ist beim Stamm viel schwächer als in milderen Gegenden, andrerseits aber die Astverbreitung eine viel stärkere, die Kronen sind nicht nur in der Basis breiter, sondern auch verhältnißmäßig höher, und wegen der kürzeren Jahrestriebe viel dichter, nehmen einen größeren Theil der ganzen Stammlänge ein; in Folge der sehr häufig vorkommenden Beschädigungen an den Gipfeltrieben durch Schnee 2c. wird dieses Verhältniß noch ungünstiger.

Die in rauhem Klima erwachsenen Waldbestände sind in der Regel weniger dicht geschlossen und es erreichen die einzelnen Stämme ihre nutzbare Stärke erst viel später als die in mildem Klima; der Massenertrag ist viel geringer. Doch beginnt dieser Rückgang erst bei einer bestimmten größeren Erhebung; unterhalb dieser Grenze wird die Kürze der Vegetationszeit mehr oder weniger vollständig wieder ausgeglichen durch die ununterbrochene Fortdauer der Vegetationsthätigkeit auch während der heißeren Jahreszeit, welche in der Niederung einen frühzeitigeren Stillstand veranlaßt.

22 Ueber den Rückgang des Massenertrags in den höheren Lagen sind Versuche schwer anzustellen, schon deßhalb, weil die zu vergleichenden Bestände außer dem Unterschied in der Höhenlage sonst ganz gleiche Vorbedingungen bezüglich des Bodens, der Exposition und des Entwicklungsgangs zeigen müßten; es ist daher erklärlich, daß bis jetzt nur wenige Zahlen hierüber veröffentlicht sind.

In den Oesterreichischen Alpen sind von Josef Wessely umfangreiche Erhebungen über den Rückgang des Zuwachses in den höheren Lagen gemacht worden, worüber nachfolgende dem Werk „Die Oesterreichischen Alpenländer und ihre Forste" entnommenen Zahlen Anhaltspunkte geben:

Fichtenbestände im 120. Jahre im Salzkammergut:

bei 550— 800 m Erhebung geben 3,63 } Festmeter pro ha,
„ 1250—1830 „ „ „ 0,73 } Durchschnittszuwachs;

Fichtenfemelwälder in Südtirol:

bei 1100—1400 m Erhebung 4,95 Festmeter pro ha,
„ 1400—1750 „ „ 3,85 „ „ „
„ 1750—1900 „ „ 2,97 „ „ „
„ 1900—2100 „ „ 1,10 „ „ „

Lärchenhochwald in Venetien:

Mittlerer Jahreszuwachs

Seehöhe   Haubarkeitsalter   Stammlänge   Stammstärke   Haubarkeitsertrag

700—1100 m	40 Jahre	0,44 m	9,5 mm	17,82 Festmeter pro ha,
1100—1500 „	60 „	0,29 „	5,5 „	4,95 „ „ „
1500—1750 „	100 „	0,20 „	4,2 „	1,82 „ „ „

Buchen-Niederwald in Venetien:

700—1000 m	30 Jahre	0,56 m	5,8 mm	14,12 Festmeter pro ha,
1000—1250 „	40 „	0,28 „	3,2 „	6,82 „ „ „
1250—1530 „	50 „	0,18 „	2,1 „	3,56 „ „ „

Legföhren in Venetien:

800—1200 m	50 Jahre	0,154 m	3,94 mm	4,43 Festmeter pro ha,
1200—1450 „	100 „	0,054 „	0,79 „	0,71 „ „ „
1450—1750 „	150 „	0,047 „	0,53 „	0,26 „ „ „

Mittlerer jährlicher Stärkezuwachs eines Stammes in Nordtirol:

	Fichte	Lärche	Legföhre
630 m	— mm	— m	7,4 mm
800— 950 „	4,47 „	— „	— „
950—1300 „	3,94 „	4,21 „	2,9 „
1300—1600 „	3,16 „	3,68 „	— „
1600—1900 „	2,37 „	2,63 „	0,9 „
1900—2000 „	— „	1,05 „	— „

Sehr gute Anhaltspunkte geben auch einige von J. Miklitz in seiner Beschreibung des Altvatergebirges (Sudeten) veröffentlichten Bestandesaufnahmen, welche sich auf den Hauptbestand beziehen und in das neue Maß umgerechnet sind.

Holzart	Höhenlage	Alter	Stärkeklassen	Höhen	Stammzahl	Hauptbestand	Jährlicher Durchschnittszuwachs
	m	Jahre	cm	m		Festmeter	Festmeter
Buche	500	100	18—53	27,2	393	601,6	6,02
„	800	126	18—53	23,4	519	600,5	4,76
„	885	110	18—53	20,2	571	449,8	4,09
„	1060	142	18—53	18,0	574	379,1	2,67
Fichte	730	106	20—55	33,2	522	1080,9	10,20
„	745	83	16—45	26,9	1127	1395,1	10,18
„	800	95	21—53	30,3	654	966,7	10,17
„	820	120	21—66	32,9	398	1001,0	9,10
„	885	115	21—79	30,6	505	1034,5	8,99
„	1040	104	21—55	24,6	842	826,3	7,94
„	1090	145	21—55	23,7	362	511,2	3,53
„	1200	172	21—55	19,0	564	610,5	3,54
„	1220	125	21—53	12,6	766	358,6	2,95

Für die Fichte im Schwarzwald läßt sich dieses Verhältniß aus den neusten badischen Ertragstafeln sehr anschaulich darstellen; es ist hiebei die Trennung in 2 Regionen unter 1000 m Erhebung und darüber zu Grund gelegt, mit folgenden Haubarkeitserträgen pro ha, welche für den „normalen Standort" dieser Holzart gelten:

Alter	Mittelgebirg und Ebene unter 1000 m.			Hochlagen über 1000 m.			In den Hochlagen ist der Vorrath geringer um Prozent
	Durchschn.-Stammhöhe	Vorrath am Hauptbestand	Durchschnittszuwachs	Stammhöhe	Vorrath am Hauptbestand	Durchschnittszuwachs	
Jahre	m	Festmeter	Festmeter	m	Festmeter	Festmeter	
10	1,2	26	2,6	0,4	15	1,5	—
20	3,6	82	4,1	1,0	32	1,6	—
30	7,2	159	5,3	3,0	51	1,7	—
40	11,0	244	6,1	5,0	72	1,8	70,5
50	15,0	340	6,8	8,0	100	2,0	70,0
60	19,0	438	7,3	11,0	144	2,4	67,1
70	22,0	539	7,7	14,0	210	3,0	61,0
80	24,0	632	7,9	17,0	288	3,6	54,4
90	26,0	720	8,0	19,0	369	4,1	48,7
100	28,0	800	8,0	21,0	450	4,5	43,7
110	29,2	869	7,9	23,0	528	4,8	39,2
120	30,2	936	7,8	24,0	600	5,0	35,9
130	31,0	988	7,6	24,6	650	5,0	34,2
140	31,6	1022	7,3	25,0	686	4,9	32,9
150	32,0	1050	7,0	25,4	720	4,8	31,4

Vorstehende Zahlen beziehen sich auf die Haubarkeitserträge; aber es ist einleuchtend, daß auch die Zwischennutzungen in gleichem, wo nicht in stärkerem Verhältniß zurückgehen, namentlich wenn man in Betracht zieht, daß sie in rauhem Klima viel später beginnen können und auch vorsichtiger geführt werden müssen; doch darf der Schluß nie zu dicht sein, weil die einzelnen Stämme gegen die ihnen drohenden Gefahren möglichst widerstandskräftig erzogen werden sollen.

23   Aber nicht blos die erzeugte Masse, sondern meist auch noch die Qualität des in den Hochlagen erwachsenen Holzes ist in mehrfachen Beziehungen geringer als bei dem in milderem Klima erwachsenen, weil die Entwicklung des Stammes auf Kosten der Krone zurückbleibt, das Holz wird ästiger und rauher; unter den ungünstigen Einflüssen der Witterungsverhältnisse kommen fehlerhafte Stämme mit gedrehtem Wuchs, Herzrissen ꝛc. um so häufiger vor, je mehr man sich der oberen Grenze der betr. Holzart nähert. Andrerseits aber ist die Dauer

des in rauherem Klima der Hochlagen erwachsenen Nadelholzes erfahrungsmäßig eine viel höhere als bei dem aus milderen Regionen; so wie auch die astfreien Stammtheile, welche jedoch nur einen ganz geringen Bruchtheil der Gesammtmasse bilden, wegen der gleichmäßigeren Structur und Feinheit ihrer Jahresringe zu manchen technischen Zwecken, zu Resonnanzböden, feineren Schnitzarbeiten 2c. sehr gesucht sind. Entgegengesetzt verhält sich die Eiche, von welcher wir das bessere und dauerhaftere Holz aus Gegenden mit milderem Klima erhalten.

Bezüglich der Heizkraft liegen keine positiven Zahlen vor, doch läßt sich annehmen, daß beim Nadelholz die größere Schwere von den in Hochlagen erwachsenen Stämmen einer besseren Heizkraft entspreche; insbesondere geben die vielen stärkeren Aeste ein sehr gutes Brennholz, welches aber vielfach wegen geringer Transportfähigkeit und Entlegen= heit des Consumtionsorts unbenützt bleiben muß.

Außerdem ist noch hervorzuheben, daß die Samenjahre im gleichen 24 Verhältniß seltener werden, wie das Klima rauher wird. Nach Wessely erfolgt am Nordabfall der Oesterreichischen Alpen ein genügendes Fichten= samenjahr bis zu 300 m Meereshöhe alle drei, bei 1000 m alle sechs, bei 1400 m alle eilf Jahre und soll über diese Höhe hinaus kein Samen mehr zur Reife gelangen. Außerdem tritt natürlich auch die Fähigkeit, Samen zu tragen, im Hochgebirg bei den einzelnen Bäumen erst in einem höheren Lebensalter ein.

Die Gefährdungen der Waldbestände sind in den Hochlagen größer 25 und häufiger als in milderem Klima, der Schnee schadet durch Auf= lagerung in großen Massen schon den jungen Pflanzen, bricht nicht selten Gipfel und Aeste. Auch im höheren Alter ist der Schneebruch noch zu fürchten, namentlich an der untern Grenze der Hochgebirgs= region und im höheren Mittelgebirge, wo der Schnee öfter in größeren Massen in feuchtem Zustand fällt, was in den höheren Regionen seltener vorkommt.

Gegen den Einfluß der heftigen Stürme sind die einzelnen Indivi= duen und auch die Bestände durch freiere Stellung von Jugend an und durch ihre geringere Entwicklung des Höhenwuchses mehr geschützt; allein die größere Kronenverbreitung hebt dieß einigermaßen wieder auf.

Den Beschädigungen durch Insecten sind die eigentlichen Hoch= lagen mit ihrer kurzen Vegetationsperiode weniger ausgesetzt; doch geht der Fichtenborkenkäfer in warmen Sommern viel höher, als man früher annahm; in den Jahren 1872—74 hat er im bayrischen und böhmischen Waldgebirge noch in einer Höhe von 1300 m Fichtenbestände an der obern Grenze ihres Vorkommens sehr intensiv befallen. Dagegen scheinen die Schmetterlinge nicht so hoch zu gehen; und der Maikäfer bleibt schon bei 7—800 m zurück.

Auch die niedere Pflanzendecke des Bodens wird in den Hochlagen dem Forstmann hinderlicher, weil sie unter der fördernden Einwirkung der lichteren Bestände sich stark verdichtet, und weil andrerseits der anzuziehende Nachwuchs sich nur langsam entwickelt, also viel länger diesen schädlichen Einflüssen ausgesetzt ist, und unter ihnen zu leiden hat.

IV. Das Klima.

26   Vom Klima wird zunächst die Holzart, insbesondere aber auch noch die Betriebsart bedingt. Das mildeste erfordert der Niederwald. Früher hielt man dafür, daß der Niederwald noch in sehr rauhen Lagen zulässig sei (Hundeshagen, Gwinner ꝛc.), man ist aber mit Recht von dieser Ansicht abgekommen, weil an und für sich schon die Ausschlagfähigkeit der unter ungünstigen Verhältnissen erwachsenen Laubhölzer eine geringere ist und insbesondere die in den höheren Lagen regelmäßig auftretende starke Rindenbildung die Entwicklung der Knospen und Ausschläge verhindert, oder doch erschwert. Die jungen Triebe entwickeln sich daher im Sommer erst sehr spät und haben dann keine Zeit mehr, vollständig zu verholzen, so daß sie bei früh eintretenden Frösten öfter erfrieren, was sich leicht mehrere Jahre hindurch wiederholt und die Wiederverjüngung durch Ausschlag gefährdet. Außerdem kommt in Betracht, daß in den Hochlagen diese vorherrschend nur schwächere und geringwerthigere Sortimente produzirende Betriebsart schon wegen der ungünstigen Absatzlage nicht zu empfehlen wäre.

Von den verschiedenen Arten des Niederwaldes verlangt wiederum der Eichenschälwald das mildeste Klima, da hiebei nicht blos die Ansprüche der Eiche, sondern auch noch die größere Masse und die bessere Qualität der in wärmeren Gegenden erwachsenen Rinde mit ins Gewicht fallen; diese Betriebsart kann daher die Grenze des Weinbaues nur um eine geringe Strecke überschreiten, wenn man noch eine hinlänglich gute Rinde gewinnen will. Allerdings ist anzuführen, daß in Holland, obgleich kein Weinbau mehr getrieben werden kann, der Eichenschälwald noch in großer Ausdehnung vorkommt, ohne daß die Qualität der Rinde merklich geringer wäre als bei der in Weingegenden erzeugten.

Dieselben Anforderungen wie der Niederwald stellt auch der

Mittelwald an das Klima; bei empfindlichem Unterholz sogar noch höhere, weil in rauherem Klima die Verholzung der Stockausschläge unter dem Schatten des Oberholzes sich verlangsamt, und die Entwicklung derselben mehr gehemmt ist.

Der Femelbetrieb ist in allen Klimaten zulässig, im milderen aber, wo ohnehin das Laubholz vorherrscht, größtentheils durch den Mittelwald verdrängt, wogegen er an der oberen Grenze der Baumvegetation die einzige Möglichkeit zur Erhaltung des Waldes bietet.

Mit Ausnahme der letztgenannten Oertlichkeiten ist die ohnehin am weitesten verbreitete Betriebsart des schlagweise zu verjüngenden Hochwaldes an kein bestimmtes Klima gebunden, wird dagegen dort, wo nur noch das Nadelholz vorkommt, zur Nothwendigkeit, sofern man nicht zum Femelbetrieb gezwungen ist.

Zur Veranschaulichung der wirklichen Verbreitung obiger Betriebsarten dienen folgende Zahlen aus Bayern, wobei vorauszuschicken, daß der Salinenbezirk fast ganz im Gebiet der Alpen gelegen ist, Oberbayern und Schwaben erstrecken sich auch noch in dasselbe, während Mittelfranken in der Hauptsache jenseits der Grenze des Weinbaues, die Rhein-Pfalz aber großentheils innerhalb dieses Gebiets gelegen ist. In diesen Bezirken vertheilen sich die Betriebsarten nach folgenden Prozentsätzen:

	Mittel- und Niederwald.		Hochwald.		Femelwald.	
	Privatwald	Gemeindewald	Privatwald	Gemeindewald	Privatwald	Gemeindewald
Salinenbezirk .	4%	17%	33%	49%	63%	34%
Oberbayern . .	2%	9%	78%	65%	20%	26%
Schwaben . . .	19%	35%	69%	60%	12%	5%
Mittelfranken .	12%	34%	86%	66%	2%	—
Rheinpfalz . .	41%	30%	57%	70%	2%	—

Es sind hiebei namentlich die Zahlen für die Privatwaldungen instructiv, weil sich in diesen die Einwirkung der bestimmenden Verhältnisse am ungehindertsten zeigen kann. Auch bei den Gemeindewaldungen ist dieß noch ziemlich der Fall, während für die Staatsforste andere Wirthschaftsgrundsätze gelten, und außerdem eine andere Territorialeintheilung zur Anwendung kam, so daß die betr. Zahlen mit obigen nicht zu vergleichen wären.

Aehnlich verhält es sich bei den Gemeindewaldungen in Baden, von welchen im ganzen Lande 66,8 % als Hochwald, 31,7 % als Mittelwald und 1,5 % als Niederwald bewirthschaftet werden, während im Hochgebirg des Schwarzwaldes 94,6 % Hochwald und nur 5,5 % Mittel= und Niederwald vorkommen; andrerseits aber diese zwei Be= triebsarten in dem milden Klima des Hügellandes von der Pfinz bis zum Neckar 73,8 % der ganzen Waldfläche einnehmen.

28   Die Verjüngungsmethode, welche übrigens nur beim schlag= weisen Hochwaldbetrieb einigermaßen modifizirt werden kann, steht eben= falls unter dem Einfluß des Klimas; bei der natürlichen Verjüngung sind schon die in rauhen Hochlagen selteneren Samenjahre ein Hinder= niß und bedingen längere Verjüngungszeiträume, welche aber auch aus Rücksicht auf den langsamen Wuchs der jungen Pflanzen und die vielen Gefahren, denen sie ausgesetzt sind, noch mehr erweitert werden müssen, bis der nachzuziehende Bestand genügend erstarkt ist, daß er den schäd= lichen Einwirkungen des Schnees, Frostes 2c. hinlänglich widerstehen kann. Unter diesen Verhältnissen wird man zeitig Vorbereitungen zur Verjüngung treffen, namentlich den sich zufällig ansiedelnden Vorwuchs schonen und pflegen, bei eintretenden Samenjahren durch Wundmachen des Bodens die natürliche Besamung fördern, andrerseits aber nicht zu lange darauf warten, sondern frühzeitig durch Untersaat oder Unter= pflanzung nachhelfen. In letzteren beiden Fällen hat man noch be= sonders darauf zu achten, daß immer mehrere Pflanzen in unmittel= bare Nähe zusammenkommen, damit sie sich gegenseitig Schutz geben können, wenn man sie nicht etwa auf der thalwärts gerichteten Seite von Stöcken, größeren Steinen u. s. w. unterbringen kann.

Nachbesserungen nach beendigtem Abtrieb des Schutzbestandes sind mit erstarkten Pflanzen und möglichst sorgfältig auszuführen, damit baldiger Schluß erfolgt, welcher überdieß noch durch zeitweilige Er= haltung anderer, zur Anzucht nicht gewünschter Holzarten, Vogelbeere 2c. zu fördern ist.

Gegen etwa zu befürchtende Ueberhandnahme der Bodenfeuchtigkeit sind schon vor Beginn der Verjüngungshiebe die nöthigen Vorsichts= maßregeln zu ergreifen, da gerade in den Hochlagen nach dem Abtrieb des Altholzes, die Versumpfung und Versäuerung des Bodens rascher Platz greift und schwerer zu beseitigen ist.

29   Die langsamere Entwicklung des einzelnen Baumes und der ganzen Bestände bedingen in den Hochlagen eine höhere Umtriebszeit, um so mehr, als von dort her nur stärkeres, werthvolleres Holz den weiten Transport noch rentabel erscheinen läßt, und solches nur von Beständen

höheren Alters zu erwarten ist. In den Hochalpen des Berner Ober=
landes (Bezirke: Interlaken, Frutigen und Oberhasle) werden z. B.
44 % der Waldfläche in 150jährigem Umtrieb bewirthschaftet, 19 %
in 130= und 140jährigem, 27 % 110= und 120jährig, 9 % 100jährig,
während die Wälder in den Voralpen des Oberlandes (Schwarzenberg,
Thun, Saanen, Ober= und Nieder=Semmenthal) nur noch 10 % mit
150jährigem Turnus aufweisen, 12 % in 130= und 140jährigem,
45 % in 110= und 120jährigem, 24 % in 100= und 8 % in 70= bis
90jährigem Umtrieb.

Auch unter weniger extremen Verhältnissen machen sich diese
Einflüsse bemerkbar, z. B. in den Gemeindewaldungen von Baden
vertheilen sich die Umtriebszeiten der Hochwaldungen in folgenden
Prozentsätzen:

	120	110	100	90	80	unter 80 Jahre
ganzes Land .	18 %	4 %	40 %	13 %	20 %	5 %
Schwarzwald:						
Hochgebirg .	45 „	7 „	43 „	3 „	2 „	0 „
Vorberge .	5 „	5 „	49 „	14 „	24 „	3 „

Mit dem ungünstiger werdenden Klima ändert sich hienach die 30
ganze forstliche Betriebsweise, sie wird aus einer intensiven
mehr und mehr extensiv, erfordert namentlich größere Flächenaus=
dehnung des Areals und die in Aussicht stehenden geringeren Erträge
lassen auch nur eine geringere Thätigkeit und eine sparsamere Verwen=
dung von Arbeitskraft und Kapital zu, wenn nicht im Verhältniß zu
den produzirten Rohstoffmengen ein allzugroßer Aufwand gemacht werden
soll. Es wird auch in der That zunächst beim Holztransport eine
große Arbeitsersparniß möglich, weil die Verbringung in der Regel zur
Winterszeit bei Schneebahn geschehen kann, was die Arbeit wesentlich
fördert und den Aufwand für Wegbauten und Wegunterhaltung ver=
mindert. Der Culturaufwand ist dagegen in rauhem Klima entschieden
höher, als in mildem, sobald man die natürliche Verjüngung aufgiebt,
oder nicht entsprechend durchführen kann.

Die bereits erwähnte größere Flächenausdehnung wirkt in so fern
weniger nachtheilig, als die Preise des Grund und Bodens in solchen
Lagen niederer stehen als in milderem Klima, da auch die landwirth=
schaftlich benützten Flächen verhältnißmäßig geringwerthiger sind und
nur eine schwache Nachfrage nach solchen besteht.

Ungünstiger gestaltet sich aber dieses Verhältniß bezüglich des er= 31

forderlichen Holzvorraths, welcher in rauherem Klima ein viel
größerer sein muß, um damit die gleiche Holzmasse erzeugen zu können,
was sofort an folgendem Beispiel ersichtlich wird. Wenn unter günstigen
Verhältnissen in 100jährigem Umtrieb 700 Festmeter pro ha Haubarkeitsertrag erwachsen und hiezu in der Hochlage 150 Jahre erforderlich wären, so bedarf man (nach der Formel der österreichischen
Cameraltaxe, vgl. unten 244) in diesen beiden Fällen das eine Mal
$100 \times 700 \times 0{,}5 = 35\,000$ Festmeter, das andere Mal $150 \times 700 \times 0{,}5 =$
52 500 Festmeter, somit 17 500 oder 50 Prozent m e h r an lebendem
Holzkapital, welches also der Masse nach annähernd in gleichem Verhältniß mit der Umtriebszeit steigt, was sich bei der Fläche (jedoch hier
genau) ebenso verhält. Den wirklichen Maßstab für die Beurtheilung
des Kapitalbedarfs erhält man aber erst, wenn die Einzelpreise für
den Festmeter stehenden Holzes und für die Flächeneinheit bekannt sind.
Es ist in den meisten Fällen anzunehmen, daß diese letzterwähnten
Faktoren in annähernd gleichem Maße fallen, wie die klimatischen Verhältnisse ungünstiger werden, wodurch eine wenigstens theilweise Ausgleichung erfolgen kann.

32   Die weiteren klimatischen Verschiedenheiten sind nicht von solch
merklichem Einfluß auf den Forstbetrieb, wie die vorstehend behandelten
Gegensätze; doch immerhin von einiger Bedeutung, so daß sie nicht
unbeachtet bleiben dürfen. Allerdings fehlt es noch an Zahlen, um die
Wirkungen der sonstigen klimatischen Gegensätze zum Ausdruck zu bringen;
doch wird man nicht irren, wenn man die Einflüsse des trockenen
Klimas denjenigen der Hochlagen gleichstellt, nur daß sich dieselben
nicht zu jenen Extremen steigern, wie sie an der oberen Baumgrenze
vorkommen. Es ist übrigens die eine Ausnahme hervorzuheben, daß
die Samenjahre in trockenem Klima häufiger sind, als in feuchtem;
auch die Fruchtbarkeit tritt in ersterem bei allen Holzarten früher ein,
als in letzterem, welches mehr die vegetative Entwicklung begünstigt,
während die Trockenheit der Fruktifikation größeren Vorschub leistet.

Der Ausschlag bei den Laubhölzern erfolgt in trockenem Klima
reichlicher und kräftiger, auch verholzen sich die Ausschläge besser als
in feuchtem, weßhalb für dieses der Ausschlagwald weniger geeignet ist.
Insbesondere ist die Einwirkung von Wärme und Licht für stärkere
Entwicklung der Eichenrinde und Erhöhung des Gerbestoffgehaltes
derselben als eine wesentliche Vorbedingung anzusehen, weßhalb der
Eichenschälwald eher in trockenes als in feuchtes Klima gehört. Beim
Mittelwald dagegen, wo die Ueberschirmung des Oberholzes ohnehin

nachtheilig auf das Unterholz einwirkt, wird dieser Einfluß im trockenen Klima noch gesteigert.

Die Masse des erzeugten Holzes ist in feuchtem Klima, bei sonst gleichen Bedingungen, größer, aber die Qualität, was Dauer und Heizkraft anbelangt, geringer als bei trockenem Klima. Die Streunutzung wirkt in ersterem weniger schädlich, als in letzterem; die Harzproduktion wird dagegen durch ein trockeneres Klima gesteigert. In feuchtem Klima schadet die Unterbrechung des Schlusses weniger, weßhalb die Durchforstungen ohne Nachtheil stärker gegriffen werden können; auch wird die natürliche Verjüngung erleichtert, die junge Pflanze erträgt den Druck der Mutterbäume länger und kann deßhalb bei letzteren der Lichtungszuwachs in erhöhtem Grade ausgenutzt werden, was bei jenem nicht zulässig ist, weil der Nachwuchs selbst unter einem lichten Schutzbestand rasch wieder verschwindet.

Wo sich sodann öfter heftige Stürme einstellen, da ist der Forstmann zu besonderer Vorsicht bezüglich der Schlagführung und Einrichtung der Hiebszüge gezwungen, was mannigfache Opfer fordert, indem einzelne Bestände vor, andere nach eingetretener Hiebsreife zum Abtrieb bestimmt werden müssen. Es ist aber anzunehmen, daß, wenn einmal die nöthige Ordnung hergestellt sein wird, dadurch der muthmaßliche Schaden sich aufs zulässige Minimum reduzirt, und deßhalb darf man vor den fraglichen Opfern nicht zurückschrecken; denn ohne solche sichernde Schlagtouren sind die muthmaßlichen Störungen in der Wirthschaft und die Verluste durch vorzeitige Nutzung unreifen Holzes, durch Bruch und Splitterung werthvollerer Sortimente viel größer zu veranschlagen, da sie sich immer aufs Neue wiederholen.

Auch sonst noch schaden die Winde durch Beeinträchtigung des Höhenwuchses an den Seeküsten, in exponirten Hochlagen 2c., ferner durch Entführung der Laubdecke und wo Harznutzung stattfindet, durch Verwehen der frisch austretenden Harztropfen. (Wessely, Alpenländer, S. 375.)

V. Der Boden.

Die Waldbäume ziehen mit Hülfe der Wurzeln ihre Nahrung 33 vorherrschend aus dem Boden, wo sie solche in mehr oder weniger löslicher Form und in größeren oder geringeren Mengen vorfinden; und es ist selbstverständlich, daß ihr besseres oder schlechteres Wachsthum bei sonst gleichen Vorbedingungen in direktem Verhältniß zu der Menge und Löslichkeit der Nahrungsstoffe steht.

Unter diesen kommen hauptsächlich in Betracht die Kohlensäure, Phosphorsäure, die Alkalien, Kalk-, Thon- und Kieselerde; in untergeordnetem Grade (bei den Waldbäumen nemlich) auch noch Schwefel und Stickstoff. Einzelne dieser Nahrungsstoffe sind unbedingt nothwendig zum Gedeihen der betr. Holzart.

Bei der großen Flächenausdehnung der Forste und dem raschen Wechsel in der Zusammensetzung des Bodens hat übrigens dessen chemische Analyse im forstlichen Betrieb weniger Anwendung finden können und dürfte noch nicht sobald diejenige Bedeutung erlangen, welche ihr in der Landwirthschaft unbestritten zu Theil wird.

In der Praxis wird sich der Forstwirth vorzugsweise an die leicht erkennbare Beimischung der verwesenden organischen Bestandtheile, den Humus, zu halten haben, wenn er die Güte des Bodens auf größeren Waldflächen beurtheilt. Für den Forstwirth ist deßhalb auch noch die ältere Classifikation der Böden nach Thaer und Schübler genügend und kommt dieselbe hienach in beiliegender Tabelle, auf forstliche Verhältnisse angewendet, zur Darstellung.

Böden, welche keine Art von Waldbäumen mehr ernähren können, sind selten, z. B. an der Seeküste die mit Salz durchtränkten Sanddünen, oder Brandstellen, welche durch intensives Feuer ihre wenigen organischen Bestandtheile verloren haben und sonst keine mineralischen Nahrungsstoffe enthalten, wie z. B. die großen Brandflächen in der Johannisburger Heide in Ostpreußen. — Andere Hemmnisse für eine gedeihliche Waldvegetation lassen sich durch Bearbeitung überwinden.

34   Der sogenannte Orthstein und der Raseneisenstein läßt auch keinen Baumwuchs gedeihen, doch liegt derselbe meist in einer mehr oder weniger geringen Tiefe unter der Oberfläche des Bodens, so daß wenigstens die über demselben befindliche Schicht den Wurzeln eine Zeit lang Nahrung bietet. Da aber unter solchen Verhältnissen die Bestände frühzeitig kümmern und absterben, so kann die Holzzucht nur dann lohnend betrieben werden, wenn als Vorbereitung zur Cultur eine Durchbrechung dieser verhärteten Schichten mittelst Grabenziehung stattfindet. Dieß ist aber begreiflich eine sehr theure Maßregel und nur da ausführbar, wo das Holz entsprechend bezahlt wird; allerdings erreicht man damit auch noch die Vortheile der Bodenlockerung, welche dabei ebenfalls in Rechnung zu nehmen sind.

Nach den Erfahrungen am Niederrhein kostet 1 ha mit 1 m

Eintheilung der Bodenarten
nach Thaer und Schübler.

Benennungen der Bodenarten			Bestandtheile in 100 Theilen				Verhalten dieser Böden zur Waldvegetation
Klassen	Ordnungen	Arten	Thon	Kalk	Humus	Sand	
I. Thonboden	kalkloser	armer	über 50	0	0—0,5	das Uebrige	Für Hainbuchen und Eichen besonders geeignet, namentlich wenn es nicht an Humus fehlt. Die Tanne und Fichte, auch die Buche gedeiht noch gut auf den kalkhaltigen Thonböden. Erlen und Kiefern dagegen haben ein schlechtes Wachsthum. Der starke Graswuchs ist der Verjüngung hinderlich.
	—	vermögender	„ 50	0	0,5—1,5	—	
	—	reicher	„ 50	0	1,5—5,0	—	
	kalkhaltiger	armer	„ 50	0,5—5,0	0—0,5	—	
	—	vermögender	„ 50	0,5—5,0	0,5—1,5	—	
	—	reicher	„ 50	0,5—5,0	1,5—5,0	—	
II. Lehmboden	kalkloser	armer	30—50	0	0—0,5	—	Für die meisten Holzarten sehr zuträglich, wenn es nicht an Tiefgründigkeit oder Feuchtigkeit für die eine oder andere fehlt. Bei einzelnen Arten noch eine ziemliche Neigung zum Verrasen, auf den ärmeren Böden Heidenüberzug.
	—	vermögender	30—50	0	0,5—1,5	—	
	—	reicher	30—50	0	1,5—5,0	—	
	kalkhaltiger	armer	30—50	0,5—5,0	0—0,5	—	
	—	vermögender	30—50	0,5—5,0	0,5—1,5	—	
	—	reicher	30—50	0,5—5,0	1,5—5,0	—	
III. Sandiger Lehmboden	kalkloser	armer	20—30	0	0—0,5	—	
	—	vermögender	20—30	0	0,5—1,5	—	
	—	reicher	20—30	0	1,5—5,0	—	
	kalkhaltiger	armer	20—30	0,5—5,0	0—0,5	—	
	—	vermögender	20—30	0,5—5,0	0,5—1,5	—	
	—	reicher	20—30	0,5—5,0	1,5—5,0	—	
IV. Lehmiger Sandboden	kalkloser	armer	10—20	0	0—0,5	—	Bloß in günstigen Lagen und klimatischen Verhältnissen bei vieler organischer Kraft läßt sich noch edleres Laubholz im Hochwald erziehen. Sonst mehr Nadelholz, und zwar Forchen und Fichten vorherrschend.
	—	vermögender	10—20	0	0,5—1,5	—	
	—	reicher	10—20	0	1,5—5,0	—	
	kalkhaltiger	armer	10—20	0,5—5,0	0—0,5	—	
	—	vermögender	10—20	0,5—5,0	0,5—1,5	—	
	—	reicher	10—20	0,5—5,0	1,5—5,0	—	
V. Sandboden	kalkloser	armer	0—10	0	0—0,5	—	Fast durchweg Kiefernboden, ausnahmsweise sind die humosen Sandböden für anspruchsvollere Nadelhölzer und für einzelne Laubhölzer im Niederwald noch zuträglich. Heiden und Heidelbeeren werden sehr schädlich.
	—	vermögender	0—10	0	0,5—1,5	—	
	—	reicher	0—10	0	1,5—5,0	—	
	kalkhaltiger	armer	0—10	0,5—5,0	0—0,5	—	
	—	vermögender	0—10	0,5—5,0	0,5—1,5	—	
	—	reicher	0—10	0,5—5,0	1,5—5,0	—	
VI. Mergelboden	thoniger	armer	über 50	5—20	0—0,5	—	Für alle Laubhölzer, mit Ausnahme der Erlen und Weiden, die besten Böden. Auch die Nadelhölzer gedeihen gut, selbst auf thonigem Mergel, weil der Kalk die Bindigkeit des Thonbodens bricht. Die nicht geselligen Laubhölzer: Ahorne, Ulmen, Eschen, finden sich häufig ein. Starker Graswuchs. Mineralisch sehr kräftige Böden, die namentlich bei gut erhaltenem Bestandesschluß Mißhandlungen noch am ehesten ertragen können.
	—	vermögender	„ 50	5—20	0,5—1,5	—	
	—	reicher	„ 50	5—20	1,5—5,0	—	
	lehmiger	armer	30—50	5—20	0—0,5	—	
	—	vermögender	30—50	5—20	0,5—1,5	—	
	—	reicher	30—50	5—20	1,5—5,0	—	
	sandiger Lehmmergelboden	armer	20—30	5—20	0—0,5	—	
	—	vermögender	20—30	5—20	0,5—1,5	—	
	—	reicher	20—30	5—20	1,5—5,0	—	
	lehmiger Sandmergelboden	armer	10—20	5—20	0—0,5	—	
	—	vermögender	10—20	5—20	0,5—1,5	—	
	—	reicher	10—20	5—20	1,5—5,0	—	
	humoser	thoniger	über 50	5—20	über 5,0	—	
	—	lehmiger	30—50	5—20	„ 5,0	—	
	—	sandiger	20—30	5—20	„ 5,0	—	
VII. Kalkboden	thoniger	armer	über 50	über 20	0—0,5	—	Für Buchen, Ahorne, Ulmen, Eschen, Birken ꝛc. der beste Boden. Für Fichten, Tannen, Lärchen, Schwarz- und Zürbelkiefern ebenfalls gut. Der gemeinen Kiefer nicht so zuträglich. Weniger Neigung zum Graswuchs. Ein sorgfältiger Schutz vor Austrocknung und vor längerem Bloßlegen ist nothwendig.
	—	vermögender	„ 50	„ 20	0,5—1,5	—	
	—	reicher	„ 50	„ 20	1,5—5,0	—	
	lehmiger	armer	30—50	„ 20	0—0,5	—	
	—	vermögender	30—50	„ 20	0,5—1,5	—	
	—	reicher	30—50	„ 20	1,5—5,0	—	
	sandiger Lehmkalkboden	armer	20—30	„ 20	0—0,5	—	
	—	vermögender	20—30	„ 20	0,5—1,5	—	
	—	reicher	20—30	„ 20	1,5—5,0	—	
	lehmiger Sandkalkboden	armer	10—20	„ 20	0—0,5	—	
	—	vermögender	10—20	„ 20	0,5—1,5	—	
	—	reicher	10—20	„ 20	1,5—5,0	—	
	humoser	thoniger	über 50	„ 20	über 5,0	—	
	—	lehmiger	30—50	„ 20	„ 5,0	—	
	—	sandiger	20—30	„ 20	„ 5,0	—	
VIII. Humusboden, enthält größtentheils	auflöslichen milden Humus	thoniger	über 50	mit oder ohne Kalk	„ 5,0	—	Für Laub- und Nadelhölzer, mit Ausnahme der Forche, ausgezeichnet gute Böden. Starker Graswuchs. Für Fichten, Erlen, Birken, auch Zürbelkiefern, selten noch für Weißtannen und Forchen. Heidelbeerüberzug. Für Fichten, Erlen und Schwarzbirken, wie auch für Legföhren. Starker Ueberzug von Heiden, Heidelbeeren und Torfmoosen.
	—	lehmiger	30—50		„ 5,0	—	
	—	sandiger	20—30		„ 5,0	—	
	unauflöslichen verkohlten oder sauren Humus	thoniger	über 50	mit oder ohne Kalk	„ 5,0	—	
	—	lehmiger	„ 50		„ 5,0	—	
	—	sandiger	„ 50		„ 5,0	—	
	unauflösliche faserige Pflanzenstoffe	Torfboden		mit oder ohne Kalk	„ 5,0	—	
	—	Moorboden			„ 5,0	—	

Anzufügen wäre noch Orthsteinboden, der in geringer Tiefe eine durch organisches Bindemittel stark verhärtete Schicht Sand mit wenig Eisenoxyd zur Unterlage hat, welche die Wurzeln nicht durchdringen können, wenn nicht eine tiefer gehende, wenigstens theilweise Bearbeitung vorausgegangen ist. Aehnlich verhält es sich beim Raseneisenstein (kohlen- und phosphorsaures Eisenoxyd mit einigen Procenten organischer Substanz); ferner beim Allmboden (am Fuß der Alpen), wo eine Lage dichten kohlensauren Kalkes das Eindringen der Wurzeln verhindert. Der Szekboden (in Ungarn) enthält eine Schicht Natron und der Steppenboden öfters eine Schicht Salz, wodurch das Gedeihen der Waldbäume unmöglich gemacht ist, sobald ihre Wurzeln dieselbe erreichen.

Fischbach, Forstwirthschaft zu pag. 30.

tiefen, 2,5 m breiten Gräben auf 4 m Abstand zu durchziehen im Akkord 100 bis 200 Mark, während der gewöhnliche Tagelohn für einen kräftigen Mann auf 1,7 Mark steht. Die Lohnforderung richtet sich namentlich nach der Härte und Mächtigkeit der Orthsteinschichten. Für Hannover giebt Burkhardt die Kosten bei Bearbeitung von zwei Fünftel der Fläche unter mittleren Verhältnissen auf 150 Mark pro ha an. Dort wird auch vielfach Pflugarbeit zu diesem Zweck zu Hülfe genommen, welche dann 40—50 Mark pro ha kostet und natürlich nur da Platz greifen kann, wo die Orthsteinschicht noch mit dem Pfluge zu erreichen ist, also nicht tiefer als höchstens 50 cm liegt. Neuerdings wendet man sogar auch den Dampfpflug zu diesem Zwecke an, was im Herzogthum Arenberg bei einer Bearbeitung auf 80 cm Tiefe pro ha 65 Mk. 75. Pf. kostete, wobei täglich 1,4 ha bearbeitet werden.

Der Flugsandboden muß ebenfalls vor oder mit Beginn der Forstcultur hiezu vorbereitet werden, indem man ihn in verschiedener Weise bindet, wobei es sich meist auch noch um die Sicherung des anliegenden Grundstandes gegen ein Ueberwehtwerden handelt.

Es ist zu unterscheiden zwischen Bindung der Dünen an der Meeresküste und der Sandschollen im Binnenland. — Erstere geschieht durch Anpflanzung von Sandhafer (Elymus arenarius), von Sandrohr (Arundo arenaria), oder von Heidekraut (3jährig mit dem Ballen ausgehoben). Die Holzcultur verspricht nur in geschützteren Lagen unter Verwendung von Ballenpflanzen mit nachfolgender Reisdeckung Erfolg; doch dürfte an exponirten Stellen die Legforche noch gedeihen. Steilen, vom Wind angebrochenen Flächen ist eine gleichmäßige sanfte Neigung von höchstens 45 Graden zu geben. Der Weidgang des Viehs ist ganz auszuschließen; namentlich sind die ausgewehten Stellen (Hohlkehlen) zu schonen.

Bei Flugsand im Binnenland sind letztere Maßregeln ebenfalls nothwendig. Wo der Sand sehr flüchtig ist, deckt man denselben mit Heidegestrüpp, Aesten ec. (diesen ist stets die Lage zu geben, daß ihre Abhiebsfläche dem Wind zugekehrt wird; auch ist es manchmal nothwendig, dieselben zu beschweren). Oder man belegt die Fläche netzund schachbrettförmig mit im Herbst beigeführten, etwa 30 cm im Quadrat haltenden Plaggen und pflanzt im Frühjahr in die Winkel der Netze oder in die Plaggen selbst. Die Cultur hat in allen Fällen auf der vom Wind am meisten bedrohten Seite zu beginnen; die Pflanzen sollen etwas tiefer eingesetzt werden als sie früher standen.

In Norddeutschland wird der vorläufig befestigte Flugsand meist

durch Kiefernpflanzung dauernd gebunden; theils verwendet man Pflanzen
mit Ballen, theils solche mit entblößten Wurzeln, vorherrschend ein=
jährige, theils unter Benützung von Füllerde. Bei der Erziehung
solcher Pflanzen hat man besonders darauf zu sehen, daß sich ihre
Wurzeln so viel als möglich in die Tiefe entwickeln und daß die Pflanze
mit ihrer vollständigen Wurzel ausgehoben und eingepflanzt wird. In
Ungarn verwendet man auch Akazien oder Stecklinge der canadischen
Pappel und steckt dieselben in quer vor den Wind gelegten Reihen schief
mit dem untern Theil gegen den Wind.

Je nachdem man nun mehr oder weniger zu thun hat, je nach
der zu wählenden Methode der Bindung und je nach dem in
größerer oder geringerer Entfernung zu Gebot stehenden Deckmaterial,
werden sich die Kosten höher oder niederer stellen; am höchsten sind sie
auf hügeligem Terrain, wo die Deckung am dichtesten erfolgen muß, in
diesem Falle reichen oft 200 Mark pro ha nicht aus, während eine
ebene Fläche mit 60—120 Mark pro ha gedeckt werden kann; die
Deckung mit Heidekraut kommt stets höher, oft doppelt so hoch als die
Deckung mit Plaggen, so fern diese nicht gar zu weit gefahren werden
müssen. Die Verwendung von Reis, Kiefernstrauch 2c. ist bald billiger,
bald theurer als die Deckung mit Plaggen, je nach dem Stande der
Holzpreise und der Nähe des Gewinnungsortes. Die früher vielfach
empfohlene Anlage von Coupirzäunen wird als minder wirksame und
meist noch sehr theure Maßregel neuerdings nicht mehr angewendet.

36 Ebenso erfordert die Herrichtung versumpfter Flächen zur
Forstcultur größere Vorbereitungen. Vor Inangriffnahme einer Ent=
wässerung hat man sorgfältige Untersuchungen darüber anzustellen, bis
zu welchem Grad die Trockenlegung nothwendig und nützlich ist. Es
giebt Böden (z. B. armer Sand= oder Moorboden), welche durch eine
vollständige Trockenlegung im Ertrag bedeutend zurückgebracht, oder
geradezu unfruchtbar werden. Ebenso ertragen einzelne Holzarten
(z. B. Erlen und Fichten) eine vollständige Trockenlegung nicht gut,
namentlich wenn das Klima ziemlich trocken ist. Auch hat man bei
größeren Entwässerungen in den Tiefebenen den nachtheiligen Einfluß,
welchen eine allzu tiefe Senkung des Wasserspiegels auf die umgebenden
Ländereien und namentlich auf die Holzbestände äußern wird, in Be=
tracht zu ziehen.

Das Wasser wird in Gräben abgeführt; man wählt im Forst=
haushalt meistens offene Gräben, weil die verdeckten zu theuer sind,
und durch die Baumwurzeln verstopft würden. — Die Entwässerung

wirkt nie bis zur vollen Grabentiefe, weil durch die Capillarkraft des Bodens die Feuchtigkeit 0,1—0,4 m über die Sohle des Grabens gehoben wird; es ist dieß nach der Bodenart und dem Gefäll verschieden.

Die Gräben sollen ein gleiches Gefäll erhalten, denn da, wo das Gefäll wechselt, treten entweder Verschlammungen ein, oder greift das Wasser die Grabenwände an. Aus den gleichen Gründen ist es nothwendig, daß die Gräben womöglich in ganz geradem Zug geführt werden. Bei zu starkem Gefäll muß die Sohle terrassirt, oder durch kleine Faschinen, Steine ꝛc. gegen Ausreißen geschützt werden.

Die Wände der Gräben sind nur ausnahmsweise senkrecht, im Moorgrund bei geringer Tiefe, sonst erhalten sie hier eine Neigung (Böschung, Dossirung) von 20—30 Graden. Im Thonboden erhalten sie eine stärkere Neigung von 35—45 °, im Lehm 45—50 °, in sandigem Lehm und Sandboden soll sie wo möglich noch flacher sein. Je mehr Wasser ein Graben abzuführen hat, um so flacher muß verhältnißmäßig die Böschung gemacht werden.

Die Weite und Tiefe des Grabens richtet sich nach der aufzunehmenden Wassermenge und dem Gefäll; wo dieses stärker ist, bedarf man keine so weite Gräben, als im entgegengesetzten Fall. Wenn ein Graben nur wenig Wasser zu führen hat, so läßt man die beiden Wände desselben auf dem Grund unter einem spitzen Winkel zusammenlaufen; muß er dagegen mehr Wasser aufnehmen, so giebt man ihm eine Sohle, d. h. man rückt die Grabenwände auseinander und läßt eine Ebene zwischen ihnen.

Das Gefäll des Grabens ist wesentlich bedingt durch dessen Zweck, es soll dem Wasser einen raschen und sichern Abfluß verschaffen und daher womöglich etwas stärker sein als ein Prozent, damit das Wasser kleinere Hindernisse selbst wegräumen kann. Ein Gefäll von über vier und fünf Prozent ist schon ein solches, bei welchem das Wasser den Graben stark ausreißt, doch kommen im Gebirge noch stärkere vor.

Müssen die Gräben durch ein Terrain mit unebener Oberfläche gezogen werden, so ist darauf zu bringen, daß die Sohle dennoch ein gleichmäßiges Gefäll bekommt, und daß die Arbeiter die Unebenheiten der Oberfläche nicht auf die Sohle übertragen. Ein ganz schwaches Gefäll wird womöglich an der Ausmündung der Gräben auf eine kurze Strecke verstärkt, um den Wasserabfluß zu befördern.

Um den Gräben durchaus das gleiche Profil zu geben, läßt man von leichten Brettern oder Stäben, je für die verschiedenen Grabenarten, besondere Schablonen fertigen, welche der Arbeiter von Zeit zu Zeit senkrecht in den Graben stellt, um seine Arbeit danach zu prüfen und zu berichtigen.

Man unterscheidet Hauptgräben und Seiten=, Neben= oder Schlitzgräben. Erstere haben das Wasser zu sammeln und möglichst rasch abzuführen, letztere haben dasselbe aus dem Boden aufzunehmen und den Hauptgräben zuzuleiten. Wo eine gleichzeitig nach zwei Richtungen hin geneigte Fläche zu entwässern ist, kommt es vor, daß die Seitengräben sich nochmals verzweigen.

Die aus dem Graben ausgeworfene Erde ist auf der untern Seite desselben anzuhäufen oder gleichmäßig über das umgebende Terrain zu vertheilen, damit sie nicht den Eintritt des Wassers in den Graben hindert. Das Gleiche wird erreicht, wenn man die Erde nicht in fortlaufenden Dämmen, sondern in kegelförmigen Haufen aufschüttet, zwischen welchen man einen entsprechenden Raum freiläßt.

Auf Torfmooren und bei Orthstein ist es meistens geboten, einige Jahre vor der eigentlichen Kultur die Gräben auszuheben, damit der Boden inzwischen sich setzen oder verwittern kann.

Die Unterhaltung der Gräben erfordert zunächst die Fernehaltung des Weideviehs von der ganzen Fläche, sodann ein von Zeit zu Zeit wiederkehrendes Ausräumen, Beseitigung der auf der Sohle wachsenden Moose, Gräser 2c., kleinere Verbesserungen des Gefälls 2c. Diese Arbeiten sind so lange nothwendig, bis der Bestand sich geschlossen hat, auf Moorboden oft noch länger, um in dem neu erzogenen Bestand ein Stocken des Wachsthums zu verhindern.

37   Bei Inangriffnahme der Entwässerungsarbeiten ist das erste Erforderniß, daß man die Ursache der schädlichen Nässe aufsucht. Es kann entweder Quellwasser oder Regenwasser, Tagwasser, die Veranlassung sein; die Quellen können innerhalb des versumpften Terrains, oder außerhalb, höher als dieses, liegen.

Sind offene oder verborgene Quellen die Ursache der Versumpfung, so besteht die Hauptaufgabe darin, den Ursprung derselben zu ermitteln und dem Wasser von da aus auf dem kürzesten Wege einen geregelten Abfluß zu verschaffen. Treten Quellen an einem Hang zu Tage, so ist ihr eigentlicher Ursprung oft schwer zu finden, namentlich wenn man keine genaue Kenntniß von den Schichtenverhältnissen der Gebirgsformation hat. Selten brechen sie blos an Einem Punkt hervor, sondern meist auf einer größeren Längenausdehnung an der Bergwand hin, über einer undurchlassenden Schichte; in solchem Fall kann man durch einen derselben folgenden Isolirungs= oder Kopfgraben das Waſſer auffangen und dann auf kürzeſtem Wege fortführen; manchmal wird es nöthig, mehrere Parallelgräben übereinander anzulegen. Durch Regulirung des Waſſerablaufs auf der den Hang beherrſchenden Ebene iſt es auch öfters möglich, den Quellen des Hangs ihren ſchädlichen Zufluß zu entziehen.

Wenn aus einem mehr ebenen Terrain Quellwaſſer wegzuführen iſt, ſo zieht man einen Graben vom Ausgangspunkt der Quelle in derjenigen Richtung, in welcher das Waſſer mit dem günſtigſten Gefälle und auf dem kürzeſten Weg abgeleitet wird. Oft laſſen ſich mehrere Quellen durch kleinere Gräben auffangen, und in einen einzigen Hauptgraben vereinigen.

Hat die Verſumpfung ihren Grund im Regen- und Schneewaſſer, das wegen undurchlaſſendem Untergrund oder mangelnder Neigung der Fläche nicht gehörig verſinken oder ablaufen kann, ſo gehört ein vollſtändiges Grabenſyſtem dazu, um die Entſumpfung zu bewirken. Zuerſt ſind die Richtungen der Hauptgräben feſtzuſtellen; ſie haben vom tiefſten Punkt auszugehen, und parallel dem Gefäll der Geſammtfläche immer die relativ tiefſten Punkte der einzelnen natürlichen Abtheilungen oder Mulden zu durchſchneiden; Ausnahmen ſind blos da zu machen, wo das Gefäll zu ſtark würde. — Findet ſich keine ſolche natürliche Eintheilung, iſt vielmehr die zu entwäſſernde Fläche eine gleichmäßig geneigte Ebene, ſo richtet ſich die Entfernung der Hauptgräben nach der Möglichkeit, ihnen das Waſſer noch mit dem nöthigen Gefäll durch die Seitengräben zuführen zu können. Hat die Fläche ein ganz unbedeutendes Gefäll, ſo muß man dasſelbe in den Schlitzgräben dadurch verſtärken, daß man deren Sohle, je näher dem Hauptgraben, deſto tiefer legt, wodurch dann ihre Länge in engeren Grenzen gehalten wird. — Hat z. B. der Hauptgraben eine Tiefe von 0,5 m und ließe ſich dieſe in den Seitengräben äußerſtenfalls noch auf 0,20 m, das Gefäll aber auf 0,6 % beſchränken, ſo erhält der Seitengraben am einen Ende 0,5, am andern 0,20 m Tiefe, ſomit ein Geſammtgefäll von 0,30 m, alſo eine Länge von $\dfrac{0,30 \times 100}{0,6} = 50$ m, und die Hauptgräben kommen dann doppelt ſo weit von einander zu liegen.

Die Seitengräben ſollen möglichſt im rechten Winkel von den Hauptgräben abzweigen, und nur das nothwendigſte Gefäll bekommen; auf dieſe Weiſe wirkt die geringſte Grabenlänge auf eine möglichſt große Fläche. Sehr häufig findet man freilich noch Nebengräben, welche nahezu dem ſtärkſten Gefäll folgen, ſie ſind aber ebendeßhalb meist ohne Wirkung. — Der Abstand zwischen den Seitengräben soll nicht größer sein, als daß sie noch sämmtliches überschüssige Wasser aus der zwischenliegenden Fläche aufnehmen können; je tiefer sie gemacht werden, um so weiter wirken sie, doch hat auch die Bodenart hierauf wesentlichen Einfluß. Nach den Erfahrungen bei der Drainage rechnet man für leichten Boden auf 2 dm Grabentiefe 3 m Abstand der Röhrenstränge, in mittelschweren Böden 2 m und in schweren 1—1½ m; ähnlich wird sich der Torfboden verhalten. Für forstliche Zwecke ist übrigens keine so vollständige Entwässerung nöthig, deßhalb mögen obige Zahlen nur als Verhältnißzahlen angesehen werden.

Bei Anlegung eines Grabensystems ist es manchmal wegen des Kostenpunkts rathsam, die Seitengräben anfangs nicht zu nahe zusammen zu rücken, bis man ihre Wirkung auf dem betreffenden Terrain und Boden näher beobachten kann; der Abstand ist aber so zu wählen, daß sich zwischen zweien immer noch gut ein dritter anbringen läßt, ohne daß sie dann zu nahe zusammen kämen.

Hat man es mit einer größeren Fläche zu thun, auf welcher die Entwässerung nicht auf einmal gleichzeitig bewirkt werden kann, so wird es in der Regel nothwendig, an dem äußeren Umfang des Sumpfs zu beginnen, damit derselbe sich nicht weiter ausbreitet; es muß aber das Grabennetz gleich anfangs für die ganze Fläche entworfen werden, damit in die Arbeit der verschiedenen Jahre die nöthige Einheit ge= bracht wird.

Die Gräben sind stets offen zu erhalten, namentlich dürfen sie nicht mit Moos, Gras u. dgl. überwachsen, oder durch Erde, Reis u. dgl. verstopft werden.

Ausnahmsweise kommen auch bedeckte Gräben vor, z. B. in Saatschulen, Wegen u. dgl.; man erreicht mit ihnen den gleichen Zweck wie mit den offenen Gräben dadurch, daß man entweder gebrannte Thonröhren (Drainröhren) oder Steingerölle, Reis ꝛc. auf den Grund der Gräben einlegt und dieses Füllmaterial mit einer Schichte Moos abschließt, sodann aber den Graben vollends mit der ausgehobenen Erde wieder zufüllt.

Neben den Grabenziehungen spielt die Vegetation selbst noch eine große Rolle bei der Entwässerung. Durch eine dicht geschlossene Fichtenkultur wird der Boden rascher trocken gelegt, als durch das reichlichste Grabennetz; es erklärt sich dieß leicht, wenn man bedenkt, welch große Wassermenge die Pflanzen bei ihrem Wachsthumsprozeß in Gasform aushauchen, und daß außerdem noch ein großer Theil des

Regenwassers, das sonst auf den Boden gefallen wäre und dort die Versumpfung vermehrt hätte, auf Blättern und Zweigen zerstäubt und verdunstet (vgl. oben 7). Es ist daher sehr zweckmäßig, mit der Kultur einer solchen Blöße schon frühzeitig zu beginnen, wenn der Boden auch noch nicht ganz entwässert ist; freilich sind dann Holzarten dafür zu wählen, die einen nassen Standort ertragen können, oder eine Kulturart, durch welche sie gegen die Nässe geschützt sind, besonders die in solchen Lagen sehr zu empfehlende Manteuffel'sche Hügelpflanzung.

Mit der Entwässerung wird öfter die Vorbereitung zur Saat oder Pflanzung vereinigt, indem man größere oder kleinere Quadrate oder Kreisflächen mit Gräben umgiebt, die ausgehobene Erde in der Mitte aufhäuft und dann auf diesen künstlich erhöhten Stellen kultivirt. Für genügenden Ablauf des Wassers muß dabei durch Verbindung der einzelnen Umfangsgräben mit den Hauptgräben gesorgt werden. Auch legt man öfter zwei Parallelgräben nahe zusammen und wirft die aus= gehobene Erde auf den zwischenliegenden freien Raum, um eine er= höhte Kulturstelle zu schaffen. Dieß nennt man Rabatten=, jenes Rondellkultur.

Der Umfang der Entwässerungs-Arbeiten ist je nach dem Grad der Nässe ein sehr verschiedener und läßt sich ein Durchschnitt für die Kosten nicht wohl angeben, manchmal sind dieselben so hoch, daß sie sich höher stellen als der Ankaufspreis für productiven Waldboden und rechtfertigt sich ein derartiger Aufwand nur in solchen Fällen, wo sonst die Ausbreitung der Versumpfung auf die umgebenden productiven Flächen zu befürchten stünde. So mußte z. B. in einem früher ganz sich selbst überlassenen Gebirgsrevier auf Glimmerschiefer zur Ableitung der vielen hervorbrechenden Quellen und zur Beseitigung der bereits eingetretenen Versumpfungen im Laufe mehrerer Jahre pro ha der ganzen Fläche ein Aufwand von 7 Mk. pro ha gemacht werden, obwohl nur etwa ein Achtel des Gesammtareals naß und sumpfig war und die Arbeitslöhne nieder standen, nicht viel über 1 Mk. pro Arbeitstag eines Mannes. Immerhin ist in solchen Fällen langsam vorzugehen und für den Anfang nicht zu viel zu thun, da die Wirkung der Gräben sich nicht zum Voraus so genau bestimmen läßt, und andrerseits eine zu starke Entwässerung, ganz abgesehen von den Kosten, in manchen Fällen das Gedeihen der nachfolgenden Kultur beeinträchtigen kann.

Auch die Bewässerung ist schon zum Zweck der Kultur=³⁸ vorbereitung zu Hülfe gezogen worden, z. B. in Niederösterreich an der Pulkau und in Bayern. In letzterem Fall wurde ein Torfmoor mit hartem Kalkwasser bewässert und überschlammt, mehr durch die Methode der Ueberstauung als durch Ueberrieselung. Bei Hochwasser wurde der Fluß auf das Moor geleitet, sein schlammiges Wasser dort aufgestaut und so lange festgehalten, bis es seine erdigen Theile abgesetzt hatte. Hand in Hand damit ging die Ableitung des Torfwassers, und auf diese Weise wurde der Boden in doppelter Richtung verbessert; so daß sich theilweise ohne künstliche Nachhülfe edlere Holzarten ansiedeln konnten. — Auf der Herrschaft des Grafen von Flandern in der Campine (Belgien) mußte eine größere, zur Holzzucht bestimmte Flugsandfläche zunächst zur Bewässerung eingerichtet und zu dem Zweck ein langer Zuleitungskanal gebaut werden, da ohne diese Vorbereitung die Aufforstung nicht für möglich gehalten wurde.

Wo ferner der Boden durch zu starke Streunutzung hart geworden ist, kann durch Ueberrieseln mit Wasser eine günstige Wirkung hervorgebracht werden. Manchmal ist es möglich, das von der Höhe abzuführende Wasser in niederer liegenden, felsigen oder steinigen Gründen seinen Schlamm absetzen zu lassen, und auf diese Weise den Boden zu verbessern.

39 Hat man es, wie in den meisten Fällen, mit Böden zu thun, die keiner besonderen Vorbereitung bedürfen, so kommt bei diesen vor Allem ihre forstliche Produktionskraft in Betracht, welche a priori sich nur annähernd bestimmen läßt nach den Anhaltspunkten, welche die chemische Zusammensetzung und die physikalischen Eigenschaften an die Hand geben, oder nach den vorhandenen Pflanzenarten, welche einen Rückschluß auf die forstliche Ertragsfähigkeit zulassen. — Auf Böden, welche schon länger zur Holzzucht benützt werden, geben die vorhandenen Bestände den sichersten Maßstab zur Beurtheilung ihrer Produktionsfähigkeit.

Diese läßt sich aber nicht im Allgemeinen und für alle Holzarten gleichmäßig bezeichnen, indem die eine Art (wie Eiche, Weißtanne ꝛc.) nur auf den besseren und zugleich auch noch tiefgründigen Böden, die andere (Kiefer, Birke ꝛc.) auf den besten und schlechtesten Böden gleichzeitig vorkommen. Wenn man also Abstufungen nach der Ertragsfähigkeit bildet, so ist es nothwendig, dieß jeweils nur für eine bestimmte Holzart zu thun. Man bildet deßhalb Bodenbonitätsklassen für die Kiefer und andere für die Fichte, Eiche ꝛc. Es ist sodann auch erklärlich, daß die Beibehaltung einer gleichen Zahl von Klassen für die einzelnen Holzarten den einzelnen Klassen einen ganz verschiedenen Umfang giebt; denn bei der Kiefer umfaßt das Vegetationsgebiet von

der unterſten Stufe der Produktionsfähigkeit, wo nur noch dieſe Holz=
art gedeiht, auch noch nahezu alle Bodenarten bis zur beſten; theilt
man dieſes nun in 5 Klaſſen, ſo umfaßt jede einzelne den fünften Theil
eines viel größeren Raumes, als bei der Buche, welche nur auf den
zwei oder drei beſten Klaſſen der Kiefernböden ihr Gedeihen findet.

Innerhalb dieſes jeder Holzart eigenen Gebietes bewirkt der Gegen= 40
ſatz von gutem und ſchlechtem Boden weſentliche Verſchiedenheiten
in den Erträgen und theilweiſe auch in der Art des wirthſchaftlichen
Betriebes; es iſt aber der Begriff von gutem Boden dahin zu erwei=
tern, daß damit nicht blos die chemiſche Zuſammenſetzung, ſondern auch
die der betr. Holzart zuträglichen phyſikaliſchen Eigenſchaften, Lockerheit
oder Bindigkeit, größerer oder geringerer Feuchtigkeitsgrad, die nöthige
Tiefgründigkeit ꝛc. mit inbegriffen ſind.

Der beſſere Boden erzeugt natürlich in allen Fällen mehr Holz
und ſonſtige Waldprodukte als der ſchlechtere; dieſer ſelbſtverſtändlich
ſcheinende Satz erleidet doch einige ſcheinbare Ausnahmen, d. h. wenn
der betr. Boden für eine Holzart zu gut iſt, bezw. wenn auf ſolchem
eine ungeeignete Wirthſchaft getrieben wird; ſo nimmt z. B. Rob.
Hartig das Nutzholzausbringen bei der Fichte auf Boden beſter Bonität
im 110jährigen Umtrieb nur mit 70 %, auf der zweiten Bonität
dagegen mit 85 % in Rechnung, weil auf dieſer die Rothfäule in
geringerem Umfang vorkommt.

Aehnliches iſt, wenn auch minder häufig, bei der Kiefer und manchmal
bei der Eiche wahrzunehmen; allein es läßt ſich dieſen Nachtheilen leicht
vorbeugen, wenn man die Umtriebszeit richtig bemißt, und da der
beſſere Boden in der gleichen Zeit mehr Maſſe und ſtärkere Stämme
erzeugt, ſo kann der kürzere Umtrieb auf gutem Boden ebenſo viel
und ebenſo geſundes Holz liefern, wie der entſprechend längere auf
ſchlechterem Boden. — Bei der Kiefer wird die Nutzholzausbeute auf
allzuguten Böden auch dadurch noch beeinträchtigt, daß die Stämme
häufiger krumm erwachſen und deßhalb zu Bauholz nicht taugen.

In normalen Verhältniſſen werden aber nicht blos größere Maſſen, 41
ſondern auch viel ſtärkere und deßhalb werthvollere Sortimente
auf gutem Boden erzeugt, weil ſchon die Baumform ſich günſtiger ge=
ſtaltet; die Maſſe des Stammes iſt eine größere im Verhältniß zum
Aſt= und Reisholz; die Stammſpindel wird länger und vollholziger,
alſo zu einer größeren Zahl von Verwendungsarten brauchbar. Je
ſtärker aber die einzelnen Stämme ſind, um ſo weniger haben davon
auf der gleichen Fläche Platz; die Beſtände auf gutem Boden haben

deßhalb auch eine geringere Stammzahl aufzuweisen als die unter ent=
gegengesetzten Verhältnissen erwachsenen, und hiedurch wird das Aus=
bringen an werthvolleren, namentlich an Nutzholzsortimenten, bei den
letzteren noch weiter herabgedrückt.

In einzelnen Fällen kann der Ausfall am Nutzholzprozent zum
Nachtheil des schlechteren Bodens sich bis zu ein Fünftel steigern, während
natürlich der Ausfall am Geldertrag noch höher ist, worüber aber
wegen der großen Verschiedenheit der Holzpreise nähere Anhaltspunkte
nicht gegeben werden können.

Die Qualität der Produkte, namentlich des Holzes, wird da=
gegen auf besseren Böden geringer, die Dauer des Holzes nimmt ab,
je rascher dasselbe erwachsen ist; ebenso auch die Heizkraft; diese jedoch
nicht in so hohem Grade, daß nicht immer noch das Gesammterzeugniß
des besseren Bodens einen erheblich höheren Effekt erreichen läßt, als
das von geringerem.

Auf letzterem werden die Stämme früher samentragend und es
treten die Samenjahre öfter ein als bei üppigem Wachsthum auf guten
Böden, wo die Fruktifikation durch die vegetative Entwickelung mehr
zurückgedrängt wird.

Das Verhältniß von Haubarkeits= und Zwischennutzungen ist
ziemlich analog den Gesammterträgen, eher noch wird auf schlechterem
Boden der Antheil der Durchforstungserträge ein verhältnißmäßig
höherer sein, als auf besserem, weil bei der größeren Stammzahl,
welche hier die Regel bildet, auch eine größere Theilquote unterdrückt
wird, oder vielmehr diesem Schicksal rechtzeitig entzogen werden muß.

An Stock= und Wurzelholz liefern die guten Böden nicht
blos mehr der Masse nach, sondern es sind auch die Gewinnungskosten
dabei erheblich geringer, weil das Wurzelsystem sich auf kleinerem Raum
entwickelt. — Auch bezüglich der Nebennutzungen läßt sich von
besseren Böden ein höherer Ertrag erwarten, gleichzeitig aber werden sie
von der schädlich wirkenden Streunutzung, Weide ꝛc. weniger stark an=
gegriffen, erschöpfen sich erst nach längerer übertriebener Ausnutzung.

42 Die Neigung dieser besseren Böden zu rascher Verunkrautung
ist dagegen der Verjüngung hinderlich, erheischt sowohl bei der Schlag=
führung behufs natürlicher Besamung große Vorsicht oder vermehrt
bei Saaten und Pflanzungen die Kosten der Bodenvorbereitung und
der Pflege des jungen Bestandes. Es läßt sich aber auch die Verjüngung
unter Schutzbestand leichter durchführen, weil die jungen Pflanzen auf

besserem Boden einen stärkeren Druck der Mutterbäume viel länger ertragen als auf geringeren Böden.

Die natürliche und künstliche Verjüngung ist übrigens auf schlechten Böden mehr erschwert als auf besseren, man hat mit größeren Schwierigkeiten zu kämpfen und der günstige Erfolg läßt länger auf sich warten, das Gelingen der betr. Maßregeln ist weniger sicher. Auch später sind die Bestände auf schlechteren Böden den Gefahren von Insecten und Krankheiten mehr ausgesetzt, dagegen den von Wind drohenden weniger, weil die Stämme kürzer bleiben und das Wurzelsystem sich über eine größere Fläche ausbreitet.

Im Allgemeinen kann man sich auf reicheren Böden bezüglich aller wirthschaftlichen Maßregeln viel freier und in größeren Kreisen bewegen als auf geringeren; denn auf diesen ist man schon bezüglich der Wahl der Holzarten sehr beschränkt; möglicherweise ebenso bezüglich der Umtriebszeit. Dieses Moment fällt besonders ins Gewicht und ist in dieser Beziehung noch hervorzuheben, daß dieselbe auf schlechtem Boden weder so hoch noch so nieder wie auf gutem Boden angesetzt werden kann; einerseits weil die Lebensdauer der Waldbäume in diesen Fällen auf eine kürzere Zeitperiode begrenzt ist, andrerseits weil ein kürzerer Umtrieb auf schlechtem Boden zu viel schwaches Material erzeugt, welches in der Regel schwer oder nur zu schlechten Preisen abzusetzen ist.

Diese Unmöglichkeit, auf geringen Böden ebenso hohe Umtriebszeiten einzuhalten wie auf besseren, ist schon aus den Ertragstafeln ersichtlich, sofern solche sich auf die Ergebnisse wirklicher Bestandesaufnahmen stützen und nicht einseitig nach der mathematischen Schablone construirt sind. So z. B. haben die Burckhardt'schen Tafeln in IV. und V. Bodenklasse für Eichen die Erträge nur bis zum 140. Jahr angegeben, für die I. und II. dagegen bis zum 160.; noch auffallender tritt dieß bei den Kiefern hervor, wo in der V. Klasse mit dem 70., in der IV. mit dem 90., in der III. mit dem 100. und in den beiden besten Klassen erst mit dem 120. Altersjahr die Ertragsangaben aufhören.

Aehnliche Beschränkungen treten ein bei der Wahl der Betriebsart; das Laubholz läßt sich z. B. auf schlechterem Boden noch in der Form des Niederwaldes erhalten, wo es im Hochwald nicht mehr fortkäme, und auf sehr leichtem Sandboden, wo namentlich ein Flüchtigwerden zu verhindern ist, wird sogar bei der Kiefer der Femelbetrieb nothwendig, obgleich diese sehr lichtbedürftige Holzart am wenigsten dazu paßt.

43 Was nun den **Produktionsaufwand** betrifft, so ist es selbst=
verständlich, daß vom geringeren Boden eine größere Fläche erforderlich
wird, um die gleiche Masse Holz darauf zu erzeugen; gleichzeitig wird
aber auch der Werth des Bodens sinken und hieburch das Gleichgewicht
mehr oder weniger wieder hergestellt.

Der nothwendige Vorrath ist auf beiderlei Flächen annähernd der
gleiche, wenn man festhält, daß auf beiden der Masse nach gleich viel
genutzt werden soll, weil der Normalvorrath stets in annähernd gleichem
Verhältniß wie die normale Nutzungsgröße steigt oder fällt.

Dagegen sind die Aufbereitungs= und Ausbringungskosten auf
geringerem Boden höher als unter gleichen Verhältnissen auf besserem
Boden, weil dort die gleiche Masse sich auf eine größere Stammzahl
und auch noch auf eine größere Fläche vertheilt, also die Arbeit des
Fällens, der Zerkleinerung und des Ausrückens an die Wege im gleichen
Verhältniß gesteigert wird, oder weil die Wege eine entsprechend größere
Ausdehnung erhalten müssen, also ein größeres Bau= und Unterhaltungs=
kapital erfordern.

Die Kulturen verursachen ebenfalls einen höheren Aufwand für
schlechteren Boden, welcher so lange in direktem Verhältniß zur größeren
Fläche steht, als nicht besondere Hindernisse zu überwinden sind, welche
beiderseits in den Extremen des besten und des schlechtesten Bodens
hervortreten, indem bei ersterem allzustarker Unkräuterwuchs und rasch
eintretende Verwilderung, bei letzterem aber die nöthigen Verbesserungs=
maßregeln, tiefere und weitergehende Bearbeitung, Verwendung von
Kulturerde ꝛc. den Aufwand erheblich steigern können.

Verwaltungs= und Schutzkosten werden sich stets mehr nach der
Ertragsfähigkeit als nach der Ausdehnung der Fläche richten, und deß=
halb in beiden Fällen sich annähernd gleich stellen, so weit es sich um
die Personalkräfte handelt. Dagegen erfordert die Abwehr des Insecten=
schadens auf geringeren Böden viel größere Ausgaben, weil sich diese
Feinde häufiger und in größerer Zahl hier einfinden und weil sich die
Bekämpfungs= und Vertilgungsmaßregeln auf eine weit größere Fläche
erstrecken müssen. Bezüglich der Sicherung gegen Feuerschäden wird
dasselbe Verhältniß anzunehmen sein.

44 Aehnlich wie vorstehend behandelte Gegensätze wären auch noch
die zwischen trockenen und nassen, sodann zwischen flach= und tief=
gründigen Böden in ihrem Einfluß auf den forstlichen Betrieb zu
erörtern; doch werden sich für diese die nöthigen Folgerungen leicht
aus dem oben Gesagten ableiten lassen, namentlich wenn man in Be=

tracht zieht, wie weit die eine oder die andere Holzart mehr den nassen
oder trockenen Boden verlangt bezw. verträgt, und für dieselbe sonach
mehr dieser oder jener als der bessern erscheint, wie z. B. der Buche
ein nasser Boden weniger zusagt als der Fichte. Die Beurtheilung
der Tief= oder Flachgründigkeit richtet sich im forstlichen Betrieb eben=
falls wesentlich nach den Anforderungen der betr. Holzarten, und läßt
sich deßhalb auch nur mit Bezug auf eine bestimmte Holzart der Boden
als flach= oder tiefgründig ansprechen, sofern es sich nicht um solche
Tiefgründigkeit handelt, welche die Ansprüche aller in genügendem
Maße befriedigt.

Der Forstmann hat es aber öfter mit gar keinem eigentlichen 45
Boden zu thun, der Wald wächst auch noch auf Felsen und Fels=
trümmern und namentlich in den höheren Lagen und an den steileren
Gehängen der Gebirge sind die Verwitterungsprodukte der Gesteine,
der Sand von verschiedenem Korn und der feingeschlämmte Thon durch
das Wasser längst entführt worden, während das Muttergestein zurück=
blieb und in größere oder kleinere Trümmer zertheilt mit zwischen=
gelagerten Verwitterungsprodukten und organischen Abfällen für die
Waldbäume hinlänglich Nahrung und Anhaltspunkte bietet, so daß ein
großer Theil unserer Forste und häufig gerade die schönsten auf solchem
Terrain ohne oder mit verschwindend geringen Theilen von Verwitte=
rungsboden vorkommen. Es ist aber unter diesen Verhältnissen absolut
nothwendig, daß die Felsen und die Gesteinstrümmer mit einem
dichten Moos= oder Unkrautfilz voll bedeckt sind und so auch erhalten
werden, weil sonst die Baumwurzeln vertrocknen müßten; es ist also
in solchen Fällen eine möglichst dichte Bodendecke als wesentliche Vor=
bedingung des Holzwuchses anzusehen, und hört mit deren Beseitigung
der letztere ganz auf, oder wenn auch die älteren Stämme noch kümmer=
lich eine Zeit lang fortvegetiren, so ist doch eine natürliche Wieder=
verjüngung unmöglich gemacht und die künstliche sehr erschwert.

Auch da, wo der eigentliche Boden, der Verwitterungsschutt über= 46
wiegt, sind die in demselben vorkommenden größeren oder kleineren
Gesteinstrümmer beim forstlichen Betrieb nur in wenigen Be=
ziehungen als ein Hinderniß anzusehen, z. B. bei der Nutzholzfällung
und Ausbringung, weil die auf Felsen geworfenen Stämme leicht
brechen und zersplittern, sowie bei der Stockholznutzung, wo sie
mechanisch ein Hinderniß bilden; jedoch nur wenn es sich um größere
Felstrümmer handelt. Außerdem wirkt dieses beigemischte Gestein
physikalisch und chemisch günstig auf die Bodenbeschaffenheit, es fördert

den Zutritt der Luft und des Wassers in die tieferen Schichten und leitet den Ueberfluß von Wasser dahin ab; in festem, bindigem Boden bewirken beigemischte Steine eine günstige Lockerung, während sie im anderen Extrem, in sehr leichtem Boden befestigend wirken. Größere Felsen geben sodann den Baumwurzeln hinlänglich feste Anheftungs= punkte und können Bäume auf diesen Standorten den Stürmen besser widerstehen als die in lockerem Boden.

Die chemische Wirkung der beigemischten Gesteine äußert sich günstig durch die beständige Zufuhr von weiterer Pflanzennahrung in den abgeschiedenen Verwitterungsprodukten, welche mehr oder weniger lösliche, zur Pflanzennahrung geeignete Stoffe enthalten. — Außerdem erleichtert ein größerer Reichthum von Steinen die Anlage von guten Wegen, manchmal sind sie in solcher Menge vorhanden, daß der Boden in seinem natürlichen Zustande fest genug ist, um die größten Lasten zu tragen, ein eigentlicher Wegbau also gar nicht nothwendig wird, soweit es sich um ebenes Terrain handelt.

47   Von großer forstlicher Bedeutung ist auch noch die Bodendecke, bei welcher zu unterscheiden ist die todte Decke, aus abgefallenen Blättern und Nadeln bestehend, nur in geschlossenen Waldbeständen vorkommend, und die lebende Bodendecke, bestehend aus Moos, Gräsern, Vaccinien, Heiden, Flechten 2c., welche mehr oder weniger dichte Rasen bilden und in lichteren Beständen oder im Freien auf unbeschirmtem Boden vorkommen.

Die todte Bodendecke, Streudecke, Laub= oder Nadeldecke ist für die Erhaltung der Produktionskraft des Bodens von größter Wichtigkeit; sehr arme Böden werden durch eine wenn auch nicht gar oft sich wiederholende Wegnahme dieser Schichte ganz ertraglos, bessere Böden verlieren dadurch wenigstens ihre Ernährungsfähigkeit für an= spruchsvollere Holzarten, können aber durch fortgesetzte Entnahme der Waldstreu schließlich ebenfalls ganz erschöpft werden.

Diese Art von Streudecke wirkt nur nützlich, einerseits physikalisch durch ihre wasseranziehende und wasserhaltende Kraft, durch die Ver= langsamung der Austrocknung des unterliegenden mineralischen Bodens, durch Milderung der Uebergänge von der Wärme zur Kälte und um= gekehrt, namentlich durch die Verhinderung des Ausfrierens bei jüngeren und schwächeren Pflanzen, so wie gegen die Bildung einer harten Kruste an der Oberfläche des von Pflanzenwuchs entblößten Bodens.

Die chemischen Wirkungen der todten Bodendecke bestehen in der Erhaltung und Vermehrung der Nahrungsstoffe für die Waldbäume, sowohl der mineralischen, wie der organischen. Die Humusbildung und die dabei vor sich gehende Entwicklung von Kohlensäure erhöht die chemische Thätigkeit im Boden, weil diese Säure auf viele mineralische Bestandtheile auflösend einwirkt und außerdem im Wasser von den Pflanzenwurzeln als ein wichtiges Nahrungsmittel aufgenommen wird. Gleichzeitig wirkt der Humus lockernd auf bindigen und hygroskopisch auf leichten Böden. Während des Verwesungsprozesses, den diese Streudecke durchzumachen hat, werden sodann alle die wichtigen Aschen= bestandtheile der abgefallenen Blätter und Nadeln frei und dem Boden zurückgegeben, damit sie von hier aus mit anderen neuen Nahrungs= stoffen den lebenden Bäumen wieder zugeführt werden können, wovon deren kräftige Weiterentwicklung bedingt ist. Am allernothwendigsten ist die Erhaltung dieser Laub= und Nadeldecke als Vorbereitung zur Verjüngung, damit der zeitweilig nur auf eine flache Schichte an der Oberfläche angewiesene Nachwuchs gerade hier die erforderlichen Nahrungsstoffe und den ihm zusagenden Grad von Feuchtigkeit und von Bodenlockerheit vorfinde.

Allerdings sind auch einzelne jedoch seltene Fälle zu erwähnen, wo das trockene Laub auf junge, zarte Pflanzen durch den Wind hin= geweht, diese erstickt, oder wo stellenweise das Laub so dicht liegt, daß die keimenden Pflänzchen mit ihren Würzelchen nicht den festen mine= ralischen Boden erreichen können und dann bei eintretender Trockenheit absterben, oder wo eine stärkere Schicht trockener Nadeln die feineren Regen= und Thauniederschläge vom Boden abhält; aber in all diesen Fällen ist so leicht abzuhelfen, daß wohl kaum ein besonderer Nachtheil daraus erwächst.

Die lebende Bodendecke verhält sich in verschiedenen Rich= 48 tungen anders als die todte; letzterer kommt am nächsten die Moos= decke in den mittelalterigen und älteren Nadelholzbeständen, weil sie einerseits dem Boden kaum etwas entzieht, andrerseits aber die ab= fallenden Nadeln vor dem Abschwemmen und Verwehtwerden sichert; bezüglich ihrer wasserfassenden und wasserhaltenden Kraft wirkt die Moosdecke noch viel günstiger als die Laubdecke, zu vgl. oben 9 die Versuche von Oberbaurath Gerwig in Karlsruhe. Die Sumpfmoose (Sphagnum) verhalten sich dem Wasser gegenüber eben so; allein sie sind eine Folge von allzugroßer Nässe und von saurem Humus, und wenn sie sich einmal angesiedelt haben, so überwuchern sie von ihrem ursprünglichen Standort auch auf bessere Böden der nächsten Umgebung, welche dadurch nach und nach versumpft, wenn man die weitere Verbreitung dieser schädlichen Moose nicht hindert. — Auch der Widerthon (Polytrichum) ist zu dieser Kategorie der mehr schäd= lichen zu zählen, weil er — ohnehin nur auf minder guten Böden vorkommend — diese mit seinen tief eindringenden Wurzeln noch weiter aussaugt, und einen dichten, namentlich für die Wurzeln der jüngeren Holz=Pflänzchen undurchdringlichen Filz bildet.

Als weitere lebende Bodendecken sind namentlich an lichten Stellen Blößen und Oedungen anzutreffen, auf besseren Böden zunächst Rasen von Gräsern, Simsen, Rietgräsern, Binsen 2c., auf geringeren Böden Heidelbeer= und Heidesträucher, mehr oder weniger mit Moos durch= wachsen, auf den Böden von geringster Ertragsfähigkeit vereinzeltes Borstengras (Nardus stricta) oder eine geschlossene Decke von Flechten, welche auf ganz schlechten Böden nur noch vereinzelt als schorfartiger Ueberzug auftreten, und charakteristisch mit dem Namen Hungermoos bezeichnet werden.

So nützlich ein derartiger Bodenüberzug in einzelnen Fällen sein kann, namentlich also an steilen Hängen, wo er die Abschwemmung verhütet, oder auf leichtem Sand, der sonst flüchtig würde, so sind doch meistens die schädlichen Einflüsse überwiegend um so mehr, je dichter die Verfilzung ober= und unterirdisch sich gebildet hat; es wird dadurch die Einwirkung der Luft auf den Boden gehemmt; die feineren Niederschläge von Thau und Regen gehen für die übrigen Pflanzen und namentlich für deren Wurzeln verloren und auch stärkere Regen dringen auf berastem Boden weit nicht so tief ein, wie auf un= bewachsenem. Nach Beobachtungen bei Neustadt=Eberswalde drang ein leichter Regen auf unbenarbtem Boden über 6 cm tief in den Boden ein, während unter sonst gleichen Verhältnissen derselbe Regen durch Grasfilz nicht ganz 1 cm tief in den Boden eindrang. Auch die Austrocknung des bewachsenen Bodens erfolgt auf größere Tiefe, wie des unbenarbten; denn unter denselben Verhältnissen fand man letzteren nach anhaltender Trockenheit nur bis auf etwa 20 cm ausgetrocknet, während jener erst bei 45 cm wieder Feuchtigkeit zeigte.

Für die jungen Pflanzen wird sodann ein dichter Grasfilz noch ferner dadurch sehr schädlich, daß er die Reifbildung erheblich steigert und vervielfacht, bei den weniger blattreichen Heiden tritt dieser Nachtheil minder stark hervor.

Dagegen hindert die dichte Bewurzlung dieser lebenden Boden= decken schon mechanisch die Entwickelung des Wurzelsystems der jungen Waldpflanzen, macht diesen aber auch noch bei Aufsaugung der Pflanzen=

nahrung bedeutende Concurrenz, so daß man bei künstlicher Kultur vielfach genöthigt wird, diesen Filz mit großen Kosten zu entfernen oder durch Anwendung theurer Kulturmethoden Hügel- oder Ballenpflanzung, Zuhülfenahme von Kulturerde u. s. w. den schädlichen Einfluß zu neutralisiren. Nur da wirkt ein nicht allzu dichter Ueberzug günstig, wo die jungen Pflanzen auf unberastem Boden vom Frost ausgezogen würden. — Bei der Heide ist noch als besonderer Nachtheil hervorzuheben, daß sie nach längerem Wuchern auf ein und derselben Stelle einen für andere Pflanzen schädlichen Humus hinterläßt, welcher erst durch Bearbeitung und Lockerung des Bodens nach und nach wieder nutzbar gemacht werden kann.

Zur Vertilgung von Heide und Heidelbeerüberzug ist insbesondere vom Pfeil die Lichtstellung des Holzbestandes empfohlen worden; jedoch äußert dieß eine entgegengesetzte Wirkung; diese Unkräuter gedeihen in lichter Stellung nur um so üppiger.

Die Nachtheile des Bodenüberzugs können theilweise durch Beweiden der betr. Flächen mit Rindvieh, Schafen oder Schweinen vermindert werden; jedoch nur auf Böden, die an sich mehr locker als fest sind, weil in letzterem Falle durch Festtreten des Bodens wieder mehr geschadet, als anderseitig genützt wird.

Das Abmähen der Gräser und Sträucher bessert zwar für einige Zeit den Zustand auf der Oberfläche, läßt aber den unterirdischen unverändert, berührt namentlich den Wurzelfilz gar nicht; durch ganzes oder theilweises Abschälen, Abplaggen des Rasens wird letzterer zwar vollständig beseitigt, aber mit unverhältnißmäßigen Kosten, es wird außerdem noch der ganze oder doch der größte Theil des Humusvorraths weggenommen, und empfiehlt sich daher dieses Mittel nur ausnahmsweise insbesondere da, wo es in Verbindung mit dem Waldfeldbau zur Anwendung kommen kann; so daß der Humus auch für die Holzpflanzen besser aufgeschlossen und zugänglich gemacht wird. — Da und dort werden die Plaggen zu Gunsten des landwirthschaftlichen Betriebs gewonnen und dadurch der Waldboden noch viel rascher erschöpft als bei der Streunutzung.

Die Lockerung und Bearbeitung des Waldbodens hat stets 49 einen günstigen Einfluß auf den Holzwuchs und empfiehlt sich deßhalb sehr, selbst wenn man sie nur auf die nächste Umgebung der zu erziehenden Pflanze ausdehnen kann. Die günstigen Einwirkungen der Luft und der atmosphärischen Feuchtigkeit sichern das Gedeihen und steigern das Wachsthum, wie zur Genüge aus dem Gebiet der Land

wirthschaft bekannt ist. Die Frühjahrsfröste werden auf bearbeitetem
Boden weniger schädlich als auf unbearbeitetem, was namentlich durch
die in den Weinbergen gemachten Erfahrungen bestätigt wird. Be-
arbeitete Böden trocknen nicht so leicht aus, deßhalb wird in den süd-
russischen Steppen in heißen Sommern der Zwischenraum zwischen den
Pflanzreihen der Waldbäume beackert, um letztere vor den Folgen der
Trockenheit zu schützen.

Schlechtere fast ertragslose Böden werden durch die Bearbeitung
namhaft verbessert, und der Holzertrag wesentlich gesteigert, so wird
z. B. am Niederrhein noch auf ziemlich leichtem Sandboden Eichenschälwald getrieben, indem man zuvor das hiezu bestimmte Land
0,7—1 m tief umspatet. In Betreff der durch Bodenbearbeitung er-
zielten Steigerung des Holzzuwachses führe ich die in Baur Monatschrift 1875 veröffentlichten, von mir gesammelten Zahlen an, wonach
die Kiefer im 30. bis 40. Jahre auf 25—30 cm tief gelockertem
Boden einen um nahezu einen Festmeter pro ha höheren Jahresertrag
gewährt, als in unbearbeitetem Boden gleicher Bonität; die Bearbeitung
erfordert einen Mehraufwand von 36—45 Mark pro ha und dieser
verzinst sich bei den ungünstigsten Annahmen noch zu $3^1/_2$ Prozent mit
Zinseszinsen. Außerdem erzieht man in kürzerem Umtrieb eben so
starkes Holz wie in einem entsprechend längeren.

Am wohlfeilsten kommt die Bodenlockerung zu stehen, wenn sie in
Verbindung mit der Stockholzgewinnung oder mit dem Waldfeld- und
Hackfruchtbau in Anwendung gebracht werden kann, und auf mineralisch
kräftigeren Böden läßt sich eine solche Nebennutzung durch Hackfrucht
und Getreidebau 2—3 Jahre lang ohne Nachtheil für den Holzwuchs
ausüben.

50   Zur Verbesserung der Waldböden werden bis jetzt nur
im Kleinen einige leicht und billig zu beschaffende Substanzen angewendet, z. B. Rasenasche oder sonstige Kulturerde, Waldhumus, gewöhnliche Asche in Vermengung mit 10—15 Theilen Erde, Compost,
Torferde (auf Sand) u. s. w. In der Regel beschränkt sich diese
Bodenverbesserung auf Saat- und Pflanzschulen und auf die einzelnen
Pflanzlöcher, in welchen man die bessere Erde in die unmittelbare Umgebung der Wurzeln verbringt.

Die wohlfeilste und billigste Bodenverbesserung, die im Großen
einzig mögliche, läßt sich erreichen durch sorgfältige Erhaltung bezw.
durch baldige Herstellung des Bestandesschlusses, weil
dabei auch gleichzeitig der höchste Holzertrag anfällt. Von diesem Ge-

ſichtspunkt aus ſind die allzuhohen Umtriebszeiten weniger zu empfehlen, namentlich aber nicht bei lichtbedürftigen Holzarten Kiefer, Birke ꝛc., bei welchen die älteren Beſtände ſich nicht mehr in dichtem Schluß erhalten laſſen. Bei der ebenfalls lichtbedürftigen Eiche trifft dieſes Moment weniger zu, weil ſie einerſeits nur auf ſehr kräftigem Boden auftritt und dann auf ſolchem in der Regel ein Unterwuchs von Sträuchern ꝛc. ſich anſiedelt, welcher die nöthige Beſchattung und Bodenbeſſerung gewährt. Dieſes Mittel wird daher auch künſtlich zu Hülfe genommen, um werthvolle Nutzholzbeſtände länger in günſtigem Zuwachs zu erhalten; man unterbaut mit einer ſchattenliebenden Holzart, namentlich mit Buchen oder Weißtannen, nöthigenfalls auch mit Fichten, und es läßt ſich unter günſtigen Verhältniſſen aus dieſen urſprünglich als Bodenſchutzholz angezogenen Unterbeſtänden noch ein entſprechender Ertrag ziehen.

Die Lehre von der Bodenerſchöpfung iſt in der Forſtwiſſen- 51 ſchaft noch wenig entwickelt und erſt in neuerer Zeit hat die Waldſtreufrage Anlaß zu eingehenderen Unterſuchungen in dieſer Richtung gegeben; die vollſtändigſten Zahlen ſind wohl in Ebermayer „Lehre der Waldſtreu" veröffentlicht, und muß auf dieſes gediegene Werk verwieſen werden. Im Allgemeinen produzirt hienach der Buchenhochwald jährlich durchſchnittlich pro ha 3163 kg Trockenſubſtanz an Holz und 3331 kg Blättermaſſe, der Fichtenhochwald 3435 und 3007 kg, der Kiefernwald 3233 und 3186 kg, ſo daß die Geſammtproduktion an vegetabiliſcher Trockenſubſtanz für alle drei Holzarten nahezu gleich, d. h. auf 6497 kg bezw. 6442 und 6420 kg ſteht.

Die jährlich in Anspruch genommenen, also dem Boden entzogenen Aſchenmengen zeigen dagegen ein anderes Verhältniß, und zwar:

	Buche	Fichte	Kiefer
im Holz	29,60 kg	22,56 kg	16,54 kg
in den Blättern .	185,54 „	135,92 „	46,52 „
	215,14 kg	158,48 kg	63,06 kg

Aus dieſen Zahlen iſt ſofort erſichtlich, wie bedeutend die Streuentziehung die Bodenerſchöpfung beſchleunigen kann, und wie ſehr die Holzentziehung dagegen zurücktritt, in 100 Jahren bewirkt letztere bei der Buche erſt das 16fache, bei der Fichte das 16,6fache und bei der Kiefer das 35fache der Streuentziehung, oder mit anderen Worten eine 16malige Streuentziehung wirkt bei erſten beiden Holzarten ebenſo, wie eine alle 100 Jahre wiederkehrende Nutzung des vollen Holzbeſtandes.

In 1 ha beträgt das Trockengewicht des Bodens bei einer Tiefe von 0,5 m 100 000 Doppelzentner, so daß die Buche in ihrem Holz während 100 Jahren 0,0296 % von diesem Gewicht in sich aufnimmt, während die ganze vegetabilische Produktion in jenem Zeitraum 0,215 % der Bodenmasse beansprucht; also ungeheuer wenig, so lange man die entzogenen Stoffe dem gesammten Bodengewicht gegenüber stellt.

Bekanntlich haben aber nur wenige und in verschwindend kleinen Mengen vorkommende Bodenbestandtheile eine Bedeutung als Pflanzennahrungsstoffe und man wird nach Analogie der bei den landwirthschaftlichen Gewächsen gefundenen Gesetze auch für die Waldbäume annehmen können, daß durch das Fehlen eines einzigen der wichtigeren Nahrungsstoffe der Boden für die betr. Holzart vollständig unfruchtbar werde, und daß die betr. Nahrungsstoffe sich gegenseitig nur in beschränktem Maße vertreten können, wie z. B. Natron durch Kali, Bittererde durch Kalkerde, aber nicht umgekehrt. Für die fünf Bonitätsklassen der Kiefernböden ist durch Untersuchungen im Neustädter Laboratorium nachgewiesen, daß ihre Ertragsfähigkeit in demselben Verhältniß zu einander steht, wie ihr Gehalt an Phosphorsäure; ebenso auch zum Kalkgehalt; doch ist dieser blos bei solchen Böden als Maßstab zu benützen, welche an sich nur eine geringe Kalkbeimischung enthalten. Es darf also wohl mit ziemlicher Sicherheit angenommen werden, daß derjenige Boden, welchem diese wesentlichen Nahrungsstoffe mangeln, für die Kiefer unfruchtbar ist.

Nach Ebermayer sind im Jahresertrag eines ha's die wichtigeren Aschenbestandtheile in folgenden Mengen enthalten:

		Kali und Natron kg	Kalk- und Bittererde kg	Phosphorsäure kg	Schwefelsäure kg	Kieselsäure kg
Buche:	Holz	5,56	18,27	2,87	0,22	2,41
	Blätter . .	11,86	94,14	10,45	3,62	60,36
	Zusammen	17,42	112,41	13,32	3,84	62,77
Fichte:	Holz	4,54	11,18	1,45	0,72	?
	Blätter . .	6,50	67,89	6,41	2,10	49,60
	Zusammen	11,04	79,07	7,86	2,82	?
Kiefer:	Holz	2,81	11,74	1,07	0,26	0,55
	Blätter . .	6,88	23,67	3,68	1,69	6,53
	Zusammen	9,69	35,41	4,75	1,95	7,08
Weizen:	Körner u. Stroh . .	31,86	16,50	21,43	3,61	96,86
Kartoffeln:		126,97	61,34	36,26	16,96	7,81

Ueber die fortschreitende Erschöpfung durch Streuentziehung, so wie über die Hebung der Bodenkraft in dicht geschlossenem Bestand geben folgende im chemischen Laboratorium zu Tharandt veranstaltete Analysen Aufschluß (Tharandter Jahrbuch, 17. Bd., S. 109, 110):

	Sandböden mit Kiefern bestockt			Lehmböden mit Fichten bestockt			
	geschont seit 50 Jahren kg pro ha	nicht geschont kg pro ha	Prozentverhältniß	42 Jahr geschont kg pro ha	30 Jahr geschont kg pro ha	nicht geschont kg pro ha	Prozentverhältniß
Bodendecke . . .	46300	9000	1:0,194	40700	48870	32580	1:1,20:0,80
Lösliches Kali:							
in b. Bodendecke	105	7,2	1:0,07	171	155	67	1:0,91:0,39
im Obergrund	723	490	1:0,68	2200	2420	2080	1:1,10:0,95
im Untergrund	4050	2890	1:0,71	7950	9230	6680	1:1,16:0,84
	4878	3387	1:0,69	10321	11805	8827	1:1,15:0,86
Kalk und Talk:							
in b. Bodendecke	282	76	1:0,27	360	305	367	1:0,85:1,02
im Obergrund	550	521	1:0,95	1300	1529	1160	1:1,17:0,89
im Untergrund	4050	1370	1:0,34	6500	8070	6240	1:1,24:0,96
	5882	1967	1:0,33	8160	9904	7767	1:1,21:0,95
Phosphorsäure:							
in b. Bodendecke	170	30	1:0,18	230	190	128	1:0,83:0,56
im Obergrund	608	506	1:0,83	2400	3130	2290	1:1,31:0,95
im Untergrund	4050	3764	1:0,93	10100	11920	10130	1:1,18:1,00
	4828	4300	1:0,89	12523	15240	12548	1:1,22:1,00
Organ. Stoffe:							
in b. Bodendecke	15520	1560	1:0,10	25300	29860	10310	1:1,18:0,41
im Obergrund	40200	14620	1:0,36	150500	165000	143350	1:1,10:0,96
im Untergrund	68700	37640	1:0,55	289000	304080	311300	1:1,05:1,07
	124420	53820	1:0,43	464800	498940	464960	1:1,07:1,00
Stickstoff:							
in b. Bodendecke	222	25	1:0,11	338	441	133	1:1,30:0,39
im Obergrund	1864	950	1:0,51	12480	13750	10130	1:1,10:0,81
im Untergrund	5534	3250	1:0,59	21170	23160	22440	1:1,09:1,06
	7620	4225	1:0,55	33988	37351	32703	1:1,10:0,96

Diese Sandböden gehören zum Diluvialsand der norddeutschen Tiefebene, der geschonte war mit 50jährigen Kiefern bestockt und ist von ihm noch besonders zu erwähnen, daß er 11,9 % feinerdige Theile enthielt und seine wasserhaltende Kraft 43 % betrug, während der nicht geschonte Boden nur 6,1 % Feinerde und 33 % wasserhaltende Kraft nachwies. — In Bezug auf die drei Lehmböden (Grandlehmböden nach Fallou) ist zu sagen, daß die beiden geschonten mit Fichten bestockt waren, im älteren Bestand fand sich bereits eine Moosdecke

vor, während im jüngeren die abgefallenen Nadeln ausschließlich den
Boden bedeckten. Die Differenzen zwischen dem Nährstoffgehalt des
geschonten und nicht geschonten Bodens sind hier geringer als beim
Sandboden; andrerseits ist auch ersichtlich, daß die mit der unteren
Lichtung eines — wenn auch (wie hier) oben vollkommen geschlossenen —
Bestandes eintretende und fortschreitende Verminderung der humosen
Stoffe in der Bodendecke bereits um die Zeit ihren Anfang nimmt,
wo das Moos die Nadeldecke durchwächst, womit ohne Zweifel eine
Verstärkung des Verwesungsprozesses verbunden ist. — Bei beiderlei
der Streunutzung unterworfen gewesenen Böden konnte übrigens das
Maß der stattgehabten Streunutzungen nicht bestimmt werden, weil die
betr. Waldparzellen zuvor im Besitz von Privaten sich befunden hatten;
es scheint übrigens nicht einmal eine sehr excessive Streunutzung dort
ausgeübt worden zu sein. — Der Obergrund ist 9,5 cm tief angenommen worden; der Untergrund weitere 37,5 cm, zusammen also
die ganze in Berechnung gezogene Bodenschicht 47 cm (20 Zoll).

Stöckhardt theilt im Tharandter Jahrbuch die Analyse eines nahezu
sterilen Sandbodens aus der Gegend von Bauzen (Coblenzer Revier)
mit unter dem Anfügen, daß ihm ein ärmerer Boden noch nicht vor-
gekommen sei. Zur Vergleichung wird noch eine Analyse des Bodens
aus dem königl. sächs. Reudnitzer Revier beigefügt:

<table>
<tr><td colspan="2" align="center">Coblenzer Revier.</td><td align="center">Reudnitzer Revier.</td></tr>
</table>

In 100 Theilen

Kalkerde 0,008	212 kg pr. ha in d. Oberkrume	Kalkerde 0,028
Talkerde 0,005		Talkerde 0,010
Phosphorsäure . 0,013	212 „ „ „	Phosphorsäure . 0,042
verbrennl. Stoffe 1,257	20476 „ „ „	verbrennl. Stoffe 0,780
Kali		Kali 0,050
Schwefelsäure } Spuren		Schwefelsäure . . 0,027

52 Ein Ersatz der benöthigten Nahrungsstoffe von Außen ist beim
Waldboden im Großen nicht möglich; zwar führt das Regenwasser auch
feste Theile, die als Staub in der Luft schweben, wieder dem Boden
zu; die Menge derselben wird pro ha jährlich auf 140 kg berechnet;
doch können diese Angaben keinen Anspruch auf allgemeine Giltigkeit
machen, weil die Beobachtungen meist in der Nähe von Städten angestellt wurden, wo die Luft stärker als anderwärts verunreinigt ist.
Auch wäre noch nachzuweisen, daß diese Zufuhr wenigstens einen Theil
des Bedürfnisses an Nahrungsstoffen decke und nicht aus anderen hiezu
untauglichen Substanzen bestehe.

Der einzige Weg, auf welchem ein Ersatz für die in den Holz-
ernten dem Waldboden entzogenen Mineralbestandtheile beschafft werden
kann, ist die fortschreitende Verwitterung des Bodens, welche
nach und nach weitere Theile aufschließt und die darin enthaltenen
Nahrungsstoffe den Pflanzenwurzeln zugänglich macht. Freilich steht
dem Forstwirth nur ausnahmsweise das Förderungsmittel der Verwitterung, die Bearbeitung und Lockerung des Bodens zu Gebot; aber
demungeachtet ist dafür gesorgt, daß in anderer Weise die gebundenen
Nahrungsstoffe frei werden. Auf dem frisch abgetriebenen Holzschlage,
wo die Wurzeln und Stöcke dem Boden verbleiben, sind diese während
des nun beginnenden Verwesungsprozesses die Leiter von Wasser, Luft
und Frost bis in die untersten der Vegetation zugänglichen Bodenschichten, gleichzeitig aber auch sehr ergiebige Quellen von Kohlensäure,
welche die Verwitterung weiter fördert und den nach und nach vor-
dringenden Wurzeln des neu angezogenen Bestandes die nöthige Nahrung bereiten hilft. Wo aber Stock- und Wurzelholz gewonnen wird,
da hat die tiefe Lockerung des Bodens eine mindestens eben so große
Wirkung und in den hiervon nicht berührten Stellen bleiben immer
noch genug von den feineren Wurzeln zurück, um auch in weiteren
Kreisen die nöthige Auflösung vorzubereiten. Von dem vollgeschlossenen
Bestand scheiden sich sodann mit fortschreitendem Alter eine namentlich
in erster Zeit sehr große Zahl von Stämmen aus, sterben ab oder
werden bei den Durchforstungen herausgenommen, die im Boden verbleibenden Stöcke und Wurzeln haben hier ebenfalls die oben geschilderte Wirkung und beruht hierauf mit ein Theil des günstigen Einflusses der Durchforstungen auf den zurückbleibenden Bestand.

Daß die dem Boden beigemischten Steine und Felstrümmer der
Verwitterung ebenfalls unterliegen und damit eine weitere Zufuhr von
Nahrungsstoffen gewähren, ist bereits oben erwähnt.

Einzelne wenige, besonders begünstigte Lokalitäten bekommen dagegen
auch von außen mehr oder weniger regelmäßige und reichliche Zuschüsse;
es sind dieß die in den Ueberschwemmungsgebieten größerer Flüsse
gelegenen Waldböden, welchen das ausgetretene Wasser in dem zurück-
gelassenen Schlamm eine sehr wirksame Düngung zu geben vermag.
Auch das unterirdisch zugeführte Druckwasser, welches sich zu beiden
Seiten des Stromes namentlich in Geröll- oder Sandboden ziemlich
weit verbreitet, kommt in Betracht, sofern es für die Wurzeln der
Waldbäume noch erreichbar ist; doch ist die durch dasselbe bewirkte

Nahrungszufuhr von geringerer Bedeutung, viel mehr dagegen die
Erhaltung einer größeren Bodenfeuchtigkeit.

An Berghängen, welche vermöge ihres Neigungswinkels der Ab=
schwemmung ausgesetzt sind, empfängt die untere Hälfte einen Theil
des der oberen Hälfte entzogenen Bodens und der demselben gebührenden
Abfälle, was aber nicht als eine erwünschte Bereicherung angesehen
werden kann, da sie auf Kosten der ärmeren oberen Lagen erfolgt.

VI. Exposition und Lage.

53　　　Die Höhenlage ist bereits oben erörtert; dagegen ist die Neigung
und Exposition so wie der Einfluß der Umgebung auf den forstlichen
Betrieb noch näher darzustellen.

Der Gegensatz zwischen ebener und geneigter Lage drückt
sich hauptsächlich in der Verschiedenheit der Ertragsfähigkeit aus; zwar ist
eine exakte Vergleichung sehr schwer, weil die sonst noch in Betracht
kommenden Verhältnisse selten zusammenstimmen, und man hat deßhalb
bis jetzt eigentlich nur auf theoretischem Wege die Ansicht gewonnen, daß
der Hang mehr Holz erzeuge als die Ebene, weil die Bäume bei jenem
meist einer größeren Einwirkung der Atmosphärilien ausgesetzt sind,
insbesondere ist der Lichtgenuß ein viel größerer, weil der Waldbestand
sich treppenförmig aufbaut; die Luft findet sowohl bei den Bäumen,
wie beim Boden eine größere Oberfläche und damit die Bedingung
einer vielfältigeren günstigen Einwirkung auf das Wachsthum. — Das
Regenwasser dagegen fließt am Hang rascher ab, es dringt deßhalb
nur ein geringerer Theil davon in den Boden ein; doch tritt dieser
Nachtheil blos in solchen Fällen hervor, wo die Bodendecke mangelt,
oder wo ungewöhnlich starke Gußregen häufig sind.

Zwar äußert die geneigte Lage je nach ihrer Exposition und den
Ansprüchen der betr. Holzart einen weiter unten noch zu besprechenden
verschiedenen Einfluß; allein die Gesammtwirkung wird doch allgemein
als eine günstige, den Holzertrag steigernde angesehen, was auch in der
officiellen Schrift „Die Forstverwaltung Bayerns" S. 345 anerkannt
wird.　Die betr. Stelle lautet: „In Schwaben und Niederbayern steht
der Holzertrag der Staatswaldungen mit 0,78 und 0,77 Klafter pro
Tagw. am höchsten, weil fast sämmtliche Waldungen auf sehr gutem
Boden stocken und dieselben in letzterem Regierungsbezirke noch über=
wiegende Flächen haubarer Bestände enthalten.　Aus gleicher Ursache
ist auch der Ertrag der Saalforste sowie der oberbayerischen Wal=

dungen ein verhältnißmäßig hoher. Zum Theil erklärt sich solcher auch dadurch, daß die angegebenen Erträge für die auf den Horizont reduzirte Flächeneinheit berechnet sind, dieser aber im Gebirg ein ungleich größerer wirklicher Raum zukommt, als in der Ebene oder im Hügellande."

Die geneigte Lage bringt aber auch sonst noch manche Vortheile für den forstlichen Betrieb mit sich; insbesondere wird dadurch die Bringung des Holzes zu Thal erleichtert; die freie Entwicklung der Baumkronen befördert die Samenproduktion und damit auch die natürliche Verjüngung; die Stürme können weniger schädlich werden, weil die einzelnen Stämme von Jugend an in der freieren Stellung erwachsen, sich also auch mehr befestigen und besser Widerstand leisten; außerdem werden am Hang nie alle Expositionen gleichzeitig und gleich stark vom Wind angegriffen, der Schaden beschränkt sich deßhalb auch meist auf kleinere Flächen als in der Ebene. Aehnlich verhält es sich mit der Feuersgefahr; dagegen sind die Insecten unter beiderlei Verhältnissen gleichmäßig zu fürchten. Versumpfungen kommen in geneigten Lagen um so seltener vor, je steiler dieselben einfallen; sie lassen sich dann aber auch viel leichter beseitigen als in größeren Ebenen. Bei stärker geneigten Flächen sind sodann andere Arten der Nutzbarmachung ausgeschlossen, und stehen deßhalb die Ankaufspreise für solche Böden entsprechend niederer, wodurch die Reinerträge sich steigern.

Immerhin stehen diesen vielen günstigen auch einige ungünstige Verhältnisse gegenüber; dahin sind zu zählen die größere Entwicklung der Baumkronen, wodurch das Stammholz ästiger und rauher wird, ein Nachtheil, der sich übrigens öfter wieder dadurch ausgleicht, daß das Holz eine viel größere Länge erreicht. Bei der Fällung und dem Holztransport sind die stehenbleibenden Stämme vielfachen Beschädigungen ausgesetzt, desgl. durch die abrollenden Felsen und größeren Steine. Der Wegebau ist schwieriger und theurer, auch sind die Fällungs- und Kulturarbeiten beschwerlicher; bei der Fällung ergiebt sich ein stärkerer Abgang durch das oft unvermeidliche Splittern und Abbrechen der Stämme.

An sehr steilen Lagen ist man in der Wahl der Betriebsarten beschränkt, lediglich auf den Niederwald oder Femelwald angewiesen; selbst unter günstigeren Verhältnissen macht sich der Einfluß dadurch geltend, daß Kahlschläge ausgeschlossen sind, weil der Boden zu leicht abgeschwemmt wird und weil in besonders starkgeneigten Hängen der

Schnee nicht liegen bleibt, sondern abrutscht und dabei den jüngeren, ungeschützten und noch nicht genügend erstarkten Nachwuchs mit fortreißt.

Steigt der Neigungswinkel einmal über 45—50°, so wird dieß dem Holzwuchs namentlich dadurch hinderlich, daß die feineren Verwitterungsprodukte und die besseren Bodentheile zu leicht abgeschwemmt und die unten stehenden Stämme im Lichtgenuß zu sehr beeinträchtigt werden, überhaupt auch die Lichtwirkung nicht allseitig gleichmäßig sich geltend machen kann.

54   Die Richtung eines Hanges nach der Himmelsgegend, die Exposition, bedingt bekanntlich eine sehr erhebliche Verschiedenheit im Genuß des Sonnenlichts, der Insolation; der von den Sonnenstrahlen mehr oder weniger senkrecht getroffene südliche Hang empfängt mehr Wärme als der nördliche, ebenso auch mehr direktes Sonnenlicht. Nach den Beobachtungen von Lamont in München steht die mittlere Jahrestemperatur an den verschiedenen Gehängen über $+$ bezw. unter $-$ der wirklichen durchschnittlichen Wärme für $N -0{,}48°\,R$, $NO -0{,}52$, $O -0{,}24$, $SO + 0{,}06$, $S + 0{,}44$, $SW + 0{,}50$, $W + 0{,}30$, $NW - 0{,}12$; die kälteste Lage gegen NO und die wärmste Lage gegen SW zeigen somit einen Unterschied von $1{,}02°\,R$, was einer Differenz in der Höhenlage von etwa 200 m entspricht.

Neben diesem klimatischen Hauptfaktor kommen noch in Betracht die Regenmenge und der Einfluß der Winde; doch läßt sich hierüber wenig Allgemeines sagen, da beide nach den Oertlichkeiten wechseln. In Deutschland werden die West- und Nordwestseiten den meisten Regen empfangen, weil aus diesen Richtungen die regenbringenden Winde kommen, und in diesen Expositionen die in schiefer Richtung niederfallenden Regentropfen den Boden ganz oder nahezu senkrecht treffen, dieser also auch eine größere Zahl derselben zugeführt bekommt, als die Hänge mit entgegengesetzter Neigung.

An der oberen Verbreitungsgrenze der einzelnen Holzarten tritt der Einfluß der Exposition auf das bessere oder schlechtere Gedeihen am deutlichsten hervor und sind viele darauf bezügliche Thatsachen durch Prof. Kerner in Wien gesammelt worden, aus denen sich folgende Reihen ergeben haben, in welchen die den betr. Holzarten günstigeren Expositionen vorangestellt sind:

Buche . . . . . SO. O. S. NO. N. SW. W.

Stiel-Eiche . . . SW. S. SO. O. W. NO. N.

Fichte . . . . . SW. S. SO. W. O. NW. N. NO.

Arve, obere Grenze SW. S. W. SO. NW. O. N. NO.

Arve, untere Grenze SO. O. NO. S. N. SW. W. NW.
do. do. do. SO. O. NO. S. SW. W. N. NW.
letztere Reihe gilt für die Centralalpen, die vorangehende für die nördlichen Kalkalpen.

Die durch Prof. Sendtner in München in den Bayrischen Alpen erhobenen Daten stimmen im Wesentlichen mit obigen überein, es sind aber noch ferner anzuführen:

Bergahorn NW. S. SW. SO. NO. W. N. O.
Lärche . . SW. W. NW. S. SO. N. O. NO.
Legforche . SW. S. W. SO. NW. O. N. NO.
diese Holzart verhält sich in der obern und untern Grenze gleich.

Weißtanne:
in den Alpen . . . W. SO. S. NO. O.
im Bayrischen Wald SW. W. S. SO. NW. O. N. NO.

Die Differenz in der Höhenlage zwischen den günstigsten und den ungünstigsten Expositionen ist bei den einzelnen Holzarten sehr verschieden; am bedeutendsten bei der Fichte, welche in den Tiroler Kalkalpen westlich vom Inn einen Höhenunterschied von 311 m, in den Bayrischen Alpen von 209 m aufweist, während die Buche in erstgenanntem Landestheil nur um 261 m, in den Bayrischen Alpen 95 m, im Bayrischen Wald 110 m schwankt; die Lärche um 120 m und die Arve um 158 m.

Aus obigen Reihen ist sodann ersichtlich, daß im Allgemeinen die Südwesthänge an der oberen Vegetationsgrenze die günstigsten sind, was hauptsächlich der ihnen zuströmenden größeren Wärme zuzuschreiben ist. Was aber hier förderlich wirkt, das kann unter entgegengesetzten Verhältnissen nachtheilig werden — wie denn z. B. gerade die Fichte und Weißtanne im Mittelgebirg, z. B. im Schwarzwald, nur ausnahmsweise an Südwesthängen vorkommen, weil ihnen solche in diesen Höhenlagen zu warm und zu trocken sind.

Bei anderen Holzarten und in anderen Lagen ist die größere Häufigkeit und Intensität der Spätfröste ein Hinderniß für das Gedeihen, oder für die förderliche Entwicklung; namentlich sind die Ost- und Nordostseiten diesen schädlichen Einflüssen sehr ausgesetzt. — Das Ausreifen des Holzes in den jungen Trieben erfolgt an Nord- und Nordosthängen, namentlich in kälteren Spätjahren, unter dem Einfluß der geringeren Wärme und des geminderten Lichtes viel mangelhafter, als an den übrigen Seiten. Dieß ist besonders beim Niederwald von nachtheiligem Einfluß, und da die Beschattung durch einen etwaigen

Oberholzbestand diese nachtheilige Wirkung noch verstärkt, so wird in solchen Lagen auch der Mittelwald mehr oder weniger ausgeschlossen; andrerseits ist bei natürlicher Verjüngung im Hochwald ein rascherer Abtrieb des Schutzbestandes geboten, sobald man sich in solchen Lagen der oberen Grenze der betr. Holzart nähert.

In den minder günstigen Expositionen ist die Lebensdauer der Bestände eine viel kürzere und hat man deßhalb nur eine beschränktere Wahl in den Umtriebszeiten.

Einzelne Waldprodukte werden in warmen sonnigen Lagen in viel besserer Qualität erzeugt als unter entgegengesetzten Verhältnissen, so namentlich die Eichenlohe und das Harz, öfter auch Früchte und Samen. Ebenso ist das in solchen Oertlichkeiten erwachsene Holz von größerer Dauer und Brennkraft.

Andrerseits wechselt die Quantität der Erzeugnisse in den ver= schiedenen Expositionen, je nachdem dieselben der betr. Holzart mehr oder weniger zusagen; doch läßt sich diese Wirkung nicht leicht in Zahlen darstellen, weil gleichzeitig auch noch die Bodenkraft hierauf Einfluß hat.

Der Einfluß auf den gesammten Produktionsaufwand ist bei den verschiedenen Expositionen ziemlich gleich, nur ist in dieser Richtung etwa hervorzuheben, daß die Waldwege in sonnigen trockenen Lagen weniger Unterhaltungskosten verursachen; andrerseits aber auch der sehr billige Transport auf Schnee= und Eisbahn hier auf eine viel kürzere Zeit beschränkt ist. Auch bei den Kulturen ist der Erfolg unter solchen Verhältnissen viel mehr gefährdet, als anderwärts.

55   Es kommt sodann schließlich noch die Lage unter dem Einfluß der Umgebung in Betracht, wobei zunächst die klimatischen Verhältnisse ins Auge zu fassen sind. Schon aus der auf S. 19 gegebenen Ueber= sicht über die vertikale Verbreitung der Holzarten ist zu entnehmen, daß die meisten derselben am Ostabfall der Alpen erheblich zurück= bleiben, was den störenden Einflüssen des Steppenklimas zugeschrieben wird, welche sich ebenso am Biharia=Gebirge in den Karpathen bemerk= lich machen, wo nach Kerner (Das Pflanzenleben der Donauländer) die Fichte auf der unter dem Einfluß des waldreichen feuchten Hoch= gebirgsklimas von Siebenbürgen stehenden Ostseite um 300 m tiefer herabgeht, und um 150 m höher ansteigt als auf dem der Ungarischen Tiefebene zugekehrten Westabfall. — Aehnlich bewirkt die Nähe des Meeres ein Zurückbleiben der Fichte; andrerseits liegt die obere Grenze derselben im Inneren größerer Gebirgsmassen viel höher als an den

isolirteren Ausläufern und Vorbergen, oder an ganz vereinzelten Gebirgs=
stöcken wie am Harz.

Die einzelnen klimatischen Faktoren, welche von der Umgebung
beeinflußt sein können, z. B. die Wärme (namentlich bezüglich der Spät=
und Frühfröste), die Luftfeuchtigkeit, die vorherrschende Windrichtung
und Stärke sind bezüglich ihres Einflusses auf den Forstbetrieb bereits
oben näher besprochen worden.

VII. Gesammtwirkung der Standortsfaktoren.

Vorstehende im Einzelnen besprochene drei Faktoren des Stand= 56
orts: Klima, Boden und Lage, treten der Pflanzenwelt gegenüber
bekanntlich nie für sich allein, sondern stets nur gemeinschaftlich in
Wirkung. Dabei macht sich aber der eine oder der andere, oder zwei
dieser Faktoren mehr geltend und treten die anderen dagegen theilweise
oder ganz zurück; manchmal können sogar die gegentheiligen Einwirkungen
der verschiedenen Kräfte sich gegenseitig aufheben, oder die gleichartigen
sich verstärken und steigern, welche Verhältnisse beim Forstbetrieb eine
eingehende Würdigung erfahren müssen.

Da die Wirkungen des einzelnen Standortsfaktors wiederum aus
einer größeren Zahl von Kräften und Ursachen hervorgehen, so ergeben
sich daraus eine Menge von Combinationen, von denen hier nur ein
kleiner Theil der wichtigsten erörtert werden kann, um an diesen beispiels=
weise das Zusammenwirken und dessen Einfluß auf den Forstbetrieb
anschaulich zu machen.

Daß das rauhe Klima durch die günstigeren Verhältnisse der süd=
westlichen Exposition wenigstens in Etwas gemildert wird, ist oben
schon nachgewiesen, wo gezeigt wurde, daß in solchen Lagen der Wald
und die einzelnen Waldbäume um mehrere 100 m höher ansteigen, als
auf den gegen Nordost und Nord geneigten Hängen. — Die Fichte,
sonst kein Baum der Niederungen, findet sich auf den sumpfigen Böden
der baltischen Provinzen in freudigster Entwicklung, zum Theil in den
riesigsten Dimensionen (Willkomm); sie bringt von da her noch west=
wärts in die ostpreußischen Forsten ein, bis ihr die größere Trockenheit
des Bodens eine Grenze setzt. Der günstige Einfluß größerer Boden=
kraft ist bezüglich der Arve von Kerner nachgewiesen, indem dieser Baum
an seiner oberen Grenze auf Lehmboden 35 m über das beobachtete
Mittel ansteigt, auf Mergelboden dagegen 12 m unter diesem Mittel
zurückbleibt. Auch die Weißtanne erleidet in ihrer oberen Grenze durch

die größere Trockenheit des Bodens in den Krainer Alpen, dem kroatisch-slavonischen Gebirge und vielleicht auch im Schweizer Jura und den Vogesen eine merkliche Depression (Willkomm). Andrerseits gedeihen die wärmebedürftigeren Holzarten auf trockeneren lockeren Böden auch noch in rauherem Klima, was namentlich bei den Eichen in Norddeutschland wahrgenommen werden kann und bei der eßbaren Kastanie in den Wäldern zu beiden Seiten des oberdeutschen Rheinthales. Auch die Seekiefer gedeiht im continentalen Gebiet nur in solchen Standorten, wo die Weinrebe noch wachsen könnte, und fordert hier nicht blos warmes Klima, sondern auch sonnige Lage und warmen Boden. — Es kann sodann die mangelnde Tiefgründigkeit des Bodens oder die Trockenheit der südwestlichen Exposition durch größere Feuchtigkeit des Klimas neutralisirt werden.

57   Bei Eintheilung der verschiedenen Standorte nach ihrer Ertragsfähigkeit spricht man nun allerdings meist nur von Bodenklassen, was aber selbst im Kleinen schon unrichtig ist, wenn es sich nicht um größere ausgedehnte Ebenen handelt; denn selbst bei geringerer Abwechslung des Terrains wird man die Trockenheit der südwestlichen Exposition oder die Feuchtigkeit der nordöstlichen in ihrem Einfluß auf das Pflanzenwachsthum und die Holzproduktion merklich erkennen, je nach den Ansprüchen der betr. Holzarten. Noch stärker tritt dieß im Vor- und Mittelgebirge und am ausgeprägtesten im Hochgebirge hervor.

Bei der außerordentlichen Verschiedenheit in den Ansprüchen unserer Waldbäume ist es nicht möglich eine Klasseneintheilung herzustellen, welche die sämmtlichen Arten derselben umfaßt, vielmehr muß für jede einzelne Holzart eine besondere Reihe gebildet werden; es ist dieß schon deßhalb nöthig, weil einzelne Holzarten, wie Kiefer und Birke, auf günstigstem und ungünstigstem Standort vorkommen; während andere, wie Eiche und Buche, nur unter besseren Verhältnissen gedeihen, sonach auf ein viel beschränkteres Gebiet angewiesen sind.

Dem entsprechend sollte man also für letztere eine geringere Zahl von Standortsklassen bedürfen, als für erstere Kategorie, doch tritt dieses Bedürfniß in der Wirklichkeit nicht so dringend hervor, weil bei den anspruchsvolleren Holzarten die Ertragsfähigkeit geringerer Standorte viel rascher abnimmt, als dieß bei den minder anspruchsvollen der Fall ist. — So lange man nun nur für ein kleineres Waldgebiet Stand-

ortsklassen zu bilden hat, wird man mit fünf Klassen vollständig aus=
reichen und häufig nicht einmal alle in der Wirklichkeit vertreten finden.
Es hat eine solche ungerade Zahl besonders den Vortheil, daß die
am häufigsten vorkommende Mittelklasse·faktisch besteht und dem Auge
des Taxators aus der Wirklichkeit sich einprägen kann, um ihm eine
Grundlage zur Vergleichung zu geben. Andrerseits ist aber nicht zu
verkennen, daß neuerdings das kleiner gewordene Raummaß und die
größere Flächeneinheit (das ha) einigermaßen zu Gunsten der Auf=
stellung von zehn Standortsklassen sprechen, welche namentlich in dem
Fall unentbehrlich werden, wenn sie auf ein sehr großes Gebiet An=
wendung finden sollen, während umgekehrt bei einem beschränkteren
Geltungsbereich mit geringen Verschiedenheiten oft schon drei Klassen
genügend sind.

Die große Mannigfaltigkeit in der Ertragsfähigkeit der verschie=
denen Standorte von ganz Deutschland, welche nicht wohl in den Rahmen
von fünf Klassen eingereiht werden kann, weist dagegen auf die Noth=
wendigkeit einer Theilung in zehn Klassen hin, und wird man dann
darauf zurückkommen können, wenn aus einer noch zu sammelnden
größeren Zahl von Ertragsversuchen genügende Anhaltspunkte für eine
schärfere Eintheilung gewonnen sein werden.

Andrerseits begnügt man sich damit, nur eine einzige Klasse —
den normalen Standort — als Maßstab der Beurtheilung
anzunehmen; allein abgesehen davon, daß die Definition dieses Begriffs
an sich schon für kleinere Gebiete sehr schwer festzustellen ist, die Brauch=
barkeit eines derartigen Hülfsmittels also nur für beschränkte Kreise
gelten kann, so weit von jedem Einzelnen die Kenntniß des „Normalen"
sich voraussetzen läßt; so muß das gewichtigste Bedenken dagegen darin
erkannt werden, daß der Entwicklungsgang der Bestände auf weniger
zuträglichen Standorten in den verschiedenen Altersstufen wesentlich von
einander abweicht; so daß die Ertragsfähigkeit z. B. im 50. Jahre
durch das Verhältniß 10 : 7 ganz richtig ausgedrückt sein kann, während
im 100. Jahre dasselbe auf 10 : 5 zurückgeht, und in höheren Alters=
stufen auf der schlechteren Oertlichkeit ein wirthschaftlich haltbarer
Bestand gar nicht mehr denkbar sein kann.

Zur Bestimmung der Standortsklasse wird in der Regel [58]
der vorhandene Bestand benützt; fehlt ein solcher, so kann nur eine
ganz eingehende detaillirte Lokalkenntniß und auch diese nicht immer mit
voller Sicherheit die Klassifikation ermöglichen. — Für die Beurtheilung
nach den Bestandesmassen sind Ertrags= und Erfahrungstafeln

nothwendig, welche angeben, wie viel Masse die einzelne Holzart auf der betr. Standortsklasse in den verschiedenen Altersstufen bei voller Bestockung und sorgfältiger pfleglicher Behandlung produzirt.

Da ein derartiges Hülfsmittel dem Forstwirth fast unentbehrlich ist, so werden die wichtigsten derselben hier angeführt:

Erfahrungen über den Massenvorrath und Zuwachs geschlossener Hochwaldbestände rc., gesammelt bei der Forsteinrichtung in Baden. 5. Heft. 1873.

Burckhardt, Hülfstafeln für Forsttaxatoren. Hannover 1873. 3. Aufl.

Feistmantel, Waldbestandestafeln. Wien, Braumüller, 1877.

Frz. Baur, Ertragstafeln für die Fichte (Württemberg). Berlin, J. Springer, 1877.

W. Kunze, Ertrag der Fichte (Sachsen). Dresden, Schönfeld, 1877.

Zu besserer Orientirung wird nachstehende, übrigens nur einen allgemeinen Ueberblick gewährende Ertragstafel beigefügt.

Allgemeine kleine Ertragstafel für die wichtigsten Holzarten Deutschlands.

Alter	I.			II.			III.			IV.		
	Bonitäts- oder Standortsklasse.											
	ae	pz	dz	ae	pz	dz	ae	pz	dz	ae	pz	dz
Jahre	Raummeter auf einem Hektar.											
Rothtannen- oder Fichtenhochwald.												
160							950	3,5	5,94	640	2,0	4,00
140							880	4,0	6,28	600	2,5	4,28
120	1300	9,5	10,83	1050	7,0	8,75	800	4,5	6,67	550	3,0	4,58
110	1205	10,5	10,95	980	8,0	8,91	755	6,0	6,86	520	3,5	4,73
100	1100	11,0	11,00	900	9,0	9,00	695	7,0	6,95	485	4,5	4,85
90	990	11,5	11,00	810	9,5	9,00	625	7,5	6,94	440	5,5	4,89
80	875	12,0	10,94	715	10,0	8,94	550	8,0	6,88	385	6,0	4,81
70	755		10,79	615		8,78	470		6,71	325		4,64
Buchenhochwald.												
160	1225	6,25	7,66	925	3,8	5,78	650	1,75	4,06	390	0,75	2,44
140	1100	7,50	7,86	850	5,0	6,07	615	3,25	4,39	375	1,25	2,68
120	950	8,0	7,92	750	5,7	6,25	550	4,0	4,58	350	2,00	2,92
110	870	8,5	7,91	693	6,3	6,30	510	4,8	4,63	330	3,00	3,00
100	785	9,0	7,85	630	6,8	6,30	462	5,2	4,62	300	3,50	3,00
90	695	9,5	7,72	562	7,2	6,24	410	5,5	4,56	265	3,70	2,94
80	600	10,0	7,50	490	7,5	6,12	355	5,7	4,44	228	3,80	2,85
70	500	9,2	7,14	415	7,0	5,93	298	5,5	4,26	190	3,50	2,71
60	412		6,87	345		5,75	243		4,05	155		2,58

Alter	I.			II.			III.			IV.		
		Bonitäts= oder Standortsklasse.										
Jahre	ae	pz	dz	ae	pz	dz	ae	pz	dz	ae	pz	dz
	Raummeter auf einem Hektar.											

Kiefernhochwald.

Alter	ae	pz	dz	ae	pz	dz	ae	pz	dz	ae	pz	dz
120	1100	5,0	9,17	825	3,5	6,87	550	1,5	4,58	275	0,5	2,29
110	1050	6,5	9,55	790	4,8	7,18	535	3,0	4,86	270	1,0	2,45
100	985	7,5	9,85	742	5,7	7,42	505	3,5	5,05	260	1,8	2,60
90	910	8,2	10,11	685	6,3	7,61	470	4,0	5,22	242	2,2	2,69
80	828	8,8	10,35	622	6,7	7,77	430	4,5	5,38	220	2,4	2,75
70	740	9,3	10,57	555	7,0	7,93	385	5,0	5,50	196	2,6	2,80
60	647	9,7	10,78	485	7,5	8,08	335	5,5	5,58	170	2,8	2,83
50	550		11,00	410		8,20	280		5,60	142		2,84

Niederwald.

Alter	Harthölzer: Buchen, Hainbuchen 2c.				Weichhölzer: Erlen, (Elsen) Weiden, Aspen.				Eichen.		
	I.	II.	III.	IV.	I.	II.	III.	IV.	I.	II.	III.
	Bonitäts= oder Standortsklasse.										
Jahre	Raummeter auf einem Hektar.										
40	240	200	150	100	440	340	240	140			
35	210	175	132	90	385	300	215	126			
30	180	150	114	77	330	258	188	110			
25	150	125	95	64	275	216	160	93			
20	120	100	75	50	220	173	130	76	150	100	50
15					165	130	100	58	112	74	37
10					110	85	67	40	74	50	25

Vorstehende Ertragstafel giebt den Abtriebs= oder Haubarkeits=
ertrag für Fichten=, Kiefern= und Buchenhochwald und für Niederwald
in Raummetern, weil immer noch der größte Theil des Material=
anfalls in dieser Form zur Aufbereitung kommt, so daß sich die dem
forstlichen Gewerbe ferner Stehenden damit leichter zurecht finden werden,
als mit den Angaben nach Festmetern.

Bei den gewählten fünf Standortsklassen mußten die für Buche
und Fichte ungünstigeren Höhenlagen mit über 1000 beziehungsweise
1500 m Erhebung, sowie für die Kiefer die der Sterilität nahestehen=
den Böden, wo die natürliche grüne Farbe der Nadeln in ein kränk=
liches Gelb übergeht, und endlich die nur ausnahmsweise zur Holzzucht
verwendeten Marschböden in den Ueberschwemmungsgebieten der Fluß=
niederungen außer Betracht gelassen werden. Die IV. und V. Klassen
der Fichten und Buchen gelten überdieß nur für die höheren Lagen des

Mittelgebirges und für die günstigeren des Hochgebirgs, da in milderem Klima so geringe Standorte viel besser an genügsamere Holzarten überlassen werden.

Im Uebrigen sollen die Erträge, mit Ausschluß von idealen, nur für normale Verhältnisse anwendbar, also nur da zu erwarten sein, wo die betreffende Holzart auf geeignetem Standort und während ihrer ganzen Entwicklungsdauer unter sachgemäßer Pflege sich befindet und wobei gleichzeitig alle größeren Unglücksfälle aus= geschlossen sind.

Zu beachten ist ferner noch, daß sämmtliche Zahlen die unterste Grenze für die betr. Standortsklasse angeben; es sind also die Minimalsätze und müssen die Maximalerträge zwischen diesen und den Minimalgrößen für die nächst höhere Klasse gesucht werden; deß= halb war es auch nicht nothwendig, für die fünfte Klasse eine besondere Spalte anzufügen.

Unter den in Raummetern angegebenen Holzerträgen ist auch Ast= und Reisholz mit inbegriffen. —

Wenn die solide Holzmasse in unaufgespaltenem Zustande nach Festmetern ermittelt werden soll, so hat man bei den Hoch= walderträgen im Verhältniß wie 10 : 7, bei Niederwald mit höherem als 20jährigem Umtrieb wie 10 : 5 und zwischen 10 bis einschließlich 20 Jahren im Verhältniß wie 10 : 4 die Zahl der Raummeter zu reduziren.

In den einzelnen Rubriken für Hochwaldbestände enthalten die mit a e bezeichneten Spalten den Abtriebs= oder Haubarkeitsertrag, die folgenden p z den jährlichen periodischen Zuwachs für das betreffende Jahrzehnt oder Jahrzwanzigt und die letzten Spalten d z den aus dem Gesammtalter berechneten Durchschnittszuwachs für ein Jahr.

Für die seltener vorkommenden Eichen= und Weißtannen= hochwaldungen sind keine besondere Tafeln aufgestellt; doch können für letztere die Erträge der Fichten nach Abzug von 10—15 Prozent angewendet werden. Die Weißtanne kommt übrigens auf den Fichten=Standorten IV. und V. Klasse nur noch ausnahmsweise vor. Die Erträge des Eichenhochwalds stellen sich um etwa 15—20 Prozent niederer als bei der Buche und ist auf besserem Boden der geringere, auf schlechterem der höhere Prozentansatz in Abzug zu bringen.

Im Mittelwalde finden sich bei einem wesentlichen Faktor des Ertrags, beim Oberholz, allzugroße Verschiedenheiten und können deß=

halb Ertragstafeln von allgemeiner Anwendbarkeit hiefür nicht aufgestellt werden; doch ist zu erwähnen, daß in Baden wie auch im
Regierungsbezirk Erfurt die Mittelwaldungen des Staats und der
Corporationen einen etwas höheren Durchschnittsmassenertrag pro Jahr
und ha ergeben als die Hochwaldungen.

Im Einzelnen ist ferner noch Folgendes hervorzuheben:

Bei den Fichten beziehen sich die Erträge von über 120jährigen
Beständen auf Standorte im Mittel- und Hochgebirge; es steigen
sodann von da ab die Altersstufen nicht mehr von 10 zu 10, sondern
je um 20 Jahre.

Auch bei der Buche werden Umtriebszeiten über 120 Jahre nur
in den höheren Lagen (III. bis V. Standortsklasse) vorkommen. Die
für ältere Bestände aufgenommenen Zahlen sind zu etwaiger Benützung
für Eichen (mit Hülfe der oben angegebenen Reduktion) vorgetragen
worden.

Die bei dem Niederwald mit Weichhölzern in den Altersstufen
über 25 Jahre aufgeführten Erträge gelten nur für reine Schwarzerlen, wobei jedoch die IV. und V. Klasse in den beiden höchsten Altersstufen kaum mehr in der Wirklichkeit vorkommen wird.

In den Erträgen für Eichenniederwald ist die Rinde mit ein-
begriffen, wovon durchschnittlich pro Jahr und ha 3—8 Ctr. angenommen werden kann.

Zeigt nun ein vollbestockter Buchenbestand im 75. Jahre 578 Raummeter, so weist dieß auf einen Standort I. Klasse hin, da das aus der
Tafel zu entnehmende Minimum 500 +)10 × 5) um 23 Raummeter
überschritten ist. Ferner läßt sich aber auch daraus schließen, daß
dieser Bestand bei entsprechender Behandlung im 90. Jahre annähernd
$550 : 578 = 695 : x = 730{,}4$ Raummeter Haubarkeitsertrag erwarten
läßt. —

Bezüglich des Abtriebsertrages ist noch besonders hervorzuheben,
daß die Größen der Spalten a e nicht unmittelbar vergleichungs-
fähig sind, weil einerseits der Preis für die Einheit in der Regel mit
zunehmendem Alter steigt, andererseits aber die jährlich nutzbare
Abtriebsfläche bei höherem Umtriebe kleiner wird, was in
dieser Form von Ertragstafel nicht zum Ausdruck kommt. Zur
Würdigung der Massenerträge verschiedener Umtriebszeiten muß daher
in letzterer Beziehung eine Reduktion auf gleichgroße Wirthschafts-
ganze vorangehen; es können nicht ha mit ha, sondern nur je die
betreffenden Jahresschlagsflächen von einem und demselben

Waldcomplex mit einander verglichen werden, welche Schläge be=
kanntlich bei höheren Umtrieben kleiner sind als bei niederen.

Der Abtriebsertrag eines 50jährigen Bestandes ist das Produkt
von 50 der Zeit nach hinter einander liegenden Jahren, oder von
50 nebeneinander liegenden Flächeneinheiten gleicher Bonität, der
100jährige Bestand bedarf aber gerade die doppelte Zeit oder die
doppelte Fläche; außerdem wird bei 50jährigem Umtriebe dieselbe Fläche
in 100 Jahren zweimal, bei 100jährigem Umtriebe dagegen nur
einmal benützt; die Abtriebsfläche ist also bei der doppelten Umtriebs=
zeit — gleiche Gesammtflächen und Zeitabschnitte vorausgesetzt — nur
der 4. Theil wie bei der einfachen. Oder allgemein ausgedrückt:

Für gleichgroße Waldcomplexe und gleichgroße Zeit=
abschnitte gilt als Gesetz: Die jährlichen Abtriebs=
flächen stehen in umgekehrtem Verhältniß wie die Qua=
drate der betreffenden Umtriebszeiten.*)

Der normale Vorrath (S. 17) für die gegebene Umtriebszeit wird
gefunden beim Niederwald durch Multiplikation des Abtriebsertrages
vom ältesten Schlag mit der Zahl der Altersjahre und mit dem Faktor
0,5; z. B. für Erlen im 30jährigen Umtrieb I. Standortsklasse
$330 \times 30 \times 0{,}5 = 4{,}950$ Raummeter. Für den Hochwald mit über

---

*) Es sei F die Gesammtfläche, welche in verschiedenen Umtriebszeiten be=
wirthschaftet wird, nämlich in U . . . . . $\frac{1}{2}$ U . . . . . $\frac{1}{3}$ U . . . . $\frac{1}{4}$ U . . . . $\frac{1}{n}$ U=
jährigen Umtrieben.

Dabei ergeben sich sodann folgende Jahresschläge oder Flächen=
fraktionen:

$$\frac{F}{U} \cdots \frac{F}{\frac{1}{2}U} \cdots \frac{F}{\frac{1}{3}U} \cdots \frac{F}{\frac{1}{4}U} \cdots \frac{F}{\frac{1}{n}U}$$

In UJahren wiederholt sich der Abtrieb auf der ganzen Fläche F in den
einzelnen Fällen jeweils
1mal, 2mal, 3mal, 4mal, nmal, woraus sich für den Zeitraum U als gesammte
Abtriebs= (und Kultur=)Flächen ergeben:

$$\frac{1F}{U} \cdots \frac{2F}{\frac{1}{2}U} \cdots \frac{3F}{\frac{1}{3}U} \cdots \frac{4F}{\frac{1}{4}U} \cdots \frac{nF}{\frac{1}{n}U}$$

oder

$$\frac{F}{U} \cdots \frac{4F}{U} \cdots \frac{9F}{U} \cdots \frac{16F}{U} \cdots \frac{n^2F}{U}$$

Weil diese Veränderungen der Jahresschläge in Folge der höheren oder
niederen Umtriebszeiten bei den Ertragsrechnungen mit der Flächeneinheit
nicht berücksichtigt werden, kann diese Methode, trotz der ihr von gewichtigten Autori=
täten vindizirten Richtigkeit, geeignete Resultate zu einer Vergleichung des ökono=
mischen Effekts verschiedener Umtriebe nicht ergeben, muß vielmehr zu großen Irr=
thümern und ganz unrichtigen Werthsgrößen führen.

100jährigem Umtrieb ist der gleiche Faktor anzuwenden, für Umtriebszeiten von 80—110 Jahren ist dieser Faktor successive auf 0,45 und bei noch kürzerem Umtrieb auf 0,40 zu reduziren.

So wenig es möglich ist, für die den einzelnen Holzarten ange=59 paßten Standortsklassen unter sich entsprechende Verhältnißzahlen zu finden, so wenig ist dieß bezüglich etwaiger Vergleichung mit den land= wirthschaftlichen Bodenklassen zulässig; man kann wohl an= nehmen, daß auf Weizenboden, sofern er tiefgründig genug ist, alle Holzarten gedeihen; aber andrerseits giebt es viele Oertlichkeiten, wo die anspruchvollste Holzart, die Eiche noch gut fortkommt und wo dem= ungeachtet von Weizenbau keine Rede sein könnte. Außerdem werden die Höhenlage, der Neigungswinkel und theilweise auch die Exposition dem Waldbau erst viel später hinderlich als der Landwirthschaft. Es giebt also viele Lagen, wo die letztere nicht mehr zulässig ist; gewöhnlich nimmt man an, daß — abgesehen von der Terrassen=Kultur bei Wein= bau zc. — ein Neigungswinkel von 30° und darüber die landwirth= schaftliche Benutzung ausschließt, obwohl ausnahmsweise auch noch Weidenutzung bei 40° Neigung stattfinden kann. Ebenso findet man auch ausgedehnte Flächen, denen die zu einem selbständigen land= wirthschaftlichen Betrieb nöthige Bodenkraft mangelt, wo also nur noch eine forstliche Benutzung möglich ist.

Solche Standorte nennt man (allerdings nicht ganz korrekt) ab= soluten Waldboden im Gegensatz zu relativem, der außerdem noch eine landwirthschaftliche Benutzung zulassen würde.

In Beziehung auf die oben für ärmeren Boden gestellte Vor= bedingung eines **selbständigen** landwirthschaftlichen Betriebes muß darauf aufmerksam gemacht werden, daß in sehr vielen Fällen auf geringem Sandboden noch eine anscheinend rentable Landwirthschaft betrieben wird; sieht man aber der Sache näher auf den Grund, so ergiebt sich, daß die Ueberschüsse nur zum kleinsten Theil aus dem landwirthschaftlichen Betrieb stammen, vielmehr von außen bezogen sind, und daß dazu in der Regel der Wald das Meiste beizutragen hatte. So lange nun die Vorräthe an organischer und mineralischer Boden= kraft in den zugehörigen Forsten vorhalten, so lange hat auch die Land= wirthschaft noch leidliche Erträge, allein wie schnell gerade die ärmeren Waldböden durch die Streunutzung erschöpft werden, ist bereits oben (51) gezeigt; man kann also diesem Raubsystem nur eine kurze Dauer ver= sprechen. Leider ist aber dasselbe ein weit verbreitetes und tief ein= gelebtes; noch bedauerlicher ist es jedoch, daß die schädlichen Folgen dieser traurigen Unwirthschaft gewöhnlich erst erkannt werden, wenn das Uebel so weit vorgeschritten ist, daß die daraus erwachsenen Nachtheile nicht mehr abzuwenden sind. — Betrachtet man unter diesem Gesichtspunkt die wirthschaftlichen Verhältnisse der norddeutschen Tiefebene, so wird man finden, daß ein weit größerer Theil der dortigen ärmeren Sandböden zum absoluten Waldboden zu rechnen ist, als gewöhnlich angenommen wird. Von diesem Gesichtspunkt aus ist es sodann auch zu beklagen, daß dort die Privatwaldwirthschaft ganz frei gegeben wurde und der Walddevastation erst dann entgegengetreten werden kann, wenn die dadurch bedrohten Gutsnachbarn dieß auf ihre Kosten thun wollen.

Die Holzarten.

VIII. Aufzählung und Klassifikation derselben.

60 Ueber die in Deutschland vorkommenden Waldbäume ist im Allgemeinen Folgendes vorauszuschicken:

In den meisten Fällen hat es der Forstmann mit den der gemäßigten Zone eigenthümlichen geselligen Pflanzen zu thun; darunter versteht man solche, welche ausschließlich auf einer größeren Fläche allein vorkommen, und das Gedeihen anderer Arten auf diesem Raume nicht gestatten oder sehr erschweren. Sowohl nützliche als auch schädliche Waldpflanzen gehören in diese Kategorie. — Bedingt gesellige Pflanzen kann man solche nennen, welche nur unter besonders günstigen Verhältnissen in größerer Ausdehnung herrschend auftreten. Der Landwirth unterscheidet noch zwischen verträglichen und unverträglichen Gewächsen; in der Forstwissenschaft ist diese Unterscheidung nicht so entwickelt und durch Beobachtungen noch nicht genügend festgestellt; obgleich die Kenntniß dieses Verhaltens der Holzarten neben und nach einander in vielen Fällen von praktischem Werthe sein könnte; so siedelt sich z. B. die Buche sehr leicht unter der Weißtanne an, während das umgekehrte Verhältniß zu den seltenen Ausnahmen gehört; dagegen findet man unter Buchen häufig selbst noch in ziemlich geschlossenen Beständen zahlreichen Fichtenanflug, während dieser unter seinen eigenen Mutterbäumen oder unter Weißtannen viel mehr Licht verlangt. Das Gleiche beobachtet man bei der Eiche, welche noch einen ziemlich starken Druck von älteren Kiefern erträgt; von anderen Holzarten aber nicht.

Zur genaueren Bezeichnung der Pflanzenarten dienen die systematischen oder botanischen Namen und werden die deutschen Waldbäume nachstehend mit solchen aufgezählt unter Beifügung der betreffenden Klassen und Ordnungen des Linné'schen Systems (jene mit römischen, diese mit arabischen Ziffern) und der natürlichen Familien (z. B. Capuliferae, Jasmineae) nach Endlicher's System.

Deutsche Waldbäume.

Laubhölzer.

Die Stieleiche, Sommereiche, Quercus pedunculata (Erhardt).
Die Traubeneiche, Wintereiche, Quercus Robur (Smith) oder sessiliflora.
Beide bedingt gesellig. XXI. 6. Cupuliferae.
Die Buche, Fagus sylvatica. XXI. 6. Cupuliferae, gesellig.
Die Hainbuche, Carpinus Betulus. XXI. 6. Cupuliferae, bedingt gesellig.
Die Ulmen oder Rüstern, Ulmus campestris, Feldulme; effusa, Fächerulme. V. 2. Ulmaceae, nicht gesellig.
Die Esche, Fraxinus excelsior. II. 1. Jasmineae (Oleaceae), bedingt gesellig.
Die Ahorne, Acer platanoides, Spitzahorn; Pseudoplatanus, Bergahorn; campestre, Maßholder. VIII. 1. Acerineae, nicht gesellig.
Der Vogelbeerbaum, Sorbus aucuparia. XII. 5. Pomaceae.
Der Elzbeerbaum, Crataegus torminalis. XII. 5. Pomaceae.
Der Mehlbeerbaum, Crataegus Aria. XII. 5. Pomaceae.
Der wilde Birn= und Apfelbaum, Pyrus communis et Malus. XII. 5. und 2. Pomaceae.
Der Sperbelnbaum, Sorbus domestica. XII. 5. Pomaceae. Die sechs letztgenannten nicht gesellig.
Die wilde Süßkirsche, Prunus avium. XII. 1. Drupaceae.
Die zahme Kastanie, Castanea vesca. XII. 6. Cupuliferae, nicht gesellig.
Die bisher genannten Holzarten werden zu den harten Hölzern gezählt; sie heißen auch edle Laubhölzer.
Die Birken, Betula alba, Weißbirke und Betula pubescens, Schwarzbirke. XXI. 6. Betulaceae, bedingt gesellig, werden bald zu dem

harten, bald mit den nachfolgenden zu dem weichen Laubholze ge=
rechnet.

Die Erlen, Alnus glutinosa, Schwarzerle; incana, Weißerle; viridis,
Alpenerle. XXI. 4. Betulaceae, gesellig.

Die Aspe, Populus tremula. XXII. 7. Salicideae, gesellig.

Die Schwarz= und Silberpappel, Populus nigra et alba. XXII. 7.
Salicideae, nicht gesellig.

Die Weiden, Salix (verschiedene Arten). XXII. 1. Salicideae, die
meisten Arten gesellig.

Die Linden, Tilia parvifolia et grandifolia. XXIII. 1. Tiliaceae,
bedingt gesellig.

Nadelhölzer. Coniferae, Zapfenbäume, Zapfenträger (zum
Weichholz gezählt).

Die Weißtanne, Pinus Abies (Duroi) oder Abies pectinata (Decandolle).

Die Rothtanne oder Fichte, Pinus Picea (Duroi), Abies excelsa
(Decandolle).

Die Kiefer, Föhre, Forche, Pinus sylvestris.

Die Schwarzkiefer, österreichische Kiefer, Pinus nigricans.

Die Lärche, Pinus Larix, Larix europaea.

Die Arve, Zürbe oder Zirbe, Zirbelkiefer, Pinus Cembra.

Sämmtliche sechs Arten gehören in die XXI. Klasse, 7. Ordnung
Linné's, Abietieneae (Decandolle) und zu den geselligen Waldbäumen.

Die Eibe, Taxus baccata. XXII. 12. Taxineae, nicht gesellig.

Ausländische akklimatisirte Waldbäume.

Robinia Pseudoacacia, die Akazie. XVII. 3. Papilionaceae.

Platanus occidentalis, die Platane.

Populus italica et canadensis, die italienische und canadische Pappel.

Quercus rubra et coccinea, die Purpur= und die Scharlacheiche.

Junglans nigra, alba et cinerea, amerikanische Nußbäume.

Ailanthus glandulosa, Götterbaum (in wärmeren Weinländern).

Pinus strobus, Weymuthskiefer.

Pinus maritima, Seekiefer (in sonnigen Weinlagen und an der Seeküste).

Einheimische Sträucher.

Die Hasel, Corylus Avellana. XXI. 6. Cupuliferae.

Der Faulbeerstrauch, das Pulverholz, Rhamnus Frangula. V. 1.
Rhamneae.

Der Kreuzdorn, Rhamnus catharticus desgl.

Der Hollunder, Sambucus racemosa et nigra. V. 3. Sambuceae.

Die Traubenkirsche, Prunus padus. XII. 1. Drupaceae.

Der Hartriegel, Cornus sanguinea et mascula. IV. 1. Corneae.

Die Rainweide, Ligustrum vulgare. II. 1. Oleaceae.

Der Schneeballstrauch, Viburnum Opulus. V. 3. Sambuceae.

Der Weißdorn, Crataegus Oxyacantha et monogyna. XII. 1. Pomaceae.

Der Schwarzdorn, Prunus spinosa. XII. 1. Drupaceae (Amygdaleae).

Der Sanddorn, Hipophaë rhamnoides. XXII. 4. Eleagneae.

Die Stechpalme, Ilex Aquifolium. IV. 4. Aquifoliaceae.

Der Wachholder, Juniperus communis. XXII. 5. Cupressineae.

Die Waldrebe, Clematis Vitalba. XIII. 6. Ranunculaceae.

Die Brombeere, Rubus fruticosus et caesius. XII. 5. Dryadeae.

Die Himbeere, Rubus idaeus. XII. 5. Dryadeae.

Die Heidelbeeren, Vaccinium Myrtillus, Vitis idaea, uliginosum et Oxicoccos. VIII. 1. Ericaceae.

Die Heide, Erica vulgaris. VIII. 1. Ericaceae.

Die Pfrieme, Spartium scoparium. XVII. 3. Papilionaceae.

Der Ginster, Genista tinctoria et sagittalis. XVII. 3. Papilionaceae.

Die Alpenrosen, Rhododendron. X. 1. Ericaceae.

Weitere forstlich zu beachtende Pflanzen.

Die verschiedenen Gräser, Simsen, Binsen.

Die Farnkräuter.

Die Moose und Flechten.

Die Schwämme.

Nach dem Grad der Lichtbedürftigkeit hat G. Heyer die [61] wichtigeren Waldbäume folgendermaßen geordnet, wobei diejenigen vorangestellt sind, die am wenigsten Licht verlangen:

Weißtanne, Fichte.

Buche, Schwarzkiefer.

Linde, zahme Kastanie, Hainbuche.

Esche, Eiche.

Bergahorn, Spitzahorn, Obstbaum, Erle.

Weymuthskiefer.

gemeine Kiefer.

Ulme.

Birke, Aspe.

Lärche.

Obwohl es schwierig ist, eine solche Reihenfolge aufzustellen, weil die einzelnen Holzarten in verschiedenen Lebensstufen und auf verschiedenen Standorten nicht immer dieselben Ansprüche machen. Die Esche erträgt z. B. in ihrer ersten Jugend einen eben so starken Druck wie die Buche, während sie vom 30., 40. Jahr ab mindestens eben so viel Licht verlangt wie die Eiche. Die Weißtanne verlangt vom 2. und 3. Jahre ab eine stärkere Lichtung als die Buche, erträgt aber im Alter von 6 Jahren und darüber mehr Schirmdruck als diese. — Daneben kommt auch das oben berührte Verhältniß der Verträglichkeit zweier Holzarten noch in Betracht. Nach unseren Wahrnehmungen möchten wir folgende Ordnung als die für unseren Beobachtungskreis geltende gegenüber stellen.

1) Buche, 2) Weißtanne, 3) Zirbel- und Weymuthskiefer, 4) Fichte, 5) Esche, 6) Hainbuche, 7) Schwarzkiefer, 8) Traubeneiche, 9) Ahorn, 10) Ulme, 11) Stieleiche, 12) Erle, 13) gemeine Kiefer, 14) zahme Kastanie, 15) Lärche, 16) Aspe, 17) Birke.

Dabei ist zu bemerken, daß die Abstufungen zwischen den einzelnen Holzarten nicht immer gleich sind.

Die lichtbedürftigeren Arten 5)—17) kommen meist als Mischhölzer vor; nur die Kiefer und theilweise auch die Eiche, Birke und Erle (selten die Lärche) treten in reinen Beständen auf, welche aber nie den dichten, bodenverbessernden, langandauernden Schluß erlangen, wie die Bestände der schattenliebenden Holzarten; bei diesen ist sodann auch noch der Holzertrag ein viel größerer als bei jenen, wenn man jeweils Hartholz mit Hartholz und Weichholz mit Weichholz vergleicht.

62 Von besonderer Bedeutung ist auch noch die größere oder geringere Widerstandsfähigkeit gegen die Spätfröste und ist in dieser Beziehung etwa die nachstehende Reihenfolge anzunehmen, wobei die empfindlichsten Holzarten vorangestellt werden:

Bei den Nadelhölzern: Weißtanne, Fichte, Lärche, Schwarzkiefer, gemeine Kiefer, Weymuthskiefer, Zirbe.

Bei den Laubhölzern: Buche, Stieleiche, Esche, Traubeneiche, Ahorn, Ulme, Hainbuche, Erle, Birke, Aspe.

63 Zieht man eine Vergleichung zwischen Laub- und Nadelholz, so gebührt den Nadelhölzern der erste Rang unter den Waldbäumen wegen ihrer räumlichen Verbreitung und ihrer mannigfaltigeren technischen Verwendbarkeit. Im Durchschnitt machen sie an die drei Standortsfaktoren geringere Ansprüche als die Laubhölzer, gedeihen insbesondere

noch auf minder kräftigen und meist auch weniger tiefgründigen Böden, wo sie als gesellige Holzarten ausgedehnte Forste bilden.

In ihrer äußeren Gestalt zeichnen sie sich aus durch die regelmäßigere Form und die überwiegende Entwicklung des Stammes gegenüber den Aesten und Zweigen, so wie auch durch größere Länge des Stammes. Die meisten Arten behalten ihre Nadeln auch den Winter über und eine Reihe von Jahren hindurch, was in Verbindung mit der größeren Stammhöhe und theilweise auch der flachen Bewurzelung die Gefahr des Windwurfs wesentlich steigert. Hiedurch wird die natürliche Verjüngung öfter gefährdet, während andrerseits der leichtere und beflügelte Samen durch seine allseitige Verbreitung dieselbe wieder fördert. Demungeachtet ist die künstliche Verjüngung verhältnißmäßig leichter, weil die jungen Pflanzen rasch wachsen und deßhalb von Unkraut, Frost ꝛc. weniger zu leiden haben. Dagegen werden die Insekten in allen Altersstufen sehr gefährlich, weil die Nadelhölzer nur eine geringe Reproduktionskraft besitzen. Aus demselben Grunde wirkt auch das Feuer intensiv schädlicher.

Noch viel beengenderen Einfluß übt dieser Mangel dadurch, daß den Nadelhölzern die Fähigkeit vom Stock auszuschlagen gänzlich fehlt und somit der Niederwaldbetrieb bei ihnen nicht möglich ist, was gleichzeitig auch noch die kürzeren Umtriebszeiten (unter 50 Jahren) fast vollständig ausschließt. Auch der Mittelwald erträgt nur eine geringe Beimischung von Nadelhölzern im Oberholzbestand.

Das Holz der Zapfenbäume hat zwar im Allgemeinen eine ge- 64 ringere Heizkraft, doch ist es zu vielen Zwecken besser als das der Laubhölzer, z. B. zum Betrieb von Eisenschmelzen, Glashütten ꝛc. Im Böhmerwald bezahlen letztere das Buchenbrennholz nur um 5—10 Prozent höher als das Nadelholz und nehmen es stets sehr ungern an. Die auf Flächen von gleicher Größe und Ertragsfähigkeit erwachsende Masse ist namhaft größer als bei den meisten Laubhölzern, und gleicht sich hiedurch die geringere Heizkraft nicht nur vollständig wieder aus, sondern es ergiebt sich noch ein ziemlicher Ueberschuß zu Gunsten der Nadelhölzer, wie aus der oben (51) angegebenen Jahresproduktion an Holzgewicht ersichtlich ist, wobei als bekannt vorausgesetzt werden darf, daß die Heizkraft gleicher Gewichtsmengen verschiedener Holzarten nahezu gleich steht. — Außerdem überwiegt beim Nadelholz das leichter zu bearbeitende und zu handhabende Stammholz, während das Laubholz mehr Aeste und Reisig erzeugt.

Da aber die Concurrenz der Steinkohlen die Brennholzerzeugung

immer mehr zurückdrängt, so richtet sich auch die wirthschaftliche Wich=
tigkeit der einzelnen Holzarten vorherrschend nach deren Verwend=
barkeit zu Nutzholz und in dieser Beziehung gehen die Nadelhölzer
den Laubhölzern weit voran; denn während selbst bei der am meisten
gesuchten Eiche das Ausbringen an Nutzholz selten höher als 50 Prozent
des Haubarkeitsertrages steht, bei der Buche aber auf wenige Prozente
zurückgeht und nur in den seltensten Fällen, wo Verwendung zu Eisen=
bahnschwellen, Möbeln 2c. besteht, gegen 40 Prozent gebracht werden
kann, steigt es bei den Nadelhölzern bis zu 80 und 90 Prozent; er=
fordert aber gleichwohl keine so hohen Umtriebszeiten wie die Erziehung
von Eichennutzholz. — Die Marktpreise des letzteren stehen zwar
namhaft höher als die des Nadelnutzholzes, allein wohl schwerlich ein=
mal so hoch, daß dadurch der größere Produktionsaufwand ausgeglichen
würde.

Außer dem Holz kommen noch die Früchte und Samen in
Betracht, wobei die Laubhölzer wegen größerer Nutzbarkeit der Eichel=
und Buchelmast voranstehen; andrerseits verdient dagegen bei den
Nadelhölzern die Harznutzung hervorgehoben zu werden. Gerbestoff=
haltige Rinden werden von der Eiche und Fichte gewonnen, in unter=
geordneter Menge auch von der Birke und Erle.

Die Nebennutzungen an Waldgras, Weide und Rechstreu lassen in
den Laubholzwaldungen höhere Erträge erwarten als in den Nadelholz=
beständen, weil jene in der Regel auf besserem Boden stocken.

65   In Beziehung auf die Möglichkeit kürzere oder längere Umtriebs=
zeiten einzuhalten, werden im Hochwaldbetrieb die beiderlei Holzarten
ziemlich gleich stehen; zwar hält sich die Buche länger geschlossen als
die sämmtlichen Nadelhölzer, aber gerade bei ihr tritt ein Bedürfniß
höherer Umtriebszeiten am wenigsten hervor; andrerseits gestattet der
Erlen= und Birkenhochwald einen eben so kurzen Umtrieb wie der
Kiefernwald; nur der Eichenhochwald steht mit seiner unverhältnißmäßig
hohen Umtriebszeit als Ausnahme da; tritt aber vermöge seines ge=
ringen Umfanges fortwährend mehr zurück.

66   Im Allgemeinen bleibt der Geldertrag der Laubholzbestände
weit hinter dem der Nadelholzbestände zurück, obgleich die letzteren im
Durchschnitt geringeren, also weniger werthvollen Boden beanspruchen
und die künstliche Verjüngung nicht so viel kostet wie beim Laubholz,
während bei letzterem andrerseits die natürliche Verjüngung auf ent=
sprechenden Böden leichter durchzuführen ist als bei Nadelholz.

Die Bedeutung dieses Verhältnisses wird aus folgenden Zahlen

klar werden, welche den statistischen Nachweisen über die Verwaltungs=
ergebnisse der württembergischen Staatswaldungen entnommen und
wobei Forstamtsbezirke mit ähnlichen Absatzlagen einander gegenüber=
gestellt sind; die Zahlen entstammen stets denselben Jahren aus der
Periode 1870—1872, und blieben Forste oder Jahre, in welchen eine
abnorme Nutzung stattfand, außer Betracht. Obgleich sodann nur wenige
der angeführten Bezirke ganz reine Bestockung aufweisen, so treten
doch die maßgebenden Holzarten stets in überwiegender Ausdehnung
wenigstens in den z. Z. in Verjüngung stehenden Beständen auf. Die
Laubholzforste enthalten werthvolle Eichen, Ulmen, Eschen, Ahorne ꝛc.
beigemischt. Im Nettoertrag sind auch die Nebennutzungen mit ihrem
Geldwerth einbezogen.

<table>
<tr><td>

Nadelholzforste:

Ochsenhausen (südlich von Ulm).
1870 u. 71 pro ha Holzerlös . 58,11 Mk. jährl.
　　　　Nettoertrag 43,37　„　　„

Lorch (nordöstlich von Stuttgart).
1870—72 pro ha Holzerlös . 72,17 Mk. jährl.
　　　　Nettoertrag 38,40　„　　„

Wildberg (westlich von Tübingen).
1870—72 pro ha Holzerlös . 67,71 Mk. jährl.
　　　　Nettoertrag 44,60　„　　„

</td><td>

Laubholzforste:

Blaubeuren (westl. v. Ulm).
Holzerlös . 38,23 Mk. jährl.
Nettoertrag 20,74　„　　„
Schorndorf (nordöstlich von
Stuttgart).
Holzerlös . 37,54 Mk. jährl.
Nettoertrag 19,71　„　　„
Bebenhausen (nördlich von
Tübingen).
Holzerlös . 40,63 Mk. jährl.
Nettoertrag 21,77　„　　„

</td></tr>
</table>

Bewirthschaftungsarten.

IX. Der Kiefernhochwald.

Die Kiefer, Föhre, Forche oder Forle nimmt von allen Wald=[67]
bäumen in Deutschland das weiteste Gebiet ein, sie bildet in der norddeutschen Tiefebene als herrschende Holzart die ausgedehntesten Forste,
wo meist sie allein nur möglich ist. Auch in den Flußniederungen des
Rheins und der Donau und ihrer Seitenflüsse kommt sie in größerer
Ausdehnung vor. Im Hügellande findet sie sich ebenfalls von alten
Zeiten her heimisch und gewinnt hier noch an Terrain auf den durch
Raubwirthschaft entkräfteten Böden; in dieses Gebiet fallen insbesondere

große Waldcomplexe in den bahrischen Regierungsbezirken Oberpfalz, Ober= und Mittelfranken 2c. — Bei ihrem weiteren Vorrücken in die höheren Lagen kommt sie übrigens da und dort in eine Region, wo ihr in der Jugend der Schneedruck verderblich wird und ihre Erziehung in geschlossenen Beständen unmöglich macht, weil die Junghölzer vom 15. bis 20. Jahre ab in Folge dieser Beschädigungen so lückenhaft werden daß nur noch ein geringer Theil der Bodenfläche einen Ertrag liefert. Dieser schädliche Einfluß macht sich aber nicht überall bemerklich, indem er von lokalen klimatischen Verhältnissen abhängig ist. So finden sich z. B. auf dem nördlichen Theil des Schwarzwaldes (bei Wildbad 2c.) große Kiefernbestände verschiedenen Alters, bis über 120 Jahre alt, während im südlichen Theile dieses Gebirgszugs, St. Blasien 2c., die Kiefer nur in Einzelmischung zwischen anderen Holzarten angezogen werden kann, weil die geschlossenen reinen Junghölzer dem Schneedruck schon in früher Jugend erliegen. Auch in milderen Klimaten kommen ähnliche Verhältnisse vor, z. B. häufig da, wo die Kiefer neben der Weinrebe angebaut wird. Ueberall, wo sie nicht von jeher heimisch ist, muß man vor der Einführung dieser Holzart sich hauptsächlich darüber vergewissern, daß von diesem Uebel nichts für sie zu fürchten sei; denn gegen die übrigen klimatischen Faktoren ist sie fast ganz unempfindlich, und erträgt namentlich sowohl heftige Winterkälte, Spät= und Früh= fröste wie große Hitze und Trockenheit; auch widersteht sie den Stürmen ziemlich gut.

68 Bezüglich ihrer Ansprüche an den Boden ist sie als die genügsamste von allen unseren Waldbäumen zu bezeichnen, sie gedeiht noch auf den ärmsten Sandböden (cf. ob. 51), denen nur durch sie noch ein Ertrag abgewonnen werden kann; wo solche Böden in größerer Ausdehnung vorkommen, hängt die Bewohnbarkeit der ganzen Gegend von dieser Holzart ab. — Je ärmer aber der Boden ist, um so mehr macht sie Anspruch an seine Tiefgründigkeit, sie treibt dann ihre Wurzeln bis zu 2 m tief, während sie auf nahrungs= reicheren Böden sich mit einer Bodenschicht von 0,3—0,5 m begnügt. Obgleich sie aber vorherrschend die Sandböden einnimmt, so kommt sie doch auch auf Lehm=, Kalk= und Mergelböden noch gut fort; sie meidet nur die sauren Moor= und Bruchböden, schweren reinen Thon und undurch= brochenen Orthstein; auch kommen ganz sterile Sandböden vor, wo sie nur mit besonderer Nachhülfe (Bearbeitung 2c.) angezogen werden kann.

Innerhalb dieser Extreme finden sich natürlich eine Menge von Abstufungen der Standortsgüte und umfaßt die Kiefer also auch in dieser Beziehung das weiteste Gebiet. Doch muß hiebei besonders hervorgehoben werden, daß sie die besseren Böden, auf denen noch andere Holzarten gut gedeihen, nicht in gleicher Weise vortheilhaft ausnützt, wie letztere. Vergleicht man z. B. die Erträge der besten und geringsten (fünften) Klasse bei Buchen und Fichten und die Erträge der etwa die gleiche Bodengüte umfassenden ersten und dritten Klasse bei Kiefern, so wird dieses Verhältniß sofort anschaulich. Aus den Ertragstafeln vor Burckhardt und Pfeil ergeben sich hierüber folgende Verhältnißzahlen bei den Erträgen 100jähriger Bestände:

	Burckhardt	Pfeil
Buche (V Klasse) 247 : (I) 523 = 1 : 2,1		1 : 2,5
Fichte (V Klasse) 295 : (I) 782 = 1 : 2,5		1 : 2,36
Kiefer (III Klasse) 314 : (I) 542 = 1 : 1,7		1 : 1,55

Noch ungünstiger gestalten sich diese Verhältnisse nach den für die königl. preußische Forst-Inspektion Küstrin aufgestellten Ertragstafeln (Pfeil, Krit. Blätter XXVII. Bd. S. 197), wonach die Buche im obigen Alter das Verhältniß von 1 : 2,5, die Kiefer aber nur von 1 : 1,26 aufweist, obgleich es sich in diesem Falle nur von einem beschränkteren Geltungsgebiet der betr. Tafel handelt.

Diese Zahlen lassen nun deutlich erkennen, daß die Kiefer nur auf die geringeren und mittleren Böden gehört und daß sie als bestandesbildende Holzart von den besseren ausgeschlossen bleiben muß, wo die Fichte noch entsprechend gedeiht, d. h. von den ersten zwei oder drei Klassen der Fichtenböden, weil auf diesen der Materialertrag der Kiefer nicht mehr im gleichen Verhältniß mit der Bodengüte steigt.

Wo aber nun diese genügsame Holzart noch einigermaßen gedeiht, bessert sie den Boden schnell und in ausgiebigster Weise; vorausgesetzt, daß man den Abtrieb der Bestände nicht zu weit hinausschiebt, namentlich muß man um so früher abtreiben, je schlechter der Boden ist. Sehr dankbar ist sie, wenn ihr auf magerem Boden durch Lockerung und auf Orthstein durch Brechung der verhärteten Schicht Vorschub geleistet wird.

Die Kiefer keimt mit 4—7, meist 5 Nadeln, welche aber nur $\frac{1}{3}$ 69 der Länge ihrer gewöhnlichen Nadeln haben; der im ersten und in rauhem Klima im zweiten Jahr hervorbrechende Gipfeltrieb hat platte, lanzettförmige, weiche, sägezähnige Blätter, erst im dritten Jahr entwickeln sich die gewöhnlichen Nadeln zu zweien aus einer Scheide (eigentlich verkümmerte Triebe, Kurztriebe, Stauchlinge). Die junge Pflanze ist gegen die Hitze empfindlicher, als gegen Frost.

Ein Bodenüberzug von Unkräutern ist ihr in den ersten drei bis fünf Jahren hinderlich, selbst wenn er nur schwach auftritt; man thut deßhalb gut, ihn vor der Kultur streifenweise (mit dem Pflug) oder plattenweise zu entfernen. Im späteren Alter, nach 60—70 Jahren, begünstigt ihre lichte Stellung die Bildung eines sich nach und nach immer mehr verdichtenden Bodenüberzuges, dessen Erhaltung aber um so nothwendiger wird, je weniger der Boden an mineralischer Kraft besitzt.

Die Kiefer blüht im Mai und Juni während der Entwicklung der neuen Triebe, an deren Spitze die weiblichen Blüthen stehen, ihr Same reift im Oktober des folgenden Jahres, und fliegt darauf im März ab. Bis die Zapfen reif werden, hat sich ein weiterer Jahrestrieb gebildet, und nun hängen die 1½jährigen Zapfen an der Basis des letzten Triebes. Nach dem Ausfliegen des Samens bleiben sie noch ein Jahr hängen und diese leeren Zapfen findet man an der Basis des vorletzten Jahrestriebes. Der Same ist sehr leicht und fliegt in der Regel auf eine Entfernung von 60—100 Schritte vom Baum. Die Samenjahre sind nicht gerade selten, alle 3—4 Jahre ist auf reichlicheren Samenansatz zu rechnen. Die Forche trägt viel früher als alle andern Waldbäume, oft schon im 30.—40. Jahre reichlich und guten Samen.

In Betreff der Entwicklung und Form der Kiefer ist zunächst die starke, tiefgehende Pfahlwurzel hervorzuheben, welche gleich vom ersten Jahre ab sich bildet und auf armen, aber tiefgründigen Böden eine Länge von 1½ m und darüber erreicht; wo sie nicht so tief gehen kann, muß der Boden entsprechend kräftiger sein. Die Seitenwurzeln beschränken sich im letzteren Falle auf einen kleinen Raum, während sie in armem Boden weitausstreichende dünne Stränge bilden. Selbst der im Schluß erwachsene Stamm hat nur ausnahmsweise die große Länge wie bei der Fichte und Weißtanne; er ist noch weniger walzenförmig, viel abfälliger, öfter etwas schief gewachsen, mit niedrigerem Kronenansatz; die Aeste sind stärker, sperriger, mit geringer Verzweigung und lichter Benadelung; die Krone nimmt überdieß einen kleineren Theil der Gesammtlänge des Baumes in Anspruch als bei der Fichte und Tanne. In der untern Hälfte des Stammes ist die rauhe Borke an der Rinde sehr stark entwickelt und stark rissig; nach oben tritt sie namentlich bei günstiger allgemeiner Entwicklung des Baumes als eine ganz dünne

Schicht auf, nach außen feinblättrig sich ablösend, licht roth gefärbt; je weiter diese Art Rinde am Stamm herabgeht, um so günstigere Rückschlüsse lassen sich daraus auf das gute Gedeihen des Stammes und meist auch auf die Qualität des Holzes machen.

Die Stammform der Kiefer ist aus folgenden Zahlen ersichtlich, welche das Prozentverhältniß angeben zwischen der Walze (von der Grundfläche und Höhe des betr. Stammes) und dem wirklichen Massengehalt; sie sind den neuesten badischen „Erfahrungen über den Massenvorrath" 2c., V. Heft, entnommen.

Stammhöhen
6—15 m	0,600—0,524
15,5—20 „	0,521—0,497
20,5—25 „	0,495—0,473
25,5—30 „	0,471—0,450
30,5—36 „	0,449—0,437

Die Stammgrundfläche ist bei 1,5 m Höhe gemessen.

Der Einzelstamm wächst im Schluß von den ersten Jahren an sehr rasch, zunächst vorherrschend in die Höhe, was bis zum 50. oder 60. Jahre anhält; die Vergrößerung nach der Dicke beginnt schon im 25—30. Jahre und dauert auf den besseren Böden in ziemlich gleicher Stärke bis zum 100. Jahre und darüber (wobei nicht nach dem linearen Durchmesser, sondern nach dem Quadratinhalt der Stammgrundfläche zu rechnen ist); auf mittleren und geringeren Kiefernböden läßt aber die Gesammtentwicklung schon 20—30 Jahre früher nach und auf den schlechtesten Standorten sinkt der Zuwachs schon nach dem 50. Jahre in starker Progression.

Im Vollbestande wird der vorstehend geschilderte Zuwachsgang wesentlich verändert durch die sich fortwährend vermindernde Stammzahl, welche bei dieser nahezu lichtbedürftigsten Holzart in besonders rascher Progression mit dem zunehmenden Alter abnimmt; sie erträgt nemlich bis zum 40. oder 50. Jahre einen ziemlich dichten Schluß; dann aber vermindert sich die Stammzahl in überraschender Weise auch in denjenigen Beständen, welche nicht durchforstet, sondern sich selbst überlassen werden; dieselben fangen an sich licht zu stellen, was je nach der Bodengüte früher oder später eintritt, und von forstlicher Seite rechtzeitig unterstützt werden muß, wenn der Zuwachs nicht unnöthig ins Stocken gerathen soll. So lange es sich um jüngere Bestände mit geringerer Kronenentwicklung handelt, in denen der Nebenbestand und die Stämme, die dazu hinneigen, sich leicht erkennen

laffen, jo lange hat diefe Aufgabe keinerlei Schwierigkeiten, obwohl fie
vielfach verspätet in Angriff genommen wird. Bei den Altholzbeständen
dagegen, wo doch das gleiche Gesetz wirksam ist, verzichten die meisten
Wirthschafter auf ein thätiges Eingreifen, überlassen vielmehr die Aus=
scheidung der überzähligen Stämme theilweise oder ganz der Natur;
und es entsteht auf diese Weise ein viel nachtheiligerer Kampf um die
Existenz, weil die einzelnen Individuen eine viel zähere Lebenskraft haben
als die jüngeren im Schluß stehenden Stämme. Diese Periode des
Kampfes wird man namentlich gegen das 70. oder 80. Jahr hin fast
in den meisten Kiefernbeständen wahrnehmen und die in diesem Zeit=
abschnitte sich plötzlich verengenden Jahrringe weisen, frei=
lich zu spät, mit aller Bestimmtheit darauf hin, daß hier
die helfende Hand des Menschen gefehlt hat.

71   Nach dem Gesagten fällt der größte Massenertrag der Kiefer in
eine sehr frühe Periode, meist schon zwischen das 50. und 60. Jahr;
und es tritt nachher in Folge der raschen Verminderung der Stamm=
zahl ein Stillstand, später, etwa nach dem 80. bis 90. Jahre, sogar
ein Rückgang in der Holzproduktion ein; auf den geringen Böden
erfolgt derselbe schon viel früher, oft schon vom 40. Jahre ab; aber
selbst unter den günstigsten Verhältnissen läßt sich nicht selten beobachten,
daß der Haubarkeitsertrag des älteren Bestandes auf der gleichen Fläche
ein niederer ist, als etliche Jahre zuvor, weil der zeitliche Zuwachs den
Abgang an ausscheidenden Stämmen nicht mehr auszugleichen vermag;
dieser Zeitpunkt tritt gewöhnlich zwischen dem 100. und 120. Jahre
ein, und giebt einen sehr verständlichen Wink, mit der Umtriebszeit
nicht so hoch zu gehen, woneben noch die unter dem stets lichter werden=
den Schirm des Altholzes fortschreitende Verwilderung und Vermagerung
des Bodens als weiterer Grund in die Wagschale fällt.

Da aber das Kiefernholz mit dem höheren Alter eine
bedeutend bessere Qualität erlangt, so kommt bei der Wahl der
Umtriebszeit mehr als bei jeder anderen Holzart auch dieser Faktor in
Betracht; die bezüglich der Dauer und der Heizkraft erwünschtere Be=
schaffenheit des Holzes wird auf den gewöhnlichen Kiefernböden erst
nach dem 60. bis 70. Jahre erlangt. Die Versuche von Dr. Brix
beweisen bezüglich der Heizkraft, daß der sonst allgemein als annähernd
richtig erkannte Gradmesser, das Gewicht des Holzes, bei Kiefern von
200—300 Jahren nicht mehr anwendbar ist; denn die Verhältnißzahl
für 1 Pfd. aus dieser Altersklasse wurde auf 1149 festgestellt; bei
45—50jährigem Kiefernholze dagegen auf 1055, also um 8 Prozent

niederer (1 Pfd. Buchenholz = 1000). Die Versuche von Th. Hartig, welche sich allerdings auf die gleiche Masse beziehen, ergaben für sehr harzreiches 120jähriges Kiefernstammholz 114 (Buchen = 100), Aeste von denselben Stämmen 58; für 100jähriges Stammholz 76, für 20= jähriges 53 als Aequivalentzahlen.

Leider besitzen wir keine ähnlichen Versuche über die Dauer des Holzes der verschiedenen Altersstufen; allein es ist eine im praktischen Leben allbekannte Thatsache, daß altes harzreiches Kiefernholz selbst im Freien unter den ungünstigsten Witterungsverhältnissen von unsern ein= heimischen Hölzern neben dem Eichenholz die größte Dauer hat, während das Material von jüngeren Stämmen zu dem schlechtesten gehört. Es kommt aber auch noch der Einfluß des Standorts hinzu, indem in sehr ungünstigen Verhältnissen auf geringerem Boden oder in rauhem Klima ein viel besseres Holz erwächst als in entgegengesetzten Verhältnissen; auf sehr gutem Boden bekommt oft schon der lebende Stamm die Rothfäule; die auf den besseren Böden Süddeutschlands erwachsenen 20—30jährigen Stämmchen sind zu Hopfenstangen nicht verwendbar, weil sie kaum 3—4 Jahre dauern, während die in Norddeutschland auf magerem Boden erwachsenen doppelt so lange aushalten.

Der Unterschied in der Qualität beruht hauptsächlich auch darauf, daß die Kiefer je nach dem Alter und dem Standort eine breitere oder schmalere Splintschicht bildet, welche bezüglich der Dauer und Heiz= kraft weit hinter dem mehr oder weniger röthlich gefärbten Kernholz zurücksteht; letzteres bildet sich nun überhaupt erst im Alter von 50—70 Jahren und erlangt die nutzbare Stärke noch viel später, etwa im 90. bis 100. Jahre, wenn überhaupt der Standort dazu geeignet ist. Je größeres Gewicht man nun auf die Erzeugung von möglichst splint= freiem Kiefernholz zu legen hat, um so höher muß die Umtriebszeit angenommen werden.

Außerdem bedingt die Rücksicht auf die Qualität des Holzes die Einhaltung einer bestimmten Fällungszeit, welche auf die Dauer des Winterfrostes beschränkt ist, da im Sommer gefälltes Kiefernholz rasch verdirbt, was sich zunächst an einer Veränderung der Farbe (Blauwerden) erkennen läßt. Dieß tritt aber auch bei dem im Winter gefällten Holz ein, wenn es zu lange unverarbeitet an der Luft liegt, man bringt es deßhalb zur Vermeidung dieses Mißstandes ins Wasser, wenn es nicht bis zum Beginn des Frühjahrs verarbeitet werden kann.

Im Weiteren muß bei der Kiefer deren häufigere Gefährdung 72 durch Elementarereignisse und durch die Thierwelt in Be=

tracht gezogen werden. Von jenen sind ihr besonders gefährlich das Feuer und in feuchterem Klima, wie bereits (67) erwähnt, der Schnee. Die Feuersgefahr ist in den Kiefernforsten am größten zunächst in den dichten Jungwüchsen und Schonungen, welche bei einigermaßen starkem Feuer bis zum 20. Jahre gänzlich vernichtet werden können, so daß kein nutzbares Holz mehr übrig bleibt; in den Altholzbeständen sind die mit starker Borke versehenen Stämme mehr geschützt, sie erhalten sich eher am Leben, da aber die Brände meist in der Saftzeit eintreten, so leidet dadurch die Beschaffenheit des Holzes sehr stark.

Die möglichste Sicherung gegen Feuersgefahr verursacht ziemlich viele Kosten bezw. Ertragsverluste, namentlich durch die größere Zahl und Breite der nothwendigen Feuergestelle, durch die Wunderhaltung derselben (theilweise durch die dabei gewonnene Streu wieder zu decken), durch Anpflanzung von Laubholzstreifen, durch Feuerwachen ꝛc. Die Feuergestelle nehmen bei der alten preußischen Jageneintheilung (mit 222,22 Morgen pro Jagen) und bei 2 Ruthen Gestellbreite zwei Prozent der Gesammtfläche in Anspruch, neuerdings verkleinert man aber die Jagen auf etwa die Hälfte obiger Größe, wodurch dieser Ausfall sich noch steigert.

73 Unter den Thieren hat die Kiefer wohl die meisten und gefährlichsten Feinde, insbesondere unter den Insekten; in der Jugend die Maikäferlarve, den Rüsselkäfer Curculio Pini, in geringerem Grade den Curculio notatus, die Kiefernblattwespe, im späteren Alter den Markkäfer (von geringerer Bedeutung), die Kieferneule, die Nonne und insbesondere den Kiefernspinner. Sodann hat sie in vielen Gegenden auch noch vom Wild und vom Weidevieh zu leiden. — Alle derartige Beschädigungen treffen diese Holzart besonders hart, weil sie sich in Folge ihrer geringeren Reproduktionskraft, namentlich auf den ihr vorherrschend zufallenden schlechteren Standorten, viel schwerer als jedes andere Nadelholz erholt. Deßhalb erstrecken sich auch die vernichtenden Folgen viel öfter und in viel größerem Umfange als bei anderen Holzarten auf ganze Bestände; obwohl manchmal auch die Insekten, wenn sie in geringerem Umfang auftreten, den älteren Beständen die zu gedeihlicherer Entwicklung erforderliche lichte Stellung geben.

Diese Gefährdungen von Feuer, Insekten und theilweise auch von Schneebruch machen die Erträge aus der Kiefernwirthschaft ziemlich unsicher, namentlich auch deßhalb, weil sie oft in einem Alter oder zu einer Jahreszeit eintreten, wo das abgestorbene Holz nur zu geringem Preise verwerthbar ist.

Dagegen hat die Kiefer die günstige Eigenschaft einer größern 74
Widerstandsfähigkeit gegen die von den Stürmen drohen=
den Gefahren; obwohl sie namentlich auf flachgründigeren und
feuchteren Böden vereinzelt derselben unterworfen ist, so erlangt doch
ein Sturmschaden bei ihr nie den großen Umfang wie bei der Fichte
und kommt es kaum je vor, daß ein größerer Theil eines Bestandes in
zusammenhängender Masse geworfen wird.

Auch der Stammfäulniß, Roth= und Weißfäulniß ist die
Kiefer weniger als andere Holzarten unterworfen, so lange sie auf
einigermaßen ihr zusagendem Boden steht; nur auf sumpfigen oder
nassen und sehr humosen Böden tritt diese Krankheit, meist aber nur
vereinzelt auf und auch hier erst in den höheren Altersstufen, welche
praktisch von geringerer Bedeutung sind. Die Ursache der Fäulniß ist
von Prof. Dr. Rob. Hartig in dem Pilz Trametes Pini Fr. (gemein=
hin der Schwamm genannt, wie die von ihm befallenen Stämme
Schwammbäume) erkannt worden, dessen Sporen an verwundeten
Stellen an das bloßgelegte Splintholz anfliegen und von da als feine
weiße Fäden ihr Mycelium (Schwammgewebe, Schwammmutter) in
das Innere des Holzkörpers eintreiben, wo sie Jahre lang wuchern,
den mechanischen Zusammenhang des Holzes lockern, gleichzeitig aber
auch dessen chemische Zusammensetzung verändern und den Fäulnißprozeß
einleiten. Als äußeres Zeichen desselben tritt, allerdings sehr verspätet,
„der Schwamm" (das Fruktifikationsorgan) nach einigen Jahren zu
Tage und läßt mit Sicherheit die innerliche Verderbniß des Stammes
erkennen. — Die hie und da auftretende Wurzelfäulniß hat
dagegen eine andere Ursache; sie entsteht da, wo die Wurzeln auf festen
undurchlassenden Untergrund stoßen und in denselben nicht weiter ein=
bringen können.

Im jugendlichen Alter, namentlich zwischen dem 2. und 5. oft noch
bis zum 15. Jahre wird der Kiefer eine Blattkrankheit, die Schütte,
sehr verderblich; die Nadeln werden roth und trocken, worauf sie ab=
fallen. Die Ursache dieses Uebels ist noch nicht mit Sicherheit fest=
gestellt; die Einen glauben dieselbe in dem die Hohlräume (Interzellular=
gänge) der Blattsubstanz erfüllenden mikroskopischen Pilze Hysterium
pinastri Schrad. erkannt zu haben, während Andere das Auftreten
desselben nur als eine Folge der Krankheit bezeichnen und diese durch
stärkere Frühfröste im Herbst veranlaßt glauben. Am meisten haben
die zum Verpflanzen bestimmten 2jährigen Kiefern davon zu leiden und
wird der Erfolg der Pflanzungen dadurch vielfach beeinträchtigt; die

Pflänzlinge werden zwar nicht ganz unbrauchbar dadurch, namentlich wenn die Gipfelknospen kräftig entwickelt und gesund sind, aber doch ist der Abgang ein viel größerer, als wenn man gesunde Pflanzen ver= wendet.

75   Als Lichtpflanze verlangt die Kiefer von Jugend an den freiesten Stand, sie kann nur auf ganz gutem Boden einen mäßigen Schutz der eigenen Mutterbäume ertragen und da sie gleichzeitig nur auf wundem Boden, oder in einer nicht zu dichten Moosschicht ankommt, so ist ihre Verjüngung auf natürlichem Wege dadurch ziemlich erschwert und un= sicher gemacht. — Auch gegen den Seitendruck, namentlich wenn solcher von nördlich oder nordöstlich vorstehendem höherem Holz ausgeht, zeigt sie sich sehr empfindlich und wirkt ein solcher oft noch auf eine Breite, welche der Höhe des betr. Bestandes gleichkommt, hemmend auf ihre Entwicklung ein.

76   Im Schutz älterer Kiefern gedeihen auf besseren Böden die meisten anderen Holzarten sehr gut, sobald bei jenen die Periode der Lichtstellung beginnt. In geeigneter Umgebung findet sich zunächst die Buche oder Weißtanne ein, bei lichterer Stellung die Fichte und fast gleichzeitig auch noch die Eiche; letztere besonders erträgt unter der Kiefer einen viel stärkeren Druck als unter anderen Holzarten oder unter ihren eigenen Mutterbäumen. So lange dieser freiwillig ankommende Nach= wuchs nur als Bodenschutzholz in Betracht kommt, ist er ein erwünschtes Hülfsmittel gegen die nachtheiligen Wirkungen der Lichtstellung des Hauptbestandes; will man aber denselben zur Begründung des künftigen Bestandes ausschließlich oder vorherrschend benützen, so ist Vorsicht insofern geboten, als die Möglichkeit nahe liegt, daß derselbe zunächst nur von dem in der oberen Bodenschicht angesammelten Nahrungs= vorrath lebt und auf sich allein angewiesen, nicht oder doch nicht kräftig genug sich fortentwickelt.

77   In Mischungen zeigt sich die Kiefer wenig verträglich, sie gedeiht nur zwischen solchen Holzarten, vor welchen sie den nöthigen Vorsprung gewinnen und behaupten kann; aber gar zu oft wird dieser Vorsprung so bedeutend, daß sie dann durch allzustarke Astverbreitung dem umgebenden Bestande nachtheilig wird; will man dieß vermeiden, so kommt man leicht zu spät, namentlich auf kleineren Lücken, wo ihr das nöthige Licht zur gesunden Entwicklung fehlt, oder wenn der um= gebundene Bestand bereits einen zu großen Vorsprung hat. Wo man aber bei der Einmischung den richtigen Zeitpunkt trifft, da erzieht man in solcher Mischung sehr schönes langschäftiges Holz von ihr.

Zur Ausbesserung nicht allzukleiner Blößen im Laubholz oder zwischen Fichten und Tannen, welche noch nicht in den vollen Höhenwuchs eingetreten sind, eignet sie sich als Füllholz ziemlich gut.

Bei der Kiefer ist nur eine Nebennutzung von einiger Be-[78] deutung, die Gewinnung von Theer aus den alten Stöcken, welche sich aber mit dem regelmäßigen Gang der Verjüngung nicht gut verträgt, weil die Stöcke nicht unmittelbar nach dem Abtrieb der Bäume gerodet werden, sondern noch einige Jahre im Boden bleiben sollen. — Die in Kiefernbeständen zulässigen sonstigen Nebennutzungen sind unbedeutend, hauptsächlich deßhalb, weil die bessern Böden ihnen verschlossen sind; ein wenig Gräserei und dürftige Weide erscheinen noch zulässig, dagegen ist die Gewinnung von Nadel-, Moos- und Plaggenstreu fast ganz ausgeschlossen, äußersten Falls kann die vorsichtige Wegnahme der Moosdecke auf Kahlhieben gestattet werden, weil dieselbe dem anzuziehenden jungen Bestand hinderlich wird. — Wo größere Samenklenganstalten bestehen, kann aus dem Verkauf der Zapfen eine mäßige, aber nicht gerade jährlich wiederkehrende Einnahme bezogen werden. —

In ganz freiem, vereinzeltem Stande entwickelt sie sich vorzugs-[79] weise in die Aeste, die Stammbildung tritt mehr oder weniger zurück, der Höhenwuchs ist verhältnißmäßig schwach, die Einzelpflanze erwächst mehr busch- und strauchartig und erzeugt nur Brennholz, auch dieses von geringer Qualität. Dieß sind die sogenannten Kußeln Norddeutschlands oder Ackerfohren Süddeutschlands, welche immerhin auch noch den Nutzen bringen, daß sie den Boden verbessern und binden.

Für die Kiefer paßt eigentlich nur der schlagweise Hochwald-[80] betrieb und sie verlangt insbesondere die Erziehung in gleichalterigen regelmäßigen Beständen, weil jede Unregelmäßigkeit den Zuwachs in Folge von Ueberschattung und Seitendruck zc. mehr als bei allen anderen Holzarten beeinträchtigt. Die Erziehung solcher Bestände erfolgt am besten durch künstliche Kultur, insbesondere durch

Pflanzung.

Man verfährt dabei auf verschiedene Weise und verwendet entweder [81] Pflänzlinge, mit entblösten Wurzeln, oder mit dem Ballen d. h. mit der die Wurzeln umgebenden Erde; bei jenen kann man nur ein- und zweijährige Pflänzlinge verwenden, bei letzteren dagegen auch noch ältere.

Die benöthigten Pflanzen werden in sogenannten Saatkämpen [82] oder Saatschulen in besonders vorbereitetem Land erzogen; wenn man ein- und zweijährige erzieht, so wird hiezu eine Stelle mit gutem, tief-

gründigem Boden ausgesucht, welche womöglich in der künftigen Kulturfläche selbst, oder in deren unmittelbarer Nähe gelegen und leicht zugänglich sein soll. Dieser Platz muß umfriedigt werden,
wenn ein häufiges Uebertreten von Hochwild, Rehen oder von Weidevieh, oder ein Ueberwehen durch Flugsand zu befürchten ist. Dabei ist
der Schutzzaun so billig als möglich herzustellen, namentlich unter Verwendung des nächstgelegenen und mindest werthvollen Materials, so wie
in der einfachsten Konstruktion; stets aber so dicht, daß er den beabsichtigten Zweck vollständig erfüllt. Wo Schwarzwild abzuhalten ist,
muß die Umfriedigung besonders unten bis zur Höhe von 1 m sehr
dicht und stark gemacht werden; ebenso dicht, aber weniger fest zur
Abwehr von Kaninchen. Von Hirschen ist das Uebersetzen zu befürchten,
wenn dem Zaun nicht mindestens eine Höhe von 3—4 m gegeben wird;
doch genügt es in dem Falle die oberen vier Zehentel der Höhe von
3—5 Stangen, sogenannten Sprungstangen herzustellen.

Bei größeren Pflanzkämpen ist es zweckmäßig, eine Ein- und
Durchfahrt für bespannte Wagen anzubringen, bei kleineren ist dagegen
wenigstens für erleichterte Zugänge Vorsorge zu treffen.

83　　Die Größe der Saatkämpe richtet sich zunächst nach dem
Bedarf an Pflanzen, also nach dem Umfang der jährlichen Kulturflächen, außerdem nach dem Verband und dem Alter der zur Verwendung kommenden Pflanzen. Auf leichtem Sandboden, wo mit einjährigen Kiefern gepflanzt wird, bedarf man mit Einrechnung der nothwendigen Nachbesserungen für 200—300 ha Kulturfläche 1 ha Saatkamp, wenn man auf 1 m im Quadrat pflanzt. Nimmt man aber
durchweg zweijährige Pflänzlinge, so bedarf man für die gleiche Kulturfläche neben dem Saatkamp von 1 ha noch weitere $2\frac{1}{2}$—3 ha, in
welchen die einjährigen Pflänzlinge auf etwa 6×16 cm Entfernung
versetzt und ein weiteres Jahr stehen gelassen werden.

Es ist sehr zweckmäßig, derartige Saatkämpe in nicht allzukleinen
Flächen über die Kulturflächen zu vertheilen, wobei man sich vom hohen
Holz mindestens doppelt so weit fern zu halten hat, als es hoch ist.
Man sucht dazu womöglich eben gelegene Stellen aus und vermeidet
Einsenkungen, Mulden 2c., weil in solchen bei starken Regengüssen der
lockere Sand die Keimlinge leicht verschlammt. Mit Recht wählt man
stets die besten Böden, am liebsten da, wo das schönste und geschlossenste
Altholz gestanden hat und erst unmittelbar zuvor abgetrieben wurde,
wo man sicher ist, daß die Pflanzen sich möglichst kräftig entwickeln;
die entgegengesetzte Anschauung, daß die Pflänzlinge von magerem und

armem Boden, in günstigere Verhältnisse gebracht, ein sichereres und naturgemäßeres Gedeihen versprechen als die in Saatkämpen mit besserer reichlicherer Bodenkraft erzogenen ist ganz unrichtig, da das gute oder minder gute Gedeihen einer Pflanze lediglich von der größeren oder geringeren Zahl oder Ausdehnung der Wurzeln und Blätter abhängt.

Kann man für den Saatkamp einen Platz wählen, der gegen die kalten Ost- und Nordwinde geschützt ist, so wirkt das nur günstig; andrerseits soll aber auch der nachtheilige Einfluß der Sonnenhitze möglichst abgehalten werden, also sind namentlich die südlichen und südwestlichen Hänge ausgeschlossen.

Da, wo keine Umfriedigung der Kämpe nothwendig ist, kann man die einzelnen beliebig klein machen, doch darf man nicht so weit gehen, daß dadurch die Arbeit in den Kämpen und die Beaufsichtigung zu sehr erschwert wird. Bei der Einfriedigung vermindern sich aber die Kosten um so mehr, je größer die betr. Fläche genommen wird, und dieses Verhältniß hat unter Umständen ausschlaggebende Bedeutung für die Bestimmung der Flächengröße der einzelnen Kämpe. Für ein ha in Quadratform braucht man 4 Seiten à 100 m, zusammen 400 m Zaunlänge; die gleiche Länge ist aber auch nothwendig für zwei Viertels-ha, wenn sie getrennt von einander, aber ebenfalls in quadratischer Form hergerichtet werden.

Aehnlich wirkt die Wahl eines in die Länge gezogenen Rechtecks, je größer das Mißverhältniß zwischen Länge und Breite wird, um so länger wird der Umfang bei gleichem Flächeninhalt. Ein ha im Quadrat hat nur 400 m Umfangslinien, während ein ebenso großes Rechteck von 40 m Breite und 250 m Länge 580 m im Umfang mißt.

Die Bodenvorbereitung für den Saatkamp hat zunächst [84] durch Rodung oder tiefes Umgraben der betr. Stelle zu erfolgen, nachdem die etwa vorhandenen Stöcke und Wurzeln entweder vorausgehend oder gleichzeitig während des Umbruchs entfernt worden sind; auch da, wo das gewonnene Holz nicht verwerthet werden kann, ist die vollständige Beseitigung desselben aus dem Boden dringend geboten, weil es eine Brutstätte für den als Kulturverderber sehr schädlichen Rüsselkäfer bildet. — Der Umbruch hat womöglich vor Eintritt des Winterfrostes zu erfolgen, damit die neu an die Luft gebrachten Bodenschichten genügend Zeit haben, sich zu lockern und zu verwittern, besonders ist dies bei lehmigem bindigem Boden nothwendig.

Bei dieser Vorbereitungsarbeit kommt die Neigung der Kiefer sich gleich im ersten Jahre tief zu bewurzeln und der Nutzen eines solchen tiefgehenden Wurzelsystems bei ihrer Verpflanzung auf oberflächlich rasch austrocknenden Sandböden gleichmäßig in Betracht; es ist für die Sicherheit des Erfolges der künftigen Kultur als eine wesentliche Vorbedingung anzusehen, daß die zu verwendenden Kiefernpflanzen möglichst kräftige und tiefgehende Wurzeln erhalten. Solche bekommen sie aber nur in einem gut gelockerten Boden, in welchem sie bis zu gewissen Grenzen so tief gehen, als die Lockerung erfolgt ist. Früher hat man deßhalb auch die Pflanzkämpe auf 40 cm Tiefe und darüber gelockert, während man sich neuerdings mit einer Tiefe von 25—30 cm begnügt, sofern nicht außerordentliche Anforderungen, z. B. zur Kultur von Flugsandschollen 2c., zu stellen sind.

Die Arbeit des Bodenumbruches geht am besten in folgender Weise vor sich: man theilt die Fläche der Länge oder Breite nach in zwei gleiche Hälften, und nimmt zunächst nur die eine derselben in Angriff, indem man am einen Ende einen 50—80 cm breiten Graben mit senkrechten Wänden aushebt und die gewonnene Erde nach außen ablegt. Auf den Grund des in solcher Weise entstandenen leeren Raumes wird zunächst der Unkrautfilz des der Länge nach anstoßenden, genau eben so breiten Streifens hineingeworfen, hernach hebt man mit dem Spaten den zweiten Graben ebenso tief aus, wie den ersten, und wirft diesen mit der gewonnenen Erde vollständig zu, wobei sich letztere in Folge der Lockerung gegenüber dem unbearbeiteten Terrain merklich erhöht hat. In dieser Weise wird fortgefahren, bis man am Ende der ersten Hälfte des Pflanzkamps angekommen ist, wo ein Graben offen bleibt. Da aber gleichzeitig auf der zweiten Hälfte ein eben so großer Graben geöffnet werden muß, so ergiebt sich dadurch das zur Ausfüllung des ersteren benöthigte Material in nächster Nähe; ebenso ist dieß der Fall nach Durcharbeitung der zweiten Hälfte, wo der offen bleibende Graben mit der beim ersten Anfang der Arbeit ausgehobenen Erde ausgefüllt wird.

Kleinere Unebenheiten des Terrains lassen sich bei dieser Art des Umbruches (Riolen, Rigolen) leicht ausgleichen, wenn die Arbeiter von Anfang an darauf Bedacht nehmen; diese Ausgleichung darf aber nie so weit gehen, daß die Tiefe des gelockerten Bodens für den gegebenen Zweck nicht mehr genügen würde, wie denn auch andrerseits eine allzugroße Anhäufung des gelockerten Bodens nachtheilig werden kann. Deßhalb ist es immer das Beste, wenn man bei der Wahl des Platzes sich für einen möglichst ebenen entscheiden kann.

Auch die Unregelmäßigkeiten der äußern Umfangslinien erschweren die Bearbeitung, namentlich die gleichmäßige Vertheilung der gelockerten Erde, und es gehören ganz geschickte Arbeiter dazu, um diese Uebelstände zu vermeiden; deßhalb ist es rathsam, ohne zwingende Gründe die regelmäßige Form des Quadrats oder Rechtecks nicht zu verlassen.

Ob der Saatkamp in schmale, etwa 1 m breite Beete ab = getheilt werden soll oder nicht, hängt theils von der Größe desselben, theils von der Bodenbeschaffenheit ab. Bei den größeren, über 10 bis 15 ar haltenden Kämpen wird ein Hauptweg oder event. auch zwei recht = winklig sich schneidende Wege nicht wohl zu umgehen sein, eine weitere Beeteintheilung wird aber unterbleiben können, sofern der Boden auch bei nassem Wetter noch betreten werden kann, ohne sich allzusehr an die Sohlen anzuhängen, wobei die Pflänzchen leicht beschädigt werden. — In geneigter Lage ist die Beeteintheilung das einzige Mittel, um das Abschwemmen des Bodens zu verhindern; das einzelne, etwa 1 m breite Beet läßt sich mit Leichtigkeit horizontal legen und die zwischenliegenden 20—25 cm breiten Wege dienen zum Auffangen und Ableiten des Wassers.

Die Wege in den Pflanzkämpen werden häufig vertieft angelegt, indem man die Erde an den betr. Stellen auf 0,15—20 cm Tiefe aushebt und nach rechts und links entsprechend vertheilt. Bei diesem Anlasse ist es auch möglich, die etwa noch vorfindlichen kleineren Un = ebenheiten mit Hülfe der ausgehobenen Erde auszugleichen. Außerdem können solche vertiefte Wege die Wasserableitung übernehmen, was um so nothwendiger wird, je bindender und thonhaltiger der Boden ist. — In größeren Saatkämpen muß man auch noch Bedacht darauf nehmen, daß man mit Gespann = Fuhrwerk beikommen kann, theils zum Abholen der Pflanzen, theils zur Beischaffung von Bodenbesserungsmitteln. In solchem Fall empfiehlt es sich, diese breiteren Wege gar nicht umbrechen zu lassen.

In das auf diese Weise zubereitete Land wird sodann der Kiefern = samen ausgesät. Da das Ausklengen (Auslösen) desselben aus den Zapfen künstliche Heizvorrichtungen erfordert, so wird der meiste Samen von größeren Handlungen angekauft. Derselbe kommt in zweierlei Waare in den Handel, entweder mit den Flügeln gemengt, oder im entflügelten, vollständig gereinigten Zustande. Erstere Sorte enthält neben den Flügeln auch vereinzelte Zapfen = schuppen 2c., so daß man mit derselben keine so gleichförmige Saat ausführen kann, wie mit reinem Samen, und es läßt sich bei jenem die Qualität der Waare viel weniger sicher beurtheilen, wie bei diesem. Dagegen ist aber auch die Beimischung der Flügel oder die Belassung des Samens in der Spreu der Erhaltung der Keimfähigkeit desselben sehr förderlich, was event. Beachtung verdient.

Beim Ankauf des Samens hat man zunächst die Lieferung von reiner und frischer Waare zu fordern. Wenn allerdings ein Samenjahr nicht unmittelbar vorausging, so ist die Erfüllung der letzteren Bedingung unmöglich; doch fällt die Zapfenernte bei der Kiefer fast nie gänzlich aus, und andrerseits sammeln die größeren Samenhandlungen in günstigen Jahren Zapfenvorräthe an, aus welchen dann in Fehljahren der Same ausgeklengt wird; auf diese Weise läßt sich die Keimkraft mehrere Jahre länger erhalten, als es bei ausgeklengtem reinem Samen der Fall ist.

Da sich ohnehin aber das Alter des Samens schwer feststellen läßt, und es hauptsächlich nur auf seine Lebensfähigkeit ankommt, so bedingt man sich beim Ankauf in der Regel eine bestimmte Keimkraft des Samens aus; solide Handlungen geben dieselbe in der Regel gleich in ihren Preiscouranten an und garantiren dafür, daß ein bestimmter Prozentsatz von Körnern keimfähig sei. Diese Keimfähigkeit wechselt nach den Jahrgängen und schwankt bei gut behandeltem Kiefernsamen zwischen 66 und 80 Prozent.

87 Die Keimkraft wird erprobt an einer bestimmten Zahl aus der Mitte des betr. Samenquantums genommenen Körner, wobei die Reihenfolge, wie sie in die Hand fallen, also ohne besondere Begünstigung der größeren oder kleineren Körner, einzuhalten ist, und wobei gleichzeitig auch controlirt wird, ob und wie stark dem Samen noch fremde Bestandtheile (Zapfenschuppen 2c.) beigemengt sind, was auch bei sorgfältiger Reinigung nicht ganz zu vermeiden ist, aber doch so viel als möglich vermieden werden soll.

Die ausgewählten Körner werden nun in mäßig warmem Raume zum Keimen gebracht, entweder in gewöhnlichen Blumentöpfen, welche mit lockerer Erde gefüllt sind und regelmäßig begossen werden, oder zwischen zwei stets feucht erhaltenen wollenen Lappen, wobei man aber darauf sehen muß, daß der bei jeder Keimung vor sich gehende Zersetzungsprozeß das Wasser nicht verderbe; es muß also ein häufiger Wechsel des Wassers stattfinden, namentlich gegen das Ende der Probe, wenn die Körner anfangen auszubrechen. Nach der Zahl der zur Probe genommenen und der angekeimten Körner bestimmt sich sodann durch einfache Rechnung der Prozentsatz des keimfähigen Samens.

Es ist aber eine nothwendige Voraussetzung, daß die Behandlung des der Probe unterworfenen Samens eine sehr sorgfältige und pünktliche sei, weil sonst der Erfolg ein unsicherer ist, was bei diesen beiden Methoden der Topf= und der Lappenprobe manchmal vorkommt, daß nemlich die Aussaat im Saatkamp ein günstigeres Resultat giebt, als nach diesen Proben zu erwarten war.

Es hat deßhalb dieser Uebelstand Anlaß gegeben, besondere Keim= apparate herzustellen, in welchen es möglich ist, die Samen bei gleich= bleibender Temperatur und Feuchtigkeit und bei regelmäßigem Luft= zutritt, womöglich jedes Korn besonders isolirt, keimen zu lassen. Für unsere Zwecke ist wohl der Stainer'sche Keimapparat der ge= eignetste; derselbe ist beschrieben im Centralblatt für das gesammte Forstwesen 1877 S. 146, er enthält zehn poröse unglasirte Thonplatten mit je 100 napfförmigen Vertiefungen zum Einlegen der Samen; diese Platten liegen in glatten, mit Wasser gefüllten Blechgefäßen auf einem Gestell, durch Zwischenräume von einander getrennt und zusammen von einem Mantel aus zwei Blechwänden umgeben, in welchem Wasser cirkulirt, das in einem auswärts angebrachten Cylinder durch ein Petroleumlämpchen in bestimmter Temperatur erhalten werden kann; außerdem ist durch einen kleinen Schornstein und durch eine Luftöffnung am Boden für genügenden Luftwechsel gesorgt. Bei Anwendung dieses Apparats empfiehlt es sich, die Temperatur nicht allzusehr zu steigern und solche der Frühlingstemperatur anzupassen, also nicht über 12 bis 15° R. zu treiben. Immerhin braucht man aber 4—5 Wochen Zeit, um bei Kiefernsamen den Versuch zu Ende zu führen.

Eine schneller zum Ziel bringende Methode ist die sogenannte Schnittprobe, bei welcher man die ausgewählten Körner mit einem scharfen Messer in der Mitte durchschneidet, so daß man an der frischen weißen, etwas grünlich schimmernden Farbe und dem vollen Kern die Lebensfähigkeit des einzelnen Samens ziemlich sicher erkennen kann; wird die Farbe trüb, tritt der grünliche Ton stark hervor, oder geht er gar ins Bräunliche über, und füllt der Kern die Schale nicht mehr vollständig aus, so ist es wahrscheinlich, daß das Korn seine Keimfähigkeit schon verloren hat; doch läßt sich das nur in den extremen Fällen mit Sicher= heit behaupten, während andrerseits die Brauchbarkeit des Samens bei einiger Erfahrung und Uebung sich ziemlich sicher erkennen läßt.

Früher hat man auch noch die Keimprobe mit erhitzten Eisen= platten empfohlen, auf welche man die Körner in kleineren Parthieen legte, wobei die hernach explodirenden für gesund und keimfähig an=

genommen wurden, was zwar die Regel bildet, aber nicht ganz aus=
nahmslos zutrifft.

88   Der reine Kiefernsamen behält seine Keimkraft nur selten länger
als 3—4 Jahre und je älter er ist, um so weniger keimfähige Körner
sind in demselben enthalten; man ist aber bemungeachtet in dem
Falle auf älteren Samen angewiesen, wenn die Samenjahre selten
sind. Unter diesen Verhältnissen empfiehlt sich die Anwendung von
Beizmitteln, wodurch die äußere Schale der Samen angegriffen
wird, so daß auch ein schwächlicheres Keimpflänzchen noch im Stande ist,
dieselbe zu durchbrechen.

Als solche Beizmittel sind zu nennen Salzsäure, jedoch in sehr
starker Verdünnung, auf 10 lit Wasser etwa zwei Eßlöffel voll Säure,
so daß sich Lakmuspapier in dieser Mischung noch leicht weinroth färbt;
der Same bleibt 2—3 Tage in diesem Wasser; hält man aber eine
längere Einwirkung auf denselben für nöthig, so muß namentlich bei
warmem Wetter frische Salzsäurelösung angewendet werden. Etwas
complicirter ist die Beize mit Kalkwasser; man läßt zu dem Zweck
Wasser einige Tage über frisch gelöschtem Kalk stehen, gießt es dann
ab und bringt nun den Samen ebenfalls für einige Tage in dasselbe.
In beiden Fällen läßt man vor der Aussaat den Samen nur leicht
abtrocknen. — Auch bei frischem gutem Samen empfiehlt sich die An=
wendung dieser Beizmittel, weil dadurch ein gleichmäßiger und
rascherer Gang des Keimens herbeigeführt wird, was in der
Regel auch eine bessere, kräftigere Entwicklung des einzelnen Pflänz=
lings zur Folge hat.

Bei älterem ungebeiztem Samen kommt es vor, daß einzelne
Körner erst im zweiten Jahre nach der Aussaat keimen; und früher
wartete man bei jeder Saat, die im ersten Jahre keinen oder nur
einen geringen Erfolg zeigte, mit großen Hoffnungen auf das zweite
Jahr, meist aber vergebens, nur etwa nach sehr trockenen Jahrgängen
ist noch auf einen ohnehin sehr mäßigen Nachschub von Keimlingen im
zweiten Jahre zu rechnen; die Wahrscheinlichkeit eine genügende oder
beachtenswerthe Zahl von Pflänzchen dabei zu erlangen, ist aber sehr
gering und thut man daher besser, auf derartige, meist ganz trügerische
Aussichten sich nicht zu verlassen.

89   Eine weitere Garantie beim Ankauf des Samens für die Aecht=
heit desselben war vor einigen Dezennien noch sehr nothwendig, so
lange der reelle Samenhandel sich noch nicht genügend entwickelt hatte;
in den größeren Geschäften kommen betrügerische Verfälschungen

des Kiefernsamens mit dem ziemlich ähnlichen, aber viel billi=
geren Fichtensamen, wie sie früher häufig waren, gar nicht vor,
nur etwa beim Ankauf von hausirenden, unbekannten Kleinhändlern hat
man sich in dieser Richtung vorzusehen, und lieber von solchen nichts
zu kaufen, wenn man nicht mit Sicherheit die beiden Samenarten zu
unterscheiden weiß, was allerdings große Uebung erfordert. Das
Samenkorn ist bei Fichte und Kiefer gleich groß, oder wechselt bei
beiden in denselben Dimensionen, ist kleiner, bei schlechten, namentlich
zu trockenen Jahrgängen und im gleichen Jahre in dem oberen Viertel
des Zapfens. Das Korn der Kiefer ist platter und kürzer zugespitzt
als das der Fichte und der überwiegenden Zahl nach dunkler gefärbt,
schwarz marmorirt, und kommen nur vereinzelt lichtere, mehr grau
gefärbte Körner vor. Das sicherste Unterscheidungszeichen liegt aber
in der Art, wie das Korn mit dem Flügel verbunden ist, bei sämmt=
lichen Kiefern wird dasselbe von einem ovalen Holzringe umspannt,
welcher sich nach der einen Seite hin zum Flügel verlängert und nach
dem Ausfallen des Samens eine eirunde Oeffnung hervortreten läßt,
während bei der Fichte die Flügelhaut sich unter dem
Samenkorn fortsetzt und nach Entfernung desselben eine löffel=
artig vertiefte Einsenkung bildet, welche mit jener holzigen Haut über=
spannt ist. Außerdem hat der Fichtensamen vorherrschend eine gleich=
mäßige rostbraune Färbung, ist voller und runder, endigt auch in eine
längere Spitze als das Korn der Kiefer.

Der Kiefernsame wird wie der aller übrigen Nadelhölzer am 90
besten auf dicht gefügten, trockenen, luftigen Böden aufbewahrt,
wo Mäuse und Vögel nicht beikommen können. — Durch die Bei=
mischung von Flügeln (Spreu) oder von Sand läßt sich die Keimkraft
ein oder zwei Jahre länger erhalten.

Auf 1 kg reinen Samen rechnet man durchschnittlich ca. 150,000
Körner, bei der Fichte etwa 160,000, bei der Lärche ca. 170,000 und
bei der Schwarzkiefer 50—60,000. Im Lärchensamen sind nebenbei
viele fremden Bestandtheile enthalten, welche sich nicht leicht vom
Samen trennen lassen.

Zur Aussaat in den vorbereiteten Saatkamp bedarf 91
man pro ha durchschnittlich 60 kg abgeflügelten Kiefernsamen, auf
bindenderem Boden etwas mehr, weil der Samen nicht so reichlich
keimt, auf leichtem sandigem Boden etwas weniger. Wo die Pflänz=
linge einjährig verwendet werden, kann man das obige Saatquantum

in der Regel festhalten, wo sie aber ohne Umpflanzung zwei Jahre im Saatbeet belassen werden sollen, da genügen 40—50 kg pro ha.

Um den Samen gleichmäßig über die ganze Fläche zu vertheilen, ist es nöthig, den Flächengehalt eines Beetes oder eines kleineren Abschnittes genau zu ermitteln, sodann zu berechnen, welches Gewicht Samen darauf trifft, und jedem Flächentheil ein derartiges Quantum zuzuscheiden. Da sich aber im Freien die Wage nicht gut handhaben läßt, so ist es der einfachere Weg, wenn das auf ein Beet treffende Samenquantum nach dem Raummaß in Liter oder Halbliter verwandelt und in solchen gemessen wird.

Hat man es mit ungeübten Arbeitern zu thun, so empfiehlt es sich, diese Theilung von Saatfläche und Samen noch weiter, auf die Hälfte oder den vierten Theil eines Beetes fortzusetzen und anfänglich eher zu dünn zu säen, dabei aber die Riesen des betr. Flächenabschnittes so lange offen zu lassen, bis man sich überzeugt hat, daß der dafür bestimmte Samen ausreicht; ein etwaiger größerer Ueberschuß wird dann durch Nachsaat in die offenen Riesen vertheilt, während man einen unbedeutenden Ueberrest oder einen kleineren Abmangel für das betr. Beet unbeachtet lassen und auf der noch übrigen Fläche ausgleichen kann.

Bei der verhältnißmäßig geringen Ausdehnung derartiger Saaten lohnt es sich nicht, eine eigene Säemaschine dafür zu verwenden; auch bietet nicht einmal der Säetrichter oder das Säehorn (ein gleichmäßig sich nach unten verjüngendes Blechgefäß mit einer nach der Größe des Samens zu bemessenden Oeffnung am unteren Ende, aus welcher der Samen ausfließt) einen besonderen Vortheil gegenüber dem Säen aus freier Hand, weil auch die gleichmäßige Führung dieses Geräths eine gewisse Uebung erheischt, und etwa im Samen vorhandene fremde Körper eine Störung beim Ausfließen des Samens verursachen, die möglicherweise nicht sofort bemerkt wird, so daß lückenhafte Reihen entstehen.

Zur Vorbereitung der Saat zieht man in einer Entfernung von 15—20 cm nach der Schnur 3—4 cm tiefe Rillen, wozu man sich einer leichten Hacke bedient; auf bindigerem Boden werden die Rillen nur 2—3 cm tief gemacht. In allen Fällen ist dahin zu wirken, daß die ausgeworfene Erde so viel wie möglich auf die eine Seite der Rille zu liegen kommt.

Bei dieser wie bei jeder sonstigen Arbeit im Saatkamp hat man darauf zu sehen, daß der Boden nicht unnöthigerweise festgetreten werde. Viele Arbeiter haben nemlich die Gewohnheit, bei jeder Bewegung mit den Händen auch die Füße um ein kurzes Stück vorwärts zu schieben und so, ohne eigentlich zu schreiten, sich vorwärts zu bewegen, was namentlich auf lehmigem und bei feuchtem Boden von Nachtheil ist. In diesen Fällen hat man die Arbeiter daran zu gewöhnen, schrittweise und zwar mit nicht zu kleinen Schritten sich vor- oder rückwärts zu bewegen, sodann aber die festgetretenen Fußstapfen wieder zu lockern, sobald man sie verläßt. — Wo sich die Arbeiter in den schmalen Wegen zwischen den einzelnen Beeten zu bewegen haben, sollen sie beide Füße in die Längenrichtung des Weges bringen, nicht aber, wie es gewöhnlich geschieht, die Füße quer einsetzen, weil auf diese Weise das Beet am Rand fortwährend abgetreten und der Weg unnöthig verbreitert wird.

Sind die Saatrillen gezogen, so wird der Same in dieselben eingesät, wobei der damit betraute Arbeiter darauf zu halten hat, daß eine möglichst gleiche Vertheilung der einzelnen Körner stattfindet und daß dieselben alle gleichtief zu liegen kommen, also etwa zurückgefallene Erdschollen zuvor noch beseitigt werden.

Das Bedecken des Samens geschieht mit Hülfe einer Harke (eines Rechens), am besten einer solchen mit eisernen Zähnen, weil die Erde sich nicht so stark an dieselben anhängt. Die Rille wird mit dem zuvor ausgeworfenen Boden wieder eingeebnet, indem man denselben mit der Harke rückwärts in die Vertiefung hineinschiebt, wobei gleichzeitig ein leichtes Andrücken stattfindet, welches um so stärker erfolgen soll, je lockerer der Boden ist.

Wo man in meterbreite Beete sät, deren Mitte mit der Hand von den Seiten her noch leicht zu erreichen ist, da können die dreierlei Arbeiten von einer einzigen Person nach einander verrichtet werden, obwohl es gut ist, wenn man wenigstens zur Aussaat stets dieselbe geübte Person verwendet; wo aber ohne Beeteintheilung die Reihen durchweg in gleichem Abstand gezogen werden, da hat dem Arbeiter, welcher die Rillen zieht, das Mädchen, welches sät und diesem der dritte Arbeiter mit der Harke zu folgen.

Die Zeit der Saat hat man nicht so unbedingt in der Hand, weil in der Regel die wichtigeren Pflanzarbeiten vorangehen. Da die Kiefer dem Frost weniger ausgesetzt ist, so kann man eigentlich beliebig früh säen, doch folgt dann öfter die Periode der trockenen Frühjahrswinde, während welcher die Keimung keine Fortschritte macht, der Same aber von Vögeln, Mäusen ꝛc. unnöthig lange bedroht ist. Deßhalb empfiehlt es sich, die Saat in die zweite Hälfte des Monats April oder Anfangs Mai zu verlegen, weil in dieser Zeit häufigere Regen eintreten und auch die höhere Temperatur die Keimung beschleunigt.

92 Wenn der Same zu schwellen und zu treiben anfängt, namentlich aber, wenn etwa vier Wochen nach der Aussaat des ungebeizten Samens die Keimpflänzchen aus dem Boden hervorbrechen, dann werden dieselben von Vögeln, namentlich Finken, ausgehackt oder das auf den Kotyledonen sitzende Korn abgebissen, wodurch jedesmal das betr. Individuum um so sicherer und rascher zum Absterben gebracht wird, je weniger noch die Kotyledonen entwickelt sind. — In dieser Zeit werden die Saatkämpe durch Knaben bewacht und die einfallenden Vögel verscheucht. Dieß hat so lange zu dauern, bis keine Keimpflanzen mehr nachkommen, also von der Aussaat an etwa 5—6 Wochen, da das Erscheinen der ersten und letzten Keimlinge oft 3—4 Wochen auseinanderliegt. Wo die Finken nicht sehr zahlreich sind, kann die Bewachung auf letztere Zeitperiode beschränkt werden. Immer ist aber zu beachten, daß die Vögel sehr früh an ihr Tagewerk gehen und daß deßhalb der Wächter vor Tagesanbruch schon auf dem Platze sein muß. — Da gebeizter Samen viel schneller und gleichmäßiger keimt, so kürzt sich durch die Verwendung von solchem diese Bewachungszeit wesentlich ab, was als ein weiterer Vortheil des Beizens anzusehen ist.

Die übrige Zeit des Jahres beschränkt sich die Pflege des Saatkampes auf Reinhalten desselben von allem Unkraut, namentlich in unmittelbarer Nähe der Pflanzreihen, auf welche jede Beschattung nachtheilig einwirkt. Bei bindigerem Boden wird manchmal auch eine Bodenlockerung durch Behacken nothwendig, doch bedarf dieß die Kiefer weniger als die andern Holzarten, weil ihr Wurzelsystem sich gleich von Anfang an in die Tiefe entwickelt und somit die oberflächliche Bodenlockerung nur wenig Einfluß darauf haben kann.

Den Winter über werden die Saatbeete in exponirten und kalten Lagen mit sperrigem Reis leicht bedeckt, um die nachtheiligen Wirkungen des Frostes abzuhalten; es soll dadurch auch der Schütte vorgebeugt werden. Diese Reisdecke darf nicht zu dicht sein, sonst wirkt sie eher schädlich; am besten ist es, wenn das Reis auf ein 50—80 cm über der Oberfläche des Beetes errichtetes Stangengerüst aufgelegt wird. Bei warmer Witterung muß das Reis abgenommen, aber auch wieder aufgelegt werden, wenn heftige Frühjahrsfröste zu befürchten sind.

In den Fällen, wo man zweijährige Pflanzen mit möglichst gut entwickeltem Wurzelsystem verwenden soll, erzieht man sich solche in Pflanzbeeten oder Pflanzkämpen, in welche man die einjährigen Kiefern im zweiten Frühjahr verpflanzt, oder verschult, oder verstapelt. Der Boden muß zu diesem Zweck in gleicher Weise vorbereitet werden, wie oben beim Saatkamp angegeben, womöglich auch auf frisch umgebrochenem Waldorte; wo man aber einen ausgebauten Saatkamp dazu verwendet, ist es nothwendig, für wiederholte Lockerung auf die gleiche Tiefe, Besserung und Düngung desselben zu sorgen, am leichtesten geschieht dieß durch Einbringung von humoser Walderde.

Gewöhnlich verwendet man zur Erziehung von solchen zweijährigen Pflanzen die Schwächlinge, welche von den einjährigen ausgeschieden werden müssen, weil sie noch nicht zur Verpflanzung ins Freie taugen; besser wäre es freilich, wenn kräftige und gut entwickelte Individuen dazu genommen werden könnten.

Das Einsetzen geschieht in Reihen, welche 12—18 cm von einander entfernt sind, und innerhalb dieser Reihen in Abständen von 5—8 cm. Auf gutem nahrungsreichem Boden kann man enger pflanzen als unter gegentheiligen Verhältnissen; doch bedingt manchmal auch die Noth= wendigkeit einer öfteren Reinigung und Bearbeitung die Wahl des weiteren Verbandes, damit die Arbeiter sich ungehindert zwischen den Reihen bewegen können, ohne auf die Pflanzen treten zu müssen.

Die Arbeit beginnt mit der Anlegung eines etwa 18—24 cm tiefen schmalen Gräbchens, wozu man sich einer gewöhnlichen Hacke bedient, mit welcher man die ausgehobene Erde nach rückwärts (der zu bepflanzenden Fläche zugekehrt) auszieht und aufhäuft; an der entgegen= gesetzten Seite des Grabens soll die Wand möglichst senkrecht und glatt gemacht werden, um an dieselbe die Pflänzchen auf die oben angegebene Entfernung anlegen zu können. Hiebei hat man darauf zu sehen, daß solche nicht tiefer eingesetzt werden, als sie zuvor saßen. Zu diesem Geschäft werden am besten Kinder verwendet, welche dann unmittelbar nach dem Einlegen der Pflänzlinge einen Theil der ausgehobenen Erde an die Wurzeln andrücken und dabei den Pflänzchen eine möglichst aufrechte Stellung geben; doch darf man in dieser Hinsicht nicht zu ängstlich sein, wenn sie auch nicht ganz gerade zu stehen kommen, es hat dieß in diesem Alter am wenigsten zu sagen. — Wo man besseren Boden zu verwenden hat, wird solcher zweckmäßig zur theilweisen Ausfüllung dieser Pflanzgräbchen benützt und kommt dann erst zuletzt die aus= gehobene gewöhnliche Erde darauf zu liegen. Da solche Düngmittel die Entwicklung des Wurzelsystems in dem Raume begünstigen und concentriren, wo sie mit jenem in Berührung gebracht werden, und da man bei der Kiefer die Entwicklung desselben in die Tiefe möglichst zu begünstigen hat, so ist dieß beim Einbringen von solcher Kulturerde wohl zu beachten.

Die Eintheilung des Pflanzkampes in schmale Beete ist ganz unnöthig, sie erschwert eher die Arbeit und hat keinen besonderen Nutzen.

Dieses Verschulen einjähriger Kiefern kostet pro 1000 etwa 60—80 Pfge., wenn vorherrschend schwächere Personen dazu verwendet werden, welche ca. 0,80—1 Mk. täglich erhalten. Dazu kommt noch der Aufwand für Umbruch des Bodens, Reinhalten desselben und streng genommen auch noch die Bodenrente; ausnahmsweise auch die Kosten der Umfriedigung.

Aeltere als zweijährige Kiefern werden nicht mehr in den Pflanz= kämpen, sondern in Freisaaten erzogen, weil sie nur noch mit dem Ballen verpflanzt werden können.

94 Wenn man die ein= und zweijährigen Kiefern zur Aufforstung größerer Flächen verwendet, so werden sie in den meisten Fällen mit entblösten Wurzeln verpflanzt, und zunächst aus den Saat= und Pflanzbeeten ausgehoben, wobei so viel möglich das Wurzel= system zu schonen und sorgfältig zu behandeln ist. Man hat zu dem Zweck in 10—15 cm Entfernung von der ersten Pflanzreihe einen Graben parallel mit derselben auf diejenige Tiefe auszuheben, auf welche s. Z. der Boden umgespatet wurde, die Wände desselben sollen möglichst senkrecht sein, namentlich die zunächst an der Pflanzreihe. Hierauf sticht man in gleicher Entfernung von letzterer den Spaten so tief als möglich in die Erde und schiebt nun die ganze Masse vorwärts in den Graben, wobei ein zweiter Arbeiter die Pflanzen büschelweise festhält und mit der andern Hand die Erde vorsichtig von den Wurzeln löst, hiebei ist namentlich starkes Schütteln zu vermeiden. Auf bindigem Boden muß besonders subtil verfahren werden, um die Wurzeln in ihrer ganzen Länge vollständig und möglichst unverletzt zu erhalten, worauf es bei der Kiefer besonders ankommt.

Haben sich die Pflänzchen nicht gleichmäßig entwickelt, so ist es bei einjährigen nothwendig, die schwächeren auszuscheiden und zurück= zulegen; herrschen aber die schwächeren vor und stehen sie nicht zu dicht, so läßt man sie oft lieber unberührt im Saatbeet noch ein Jahr lang fortwachsen, bis auch die Mehrzahl genügend erstarkt ist. Solche zwei=

jährige Pflänzlinge sind natürlich nicht so gut wie die verschulten, doch besser als die einjährigen, sie müssen aber beim Ausheben besonders vorsichtig behandelt werden, damit namentlich die tief gehenden Wurzeln alle erhalten bleiben.

Wo es gewünscht wird, die Zahl der verwendeten Pflanzen genau zu kennen, da geschieht deren Ermittlung nicht durch Zählen der ausgehobenen Pflänzchen, wobei deren Wurzeln mehr als gut der Luft ausgesetzt werden müssen; sondern man ermittelt die Zahl der Pflanz=reihen oder Saatrillen und von einzelnen derselben, welche eine mittel=gute Bestockung zeigen, die Zahl der brauchbaren Pflänzlinge; der Durchschnitt aus der letzteren multiplizirt mit der Zahl der Reihen, giebt dann die gesuchte Gesammtzahl.

Das Ausheben der Pflanzen soll sich jeweils nur auf den 95 augenblicklichen Bedarf erstrecken, denn je kürzere Zeit die Wurzeln der Luft und der Sonne ausgesetzt sind, um so sicherer wächst der Pflänzling wieder an. Große Vorsicht ist geboten zur Zeit der trockenen Frühjahrswinde und an sonnigen warmen Tagen, oder beim Transport auf größere Entfernung. In diesen Fällen läßt man mög=lichst viel feuchte Erde an den Wurzeln, was sich am leichtesten erreichen läßt, wenn man die Pflanzen büschelweise beisammen behält und dicht auf einander oder neben einander (mehr stehend) zusammenpackt; beim Transport auf kürzere Entfernungen genügt dieß vollständig, namentlich wenn man sich dabei aus Brettern dicht zusammengefügter Tragbahren (ähnlich wie Backmulden, nur etwas flacher), oder beim Transport auf Wagen fester Bretterkasten bedient. Ist die Entfernung größer oder die Witterung sehr trocken, so legt man zwischen zwei Schichten Pflanzen von etwa 6—8 cm Dicke eine Lage gut angefeuchtetes Moos und be=deckt auch noch das Ganze mit solchem und mit etwas Reis, wodurch das Moos festgehalten wird. — Wenn nöthig, kann man auch zwei oder drei Schichten von Pflanzen über einander auflegen, nur muß dabei noch größere Sorgfalt auf geordnete und pünktliche Lagerung verwendet werden, so daß, so weit immer möglich, die Wurzelknoten sämmtlicher Pflanzen in gleiche Höhe zu liegen kommen, was nicht so schwierig ist, sobald man schon beim Ausheben und dann beim Auf= und Abladen darauf Bedacht nimmt. — Das Eintauchen der Wurzeln in einen Lehm=brei unmittelbar nach dem Ausheben der Pflanzen wird vielfach em=pfohlen, ist aber bei anderweitiger sorgfältiger Behandlung nicht nöthig.

Bringt man die Pflanzen in größeren Mengen auf die Kultur= 96 stelle, so ist für deren sichere zeitweilige Unterbringung zu forgen, um sie hier gegen Austrocknen der Wurzeln zu schützen. Hat man ein fließendes Wasser in unmittelbarer Nähe, so stellt man sie an einer ruhigen, nicht zu tiefen Stelle dort mindestens so tief ein, daß die Wurzeln noch vollständig vom Wasser umspült sind. Auch ein Untertauchen der benadelten Stämmchen unter Wasser schadet nicht, wenn es nicht länger als 3—4 Tage dauert und das Wasser nicht stagnirt. In solchen Fällen ist aber Vorsorge zu treffen, daß die Pflanzen nicht fortgeschwemmt werden können. In diesem Fall dürfen die Pflanzen ohne allen Nachtheil in Büschel gebunden bleiben, während man bei den übrigen Methoden der Aufbewahrung derselben unbedingt etwaige Büschel aufbinden muß, weil sonst die in der Mitte derselben befindlichen Pflanzen nicht genügend verwahrt werden können und deren Wurzeln rasch vertrocknen.

Die gewöhnliche Art der Aufbewahrung solcher Pflanzenvorräthe auf dem Kulturplatz besteht darin, daß man sie in dichten Reihen in die Erde eingräbt oder einschlägt. An einer geeigneten, feuchten, wurzel= und steinfreien Stelle zieht man einen 20 cm tiefen Graben und legt an die äußere schiefe Wand desselben die Pflänzchen wohl= geordnet in 1—2 cm dichter Schicht satt an, bedeckt sodann die Wurzeln 4—5 cm dick mit lockerer, feuchter Erde, tritt dieselbe fest an und legt dann darauf wieder eine Schicht Pflanzen, für welche man durch die auf die vorige Reihe gedeckte Erde Raum geschafft hat. In dieser Weise fährt man fort, bis der Vorrath untergebracht ist.

Wo der Boden steinig, stark verwurzelt oder dicht verfilzt ist, läßt sich dieses Verfahren nicht gut anwenden; hier verfährt man in folgen= der Weise: auf einer wund gemachten Stelle legt man zwei Schichten Pflanzen platt auf den Boden, Wurzel gegen Wurzel gekehrt, so daß die benadelten Spitzen nach außen sehen. Nun werden die Wurzeln gleichmäßig 4—5 cm hoch mit Erde bedeckt, auf welche dann wieder eine Schicht Pflanzen zu liegen kommt, die in gleicher Weise bedeckt wird und so kann man eine große Menge unterbringen, wenn man von Anfang an die Basis nicht zu schmal nimmt, also zwischen den gegen einander gerichteten Wurzeln einen entsprechenden freien Raum läßt. Die oberste Erddecke muß so weit verstärkt werden, daß sie voll= ständig Schutz gegen Austrocknung gewährt; zu gleichem Zweck legt man auch Reis oder Moos auf, wenn solches in der Nähe zu haben ist. Beim Anbrechen dieses Haufens und bei der allmähligen Verwendung der Pflanzen hat man darauf zu sehen, daß man auf der von dem

Wind abgewendeten Seite anfängt und daß die Wurzeln stets wieder gut zugedeckt werden.

Der weitere Transport der Pflanzen zur Arbeitsstelle geschieht in Körben, oder noch besser in den oben beschriebenen backmuldenartigen Kasten, aus welchen sie an die einzelnen Arbeiterinnen, die das Einpflanzen zu besorgen haben, vertheilt werden. In den Händen dieser werden sie vielfach verwahrlost, wenn man nicht darauf hält, daß sie sofort in Töpfe, welche mit Wasser gefüllt sind, aufgenommen werden, aus welchen sodann je nach Bedarf die einzelnen Pflänzchen vorsichtig herausgenommen werden, so daß die Lage der übrigen und namentlich die Bergung ihrer Wurzeln unter Wasser nicht gestört wird.

Vor Beginn des Pflanzgeschäfts hat man sich über den Verband[97] der Pflanzung schlüssig zu machen, d. h. über die Entfernung und über die Stellung der Pflanzen zu einander. Hierüber ist im Allgemeinen Folgendes zu sagen, was sich also nicht blos auf die Kiefer bezieht.

Bei Anpflanzung größerer Blößen wird am zweckmäßigsten ein regelmäßiger Verband durch gerade und parallel laufende Reihen hergestellt.

Steht die Distanz der Reihen in keinem bestimmten Verhältniß zu dem Abstand der Pflanzen in den Reihen, so nennt man dieß schlechtweg Reihenpflanzung. Werden diese Reihen abwechselnd unterbrochen, während in den beiden nächsten Reihen dann diesen Lücken gegenüber die Pflanzung wieder beginnt, so heißt dieß Staffelpflanzung. Bei der Dreipflanzung bilden je drei Pflanzen ein gleichseitiges Dreieck, oder jede Pflanze steht im Mittelpunkt eines regelmäßigen Sechsecks. Ist die Entfernung der Pflanzen in den Reihen in diesem Fall 1 m, so ist der Abstand der Reihen von einander 86,6 cm und jede Pflanze steht rechtwinklig über der Mitte von zwei andern Pflanzen der nächsten Reihe. Bei der Quadratpflanzung bilden vier Pflanzen ein Quadrat, der Abstand der Reihen und der Pflanzen in den Reihen ist gleich groß. Bei der Fünfpflanzung oder Quincunx steht in der Mitte eines auf den Ecken bepflanzten Quadrats noch eine Pflanze, die erste und dritte oder zweite und vierte Reihe sind so weit von einander entfernt, als der Abstand der Pflanzen in den Reihen beträgt; zwei neben einander liegende Reihen haben somit die halbe Distanz der Pflanzweite in den Reihen.

Die regelmäßigste, allseitige Entwicklung der Wurzeln und Zweige läßt die Dreipflanzung zu, ihr folgen die Fünfpflanzung, die Quadratpflanzung, die Staffel= und Reihenpflanzung. Bei engem Verband erhält man also mittelst der Dreipflanzung am ehesten eine durchweg geschlossene Kultur; bei der Reihenpflanzung dagegen erhält man in den Reihen rascher einen dichten Schluß, wobei die Pflanzen sich schon gegenseitig vor den schädlichen äußern Einflüssen zu sichern vermögen. Sollen die Pflanzen von Jugend auf an einen freien Stand gewöhnt werden, so ist die Drei= oder Fünfpflanzung zu wählen; auch die Quadratpflanzung gewährt noch annähernd diese Vortheile.

98   In allen Fällen wird die einzelne Pflanze als in der Mitte eines Quadrats oder Rechteckes stehend gedacht und die Fläche, welche ihr hienach zukommt, ihr Standraum genannt. Derselbe wird entweder durch die mit Multiplikationszeichen verbundenen beiden Entfernungen, oder durch deren Produkt in diesem Fall in Quadratmetern ausgedrückt.

Den einjährigen Kiefern giebt man gewöhnlich einen Standraum von 1—2 Quadratmeter, welcher bei Verwendung von verschulten zwei= jährigen oder von Ballenpflanzen auf 2—3 Quadratmeter erweitert werden kann. Je schlechter übrigens der Boden, oder je mehr vom Unkraut zu fürchten ist, je schwieriger und theurer die Nachbesse= rungen sind, um so enger ist der Verband zu nehmen. In allen Fällen sollte die Pflanzung nach dem 8. bis 10. Jahre wenigstens in den Reihen vollständig geschlossen sein. Doch ist auch wieder zu beachten, daß eine allzu große Pflanzenzahl die normale Entwicklung des Bestandes und die Massenproduktion wenigstens in den ersten 3—4 Dezennien beeinträchtigt, auch noch die Gefahr des Schneebruchs steigert, ohne daß das sich ergebende schwächere Durchforstungsmaterial leicht absetzbar wäre.

Bei der gewöhnlichen Kiefernpflanzung hat man in der Regel nur die Pflanzreihen abzustecken, d. h. die Anfangs= und Endpunkte mit Stäben oder sonst zu bezeichnen, nicht aber die einzelnen Punkte, wo eine Pflanze zu stehen kommt; letztere werden einfacher dadurch an= gegeben, daß an den ausgespannten Pflanzleinen in der betr. Ent= fernung leicht sichtbare Zeichen (Knoten, Läppchen ꝛc.) angebracht sind. Wo die Reihen (hauptsächlich zur Beseitigung des schädlichen Boden= überzugs) mit dem Pfluge vorgezeichnet sind, müssen die Arbeiter, welche die Pflanzlöcher machen, auf die Distanz derselben besonders eingeübt werden; man giebt ihnen als Anhaltspunkt entweder das Schrittmaß (1, 1½ oder 2 Schritte) oder die Länge des Pflanzspatens und Aehnliches.

In vielen Fällen trifft nun ein solcher Punkt auf eine zur 99 Pflanzung minder geeignete Stelle, auf eine starke Wurzel, einen Stein, einen dichten Grasbusch oder neben ein sonstiges, dem Gedeihen der einzusetzenden Pflanze hinderliches Unkraut; in solchen Fällen kommt das pedantische Festhalten an dem gegebenen mathematischen Punkt nicht blos für den Augenblick, sondern auch für später bezüglich der Bestandespflege unnöthig theuer zu stehen und es empfiehlt sich deßhalb, derartigen Hindernissen, wenn immer möglich auszuweichen, selbst auf die Gefahr hin, daß die Regelmäßigkeit des Verbandes dadurch mehr oder weniger beeinträchtigt werde.

An Abhängen werden die Pflanzreihen stets gerade bergabwärts geführt, um später den Holztransport zu erleichtern und Beschädigungen der stehenden Stämme zu verhindern. In der Ebene ist die Richtung von Ost nach West mit Rücksicht auf baldigen Schutz vor der Mittagshitze und auch mit Rücksicht auf den Wind die beste.

Damit die Kulturen zur Zeit des ersten dichten Schlusses noch gut begangen werden können, ist es zu empfehlen, je die 40. und 50. Reihe ausfallen zu lassen, solche Gassen leisten dann später auch als Nebenwege und bei etwaiger Feuersgefahr gute Dienste.

Handelt es sich um Nachbesserungen auf kleineren Blößen 100 und lückenhafter Kulturen oder natürlicher Verjüngungen, so lassen sich die regelmäßigen Verbände häufig nicht mehr gut anwenden, es ist besser, wenn man die kleinen oder größeren freien Stellen so gut als möglich, aber auch nicht weiter als nöthig auszufüllen sucht. In letzterer Beziehung geschieht häufig noch zu viel, indem man bei solchen Nachbesserungen oft auch noch gerade die besten und stärksten Pflanzen viel zu nahe an den vorhandenen Nachwuchs heranrückt, von welchem sie nach wenigen Jahren vollständig überwachsen und unterdrückt werden, ohne daß sie irgend einen Nutzen gebracht hätten. Um dieß zu vermeiden, ist es nothwendig, den Arbeitern und dem Aufsichtspersonal genaue Anweisung zu geben, wie weit sie sich von dem stehenden Holze entfernt zu halten haben, wobei man am besten die Höhe des letzteren zum Maßstab nimmt, und je nach der geringeren oder größeren Lichtbedürftigkeit der nachzupflanzenden Holzart, so wie nach der muthmaßlichen Weiterentwicklung des vorhandenen Bestandes die einfache bis doppelte Höhe des letzteren als den einzuhaltenden Abstand bezeichnet, und von da ab nach der Mitte der freien Stelle den Raum entsprechend vertheilt. Hieraus ergiebt sich dann auch in anschaulicher

Weise die Minimalgröße der zur Auspflanzung noch geeigneten Be=
standeslücken. — Bei der Kiefer ist dieser Abstand von dem bereits
vorhandenen Jungholz mindestens auf das 1¹⁄₂fache der Höhe des
letzteren zu nehmen.

Außerdem ist zu beachten, daß, je kleiner die Lücken sind, um so enger
gepflanzt werden soll, damit die Nachpflanzung sich möglichst bald schließt
und dadurch rascher in die Höhe kommt, ebendeßhalb muß man auch
zu solchen Nachbesserungen das kräftigste und beste Pflanzmaterial ver=
wenden und am sorgfältigsten pflanzen.

101   Als die zur Pflanzung der ballenlosen Kiefern geeignetste Zeit
ist unbedingt das Frühjahr zu bezeichnen und kann man bei mildem
Wetter oft schon Ende Februar damit beginnen und dieselbe auch noch
fortsetzen, wenn schon die Kiefern stark getrieben haben; doch soll in
diesem Fall die Witterung nicht zu heiß und trocken sein. — Die
Ballenpflanzung läßt sich dagegen, so lange der Boden nicht gefroren
ist, jederzeit ausführen; doch ist namentlich für größere Pflanzen eben=
falls das Frühjahr die geeignetste Zeit, damit sie genügend anwachsen
und im kommenden Winter nicht mehr vom Schnee umgedrückt werden
können.

Bei einer geordneten Schlagfolge wird in der Regel, auch wenn
die Stockholznutzung eingeführt ist, die Pflanzung erst im zweiten und
dritten Jahre nach dem Abtrieb in Angriff genommen, um dem Fraß
des Rüsselkäfers (244) vorzubeugen.

102   Vor Beginn des eigentlichen Pflanzgeschäfts hat der Wirthschafts=
leiter die nöthigen Anordnungen zu treffen, und die Aufsicht führenden
Personen über die Art der Ausführung genau zu unterweisen;
es ist insbesondere zu bestimmen, woher die Pflanzen bezogen, wie sie
beigeschafft und wie sie auf die einzelnen Theile der Fläche repartirt
werden (die kräftigeren auf die ungünstigeren Oertlichkeiten und um=
gekehrt); es ist sich über die Richtung der Reihen nach der Himmels=
gegend und über den Verband zu einigen und sich davon zu überzeugen,
daß die beizustellenden Kulturgeräthe in genügender Zahl und in gutem
Stande vorhanden sind. Das Gleiche gilt auch für die benöthigten
Arbeitskräfte, bei diesen hat man aber auch noch auf eine geeignete
Theilung der Arbeit Rücksicht zu nehmen, wobei einerseits die physische
Kraft, andrerseits die Geschicklichkeit, Intelligenz und die Willigkeit der
einzelnen Personen in Betracht kommen. Die zuverlässigsten und ge=
schicktesten Arbeiter sind beim Ausheben, dem Transport und der Ver=
wahrung der Pflanzen zu verwenden; während beim Einsetzen derselben,

wo ohnehin eine ununterbrochene sachkundige Leitung und Beaufsichtigung durch einen tüchtigen Vorarbeiter oder Schutzdiener stattzufinden hat, die größere oder geringere Kraftanstrengung bei der Zuweisung der einzelnen Arbeitsleistungen an die einzelnen Arbeiter maßgebend ist.

Die Geräthe, welche zur Pflanzung ballenloser ein= und zwei= [103] jähriger Kiefern gebraucht werden, sind sehr einfach, zunächst eine genügende Zahl von Kulturleinen, welche auf die gegebene Entfernung der einzelnen Pflanzen in den Reihen mit leicht kenntlichen Marken versehen sind und mindestens 50—80 m lang sein müssen, damit man nicht so oft neu anzulegen braucht. Zum Pflanzen selbst hat der Wald= besitzer meist auch noch die nöthigen Spaten zu stellen, da auf leichten sandigen Böden die gewöhnlichen Garten= und Feldgeräthe nicht wohl anwendbar sind, weil sie die für forstliche Zwecke nöthige Tiefe der Arbeit nicht oder nur mit unverhältnißmäßigem Zeitaufwand gewinnen lassen. In lockerem sandigem Boden genügt es, als unmittelbare Vor= bereitung zur Kiefernpflanzung ein 25—30 cm tiefes, oben 6—8 cm breites, nach unten keilförmig sich zuspitzendes Loch einzustoßen. Danach ist das untere Hauptstück des Spatens zu construiren, welchem sobann noch ein gewöhnlicher Stiel angefügt wird; es ist aber nicht nothwendig, daß das Blatt des Spatens an seinem dicken Theil die oben angegebene Dimension des Pflanzloches bekomme, da man durch seitwärtiges Hin= und Herbewegen des eingestoßenen Spatens die obere Weite entsprechend verbreitern kann; zu diesem Zweck muß aber das Blatt hinlänglich stark sein, was man dadurch erreicht, daß man auf demselben in der Mitte und in der Richtung des verlängerten Stieles zu beiden Seiten je eine Rippe aufschmieden, oder daß man statt des Blattes einen eisernen Keil herstellen läßt, wobei immer darauf Acht zu geben ist, daß das Ganze den betr. Arbeitern nicht zu schwer wird und nicht zu sehr er= müdet. Solche Pflanzspaten sind unter dem Namen Stieleisen, Keilspaten rc. vielfach im Gebrauch.

Es ist auch noch zu beachten, daß man vor Beginn der Kultur= [104] arbeiten die betr. Flächen so weit möglich räumen lassen muß, es soll kein aufbereitetes Holz oder Spähne u. dergl. mehr daselbst liegen; auch die Stockrodung beendigt sein, damit man sich ungehindert auf der Kulturstelle bewegen kann. Wo es nöthig ist, die Reihen abzustecken, geht dieses Geschäft zweckmäßig vorher, auch ist Tags zuvor schon ein Theil der benöthigten Pflanzen auszuheben und wenn die Kulturstelle sehr entfernt ist, dahin zu verbringen.

Bei der Pflanzarbeit selbst theilt man die Arbeiter nach ihrer [105] physischen Kraft in zwei Hälften; die stärkeren haben mit dem Spaten die Pflanzlöcher herzustellen; sie stoßen denselben so tief wie möglich in den Boden, drücken ihn dann seitwärts hin und her; doch nicht zu stark, weil sich das Pflanzloch dadurch nicht blos oben, sondern auch unten erweitert und die untere Weitung sich nicht mehr so vollständig wie erforderlich, schließen läßt.

Jedem dieser Arbeiter wird eine schwächere Person beigegeben, welche in einem mit Wasser gefüllten Topf die nöthigen Pflanzen bei sich führt und davon, sobald der Spaten aus dem Boden gezogen ist, eine in die Spalte einsenkt. Dabei ist darauf zu sehen, daß die Wurzeln ihrer ganzen Länge nach in senkrechte Lage gebracht und an die eine Seitenwand angelegt werden, so daß der Wurzelknoten genau in die Höhe der oberen Kante gebracht wird. Die Kiefer erträgt zwar ein etwas tieferes Einsetzen noch am ehesten, solches ist auch geboten, wenn ein Abwehen des Sandes durch den Wind zu befürchten ist. Wenn die Wurzeln von aller Erde frei sind, senken sie sich nicht gut in das Pflanzloch, sie werden deßhalb unmittelbar zuvor einzeln, so wie sie aus dem Topf kommen, im trockenen Sande hin und her gezogen, da= mit sie auf diese Weise sich beschweren und dann leichter die senkrechte Lage annehmen.

Sobald nun die Pflanze gehörig an die Seitenwand angelegt ist, stößt der erste Arbeiter auf der entgegengesetzten Seite den Spaten 8—10 cm vom Pflanzloch entfernt in einem spitzen Winkel zu diesem 20 bis 25 cm tief in den Boden und bewegt dann denselben vorwärts gegen die Pflanze, so daß auf diese Weise das Pflanzloch durch die vorgeschobene Erde ausgefüllt und letztere mit einem Druck an die gegenüber liegende Wand angepreßt wird. Bei diesem zweiten Stoß ist die dem Spaten zu gebende schiefe Richtung wesentlich nothwendig, um sicher zu sein, daß auch die untern Enden der Wurzeln beiderseits satt mit Erde umgeben werden, daß also kein Hohlraum sich bildet, was ein Kränkeln oder Eingehen der Pflanze zur Folge hätte. Die Pflanze muß stets so fest eingeklemmt werden, daß sie sich nicht mehr herausziehen läßt, ohne die feineren Wurzelfasern zu zerreißen. Auf eigentlichem Sandboden wird ein allzufestes Einklemmen der Pflanzen nicht leicht vorkommen können, dagegen ist dieß eher möglich auf Boden mit thoniger Beimischung, und je stärker solche ist, um so weniger eignet sich diese Pflanzmethode dahin, man hat dann eine oder die andere der nachbeschriebenen zu wählen. — Noch ist zu erwähnen, daß nach dem

Zurückziehen des Spatens eine Vertiefung bleibt, welche durch seitwärts beigebrachte Erde möglichst ausgeebnet wird.

Dem gleichmäßigen Fortgang der Arbeit ist es sehr förderlich, [106] daß eine eigene Person aufgestellt wird zum Beischaffen und Austheilen der Pflanzen und des Wassers zum Nachfüllen der Töpfe; außerdem haben je zwei Arbeiter in oben beschriebener Weise eine Reihe allein zu pflanzen, es ist deßhalb die Arbeiterkolonne in gerader Linie quer über die Reihen weg aufzustellen und hat sich auch in dieser Richtung vorwärts zu bewegen.

Es ist stets nothwendig, daß ein verlässiger erfahrener Mann zur Leitung und Beaufsichtigung der Arbeit beigegeben wird, und soll die Zahl der ihm unterstellten Arbeiter auf leicht zu übersehendem Terrain nicht über 40—60, in anderen Fällen entsprechend weniger betragen. Der Aufseher kann nicht selbst mitarbeiten, aber er muß für alle seine Leute denken und vorsorgen, damit keine der oben gegebenen Vorschriften unbeachtet bleibt und daß die Arbeit stets ungehindert fortschreiten kann. Besonders hat er darauf zu sehen, daß die Pflanzen stets gut verwahrt, ihre Wurzeln gegen Austrocknen geschützt und daß stets genug davon zur Stelle sind.

Ein Paar Arbeiter setzen auf diese Weise täglich etwa 900 bis 1400 Pflanzen und kostet hienach die Anpflanzung von 1 ha bei einem Verband von 1×1 m und einem Lohne von 1,25 Mk. für je zwei Arbeiter 10—16 Mk.; bei einem Verband von $2 \times 0,8$ m 7—11 Mk.

In Vorstehendem wurde ein gleichmäßiger wunder Zustand der [107] Kulturfläche vorausgesetzt, welcher keine besondern Vorbereitungen erheischt. Wenn aber ein Gras- oder Heidefilz dieselbe ganz oder größtentheils überzieht, so ist es nothwendig, im Herbst zuvor mit dem Pflug flache Furchen, etwa 6—8 cm tief, ziehen zu lassen, in welche man dann nach obiger Anleitung pflanzt. — Wenn ein solcher die atmosphärischen Niederschläge abhaltender Bodenüberzug nur vereinzelt auf kleineren Stellen auftritt, ist es nicht angezeigt, deßwegen den Pflug zu verwenden, in diesem Fall werden auch womöglich schon vor Winter die Pflanzstellen vorgegraben, indem man zunächst den Ueberzug abschürft und sodann mit einem schmalen Spaten eine in Länge und Breite etwa 15—20 cm haltende Stelle auf 30 cm Tiefe umspatet. Im Frühjahr werden dann die Pflanzen eingesetzt und verwendet man dazu womöglich zweijährige verschulte, weil sie sicherer anwachsen und dem Unkraut besser widerstehen.

Das Pflügen auf 1,25 m Abstand der Furchen erfordert pro ha

für ein Pferdegespann mit Führer 6—8 Arbeitstage. Das Vorgraben von 1000 Pflanzstellen, wenn keine besonderen Hindernisse (Wurzeln, Steine ꝛc.) zu überwinden sind, 3—6 Tage Handarbeit, die Kosten des Einsetzens vermindern sich dabei nur unerheblich.

108   Handelt es sich um einen sehr verwilderten, oder herabgekommenen Boden, so zieht man mit dem Pfluge unmittelbar neben einander zwei Furchen, so daß die beiden ausgehobenen Erdstreifen zwischen beide zu liegen kommen und der eine den andern am äußern Rande noch be=rührt; hernach läßt man eine Walze darüber gehen, um die Streifen fest an den Boden anzudrücken. Dieß hat zeitig im Vorjahr zu ge=schehen, und es erfolgt dann die Pflanzung im künftigen Frühjahr auf diese erhöhte Streifen in der oben beschriebenen Weise.

109   Auf bindigem thonigem Boden eignet sich die Pflanzung mit entblößten Wurzeln nicht, weil die Zurichtung der Pflanzlöcher und namentlich die Lockerung des Bodens viel mehr Arbeit und Kosten verursacht. Das Verfahren, welches unter diesen Verhältnissen sich am besten bewährt, und namentlich eine große Sicherheit des Erfolgs für sich hat, ist die Pflanzung 2—3jähriger Kiefern mit Ballen. Hiezu verwendet man am besten den Heyer'schen Hohl=bohrer von 5—8 cm Weite, der sich nach unten konisch verjüngt, und dessen Eisen annähernd die der Weite entsprechende Höhe hat, auf der vordern Seite einen Spalt offen läßt und auf der Rückseite am Stiel ein wagrechtes Eisenplättchen erhält, um damit die gleichmäßige Tiefe der Arbeit bezw. die gleiche Höhe der Ballen zu reguliren. Der Bohrer bekommt einen der Größe des Arbeiters angepaßten Stiel, oben mit einem gut befestigten Querholz. Das auszuhebende Pflänzchen wird durch den Spalt des Eisens eingeschoben und wenn es im Mittel=punkt des Hohlraums steht, der Bohrer auf die bestimmte Tiefe ein=gedrückt, hierauf mit einer leichten Drehung zurückgezogen und hernach der Ballen sammt der Pflanze mit der Hand von unten nach oben aus dem Eisen herausgeschoben. Mit dem gleichen Instrument werden so=dann auch die Pflanzlöcher angefertigt, welche nach der Form des Bohrers oben etwas weiter sind, so daß beim Einsetzen der Pflanzen die Ballen in der Richtung von oben nach unten etwas zusammen=gedrückt werden müssen, um die Verbindung mit den Wänden des Pflanzlochs herzustellen.

Bei solchen Ballenpflanzungen kommt es namentlich auf eine sach=gemäße Eintheilung der einzelnen Arbeitsleistungen an. Das wichtigste Moment liegt im Transport der Pflanzen, welcher möglichst abgekürzt werden muß, und hat man schon bei Anlage der Pflanzkämpe darauf ganz besonders Bedacht zu nehmen, daß dieselben sich in entsprechenden Entfernungen über die Kulturfläche vertheilen. Freilich ist man bei der Auswahl auch noch von der Beschaffenheit des Bodens abhängig, welcher noch so bindig sein muß, daß der ausgestochene Ballen hält und beim Transport nicht aus einander fällt; theilweise läßt sich dieß auch noch auf leichterem Boden dadurch erreichen, daß man mit Heide ꝛc. überwachsene Stellen dazu aussucht und die Heide unmittelbar vor der Saat kurz am Boden abmäht. — Die Saat erfolgt ziemlich dicht, indem man etwa 0,4—0,6 kg entflügelten Samen pro Ar breitwürfig aussät und mittelst Harkens oder Eggens mit der Dornegge an den Boden bringt.

Ein weiteres beachtenswerthes Moment liegt im Alter der Pflänzlinge; je älter man dieselben werden läßt, um so größer müssen die Ballen gemacht werden, wodurch die Arbeit und namentlich die Transportkosten sich wesentlich vermehren. Bei Benützung kleinerer Pflänzlinge und Bohrer läßt sich namentlich auch schwächeres und billigeres Arbeitspersonal verwenden.

Die Arbeitsleitung hat insbesondere darauf zu sehen, daß das richtige Verhältniß zwischen den mit Ausheben, mit dem Transport und mit dem Einsetzen beschäftigten Arbeitern bestehe und erhalten bleibe, es muß, namentlich wenn die Transportentfernung wechselt, rechtzeitig auf dieses Verhältniß Rücksicht genommen werden, damit es nie an der genügenden Zahl von Pflanzen fehlt; außerdem hat der Aufseher dieselben stets aus dem nächstgelegenen Kamp beischaffen zu lassen. — Der Transport wird nur ausnahmsweise (auf größere Entfernungen) mit Gespannfuhren besorgt; dagegen bei ebenem Terrain und bei Entfernungen nicht über 500 m am besten auf Schiebkarren mit weitem flachem Kasten, bei Entfernungen von weniger als 100—150 m auf Tragbahren oder in Körben bewirkt, welche auf sehr unebenem Terrain allgemein anzuwenden sind. — Obgleich die Ballen und namentlich die gebohrten Löcher nicht so rasch austrocknen, so ist es doch geboten, so schnell wie möglich die Pflanzen wieder in den Boden zu bringen.

Die Kosten, welche bei diesem Verfahren erwachsen, sind in günstigen Verhältnissen nicht größer als bei der Pflanzung ohne Ballen; sie können aber aufs Drei- und Mehrfache steigen, wenn ältere Pflänzlinge zu verwenden sind, oder der Transport auf größere Entfernungen nöthig wird.

　　Auf den neu eingeschonten Flächen gedeihen nicht alle eingesetzten Pflanzen, einzelne gehen ein in Folge ungeeigneter Behandlung oder ungünstiger Witterung, oder in Folge von Beschädigung durch Insekten. Ein derartiger Abgang ist hauptsächlich im ersten und zweiten Jahr nach der Pflanzung zu befürchten, man wartet deßhalb mit der Nach= besserung gewöhnlich bis ins dritte Jahr, falls nicht etwa schon im ersten Sommer unverhältnißmäßig viele eingegangen wären. — Wenn sich die ausgebliebenen Pflanzen gleichmäßig über die ganze Fläche ver= theilen, so kann bei einem engen Verband, namentlich bei einem solchen innerhalb der Reihen, ein Abgang von 15 Prozent noch ignorirt werden, falls die Wirthschaft nicht sehr intensiv betrieben wird. Bei einem weiteren Verband von mehr als 1—1,2 Quadratmeter Standraum für die einzelne Pflanze und insbesondere beim Quadratverband macht schon eine Verlustziffer von 8—10 Prozent die Nachpflanzung nöthig; ebenso geringere Abgänge, wenn sie sich auf einzelnen zusammenhängen= den Stellen concentriren.

Solche Nachbesserungen haben in jeder geordneten Wirthschaft den Neu=Kulturen immer und unbedingt vorauszugehen, nicht blos dem Rang und der Zeit nach, sondern auch insofern, als dazu stets die besten Pflanzen und die zuverlässigsten Arbeiter verwendet werden; auch wählt man oft eine sicherere Kulturmethode. Dieß ist namentlich nothwendig, wenn inzwischen die Unkrautdecke überhand ge= nommen hat.

Gewöhnlich hält man bei solchen Nachbesserungen den früheren Verband genau ein, so daß die neu eingesetzte Pflanze auf die Stelle der ausgebliebenen zu stehen kommt; dieß hat aber seine großen Nach= theile, wenn die Vorgängerin an Beschädigungen von Maikäferlarven eingegangen ist, weil solche mehrere Jahre auf derselben Stelle bleiben. — Bei öfter sich wiederholenden Nachpflanzungen tritt manch= mal noch der weitere Uebelstand hinzu, daß durch jeweilige Entfernung des Bodenüberzugs die Pflanzstelle nach und nach allzusehr vertieft wird, was die Kiefer nicht liebt. In solchen Fällen empfiehlt es sich sehr, jeweils neue Pflanzstellen zu wählen, wodurch auch an der Pflanzenzahl gespart werden kann, wenn man von den früher ange= wachsenen Kiefern einen etwas größeren Abstand nimmt.

So lange die Schonung im großen Durchschnitt noch nicht über 5—6 Jahre alt ist, kann man ohne Anstand noch mit verschulten zwei= jährigen Kiefern nachbessern; bei vorgerückterem Alter auch dann noch, wenn es sich um größere Lücken handelt, wo beim angenommenen Verband mindestens noch 40—50 Pflanzen Raum haben.

Will man dabei recht sorgfältig verfahren, so pflanzt man in Hügel, man sticht 3—4 Spaten voll Erde aus und schüttet sie zusammen auf einen kleinen Haufen, was am besten vor Winter geschieht. Im folgenden Frühjahr werden dann die Pflänzlinge in die Mitte des Haufens eingesetzt. — Auch läßt sich zu gleichem Zweck die Anwendung von Rasenasche oder Kulturerde (192) empfehlen.

Später erfolgende Nachbesserungen sind mit gehörig erstarkten Ballenpflanzen, welche aber in der Nähe zur Verfügung stehen müssen, weil sonst der Transport zu theuer kommt, auszuführen, wobei man 6—8jährige, nicht über 0,5—0,8 m hohe Pflänzlinge verwendet. Ist in solchen Fällen der Standort für Lärchen entsprechend, so kommt man auf größeren Blößen in freier luftiger Lage mit zwei- bis dreijährigen Pflanzen von dieser Holzart billiger zum Ziel. Wo aber die Standortsverhältnisse derselben nicht zusagen, da kann schließlich noch die Birke als Lückenbüßer eintreten; doch versagt auch diese auf den ganz geringen Kiefernböden.

Solche Nachpflanzungen kommen der Stückzahl nach gerechnet immer etwas theurer als die Neupflanzung derselben Kategorie; doch läßt sich dieß manchmal durch die Verwendung einer geringeren Pflanzenzahl (weiteren Verband) einigermaßen wieder ausgleichen.

Saat.

Die Verjüngung der Kiefer durch Ansaat an Ort und Stelle [111] war noch vor 3—4 Dezennien allgemeine Regel, man ist aber jetzt ziemlich davon abgekommen, weil dieses Verfahren, namentlich in Folge der gesteigerten Samenpreise, immer theurer, dagegen andrerseits das Pflanzverfahren viel einfacher, deßhalb billiger und daneben noch sicherer wurde, so daß die Sicherheit des Erfolgs und die größere Billigkeit in den meisten Fällen für die Anwendung des letzteren sprechen.

Auf mäßig verrastem Boden, namentlich auf ehemaligen Schafweiden, hat man früher meist mit gutem Erfolg die Vollsaat ohne vorausgehende Bodenvorbereitung angewendet, man hat 15 kg und mehr pro ha (entflügelten) Samen breitwürfig ausgestreut und hernach noch 10—15 Tage hindurch die Schafe aufgetrieben, welche den Samen mit dem Boden in Verbindung brachten, worauf man die Kultur sich selbst überließ.

Anderwärts hat man den in gleicher Weise ausgestreuten Samen übererdet, d. h. mit Erde leicht überstreut, welche man auf der Kulturfläche selbst aus fortlaufenden Gräben oder aus kleinen Gruben mit dem Spaten ausstach und rechts und links durch Auswerfen gleichmäßig vertheilte. Die hiezu verwendbare Erde muß leicht, vorherrschend sandig und ziemlich trocken sein, damit sie sich gehörig über die Fläche verwerfen läßt. Wo eine gleichartige Beschaffenheit des Bodens dieß zuläßt, werden diese Gräben etwa 8—10 m entfernt von einander in paralleler Richtung gezogen und dann die zwischenliegenden Streifen halb von dem einen, halb von dem anderen Graben her übererdet. — Wenn der Heideüberzug zu stark ist, so hat man denselben vorher durch Abmähen zu entfernen, wobei aber der Boden selbst nicht weiter in Mitleidenschaft genommen werden darf. — Mit diesem Verfahren hat man am Niederrhein s. Z. sehr schöne Bestände herangezogen.

Die Vollsaat kommt auch noch zur Anwendung in Verbindung mit Getreidebau, wo der Samen entweder gleichzeitig mit dem Getreide untergebracht oder im Frühjahr über die Wintersaat ausgestreut wird; dieß hat zu einer Zeit zu geschehen, während welcher der offene Boden noch auf- und zufriert, so daß hiebei der Samen mit dem Boden in genügende Verbindung kommt. Bei solcher Bodenvorbereitung kann man am Samen Einiges ersparen, es genügen dann 10—12 kg pro ha. Dieses Verfahren hat aber Manches gegen sich: auf gutem Boden, wo das Getreide sich kräftig entwickelt, beschattet es die jungen Kiefern zu sehr, was namentlich in heißen Sommern das Gelingen der Saat beeinträchtigt; auf geringerem Boden entzieht dagegen die Halmfrucht demselben zu viel Nährstoffe, was dann der anzuziehende Holzbestand, oft sein ganzes Leben lang, zu büßen hat, so daß der Gewinn einer ohnehin kaum die Kosten deckenden Getreideernte dieß nicht auszugleichen vermag. —

112   Wo man sich sonst zur Saat entschließen muß, da kommt entweder die Riefen- oder die Plattensaat zur Anwendung, letztere wird auch Tellersaat genannt.

Die Riefen werden auf ebenem Terrain am billigsten mit dem Pflug, etwa 7—10 cm tief, gezogen; man bedarf pro ha 4—6 Tage Gespannarbeit, wenn die Entfernung zwischen denselben 1,5 m beträgt; es ist rathsam dieselben nicht viel näher zusammenzurücken, weil die Pflanzen in den Riefen ohnehin dichter als bei der Pflanzung zu stehen kommen. Die Saat erfolgt in den Riefen durch Ausstreuen des Samens aus der Hand und nachheriges Bedecken desselben mit etwas beigezogener Erde, welche womöglich auch noch festzutreten ist. In geneigten Lagen müssen die Riesen stets h o r i z o n t a l gezogen werden, was besonders auf leichtem sandigem Boden nothwendig wird; sodann ist es sehr zweckmäßig, wenn denselben die Richtung von Ost nach West gegeben und die ausgehobene Pflugfurche nach Süden gelegt werden kann; in diesem Fall hat man den Samen in der Nähe des südlichen Randes der Furche auszustreuen, damit die Keimpflänzchen im ersten Jahr einigen Schutz gegen die Sonnenhitze genießen. Bei der Riesensaat läßt sich das Samenquantum noch weiter, d. h. auf 7—10 kg entflügelten Samen pro ha, reduziren.

Früher hat man vielfach gleich die Z a p f e n in die Riesen ausgestreut, welche dann, nachdem sie aufgesprungen waren, mit einem Besen oder einer Harke gerührt werden müssen, damit der Same herausfällt und gleichzeitig mit dem Boden in Verbindung kommt; den gleichen Zweck erreicht man durch Ueberfahren der Fläche mit einer Dornegge. — In schattigen Lagen und auf feuchtem Boden, wo die Zapfen nur ungenügend sich öffnen, ist diese Methode nicht anwendbar und sie verlangt als Vorbedingung das Ziehen von Riesen, damit die Zapfen in denselben gehörig hin und her bewegt werden können. Zur Ansaat von 1 ha bedarf man 4—6 hl Zapfen, 1—1½ Tagesarbeit für das Ausstreuen und die doppelte Zeit zum Rühren der Zapfen. —

Wo die Pflugarbeit nicht anwendbar ist, werden die Riesen auch durch H a n d a r b e i t hergestellt, unter Anwendung der gewöhnlichen, oder der breiten Plaggenhacke. Dabei kommt aber diese Vorbereitung des Keimbetts zu theuer, deßhalb beschränkt man dieselbe auf kleinere Flächen, sei es nun, daß man die Riesen je nur 0,5—1 m lang macht und dann 1—1,5 m überspringt, oder daß man kleinere, annähernd quadratische Plätze (Tellersaat) zur Saat vorbereitet und dieselben wie die kurzen Riesen in einen geeigneten Verband bringt.

Bei Herstellung der Riesen und der Saatstellen mit Handgeräthen verfährt man in der Weise, daß zunächst der obere Bodenfilz so weit abgeschält wird, als seine Wurzeln reichen, wobei aber die gute Erde, insbesondere die humose Schicht nicht mitgenommen werden darf, also aus dem Rasen rc. ausgeschüttelt werden muß. Hernach wird die Stelle auf 15—20 cm Tiefe gehackt und gelockert und der Samen ausgestreut, wobei man sich aber, wie in allen ähnlichen Fällen, vor einer zu dichten Saat zu hüten hat, weil in einer solchen die Pflanzen sich bald gegenseitig drängen und an der normalen Entwicklung hindern, während die Reduktion der Stammzahl auf das richtige Maß sehr viele Kosten verursacht. — Erfolgt die Saat in den unmittelbar zuvor gelockerten Boden, so ist es nothwendig, den Samen leicht einzuharken, oder auf sonstige Weise etwa 0,3—0,5 cm hoch mit Erde zu bedecken und hernach die Saatstelle mit dem Fuß festzutreten. —

Bei der Plätze= oder Tellersaat verringert sich der Samenbedarf auf 6—8 kg pro ha abgeflügelten Samen, wodurch in der Regel der vermehrte Arbeitsaufwand ausgeglichen wird.

Es sind auch für die forstlichen Saaten verschiedene Sä e = m a s ch i n e n construirt und in Anwendung gebracht worden, es hat sich aber noch keine derselben so bewährt, daß sie sich einer allgemeineren Verbreitung zu erfreuen hätte, weßhalb hier nicht näher darauf ein= gegangen werden soll.

Da ausgedehnte Saatflächen gegen den Vogelfraß sehr schwierig zu schützen sind, so empfiehlt es sich, die Saaten in jene Zeit zu ver= schieben, wo die besonders gefährlichen Berg= und Buchfinken nicht mehr auf der Wanderschaft in ganzen Flügen beisammen sind, sondern sich schon verzogen und getrennt haben. — Außerdem ist die Anwendung der oben (88) beschriebenen S a m e n b e i z e auch hier in doppelter Hinsicht vortheilhaft; weil dadurch die Zeitperiode der Gefährdung des Samens und der Keimlinge wesentlich abgekürzt und die Keimfähigkeit noch gesteigert wird.

Die Gesammtkosten richten sich bei der Saat einerseits nach dem Preise des Samens und dem Zustand des Bodens, namentlich der Bodendecke, man wird aber selten unter 25—30 Mk. pro ha durch= kommen, während die Pflanzung einschließlich der Pflanzenerziehung nur etwa zwei Drittel dieses Aufwandes erheischt und demungeachtet einen viel sichereren Erfolg hat.

Bemerkt man bei den Saaten im ersten Sommer einen Miß= erfolg, so hofft man zwar oft noch, daß ein Theil des Samens im folgenden Jahre nachkeimen werde, was aber nur selten und gewöhnlich nicht, oder doch nicht in dem nöthigen Umfang eintritt. Die erforder= lichen Nachbesserungen sind vorzunehmen, wenn man die angekommenen Pflänzchen leicht und deutlich erkennen kann, am besten im 2. oder 3. Jahre, da sonst die Arbeiter zu lange nach den Fehlstellen suchen müssen, oder mehr thun als nöthig ist.

Nachbesserungen durch wiederholte Saat sind nicht zu empfehlen, am besten kommt die Ballenpflanzung zur Anwendung, weil sie die größte Sicherheit des Erfolges für sich hat und die benöthigten Pflanzen in nächster Nähe aus der Saat selbst zu gewinnen sind; wo sie nicht möglich ist, hat man verschulte zweijährige Pflanzen zu verwenden. Im Uebrigen ist auf 100 und 110 zu verweisen.

Natürliche Verjüngung.

Die natürliche Verjüngung wurde in den letzten Dezennien [114] sehr in den Hintergrund gedrängt, hauptsächlich deßhalb, weil unter den lichten Altholzbeständen der Boden sich zu stark verfilzt und deßhalb der natürliche Nachwuchs auf demselben nicht ankommt oder sich nicht gut erhalten läßt; da sodann der Besamungsschlag sehr licht geführt werden muß, so erfordert dieß eine windsichere Lage bezw. widerstands= fähige Samenbäume und das alsbaldige Gelingen der Besamung gleich im ersten Jahre, weil später auch der empfänglichste Boden zu schnell verrast und deßhalb auch die in kurzen Fristen folgenden Samenjahre ohne Erfolg sind. Außerdem ist die Kiefer in der Jugend sehr empfind= lich und erträgt daher Beschädigungen, welche beim Abtrieb der Mutter= bäume und bei der Abfuhr unvermeidlich sind, nicht gut.

Demungeachtet empfiehlt sich die natürliche Verjüngung, obgleich sie in der Regel nur einen theilweisen Erfolg hat, in den Oertlichkeiten, wo die Kiefer viel von der Schütte oder der Maikäferlarve zu leiden hat, oder auf Flugsand und da, wo die nöthigen Arbeitskräfte für Pflanzung oder Saat nicht zur Verfügung stehen. Ganz arme und sehr verwilderte Böden sind aber für dieselbe ungeeignet.

Ein sogenannter Vorbereitungsschlag ist zum Bedarf der [115] natürlichen Verjüngung nur dann nothwendig, wenn der betr. Bestand noch nicht genügend in den Kronen entwickelt, also kein reichlicher Zapfenansatz zu erwarten ist; daneben kommen aber auch noch die Rücksichten auf eine mögliche Steigerung des Zuwachses in Betracht, wobei aber nie so weit gegangen werden darf, daß in Folge der Licht= stellung der Boden verwildern kann. Beide Zwecke werden erreicht, wenn man den zur Samenproduktion geeignetsten Stämmen durch die Wegnahme ihrer schädlichen Concurrenten weiteren Raum verschafft, was aber in jüngeren, nicht über 70jährigen, gut geschlossenen Beständen nicht zu plötzlich, sondern nach und nach, in 2—3 je nach 4—5 Jahren auf einander folgenden Hieben zu geschehen hat; wogegen in älteren, bereits ziemlich licht stehenden Beständen eine einzige Durchlichtung genügen wird. Ueber den zu gebenden Lichtungsgrad läßt sich kein für alle Fälle giltiger Maßstab aufstellen; man muß einerseits den nöthigen Raum zur Kronenentwicklung geben, darf aber andrerseits dem Unkraut=

8*

überzug keinen Vorschub leisten; in jüngeren Beständen und auf wenig zum Unkrautwuchs neigenden Böden kann man danach weiter gehen als in entgegengesetzten Fällen. Immerhin ist zu beachten, daß dem verbleibenden Bestande eine wirksame Aufhülfe nur gewährt wird, wenn man von beherrschten Stämmen absieht und dominirende herauszieht, und daß in jüngeren Beständen sich die Lücken wieder bald schließen, in älteren aber dieß nur langsam geschieht.

Als Ursache ungenügender oder seltener Samenjahre der Kiefer ist vielfach der **Kiefernmarkkäfer**, Hylesinus piniperda, anzusehen, welcher (August bis Oktober) in der Markröhre der einjährigen Triebe lebt und diese dann mit den daran entwickelten Zapfenknospen zum Abfallen bringt, der aber seinen Brutplatz im grünen, frisch gefällten Stammholz zwischen Rinde und Holz hat, wo sich seine Larve (April bis August) entwickelt. Zur Vertilgung desselben dient also hauptsächlich die frühzeitige Abfuhr und Verarbeitung des Nutz- und Brennholzes.

116   Wo die natürliche Verjüngung der Kiefer Erfolg haben soll, darf der Boden nur eine leichte mit wenig Gras oder vereinzelten Heide und Heidelbeerbüschchen durchwachsene Moosdecke haben, oder muß ein dichterer Ueberzug durch künstliche Nachhülfe (streifenweises Wegnehmen, Holzabfuhr, Stockrodung, Schweineeintrieb ꝛc.) leicht zu entfernen sein. Der Grad der Verfilzung, welchen die junge Kiefer noch erträgt und überwindet, läßt sich auf kleineren Blößen im Innern oder am Rand der alten Bestände, wo sich natürlicher Nachwuchs einfindet, leicht feststellen.

Die früher, hauptsächlich durch Pfeil vertretene Ansicht, daß ein schädlicher Bodenüberzug von Heide und Heidelbeer durch Lichtstellung im Kiefernaltholz schnell verdrängt werden könne, ist längst als Irrthum erkannt worden, und läßt sich dieß auf jeder kleinen Blöße in solchen Beständen nachweisen', weil hier diese Unkräuter viel reichlicher und kräftiger gedeihen als unter dem Schirm des geschlossenen Bestandes.

Auf Boden von solcher Beschaffenheit führt man den **Besamungsschlag** in der Weise, daß in 80—100jährigem Holze 60—80 Samenbäume pro ha möglichst gleich über die Fläche vertheilt übergehalten werden. In jüngeren Beständen muß diese Zahl auf 100—130 erhöht werden. Bei Auswahl der Samenbäume ist zunächst auf eine reichlich entwickelte Kronenbeastung zu sehen, welche aber der Windständigkeit halber doch nicht zu hoch angesetzt sein soll; aus dem gleichen Grunde sind schlanke schwächere Stämme nicht zu wählen; dagegen dürfen im Nothfall auch noch dicht beastete, breitästige Bäume zu diesem Zweck stehen bleiben, weil sie nur für kurze Zeit übergehalten werden.

Diese Samenbäume dürfen nicht länger stehen bleiben, als bis sie ihren Zweck erfüllt haben, und dieß ist auf geeignetem empfänglichem Boden schon nach 2—3 Jahren der Fall, wo dann auch der Erfolg der Besamung auf dem Schlag deutlich erkennbar ist. Länger als 4—5 Jahre soll man aber nicht zuwarten, weil inzwischen der Boden seine Empfänglichkeit verliert und der Erfolg immer unsicherer, gleichzeitig aber auch die künstliche Nachhülfe mit jedem weiteren Jahre schwieriger und theurer wird; oder bei noch längerer Verzögerung im nachzuziehenden Bestand eine allzugroße Unregelmäßigkeit verursacht, was die Kiefer nicht gut erträgt.

Aus diesem Grunde wird nicht selten bei der natürlichen und künstlichen Verjüngung aller Vorwuchs im Beginn gleich beseitigt, wobei man jedoch häufig zu weit geht und dadurch unnöthige Kosten verursacht; es wird überall möglich sein, noch 5—8jährigen Vorwuchs (namentlich horstweise stehenden) mit Vortheil zu benutzen, und wird man sogar noch weiter gehen dürfen, wenn eine große Kulturaufgabe zu bewältigen ist.

Zur möglichsten Schonung des Nachwuchses hat die Fällung der Samenbäume und die Abfuhr des gewonnenen Materials bei Schnee und mäßigem Frostwetter zu geschehen und darf namentlich das Reis nicht in dichten Haufen aufgeschichtet, überhaupt nicht länger als höchstens 2—3 Wochen im Schlag liegen bleiben.

Ein anderes Verfahren mit viel dunklerer Stellung des Besamungs-schlages und langsamerem Abtrieb des Schutzbestandes, ähnlich, wie solches schon von G. L. Hartig empfohlen, ist neuerdings wieder in einzelnen Forsten Norddeutschlands (Oberförsterei Zehdenik) mit günstigem Erfolg durchgeführt worden; der Boden ist dort ein humoser, tiefgründiger und feuchter Sand, wo also auch die jungen Kiefern einen viel stärkeren Druck ertragen, und dieser ist hier nothwendig, um die Beschädigungen der Maikäferlarve abzuhalten. Bei Führung des Besamungsschlages wird nur etwa ein Viertel der Stämme herausgenommen (gerodet), und hernach der Boden mit einer Gliederegge auf verrasten Stellen mit der Hacke für die Aufnahme des Samens empfänglich gemacht, auch sehr frühzeitig nachgesät, wenn kein reiches Samenjahr eintritt. — Der Abtrieb des Schutzbestandes erfolgt allmählig, so weit genügender Nachwuchs angekommen und eine schädliche Einwirkung vom

Graswuchs nicht mehr zu befürchten ist, verzögert sich aber manchmal bis ins zehnte Jahr nach dem ersten Angriffshieb.

118   Schließlich ist auch noch die Hiebsreihenfolge, die Richtung, in welcher die Verjüngungshiebe vorschreiten, sowohl bei letzteren Methoden, wie bei den Kahlschlägen von Erheblichkeit; man wählt am besten die Richtung von Südost nach Nordwest und giebt den Schlag= flächen keine größere Breite als etwa das 3—4fache der Baumhöhe des Altholzbestandes. Wo die hiedurch gegebene Flächengröße nicht aus= reicht, um das jährliche Hiebsquantum zu decken, muß man mehrere solcher Hiebszüge bilden, um an verschiedenen Stellen Verjüngungshiebe einlegen zu können. Dieß empfiehlt sich auch sonst noch aus dem Grunde, weil es nicht zweckmäßig ist, die Schläge Jahr um Jahr aneinander zu reihen, weil dadurch die den Kulturen vom Rüsselkäfer (244) und später vom Feuer drohenden Gefahren gesteigert werden.

119   Die Ergänzung der Lücken in solchen natürlichen Verjüngungen hat unmittelbar nach dem letzten Hieb zu erfolgen und läßt sich dazu nur die Pflanzung, am besten mit erstarkten Ballenpflanzen, empfehlen; es genügt aber, wenn man sich auf solche Blößen beschränkt, welche voraussichtlich nach 5—8 Jahren noch nicht zugewachsen sind. Auf solchen hat man dann einen genügenden Abstand vom natürlichen An= flug einzuhalten, d. h. mindestens eine Entfernung gleich der $1\frac{1}{2}$fachen Höhe des angrenzenden Horstes. — Je kleiner die Lücken sind, um so mehr hat man die Arbeit in die Mitte derselben zu concentriren und den Verband entsprechend enger zu wählen.

120   Hat man auf vorstehende Weise eine vollständige und ausreichende Bestockung erzogen, so bleibt hernach auch noch für deren naturgemäße Weiterentwicklung zu sorgen, es beginnt die

Bestandespflege.

Die jungen Kiefernschonungen leiden vielfach unter der Concurrenz der Forstunkräuter, namentlich auf besseren Böden, wo das Farnkraut, ein starker Grasfilz oder gar Straucharten und Rankengewächse die einzelnen Pflanzen allzu stark überschatten. Wo solche Gewächse in größerer Ausdehnung auftreten, handelt es sich eigentlich nicht mehr um den richtigen Standort für die Kiefer; es giebt aber doch auch auf solchem einzelne kleinere Stellen, wo derartiges Unkraut überhand nimmt, und hier muß man denselben zeitig zurückdrängen theils durch Ausschneiden der schädlichen Gewächse, theils durch engere Pflanzung oder Verwendung stärkerer Pflanzen, damit der Bestandesschluß frühzeitiger herbeigeführt werde; man kann zu diesem Zweck manchmal noch die Nachpflanzung von Birken mit Erfolg zur Anwendung bringen. —

Auf geringen mageren Böden, wo hauptsächlich Heide, Heidelbeer den Ueberzug bilden, ist die Nachhülfe schwieriger und im Großen eigentlich Nichts mehr anwendbar, wenn einmal der junge Bestand begründet ist; man muß deßhalb hierbei mehr als anderwärts auf baldige Herstellung des Bestandesschlusses hinwirken. — Ein sehr wirksames, aber nur im Kleinen anwendbares Mittel besteht darin, daß man den Bodenüberzug streifenweise abplaggt und dann die Plaggen auf beiden Seiten unmittelbar an die kümmernden Pflanzen anlegt.

Ein Kümmern der Kiefer tritt namentlich auch bei allzudichtem Stand in übersäten Saatkulturen ein; hier ist es nöthig, die Pflanzenzahl zeitig zu reduziren und wenn man das Uebel schon in den ersten Jahren erkennt, so läßt sich noch ein großer Theil der überflüssigen Pflanzen zu anderweitigen Kulturen verwenden. Später muß man dieselben von Hand ausreißen, oder mit einer Baumscheere abzwicken, was sehr mühsam ist und viel Geld kostet, ohne daß dabei irgend ein Ertrag in Aussicht genommen werden kann, da sich diese Maßregel nicht über das 8.—10. Jahr hinaus verschieben läßt.

Wo sodann fremde Holzarten sich eindrängen, deren Erziehung nicht beabsichtigt ist, da muß baldige Hülfe geschafft werden, weil die Kiefer unter dem Druck derselben leicht Noth leidet und eine Ergänzung der Lücken die bereits oben angeführten Schwierigkeiten hat.

Ueber derartige Reinigungshiebe, so wie über Durchforstungen wird unten in Abschnitt XX (337—348) das Nöthige angegeben werden, weil das darüber Vorzutragende fast auf alle Holz= und Betriebsarten ziemlich gleichmäßig Anwendung findet. — Bezüglich der Kiefer ist aber speziell noch darauf aufmerksam zu machen, daß ihre größere Lichtbedürftigkeit stets beachtet werde, weßhalb ihr eine räumlichere Stellung zu geben ist; die Durchforstungen sind deßhalb namentlich im jüngeren Alter in kürzeren Perioden zu wiederholen und immer auch noch auf die beherrschten Stämme auszudehnen.

Die Pflege der auf die eine oder andere Weise erzogenen Schonungen hat zunächst die Abwehr der Beschädigungen, welche von der Thierwelt, namentlich von den Insekten drohen, ins Auge zu fassen.

Ein sehr gefährlicher Nadelholz=Kulturverderber ist der Maikäfer im Larvenzustand; er schadet zwar auch durch seinen Fraß als Käfer, wobei er aber fast ausschließlich sich auf das Laubholz beschränkt, welches dadurch im Zuwachs zwar gehemmt, sonst aber wenig beeinträchtigt wird.

Die Lebensweise des Käfers ist bekannt genug, doch besteht eine beachtenswerthe Abweichung darin, daß seine Larve in wärmerem Klima nur drei Jahre, in kälteren Gegenden (Norddeutschland) vier Jahre im Boden bleibt. Außerdem ist zu beachten, daß die Eier vorzugsweise in gelockerten oder doch unbenarbten Boden abgelegt werden, am liebsten auf großen, kahlen Flächen, weßhalb man ihn bei natürlicher Verjüngung eigentlich gar nicht zu fürchten hat; ebenso wenig bei der Ballenpflanzung. — Das Sammeln der Käfer hat nur dann Erfolg, wenn es allgemein angeordnet und pünktlich vollzogen, namentlich frühzeitig begonnen wird, ehe die Käfer ihre Eier ablegen. In größeren Waldcomplexen läßt es sich auch noch empfehlen für kleinere, mit hohem Holz umschlossene Kulturflächen. Eine öftere Wiederholung des Sammelns ist nothwendig und besonders in solchen Jahren, wo die Witterung ungünstig ist, der Flug also lange dauert. Die geeignetste Tageszeit hiezu sind die frühen Morgenstunden. Wenn gesammelt werden soll, so empfiehlt es sich, schwächere Laubholzstangen vereinzelt auf den betr. Flächen überzuhalten, an welchen sich die Käfer sammeln und dann abgeschüttelt und in Tüchern aufgefangen werden.

Die Larve wird ebenfalls gesammelt, doch ist ihr eigentlich nur während der Bearbeitung des Bodens beizukommen und muß man dazu eine Zeit wählen, wo sie sich in der zu bearbeitenden Bodenschicht aufhält, da sie namentlich im Winter sehr tief sich eingräbt. — In Saatbeeten erkennt man das Vorkommen der Larve bald am Kränkeln der jungen Pflänzchen und kann dann beim Nachgraben dieselbe entfernen. In den Saat- und Pflanzschulen sind die weniger besetzten Flächen von den stark befallenen durch Schutzgräben zu isoliren, was namentlich auf bindigeren Böden von gutem Erfolg ist, wenn man die Gräben gegen 1 m tief macht und die eine Wand gegen das zu schützende Beet festschlägt, die Engerlinge können sich dann nicht so leicht wieder einarbeiten und werden in der Zwischenzeit abgelesen, theils von ihren natürlichen Feinden, oder von Arbeitern. Ein öfteres Wechseln mit den Saat- und Pflanzschulen ist übrigens ein noch viel besseres Schutzmittel.

Dieses Insekt hat übrigens in allen Stadien der Entwicklung eine Menge von Feinden unter den Thieren, das Schwein, in wildem und zahmem Zustande, den Fuchs, Dachs, Igel, Maulwurf, die Spitzmaus,

Krähen, Möven, Eulen, Falken, Staare u. s. w., welche deßhalb sorg=
fältig zu schonen oder zu pflegen sind. Die als Vorbeugungsmittel
vielfach empfohlene Beseitigung des Laubholzes hat dagegen in anderen
Beziehungen ihr Bedenkliches, weil dadurch die Feuersgefahr und die
Intensität des Fraßes der großen Kiefernraupe sehr erheblich ge=
steigert wird.

Auch ein Rüsselkäfer, Curculio Pini (Hylobius abietis), ist
schädlich und muß oft abgehalten werden; Näheres darüber wird unten
(244) bei der Fichte zur Sprache gebracht werden, welcher er noch
mehr schadet als der Kiefer.

Dagegen kommt ein anderer Rüsselkäfer nur in jungen Kiefern 122
vor, Curculio (Pissodes) notatus, welcher in die 8—15jährigen
Kiefernstämmchen, sobald die Rinde anfängt rissig zu werden, zwischen
Rinde und Holz seine Eier ablegt, aus welchen sich die Larven ent=
wickeln, indem sie von oben nach unten fressend einen immer breiter
werdenden einzelnen Gang sich ausbohren, an dessen Ende sie sich ver=
puppen. Im Nachsommer und Herbst fliegen die Käfer aus; man
muß also schon während des Sommers alle kränkelnden Stämmchen,
so lange sie noch von der Larve besetzt sind, ausreißen und verbrennen.

Bostrychus bidens und Hylesinus minimus fressen ebenfalls 123
in jüngeren Kiefern zwischen Holz und Rinde, wo die Larven des
ersteren in 4—7armigen Sterngängen, die des letzteren in meist drei=
armigen auftreten und die Pflanzen zum Absterben bringen. Auch
gegen diese ist das eben angegebene Mittel anzuwenden und bedarf
es insbesondere gegen den häufiger vorkommenden Bostrychus bidens
das ganze Jahr hindurch einer sorgfältigen Ueberwachung, weil sein
Entwicklungsgang ein unregelmäßiger ist und die Larven nicht immer
zu derselben Jahreszeit im Stamm anzutreffen sind.

Die Raupen der Saateulen, Agrotis vestigialis et segetum, 124
werden namentlich auf leichtem Sandboden den einjährigen Kiefern
sehr schädlich, sie fressen theils unterirdisch, anfänglich an den feineren
Würzelchen bis zum Wurzelknoten, dann auch einen Theil des Stämm=
chens und zuletzt an den Nadeln, welche sie in der Mitte durchbeißen
und den stehen bleibenden Stumpf verzehren; da die grün= und röthlich=
grauen Raupen, welche schon im Herbst erscheinen und im Frühjahr
bis in den Sommer hinein fortfressen, eine lange Fraßzeit haben, so
werden sie in einzelnen Oertlichkeiten sehr schädlich; sie müssen von
den Kulturflächen abgelesen werden, sind aber schwer zu bekommen.
Wo sie häufig auftreten, empfiehlt sich die Pflanzung von zweijährigen

Kiefern oder Ballenpflanzung und sodann Entfernung des Bodenüber=
zugs auf der Kulturstelle im Vorsommer, ehe der Schmetterling seine
Eier ablegt, was in der zweiten Hälfte des August geschieht.

An den 5—8jährigen Kiefern findet sich dann und wann auch die
Raupe der Kiefernblattwespe, Tenthredo Pini, welche die jüngsten
Höhentriebe fast vollständig entnadelt, doch durch Sammeln und Ver=
tilgen der nestweise beisammen lebenden Raupen leicht zu beseitigen ist,
wo sie ausnahmsweise häufiger vorkommt.

125   Des Zusammenhanges wegen sollen die in späteren Lebensperioden
der Kiefer schädlich werdenden Insekten hier gleich angereiht werden;
darunter steht der Kiefernspinner, Phalaena Bombyx Pini (Gastro-
pacha Pini), als das schädlichste oben an und soll deßhalb etwas aus=
führlicher besprochen werden.

Der Schmetterling ist ziemlich groß und mißt mit ausgespannten
Flügeln 60—80 mm, die Färbung der Vorderflügel ist sehr veränder=
lich, meist röthlich= oder stahlgrau, in der hinteren Hälfte von einem
mehrfach aus= und eingebuchteten rothbraunen Querband durchzogen,
auf der inneren Hälfte findet sich ein weißer Fleck; die Hinterflügel
und der Leib sind rostbraun oder röthlich=grau, bald dunkler, bald heller,
doch immer so, daß sie sich, wenn sie den Tag über mit angezogenen
Flügeln ruhig am Stamm sitzen, sich nur wenig durch ihre Farbe von der
Rinde abheben. Der Schmetterling, namentlich das Weibchen, ist sehr
wenig beweglich und legt im Juli seine Eier, je etwa 100, auf eine Höhe
von 1—3 m am Stamm, meist in Rindenritzen; die stark behaarten
Räupchen kriechen nach 2—3 Wochen aus und begeben sich sofort in
die Baumkronen, wo sie bis zum Eintritt der Winterkälte an den
Nadeln fressen, aber noch wenig bemerklich sind. Vor dem ersten Frost
ziehen sie sich aber in die Unkrautdecke am Fuße des Stammes zurück
und bleiben darin ringförmig zusammengerollt im Winterlager, bis
wieder wärmere Tage eintreten, je nachdem steigen sie schon im
Februar und März wieder in die Höhe und sind mit Beginn der
Vegetation wieder an ihrer verderblichen Thätigkeit. — Es finden sich
stets Raupen von verschiedener Größe im Winterlager und ebenso ist
ihre Färbung sehr wechselnd; doch lassen sie sich schon nach der ersten
Häutung mit voller Sicherheit erkennen an zwei stahlblauen Bändern,
welche sie am Nacken tragen und die besonders hervortreten, wenn sie
den Kopf rasch hin und her bewegen. Ihr Koth ist in vorgerücktem
Lebensstadium ziemlich groß und auf wundem Boden leicht zu sehen;
er hat Aehnlichkeit mit den abgefallenen männlichen Kiefernkätzchen.

Im Juni spinnt sich die Raupe in einen Cocon ein und wählt dazu am liebsten die weiten Ritzen in der rauhen Borke unten am Stamm, aber auch zwischen Zweigen und Nadeln geeignete Stellen.

Bei zahlreicherem Auftreten wird die Entwicklung eine unregelmäßigere, die Zeiten der Metamorphosen verschieben sich und man findet dann namentlich Raupen der verschiedensten Größen und Altersstufen. — Außerdem werden aber auch viele von Ichneumonen (Schlupfwespen) und Tachinen (Mordfliegen) befallen, welche ihre Eier in die Raupen legen, wo sie zur Entwicklung kommen und den Tod der befallenen Individuen veranlassen. Je zahlreicher solche Schmarotzer auftreten, um so früher geht die Fraßperiode zu Ende, man muß daher bei den gegen die Raupen zu ergreifenden Vertilgungsmaßregeln darauf Bedacht nehmen, daß nicht gleichzeitig auch die so nützlichen Schmarotzer mit vertilgt werden. Letztere treten aber erst in den mehr erstarkten Raupen auf, wenn sie mindestens 10—15 mm lang sind. Bei vorsichtiger Sektion der zuvor getödteten Raupen lassen sich die Schmarotzer in denselben leicht erkennen, da sie sich frei im Innern des Körpers derselben bewegen, oder doch mit demselben nicht verwachsen sind. — Auch sind schon durch Pilze verursachte Epidemien unter den Kiefernraupen beobachtet worden.

Andere Feinde hat dieses schädliche Insekt nur wenige, besonders das Wildschwein, Krähen, Raben, auch Meisen und Staare, namentlich aber den Kukuk; gegen die andern Insektenfresser ist die Raupe im ausgewachsenen Zustande wenigstens durch ihre giftigen Haare geschützt, welche auch beim Menschen Geschwulst und örtliche Entzündung der Haut verursachen.

Allgemein theilt man die Ansicht, daß gegen diesen gefährlichsten Feind der Kiefer mit allen zu Gebot stehenden Mitteln eingeschritten werde müsse, und je werthvoller die befallenen Bestände sind, um so nothwendiger ist die Thätigkeit des Menschen. — Früher suchte man in allen Lebensstadien dem Insekt beizukommen, namentlich durch Sammeln der Schmetterlinge, wobei man aber meist nur Männchen bekam und keinen irgend bemerkenswerthen Erfolg hatte. Wirksamer war schon das Sammeln der Eier, doch konnte man auch bei der größten Sorgfalt nicht alle bekommen, weil ein Theil zu hoch am Stamm abgelegt, ein anderer aber so gut verborgen war, daß man ihn nicht finden konnte. Doch gelang es öfter, namentlich in Verbindung mit dem folgenden Mittel, die Schädlichkeit eines Fraßes hiedurch bedeutend zu reduziren, und die bedrohten Bestände, wenigstens der Hauptsache nach, zu erhalten; obgleich die Zeit für das Eiersammeln eine sehr beschränkte ist und die Arbeitskräfte während derselben nicht überall in genügender Zahl zu Gebot stehen.

Ferner sammelt man die Raupen im Winterlager, wobei die Unkrautdecke in der nächsten Umgebung der Stämme vorsichtig abgehoben und nebst der oberen Bodenschicht genau durchsucht wird, sobald die Raupen nach den ersten Frosttagen vollzählig ins Winterlager eingerückt sind. Zu dieser Zeit hat man zwar genug Arbeitskräfte, allein die Witterung tritt oft störend in den Weg, und selbst bei günstiger Temperatur entgeht ein mehr oder minder großer Theil von Raupen den Arbeitern. — Auch wenn die Raupen bereits auf den Bäumen sind, kann man dieselben noch sammeln, wenn es sich um schwächeres Holz handelt, welches durch Anschlagen mit der Axt (An= prällen) so erschüttert werden kann, daß dadurch die Raupen abfallen, welche in zuvor ausgebreitete Tücher aufgefangen werden.

Das Sammeln der Puppen hat noch geringere Erfolge als das der Schmetterlinge, weil man nur eine kleine Zahl der in den unteren Stammtheilen angeklebten Cocons erreichen kann.

127   Bis vor wenigen Jahren suchte man sich mit diesen als ungenügend erkannten Mitteln des Schädlings zu erwehren; inzwischen ist aber ein zwar ziemlich theures, jedoch unbedingt sicheres Abwehr= und Vertilgungs= mittel zur Anwendung gekommen, das Theeren der einzelnen bedrohten Stämme und Bestände, wobei jeder Baum in der Höhe von 1,3—1,6 m vom Boden zur Zeit, wo die Raupen das Winterlager zu verlassen beginnen, mit einem Theerring versehen wird, welchen die Raupen nicht passiren können, so daß der betr. Baum vor jedem Fraß geschützt ist, wenn der Theer so lange klebrig bleibt, bis die sämmtlichen Raupen eingegangen sind.

Dieses Theeren wird in folgender Weise ins Werk gesetzt: zunächst wird jeder einzelne Stamm in Brusthöhe geröthet, d. h. es wird ein Streifen von 10—15 cm Breite ringsum von der rauhen Borke befreit, so daß eine von keinen breiten Rissen mehr unterbrochene, möglichst glatte Oberfläche hergestellt wird. Diese Arbeit kann während des Winters ausgeführt werden, muß aber Anfangs Februar beendigt sein; man bedient sich dazu eines gewöhnlichen Schneide= oder Zieh= messers.

Wenn die mittlere Tagestemperatur auf 3—4° R steigt, so ist der Theer auf die gerötheten Ringe mit Pinseln aufzutragen, eine Arbeit, welche möglichst rasch beendigt werden muß und wobei man

ganz beſonders darauf zu ſehen hat, daß das Theerband nirgends eine
Lücke bekommt. Dem erſten Theeranſtrich hat nach 3 Tagen ein zweiter
zu folgen und dieſer bleibt dann 4—5 Wochen klebrig, vorausgeſetzt,
daß man guten Holztheer verwendet; Steinkohlentheer iſt übrigens
hiezu gar nicht geeignet. Dagegen wird in verſchiedenen Fabriken ein
eigens zu dieſem Zweck beſtimmter Raupenleim hergeſtellt, welcher
nur einmal aufgetragen werden muß und viel länger klebrig bleibt.
Doch kommen auch Sorten in den Handel, welche zu leichtflüſſig ſind
und deßhalb die beabſichtigte Wirkung nicht haben, man muß alſo vor
der Beſtellung Proben damit machen und ſich eine gute Qualität garantiren laſſen.

Zur Ergänzung dieſes Verfahrens iſt es nothwendig, da, wo derartig behandelte Beſtände an andere, nicht befallene angrenzen, Schutz-
und Fanggräben zu ziehen, welche ſteile, 30—40 cm hohe Wände
und auf 30—50 m Entfernung in der Sohle tiefere Fanglöcher
erhalten, um den Raupen das Ueberkriechen in benachbarte Beſtände
unmöglich zu machen.

Dieſes Verfahren iſt nicht ſo theuer, als man glauben könnte, und
gegenüber der Sicherheit des Erfolges keinenfalls zu theuer; in den
königl. Forſten des Regierungsbezirks Poſen koſtete auf einer Fläche von
zuſammen 6637 ha das Röthen 3,02 Mk. pro ha (= 3,76 Arbeitstage), das Auftragen des Leims 2,12 Mk. (2,6 Arbeitstage), der Leim
(47 kg pro ha) 12,54 Mk., wozu noch 0,06 Mk. für Pinſel und
ſonſtige Geräthe kommen, zuſammen alſo 17,74 Mk. pro ha. Aehnliche Erfahrungszahlen liegen aus Weſtpreußen vor, wo in der königl.
Oberförſterei Plietnitz 1854 ha einen Koſtenaufwand von 17,36 Mk.
pro ha veranlaßten.

Zur Würdigung dieſer Ausgabe iſt es nothwendig den dadurch
erreichbaren Nutzen ins Auge zu faſſen, und zwar zunächſt bei einem
80—100jährigen Beſtand, wo übrigens die Koſten mäßiger ſind, wegen
der geringeren Stammzahl. In ſolchen Forſtorten kann es ſich um
einen Vorrath von 2—300 Feſtmeter pro ha handeln, wovon etwa
130—200 Feſtmeter Nutzholz zu gewinnen ſein wird. Nimmt man
deſſen Werth auf den Stock nur mäßig zu 10 Mk. pro Feſtmeter an,
ſo handelt es ſich ohne das Brennholz um ein Kapital von 1300 bis
2000 Mk., welches nach einem Raupenfraß, mäßig veranſchlagt, um
25—30 %, im Ganzen alſo um 325—666 Mk. pro ha im Werthe
zurückgeht, weil das ſtehend und während des Vegetationsprozeſſes ab-
geſtorbene Holz der Kiefer (noch viel mehr als das im Sommer

gefällte Holz gesunder Stämme) im Gebrauchswerth sinkt, und bei größerer
Ausdehnung eines solchen Fraßes wegen gleichzeitig vermehrtem Angebot
in der Regel noch ein allgemeiner Rückgang der Holzpreise einzutreten
pflegt. — Es ist nun zuzugeben, daß nur ausnahmsweise der ganze
Bestand abstirbt; aber es wird nach obigen Zahlen auch nur der 18.
bis 36. Theil des abzuwendenden Verlustes erforderlich, um dem
Schaden vorzubeugen, welcher zudem in jüngeren Beständen, wegen
Störung des Altersklassenverhältnisses und wegen geringerer Verkäuf=
lichkeit des schwächeren Materials ein viel empfindlicherer sein kann.

Eine wichtige Vorfrage ist noch die, in welchem Zeitpunkt man
dieses Mittel anzuwenden habe, und hat man sich in den schon öfter
von dieser Plage heimgesuchten Forsten Norddeutschlands dafür ent=
schieden, daß man es anwenden müsse, wenn die Raupen sich soweit
vermehrt haben, daß beim Nachsuchen 5—6 Stück pro Stamm gefunden
werden.

128   Dieses Nachsuchen oder Probesammeln hat in Kiefernforsten
regelmäßig jedes Jahr und jeweils nach Eintritt des ersten Frostes
stattzufinden, indem man auf kleineren Flächen an verschiedenen Orten
die nächste Umgebung der einzelnen Stämme sorgfältig absucht, nament=
lich die Moos= und sonstige Bodendecke vorsichtig wegnimmt und
sämmtliche in und unter derselben vorhandene schädliche
Forstinsekten pünktlich abliest und sammelt, worauf sie dann nach
Arten gesondert abgezählt werden, um die durchschnittlich auf den
einzelnen Stamm treffende Zahl zu ermitteln. — Man darf sich aber
auch bei der sorgfältigsten Behandlung dieser Probesammlungen nicht
der Illusion hingeben, daß man hieburch ganz genaue und zuver=
lässige Anhaltspunkte über die wirklich vorhandene Menge der schäd=
lichen Insekten erhalten könnte; in der Regel wird nur $^1/_3$—$^1/_4$, oft
sogar noch weniger der vorhandenen Raupen gefunden; woraus auch
die geringen Erfolge des im Großen als Vertilgungsmittel angewendeten
Sammelns im Winterlager erklärlich werden.

129   Als zweiter Bestandesverderber, jedoch minder gefährlich als der
vorige, ist die Kieferneule, Forleule, Eule, Phalaena Noctua
piniperda (Trachea pinip.), anzuführen. Der Schmetterling ist viel
kleiner, hat 30—35 mm Flügelspannung, die Hauptfarbe der Flügel
ist röthlich=braun mit schmutzig gelben radialen Streifen, welche durch
kurze, aber nur einen Theil der Flügelbreite durchsetzende Querstreifen
verbunden sind; die außen weiß geränderten Hinterflügel und der nach
dem After stark sich verjüngende Hinterleib sind grau=braun in ziemlich

dunklem Ton. Die Raupe besitzt acht Fußpaare, ist hellsaftgrün gefärbt, mit drei weißen und zwei orangefarbenen Längsstreifen gezeichnet. Die Puppe ist etwa 20 mm lang, dunkelbraun und besonders durch zwei Spitzen am After kenntlich.

Die Eule fliegt schon im März und April, und zwar auch bei Tage, doch häufiger in der Dämmerung; die Räupchen sind zunächst auf die jüngsten Triebe der Kiefer angewiesen, sie fressen an den ausbrechenden Nadeln und bohren sich, namentlich zum Schutz gegen rauhe Witterung, in die saftigen Triebe ein, welche dann meist abbrechen, oder auch hängen bleiben und vertrocknen. Der Fraß dauert bis in den Monat Juli, dann verpuppt sich die Raupe unter Moos= ꝛc. Decke, oder, wo solche fehlt, in der Erde. Dabei verbreiten sich die Puppen unter der ganzen Schirmfläche des Baumes, was das Sammeln der Puppen sehr erschwert; der Erfolg ist noch unsicherer als beim Sammeln der Kiefernraupe. Glücklicherweise hat die Puppe viele Feinde, namentlich das wilde und zahme Schwein, den Dachs, Fuchs, Igel ꝛc., viele Vögel, Schlupfwespen ꝛc., auch ist die Raupe sehr empfindlich gegen ungünstige Witterungseinflüsse. Der Eintrieb von Schweinen während des Herbstes und Winters ist das wirksamste Vertilgungsmittel.

Der Kiefernspanner (Tenthredo Pini) tritt mehr in mittel= ¹³⁰wüchsigen Beständen auf, wo derselbe durch die beweglichen, am Tage fliegenden Männchen, sich bemerklich macht, welche etwas größer sind als die Kieferneulen und an der Basis beider Flügelpaare strohgelbe (die Weibchen mehr rostrothe) hellere Streifen zeigen, auch in der Ruhe die Flügel aufrecht tragen, wie die Tagfalter. Die Flugzeit beginnt oft schon im Mai und setzt sich bis in den Juni hinein fort; der Falter hält sich am liebsten in geschlossenen Beständen und an Orten, wo die Luft ruhig ist, auf. Die Eier werden reihenweise an die Nadeln angeklebt, bis zu zwölf in einer Reihe, und kriechen daraus im Juli und August die Räupchen aus, welche nur fünf Fußpaare besitzen und an ihrer vorherrschend lichtgrünen Färbung, welche sich auch auf den Kopf erstreckt und nur durch einen weißen Rückenstreifen und zwei gelbe Seitenstreifen unterbrochen ist, kenntlich sind. Der Fraß wird erst im letzten Stadium, im Monat August merklich, weil die jüngeren Räupchen die Nadeln anfänglich nur benagen und erst später durch=beißen, um hernach den verbleibenden Stumpf bis zur Scheide herab aufzufressen. Zur Verpuppung läßt sich die Raupe an Fäden herab und bezieht ein Winterlager im ganzen Bestande zerstreut unter dem Moos; die Puppe ist etwa ein Drittel kleiner als die der Eule.

Dieses Insekt ist mehrfach schon in schädlicher Weise als Bestandes=
verderber aufgetreten. Es ist ihm aber sehr schwer beizukommen und
als einziges wirksames Mittel nur der Eintrieb von Schweinen zu
empfehlen; das Sammeln ist in allen Stadien wenig wirksam und
sehr theuer. Außerdem haben Raupe und Puppe dieselben Feinde wie
die Eule.

Als weiterer Feind ist die Nonne zu verzeichnen, doch wird dieser
Schmetterling der Fichte verderblicher und kommt deßhalb dort zur
Besprechung.

131   Die Kiefernbestände sind ferner wohl am stärksten der Feuers=
gefahr ausgesetzt und sollen deßhalb die hiegegen zur Anwendung
kommenden Mittel ausführlich besprochen werden:

Hauptsächlich sind es vorbeugende Maßregeln, welche zur
Sicherung der Waldbestände getroffen werden müssen, wobei zu unter=
scheiden die Maßregeln gegen Entstehung von Feuer und die gegen
dessen Weiterverbreitung.

Die Veranlassung zu Waldbränden giebt meist die Nachlässigkeit
oder Bosheit der Menschen, in seltenen Fällen auch einmal ein Blitz=
schlag. Der verursachte Schaden ist verschieden, je nach dem Alter der
Bestände und der Art und Intensität des Feuers. Dieses kann schon
auf einer Blöße sehr schädlich werden, wenn dadurch nicht blos der
Bodenüberzug, sondern bei stärkerer Hitze auch noch der Humusvorrath
verbrannt wird. So lange sich das Feuer hierauf beschränkt, heißt es
Bodenfeuer, auch wenn es in den Holzbestand übertritt. Hier
läuft es am Fuß der Stämme hin, erfaßt das daran befindliche Moos
und die Flechten, bei größerer Heftigkeit auch die Rinde; ist dann die
saftige Bastschicht nicht durch eine sehr dichte Borke gegen die Ein=
wirkung der Hitze geschützt, stirbt der versengte Theil ab und wenn
letzterer sehr groß ist, so kränkelt der Baum oder geht ganz ein. Aller=
dings findet diese Beschädigung meist nur auf der Windseite statt und
schadet dann stärkeren Stämmen weniger; Stangenhölzer und jüngere
Bestände erliegen ihr aber in der Regel gänzlich. In jüngeren Dickungen,
in welchen die Beastung einzelner Individuen noch bis auf den Boden
herabreicht, werden die Nadeln derselben zuerst von der Hitze des
Bodenfeuers ausgetrocknet und hierauf gleich von der Flamme erfaßt,
welche sich dann als Wipfelfeuer dem Bestand mittheilt und je nach
der Gewalt desselben und der Stärke des Holzes nicht blos die Nadeln,
sondern auch noch die Zweige und die Stämmchen verzehrt.

Erdbrände (in Torfmooren) und Baumfeuer (in hohlen Stämmen) kommen hier weniger in Betracht und können deßhalb übergangen werden, nur ist bei beiden Arten darauf hinzuweisen, daß Maßregeln zu ergreifen sind, welche die Verbreitung des Brandes in den etwa anstoßenden Wald unmöglich machen.

Es ist nun bekanntlich die Feuersgefahr sehr verschieden je nach der Jahreszeit, den Standorts- und Bestandesverhältnissen, wie auch nach der Holzart. Am gefährlichsten ist die trockene Zeit im Beginn des Frühjahrs und sodann der Spätsommer, während nach längerem Regen und namentlich im Winter kaum eine Gefahr besteht. Ein Bodenüberzug von trockenem Gras, Moos zc. steigert die Gefahr wesentlich, namentlich an Südhängen oder auf hitzigem Sande. Am meisten sind die Nadelhölzer und unter diesen wieder vorzugsweise die Kiefer bedroht. Im Niederwald ist der Schaden am geringsten, weil die Stöcke ausschlagfähig bleiben.

Die Vorbeugungsmaßregeln sind vorherrschend gesetzlicher und 132 polizeilicher Natur, dahin gehören die Verbote

a) einer zu nahen Ansiedlung der Wohnungen in der Nähe des Waldes; in Baden ist eine Minimal-Entfernung von 120 m vom Waldrand gefordert; in Bayern kann die Erlaubniß zum Neubau bei einem Abstand bis zu 1500 Fuß = 438 m noch verweigert werden; in Elsaß-Lothringen wird eine Entfernung von 500 m für Häuser und Gehöfte, und von 1000 m für Kalk- und Gips- öfen, wie für Ziegeleien vorgeschrieben.

b) Verbot des Feueranzündens im Wald oder in der Nähe des Waldes ohne die nöthigen Vorsichtsmaßregeln zur gefährlichen Zeit. Dahin sind zu zählen: die Wahl einer Feuerstelle auf unkrautfreiem Boden und in nicht zu großer Nähe einer solchen Bodendecke oder eines jungen Bestandes; Umgeben der Feuerstelle mit Steinen; gänzliches Auslöschen des Feuers vor dem Verlassen desselben. Bei trockener, windiger Witterung ist das Feueranzünden im Wald ganz zu unterlassen. Das Gleiche ist bezüglich der Feuer in der Nähe des Waldes zu beobachten beim Felderbrennen zc.

c) Bezüglich der Köhlerei sind ähnliche Vorsichtsmaßregeln zu treffen, es muß namentlich ein von aller Vegetation frei gehaltener Streifen rings um die Meilerstelle hergestellt werden, und sind die in Brand gesetzten Meiler ununterbrochen mit der genügenden Zahl von Köhlern zu bewachen.

d) Längs der Eisenbahnen sind ebenfalls auf bestimmte Breite wund-
gemachte Streifen anzulegen, damit die Funken aus der Lokomotive
keinen Brand veranlassen können.

e) Die Tabaksraucher sind namentlich beim Gebrauch von Cigarren
während der gefährlichen Jahreszeit im Wald zu besonderer Vorsicht zu verpflichten; ebenso die Jäger bezüglich des Gebrauchs
der Schießgewehre.

133 Zur Unterdrückung bereits entstandener Waldbrände und zur Verhinderung ihrer Weiterverbreitung ist es nothwendig, die Bewohner der
Nachbarschaft zur Hülfeleistung bei den Löscharbeiten gesetzlich zu verpflichten. Sehr zweckmäßig ist auch die Bestimmung des französischen
Code forestier, daß den in dem betr. Wald zu Servitutbezügen Berechtigten zeitweilig ihre Nutzungsrechte aberkannt werden können, wenn
sie sich bei den Löscharbeiten nicht betheiligen.

Es liegt aber auch Vieles, was zur Abwendung der Feuersgefahr
geschehen kann, in der Hand des Waldbesitzers und es darf sich
derselbe namentlich bei großen Waldcomplexen nie zu sehr auf polizeiliche
und staatliche Hülfe verlassen. In dieser Beziehung hat er zunächst alle
seine Angestellten und Arbeiter über die Mittel zur Abwendung der
Gefahr eingehend zu belehren und sie zu größter Vorsicht, so wie zu
genauster Befolgung der gesetzlich vorgeschriebenen Schutzmaßregeln
anzuhalten. Es muß während der gefährlichen Zeit größere Wachsam-
keit geübt und wenn nöthig, das Aufsichtspersonal verstärkt, namentlich
darf auch an Sonn- und Feiertagen in dieser Richtung Nichts versäumt
werden. Sehr zweckdienlich ist es, wenn man während der trockenen
Perioden größere Waldarbeiten ausführen läßt, z. B. Wegebauten,
Reinigungshiebe und dergl., damit beim Eintritt der Gefahr sofort
verfügbare Arbeitskräfte zur Hand sind. Jedenfalls sind alle Waldarbeiter auch zu der Zeit, wo sie nicht im Walde beschäftigt sind, womöglich durch Contrakt zur Hülfeleistung in Brandfällen zu verpflichten,
und ist mit den übrigen Anwohnern ein gutes Einvernehmen zu pflegen,
damit man bei größerem Bedarf an Löschmannschaft sicher auf ihre
Hülfe rechnen kann.

134 Außerdem ist es dem Waldbesitzer in vielen Fällen möglich, durch
geeignete wirthschaftliche Maßregeln die Feuersgefahr, wenn
auch nicht ganz, abzuwenden, so doch erheblich zu reduciren. Dahin
gehören die Anzucht gemischter Bestände, namentlich die Einmischung
von Laubholz in Nadelholz, wo dieß möglich ist; es genügt oft eine
vorübergehende Einmischung bis zum 40. oder 50. Jahre des betr.

Bestandes, oder die Umsäumung des Nadelholzes mit einer 3—4fachen Reihe von Laubholz.

In größeren Waldcomplexen gehört ein entsprechend durchgeführtes Schneißen= oder Wegennetz zu den unentbehrlichsten und wirksamsten Schutzmitteln gegen allzugroße Ausdehnung eines entstandenen Waldbrandes; die bei dessen Entwerfung nöthigen Rücksichten werden weiter unten bei der Bestandeseintheilung und Wirthschaftseinrichtung vorgetragen werden. Hier ist nur so viel hervorzuheben, daß man die schützende Wirkung wesentlich verstärkt, wenn man diese Streifen nicht zu schmal macht und fortwährend wund hält, sei es durch Abplaggen oder Abharken des Bodenüberzuges, sei es durch förmliches Umpflügen. — Die Schneißen werden in der Regel 4—8 m breit gemacht, um so breiter, je größer die Entfernung derselben genommen wird. Es empfiehlt sich sehr die Breite nicht zu stark zu reduziren, da der bereits oben erwähnte Flächenverlust von etwa zwei Prozent nicht einmal voll in Rechnung genommen werden kann, weil die Randbäume durch einen stärkeren Zuwachs einen Theil der Schneißenfläche wieder nutzbar machen.

Zur Abwendung der Feuersgefahr ist es außerdem nothwendig, die Räumung der Schläge frühzeitig im Jahre zu bewirken, insbesondere sind die Strauchhaufen, Reisigbüscheln, das geringe Abfallholz und trockene Spähne so bald als möglich wegzuschaffen, namentlich ist dieß nothwendig in der Nähe von Eisenbahnen und in der Nähe von frequenten Straßen, wo Fahrlässigkeit oder auch Bosheit leicht Schaden stiften kann.

Bei Feststellung der Hiebsreihenfolge aus Anlaß der Taxation und Wirthschaftseinrichtung (138—157) hat man sodann insbesondere bei der Kiefer und dem Nadelholz darauf hinzuwirken, daß die Verjüngungsflächen nicht in zu großer Ausdehnung zusammengelegt und keine allzu großen Schonungen erzogen werden, weil das Feuer diesen am gefährlichsten wird und auch am schwierigsten in denselben zu bekämpfen ist, wenn keine Unterbrechung durch ältere Bestände stattfindet. — Bei ausgedehnten Neuaufforstungen ist diese Vorsichtsmaßregel freilich nicht anwendbar; hier hat man dann das Schneißennetz zu verengern, die Schneiße selbst zu verbreitern und auch noch bei Ausführung der Pflanzungen stellenweise einzelne Reihen ausfallen zu lassen, z. B. nach 100 je zwei oder nach 150 Reihen je drei, um die Orte, von denen aus sich das Feuer bekämpfen läßt, entsprechend zu vermehren.

Die Maßregeln, welche nach Ausbruch eines Brandes zu 135

9 *

dessen Bewältigung und Löschung zu ergreifen sind, beschränken sich auf einige wenige, erfordern aber alle eine sehr große Zahl von Arbeitern, welche mit Hacken, Schaufeln, Harken (Rechen), Aexten, Sägen ꝛc. versehen sein müssen; deßhalb ist es nothwendig dafür zu sorgen, daß die Nachricht vom Ausbruch eines Waldbrandes so schnell wie möglich den betreffenden Schutzdienern, Wirthschaftsbeamten, Orts= vorständen und den sonstigen Polizeibehörden gemeldet werde, damit sich dieselben mit der erforderlichen Hülfsmannschaft so schnell wie mög= lich auf die Feuerstelle begeben. In dringenden Fällen ist Anzeige durch reitende Boten und Beförderung der erst aufgebotenen Löschmannschaft zu Wagen gerechtfertigt, weil es besonders darauf ankommt, des Feuers Herr zu werden, ehe es größere Ausdehnung gewonnen hat. Je nach Umständen können auch für rechtzeitige Anzeige eines Brandes besondere Belohnungen gegeben werden, sofern kein Verdacht vorliegt, daß die betreffende Person bei Entstehung des Feuers irgendwie betheiligt sein könnte.

Das Löschen geschieht beim Bodenfeuer am sichersten und besten durch Ueberwerfen desselben mit Erde, sofern solche in nächster Nähe zu bekommen ist; je nach der Stärke des Feuers muß die Erdbedeckung schwächer oder dichter erfolgen, am dichtesten dann, wenn trockener Moder, halbverwestes Moos oder Holz in Gluth steht. Bei geringem Umfang des Feuers oder wo keine Erde zu haben ist, muß dasselbe durch Ausschlagen mit Schaufeln, Besen, laubigen Aesten ꝛc. gelöscht werden. Bei größerer Intensität und namentlich bei stärkerem Wind ist es aber nicht mehr möglich, dem Feuer so nahe zu kommen, daß man diese Mittel anwenden könnte; in solchem Fall muß man, je nachdem der Wind stärker oder schwächer geht, in größerer oder ge= ringerer Entfernung vor der Feuerlinie, parallel mit dieser einen Streifen von 2—4 m Breite von allem Brennbaren sorgfältig säubern und mit einer genügenden Mannschaft bewachen lassen, bis das Feuer daselbst anlangt, wo immer noch durch irgend einen Zufall ein Ueberspringen vorkommen könnte. Kann man Wege, Schneißen, Höhenrücken, Be= standesgrenzen ꝛc. zu solchem Zwecke benützen, so erleichtert dieß die Arbeit und die Ueberwachung wesentlich. Hiebei hat man sich aber vor dem häufig vorkommenden Fehler zu hüten, aus Sparsamkeitsrück= sichten zu nahe an die Feuerlinie heranzurücken und dadurch zu riskiren, daß man mit dem Abräumen des Sicherheitsstreifens nicht fertig wird, bevor das Feuer denselben erreicht hat; dabei ist insbesondere in coupirtem Terrain zu beachten, daß das Feuer mit besonderer

Schnelligkeit sich bergaufwärts verbreitet, und daß es den Schonungen und jüngeren Stangenhölzern am gefährlichsten wird.

Für den Fall, daß es an der nöthigen Zahl von Arbeitern fehlt, um einen solchen Streifen rechtzeitig zu säubern, wird empfohlen, dieß durch Anlegung eines Gegenfeuers zu bewirken. Dieß ist aber nur bei ganz windstillem Wetter möglich und erfordert schließlich zu einer genügenden Leitung und Ueberwachung des Feuers ebensoviel Mannschaft wie das Abräumen mit Handgeräthen.

In Oertlichkeiten, wo viel Lagerholz und trockener Moderhumus vorkommen und wo es an Feinerde oder Sand fehlt, muß oft auch noch Wasser zum Löschen benützt werden, weil sich in jenen Materialien die Gluth sehr lange erhält und von da aus leicht weiter verbreitet.

Nach beendigter Löscharbeit ist der Brandplatz noch durch eine genügende Zahl von Leuten so lange bewachen zu lassen, bis man gewiß sein darf, daß keine Gefahr mehr vorhanden ist.

In jüngeren Schonungen ergreift das Bodenfeuer nach kurzer 136 Zeit den Holzbestand und wird zum Wipfelfeuer, gegen welches noch viel weniger und auch noch minder wirksame Mittel zu Gebot stehen; man kann eigentlich nur von der möglichsten Isolirung des brennenden Bestandes mittelst durchzuhauender Schneißen einigen Erfolg erwarten, wenn man Zeit und Arbeitskräfte genug hat, um den Hieb rechtzeitig, d. h. bevor das Feuer die Durchhiebsstelle erreicht, zu beendigen; dieß wird aber nur bei sehr großen, zusammenhängenden Schonungen Anwendung finden, welche deßhalb, wie schon oben betont, mit engen Schneißennetzen zu durchziehen sind, so daß man dann stets an der nächsten Schneiße eine erwünschte Operationsbasis erhält. Sind dann die Schneißen etwas schmal und ist das Feuer bezw. der Wind so stark, daß ein Ueberfliegen von Funken in den jenseitigen Bestand befürchtet werden könnte, so wird längs der Schneiße auf der Feuerseite ein Streifen abgeholzt, wobei die gefällten Stämme mit dem Wipfel dem Feuer entgegen geworfen werden müssen, was auch beim Durchhauen der anderen Brandschneißen zu beachten ist.

Die Bemessung der Folgen eines stattgehabten Waldbrandes ist 137 bei einer Nadelholz-Schonung, deren Nadeln alle oder doch zum größten Theil versengt wurden, sofort möglich, solche sind ganz aufzugeben, und möglichst bald neu zu kultiviren. Bei Stangenhölzern, wo die Rinde ringsum oder auf dem größeren Theil des Stammumfangs sich ablöst, wird auch nicht mehr auf Erholung zu rechnen sein und sind namentlich die Fichte, Weißtanne und die Buche sehr empfindlich. Am ehesten widerstehen ältere Kiefern und Eichen, welche oft gar keinen Schaden leiden, sogar auch noch fortwachsen, wenn sie auf der einen Seite einen Theil der Rinde verloren haben.

Diejenigen Stämme und Bestände, welche in Folge eines Wald= brandes stehend absterben, gehen einem raschen Verderben entgegen, weil der im Holz enthaltene Saft während des Sommers viel gährungs= fähige Stoffe enthält, die sich bei eintretender Störung der Vegetations= thätigkeit zersetzen und ein baldiges Verderben des Holzes einleiten, dieß ist namentlich beim Nadelholz und insbesondere bei der Kiefer der Fall. Deßhalb muß der Einschlag solcher Stämme, welche sich voraus= sichtlich nicht mehr erholen, so bald als möglich erfolgen; besitzen sie bei der Fällung noch grüne Nadeln, so sind sie einige Tage unentastet liegen zu lassen, damit der Saft aus dem Stamm ausgezogen wird. Jeden= falls sind sie möglichst bald zu entrinden und zu verarbeiten.

Jüngere Laubholzbestände, welche durch Feuer gelitten haben, werden am besten sogleich gänzlich abgetrieben, damit sie vom Stock wieder ausschlagen und ein gleichmäßiger Bestand dadurch an Stelle des früheren nachgezogen wird. Zu beachten ist übrigens daß die Eiche auch in der Jugend eine bedeutende Widerstandsfähigkeit gegen das Feuer besitzt, bei ihr also am ehesten auf Erholung gewartet werden kann.

Wenn der Brand eine sehr intensive Hitze entwickelte, und da= durch namentlich auf armem Boden auch der Humusvorrath verzehrt wurde, so empfiehlt es sich, mit der Wiederkultur einige Jahre zuzu= warten, falls man nicht in anderer Weise, z. B. durch tiefe Bearbeitung des Bodens, Zuhülfenahme von guter Füllerde ꝛc., den Erfolg der Kultur sichern kann. Ein ähnlicher Fall tritt im Gebirge ein, wenn das Feuer die Bodendecke vollständig vernichtet hat und nun nur noch der nackte Fels zu Tage liegt.

Bezüglich der Abwendung des Sturmschadens, welchem übrigens die Kiefer weniger ausgesetzt ist als die Fichte, wird auf das bei dieser Vorzutragende (206) verwiesen.

Im Seitherigen wurde gelehrt, wie der einzelne Bestand be= gründet, erzogen und in seiner Weiterentwicklung geschützt und gepflegt werden soll, und könnte hier noch gefordert werden eine Anleitung, wie die Nutzung und Zugutmachung desselben, die Holzernte, zu voll= ziehen sei, was aber bei den verschiedenen Holz= und Betriebsarten auf dieselbe Weise geschieht, und deßhalb besser am Schluß in einem besonderen Abschnitt vorgetragen wird. — Dagegen wollen wir diejenigen Methoden der

Betriebseinrichtung,

welche als die geeignetsten für die Kiefer anzusehen sind, hier vortragen, 138 wodurch aber nicht gesagt sein soll, daß es die einzig zulässigen seien, oder daß sie bei anderen Holz= und Betriebsarten nicht auch zur Anwendung kommen können.

Der einzelne gleichalterige Bestand kann nur in aussetzendem Betrieb bewirthschaftet werden, indem man ihn so alt werden läßt, bis die Mehrzahl der in ihm vertretenen Stämme eine nutzbare Stärke und Höhe erreicht haben und dieselben dann gleichzeitig auf einmal (im Kahlschlagsbetrieb) oder nach und nach in einer Reihe von mehreren Jahren zum Einschlag bringt. Danach muß ein anderer Bestand erzogen werden, bis zu dessen Schlagbarkeit wieder ein gleich langer Zeitraum verstreicht. Auf diesem Wege läßt sich nun aber ein gleichmäßiger jährlicher Holzbedarf nicht decken, so wenig als hiebei eine gleichbleibende Jahreseinnahme in Geld bezogen werden kann.

Um aus dem Wald einen jährlich gleich großen Bezug an Material 139 und Geld möglichst sicher für alle Zeit (nachhaltig) zu begründen, ist es nothwendig, daß vom ältesten bis zum jüngsten Holz herab sämmtliche einzelne Jahrgänge (Altersstufen) in gleichem Flächenumfang und in der gleichen Standorts= wie Bestandesbeschaffenheit vollzählig vertreten und räumlich so geordnet oder aneinander gereiht sind, daß eine Störung der nothwendigen Hiebsreihenfolge durch Sturmschaden möglichst ausgeschlossen ist. Dieß nennt man die normale oder regelmäßige Altersabstufung und die dazu nöthige Bestandesmasse den normalen Vorrath; es ist dieß, wie schon öfter erwähnt, die unerläßliche Vorbedingung für die möglichst beste Ausnutzung einer gegebenen Waldfläche und für den Bezug des höchsten nachhaltigen Holz= und Gelderträges.

Eine derartige Regelmäßigkeit findet sich sehr selten, meist nur bei Niederwald mit kurzem Umtrieb, wo auch die einzelnen Altersstufen nach Jahren getrennt werden können. Im Hochwald ist letzteres dagegen nicht immer möglich, weil die Verjüngungsperioden bis zu 10 und mehr Jahre umfassen, so daß dann auf solchen Flächen die einzelnen aus diesem Verjüngungszeitraum stammenden Jahresstufen gemischt durcheinander vorkommen, also räumlich nicht gesondert werden können. Ohnehin würde aber auch die Trennung nach den einzelnen Alters= jahren beim Hochwalde mit höherem Umtrieb durch die große Zahl der Altersstufen den Ueberblick sehr erschweren; deßhalb scheidet man die= selben in Gruppen nach bestimmten Altersperioden aus, welche bei einem Umtrieb von 80 Jahren und darüber 20 Altersstufen umfassen können, bei kürzeren Umtriebszeiten aber zweckmäßig auf 10 Jahre fest= gesetzt werden. Neuerdings zieht man auch die späteren Perioden zu= sammen, welche dann einen Umfang bis zu 40 Jahren erhalten können.

Im Hochwalde treten also die zusammengezogenen 10= und 20= jährigen Altersstufen als Altersklassen an die Stelle der obigen einjährigen und man erachtet eine regelmäßige, gleichbleibende Jahres= nutzung auch in dem Falle noch für gesichert, wenn die sämmtlichen Altersklassen auf gleich gutem Standort mit gleich guten Beständen in windsicherer Reihenfolge ausgestattet sind, was aber auch als eine Seltenheit anzusehen ist, weil Naturereignisse und willkührliche Ein= griffe Störungen verursacht haben.

Da nun aber eine nachhaltige Wirthschaft, welche jährlich gleiche Erträge liefert, beim Forstbetrieb nur möglich ist, wenn eine solche normale Bestandesreihe dieselbe gewissermaßen für ewige Zeiten verbürgt, so muß auch das Streben jedes Wirthschafters unausgesetzt darauf gerichtet sein, eine solche normale Altersreihenfolge nach und nach herzustellen, seine Holzhiebe also so zu ordnen, daß die nachzuziehen= den jungen Bestände nach Umfluß einer Umtriebszeit jenen Anforde= rungen entsprechen.

Es ist hiebei nicht mehr die Beschaffenheit und das Bedürfniß des Einzelbestandes für sich allein maßgebend, es ist vielmehr noth= wendig, denselben stetsfort auch in seinen Wechselbeziehungen zu den übrigen Beständen der betreffenden Altersreihe und diese selbst als ein zusammengehöriges Ganzes aufzufassen, welches man gewöhn= lich als Wirthschaftseinheit, Wirthschaftscomplex oder Wirthschaftsganzes bezeichnet, wobei es aber nicht gerade noth= wendig ist, daß die einzelnen Theile desselben in unmittelbarem räum= lichem Zusammenhang beisammen liegen. Die gegenseitigen Wechsel= wirkungen werden hauptsächlich dadurch hergestellt, daß eine solche Zu= sammengehörigkeit die Möglichkeit gewährt, den auf der Gesammtfläche jährlich erfolgenden Haubarkeitszuwachs gewissermaßen concentrirt im ältesten Bestande, in welchem alle einzelnen Altersstufen vertreten sind, Jahr um Jahr zu erheben. — Es kommt öfter vor, daß ein solches

Wirthschaftsganzes zugleich auch einen selbständigen Verwaltungs=
bezirk bildet, was aber keinenfalls nothwendig ist; es kann vielmehr
ein solcher mehrere Wirthschaftscomplexe umfassen, oder was aller=
dings seltener, nur einen Theil desselben bilden.

Die schon in der Definition der Normalaltersreihe angedeutete 140
Trennung in einzelne Bestände und Ordnung derselben zur Sicherung
gegen Windschaden erfordert eine systematische Eintheilung der
nachhaltig zu bewirthschaftenden Forste. Die einzelnen Altersstufen,
einerlei, ob sie nur 1 oder 10 oder 20 Jahre umfassen, müssen auch
im Wald getrennt und erkennbar sein; zu diesem Zweck bildet man
Abtheilungen oder Wirthschaftsfiguren oder Wirthschafts=
abtheilungen; sie treten beim nachhaltigen Betrieb an die Stelle des
etwas vagen Begriffs „Bestand"; sie bilden als Bestandeseinheiten
die Grundlage der Wirthschaft, und es sollen deßhalb in denselben wo=
möglich nur gleichartige Verhältnisse vertreten sein, namentlich keine
zu großen Verschiedenheiten der Standortsfaktoren vorkommen, so daß
wenigstens noch die gleiche Holzart und die gleiche Betriebsart in der
ganzen Abtheilung möglich ist. Da die Abtheilung als etwas für alle
Zukunft Bleibendes anzusehen ist, so ist den ebenfalls als bleibend zu
betrachtenden Standortsfaktoren besondere Aufmerksamkeit bezüglich der
Abgrenzung der Abtheilungen zuzuwenden, ohne daß jedoch hiebei die
Rücksichten bei Seite gesetzt werden dürfen, welche die Sicherung der
Bestände gegen Windschaden erheischt. Die Gleichheit der Bestandes=
verhältnisse nach Holzart, Mischung, Alter, Vollkommenheit und Regel=
mäßigkeit ist jedenfalls mit der Zeit anzustreben und kann es nur er=
wünscht sein, wenn solche gleich von Anfang an vorhanden ist; da aber
in all diesen Richtungen der Wirthschafter ausgleichend einwirken kann,
so ist die Forderung der Einheit in dieser Beziehung weniger streng
aufrecht zu halten. Die Größe der Abtheilung richtet sich noch weiter
nach der Umtriebszeit; da eine längere mehr Altersstufen hat als eine
kürzere, so bedingt sie auch mehr Abtheilungen und werden diese dadurch
kleiner. Ihr Verhältniß zum Umfang des Wirthschaftsganzen ist da=
gegen ein gerades, je größer dieses, um so größer können auch die
Abtheilungen gemacht werden.

Sehr wichtig ist auch die Form und Abgrenzung, welche zu=
nächst davon bedingt wird, ob natürliche Grenzen gegeben sind (was
als das Bessere anzusehen) oder ob künstliche Grenzen gezogen werden
müssen, welche auch im ersten Fall nicht ganz zu vermeiden sind. Berg=
rücken und Wasserläufe oder Terraineinsenkungen sind willkommene

natürliche Grenzen und können im Hügelland und im Gebirg nicht wohl vernachläſſigt werden, wo ſie aber nicht ausreichen, da ſind zunächſt als erſte künſtliche Linien die Wege zu Hülfe zu nehmen und dann erſt beſondere Schneißen oder Geſtelle 1,5—3 m breit durchhauen zu laſſen, welche am Hang ſtets der Linie des ſtärkſten Gefälls folgen und ſtets in gerader Richtung gezogen werden ſollen. Ein ſolches Netz von Abtheilungslinien ſteht im engſten Zuſammenhang mit dem Wegnetz und man muß deßhalb bei Anlage beider dieſe Wechſel⸗ beziehungen ſtetsfort im Auge behalten; im Gebirg und im Hügelland hat die Projektirung des Wegnetzes ſtets voranzugehen.

In den großen Ebenen iſt man dagegen ausſchließlich auf eine künſtliche Abgrenzung der Abtheilungen hingewieſen, man legt ein Netz von rechtwinklig ſich ſchneidenden Linien durch den ganzen Wald und rückt dieſelben je nach Bedarf enger zuſammen oder weiter auseinander. Bei den Kiefernwaldungen Norddeutſchlands, wo dieſe Eintheilung durch Friedrich den Großen zuerſt allgemein angeordnet wurde, und wo ſie den Namen Jageneintheilung erhielt, legte man die Geſtelle nach beiden Richtungen je 200 preuß. Rthn. (= $^1/_{10}$ deutſche Meile) aus⸗ einander und erhielt dann quadratiſche Jagen mit 222 Morgen 40 Ruthen (56,66 ha) Flächengehalt, welche genau nach der Nordlinie gelegt waren. Für die jetzige detaillirte Wirthſchaftsführung ſind aber dieſe Jagen ſelbſt bei den Kiefern noch zu groß. In Fichten⸗ beſtänden werden ſie auf den dritten Theil reduzirt. Außerdem hat ſich gezeigt, daß die Orientirung der Geſtelle nach Nord und Oſt nicht ganz entſpricht, für Kiefern wählt man jetzt lieber die Richtung von Südoſt nach Nordweſt, auf welche Linie die Langſeite des Rechtecks fällt, während die rechtwinklig ſchneidende Schmalſeite die Richtung von Nordoſt nach Südweſt erhält und der Anhieb parallel mit der Lang⸗ ſeite in dieſer Richtung von Nordoſt beginnend gegen Südweſt vor⸗ ſchreitet, damit die nachzuziehenden Schonungen längs der Wand des vorſtehenden Altholzes nicht gar zu ſtark von der Mittagshitze leiden. Bei Fichten, wo die Rückſicht auf den Wind mehr noch zu beachten iſt, wird die Langſeite gegen Oſt oder Südoſt gerichtet und von da aus der Hieb gegen Weſt oder Nordweſt fortgeführt.

141 Eine ſolch regelmäßige Abgrenzung ſchließt nun vielfach erhebliche Beſtandesverſchiedenheiten ein, welche mit der Zeit verſchwinden müſſen, da die Abtheilung jeweils nur einen einheitlichen Beſtand zu tragen hat; ſolche vorübergehende Abweichungen werden dann, wenn ſie bedeutend genug ſind, als Unterabtheilungen ausgeſchieden, bis die

Bestandeseinheit in der ganzen Abtheilung hergestellt ist, was womöglich im Lauf des ersten Umtriebes geschehen soll.

Je nach der größeren oder geringeren Intensivität der Wirthschaft geht man darin mehr oder weniger weit, wobei nicht zu verkennen, daß eine zu große Zahl von Unterabtheilungen den Betrieb erheblich erschwert und die Uebersichtlichkeit der Wirthschaftsführung stört. — Bei der Ausscheidung selbst verfährt man in ähnlicher Weise, wie bei den Abtheilungen, doch sind bezüglich der Regelmäßigkeit der Abgrenzung weniger Rücksichten zu nehmen und bedarf es keiner so großen Breite der Schneißen.

Reiht sich nun im Verlauf einer längeren oder kürzeren Periode 142 Schlag an Schlag bis an die Grenze des Waldeigenthums oder bis an ein von der Natur selbst errichtetes Hinderniß, so erhält man auf diese Weise einen Hiebszug, der aus einer größeren oder kleineren Zahl von Abtheilungen bestehen kann, welche durch gemeinsame Wirthschaftsstreifen (6—10 m breit offen zu haltende Schneißen) von den übrigen Abtheilungen getrennt und durch den längs derselben sich bildenden Trauf gegen Windschaden möglichst gesichert werden müssen.

Innerhalb eines Hiebszuges haben die Verjüngungsschläge stets in der Richtung von der wenigst gegen die stärkst bedrohte Seite des Waldes vorzurücken, wobei ein- und ausspringende Winkel unbedingt zu vermeiden sind, sofern nicht etwa die Eigenthumsgrenzen dieß unmöglich machen. — Muß aus irgend welchen überwiegenden sonstigen Rücksichten die Reihenfolge der Verjüngungsschläge innerhalb eines Hiebszugs unterbrochen werden, so ist schon zum Voraus dafür zu sorgen, daß die hiedurch der Windgefahr ausgesetzten rückwärts gelegenen Bestände durch einen frühzeitig zu erziehenden Trauf an der bedrohten Seite möglichst geschützt werden. Diesem Zweck entsprechen die Anhiebsräume oder Loshiebe, welche die Bildung eines solchen Traufes dadurch ermöglichen, daß dem rückwärtsliegenden Bestand auf der bedrohten Seite von früher Jugend an so viel Licht verschafft wird, daß sich ein windständiger, vollbeasteter Vormantel bilden kann.

Bei kleineren Complexen ist es wohl ausnahmsweise möglich, daß in denselben nur ein einziger Hiebszug angelegt werden kann; in der Regel ist aber eine größere Zahl derselben herzustellen, theils aus Rücksicht auf das Terrain, theils auch deßhalb, daß die Jahresschläge nicht zu groß werden und nicht unmittelbar sich aneinander reihen, was wegen der Feuersgefahr und Insektenbeschädigung zu vermeiden ist.

Nach dieser Eintheilung folgt die Flächenvermessung und 143 Kartirung, wobei die Eigenthumsgrenzen und alles wirthschaftliche

Detail, Ab= und Unterabtheilungen, größere Blößen, alle Gewässer und Wege, Holzlagerplätze, Köhlereien, ihrer Fläche nach genau zu erheben und der Lage nach zu verzeichnen sind, mit Kenntlichmachung des Terrains, der Hiebszüge, Wirthschaftsstreifen, Anhiebsräume, der Holzarten (durch Farben), der Altersstufen (durch Farbentöne ꝛc.).

144   Ist der Wald eingetheilt und vermessen, so erhält man den nöthigen Ueberblick über seine Ertragsfähigkeit dadurch, daß man von jeder Unterabtheilung und Abtheilung die Standortsgüte und Bestandesbeschaffenheit genau erhebt, bezüglich der letzteren hauptsächlich die Holzart oder Holzartenmischung, das Alter, die Vollkommenheit und Regelmäßigkeit der Bestockung; dabei hat man sodann auch noch über die künftige Behandlung, über die dabei zu erwartenden muthmaßlichen Erträge und die Zeit ihres Anfalls das Nöthige zu erheben und festzustellen. Diese Notizen werden am besten tabellarisch zusammengestellt und zu der sogenannten speziellen Waldbeschreibung vereinigt, in welcher die einzelnen Ab= und Unterabtheilungen der Reihenfolge nach aufgeführt werden, wofür anliegendes Schema dienen kann.

Distrikt	Abtheilung	Unterabtheilung	Flächengröße						Standortsverhältnisse, Boden, Lage, Bonitätsklasse	Bestand, Holzart, Alter, Vollkommenheit, Regelmäßigkeit	Betriebsart, Umtriebzeit Jahre	Wirthschaftliche Maßregeln.	Künftige Bewirthschaftung.	Haubarkeitsertrag.	
			bestockt		unbestockt								Zeitperioden	pro ha Festmeter	im Ganzen
					ertragsfähig		nichtertragsfähig								
			ha	ar	ha	ar	ha	ar							
a	b	c	d	e	f	g	h	i	k	l	m	n	o	p	q
I	1	a	10	—	1	—	—	17	Leichter Sand. Lage eben. IV.	Kiefern einz. Birken, 5 Jahr, Vollkommenheit 0,9.	Hochwald 80	Sofortige Nachbesserung der unbestockten ertragsfähigen Fläche. Die Birken sind demnächst auszuhauen.	IV	250	2500
IV	2	—	15	40	—	—	—	24	Humoser, ziemlich feuchter Sand. Lage eben, dem Westwind ausgesetzt. III. Kl.	Kiefern 66 Jahr, Vollkommenheit 0,8, ziemlich regelmäßig.	Hochwald 80	Verjüngung durch Kahlschläge in der I. Periode und hernach Anpflanzung.	I	380	5852

Zur Erläuterung der einzelnen Rubriken ist noch zu sagen: ad a, die Distrikte, eine zufällige historisch oder räumlich zusammengehörige Mehrzahl von Abtheilungen, haben zwar keine wirthschaftliche Bedeutung, dienen aber zur leichteren Orientirung, namentlich wenn sie besondere Namen tragen, welche in der Umgegend bekannt sind; diese Namen werden in der Rubrik a eingesetzt, und in der Regel die Distrikte mit römischen, die Abtheilungen mit arabischen Zahlen, die Unterabtheilungen mit Buchstaben bezeichnet. Ad d und e, die bestockte Fläche wird in der Regel in abgerundeten Zahlen vorgetragen, von 10 zu 10 oder 20 zu 20 Aren aufsteigend; das Ungerade fällt dann mit den Wegen, Gewässern, Felsen ꝛc. in die Rubrik h und i. Ad k, ist zu bemerken, daß der eine Standortsfaktor das Klima in der Regel für den ganzen Complex dasselbe sein wird; doch sind Frostlagen und dem Wind ausgesetzte Oertlichkeiten als solche hier zu bezeichnen. Die Bonitätsklasse kann nach einer allgemein bekannten oder nach einer besonderen, für den betr. Complex speziell hergestellten Skala angegeben werden. In der Spalte l kann bei größeren Bestandesverschiedenheiten auch eine detaillirtere Schilderung derselben Platz finden. Die Vorschriften der Spalte n beziehen sich in der Regel nur auf die erste Periode. In diesem Fall sind vier je zwanzigjährige Perioden angenommen und in der Spalte q vorausgesetzt, daß der betr. Bestand jeweils im 80. Jahre zur Verjüngung komme, also die 1—20jährigen Abtheilungen in der dritten, die 41—60jährigen in der zweiten und die 61—80jährigen in der ersten Periode.

Ist auf diese Weise der ganze Waldcomplex beschrieben, so wird aus den vorliegenden Notizen die Altersklassen-Uebersicht hergestellt, indem man die Flächen, welche ein und derselben (10- oder 20jährigen) Altersklasse angehören, je in besonderen Spalten vorträgt und schließlich die Summe zieht. Hieraus ergiebt sich dann, in welchem Verhältniß die 1—20jährigen Bestände, ferner die 21—40jährigen, die 41—60jährigen u. s. f. vertreten sind.

Diese Zahlen geben nur dann ein richtiges Bild von der Leistungsfähigkeit des betr. Wirthschaftscomplexes, wenn die sämmtlichen Flächen von durchweg gleicher Standortsgüte sind; dieß ist aber häufig nicht der Fall und kann es z. B. vorkommen, daß die eine Klasse überwiegend mit geringeren, eine andere mehr mit besseren Flächen ausgestattet ist, welche das 1½—2fache im Vergleich mit ersterem ertragen, so daß die Gleichheit der wirklichen Größen nicht auch die Gleichheit

des Ertragsvermögens und damit die nachhaltig gleichbleibende Jahresnutzung gewährleistet, was das Ziel jeder geordneten Wirthschaft
sein muß.

146   Um nun auch die richtigen Werthe in die Altersklassenübersicht
hereinzubekommen, ist es nothwendig, die Flächen nach ihrer Ertragsfähigkeit auf gleichwerthige Größen zu reduziren. Wenn
z. B. von der ersten oder der besten Standortsklasse im 100. Jahre ein
Haubarkeitsertrag von 560 Festmeter pro ha zu erwarten ist, von der
zweiten dagegen nur 480, so bedarf man zu Erziehung der gleichen
Holzmasse von letzterer eine um $\frac{1}{6}$ größere Fläche als von ersterer, oder
6 ha erster Klasse leisten so viel, als 7 ha zweiter Klasse. Um nun
gleichwerthige Flächengrößen zu erhalten, nimmt man eine bestimmte
Standortsklasse als Werthmesser und berechnet sodann alle diejenigen
Flächen, welche nicht schon an sich in diese Klasse gehören, auf deren
Ertragsfähigkeit, so daß diesen verwandelten Größen durchweg die gleiche
Produktionskraft zukommt. Am geeignetsten ist es, wenn die in überwiegender Ausdehnung vertretene Klasse zum Werthmesser genommen
wird, weil man in diesem Fall die geringste Zahl von Verwandlungen
vorzunehmen hat. Bei den besseren Klassen erhält man auf diese
Weise eine kleinere Fläche als die wirkliche, bei den geringeren eine
größere, weil zwischen der Produktion und der Fläche ein umgekehrtes
Verhältniß besteht; denn von gutem Boden braucht man weniger als
von schlechtem, um die gleichen Holzmassen zu erziehen. Folgende Beispiele werden dieß erläutern, worin die wirklichen oder concreten Flächen
durchweg gleich 100 ha angenommen sind, während in den drei letzten
Spalten die verwandelten Größen mit verschiedenen Vergleichungsmaß-
stäben hergestellt wurden, und zwar sind in der drittletzten sämmtliche
Werthe auf die erste Klasse, in der folgenden auf die geringste und in
der letzten Spalte auf die mittlere Standortsgüte umgerechnet. Die
Zahlen sind aber nicht so zu verstehen, als ob die senkrecht untereinander stehenden gleichwerthig wären, sie entsprechen nur jeweils der
Produktionsfähigkeit von 100 ha concreter Fläche, ausgedrückt im Flächen-
werth der maßgebenden Klasse; diese 100 ha aus der vierten Klasse
entsprechen z. B. 57,1 ha, wenn sie in Boden erster Klasse verwandelt
werden, denn $100 \times 320 = 57,1 \times 560$ Festmeter, oder sie werden in

bie fünfte Bonität umgerechnet, wie folgt: $\dfrac{100 \times 320}{200} = 160$ ha.

Standortsklasse	Haubarkeitsertrag im 100. Jahre	Wirkliche Flächen	Verwandelte Flächen auf		
			1.,	5.,	3. Standortsklasse
I.	560 Festmeter	100 =	100 ha	280 ha	140 ha
II.	480 „	100 =	85,8 „	240 „	120 „
III.	400 „	100 =	71,5 „	200 „	100 „
IV.	320 „	100 =	57,1 „	160 „	80 „
V.	200 „	100 =	35,7 „	100 „	50 „

Bei großen Verschiedenheiten in der Ertragsfähigkeit genügt aber eine Ausgleichung nach den Massenerträgen nicht mehr vollständig, weil namentlich die schlechteren Standortsklassen geringwerthigeres Material produziren. Dieses Verhältniß darf namentlich in solchen Fällen nicht unberücksichtigt bleiben, wenn die betr. schlechteren oder besseren Bonitäten sich nicht gleichmäßig auf die verschiedenen Altersklassen vertheilen. Hier empfiehlt es sich, dann auch noch den Geldwerth der Haubarkeitserträge in Rechnung zu nehmen. Würde derselbe z. B. in folgenden Verhältnißzahlen zum Ausdruck kommen, so würden bei Berücksichtigung derselben die in obigen letzten drei Spalten vorgetragenen Größen in nachstehende zu verwandeln sein:

Standortsklasse	Werthsverhältniß der Haubarkeitserträge	Verwandelte Flächen auf		
		1.,	5.,	3. Standortsklasse
I.	2,00	100 ha	560 ha	186 ha
II.	1,75	75,1 „	420 „	140 „
III.	1,50	53,6 „	300 „	100 „
IV.	1,20	34,3 „	192 „	64 „
V.	1,00	17,8 „	100 „	33 „

Ein weiterer auf den Ertrag einwirkender Faktor ist die Bestandesgüte, welche übrigens mehr vorübergehender Natur ist; sie bleibt in dieser Tabelle gewöhnlich unberücksichtigt, weil sie in den Materialerträgen der folgenden Tabelle genaueren Ausdruck findet.

Die mit der einen oder anderen Art von Zahlen hergestellte 147 Altersklassenübersicht läßt nun zwar mit Bestimmtheit erkennen, wie es mit der Nachhaltigkeit der Nutzung bestellt ist, dieselbe ist gesichert, wenn die einzelnen Altersklassen je mit gleich großen und gleich guten Flächen ausgestattet sind. Es gehört aber auch noch weiter dazu, daß die richtige Hiebsfolge dabei eingehalten werden kann, weil ohne diese ein regelmäßiger Fortbezug der Haubarkeitserträge stets in Frage gestellt bleibt. Zu diesem Zweck hat man also neben der obigen Altersklassentabelle gewissermaßen eine zweite herzustellen, worin die einzelnen

Abtheilungen in derjenigen Reihenfolge aufgeführt werden, in welcher sie nach der bestimmten Hiebsordnung zur Verjüngung kommen. Die Bestandesflächen werden also in diesem Fall nicht mehr ausschließlich nach dem Alter, sondern nach der Zeit der Nutzung zusammengestellt; deßhalb überschreibt man auch die betr. Spalten nicht mehr mit den Zahlen, welche das Bestandesalter bezeichnen, sondern mit den Jahreszahlen der betr. Nutzungsperiode (oder Perioden schlechtweg), welche den Altersklassen correspondiren, also 20= oder 10jährig sind wie diese. So entsteht der Allgemeine Nutzungs=plan, oder das Taxationsregister, in welchem das Bild des künftigen Verjüngungsganges für die nächste Umtriebszeit und gewissermaßen für alle folgenden zur Anschauung gebracht wird. — Je correkter nemlich während der ersten Umtriebszeit die Hiebsfolge durchgeführt wird, um so größer ist die Wahrscheinlichkeit, daß sie sich auch in den künftigen Umtriebszeiten wiederum in derselben Weise wiederholen kann. Hieburch rechtfertigen sich dann auch die Opfer, welche man zur Herstellung einer gesicherten Hiebsfolge etwa zu bringen hat und welche hauptsächlich darin bestehen, daß man einzelne Bestände vorzeitig in einem Alter geringerer Nutzbarkeit zum Einschlag bringen muß, während andere dasselbe erheblich überschreiten, wodurch Verluste an Zuwachs oder an Bodenkraft veranlaßt sein können, namentlich wenn es sich um größere Abweichungen handelt.

148   Unter der Bezeichnung Periodenfläche ist die Gesammtheit der einer Periode zugewiesenen Verjüngungsflächen begriffen, wobei ein unmittelbarer räumlicher Zusammenhang derselben nicht absolut nöthig ist. — Alle Periodenflächen zusammen bilden wieder den Wirthschafts=complex und aus diesem findet man durch Division mit der Umtriebs=zeit die Flächenfraction, die Größe des in jedem einzelnen Jahr zur Verjüngung kommenden Flächenantheils. Theilt man aber die Gesammtfläche mit der Zahl der Perioden, so erhält man die Flächen=fraktion für die einzelne Periode, oder das Flächen=Soll für den betr. Zeitabschnitt.

Eine Vergleichung dieses Soll's mit den im allgemeinen Nutzungsplan den einzelnen Perioden zugewiesenen wirklichen oder reduzirten Perioden=flächen läßt erkennen, wie weit das Gegebene dem anzustrebenden mög=lichst Vollkommenen entspricht und wo es davon mehr oder weniger abweicht. Jener Fall trifft nur selten ein. Es muß aber in jeder geordneten Wirthschaft, welche Gegenwart und Zukunft gleichmäßig zu berücksichtigen hat, jenes Ziel stetsfort angestrebt werden und deßhalb ist es nothwendig, die größeren Abweichungen bei den Periodenflächen zwischen Soll und Haben durch thunlichste Gleichstellung derselben so viel möglich zu beheben.

Zu diesem Zweck hat man denjenigen Perioden, welche einen Abmangel haben, weitere Verjüngungsflächen zuzuweisen, was womöglich aus den nächstliegenden Zeitabschnitten geschehen soll. Zunächst hat man immer die erste (nächste) Periode genügend auszustatten, oder ihre Ueberschüsse anderweitig zu vertheilen. — Hat sie einen Abmangel, so nimmt man aus der nächstfolgenden zweiten Periode die ältesten Bestände herüber, so weit es nöthig ist, um das Defizit zu decken. Im entgegengesetzten Fall stellt man aus den Verjüngungsflächen der ersten Periode die jüngsten und wüchsigsten Bestände für die nächstfolgende Periode zurück. In complizirteren Fällen werden oft auch noch weiter entfernt liegende Perioden in Mitleidenschaft gezogen, aber in der Regel so, daß die Vor- oder Zurückverschiebungen nur zwischen zwei unmittelbar nebeneinander liegenden Zeitabschnitten vorgenommen werden. Bei ganz abnormen Verhältnissen kann es vorkommen, daß man weiter hinausgreifen muß in die zweit- oder drittnächste Periode, was aber mit größeren Opfern verknüpft ist, und deßhalb gewöhnlich vermieden, oder für den nächsten Umtrieb vorbehalten wird. — Die Hiebsreihenfolge muß aber hiebei stets beachtet und eingehalten werden.

Zur Erläuterung mögen folgende Beispiele dienen: In einem Wirthschaftscomplex sollen die einzelnen Perioden mit den beigesetzten reduzirten Flächen ausgestattet sein, worauf dann die nöthigen Ausgleichungen durch + und — angedeutet sind, wobei zu beachten, daß dem + neben der einen Periodenfläche ein gleichgroßes — in der nächstliegenden entsprechen muß. Gesammtfläche 1250 ha, Periodenfläche 250 ha.

I. Periode 1880—1899 352 ha hat zu viel 102 ha, welche der II. Periode zugehen;

II. „ 1900—1919 108 „ +102 = 210, fehlen also noch 40 ha, die aus der III. Periode zu decken sind;

III. „ 1920—1939 167 „ Die III. Periode behält also nur noch 127 ha

IV. „ 1940—1959 241 „ und bedarf einen Zuschuß von 123 ha aus

V. „ 1960—1979 382 „ der IV. Periode, welcher dann noch 118 ha verbleiben, so daß ein Defizit von 132 ha entsteht, welches aus dem Ueberschuß der letzten Periode sich deckt, und wonach dieser noch 250 ha bleiben.

Gesammtfläche 1250 ha

Die faktische Wirkung dieser Ausgleichungen besteht darin, daß in

der ersten Periode und auch noch in einem Theil der zweiten die Be=
stände ein höheres Alter als das vorgesehene 100jährige erreichen; von
da ab geht das Abtriebsalter unter 100 Jahre zurück, bis in der
fünften Periode dasselbe wieder erreicht wird und hierauf in den folgen=
den Umtriebszeiten durchweg festgehalten werden kann, so lange eine
Störung in der Hiebsordnung nicht eintritt.

Bei folgendem Beispiel ist eine ganz abnorme, leider aber ziemlich
häufig vorkommende Altersabstufung angenommen, wobei nur übrig
blieb, in die zweitnächsten Perioden hinüberzugreifen, d. h. für einen
großen Theil der Fläche zeitweilig das Abtriesalter statt auf 70—80
auf 40—50 Jahre zu stellen; daneben wurden die Flächen der ersten
und zweiten Periode zusammengeworfen und jeder dieser Perioden die
Hälfte davon zugetheilt.

Ausgleichung:

	I. Periode	II. Periode	III. Periode	IV. Periode
1880—1899	150 ha ⎫	215 ha		
1900—1919	280 „ ⎭		215 ha	
1920—1939	790 „ giebt ab 385 „		also bleiben 405 ha,	
1940—1959	1100 „ giebt ab		385 ha und 195 „	bleiben also 600 ha
	2400 ha	600 ha	600 ha	600 ha	600 ha

Jahressoll 30 ha, Periodenfläche 600 ha.

Unter solch ungünstigen Verhältnissen empfiehlt es sich aber keine
so großen Perioden, sondern lieber kürzere 10jährige zu machen. Es
ist auch nicht nöthig, alle gleich groß zu nehmen, und genügt es in
vielen Fällen, wenn man nur die ersten beiden 10jährig, die übrigen
20jährig, oder bei höheren Umtriebszeiten auch 40jährig macht, und
bei diesen die Detailausscheidung späteren Zeiten überläßt.

149   Zur übersichtlichen Darstellung eines solchen allgemeinen Nutzungs=
planes bedient man sich verschiedener Tabellen und fügt dann in der
Regel noch neben den Flächen deren muthmaßlichen Holzertrag bei,
obwohl dieß streng genommen bei dem bisher vorgetragenen Flächen=
fachwerk nicht nothwendig wäre; es erleichtert dieß aber jedenfalls
die Veranschlagung des Geldertrages.

In nachstehendem Formular werden die wichtigsten, auf die Erträge
einwirkenden Faktoren und diese selbst ersichtlich gemacht. Dabei ist
nur zu erläutern, daß stets von der Voraussetzung ausgegangen wird,
als ob jeder einzelne Bestand in der Mitte der betr. Periode zur Ver=
jüngung komme, was faktisch nicht zutrifft, aber doch im Ganzen ein
richtiges Rechnungsergebniß liefert, weil die am Schluß der Periode
zur Verjüngung kommenden Bestände durch ihren Mehrertrag den
Minderertrag der zu Anfang der Periode verjüngten ausgleichen.

Allgemeiner Nutzungsplan
für die Jahre 1879—1958.

Distrikt oder Complex	Ab- und Unterabtheilung	Fläche (concrete oder reducirte) a	Standortsklasse	Vollkommenheit des Bestandes	Alter ist alt (Jahre)	Alter wird alt (Jahre)	Gegenwärtiger Holzvorrath pro ha Festmeter	Haubarkeitsertrag	I. 1879—1898 Hiebsfläche a	I. Holzertrag Festm.	II. 1899—1918 Hiebsfläche a	II. Holzertrag Festm.	III. 1919—1938 Hiebsfläche a	III. Holzertrag Festm.	IV. 1939—1958 Hiebsfläche a	IV. Holzertrag Festm.	Summe 1879—1958 Hiebsfläche a	Summe Holzertrag Festm.	Im ersten Umtrieb werden genutzt: gar nicht a	doppelt a	Reinigungshieb	Durchforstungsflächen 1-mal a	Durchforstungsflächen 2-mal a	Holzertrag Festm.
I	1 a	215	IV	0,7	56	86	210	370	—	—	215	795	—	—	—	—	215	795	—	—	—	215	215	107
	1 b	628	III	0,8	40	70	170	300	—	—	628	1884	—	—	—	—	628	1884	—	—	—	628	628	377
	2 a	150	IV	0,7	80	90	320	350	150	525	—	—	—	—	150	330	300	855	—	150	—	—	—	—
	2 b	734	IV	0,8	15	85	—	400	—	—	—	—	—	—	734	2936	734	2936	—	—	—	—	—	—
	2c.	2c.	2c.																					
—	—	19480	—	—	—	—	—	—	3152	9651	3879	11216	4918	14890	7260	22175	19209	57932	421	150	2010	11459	9043	3942
								Soll	4870	14483	4870	14483	4870	14483	4870	14483	—	—	—	—	—	—	—	—
								also haben zu viel	—	—	—	—	48	407	2390	7692	—	—	—	—	—	—	—	—
								zu wenig	1718	4832	991	3267	—	—	—	—	—	—	—	—	—	—	—	—

Bei dem bis jetzt dargestellten Flächenfachwerk wird die Beschaffen=
heit der gegenwärtig vorhandenen Bestände nicht berücksichtigt, es stellt
das Streben nach einer normalen Hiebsordnung unbedingt voran und
bringt demselben die Rücksichten auf die Gegenwart und die nächste
Zukunft häufig zum Opfer, obgleich in der Regel keine volle Sicher=
heit dafür geleistet werden kann, daß jenes hohe Ziel auch wirklich
erreicht wird.

150   Das Massenfachwerk dagegen regulirt die Nutzung ausschließ=
lich nach den Haubarkeitserträgen, wobei die gegenwärtigen Bestandes=
verhältnisse voll zum Ausdruck kommen, streng genommen aber auch
störend auf den Gang der Verjüngung im zweiten Umtrieb und noch
später einwirken. Bei dem ursprünglichen Massenfachwerk, das sich vor=
herrschend in und für Buchenwirthschaften entwickelte, nahm man auf
die Hiebsfolge wenig oder gar keine Rücksicht, was aber vermieden
werden kann, ohne das Wesen dieser Methode zu beeinträchtigen. Ob=
gleich sodann von Anfang an eine Altersklassentabelle auch hiebei auf=
gestellt zu werden pflegte, so ist eine solche eigentlich kein unbedingtes
Erforderniß, und liegt der Schwerpunkt fast ausschließlich im allgemeinen
Nutzungsplane, in welchem aber statt der Hiebsflächen die Holzerträge
nach Perioden getrennt zusammengestellt werden.

Zu diesem Zweck wird die gegenwärtige Holzhaltigkeit der einzelnen
Bestände (Abtheilungen oder Unterabtheilungen) genau erhoben und
davon auf den künftigen Ertrag derselben geschlossen. Je bälder dieser
eingeht, d. h. je älter der betr. Bestand ist, um so sicherer läßt sich
von dessen gegenwärtigem Vorrath auf den Ertrag schließen, welcher
sich aus jenem und dem bis zur Fällung erfolgenden Zuwachs zusammen=
setzt, wovon aber unter Umständen noch abgeht, was als Durchforstungs=
material oder als zufällige Nutzungen (Dürrholz, Käferbäume, Wind=
fälle 2c.) bis dahin zu erheben ist. In solchen älteren Beständen wird
zu diesem Zweck der Holzvorrath ermittelt, entweder durch genaue
Messung oder gutächtliche Schätzung aller einzelnen Stämme, oder durch
Probeflächen, welche der mittleren Qualität des betr. Bestandes ent=
sprechen, auf denen dann ebenso verfahren wird; das Ergebniß derselben
auf die Flächeneinheit berechnet gilt dann als maßgebend für die ganze
Ab= und Unterabtheilung.

Der bis zur Nutzung des Bestandes zu erwartende Zuwachs
wird gutächtlich geschätzt, wobei man eigene oder fremde Erfahrungen
zu Hülfe nimmt; namentlich benützt man in letzterem Fall Ertrags=
tafeln, welche allerdings nur vollkommene oder regelmäßige Bestände

berückſichtigen, weßhalb man alſo für die gewöhnlichen, dieſen Voraus=
ſetzungen nicht entſprechenden, die erforderlichen Modifikationen ein=
treten laſſen muß.

Aus den Beſtänden ſelbſt kann der Zuwachs leicht ermittelt
werden, ſobald man deren Alter und Holzmaſſe pro Flächeneinheit genau
kennt; dann bedarf es nur einer Diviſion des erſteren in die letztere,
um den durchſchnittlichen Geſammtalterszuwachs zu er=
halten; ſo weit ſich ſolcher auf haubare Beſtände bezieht, wird er
Haubarkeitszuwachs genannt, und kommt in den meiſten Fällen
nur dieſer zur Anwendung.

Bei jüngeren Beſtänden, welche die halbe Umtriebszeit noch nicht
überſchritten haben, iſt der vorhandene Holzvorrath weniger maßgebend,
hier werden die Erträge mit Hülfe von Ertragstafeln oder nach eigenen
Erfahrungen des Taxators eingeſchätzt, wobei die Standortsgüte und
die Beſtandesbeſchaffenheit maßgebend ſind.

Die Aufſtellung des allgemeinen Nutzungsplanes erfolgt hierauf
in der Weiſe, daß die Haubarkeitserträge jeder einzelnen Ab= oder
Unterabtheilung mit Beachtung ihres Abtriebsalters und der Hiebs=
reihenfolge nach Perioden getrennt, tabellariſch zuſammengeſtellt und
ſchließlich ſummirt werden, wobei man alſo nicht mehr die Hiebsflächen
ſondern die Hiebserträge in Feſtmetern ausgedrückt erhält.

Auch hiebei wird nur ausnahmsweiſe der Fall eintreten, daß
ſämmtliche Perioden gleichmäßig mit Material ausgeſtattet ſind; es
bildet vielmehr die Regel, daß eine Ausgleichung nothwendig wird, was
in ähnlicher Weiſe zu geſchehen hat, wie oben (148) bei Gleichſtellung
der Periodenflächen gezeigt wurde. Stets aber muß man beſtrebt ſein,
zu derartigen Verſchiebungen diejenigen Beſtände zu benützen, die ent=
weder durch ihre mangelhafte Beſtockung oder geringen Zuwachs eine
frühzeitigere Verjüngung an und für ſich ſchon wünſchenswerth erſcheinen
laſſen, oder im entgegengeſetzten Falle andere, welche durch Vollkommen=
heit und günſtige Entwicklung ein längeres Ueberhalten ohne zu große
Opfer geſtatten.

In der vielgeſtaltigen Praxis wird gegenwärtig eigentlich keine der 151
beiden Fachwerksmethoden mehr rein zur Anwendung gebracht, man
neigt ſich im einen Fall mehr dieſer, im andern mehr jener zu und
verbeſſert je nach Bedarf das Flächenfachwerk durch das Maſſenfach=
werk oder umgekehrt, man erhält auf dieſe Weiſe das combinirte
Fachwerk, in welchem bald die Tendenz der Flächentheilung, bald
das Streben nach möglichſt gleichen Maſſenerträgen vorwiegt, eine

besondere Erläuterung hiezu wird aber nach dem bei den einzelnen Methoden Gesagten nicht mehr nothwendig sein.

152 Früher zog man auch noch die Erträge der Zwischennutzungen mit in den allgemeinen Nutzungsplan herein; dieß unterläßt man aber neuerdings und beschränkt sich darauf, dieselben nur für die nächsten 10 Jahre für die einzelnen Abtheilungen und den ganzen Complex zu veranschlagen, indem man davon ausgeht, daß diese Nutzungen mehr zum Zweck der Förderung des Bestandeswachsthums, als zur Gewinnung eines Geldertrags vorzunehmen seien, was nicht ausschließt, daß die daraus fließende Einnahme einen erwünschten Zuschuß zu den sonstigen Revenüen liefert. — Bei normal abgestufter Altersreihe und bei pünktlicher Durchführung der Zwischennutzungen stellt sich in den Kiefernforsten mit 60—80jähriger Umtriebszeit der Materialertrag von Haubarkeit und Zwischennutzung wie 100 : 30, oft auch noch höher, während der Geldertrag, namentlich nach Abzug der Aufbereitungskosten, ein viel ungünstigeres Verhältniß ergiebt, welches mit 100 : 10 noch günstig angenommen ist.

153 Außer den regelrechten Zwischennutzungen fallen auch noch aus zufälligen Ursachen Nutzungen an, durch Dürr- und Faulwerden einzelner Stämme, durch Windwurf, Käfer- und Raupenfraß 2c., welche bei vereinzeltem Vorkommen unter die Zwischennutzungen einzureihen sind, so lange nemlich die Wiederherstellung des Bestandesschlusses noch vor dem Eintritt der Haubarkeit erfolgt; im entgegengesetzten Falle wären solche zufälligen Erzeugnisse als Vorempfang vom Haubarkeitsertrag anzusehen, eine Unterscheidung, welche bei Vergleichung zwischen geschätztem und wirklichem Anfall stets zu beachten ist.

Diese zufälligen Nutzungen, Nutzungen aus der Totalität (in Preußen), Scheideholz (Württemberg), oder zufällige Ergebnisse (Bayern) spielen namentlich in den Nadelholzforsten eine bedeutende Rolle und dürfen bei der Schätzung der Haubarkeits- und Zwischennutzungserträge nicht unbeachtet bleiben.

154 Der allgemeine Nutzungsplan giebt nach Obigem die Haubarkeitsnutzungen für die einzelnen Perioden mehr summarisch an; umfassen nun letztere einen größeren Zeitraum von je 20 Jahren, so ist es zweckmäßig, für die nächsten 10 Jahre einen mehr ins Detail gehenden, periodischen Hiebsplan aufzustellen, welcher namentlich auch der Reihenfolge der Verjüngungshiebe und deren Erträgen nach Sortimenten und Gelderlös besondere Aufmerksamkeit zuwendet.

155 Es kann nun aber auch bei der sorgfältigsten Hiebsführung nicht

wohl vermieden werden, daß Abweichungen von der durchschnittlichen, auf das einzelne Jahr berechneten Nutzungsgröße vorkommen, theils in Folge von unabwendbaren Naturereignissen, theils mit Berücksichtigung besonders günstiger oder besonders ungünstiger Absatzverhältnisse und sind solche Schwankungen, namentlich in Nadelholzforsten, fast als Regel anzunehmen. Um sich nun innerhalb der durch den allgemeinen und periodischen Hiebsplan gegebenen Schranken zu halten, ist es noth= wendig, im Laufe der betr. Periode die Jahresnutzung jeweils besonders festzustellen, was man mit dem Namen Abgleichung oder Jahres= abgleichung bezeichnet. Beim Massenfachwerk wird nach der Holz= masse, beim Flächenfachwerk nach der Hiebsfläche abgeglichen. In beiden Fällen bedingt eine innerhalb der Periode vorausgegangene Mehr= nutzung für die folgenden Jahre der Periode eine Verminderung der Nutzung und umgekehrt, wobei es aber in die Wahl des Waldbesitzers gelegt ist, ob er die Ausgleichung unmittelbar im nächstfolgenden oder in einer längeren Reihe von Jahren bewirken will, immer aber inner= halb der Periode. Folgendes Beispiel wird die Sache klar machen.

Abgleichung beim Massenfachwerk:

Der 20jährigen Periode von 1880—1899 sind zu=
    gewiesen an Haubarkeitserträgen . . . . . 54800 Festmeter,
es trifft somit auf ein Jahr 2740   „
im ersten Jahre sind aber wirklich geschlagen worden 3260   „
also mehr 520   „

Wird nun die Ausgleichung des ganzen Umfangs im folgenden Jahre bewirkt, so vermindert sich dessen Etat von 2740 auf 2220 Festmeter. Vertheilt man aber diesen Ueberhieb auf die folgenden 9 Jahre des Jahrzehents, so stellt sich die Nutzung auf $2740 - \dfrac{520}{9} = 2682$ Fest=
meter. — Wäre weniger geschlagen worden, so hätte dagegen ein in gleicher Weise berechneter Zuschlag zu der Nutzung zu erfolgen.

Beim Flächenfachwerk treten in dieser Rechnung Are an Stelle der Festmeter, und ist dasjenige Material, welches nicht auf Kahl= schlägen gewonnen wurde, durch Division mit dem durchschnittlichen pro a geschätzten Haubarkeitsertrag in Are zu verwandeln, um den ideellen Umfang der Hiebsfläche festzustellen.

Mit der erstmaligen Aufstellung eines solchen Wirthschafts= und Betriebsplans darf aber das Einrichtungswerk nicht als abgeschlossen betrachtet werden; es ist nicht nur durch die Wirthschaftsführung in Vollzug zu setzen, sondern auch aus diesem Anlaß möglichst zu ver=

vollkommnen und den gegebenen Verhältnissen immer mehr anzupaſſen. Dieß erfordert zunächſt eine genaue Buchführung, welche für jede einzelne Ab- und Unterabtheilung die bei der Taxation geſchätzten Erträge, das Soll, den wirklich erhobenen Nutzungen, dem Hat, vergleichend gegenüberſtellt, wobei ebenfalls Haubarkeits- und Zwiſchennutzungserträge ſtrenge geſondert werden müſſen. Außerdem ſind die vollzogenen Kulturarbeiten hinſichtlich des verwendeten Materials und des Geldaufwands, ſo wie die erhobenen Nebennutzungen in einem ſolchen Controlebuch vorzutragen, um für jeden einzelnen Beſtand ein Geſammtbild der wirthſchaftlichen Thätigkeit und die Ueberſicht über die auf ſeine Entwicklung einwirkenden Maßregeln zu erhalten.

157 Nach Umfluß einer Periode oder eines Jahrzehents wird ſodann gewöhnlich die Reviſion des Wirthſchaftsplanes vorgenommen, welche den Zweck hat, das früher entworfene Einrichtungswerk in allen ſeinen Theilen auf deſſen Brauchbarkeit zu prüfen, die an demſelben bemerkten Mängel zu beſeitigen und den inzwiſchen etwa eingetretenen veränderten Verhältniſſen durch Berichtigung der früheren Vorſchriften Rechnung zu tragen, wo dieß nothwendig erſcheint.

Die Vergleichung des ſeitherigen Erfolges und der Ergebniſſe der Wirthſchaft mit dem, was ſ. Z. der Taxator in Ausſicht geſtellt hatte, giebt lehrreiche Winke und erwünſchte Anhaltspunkte für etwa nothwendig werdende Berichtigungen. Es wird deßhalb zunächſt eine Zuſammenſtellung der Holznutzungen von jeder einzelnen Abtheilung aus dem Controlebuch für den abgelaufenen Zeitabſchnitt gefertigt, wobei Haubarkeits- und Zwiſchennutzungserträge ſtreng geſondert zu halten ſind. Zeigen ſich hiebei Abweichungen von den beim Beginn der Periode geſchätzten Erträgen, dem Taxations-Soll, ſo ergiebt ſich daraus die größere oder geringere Nothwendigkeit der Berichtigung der erſten Schätzung, was dann entweder ſummariſch geſchehen kann, wenn nemlich die vorkommenden Abweichungen ganz oder doch vorherrſchend nach einer Richtung mehr oder weniger ausweiſen und auch die Höhe der Differenzen annähernd übereinſtimmt; in ſolchem Falle wird man für die nächſte Periode ein ähnliches Plus oder Minus vom urſprünglichen geſchätzten Ertrag in Ausſicht nehmen dürfen.

Sicherer geht man allerdings, wenn man durch wiederholte Holzvorrathsaufnahmen und Zuwachsberechnungen eine neue Baſis für die Ertragsſchätzung der nächſten Periode ſich verſchafft, was beſonders dann nothwendig wird, wenn die Hiebsergebniſſe des abgelaufenen Zeitabſchnittes bei den einzelnen Abtheilungen und im Ganzen ſehr erheblich von den geschätzten Erträgen abweichen, und bald einen Ueberschuß, bald einen Abmangel ausweisen.

Ebenso werden Nachweise aufgestellt bezüglich der vollzogenen 158 Kulturen und Wegebauten unter Vergleichung mit dem, was zu geschehen hatte und auch Voranschläge über das, was im nächsten Zeitabschnitt in diesen beiden Richtungen zu thun ist. Wo ferner die Nebennutzungen eine wichtige Rolle spielen, gilt auch von diesen das Gleiche.

Es hat sodann bei den Revisionen als Regel zu gelten, daß die 159 Grundlagen des bestehenden Wirthschafts- und Betriebsplanes in allen oder doch in ihren wesentlichen Theilen aufrecht erhalten werden, also namentlich Holzart, Betriebsart, Umtriebszeit und Hiebszüge; ebenso aber auch die Flächeneintheilung. In letzterer Beziehung können allerdings Fälle eintreten, wo Abänderungen nothwendig werden; dieß hat dann aber nur durch Bildung von Unterabtheilungen zu geschehen, so daß an der ursprünglichen Flächeneintheilung so wenig als möglich geändert wird.

Je länger man an einem und demselben Wirthschaftsplan und an dessen wesentlichen Grundlagen festhalten kann, um so günstiger ist dieß für den betr. Forst, und es muß namentlich vor unbedachtem Wechsel der Wirthschaftsgrundsätze gewarnt werden; denn es lassen sich Beispiele in großer Zahl anführen, wo derartige, anderwärts ganz zweckmäßige Uebergänge eine bleibende Schädigung des Waldes zur Folge hatten. Diese Warnung gilt namentlich den neu eintretenden Wirthschaftsbeamten, deren reformatorischer Eifer nur allzuoft in umgekehrtem Verhältniß zu ihrem Verständniß, der die Wirthschaft beeinflussenden Faktoren zu stehen pflegt, insbesondere wenn sie aus einer größeren, einheitlich organisirten (Staats-)Verwaltung heraus an ein kleineres Wirthschaftsobjekt herantreten.

X. Die übrigen Kiefern.

Außer der gemeinen Kiefer kommt auch noch die Krummholz- 160 kiefer, Legföhre, Knieholz, Latsche 2c., namentlich im Hochgebirg und auf Torfmooren vor, welche von einzelnen Autoren als besondere Art bezeichnet oder in mehrere Arten getheilt wird; sie unterscheidet sich von der gemeinen Kiefer hauptsächlich durch ihre volle Benadelung, indem ihre Nadeln erst 1—2 Jahre später abfallen, als bei der gemeinen Kiefer, so daß sie oft fünfjährige Nadeln trägt. Der Wuchs ist bald vollständig strauchartig, indem sie sich unmittelbar über dem Boden in eine größere Zahl mehr seitwärts auswachsender Stämme theilt, bald entwickelt sich nur ein einziger Stamm, welcher aber von Jugend an eine liegende Stellung annimmt und bei welchem die Ast= entwicklung sehr stark hervortritt; in beiden Fällen wird auch die Rinde viel später rissig, als bei der gemeinen Kiefer; der von vielen Botanikern behauptete Unterschied in den Zapfen ist dagegen sehr unsicher. In den Alpen geht sie in günstigen Lagen an Südhängen bis zu 2400 m absoluter Höhe und kommt da auch noch an sehr steilen Gehängen vor, wo andere, namentlich baumartige Hölzer, nicht mehr sich halten können; sie ist überhaupt an den obersten Grenzen der Waldregion eine sehr willkommene Holzart, weniger wegen ihres direkten Nutzens durch Holzertrag, als vielmehr wegen der Sicherung des Bodens vor Ab= schwemmung, sowie als Schutz gegen den Rückgang der oberen Wald= und oft auch noch der oberen Kulturgrenzen; außerdem in vielen Oert= lichkeiten als unübertreffliche Schutzmauer gegen Schneelawinen.

161 Der Holzertrag ist übrigens nicht gerade Nebensache, denn Wessely hat denselben in den Lagen unter 1200 m bis zum 50. Jahre auf jährlich 3,1 Festmeter pro ha erhoben; darüber hinaus sinkt er aber rasch auf den dritten Theil und an der obern Grenze zwischen 1400—1750 m und höher auf 0,55 Festmeter pro ha. Hiebei ist aber noch zu erwähnen, daß das Holz im Großen nur zu Brenn= holz zu verwenden ist, dabei aber eine sehr gesuchte Kohle giebt. Andrerseits macht die Fällung und Aufbereitung desselben große Schwierigkeiten, weil die Stämme krumm gewachsen und schief zu Boden gedrückt sind, theilweise aus dem dazwischen wuchernden Moos und den Nadelabfällen herausgeschafft werden müssen. Auch der Transport des Holzes über die abgetriebene Fläche ist deßhalb sehr schwierig, noch schwieriger aber oft die Weiterbringung der Kohlen, was freilich nicht der Holzart, sondern der Entlegenheit des Standorts zur Last fällt.

162 Die natürliche Verjüngung geht bei dieser Holzart sehr leicht vor sich; denn sonst hätte sie sich im Hochgebirge nicht so lange erhalten können; bei der Benutzung muß man sich aber auf schmale Streifen= schläge beschränken, damit die Besamung vom Nachbarbestand sicher erfolgen kann. — Mit der künstlichen Anzucht dieser Holzart hat man im Hochgebirge noch wenige und meist erfolglose Versuche gemacht, ob= wohl sie vermöge ihrer oben berührten Vorzüge dazu hätte veranlassen sollen. Es steht aber zu hoffen, daß die Fachgenossen im Hochgebirge auch dieser Aufgabe ihr Augenmerk zuwenden werden; zumal die

Anzucht der Krummholzkiefer anderwärts, wo sie in verfälschtem Samen statt der gemeinen Kiefer angesäet wurde, von unerwünschtem günstigen Erfolg begleitet war. — Auch außerhalb des Hochgebirges gäbe es vielfache Gelegenheit, diese widerstandskräftige Holzart als Schutzmantel mit Nutzen anzuziehen, namentlich an sehr exponirten Waldrändern, wo der Wind sonst keine Bodendecke sich bilden läßt; an der Grenze gegen Sandschollen, vielleicht auch längs der Seeküsten; sie eignet sich hiezu wegen ihres niedrigen Stammes, ihrer starken Verzweigung und insbesondere wegen ihrer dichten Benadelung.

Die österreichische Schwarzkiefer.

Von der gemeinen Kiefer unterscheidet sich die Schwarzkiefer durch 163 ihre längeren, dunkelgrün gefärbten Nadeln, während jene graugrüne Nadeln hat. Die Zapfen und das Samenkorn sind bei der Schwarzkiefer größer. Die Nadeln der Schwarzkiefer, ebenfalls je zu zweien, jedoch aus einer viel längeren Scheide hervortretend, als bei der gemeinen Föhre, halten ein Jahr länger; der Wuchs ist außerdem gedrungener und derber als bei dieser.

In forstlicher Beziehung ist Folgendes hervorzuheben: Zunächst hat sie einen geringeren natürlichen Verbreitungsbezirk im südöstlichen Alpengebiet, geht aber auch hier nicht höher ins Gebirg als jene, und liebt die wärmeren Lagen. Auf Dolomit= und Kalkboden gedeiht sie wohl am besten, und besser als die gemeine Kiefer; sie macht noch geringere Ansprüche an den Boden, wenn sie nur Kalk und Bittererde darin findet, und gedeiht namentlich auch noch auf ziemlich massigen Felsen mit schwacher Bodendecke. Gegen Hitze und Frost ist sie unempfindlich, sie widersteht dem Schneedruck sehr gut, auch von Insekten hat sie weniger zu leiden; die Stürme können ihr fast gar nichts anhaben. Ihre Belaubung ist viel dichter, als die der Kiefer, sie überschattet den Boden stark und liefert rasch eine dichte Humusschicht. Sie erreicht ein ebenso hohes Alter wie die gemeine Kiefer und wird ebenso bald samentragend. Obwohl sie in höherem Alter den freien Stand ebenfalls liebt, so hält sie sich doch bei entsprechender Behandlung länger im Schluß als die gemeine Kiefer und erträgt auch in der Jugend eine etwas stärkere Ueberschirmung als diese.

Die Bewirthschaftung und sonstige Behandlung ist bei dieser Holz= 164 art ganz ähnlich, wie bei der gemeinen Kiefer, doch sind einige abweichende Verhältnisse hervorzuheben. Bei der natürlichen Verjüngung müssen etwas mehr Samenbäume übergehalten werden, weil der schwerere Samen sich nicht so weit verbreitet; in 80—100jährigen Beständen werden etwa 90—120 Stück pro ha genügen; in jüngerem Holz verhältnißmäßig mehr. Es wird übrigens häufig das Auftreten zahlreicher Sträucher dem natürlichen Nachwuchs sehr schädlich und ist es dann aus diesem Grunde nothwendig, einen stärkeren Schutzbestand überzuhalten, was auch deßhalb eher zulässig ist, weil auf solch besserem Boden die jungen Schwarzkiefern einen stärkeren Druck ertragen können. Durch Rodung der Laubholzstöcke und sonstige Bodenverwundung ist das Ankommen der natürlichen Besamung thunlichst zu fördern. — Der Abtrieb der Samenbäume hat längstens im vierten Jahre zu erfolgen, und es muß dann der Schlag sofort durch Nachpflanzung ausgebessert, hernach aber auch noch längere Zeit gegen die etwa über= wuchernden Sträucher durch Aushauen derselben geschützt werden.

In der Heimath der Schwarzkiefer wird dieselbe meist künstlich verjüngt und zwar, weil steinige, felsige Böden die Pflanzung dort häufig erschweren, vorherrschend durch Saat, wobei man die Form der plätzeweisen oder Tellersaat wählt, um stets die günstigsten Stellen, namentlich auch in genügender Entfernung von dem hinderlichen Ge= sträuch, benützen zu können. Man bedarf etwa ein Viertel mehr Samen als bei der gemeinen Kiefer, nemlich 12—20 kg pro ha, je nachdem man einen weiteren oder engeren Verband wählt und dabei dünner oder dichter säet.

Bei Erziehung der Pflanzen in Saatkämpen ist das gleiche Ver= fahren zu beobachten, wie oben (91 u. ff.) bei der gemeinen Kiefer beschrieben, nur ist bei der Schwarzkiefer ein stärkeres Samenquantum, bis zu 100 kgr pro ha erforderlich, und ist die Verwendung zwei= jähriger unverschulter Pflänzlinge noch riskirter als bei jener; es müssen dieselben daher im zweiten Jahre ins Pflanzbeet übersetzt werden, wenn man sie nicht einjährig ins Freie bringen kann.

Die Pflege und sonstige Behandlung der heranwachsenden Bestände kann sich ganz den oben gegebenen Vorschriften anschließen, nur ist hervorzuheben, daß die Schwarzkiefer viel weniger von Schneedruck zu leiden hat.

Bei den Durchforstungen sind Sträucher und sonstiger Unterwuchs als Bodenschutzholz zeitweilig zu erhalten; doch müssen dieselben in den beiden letzten, der Verjüngung vorhergehenden Hieben so weit als möglich reduzirt werden, um das Ankommen des künftigen Be= standes zu erleichtern.

Bezüglich des Holzertrages steht die Schwarzkiefer der gemeinen 165 Kiefer ziemlich weit nach, wie folgende, Feistmantel's Waldbestandestafeln (Wien, Braumüller 1877) entnommene Zahlen nachweisen, wobei sich auf die beste, mittlere und schlechteste der neun Standortsklassen beschränkt wurde, für welche die Haubarkeitserträge in Festmetern pro ha angegeben sind.

| | I. | | V. | | IX. | |
Alter	gem. Kiefer	Schwarzkiefer	gem. Kiefer	Schwarzkiefer	gem. Kiefer	Schwarzkiefer
120	977	631	604	368	230	170
110	922	598	571	357	220	165
100	867	565	538	346	209	159
90	785	527	488	324	192	148
80	702	488	439	302	176	137
70	604	428	384	269	154	121
60	505	368	329	236	132	104
50	401	285	258	187	104	82

oder für das 100. und 80. Jahr in Prozenten berechnet:

100	100	: 65	100	64	100	76
80	100	: 70	100	69	100	78

Das Nutzholzausbringen ist bei beiden Arten ziemlich gleich anzunehmen, wenn keine Beschädigungen der Stämme stattfinden; als Brennmaterial ist das Schwarzkiefernholz besser wie das der gemeinen Kiefer. Grabner hat bei letzterer die Heizkraft auf 0,67, bei ersterer auf 0,78 des Buchenscheitholzes ermittelt.

Dagegen fällt noch bei der Schwarzkiefer die Harznutzung sehr 166 ins Gewicht, indem sie ohne namhafte Beeinträchtigung des Holzertrages manchmal eine ebenso hohe Geldrente abwirft, wie das Holz z. B. im Anninger Forst bei Wien, wo eine Fläche von 460 ha Schwarzföhrenbeständen jährlich 12 Mk. 85 Pf. pro ha an Harzerlös liefert, was nach einer Darstellung in der Allgemeinen Forst- und Jagd-Zeitung 1865 S. 164 mit dem Holzertrag auf beinahe ganz gleicher Höhe steht. Nach weiteren Untersuchungen desselben Verfassers (Oesterreichische Monatschrift für Forstwesen 1872, November) wird der durch die Harznutzung veranlaßte Entgang an Holzertrag um mehr als das Fünffache durch den Harzertrag ersetzt. Der Holzverlust besteht nach Grabner weniger in dem verminderten Zuwachs, als in den behufs Herstellung der Lache weggehauenen Rinden- und Stammtheilen im Gehalt von 0,06—0,20 Festmeter pro Stamm, je nach dessen Stärke. Der Harzertrag schwankt von 2—6 kg pro Stamm und wird ein

Pachtzins von 40—60 Pf. pro Stamm jährlich bezahlt. Die Dauer des Holzes der auf Harz genützten Stämme ist eine längere als bei dem von nicht geharzten Stämmen, auch die Brennkraft ist größer bei jenem.

167 Bei Gewinnung des Harzes der Schwarzkiefer verfährt man in folgender Weise: In den Monaten Februar oder März, jedenfalls vor Beginn der Saftbewegung, wird möglichst tief unten am Stamm auf der Süd= oder Südostseite ein sogenannter Grandl eingehauen, eine napfförmige Vertiefung, in welcher das Harz sich sammelt und die je nach der Stärke des Stammes und der zu erwartenden Ausbeute in der Mitte 10—15 cm tief gemacht wird, mit flach verlaufenden Rändern. Schief stehende Stämme erhalten den Grandl auf der oberen Seite, damit das Harz nicht auf die Erde abtropfen kann; nur die über 40—50 cm starken Stämme werden an zwei Stellen angehauen. Wenn sodann das Harz aus dem bloßgelegten Holze herauszutreten beginnt, so muß oberhalb der eingehauenen Stelle ein schmaler, 2—3 cm breiter Streifen Rinde glatt am Holz abgelöst werden, um den Harzausfluß möglichst zu steigern. Diese streifenweise Entrindung muß sich den Sommer über wöchentlich 1—2 mal wiederholen; doch soll dabei im Ganzen die Rinde im Lauf eines Jahres nicht über 40—60 cm hoch weggenommen werden. Die entrindete Stelle, die Lache, vergrößert sich auf diese Weise vorherrschend nach aufwärts, aber auch in die Breite; doch soll sie in dieser Richtung nie mehr als zwei Drittel des Stammumfangs einnehmen. In den ersten Jahren bei Beginn der Nutzung ist stets langsamer vorzugehen; im Ganzen dauert dieselbe 12—15 Jahre. Um das Harz nach seinem Austritt möglichst sicher in den Grandl einzuleiten, werden schief abwärts gerichtete Kerben in den entrindeten Theil des Stammes eingehauen, worin es dahin abfließen kann. Hier wird es alle 10—14 Tage ausgeschöpft, während das auf der Lache vertrocknete Scharrharz im Herbst und Winter abgekratzt und gesammelt wird.

Die Weymuthskiefer.

168 Die Weymuthskiefer spielt noch eine ganz untergeordnete Rolle, doch ist sie bezüglich ihres schnellen Wachsthums, ihrer bodenbessernden Kraft und ihres dichten, bis ins spätere Alter, wenigstens bis zum 100. Jahre andauernden Schlusses der Schwarzkiefer noch vorzuziehen; sie erträgt auch in der Jugend einen stärkeren Druck der Mutterbäume, etwa wie die Fichte und fliegt zwischen einem ziemlich

dichten Heiden= und Heidelbeerfilz an. Das Holz gilt zwar als leicht und schlecht; allein es widerspricht dieß den Wahrnehmungen in der Heimath dieser Holzart, und auch in Deutschland sind gegentheilige Beobachtungen gemacht worden, obwohl man es hier vorerst noch mit verhältnißmäßig jüngerem Holze zu thun hat. Sie hat von Insekten wenig zu leiden, widersteht dem Frost und Schneedruck gut, eignet sich zur Nachbesserung auf kleineren Blößen vorzüglich, und namentlich auch deßhalb, weil sie in erster Jugend rasch wächst und nebenbei vom Seiten= druck weniger leidet. Ihre Ansprüche an die Bodenkraft sind mäßig, sie vermeidet nur die ganz mageren armen Sandböden, kommt aber noch auf sauren und ziemlich nassen, moorigen Böden gut fort und geht im Gebirg bis zu einer Seehöhe von 1400 m. Das einzige Hinderniß für ihre weitere Verbreitung liegt in dem hohen Preis des Samens; es wäre aber demselben jetzt schon leicht abzuhelfen, wenn nur von allen den in Deutschland und Oesterreich vorhandenen Stämmen der erwachsende Samen sorgfältig gesammelt würde. Die natürliche Verjüngung unterliegt keinerlei Schwierigkeiten.

XI. Fichten- und Weißtannenhochwald.

Die Fichte und Weißtanne kommen vielfach gemischt vor, es spielt 169 aber die letztere im allgemeinen mehr eine untergeordnete Rolle, weß= halb auch beide Holzarten gemeinsam hier abgehandelt werden sollen, wobei zunächst jede einzeln beschrieben wird.

Die Fichte oder Rothtanne ist als bestandesbildende Holzart namentlich im Gebirge weit verbreitet. Sie verlangt mehr einen sandigen als thonigen Boden, vermeidet aber die dürren, trockenen Thon=, Kalk= und ganz mageren Sandböden; feuchte und frische Böden liebt sie sehr, und gedeiht auf nassen, selbst sauren Stellen noch gut, verlangt nur geringe Tiefgründigkeit, geht hoch im Gebirg hinauf; in den Schweizer Alpen steigt sie bis 16 und 1800 m, in den bayrischen Alpen bis 1600 m, doch bildet sie nur bis zu 1300 m schöne Bestände; im bayrischen Wald bei gutem Längenwuchs bis 1100 m. Auf dem Schwarzwald nur vereinzelt bis zu 1200 m, am Fichtelgebirg 850 m, im Thüringer Wald 700 m und am Harz gegen 800 m. Es ist dieß hinlänglicher Beweis, daß sie ein rauhes Klima noch gut ertragen kann. Freilagen sagen ihr zu, sofern sie einigermaßen noch Schutz gegen Wind hat. Im Gebirg hindern folgende Lokalverhältnisse ihre Verbreitung: nordöstliche Exposition, geringe Massenerhebung des Bodens,

Nähe des Meeres oder continentaler Ebenen oder Gletscher, Enge der Thäler, schroffe, den Stürmen exponirte Lage, trockener oder doch zeitweilig stark austrocknender Boden, kurzer Tag zur Zeit des Erwachens aus dem Winterschlaf. (cf. Kerner, Oesterr. Revue 1864 II und III 5.) In der Jugend ist die Fichte gegen Frost etwas empfindlich, auch verlangt sie zur Keimung einen mehr unkrautfreien Boden; sie erträgt unter günstigen Verhältnissen noch einen mäßigen Druck des Schutzbestandes bis ins 20. oder 30. Jahr.

Die Keimpflanze entwickelt sich mit 6—11, meist neun nadelförmigen Samenlappen, welche im zweiten Jahre bei Beginn des nächsten Triebs abfallen. Ein Gipfeltrieb bildet sich übrigens oft schon im ersten Sommer; im dritten Jahre treten erstmals die quirlförmigen Aeste hervor, wenn die Pflanze sich normal entwickeln kann. Das Wachsthum beschleunigt sich dann, wenn der Boden durch die Aeste oder durch eine nicht allzugroße Zahl von Pflanzen dicht beschattet ist. Die Wurzeln gehen von Jugend an ganz flach und streichen weit aus. Der Stamm wird sehr lang, das Höhenwachsthum läßt erst im 80.—100. Jahr nach. Der Schaft fällt gegen das obere Ende ziemlich stark ab. Die Aeste sind zahlreich, nicht bloß an dem Grund des Jahrestriebs, sondern auch in der Länge der vorjährigen Triebe, sie werden sehr lang, im Alter hängend, die Seitenzweige lothrecht herabhängend. Die Belaubung dauert 4—8 Jahre; der Schirmdruck ist beinahe so stark als bei der Tanne. Die Bodenverbesserung ist in geschlossenen Beständen bedeutend.

Die Blüthen brechen im Mai am vorjährigen Holze hervor; der Same reift im Oktober desselben Jahres und fliegt im März ab, der Zapfen bleibt noch bis zum folgenden Herbst am Baum. — Das Samenkorn hat die gleiche Größe wie das der Kiefer, letzteres ist aber dunkler gefärbt, schwarz marmorirt, mit einzelnen lichter gefärbten Körnern, ersteres rostfarbig und in eine stärkere Spitze auslaufend. Das beste Kennzeichen geben die Flügel, welche bei der Fichte das Korn in einer napfförmigen Vertiefung tragen, die nach unten durch die Haut des Flügels geschlossen ist, während der Flügel des Forchensamens durchbrochen und das Korn in einen Ring gefaßt ist, wie das Glas bei einer Brille.

Die Samenjahre sind häufig, und man trifft Fichten, die schon im 50.—60. Jahre guten Samen tragen. Der einzelne Stamm erreicht ein Alter bis zu 300 Jahren; in geschlossenen Beständen dagegen hält sich diese Holzart oft nur bis zum 100. und 120. Jahre, weil Wind=

wurf, Schneedruck, Käferfraß und Krankheiten, namentlich Rothfäule, den Schluß vielfach unterbrechen.

Ihr Holz ist zu Spaltwaaren sehr gesucht; auch zu Bauholz, weil es leichter ist, mehr Zähigkeit und Elasticität besitzt, als das der Tanne. Zu Brenn= und Kohlholz wird es ebenfalls in größter Ausdehnung benützt, liefert zwar kein so gutes Material, wie ältere Kiefern, aber ein etwas besseres wie die Tanne. Die Rinde dient zur Rothgerberei; ebenso wird ihr Harz in größerer Ausdehnung gewonnen.

Die Nadeln und kleinen Zweige von frisch gefällten Stämmen werden vielfach zur Einstreu und als Düngemittel benützt.

Die Weißtanne oder Edeltanne, auch kurzweg Tanne 170 genannt, hat keinen so großen Verbreitungsbezirk, wie die Fichte und kommt nur in den süd= und mitteldeutschen Gebirgen in reinen Beständen vor, wo sie aber wegen wirthschaftlicher Vernachlässigung viel Terrain verliert.

Sie verlangt unter den Nadelhölzern den besten, jedenfalls aber den tiefgründigsten Boden, besonders liebt sie den sandigen Lehm; doch kommt sie auch vielfach in üppigem Wachsthum auf Thon, Mergel und Kalk vor; sie gedeiht selbst noch auf tiefgründigem Boden, dessen obere Schicht für die Fichte zu arm ist. Die Fröste im Frühjahre und die Hitze im Sommer schaden namentlich den jungen Pflanzen häufig; darum kann sie in Freilagen nur in mildem Klima und bei sehr vorsichtiger Behandlung erzogen werden, und geht auch weniger weit im Gebirg in die Höhe; in den Alpen, jedoch nur als einzelner Baum, da reine Bestände dort fehlen, bis 1500 m, im Schwarzwald etwas über 800 m, im Bayrischen Wald bis zu 1000 m in nördlichen Lagen; im Thüringer Wald gegen 600 m.

Die Weißtanne keimt mit 4—7, gewöhnlich mit fünf Samenlappen, welche die Form der Nadeln des älteren Baumes haben, jedoch sind bei ihnen die weißen Streifen auf der Oberseite. Diese Keimblätter halten bis ins dritte Jahr. In rauhem Klima entwickeln sich im ersten Sommer außer diesen keine weiteren Blättchen; in milderen Lagen jedoch treiben noch hart über denselben 4—6 etwa ein Drittel so lange Nadeln, welche die zwei weißen Streifen auf der Unterseite haben. Im 3.—5. Jahre bildet sich der erste, im Verhältniß zur Höhe lange Seitentrieb; wenn er bei Pflänzchen dieses Alters fehlt, so ist dieß ein sicheres Zeichen, daß sie kümmern und bald eingehen. Im Ganzen wächst die junge Pflanze in der ersten Jugend am langsamsten unter allen Waldbäumen, vom 15.—20. Jahre an treibt sie rasch und dann

ist ihr Längenwachsthum ein äußerst günstiges. Den Druck der Mutter=
bäume kann sie sehr lange ertragen, wenn sie einmal die in dieser Hin=
sicht empfindliche Periode zwischen dem zweiten und dritten Jahre über=
standen hat; vor diesem Alter gedeiht sie unter ziemlich geschlossenem
Bestand, wenn sie aber im 3. oder 4. Jahre nicht in größeren Lichtgenuß
gesetzt wird, so geht sie schnell zu Grund; dadurch unterscheidet sie
sich wesentlich von der Buche. Dem Unkraut widersteht sie als junge
Pflanze besser wie die Fichte.

Der Stamm wird sehr langschäftig und fällt wenig ab; die
Aeste sind nach aufwärts gerichtet. Die Nadeln stehen dicht und
namentlich bei jungen Pflanzen kammförmig, halten in der Regel acht
bis zehn, manchmal auch fünfzehn Jahre; außer den an der Basis des
Jahrestriebs hervorbrechenden Seitenzweigen bilden sich noch mehrere
längs des vorjährigen Triebs, und es wird dadurch der Schirm der
Weißtanne sehr dicht, doch ist ihr langer Schaft und ihr geringer
Kronendurchmesser in dieser Hinsicht wieder günstig.

Die Blüthe bricht im Mai am vorjährigen Holz aus, der Samen
reift Anfangs Oktober und fällt sofort, gleichzeitig mit den Zapfen=
schuppen ab. Die Zapfen stehen aufrecht an den äußersten Spitzen der
Zweige im Gipfel des Stammes. Die Keimfähigkeit des Samens läßt
sich nicht länger als ein Jahr erhalten und zwar nur durch Anwendung
großer Sorgfalt. Alle 3—5 Jahre ist auf ein reichliches Samenjahr zu
rechnen. Vor dem 70.—80. Jahr trägt die Weißtanne selten Samen.
Sie erreicht als einzelner Stamm ein Alter von 200—300 Jahren;
im geschlossenen Bestand dauert sie von allen Nadelhölzern am längsten
aus, weil sie weniger Krankheiten als die Fichte unterworfen ist, nicht
so viele Feinde hat als die Kiefer und Fichte, weil ihr der Wind und
Schneedruck weniger schaden, und sie selbst im höheren Alter einen
dichten Stand gut erträgt.

Unter unseren Nadelhölzern hat sie die meiste Reproduktionskraft,
sie ersetzt verloren gegangene Gipfeltriebe sehr rasch wieder, heilt Be=
schädigungen am Stamm leicht aus, falls sie nicht zur Zeit harten
Frostes erfolgt sind. Ihre Aeste und der Stamm brechen nicht so leicht
ab als bei andern Nadelholzbäumen. Anatomisch unterscheidet sich ihr
Holz durch das Fehlen der Harzgänge von dem übrigen Nadelholz.
Harz kommt bei der Weißtanne nur in der Rinde vor.

Die häufigste Krankheit ist der Krebs, der oft Fäulniß veranlaßt,
oder den Windbruch begünstigt; die Rothfäule und Gipfeldürre kommen
selten vor. Ihre hauptsächlichsten Feinde sind Bostrichus curvidens

und lineatus, die Nonne, das Wild, Weidvieh und der große braune
Rüsselkäfer; letztere drei schaden nur den jungen Pflanzen. Als Bauholz ist die Tanne vorzüglich geschätzt wegen ihrer Länge und ihres
verhältnißmäßig starken oberen Durchmessers. Als Brennholz steht sie
der Fichte und Forche nach; für Böttcher und Schindelmacher ist sie
wieder gesucht wegen ihrer Spaltbarkeit, dagegen liefert sie kein so
schönes, weißes Holz. Nebenprodukte sind unbedeutend. Die Nadeln
und feineren Zweige werden in frischem Zustand als Einstreu beim
Rindvieh benutzt, und sind zu diesem Zweck beliebter, als die der
Fichte.

Diese beiden Holzarten sind eigentlich die finanziell erträglichsten 171
Waldbäume, und passen sehr gut zusammen, namentlich macht die Einmischung der Weißtanne die Bestände widerstandsfähiger gegen Wind-
und Schneebruch. Von forstlicher Seite wird hauptsächlich deßhalb der
Tanne meist der Vorzug vor der Fichte gegeben, während letztere, obgleich sie dem Insektenfraß und der Rothfäule stärker ausgesetzt ist,
bemungeachtet auch viele Vorzüge hat und namentlich bei kürzeren Umtriebszeiten höhere Holz- und Gelderträge giebt.

Zur Darstellung dieses Verhältnisses muß man auf die einzelnen
Faktoren, aus welchen sich die Holzerträge zusammensetzen, zurückgehen
zunächst auf die Stammform. Diese kommt am besten zum Ausdruck
in den sogenannten Formzahlen, Reduktionsfaktoren, Reduktions-
zahlen, welche für den einzelnen Stamm das Verhältniß angeben, in
welchem die wirkliche Holzmasse desselben zu der sogenannten Idealwalze steht; letztere denkt man sich als eine cylindrische Säule von
gleicher Höhe wie der Stamm und mit dem Durchmesser, den derselbe
bei Brusthöhe 1,5 m über dem Boden hat. Die großherzogl. badische
Domänen-Direktion veröffentlichte im 5. Heft der Erfahrungen über
den Massenvorrath und Zuwachs geschlossener Hochwaldsbestände und
einzelner Stämme (1873) solche Zahlen für die in 1,5 m Höhe ge-
messenen Grundstärken, welche wir hier zur Veranschaulichung einfügen:

Stammhöhen	Weißtannen	Fichten
6 —15 m	0,624—0,586	0,612—0,572
15,5—20 „	0,584—0,568	0,570—0,552
20,5—25 „	0,562—0,544	0,550—0,532
25,5—30 „	0,542—0,522	0,530—0,512
30,5—36 „	0,521—0,510	0,511—0,500

Für einen 28 m hohen Stamm von 40 cm Grundstärke berechnet sich die Idealwalze bei beiden Holzarten auf

3,52 Festm.   3,52 Festm.

der wirkliche Gehalt auf 3,52 × 0,532 = 1,87 „   3,52 × 0,521 = 1,83 „ oder die Fichte muß um 0,6 m höher sein als die Weißtanne, wenn sie die gleiche Holzmasse ergeben soll, was übrigens regelmäßig bei gleichaltrigen und gleich starken Stämmen wirklich zutrifft, und es kann sogar vorkommen, daß die Fichte einen Vorsprung in der Höhe bis zu 2 m vor der gleich starken Weißtanne erlangt. Hiezu kommt dann noch, daß die Fichte vom 70.—80. Jahre an etwas weniger Rindenmasse hat (9—11 Prozent der Gesammtmasse), als die Weißtanne (10—13 Prozent), so daß die für Nutzholz verwendbare Masse dadurch auch etwas größer wird, was allerdings bei einer reinen Brennholzwirth= schaft nur dann ins Gewicht fällt, wenn das Holz mehrere Jahre bis zur Verwendung stehen bleibt, also inzwischen die Rinde verliert.

Wenn nun auch hienach die Holzmasse von gleichalterigen normal entwickelten Stämmen beider Arten in der Regel ziemlich gleich sein wird, so kommt zu Gunsten der Weißtanne doch noch in Betracht, daß ihr Stamm in der Höhe weniger rasch abfällt und da sich die Ver= wendbarkeit des Holzes vielfach nach dem oberen schwächsten Durch= messer richtet, so tritt hiedurch die Tanne wieder einigermaßen in Vortheil.

Der Wachsthumsgang beider Arten ist namentlich in der ersten Zeit und vor dem 15.—25. Jahre ein sehr verschiedener; die Tanne wächst anfänglich sehr langsam, so daß sie von allen anderen Holzarten frühzeitig überholt wird, namentlich bleibt die gleichaltrige Fichte bis zum 80. Jahr etwas im Vorsprung, wenn nicht etwa in der Jugend Störungen eintreten, z. B. ein allzudichter Stand der natürlichen Ver= jüngungen und Vollsaaten, oder Abschluß der Wurzeln von der Luft durch überwucherndes Moos, einen dichten Rasenfilz (Seegras) oder durch allzutiefes Einpflanzen.

Der Wachsthumsgang am Einzelstamm wird am besten aus folgender Darstellung ersichtlich, welche sich auf drei möglichst gleich entwickelte Stämme aus den österreichischen Sudeten von sehr günstigem Standort bei 700 m absoluter Erhebung bezieht, wobei der Raum= ersparniß halber gleich auch die daselbst für die Lärche mitgetheilten Zahlen angefügt und in österreichischen Kubikfußen angegeben sind.

Weißtanne.				Fichte.				Lärche.			
Alter	Holz= gehalt	laufen= der Zu= wachs	Durch= ſchnitts= zuwachs	Holz= gehalt	laufen= der Zu= wachs	Durch= ſchnitts= zuwachs	Alter	Holz= gehalt	laufen= der Zu= wachs	Durch= ſchnitts= zuwachs
15	—	—	—	0,38	0,03	0,03	10	0,64	0,06	0,06
25	0,09	—	—	2,31	0,19	0,09	20	2,19	0,16	0,11
35	0,39	0,03	0,01	6,17	0,39	0,18	30	7,05	0,49	0,24
45	2,13	0,17	0,05	12,69	0,65	0,28	40	14,01	0,70	0,35
55	6,05	0,39	0,11	19,30	0,66	0,35	50	21,40	0,74	0,43
65	12,62	0,66	0,19	26,33	0,70	0,40	60	29,71	0,83	0,50
75	22,30	0,97	0,30	32,55	0,62	0,43	70	36,45	0,67	0,52
85	35,65	1,34	0,42	39,43	0,69	0,46	80	43,62	0,72	0,54
95	48,65	1,30	0,51	45,58	0,62	0,48	90	51,67	0,80	0,57
105	—	—	—	51,66	0,61	0,49	100	57,48	0,58	0,57

Dieſer Gang des Zuwachſes beim Einzelſtamm läßt auf den Zu= wachs ganzer Beſtände keinen Schluß zu, weil die Stammzahl mit höherem Alter ſich vermindert und zwar bei der Fichte in ſtärkerem Verhältniß als bei der Weißtanne. Denn einerſeits erträgt und ver= langt dieſe als ſchattenliebendere Holzart einen gedrängteren Stand als die Fichte, welche andrerſeits noch durch verſchiedene Unglücksfälle, denen ſie weniger Widerſtand leiſtet, ſtärker heimgeſucht wird als die Tanne, ſo daß gut geſchloſſene Fichtenbeſtände von höherem Alter nur in weit geringerem Umfang vorkommen als Tannenbeſtände. Es tritt aber noch ein weiteres ſtörendes Moment hinzu, das die Vergleichung des Maſſenertrags beider Holzarten ſehr erſchwert, nemlich die **richtige Feſtſtellung des Alters** bei der Weißtanne. Rechnet man ohne Rückſicht auf die vorausgegangene Unterdrückung oder Hemmung des Wachsthums lediglich nach dem Lebensalter der betr. Stämme, ſo muß die Weißtanne wegen ihres in der Jugend viel langſameren Wuchſes ſtets ſich im Nachtheil befinden.

Dieß führt auf die **Maſſenerträge** beider Holzarten, welche in der älteren Literatur bei der Tanne ſtets günſtiger angegeben ſind; die Tafeln von Cotta und König z. B. weiſen vom 60. bezw. 80. Jahre ab höhere Erträge nach, als bei der Fichte, und dieſen Angaben ſind die meiſten Autoren gefolgt, wohl auch veranlaßt dadurch, daß der Schaft der Tanne vollholziger und der Beſtandesſchluß in den meiſten Fällen ein dichterer iſt, als bei der Fichte. Es wird aber hierbei über= ſehen, daß in gemiſchten Beſtänden die Tanne bei gleicher Grundſtärke im Höhenwuchs ziemlich hinter der gleichalten Fichte zurückſteht, und daß ſie ſich in der Jugend viel langſamer entwickelt als dieſe, während sie auch in der Periode des üppigsten Wachsthums es weder im Stärke-, noch im Höhenwuchs derselben zuvorthut.

Wenn nun auch die Stammzahl in Fichtenbeständen etwas geringer ist, als in gleichaltrigen Tannen, so muß doch auch wieder zugegeben werden, daß in solchen Fällen bei einer Vollbestockung die einzelnen Tannen geringere Dimensionen haben, als die Fichten von gleichem Alter. —

Gewiß mit Recht haben deßhalb die badischen Ertragstafeln, welche sich auf ein umfassendes Material von zahlreichen genauen Bestandesaufnahmen gründen, die Tanne der Fichte nachgestellt; sie gaben folgende Haubarkeitserträge für die wichtigsten Altersstufen in Festmetern pro Hektar:

	Fichte	Tanne
60. Jahr	438	324
80. „	632	472
100. „	800	606
120. „	936	734

Beide Angaben beziehen sich auf den normalen Standort, bei der Fichte in Lagen unter 1000 m Meereshöhe, welche Region bekanntlich von der Tanne, als bestandesbildender Holzart, im Schwarzwald nur ausnahmsweise überschritten wird.

In den wichtigsten Altersstufen von 100 und 120 Jahren bleiben also die Haubarkeitserträge bei der Tanne um 22,25, bezw. um 21,58 Prozent hinter denen der Fichte zurück, was gewiß alle Beachtung verdient, selbst wenn man auch noch zum Nachtheil der letzteren einen Abgang von etlichen Prozenten an Faulholz in Rechnung nehmen wollte. Dieser Verlust wird aber bei Nutzholzwirthschaften wieder vollständig ausgeglichen durch den größeren Nutzholzanfall der Fichte, welche mit der oben berührten größeren Stammlänge, der minder dichten Kronenbeastung und der dünneren Rinde zusammenhängt.

Aus obigen Zahlen ergiebt sich also, daß die Tanne mindestens 20 Jahre länger braucht, um die gleiche Haubarkeitsmasse zu produziren, wie die Fichte.

Das Verhältniß der Haubarkeits- und Zwischennutzungserträge ist noch nicht genauer untersucht; in dieser Hinsicht wird eine große Differenz schwerlich bestehen, die Weißtanne läßt zwar in der Periode vom 25.—60. Jahre eine stärkere Verminderung der Stammzahl zu, aber bei der Fichte kann die Zwischennutzung schon etwas früher beginnen und scheiden sich dann im höheren Alter mehr Stämme aus als bei der Tanne.

Was sodann die Qualität des beiderseitigen Holzes anbelangt, 173 so läßt sich im Ganzen ein Vorzug der einen vor der andern nicht wohl behaupten; zwar ist das Holz der Weißtanne von größerer Dauer, Tragkraft und Elastizität, dagegen ist es nicht von so gleichmäßiger weißer Farbe, was seiner Verwendbarkeit Eintrag thut; außerdem ist es schwerer als das Fichtenholz, besitzt also auch eine stärkere Heizkraft. Die Versuchsergebnisse der beiden von Hartig widersprechen dem zwar, allein es ist eine auf dem Schwarzwald längst bekannte Thatsache, daß das Fichtenlangholz besser schwimmt und größere Oblasten trägt, als das der Tanne; außerdem haben die Versuche Grabners sowohl für die direkte Verwendung des Holzes, wie für die daraus gewonnene Kohle eine größere Heizkraft der Tanne nachgewiesen; danach wiegt ein Kubikmeter trockenen Tannenholzes 512,4 kg, Fichtenholz 480,5 kg, die Heizkraft verhält sich wie 78 : 68; der Heizwerth der von gleichen Holzmassen gewonnenen Kohle stellt sich noch günstiger, 93 : 79, in beiden Fällen die Buche zu 100 angenommen. Bei der Tanne besitzt besonders die Rinde und das Astholz von älteren Stämmen eine sehr große Heizkraft, was sich theilweise daraus erklärt, daß dieselben sehr harzreich sind.

In Betreff der Möglichkeit zur Gewinnung von Nebennutzungen 174 geht die Fichte vor, da sie die Harz= und die Rindennutzung, letztere zur Verwendung als Gerbmaterial gestattet. Die Benützung der feineren Zweige mit den daransitzenden Nadeln zur Reisstreu ist bei beiden Arten möglich, doch hält man das Reis der Tanne zu diesem Zwecke für etwas besser als das der Fichte, dagegen ist der langsamere Gang der Verjüngung und die stärkere Beschattung der Tanne für Gras= und Weidenutzung weniger günstig.

Bezüglich der Erziehungskosten bleibt die Tanne im Nachtheil, 175 wenn die Verjüngung ganz oder vorherrschend auf künstlichem Wege nöthig wird, weil ihr Same theurer, der Bedarf daran größer, die Saat unsicherer und auch die Pflanzung schwieriger ist als bei der Fichte; dagegen ist die natürliche Verjüngung bei der Tanne viel leichter und läßt sich namentlich auch der vorhandene Vorwuchs fast in allen Fällen noch benützen, was unter Umständen einen sehr nützlichen Vor= sprung sichert.

Die Tanne eignet sich außerdem vortrefflich zum Femelwald und ist unter Verhältnissen, wo diese Betriebsart nothwendig oder zweck=

mäßig erscheint, von großem Werth. Zwar gestattet auch noch die
Fichte den Femelbetrieb, allein ihr größeres Lichtbedürfniß, ihre geringere
Reproduktionskraft und Widerstandsfähigkeit gegen Sturmschaden machen
sie doch erheblich weniger geeignet hiezu. — Aehnlich ist das Verhalten
beider Arten als Mischhölzer, die Tanne läßt sich hiezu in viel mehr
Fällen verwenden als die Fichte, da außer der größeren Lichtbedürftig=
keit auch noch das rasche Wachsthum von der ersten Jugend an diese
Holzart minder erträglich macht als die Tanne. Als Oberholz in
Mittelwaldungen sind beide wegen ihrer dichten Beastung weniger geeignet.

176   Die Wirthschaftsführung hat sich auch in Fichten= und Tannen=
waldungen zunächst mit der natürlichen Wiederverjüngung der haubaren
Bestände oder mit der künstlichen Neubegründung zu befassen, diese ist
bei der Fichte, jene bei der Weißtanne überwiegend in Anwendung.

Bei der natürlichen Verjüngung hat man in beiden Fällen,
besonders aber in Fichtenwaldungen, mit aller Umsicht auf Abwendung
der vom Wind drohenden Gefahren hinzuwirken. Demgemäß sind die
hiedurch gebotenen und durch die Wirthschaftseinrichtung vorgeschriebenen
Hiebszüge genau einzuhalten, wobei die am Rande derselben er=
zogenen Schutzstreifen und Waldmäntel zu schonen sind. Ausgenommen
hievon ist der Waldtrauf an der Anhiebsstelle, welcher ganz entfernt
oder stark gelichtet werden muß, um dem für die natürliche Ver=
jüngung so sehr förderlichen Seitenlicht den Eintritt zu ermöglichen,
da sonst ein natürlicher Nachwuchs nur langsam ankommen und sich
kaum erhalten könnte.

Außerdem muß aber auch ein entsprechendes Keimbett für den ab=
fallenden Samen vorhanden sein; häufig ist die Moosdecke zu stark,
so daß die Würzelchen der jungen Pflänzchen nicht bis in den minera=
lischen Boden durchdringen können und dann letztere bei eintretender
Trockenheit absterben, oder es ist der Boden in Folge von Weide= und
Streunutzung zu mager und zu hart. In beiden Fällen muß einige
Zeit vor Beginn der eigentlichen Verjüngung auf die Herstellung des
richtigen Bodenzustandes hingewirkt werden; im ersteren Fall ist dieß
möglich durch Führung eines Vorbereitungsschlages, im letzteren durch
Ruhenlassen und Schonung vor der Streu= und Weidenutzung.

Der zur natürlichen Verjüngung geeignete Zustand des Bodens
und der richtige Lichtungsgrad des Bestandes lassen sich auf kleineren
Blößen, wo natürlicher Anflug sich ansiedelt, leicht erkennen, sobald
man sieht, daß es den jungen Pflänzchen zusagt, wobei aber nicht blos
deren Zahl, sondern auch die gleichmäßige Vertretung der verschiedenen

Jahrgänge zu beachten ist; fehlen z. B. die älteren davon, so läßt sich annehmen, daß die Stellung des Schutzbestandes für diese nicht mehr geeignet, zu dunkel ist, was namentlich bei der Weißtanne nach dem dritten Jahre eintritt, so daß man Jahr um Jahr eine große Zahl von 1= und 2jährigen Pflänzchen findet, aber ältere nicht mehr.

Die natürliche Besamung bei Fichte, Tanne und Buche kommt am besten an auf einem Boden, welcher noch mit einer leichten Moos= oder Laubdecke versehen ist, aus der vereinzelte kleine Grasbüschchen hervortreten; wo dieß noch nicht der Fall ist, da muß ein Vorbereitungs= schlag geführt werden, dem man ¡diejenige Lichtung giebt, welche diese Vegetation hervorruft. Immerhin ist aber zu beachten, daß die zur Feststellung des nöthigen Lichtungsgrades im Innern von geschlossenen Beständen benützten, lichter bestockten Stellen oder kleineren Blößen viel weniger Seitenlicht erhalten, als wenn einmal der ganze Bestand durch= hauen ist, daß man also letzteren deßhalb auch etwas dunkler halten kann, ohne besorgen zu müssen, den Zweck zu verfehlen.

Die Führung des Vorbereitungsschlags unterscheidet sich 177 dadurch wesentlich von den vorangegangenen Durchforstungen, daß bei jenem ein Theil des herrschenden Bestandes herausgenommen wird, während man bei letzteren auf unterdrücktes und beherrschtes Holz sich beschränkt, ein Verhältniß, das in der Praxis nicht immer beachtet wird und deßhalb häufig den beabsichtigten Erfolg in Frage stellt.

Es wird in der Regel genügen, wenn man bei diesem Anlaß 10 bis 15 Prozent des gesammten Vorraths zur Fällung bringt, nament= lich wenn der Vorbereitungsschlag nicht früher als 3—4 Jahre vor dem eigentlichen Verjüngungshieb (Besamungsschlag) eingelegt wird. Eine frühere Vornahme und dann vielleicht auch noch eine Wiederholung desselben ist hauptsächlich in dem Falle nöthig, wenn der betr. Bestand sehr unregelmäßig oder noch nicht genügend erstarkt ist, dem Wind nicht hinlänglich widerstehen kann, oder noch nicht genügend Samen trägt.

In geschützten Lagen und namentlich bei überwiegender Bestockung mit Weißtannen kann durch entsprechende Benützung der Vorbereitungs= hiebe eine namhafte Steigerung des Zuwachses erzielt werden. Es zeigen z. B. die oben schon citirten badischen Ertragstafeln beim 100jährigen Weißtannenbestand einen durchschnittlichen Zuwachs von $\frac{606}{100} = 6{,}06$ Festmeter jährlich, also bei einer Haubarkeitsmasse von 606 Festmeter 1,09 Prozent, während das durchschnittliche Zuwachs= prozent der im Einzelstande befindlichen auf S. 86 u. ff. derselben

Schrift speziell aufgeführten 98 Weißtannen auf 2,79 Prozent, also auf das 2,56fache sich berechnet, so daß jener Vorath auf $\frac{606}{2,56} = 236$ Festmeter vermindert werden kann, ohne daß die jährlich erfolgende Zuwachsmasse (abgesehen von einer kurzen, höchstens 2jährigen Uebergangsperiode unmittelbar nach der Lichtstellung) dadurch geschmälert würde, während bei entsprechender Auswahl der Stämme und successivem Vorgehen gleichzeitig der Werthzuwachs eine weitere, sehr namhafte Steigerung des Geldertrages zu bewirken vermag, da eine größere Anzahl von Stämmen während dieser Zeit in höhere Stärken- und Preisklassen einrückt.

Als besonders zu beachtende Regel, welche auch schon bei den nächst vorangehenden beiden Durchforstungen Beachtung verdient, ist hervorzuheben, daß man das zum Schutzbestand besonders geeignete niedrigere unterdrückte Holz für diesen Zweck zu erhalten sucht. Namentlich in unregelmäßigen Beständen kann man durch rücksichtslose Beseitigung solcher unterdrückter Stämme oder Vorwüchse, auch wenn sie noch so unzweifelhaft in die Kategorie des Nebenbestandes gehören, die Vorbereitungs- und Samenschlagstellung fast unmöglich machen, denn der ungünstigste Schutzbestand für Weißtannen bildet sich aus 30—40 m hohen Altholzstämmen. Deßhalb hat man schon bei Ausführung der letzten Durchforstungen diejenigen Stämme ins Auge zu fassen, welche vermöge ihrer Größe, allzustarken Beastung, oder vermöge ihrer Stellung zum übrigen Bestand bei Einleitung des Verjüngungsverfahrens zuerst den Platz räumen müssen. In der nächsten Umgebung solcher Stämme findet sich häufig genug wirklich unterdrücktes Material; aber sobald man dasselbe wegdurchforstet, hört auch die Möglichkeit auf, später beim Vorbereitungs- oder Besamungsschlag den hiebsreifen Stamm zu nutzen, denn nun wird die entstehende Lücke zu groß, während im anderen Fall, wenn das denselben umgebende unterdrückte Holz erhalten blieb, dieses in der fraglichen, zunächst nur das obere Schirmdach durchbrechenden Lücke einen viel besseren Schutz giebt, als der hiebsreife Stamm oder seine gleichhohe Umgebung zu bieten vermag. Man muß hiebei allerdings auf einige Festmeter vom Nebenbestand zeitweilig verzichten, allein durch dieselben werden die drei- und vierfachen Mengen viel werthvolleren hiebsreifen Materials liquid erhalten, so daß man jederzeit darauf greifen kann. Außerdem besteht die weitere Möglichkeit, daß, sofern dieser Nebenbestand aus Weißtannen gebildet wird, ein sehr schöner Massen- und Werthzuwachs während der Verjüngungszeit daran erfolgen kann. — Er schützt aber den ankommenden Nachwuchs nicht blos gegen die schädlichen atmosphärischen Einflüsse, sondern eben so sehr gegen muthwillige oder fahrlässige Beschädigungen bei der Holzabfuhr, namentlich wenn die Stämme in ganzer Länge abgefahren werden. Je mehr nemlich solcher Vorwuchs und Nebenbestand vorhanden ist, um so gewisser wird die Abfuhr des Nutzholzes in bestimmte, engbegrenzte Bahnen geleitet, während sonst da, wo der Schutzbestand nur aus hohem Altholz sich bildet, die einzelnen Stämme so räumlich stehen, daß man ganz bequem in jeder beliebigen Richtung zwischen durchfahren kann und trotz aller Verbote und Controlemaßregeln auch faktisch durchfährt, wobei ein großer Theil des schwächeren Nachwuchses verdorben wird, namentlich da, wo man mit den Stämmen umwendet.

Die bei Fichte und Weißtanne hauptsächlich zur Anwendung kommenden natürlichen Verjüngungsmethoden sind folgende:

1. Die langsame Verjüngung, mit einem Dunkel- oder Samenschlag beginnend und nachfolgenden mehrmaligen Lichtungshieben, welchen am Schluß des 15—40 Jahre dauernden Verjüngungszeitraums der letzte oder Abtriebsschlag folgt, hauptsächlich für reine oder doch vorherrschend aus Weißtannen gebildete Bestände, namentlich wenn solche viele Unregelmäßigkeiten zeigen, sich eignend.

2. Die raschere Verjüngung, mittelst Besamungsschlages, einmaliger Lichtung und folgendem Abtriebsschlag 6—12 Jahre dauernd, für Fichten in geschützteren, dem Wind weniger ausgesetzten Lagen und für Weißtannen in milderem Klima.

3. Die schnelle Verjüngung durch einen Besamungs- und nach 3—5 Jahren folgenden Abtriebsschlag für Fichten in exponirten Lagen.

Bei diesen drei Methoden erfolgt die Besamung unter dem Schutz der Mutterbäume und hat auch der Nachwuchs denselben bis zum Abtriebsschlag zu genießen, wogegen bei der folgenden Methode

4. Verjüngung in schmalen, kahl abzutreibenden Streifenschlägen oder Absäumungshieben die Besamung nur theilweise unter dem Vollbestand erfolgt, so weit nemlich der Einfluß des Seitenlichts dieß zuläßt; im Uebrigen erwartet man dieselbe nach erfolgtem Kahlhieb von dem seitwärts vorliegenden Altholz; dieses Verfahren ist nur auf minder graswüchsigem Boden und da, wo ausgedehnte Stockholznutzung stattfindet, anwendbar, sofern sich einzig darauf verlassen und künstliche Nachhülfe nicht angewendet werden will. Diese ist eigentlich bei keiner der auf

geführten Methoden ganz zu entbehren, fast ebenso wenig aber auch die Führung eines Vorbereitungsschlages.

179   Bei der Schlagführung und Schlagauszeichnung, welche die drei ersten Methoden nothwendig machen, sind folgende allgemeine Regeln zu beachten:

Zunächst darf das Bestreben nach Herstellung eines ganz regelmäßig vertheilten Schutzbestandes und nach Erziehung eines möglichst vollkommenen jungen Bestandes nie die Rücksichten auf den durch die Nutzung des Altholzbestandes zu gewinnenden Geldertrag überwiegen; vielmehr muß es das Ziel jedes gewissenhaften Wirthschafters sein, Beides mit einander, namentlich also eine möglichst gute Verwerthung des Holzes und demgemäß eine entsprechende Reihenfolge beim Einschlag der verschiedenen Stammklassen anzustreben. Es sind also wo möglich immer die hiebsreifsten und stärksten Stämme und solche mit dem geringsten Holz- und Werthzuwachs zuerst herauszunehmen, so weit dieß der zu gebende Lichtungsgrad zuläßt, also namentlich nicht zu viele und zu nahe beisammen stehende. Diese den ersten Stärkeklassen angehörigen Stämme sind auch am wenigsten zu Herstellung eines die Verjüngung begünstigenden Schutzbestandes geeignet und verursachen bei späterer Fällung durch ihre Abfuhr großen Schaden am Nachwuchs.

Die sorgfältige Erhaltung des Waldtraufs auf den vom Wind bedrohten Seiten und die Erhaltung einer mäßigen Moos- oder Laubdecke ist bereits oben empfohlen.

Auf Stellen mit schlechtem oder stark verfilztem Boden, wo die natürliche Verjüngung keinen Erfolg verspricht, hat die Schlagstellung bis zu dem Zeitpunkt zu unterbleiben, wo künstliche Nachhülfe eintreten kann. Die Entwässerung nasser und sumpfiger Orte hat dagegen mindestens einige Jahre der ersten Schlagstellung vorauszugehen, damit der Boden zur Aufnahme des Samens empfänglich wird.

Der Besamungs-, auch Dunkelschlag genannt, hat zunächst und in erster Linie den Zweck, die zu verjüngende Fläche auf einmal oder im Lauf einiger Jahre so weit mit Samen zu überstreuen, daß ein vollständiger junger Bestand darauf erwachsen kann; in zweiter Linie hat der vom Altholz übergehaltene Theil dem Nachwuchs den nöthigen Schirm und Schutz zu geben, den Frost abzuhalten und das allzurasche Ueberhandnehmen des Unkräuterwuchses zu verhindern. Daneben darf aber auch die Lichtung nur so stark erfolgen, daß der Schutzbestand der Windgefahr nicht preisgegeben wird.

Die Schlagführung in reinen Weißtannen müßte mit Rücksicht auf die Besamung eine dunklere sein, als bei der Fichte, weil deren Samen sich leichter verbreitet; allein die Rücksicht auf den Windschaden und meist auch auf den zu fürchtenden Unkrautwuchs mahnen, namentlich in exponirten Lagen und bei feuchtem, graswüchsigem Boden auch bei der Fichte zur Vorsicht.

In der Regel wird der Besamungsschlag durch Herausnahme von etwa ein Fünftel der vorhandenen Bestandesmasse so gestellt, daß die äußersten Zweigspitzen der Mutterbäume noch etwa $1^{1}/_{2}$—$2^{1}/_{2}$ m von einander abstehen; auf magerem Boden, in sonnigen Lagen ist hiebei und auch bei den folgenden Hieben etwas stärker zu lichten und rascher abzutreiben.

Da die Fichtenbestände stets etwas lichter als die Weißtannen in die Verjüngung kommen, so genügt auch bei ihnen die Herausnahme von etwa $^{1}/_{5}$, auf unkrautwüchsigem Boden sogar schon $^{1}/_{7}$—$^{1}/_{6}$ der Holzmasse zur Stellung eines Besamungsschlages.

Wo eine allzudichte Moosdecke das Anwachsen der jungen Fichten oder eine (selbst schwächere) Laubdecke das der Tannen hindern sollte, ist vor Eintritt des Samenabfalles durch streifenweise Wegnahme des Bodenüberzuges, oder durch Behacken das Ankommen des Samens zu befördern, sofern dieß nicht gelegentlich der Fällung und Bringung des Holzes oder durch Stockroden, Eintreiben von Schweinen ohne besondere Kosten erfolgt.

Bei dieser wie bei den weiteren Schlagauszeichnungen hat man den vorhandenen gesunden Vorwuchs sorgfältig zu schonen und auch dem bereits durch den Druck des Altholzes benachtheiligten Gelegenheit zu geben, sich im freieren Stande zu erholen. Besonders erwünscht ist es, wenn derselbe in horstweiser Stellung auftritt, und in dieser erhalten werden kann; bei der Weißtanne ist auch der im Einzelstande auftretende Vorwuchs zu benützen, weil diese Holzart dem Wind mehr Widerstand leistet und das etwa nöthig werdende Ausästen besser erträgt als die Fichte, welche im Einzelstande sich nur dann erhalten läßt, wenn sie nur einen mäßigen Vorsprung vor ihrer Umgebung hat.

Auch die wirklich unbrauchbaren Individuen sind so lange als möglich zu erhalten, weil sie dem Nachwuchs einen viel erwünschteren Schutz gewähren als das alte Holz und selbst die schwächeren bei der Abfuhr des gefällten Materials mehr respektirt werden und auch in dieser Richtung den Jungwuchs schützen.

Stärkerer Vorwuchs und einzelne zum Nebenbestand gehörige

Stämme sind namentlich in der Umgebung stärkerer hiebsreifer Mutter=
bäume zu erhalten, damit man jederzeit letztere herausnehmen kann,
wenn man ihrer bedarf und hernach noch ein genügender Schutzbestand
verbleibt.

Die stark und tief herab beasteten Stämme hat man womöglich
zuerst herauszunehmen oder doch theilweise zu entasten. Eingemischte
Holzarten, welche nicht erhalten werden wollen, müssen ebenfalls so früh=
zeitig als möglich entfernt werden; ausgenommen ist jedoch schwächeres
Laubholz, welches ausschlagfähige Stöcke hinterläßt, deren Rodung sich
nicht lohnt. Solches ist zu erhalten, bis der Nachwuchs von diesen
Stockausschlägen nichts mehr zu fürchten hat.

In schwächeren, kurzschäftigen Beständen oder Horsten ist anfäng=
lich weniger herauszunehmen und dem Holz Zeit zu geben, noch weiter
zu erstarken. Der Rand von Blößen darf erst später gelichtet werden,
um das Eindringen des Unkrauts zu verhindern.

180 Hat die junge Weißtanne ihr zweites Jahr zurückgelegt, so ver=
langt sie unbedingt eine weitere Lichtung des Schutzbestandes und
wo solche nicht eintritt, da verschwindet sie wieder, während ein=
und zweijährige Pflanzen in großer Zahl erhalten bleiben und häufig
die trügerische Hoffnung nähren, daß die natürliche Verjüngung voll=
ständig gelungen sei, was leider noch zu vielfachen Zuwachsverlusten
Anlaß giebt.

Bei diesem ersten Lichtschlag sollen die äußersten Zweigspitzen der
Mutterbäume auf etwa 3—4 m Abstand auseinander gerückt werden,
was durch die Herausnahme von ein Achtel bis ein Fünftel der ur=
sprünglichen Masse des Vollbestandes erreicht wird.

Da die Fichte in der ersten Jugend vom Graswuchs sehr zu
leiden hat, so wird bei ihr dieser erste Lichthieb in der Regel bis ins
vierte Jahr verschoben. Bei ihr hat man aber besonders darauf zu
sehen, daß der Schutzbestand die nöthige Widerstandskraft erhalte, also
nicht vorherrschend aus allzuschlanken und schwachen Stämmen gebildet
werde.

Die späteren Lichtungen werden auf den Rest der Verjüngungs=
periode möglichst gleichmäßig vertheilt und sollen keinenfalls früher als
nach 3—4jährigen Pausen sich wiederholen, weil sonst der Nachwuchs
durch die Fällung und Abfuhr zu sehr leidet.

Der dießfallsige Schaden kann auf ein Minimum vermindert
werden, wenn man bei der Fällung darauf bringt, daß die Stämme
alle mit dem Gipfel voran in jener Richtung geworfen werden, in der

später die Abfuhr erfolgt, und wenn man das Ausrücken des Lang- und Brennholzes zu geeigneter Zeit, namentlich bei einer mäßigen Schneedecke, bei nicht zu starkem Frost, am besten durch die eigenen Arbeiter besorgt. Auch die Fällungsarbeiten dürfen in Schlägen mit Nachwuchs nur bei milderem Wetter, so lange das frische Holz noch elastisch ist, vorgenommen werden.

Ist der Nachwuchs schon ziemlich erstarkt, so müssen die reichlich beasteten Mutterbäume vor der Fällung noch stehend entastet werden, wenn nicht etwa eine sehr dichte Bestockung vorhanden ist, in welcher sich solche kleinere Lücken rasch wieder verwachsen, wenn man es ver- meidet, zwei oder mehr Stämme auf dieselbe Stelle hinzuwerfen.

In exponirten Lagen ist besonders bei der Fichte das Stockroden nur mit Vorsicht zuzulassen und nur so weit zu gestatten, als dabei Beschädigungen an den Wurzeln stehender Stämme zu vermeiden sind. Die auf solche Weise bei den ersten Hieben zurückgestellten Stöcke können dann am Schluß der Verjüngungsperiode noch nachträglich gerodet werden.

Beim letzten Nachhieb, dem Abtriebsschlag, ist sich stets auch 181 darüber zu entscheiden, welche vorgewachsenen Stämme oder Horste ein- wachsen und welche entfernt werden sollen. Zu den letzteren gehören jedenfalls alle wirklich kranken und stark beschädigten Individuen, wobei allerdings zu unterscheiden ist zwischen den weniger empfindlichen Weiß- tannen und den schwerer sich erholenden Fichten; ferner sind weg- zunehmen die dicht beasteten Stämme, welche die Umgebung zu stark be- nachtheiligen und welche bei der Ausastung zu viele Verletzungen erhielten, ebenso die Gabelstämme und solche mit mehreren Gipfeln; endlich längs des künftigen Traufes Alles, was die ordentliche Entwicklung eines solchen stören könnte.

Zu hüten hat man sich aber dabei davor, daß man dem Streben nach Herstellung eines möglichst regelmäßigen Bestandes zu viele und zu große Opfer bringt, wozu namentlich die Anfänger in der Praxis eine starke Neigung haben und wodurch häufig eine positive, d. h. nütz- liche und einträgliche Unregelmäßigkeit, in eine negative unrentable ver- wandelt wird, indem an Stelle eines vorgewachsenen Stammes eine oft wegen der Höhe des umgebenden Bestandes nicht einmal mehr kultivir- bare Blöße tritt.

Es ist eigentlich selbstverständlich, daß in einem längeren Ver- jüngungszeitraum von zwanzig und mehr Jahren nie ein vollständig gleichalteriges Jungholz erzogen werden kann; dem ungeachtet halten es viele Wirthschafter für geboten, beim Abtriebschlag den vorhandenen ungleichalterigen Nachwuchs möglichst zu nivelliren und eine Regelmäßigkeit herzustellen, die viel weniger rentabel ist, als die dem Theoretiker minder zusagende Unregelmäßigkeit; diese verliert nur bei den lichtbedürftigen Holzarten, welche überhaupt keinen Druck und speziell keinen Seitendruck ertragen können, ihre Berechtigung, während sie bei den übrigen, also speziell bei der Fichte und noch mehr bei der Tanne und Buche ihre großen Vortheile bietet. Bleibt ein unregelmäßiger Jungwuchs längere Zeit (vor der ersten Durchforstung) sich selbst überlassen, so wird der unvermeidliche Kampf um die Herrschaft wesentlich abgekürzt, die Stämme, welche einen Vorsprung erlangt haben, entwickeln sich viel rascher und kräftiger und ist damit die Möglichkeit gegeben, in einem unregelmäßigen Bestande frühzeitiger als in einem regelmäßigen das gleichstarke Sortiment zu erziehen. Erwägt man nun, daß die stärkeren Stämme in einer höheren Preisklasse stehen als die schwächeren und daß hienach der unregelmäßigere Bestand durchschnittlich einen besseren Preis pro Festmeter in Aussicht stellt als der regelmäßige, so lassen sich auch Fälle denken, wo dieser, trotz etwaiger größerer Holzmasse, einen geringeren Geldwerth repräsentirt als jener, z. B. 600 Festmeter à 12 Mk. und 500 Festmeter à 15 Mk. geben zu Gunsten des unregelmäßigeren und minder holzreichen Bestandes einen Mehrwerth von 300 Mk. pro ha. — Außerdem sind die unregelmäßigen Bestände widerstandsfähiger gegen Wind- und Schneebruch, was namentlich in exponirten Lagen alle Beachtung verdient.

182   Wie schon oben angedeutet, empfiehlt es sich bei der Fichte, zur Abwendung der Windgefahr den Verjüngungszeitraum nicht allzusehr zu erweitern, da namentlich die im Lichtschlag stehenden Flächen außerordentlich bedroht sind. Je mehr dieß der Fall ist, um so dringender ist die Verjüngung in schmalen Kahlschlägen geboten, wobei Folgendes zu beachten ist. Der Anhieb hat auch in diesem Fall auf der am wenigsten bedrohten Seite zu erfolgen und successive in parallelen Streifen nach der entgegengesetzten Seite vorzurücken, nur an der Wendung eines Berghanges erbreitert sich die Schlagfläche von oben nach unten, so daß deren Grenzlinien stets dem größten Gefäll folgen. — In der Ebene wird mit den Kahlschlägen meistentheils von Südost gegen Nordwest vorgerückt, so daß die lange Grenze zwischen dem Schlag und dem hohen Holz die Richtung von Südwest gegen Nordost erhält, was gewöhnlich entspricht; auf trockenen mageren Böden leiden aber die jungen Pflänzchen stark von der Sonnenhitze

und hier ist es dann geboten, der Schlagwand womöglich die Richtung von Südsüdwest nach Nordnordost zu geben, damit die Schlagfläche früh= zeitiger am Tage Schatten bekommt.

Die Breite des Schlages richtet sich nach der Höhe des vorstehenden Altholzbestandes. Wenn von diesem Besamung erfolgen soll, darf der Schlag der Breite nach die doppelte Bestandeshöhe nicht überschreiten.

Das Ankommen der Besamung wird unterstützt durch das Ausrücken und die Abfuhr des Holzes im Frühjahr (während der Fällungsarbeit ist in der Regel der Samen noch nicht ausgeflogen, doch findet durch die= selbe auch einige Verwundung des Bodens statt), sodann durch die Rodung von Stock= und Wurzelholz, welche natürlich vor dem Abflug des Samens (März) beendigt sein muß, weßhalb am besten die S t a m m = r o d u n g angewendet wird, wobei man, so lange der Stamm noch steht, denselben umgräbt, die Wurzeln ablöst, ihn hierauf mit dem Stock zu Fall bringt und letzteren dann vom geworfenen Stamm erst abschneidet.

Ein weiteres, bereits oben angegebenes Mittel ist die Führung eines Vorbereitungsschlages, welcher zweckmäßig dem eigentlichen Kahl= hieb um 4—6 Jahre vorausgeht, den Boden empfänglich zu machen hat, oder zur Steigerung des Zuwachses dienen. soll, in welchem Fall er oft schon frühzeitiger eingelegt wird.

Bei dieser Art der Verjüngung ist k ü n s t l i c h e N a c h h ü l f e nur selten ganz zu entbehren; sie hat zeitig einzutreten, namentlich wenn im benachbarten Bestand kein Samen gewachsen ist. Jedenfalls darf ein neuer Kahlschlag erst dann wieder angelegt werden, wenn der vor= angehende vollständig verjüngt ist. Es gilt überhaupt als Regel, daß man nicht Jahr um Jahr in der gleichen Hiebstour mit den Kahl= hieben vorrückt, sondern dazwischen ein oder mehrere Jahre aussetzt und die Verjüngung in andere Hiebszüge verlegt, was freilich nur bei größeren Complexen durchführbar ist, wo mehrere Hiebszüge eingerichtet werden können.

Die k ü n s t l i c h e V e r j ü n g u n g der Fichte erfolgte früher vor= herrschend durch die S a a t, welche aber im Freien, namentlich auf stark unkrautwüchsigem Boden, einen minder sicheren Erfolg verspricht und demgemäß nur unter Schutzbestand oder in bearbeitetem Boden in Verbindung mit Getreidebau noch zur Anwendung kommt. In letzterem Fall wird in der Regel Vollsaat gewählt, wozu man pro ha 10—12 kg guten, reinen, abgeflügelten Samen bedarf, bei der Riefensaat unter Schutzbestand mit 1,25 m Entfernung der Riefen dagegen 7 bis 10 und bei der plätzeweisen Saat, wenn die Saatstellen im Quadrat

ebenfalls 1,25 m Abstand erhalten, 5—8 kg. — Ueber die Unter=
scheidung von Fichten= und Kiefernsamen cf. 89.

Eine allzu dichte Saat ist bei der Fichte unbedingt zu vermeiden,
besonders auf magerem Boden, weil ein das Wachsthum stark beein=
trächtigendes Drängen der jungen Pflanzen eintritt. — Bei der Boden=
vorbereitung und Einsaat ist Besonderes nicht zu beachten, als daß
man im Freien dem Unkraut auszuweichen und unter Schutzbestand
von Laubholz das Ueberwehtwerden der Saatstellen mit dürrem Laub
zu verhindern hat. Dieß geschieht dadurch, daß man dieselben bei
der Bearbeitung in der Mitte etwas erhöht; an Hängen aber dadurch,
daß man an den äußeren Rand der Riese säet.

Auf bearbeitetem Boden, z. B. beim Waldfeldbau, säet man am
besten im März zur Zeit, wo der Boden noch auf= und zufriert, wo=
durch sodann eine besondere Arbeit um den Samen unterzubringen
erspart wird.

184   Bei der **Weißtanne** kommt die Saat häufiger zur Anwendung,
aber eigentlich nur unter Schutzbestand, wobei übrigens unter Laubholz
die Erhöhung der Saatstellen ganz besonders zu beachten ist. Man
bedarf von dem großen, ziemlich schweren und mit vielen tauben,
nicht gut zu beseitigenden Körnern gemengten Samen bei plätzeweiser
Saat in 1,25 m Verband mindestens 60 kg pro ha, bei Riesensaat
mindestens 80 kg. Da sodann bei geringer Ernte der Samen nicht
blos theuer, sondern meist auch weniger keimkräftig ist, so verlegt man
zweckmäßig die Weißtannensaaten in Jahre, wo der Samen reichlich
gerathen und billig zu haben ist. — Um das Risiko der Aufbewahrung
des Samens über Winter möglichst zu umgehen, wird der Herbstsaat
der Vorzug gegeben und hat die Bodenvorbereitung zeitig im Sommer
zu erfolgen, wenn Saaten von größerem Umfange auszuführen sind.

Bei Erprobung der Keimfähigkeit läßt sich nach einiger Uebung
mit der Schnittprobe auskommen, namentlich wenn man bei zweifel=
haften Körnern den Geruch noch zur Hülfe nimmt, welcher das ranzig
gewordene Oel der verdorbenen Samen sofort erkennen läßt. Weil der
Tannensamen am besten gleich nach der Ernte im September und
Oktober ausgesäet wird, so ist man in diesem Fall besonders auf die
Schnittprobe angewiesen. Die Verpackung des Tannensamens in Säcke
und die Versendung in solchen kann übrigens erst nach erfolgter voll=
ständiger Abtrocknung (auf luftigen Böden, wo der Same anfänglich
höchstens 10—12 cm hoch aufgelagert und täglich zweimal gewendet
wird) ohne Gefahr stattfinden, da er sich in ganz frischem Zustand

sehr leicht erhitzt und dann die Keimkraft verliert. Soll derselbe den Winter durch aufbewahrt werden, so geschieht dieß am besten in den vor völliger Reife abgenommenen Zapfen. Den reinen Samen darf man übrigens nach vollständiger Abtrocknung bis zu 40 und 50 cm Höhe aufschichten, aber eigentlich nie aus dem Auge lassen; er soll in der Woche mindestens einmal, bei feuchtem Wetter auch zweimal umgeschaufelt werden. Tritt aber seine Verwendung sehr spät, gegen Mitte Mai und später ein, so trocknet er zu sehr aus und ist es deßhalb geboten, ihn schon im Winter und namentlich zur Zeit der trockenen Frühjahrswinde mit Wasser zu begießen und hernach wieder einigemal umzuarbeiten, damit die Keimkraft möglichst erhalten bleibt. — Die Verwendung von älterem Samen als vom vorangegangenen Herbst ist unbedingt zu widerrathen, solcher ist geschenkt zu theuer.

Die **Pflanzenerziehung** hat bei Fichte und Tanne annähernd 185 in ähnlicher Weise zu erfolgen, wie oben (83—93) bei der Kiefer angegeben wurde; doch sind einige wesentliche Abweichungen hervorzuheben.

Es kommen hiebei vorherrschend graswüchsigere Böden in Betracht und deßhalb ist es geboten, zu Saat= und Pflanzkämpen solche Stellen zu wählen, wo vom Graswuchs weniger zu fürchten ist, namentlich da, wo unmittelbar zuvor ein schöner, gut geschlossener Bestand abgetrieben wurde. Die Weißtannensaat= und Pflanzbeete können auch unter einem Schutzbestand angelegt werden, wozu sich nicht zu alte Buchen besonders gut eignen; Birken geben allerdings einen besseren Schutz, aber unter ihnen ist der Boden in der Regel allzu stark verrast.

Daß man die Saat= und namentlich die Pflanzschulen so nahe als möglich am Ort der künftigen Verwendung der Pflanzen anlegt, ist bei der Kiefer schon gesagt, muß aber bei Fichte und Tanne noch mehr betont werden, weil ihr Transport umständlicher und theurer ist; eben deßhalb sind auch die sogenannten **ständigen** Saatschulen, die länger als 6—8 Jahre benützt werden, thunlichst zu umgehen, sofern nicht ausnahmsweise Verhältnisse hohe Anlagekosten für Rodung und Umfriedigung sie bedingen.

Die Fichte verlangt wegen ihres flachen Wurzelsystems keine so tiefe Lockerung wie die Kiefer, weder im Saat= noch im Pflanzbeet; die Natur der Weißtanne würde dagegen eine solche erfordern, aber es liegt nicht im Interesse des Züchters, in diesem Lebensstadium die Entwicklung der Wurzel nach der Tiefe zu begünstigen, weil einerseits schon die Kosten des Aushebens, noch mehr aber die Kosten der Verpflanzung dadurch wesentlich gesteigert werden. — Aus Sparsamkeits=

rücksichten läßt man oft auch größere Steine und Stöcke, weil deren Beseitigung viel Arbeit verursacht, beim Umbruch unberührt im Boden, wodurch eine solche Stelle allerdings nicht zur Saat verwendbar wird, was aber im Uebrigen den Hauptzweck nicht beeinträchtigt.

Für Saatbeete genügt bei beiden Holzarten ein Umbruch auf 15—20 cm Tiefe, und in den meisten Fällen auch für die Pflanzbeete. Bei tieferer Bearbeitung kommt der humose Boden der oberen Schicht zu sehr in die Tiefe und namentlich den Fichten nicht mehr zu gut. Da es sich sodann mehr um bindigere Böden handelt als bei der Kiefer, so ist die Vorbereitung derselben vor Winter um so nöthiger, je thonhaltiger sie sind, damit durch den Frost der Zusammenhang ge= brochen und gemildert wird.

186   Die Saat erfolgt am besten in Beeten von 60—80 cm Breite, so daß man von den beiderseitigen Wegen noch bequem mit der Hand in die Mitte des Beets hineingreifen kann. Die Oberfläche des Beets muß ganz horizontal gelegt werden, damit sich das Regenwasser gleich= mäßig vertheilt und ein Zusammenschlämmen der Erde in etwaigen Vertiefungen unmöglich ist.

In den Saatschulen wird meist der riefenweisen Saat der Vorzug gegeben, weil dadurch die Pflege und Bearbeitung erleichtert ist. Wenn die Pflanzen vom Saatbeet aus direkt an den Ort ihrer künftigen Bestimmung gebracht werden, so kann ihre Erziehung nur in Riefen erfolgen, welche in diesem Fall möglichst schmal gemacht und möglichst dünn besäet werden. Andrerseits ist die Vollsaat bei Fichten in dem Fall nicht ausgeschlossen, wenn dieselben im Beginn des zweiten Jahres ins Pflanzbeet übergesetzt werden; bei einer nicht allzu dichten Saat können dieselben auch noch ein Jahr länger stehen bleiben.

Bei Ausführung einer Vollsaat wird zunächst das Beet vollständig geebnet, dann der Samen möglichst gleichmäßig ausgestreut und hierauf bei Fichten 0,6—0,8 cm, bei Weißtannen 1,0—1,3 cm hoch mit lockerer feiner Erde bedeckt. Zweckmäßig ist es auch dann noch, eine Lage Moos darauf zu geben, welche aber abzunehmen ist, sobald die Keimpflänzchen hervorbrechen.

Zur Riefen= oder Rillensaat bedient man sich des Rillen= drückers, eines Brettes von der Breite des Beetes, mit auf der Unterseite aufgenagelten scharfen Holzleisten, welche so dick und hoch sind, als die Riefen breit und tief werden sollen und die für dieselben bestimmte Entfernung haben. Dieses Brett wird auf das Beet gelegt und sodann durch die Schwere eines darauf springenden Arbeiters die

Leisten in den lockern Boden eingedrückt; hernach hebt man es ab, um die Riefen besäen zu können.

Die Riefen werden am besten quer über die schmale Seite des Beetes gelegt; der ihnen zu gebende Abstand ist verschieden, je nachdem die Pflanzen nur ein oder mehrere Jahre in denselben zu verbleiben haben. Man darf aber die Entfernung nicht kleiner machen als die Breite der bei der Bearbeitung gebräuchlichen Hacke, in der Regel wird der Abstand für ein= und zweijährige Pflanzen etwa auf 12—15, für solche, welche bis zum dritten Jahr stehen bleiben, auf mindestens 18 cm gestellt werden müssen.

Der Samenbedarf ist bei Vollsaaten für Fichten 2—3 kg, für Weißtannen 5—6 kg, bei Riefensaaten 1,25—2 bezw. 3—4 kg pro Ar. Werden die Pflänzchen bis zu ihrer endgiltigen Verwendung im Saatbeet belassen, so genügt die Hälfte der angegebenen Mengen.

Die Aussaat erfolgt am besten aus der Hand, es sind aber hiezu geübte und zuverlässige Arbeiter, am besten solche von jüngerem Alter zu wählen, weil sie am leichtesten in gebückter Stellung arbeiten.

Nach der Saat werden die Riefen mit lockerer Erde ausgefüllt, entweder durch Beiziehung solcher mit der Harke (Rechen) aus der nächsten Umgebung oder durch Aufstreuen der von auswärts beschafften Erde. — Ist der Boden sehr locker und leicht oder die Witterung trocken, so empfiehlt sich, das Saatbeet hernach festzuschlagen oder mit Hülfe eines Brettes festzutreten.

Das oben schon berührte Bedecken mit einer Lage Moos fördert 187 die Gleichmäßigkeit der Keimung sehr und ist namentlich zu empfehlen, weil die Fichtenkeimlinge ziemlich zart sind und die Weißtanne ein etwas feuchteres Keimbett nöthig hat; bei Beginn der Keimung ist aber die Decke rasch abzunehmen. In sonnigen Lagen oder auf hitzigem sandigem Boden wird es dann nöthig, den Keimpflänzchen in anderer Weise Schutz gegen die Sonnenhitze zu geben, insbesondere den Weißtannen, deren Stengelchen in Berührung mit heißem Sandboden rasch austrocknen und verwelken. — Diesen Schutz giebt man am einfachsten durch 1½—2 m hohe, möglichst dicht belaubte Aeste, welche seitwärts längs der Saatbeete eingesteckt oder auf ein Stangengerüst aufgelegt werden, bis die Pflänzchen genügend erstarkt sind und die kühleren Tage ein= treten, wo dann den Pflanzen der volle Lichtgenuß zu verschaffen ist, damit ihre Knospen sich normal entwickeln und das Holz genügend aus= reift. — Die Weißtannen bedürfen eines solchen Schirmdaches zum Schutz gegen Spätfröste, so lange sie in der Saatschule sind.

Ist ein Reif gefallen, so kann man den nachtheiligen Folgen des=selben begegnen, wenn man die betroffenen Pflänzchen vor Sonnenauf=gang stark mit Wasser übergießt.

Außerdem müssen die Saatbeete den Sommer über von Unkraut rein gehalten und mehrmals gelockert werden, um so öfter, je schwerer und bindiger der Boden ist; oder man deckt die Zwischenräume zwischen den Riefen 4—5 cm hoch mit Moos oder Gras, wobei aber Vorsorge zu treffen ist, daß solches nicht in die Riefen übergreift, weil es dann den jungen Pflänzchen schadet.

Weitere Gefährdung droht von verschiedenen Thieren, zunächst den Mäusen, welche dem Fichtensamen nachstellen; sodann von Vögeln, namentlich Finken, welche das auf der Spitze der Samenlappen ruhende Samenkorn abbeißen und damit der jungen Keimpflanze die nöthige Nahrung entziehen. — Die Mäuse (aber nicht die Maulwürfe) müssen weggefangen und die Vögel geschossen und verjagt werden, am besten verschiebt man die Saat bis nach der Strichzeit derselben.

Im Winter leiden namentlich die flachwurzelnderen Fichten durch Ausziehen vom Frost, deßhalb werden die in Riefen gesäeten bei der letzten Lockerung etwas angehäufelt, indem man die Erde beiderseits an die Pflänzchen heranzieht, während man in die Vollsaaten feinere Erde einstreut, doch so, daß die Pflänzchen in ihrer oberen Hälfte frei bleiben.

188   Wo es sich um die Erziehung gut bewurzelter und gehörig erstarkter Pflänzlinge handelt, da kommt man mit den in den Saatbeeten erzogenen nicht zum Zweck, namentlich nicht bei der Tanne, und ist man deßhalb genöthigt, dieselben in eine freiere Stellung ins Pflanz=beet zu bringen, zu verschulen, wie dieß schon oben (93) für die Kiefer gelehrt wurde. Hier sind daher nur noch einige durch die Natur der Fichte und Tanne gebotenen Abweichungen darzustellen.

Die Bodenvorbereitung hat nur auf eine Tiefe von 20—25 cm zu erfolgen, damit das Wurzelsystem sich nicht zu tief entwickeln kann, was die Kosten der Pflanzung unnöthig steigert. Da es sich sodann meist um bindigeren Boden handelt, so ist schon deßhalb die Anwendung von sogen. Füll= oder Kulturerde, mit der man die gezogenen Furchen nach Einlegen der Pflänzchen ausfüllt, als zweckmäßig zu empfehlen, weil man damit auch in nässerem, für sich allein unzugänglichem Boden fort=arbeiten kann. Außerdem läßt sich auf diese Weise auch die Bildung eines auf kleinsten Raum beschränkten Wurzelsystems erreichen, weil sich dieses vorherrschend nur in der besseren Erde entwickelt, und nicht genöthigt wird, in weiter Entfernung die Nährstoffe aufzusuchen.

Um bei der Arbeit das nachtheilige Festtreten des Bodens zu vermeiden, benützt man auch sogen. Laufdielen; oder man bearbeitet den Boden unmittelbar vor dem Einsetzen der Pflänzlinge jeweils nur in einem langen Streifen, nicht breiter als der Abstand der Reihen dieß bedingt.

Zum Verschulen verwendet man zweijährige Fichten und 2—3jährige Weißtannen, weil sich bei diesen erfolgreicher auf Concentrirung des Wurzelsystems einwirken läßt, als bei einjährigen, und es sind demgemäß, wenn nöthig, namentlich die etwa allzulangen Pfahlwurzeln vor dem Einsetzen zurückzuschneiden. In Ermanglung von Saatschulpflanzen verwendet man namentlich bei der Tanne sogen. Findlinge (198). — Hiebei wie in allen übrigen Fällen werden die Pflanzen nach ihrer Größe gesondert.

Der für die Pflanzschule zu wählende Verband richtet sich hauptsächlich nach der Dauer des Verbleibens der Pflänzlinge auf der gegebenen Stelle; die Fichten werden gewöhnlich 3—4jährig, die Tannen 4—5jährig verwendet und haben also beide 1—2 Jahre im Pflanzbeet zu verbleiben. Ein dreijähriges Belassen derselben ist nicht zu empfehlen, weil sich in dieser Zeit die Wurzeln allzusehr in die Tiefe entwickeln. — Gewöhnlich wählt man eine Entfernung der Reihen von 12—20 cm und in denselben eine solche von 4—6 cm, bei Weißtannen etwas weiter. Auf einen Arbeitstag können durchschnittlich etwa 1000 Stück zum Verschulen gerechnet werden.

Bedarf man ausnahmsweise stärkerer Pflänzlinge, so müssen solche noch einmal verschult und dabei in den Wurzeln beschnitten werden; für diesen Fall ist dann ein Reihenabstand von 30 cm und 15—20 cm Entfernung in den Reihen zu geben.

Auch hier ist der Boden den Sommer über 2—3mal zu lockern und von Unkraut rein zu halten, oder es sind die Zwischenräume zwischen den Reihen mit Moos, Laub oder Gras zu decken, letzteres vor der Samenreife geschnitten.

Beim Ausheben der Pflanzen hat man mit aller Vorsicht zu verfahren und darf namentlich der nasse, bindige Boden nicht allzurasch abgeschüttelt werden, weil dabei die feineren Wurzeln abreißen. Es soll nie mehr als der Bedarf für $\frac{1}{4}$—$\frac{1}{2}$ Arbeitstag auf einmal ausgehoben werden.

189   Ist man genöthigt Pflanzen zu kaufen, so hat man zunächst auf
deren Gesundheit und normale Entwicklung zu sehen, wobei aber ein
allzu üppiges Wachsthum, z. B. ein Höhentrieb von mehr als 25 cm,
nicht mehr erwünscht ist. Ein reichlicher Ansatz von Seitenwurzeln
und ein Zurücktreten der Pfahlwurzel ist die Hauptsache, wogegen die
Entwicklung der oberirdischen Theile mehr in den Hintergrund treten
darf, so lange kein eigentliches Kränkeln durch gelbe Nadeln, schwache
Knospen, mangelnde Höhentriebe ꝛc. bemerklich wird. Daß dabei die
Wurzeln, wenigstens die wichtigeren, frisch und saftig sein müssen, nicht
vertrocknet sein dürfen, versteht sich von selbst. — Als mäßig gestellte
Preise sind anzusehen für zweijährige unverschulte Fichten 1—1,50 Mk.
pro 1000, für dreijährige unverschulte 2—3 Mk., verschulte 4—5 Mk.,
für vierjährige verschulte 6—8 Mk.; die Weißtannen sind um 30—
50 Prozent theurer.

    Für den Bedarf der verschiedenen Kulturorte hat man die Pflänz=
linge entsprechend zu sondern; die schönsten und bestentwickelten werden
zu Nachbesserungen und auf verrastem Boden verwendet, während
man auf bearbeitetem oder sonst unkrautfreien Boden schwächere Pflanzen
nehmen kann und die kleinsten unter Schutzbestand kommen. Kümmernde
und schlecht entwickelte Individuen werden zurückgestellt und nochmals
verschult, wo sie sich bei guter Behandluug in 2—3 Jahren vollständig
erholen, namentlich die Weißtannen.

190   Wie schon mehrfach angedeutet, hat man es bei Fichte und Tanne
mit ganz anderen Böden zu thun wie bei der Kiefer, auch sind die zu
verwendenden Pflanzen meist älter, so daß deßhalb das Pflanzgeschäft
meist ein wesentlich anderes wird.

    Bei der Fichte hat man zwar auf sandigeren Böden noch da und
dort die Spalt= oder Klemmpflanzung, wobei man ähnlich ver=
fährt, wie bei der Kiefer (105) beschrieben wurde, und wozu man, da
die Fichte nur flach eingesetzt werden darf, das Buttlar'sche keil=
förmige kurze Pflanzeisen mit gebogenem Handgriff oder das sogen.
Pflanzbeil von Preuschen verwendet, welches die Arbeit des Löcher=
machens sehr erleichtert.

    In den meisten Fällen aber muß man die Pflanzlöcher sorgfältiger
vorbereiten und mit der Hacke einzeln herstellen, wobei man zunächst
den oberen Unkrautfilz flach abschält und gesondert bei Seite legt; dann
wird die Stelle durchgehackt, die gelockerte Erde aber nicht herausgeschafft,
weil sie sich in den umgebenden Bodenüberzug leicht verliert. Größere
Steine, Wurzeln u. dergl. werden ausgehoben und bei Seite gelegt;

es ist aber stets vorzuziehen, wenn man solchen Hindernissen bei der Wahl der Pflanzstellen ausweicht, ebenso empfiehlt es sich, dieselben nicht zu nahe an ausschlagfähige Stöcke, an Buschholz, starke Grasbüsche 2c. heranzurücken. Wenn man trotz solcher Hindernisse die Regelmäßigkeit des Verbandes strenge aufrecht erhalten will, so kostet dieß den Waldbesitzer unverhältnißmäßig viel, ohne dem Bestand wesentlich zu nützen.

Das Einsetzen der Pflänzlinge wird auf mildem, gut durch 191 gearbeitetem und nicht zu nassem Boden in folgender Weise vorgenommen: die Arbeiterin, welche in einem mit feuchtem Moos gefüllten Korb die Pflanzen mit sich führt, nimmt eine davon zur Hand, schafft mit der anderen Hand in der gelockerten Erde Raum für deren Wurzeln, indem sie an die eine Wand des Pflanzloches eine Schicht möglichst guter Erde leicht andrückt; daran werden die Wurzeln angelegt und von der andern Seite wieder mit einer Lage guter Erde bedeckt, welche satt angedrückt werden muß, daß zwischen und neben den Wurzeln kein hohler Raum bleibt; sind dieselben aber schon mehr erstarkt, so füllen sich die Zwischenräume nicht so leicht, es ist dann nothwendig, während des Anfüllens der Erde die Pflanze zu schütteln, damit sich die feineren Bodentheile zwischen die Wurzeln einschieben. — Der noch verbleibende leere Raum des Pflanzloches wird nun mit der übrig gebliebenen rauheren Erde und dem verkehrt (die obere Seite nach unten) einzulegenden Rasen ausgefüllt, wobei das gewöhnlich übliche Einstampfen und Festtreten unnöthig ist; es genügt das Festdrücken mit der Hand.

Beim Einsetzen beider Holzarten, namentlich der Fichten, ist mit aller Strenge darauf zu halten, daß sie nicht tiefer in den Boden zu stehen kommen, als sie früher gestanden haben. Diese wichtige Regel wird nur wenig beachtet, was dann ein längeres Kümmern der betr. Pflanzen zur Folge hat, welche sich erst nach einigen Jahren erholen, wenn sie zuvor oberhalb der alten Wurzeln am eigentlichen Stamm neue flachstreichende Wurzeln gebildet haben, während indessen in den tieferen Schichten die älteren absterben.

Auf felsigem oder steinigem Boden fehlt in den Pflanzlöchern 192 meist die nöthige Feinerde; auch auf stark verrasten Stellen tritt dieser Fall ein; anderwärts wird das Einsetzen der Pflanzen erschwert durch die Beschaffenheit des Bodens, welcher bald zu naß und klumpig, bald zu fest und starr ist. Unter diesen Umständen empfiehlt sich die Zuhülfenahme von besonders zubereiteter Kultur- oder Füllerde,

welche man jeder einzelnen Pflanze mitgiebt, um ihre Wurzeln sorg=
fältig darin einzubetten.

Derartige Kulturerde wird das Jahr zuvor hergerichtet und ver=
wendet man dazu die beste auf der Kulturfläche vorhandene Erde, welche
aufgegraben, von Wurzeln, Steinen, Unkraut gereinigt und tüchtig ge=
lockert, hernach aber in Haufen möglichst gleich über die Kulturstelle
vertheilt aufgeschüttet wird. Läßt sich ohne zu große Kosten Waldhumus,
Asche, Kohlenklein 2c. beimischen, so ist dieß gut.

Wo aber der Boden zu thonhaltig und bindig ist, so daß er durch
die angegebene Bearbeitung und den nachfolgenden Winterfrost nicht
mild genug würde, da nimmt man noch das Feuer zu Hülfe, um die
sogenannte Rasenasche zu gewinnen. Zu diesem Zweck werden
8—12 cm dicke Rasenplaggen abgeschält, an der Sonne getrocknet und
dann mit etwas zugegebenem geringem Holz in meilerartigen Haufen
gebrannt, wobei eine lockere, durch die beigemischte Holzasche verbesserte
Erde entsteht. Dieselbe muß den Winter über mit Rasen, Nadelreis
oder Aehnlichem gegen allzustarke Nässe geschützt werden.

Schon bei Zubereitung der Kulturerde und Rasenasche ist Vor=
sorge zu treffen, daß dieselbe möglichst nahe am Ort der Verwendung
erzeugt und die betr. Haufen deßhalb gleichmäßig über die Kulturfläche
vertheilt werden, weil hauptsächlich die Verbringung derselben auf
größere Entfernungen (über 100—150 Schritte) die Arbeit vertheuert. —
Es empfiehlt sich nicht, die Kulturerde zum Voraus in die Pflanzlöcher
schütten zu lassen, weil dabei leicht zu viel gegeben wird und sich ein
Theil nutzlos zerstreut. Viel zweckmäßiger ist es, wenn man den mit
dem Einsetzen der Pflanzen betrauten Arbeitern in leicht zu handhaben=
den kleinen Körben die Erde mitgiebt, in welcher sie dann auch zugleich
die Wurzeln der Pflanzen vorläufig einschlagen können. Um aber den
Fortgang der Pflanzung nicht zu stören, ist es nothwendig, die Bei=
schaffung und Vertheilung der Erde an die einzelnen Arbeiterinnen
durch besonders dazu anzustellende Personen besorgen zu lassen.

193   Der zu wählende Verband darf bei der Tanne etwas weiter
genommen werden als bei der Fichte, weil diese wegen ihres flach=
gehenden Wurzelsystems möglichst baldigen Schluß der Kultur verlangt;
es wird dieß bei etwas weiterem Verbande theilweise wenigstens da=
durch erreicht, daß man in den Reihen enger pflanzt, und lieber dann
die Reihen etwas weiter auseinanderrückt. Die Entfernung von 2 m
soll in dieser Richtung das äußerst Zulässige sein und kann man dann
in den Reihen auf 0,6—0,8 m herabgehen. Da aber beide Holzarten

schon frühzeitig sehr werthvolle Sortimente (Hopfenstangen, Rebpfähle ꝛc.) liefern, welche in vielen Gegenden den Mehraufwand einer engeren Pflanzung reichlich decken und verzinsen, so darf man keinen so weiten Verband wählen, daß dadurch der Ertrag an diesen Sortimenten ge= schmälert würde.

Die Ballenpflanzung mit 2—4jährigen Fichten und Tannen 194 wird ähnlich behandelt, wie oben (109) beschrieben ist, nur wendet man Bohrer mit größerer Lichtweite an. Es werden aber namentlich bei verspäteten Nachbesserungen auch noch erheblich stärkere Pflanzen mit dem Ballen versetzt. Diese hebt man dann mit zwei starken Spaten aus, welche von zwei einander gegenüberstehenden Arbeitern, etwa 15 bis 25 cm von der Pflanze entfernt, rings um dieselbe herum successive in den Boden gestoßen werden, wobei derselbe zugleich sanft in die Höhe gehoben wird, bis der Ballen vollständig abgelöst weggenommen werden kann; dabei ist es aber zu vermeiden, die Pflanze oben anzu= fassen und zu heben, man muß zu dem Zweck stets nach dem Ballen und unter denselben hinunter greifen, und um so vorsichtiger damit umgehen, je schwerer derselbe ist. Die Verwendung von 1—1½ m hohen Ballenpflanzen ist bei sehr verspäteten Nachbesserungen wohl noch zulässig, wenn dabei ein entsprechend weiter Verband bis zu 2×2 m gewählt wird, was wegen des Kostenpunkts nothwendig ist; denn 1000 Stück derartiger Pflanzen kosten mindestens 15 Mk. einzusetzen. Auch da, wo Schneedruck zu fürchten, dürfen keine so großen Pflanzen genommen werden.

Beim Setzen der Ballenpflanzen wird auf der Pflanzstelle nur das Gras oder die sonstige Bodendecke beseitigt, dann die Pflanze mit dem Ballen senkrecht darauf gestellt, leicht angetreten und durch Bei= ziehung des abgeräumten Ueberzugs oder von lockerer Erde angehäufelt und befestigt.

Eine andere, hauptsächlich auf nassen Stellen und deßhalb meist 195 bei Fichten zur Anwendung kommende Pflanzmethode ist die Hügel= pflanzung oder Obenaufpflanzung. Zu derselben bedarf man zu= nächst ein größeres Quantum Kulturerde, wovon jede Pflanze, je nach ihrer Größe, etwa 0,01—0,03 kbm (⅓—1 Kubikfuß) mit bekommt. Diese Erde wird an der Pflanzstelle als ein kegelförmiger Haufen auf den Rasen oder der Moosdecke aufgeschüttet; dann von einer anderen, mit dem Einsetzen der Pflanzen beauftragten Person durch leichtes Aus= einanderziehen der Erde, wobei aber nicht auf die Bodendecke durch= gedrungen werden darf, für die Wurzeln ein entsprechender Raum ge=

schafft; hernach wird die Pflanze eingesetzt und die Erde wieder in die
Kegelform gebracht, worauf der Haufen noch einen von zwei Rasen ge=
bildeten Mantel erhält, welcher denselben vollständig umschließt, so daß
der eine längere Rasenstreifen noch etwas über den anderen hinüber=
greift. Wo keine Rasen zu beschaffen sind, oder die Arbeit dadurch zu
theuer kommt, wird auch mit Moos 2c. gedeckt. Für die Fichte ist
dieses vom Oberforstmeister von Manteuffel angegebene Verfahren
besonders zu empfehlen, weil es die oberflächliche Entwicklung des
Wurzelsystems begünstigt; es kann aber bei allen übrigen Holzarten
zur Anwendung kommen, namentlich auf stark verfilztem Boden.

Auch ein minder dichter Rasen auf Waldwiesen hemmt noch das
Gedeihen der Fichtenpflanzungen, weil er den Luftzutritt zu den Wurzeln
abschließt; unter solchen Verhältnissen ist die Pflanzung auf umge=
legten Rasenplaggen oder Plaggenpflanzung zu empfehlen.
Es werden etwa 10 cm dicke und 0,3 m im Quadrat messende Rasen=
stücke ausgestochen, oder besser mit der Plaggenhaue ausgehauen und
mit dem Rasen nach unten auf die Pflanzstelle gelegt, wo sie je nach
der Dichtheit des Rasens $\frac{1}{2}$—1 Jahr bis zur Pflanzung liegen müssen,
damit die untere und die obere Grasnarbe abstirbt und in Verwesung
treten kann. In die Mitte dieser Plagge wird sodann mit dem Hohl=
bohrer oder dem Spiralbohrer das Pflanzloch eingebohrt und zwar
so tief, daß es noch in die untere feste Bodenschicht eindringt; ebenso
tief soll auch beim Einsetzen der Pflanze die unterste Wurzelspitze hinab=
reichen. — Leidet die betr. Pflanzstelle an oberflächlicher Nässe, so
werden die Plaggen in zusammenhängenden, dem Gefäll folgenden
schmalen Streifen ausgehoben, damit das Wasser leichter Abfluß findet.

196   Die Büschelpflanzung, wobei man eine größere Zahl 2 bis
4jähriger Fichten unmittelbar aus dicht besetztem Saatbeet ins Freie
verpflanzte, so daß oft Büschel mit 20 und mehr Stück in ein Pflanz=
loch eingesetzt wurden, hat man ganz aufgegeben; dagegen werden nun
höchstens 3—4 Stück aus dünn besäeten Riesen entnommene Pflänzchen
in einem der durch die an den Wurzeln verbleibende Erde zusammen=
gehaltenen Büschel verwendet; auch werden solche Büschel in Pflanzbeeten
besonders erzogen. — Dieses in seinem Erfolge sehr sichere Verfahren
eignet sich für solche Orte, wo die jungen Pflanzen vielen Gefahren
vom Weidevieh, Wild, Rüsselkäfer 2c. ausgesetzt und die Nach=
besserungen erschwert sind, oder wo ein baldiger, dichter Schluß her=
gestellt werden muß; es kommt außerdem eigentlich nur bei der Fichte
zur Anwendung.

Als Pflanzzeit empfiehlt sich das Frühjahr, bei der Fichte kann 197 die Arbeit noch fortgesetzt werden, bis die Pflanzen zu treiben anfangen; bei der Tanne muß man aufhören, wenn die Knospen stärker zu schwellen beginnen. In trockenen, sonnigen Lagen ist die Herbstpflanzung vorzuziehen; dabei darf man aber nicht über die Mitte Oktobers hinauskommen; wenn man Ende August und Anfang Septembers bei feuchtem Wetter pflanzen kann, so ist dieß von günstiger Wirkung, weil die Pflanzen dann im Herbst noch frische Wurzeln treiben. Ballenpflanzung ist weniger an eine bestimmte Jahreszeit gebunden.

Die Kosten der Pflanzenerziehung und Pflanzung 198 sind bei der Weißtanne durchweg namhaft höher als bei der Fichte; zunächst ist der Preis des Fichten-Samens in Rücksicht auf die Zahl der keimfähigen Körner viel billiger und es erfordert die Fichte auch keine so aufmerksame Behandlung und Pflege wie die Weißtanne. Zieht man nur die Baarauslagen in Betracht und läßt man die Bodenrente außer Ansatz, so kann man in Vollsaatbeeten einjährige Fichten um 15—20 Pf. pro 1000 erziehen; in Riesensaaten kommen sie mindestens dreimal so theuer, sind aber auch um so viel besser; zweijährige unverschulte Pflänzlinge kosten um 30/50 Prozent mehr; die dreijährigen sind zwar noch mit weiteren Ausgaben belastet, gehen aber in der Qualität erheblich zurück. Das Verschulen kostet pro 1000 selten weniger als 1 Mk., es treten noch Ausgaben für Reinhalten und Lockerung des Bodens hinzu, welche sich meist während zwei Jahren wiederholen und sich jährlich auf 10—20 Pf. pro 1000 stellen, je nachdem der Boden graswüchsiger und bindiger ist; dann kommt auch noch das Ausheben welches mindestens 25 Pf. kostet, so daß der billigste Selbstkostenpreis pro 1000 dreijähriger verschulter Fichten auf etwa 1,50 Mk., bei vierjährigen auf 2 Mk. sich stellt, wobei ein Tagelohn für Frauen und Kinder von durchschnittlich 1 Mk. angenommen ist. Rechnet man für die Benützung des Bodens noch ein Pachtgeld, so erhöhen sich obige Erzeugungskosten um 50—80 Prozent.

Die Pflanzung ins Freie stellt sich auch sehr verschieden je nach dem Alter der Pflänzlinge und dem Zustand des Bodens. Auf wundem lockerem Boden, im Waldfeld, oder unter Schutzbestand kann man mit Hülfe des Buttlar'schen Pflanzeisens oder des Pflanzbeils von Preuschen 1000 Stück um 1,5—2,0 Mk. einpflanzen, und dabei manchmal auch noch unverschulte, aber in Riesen erzogene 2—3jährige Pflanzen verwenden. Unter entgegengesetzten Verhältnissen, namentlich auf sehr verwildertem unkrautwüchsigem oder sehr steinigem, felsigem Boden, wo

Kulturerde in größerer Menge nöthig wird, steigen die Kosten manch=
mal aufs 4—5fache, weil man größere Pflanzen und deßhalb größere
Pflanzlöcher, vielfach auch stärkere Arbeiter mit 1,50—2 Mk. Tagelohn
braucht. — Stärkere, 0,8—1,2 m hohe Ballenpflanzen kosten pro 1000
10—20 Mk., wobei noch vorauszusetzen ist, daß sie in nächster Nähe
zu haben und somit nicht weit zu transportiren sind. Etwa ebenso
hoch stellt sich die Manteuffel'sche Hügelpflanzung, wogegen die Büschel=
pflanzung bezüglich der Kosten mit der Einzelpflanzung ziemlich über=
einstimmt.

Bei der Weißtanne ist schon die Erziehung in den Saatbeeten
viel theurer, man wird 1000 einjährige Pflanzen nicht unter 1 Mk.
beschaffen können; deßhalb empfiehlt es sich bei ihr sogenannte Findlinge
zu verwenden, die sich oft in großer Menge an Wegrändern und
sonstigen Lichtungen finden; man läßt die 2—5jährigen Pflänzchen bei
weichem Boden vorsichtig ausziehen und nach ihrer Größe sortiren,
eine Arbeit, welche an zuverlässige Personen im Accord vergeben wird,
und hat man dann je nach der größeren oder geringeren Häufigkeit
dieser Findlinge etwa 25—50 Pf. pro 1000 zu bezahlen. — Dieselben
oder die zweijährigen in Saatbeeten erzogenen Pflänzlinge werden so=
dann verschult, wobei ihnen aber mehr Raum zu geben ist als den
Fichten; außerdem können sie nur unter Schutzbestand jünger als vier=
jährig verpflanzt werden; wenn man namentlich auf unkrautwüchsigem
Boden ganz sicher gehen will, so hat man fünf= und sechsjährige
Pflanzen nöthig, welche zum zweitenmal verschult werden müssen, und
darum schon aus diesem Grund sehr hoch zu stehen kommen, außerdem
aber noch viel größere Löcher und viel mehr Kulturerde verlangen,
weßhalb man eine derartig theure Kultur lieber umgeht, und mit
anderen Holzarten nachbessert; das 1000 5—7jährige, zwei Mal ver=
schulte Pflanzen kommt unter besonders schwierigen Verhältnissen mit
Erziehung und Einsetzen auf 30—40 Mk. und 1 ha bis zu 150 Mk.,
was sich eigentlich nie rentiren kann. Muß man unbedingt einen
Tannenbestand heranziehen, so läßt sich dieß wohl viel billiger dadurch
erreichen, daß man auf 6—8 m Entfernung Tannen mit Ballen ver=
setzt und dazwischen Fichten, Kiefern oder Lärchen einmischt, welche man
dann aus Anlaß der Durchforstungen nach und nach wieder redu=
ziren kann.

Bei der Fichte soll in denjenigen Gegenden, wo Rebstecken und
Hopfenstangen gut verwerthbar sind, ein möglichst enger Verband ge=
wählt werden, oder man läßt je in die dritte, vierte Stufe zwei

Pflanzen einsetzen, was sich in der vermehrten Ausbeute von jenen werthvollen Sortimenten reichlich wieder bezahlt macht. Unter Umständen, namentlich auf gutem Boden, ist dagegen die Grasnutzung durch einen möglichst weiten Verband zu begünstigen.

Die neu begründeten Fichten- und Weißtannenbestände sind zunächst 199 vom Fraß des Fichtenrüsselkäfers bedroht, Curculio pini, welcher die jungen Pflanzen äußerlich an der Rinde stark benagt, so daß sie absterben. Derselbe hat seine Brutstätte in Stöcken und Wurzeln, am liebsten hält er sich in Kiefernstöcken auf; deßhalb ist es nothwendig, vor Beginn der Kultur die Stöcke und Wurzeln sorgfältig zu roden und die Schläge auseinander zu rücken, nicht Jahr um Jahr neben einander zu legen, damit er sich weniger leicht vermehren kann. Pflanzen, welche in Lehmbrei geschlämmt sind, geht er weniger an, so lange der Lehm an denselben haftet; deßhalb ist das Einschlämmen ein weiteres Vorbeugungsmittel. Von Füchsen, Mardern, Staaren, Krähen ꝛc. wird der Käfer gerne gefressen, weßhalb man diese auch sonst nützlichen Thiere schonen soll. Der Käfer ist fast während der ganzen Vegetationszeit den jungen Pflanzen gefährlich; im April, Mai und Juni fressen noch die vorjährigen Individuen, während Ende Juni und im Juli die junge Generation in großer Zahl auftritt und fast bis zum Beginn der Winterkälte thätig bleibt.

Die Vertilgung erfolgt durch Sammeln, entweder in besonders angelegten, etwa 30 cm tiefen und 10—15 cm breiten Gräben, auf deren Sohle in Entfernungen von 4—5 m Fanglöcher von 15 bis 20 cm Tiefe angebracht sind und wohin sich die Käfer namentlich bei sonstigem Mangel eines Bodenüberzugs gerne zurückziehen. Ebenso sammeln sie sich zahlreich unter ausgelegten, frisch geschälten Rindestücken oder im Saft gefällten frischen Knüppeln, die theilweise entrindet sind. Zu diesem Zweck müssen dieselben auf wunden Boden gelegt werden, in welchem eine kleine Vertiefung angebracht ist; auch sind die Rinden mit Steinen ꝛc. zu beschweren, damit sie sich nicht zusammenrollen, und wird unter dieselben schwaches Nadelreisig auf den Boden gestreut, welches die Käfer anlockt.

Die Fanggräben und die ausgelegten Rinden, Kloben ꝛc. werden jeden Morgen möglichst früh abgesucht und dabei die Käfer sorgfältig gesammelt und unter Controle getödtet. Die Sammler werden dem Stück nach bezahlt, je nach dem häufigeren oder selteneren Auftreten des Insekts mit 20—50 Pf. pro 100.

200   In späterem Alter, bei 50= und mehrjährigen Beständen sind haupt=
sächlich der Fichten= und Tannenborkenkäfer zu fürchten.

Ersterer, Bostrychus typographus, in Verbindung mit dem minder
zahlreich vorkommenden Bostrychus chalcographus ist namentlich
wieder zu Anfang dieses Jahrzehents in den zuvor vom Sturm heim=
gesuchten Fichtenbeständen verheerend aufgetreten. Seine Entwicklung
beginnt damit, daß die Käfer im März, April und Mai, an sonnigen
Tagen schwärmen, sich in die Rinde einbohren und da begatten, worauf
das Weibchen unter der Rinde die Muttergänge bohrt, zu deren
beiden Seiten die Eier abgelegt werden. Aus diesen entwickeln sich
nach 2—3 Wochen die Maden, welche in Seitengängen fressen und so
den Zusammenhang zwischen Rinde und Holz unterbrechen, wodurch
der Baum zum Absterben gebracht wird. Im Juli und August ver=
puppt sich die Larve und der Käfer fliegt sodann in günstigen warmen
Jahren in diesen Monaten noch aus, um neue Brut abzulegen. Ver=
zögert sich aber die Entwicklung, so bleibt er entweder den ganzen Winter
über in der Rinde, oder er kriecht zwar aus, und überwintert dann
im Moos, unter Rindenschuppen 2c.

Dieses sehr schädliche Insekt hat nur wenige Feinde und bleibt
seine Vertilgung hauptsächlich menschlicher Thätigkeit überlassen; da es
sich nun unter günstigen Verhältnissen außerordentlich stark vermehrt,
so ist vor Allem darauf hinzuwirken, daß es nie in größerer Zahl vor=
handen sein kann, daß man ihm also zunächst die von ihm besonders gerne
angenommenen Brutplätze entzieht; es sind dieß gefällte unentrindete
Stämme, welche längere Zeit in den Schlägen liegen bleiben, Wind=
würfe und vom Wind geschobene oder kümmernde kränkliche Bäume;
diese müssen in Fichtenbeständen möglichst rasch beseitigt oder doch gefällt
und entrindet werden; fleißige Wiederholung und sorgfältige Ausführung
der Durchforstungen ist ebenfalls zu empfehlen, um ihm seine ge=
wöhnlichen Brutstätten möglichst zu entziehen, von denen aus er sich
bei günstigen Verhältnissen außerordentlich rasch verbreitet und dann
die gesunden und frohwüchsigen Bestände mit verderblichstem
Erfolge befällt.

201   Das Vorhandensein des Käfers wird an stehenden Stämmen zu=
nächst durch das beim Einbohren herausgeschaffte Bohrmehl, welches an
Rindenschuppen, Flechten 2c. hängen bleibt, später durch das Absterben
und Rothwerden der Nadeln bemerklich; es müssen dann solche Stämme
unverzüglich gefällt und entrindet werden, wobei man allerdings oft zu
spät kommt, nachdem der Käfer bereits ausgeflogen ist. Das Schutz=

personal muß zu dem Zweck genau unterrichtet werden und die größte Aufmerksamkeit diesem Auftreten des Insektes zuwenden.

Um aber volle Gewißheit sich zu verschaffen, ob und wo der Borkenkäfer in bedrohlicher Zahl auftrete, läßt man Fangbäume werfen, oder benützt bereits gefälltes unentrindetes Holz zu diesem Zweck. An solchen Orten, wo der Käfer in den vorhergegangenen Jahren bemerkt wurde, oder wo derselbe gerne auftritt, in der Nähe von Windbruchlücken, an sonnigen, warmen Stellen, Schlagrändern ꝛc., werden vor Beginn der Flugzeit einzelne, womöglich unterdrückte Fichten gefällt, sofort entwipfelt und entastet. Wenn Käfer vorhanden sind, so darf man sicher sein, daß sie sich in diese Fangbäume einbohren und die Eier ablegen, was bei den fleißig vorzunehmenden Revisionen leicht zu bemerken ist. Sobald nun die Eier abgelegt sind, und ein neuer Einflug nicht mehr erfolgt, kann mit dem Entrinden der Fangbäume begonnen werden; dasselbe muß nothwendig beendigt sein, ehe das Insekt flugreif wird. Hiebei ist um so mehr Vorsicht anzuwenden, je weiter die Entwicklung vorgeschritten; sind die Larven noch ganz jung und zart, so sterben sie der Sonne ausgesetzt in kurzer Zeit; in der Regel sind aber verschiedene Entwicklungsstufen des Insekts in einem Stamm vertreten und da die weiter vorgerückten in günstigen Verhältnissen sich auch nach der Ablösung der Rinde zu Käfern entwickeln können, so ist es zur vollen Sicherung des Erfolges geboten, zunächst beim Entrinden Tücher unterzulegen und hernach die Rinde zu verbrennen.

Tritt der Borkenkäfer in größerer Zahl auf, so bleibt auch kein 202 anderes Mittel als entsprechende Vermehrung der auszulegenden Fangbäume und pünktliches rechtzeitiges Entrinden derselben. Unentastete Fichten lassen sich nur in dem Fall zu Fangbäumen benützen, wenn sie noch durch einzelne Wurzeln mit dem Boden in Verbindung stehen; andernfalls werden sie vom Käfer nicht angegangen, weil sie zu rasch austrocknen. — Bei größerem Fraß verschieben sich aber die Flugzeiten und kommen dann häufig in einem Sommer zwei oder drei Generationen neben einander vor, was also ganz besondere Aufmerksamkeit und Thätigkeit bei den Fangbäumen erheischt.

Andrerseits hat der Wirthschafter auch noch darauf zu sehen, daß die nebenbei befallenen stehenden Fichten vor Ausflug des Käfers gefällt und entrindet werden; dieß erhält auch das Holz gut, welches andernfalls an Qualität erheblich verliert, wenn es stehend abstirbt, und noch mehr, wenn es in diesem Zustand länger stehen bleibt.

Der Tannenborkenkäfer, Bostrychus curvidens, hat eine, 203

dem vorigen ganz ähnliche Entwicklung und Lebensweise, nur kommt ein zweimaliges Schwärmen im gleichen Sommer nicht vor, dagegen braucht das Weibchen zum Ablegen der Eier viel länger, so daß dasselbe manchmal am einen Ende des Mutterganges noch frische Eier legt, während am entgegengesetzten Ende die Brut schon flugreif wird. — Im Ganzen ist dieses Insekt weniger schädlich, weil die Weißtanne größere Widerstandsfähigkeit besitzt und weil sein Fraß sich vorherrschend auf die obersten Gipfel beschränkt, wobei die unteren Aeste den befallenen Baum am Leben erhalten.

204   Der Nutzholzborkenkäfer, Bostrychus lineatus, kommt in Tannen und Fichten vor; er unterscheidet sich von vorigen beiden besonders dadurch, daß er sich in das Holz einbohrt und dessen technische Brauchbarkeit dadurch mehr oder weniger beeinträchtigt, da die Larvengänge das Eindringen des Wassers erleichtern und durch ihre schwarze Färbung das Holz verunstalten. Fangbäume sind gegen dieses Insekt weniger anwendbar, weil sie, um es zu vertilgen, verbrannt oder verkohlt werden müßten, was nur ausnahmsweise angeht. Da er auch in den zurückbleibenden Baumstöcken sich zahlreich einfindet, so wäre alsbaldiges Stockroden unmittelbar nach Fällung der Stämme zu empfehlen, wenn man ihm nicht gerade auf diese Weise diejenigen Brutplätze entzöge, wo er am wenigsten schädlich wird. — Am wirksamsten begegnet man ihm durch Fällung des Holzes während der Saftzeit, mit Ausschluß des Spätsommers, und sofortiges Entrinden der Stämme. Kommen solche aber an schattige feuchte Orte zu liegen, so nimmt sie der Käfer doch an, wie das im Winter gefällte Holz.

205   Von den schädlichen Schmetterlingen wird im Raupenzustande die Nonne, Phalaena Bombyx Monacha, besonders der Fichte gefährlich. Der Falter fliegt im August und legt seine Eier in kleineren oder größeren Häufchen unter Rindenschuppen am untern Theil der Stämme ab, wo sie im Herbst und den Winter hindurch gesammelt werden können. Im April und Anfang Mai kriechen die Räupchen aus und bleiben einige Tage hernach in der Nähe ihrer Geburtsstätte außen auf der Rinde familienweise (in Spiegeln) beisammen; während dieser Zeit läßt man diese Spiegel zerreiben, bevor sich die Räupchen zerstreuen und in die Baumkronen wandern, wo sie bis in den Monat Juli hinein stark fressen und sich dann wieder am unteren Theil der Stämme verpuppen, so daß man sie hier sammeln kann; auch die im August ausschlüpfenden Schmetterlinge werden, so lange sie ruhig am Stamme sitzen, gesammelt, doch empfiehlt sich dieß weniger, weil man nie sicher ist, ob die Weib-

chen nicht schon die Eier abgelegt haben; dagegen sind die übrigen Bekämpfungsmittel, Sammeln der Eier und Spiegeltödten sehr zu empfehlen. Neuerdings wendet man auch das oben (127) beschriebene Verfahren des Theerens an, nur muß man die Theerringe etwas höher anbringen, was die Sache ziemlich erschwert.

Dieses Insekt frißt auf verschiedenen Waldbäumen, Fichten, Kiefern, Tannen, Buchen 2c., wird aber nur hauptsächlich der ersteren gefährlich und hat man deßhalb eine sorgfältige Controle darüber zu führen, daß es nie in schädlicher Menge auftreten kann, und nöthigenfalls rechtzeitig gegen dasselbe einzuschreiten. — Die Kiefer erholt sich von dem Fraß der Nonne leichter und ist der Schaden deßhalb weniger intensiv, doch ist die Verfolgung, namentlich das Eiersammeln, wegen der rissigen Rinde schwieriger.

Als vorbeugendes Mittel läßt sich nur die Erziehung gemischter Bestände empfehlen. Auch hat die Nonne wenig Feinde unter den Thieren, hauptsächlich die insektenfressenden Vögel. Ist ein Fraß der Nonne beendigt, so folgt demselben gerne der Borkenkäfer, was also besondere Vorsichtsmaßregeln erheischt.

Wie schon öfter erwähnt, ist die Fichte mehr als jede andere Holz-206 art dem Windwurf und Windbruch ausgesetzt und wenn dieß schon seither in erschreckend großem Umfang der Fall war, wo die aus natürlicher Verjüngung hervorgegangenen etwas unvollkommeneren und unregelmäßigeren, aber eben deßhalb auch widerstandskräftigeren Bestände vorherrschten, so ist dieß für die Zukunft, wenn einmal unsere dicht gepflanzten, vielleicht allzurein und allzuregelmäßig erzogenen Fichtenjungwüchse in die gefährdeten Altersstufen eintreten, noch weit mehr zu fürchten und hat deßhalb jeder sorgsame Wirthschafter gleich bei der ersten Bestandesbegründung auf möglichste Abwendung dieser Gefahren sorgfältigst Bedacht zu nehmen.

Die hiegegen zu Gebot stehenden Mittel sind ziemlich beschränkt, zunächst Einmischung widerstandsfähigerer Holzarten, Tanne, Kiefer, Lärche, Buche 2c., dann Anlage eines correkten Schneißennetzes mit gut abgegrenzten Hiebszügen, in welchen die Verjüngungen von der mindest bedrohten Seite ausgehen und immer der gefährlichen Windrichtung entgegenrücken. Nach dieser Seite hin muß ein möglichst windständiger Waldmantel erzogen und sorgfältig erhalten werden. Um sich diesen an der Eigenthumsgrenze zu sichern, ist es nothwendig, mit der Neukultur von der Grenzlinie entsprechend abzurücken, so daß mindestens ein Streifen frei bleibt in der Breite der künftigen stärksten Beastung, damit diese der Einsprache des Gutsnachbars für alle Zeit gänzlich entzogen bleibt.

An sehr exponirten Stellen empfiehlt sich die stärkere Einmischung windständiger Holzarten oder die Erziehung besonderer Schutzmäntel (357) mit successive nach auswärts sich abstufenden, niedrig bleibenden Holzarten.

In ähnlicher Weise ist jeder einzelne Hiebszug auf beiden Längeseiten mit einem Waldmantel zu erziehen und haben zu dem Zweck die Wirthschaftsstreifen den nöthigen freien Raum zur ungestörten Entwicklung der seitlichen Beastung offen zu halten; dieselben werden, wo es irgend angänglich ist, auf die Hauptabfuhrwege verlegt, und erhalten im Ganzen eine Breite von mindestens 10—15 m, wobei noch darauf zu sehen ist, daß auf dieser frei bleibenden Fläche später, wenn der Bestand einmal das 20. Jahr überschritten hat, kein Graben mehr gezogen werden darf, damit die Wurzeln nicht verletzt werden. Außerdem darf man in der Ebene die Hiebszüge nicht zu breit anlegen, weil die Bestände, je größer sie sind, um so mehr an Widerstandsfähigkeit verlieren.

Ein solcher Hiebszug erhält gewöhnlich in der Ebene annähernd die Richtung von Südost nach Nordwest, weil aus letzterer Himmelsgegend die gefährlichsten Winde kommen. Im Gebirge hat man dagegen auf Grund genauester Lokalkenntniß die Hiebszüge dem Terrain so anzupassen, daß die Winde auf ihrem durch die Höhenzüge und Thalbildungen bedingten Weg denselben so wenig als möglich anhaben können. Deßhalb müssen zunächst die Jahresschläge und Bestandesabtheilungen durch Linien, welche jeweils dem größten Gefäll zu folgen haben, abgegrenzt werden. Die Hiebszüge beginnen dann entweder im innersten Winkel eines Thales und rücken auf den beiden Seitenwänden desselben thalabwärts vor; oder man ist genöthigt, der Schlagfolge die Richtung thalaufwärts zu geben. An sehr hohen Hängen bildet man zwei parallele Hiebszüge, welche durch einen in der halben Höhe des Hanges durchgelegten Wirthschaftsstreifen getrennt werden.

Wo die Thalseiten einen unregelmäßigen Verlauf nehmen und an der Ausmündung der Seitenthäler ist besondere Vorsicht geboten, damit der Hiebszug nicht eine gefährliche Wendung bekommt, und muß man deßhalb auf dem zwei entgegengesetzte Berglehnen scheidenden Rücken jeweils die beiden Hiebszüge zusammenlaufen, oder von da ausgehen und beginnen lassen.

Wenn die gegenwärtigen Bestandesverhältnisse die ununterbrochene

Durchführung der Schlagfolge z. Z. noch nicht gestatten, also ein Theil des Hiebszuges übersprungen werden muß, so wird derselbe hiedurch dem Wind ausgesetzt, und hat man zu Abwendung dieser Gefahr so frühzeitig an der bedrohten Seite einen Loshieb zu führen, d. h. eine Schneiße von 6—10 m Breite durchzuhauen, damit sich hier noch ein windsicherer Trauf bilden kann.

Außerdem ist als ein weiteres Mittel zu Abwendung des Wind=wurfs die rechtzeitige Entwässerung nasser und sumpfiger Stellen zu empfehlen, weil auf solchen die betr. Stämme sonst leicht geworfen werden. Auch gut, namentlich nicht zu schwach ausgeführte Durch=forstungen dienen zur Festigung der Bestände, und kräftigen dieselben noch weiter zum Widerstand gegen den Schneedruck, wogegen es sonst eigentlich kein Mittel giebt.

Die Tannen= und Fichtenverjüngungen werden häufig von Spät=[207]frösten beschädigt, namentlich in kalten engen Thälern, in mulden=förmigen Bodeneinsenkungen oder auf kleineren, von hohem Holz um=schlossenen Flächen. In solchen Oertlichkeiten darf man den Schutzbestand nicht zu früh beseitigen, oder man hat dafür zu sorgen, daß gleichzeitig oder vorausgehend schneller wachsende, weniger empfindliche Holzarten, Kiefern, Birken, Erlen 2c., angezogen werden, unter welchen die Fichten Schutz finden. — Wo dieses Mittel nicht mehr anwendbar ist, hat man möglichst erstarkte Pflanzen oder gar Heister von 1—1$\frac{1}{2}$ m Höhe zu verwenden.

Auf magerem, trockenem Boden stockt das Wachsthum in allzu=dicht besäeten Stellen oder in zu dichten Büscheln und kann man dem nur durch entsprechende nachträgliche Verminderung der Stammzahl abhelfen. In beschränktem Umfang kommt hie die Bodenbearbeitung zur Anwendung; im Großen ist sie aber zu theuer.

Wo ein Stillstand in Folge zu dichten Unkrautwuchses eintritt, kann durch Zwischenpflanzung genügsamer Holzarten abgeholfen werden. Theilweises Abschälen des Bodenfilzes und Umlegen der Plaggen an den Fuß der betr. Pflanzen wirkt sehr günstig, kommt aber meist eben=falls zu hoch zu stehen.

Mit der Fichte und Weißtanne treten öfter auch noch andere Holz=[208]arten auf, welche weniger erwünscht sind, theilweise sogar schädlich werden; diese müssen rechtzeitig, aber nie früher, als bis die Fichte oder Tanne, deren Schutz gegen Frostschaden nicht mehr bedarf, zum Aushieb kommen; aber nur allmählig und nie so, daß der Bestandesschluß für mehr als 2—3 Jahre unterbrochen wird. Mit besonderer Sorgfalt

hat man da vorzugehen, wo die Fichte unter dem Druck der über=
wuchernden Holzart schon mehr gelitten hat, namentlich wenn sie zu
schlank erwachsen ist und sich nicht mehr selbst tragen kann; in solchem
Fall muß sie in der nächsten Umgebung stets auch noch die nöthige
Stütze finden, die vorgewachsenen Kiefern und Birken sind zu diesem
Zweck zunächst nur theilweise zu entasten und erst nach einigen Jahren
ganz zu entfernen. Bei niedrigem Laubholzgebüsch darf auch nie die
Gesammtzahl der auf ein und demselben Stock erwachsenen Ausschläge
zugleich weggenommen werden, weil sofort an ihrer Stelle wieder neue
in reichlicherer Zahl und dichter belaubt hervorbrechen, was verhindert
wird, wenn man die kräftigeren Ausschläge vorerst noch stehen läßt,
wodurch man gleichzeitig für den nächsten Aushieb sich ein werthvolleres
Material sichert.

Wenn Birken eingemischt sind, welche nur einen mäßigen Vor=
sprung vor den Fichten haben, so werden diese von den beweglichen
Aesten und Gipfeln der ersteren gepeitscht und dabei die Rinde ver=
letzt, was die Fichte am wenigsten ertragen kann; deßhalb müssen in
solchen Beständen diejenigen Birken möglichst rasch entfernt werden,
welche in angedeuteter Weise schädlich werden; wogegen die gleich hohen
oder kürzeren mäßig beasteten Birken eine sehr erwünschte Beimischung
geben, weil namentlich die Zwischennutzungserträge dadurch wesentlich
gesteigert werden, ohne den Haubarkeitsertrag zu beeinträchtigen, und
weil sie viel früher als die Fichten hiebsreif werden.

Fast alle (vgl. unten 239) bleibenden Beimischungen zur Fichte
drücken zwar deren Haubarkeitserträge herab (Ausnahme cf. bei 220),
verstärken aber dafür die Widerstandsfähigkeit derselben gegen Wind=
und Insektengefahr, sind deßhalb bis zu einem gewissen Grade zu be=
günstigen, wobei man eine Laubholzbeimischung von $1/6$—$1/4$ für ent=
sprechend hält.

209   Diese Reinigungs= oder Auszugshiebe müssen sich so lange alle
3—6 Jahre wiederholen, bis der junge Bestand von den sich ein=
drängenden Holzarten gänzlich befreit ist, oder doch keine Gefahr mehr
von ihnen zu befürchten hat. Diese Maßregeln verursachen in der
Regel mehr Kosten, als sie einbringen, da sie wegen der sorgfältigen
Behandlung stets im Tagelohn und unter fortwährender technischer
Leitung ausgeführt werden müssen; deßhalb ist es nöthig, zwischen dem
Zuwenig und Zuviel den richtigen Mittelweg zu finden. Kommt man
zu früh und zu oft, so erhält man mehr schwächeres, werthloses Reisig;
im entgegengesetzten Fall aber leidet der Hauptbestand zu sehr unter

dem Druck der sich eindrängenden Holzarten. — Aus Rücksicht auf Kostenersparniß wird das gewonnene Material meist unaufbereitet nur auf Haufen zusammengezogen, jedoch an die Wege ausgerückt zum Verkauf gebracht; oder man überläßt auch das Zusammenziehen und Ausrücken den Käufern, wobei aber die Uebersicht über das zum Verkauf kommende Quantum für beide Theile ziemlich verloren geht und deßhalb weniger erlöst wird.

Diese Hiebe werden allzuhäufig auch noch benützt zur Herstellung einer möglichst großen Regelmäßigkeit und zu diesem Zweck ausgedehnt auf vorgewachsene Stämme der herrschenden Holzarten. Bei der Fichte und noch mehr bei der Tanne ist die Erziehung ganz regelmäßiger Bestände nicht nothwendig und wenn sie durch Aushieb derjenigen Stämme, welche mehr oder weniger Vorsprung vor den anderen erlangt haben, erzielt werden soll, in der Regel sehr unrentabel, da man an Stelle der vorgewachsenen, im besten Zuwachs stehenden Stämme in der Regel nur eine wenigstens zeitweise ertraglose oder gar mit Kosten wieder zu ergänzende Lücke erhält, welche die Unregelmäßigkeit nach der entgegengesetzten negativen Seite hin wieder herstellt.

Bezüglich der Durchforstungen wird auf Abschnitt XX ver= [210] wiesen; doch ist für diese beiden Holzarten noch besonders hervorzuheben, daß sie ziemlich viel Schatten und Druck ertragen, deßhalb also das beherrschte und unterdrückte Material sich nicht so rasch ausscheidet und namentlich nicht so deutlich sich erkennen läßt, wie bei der lichtbedürftigen Kiefer. Hier ist es nun die Aufgabe des Forstmannes, demungeachtet rechtzeitig einzugreifen und den die normale Entwicklung störenden Kampf möglichst abzukürzen oder vielmehr demselben ganz vorzubeugen. Man kommt bei diesen Holzarten und namentlich bei der Weißtanne längst zu spät, wenn man so lange wartet, bis die halb und ganz unterdrückten Stämmchen an ihrem kümmerlichen Wuchs als solche erkennbar sind.

In den ersten 3—4 Jahrzehenten hat allerdings ein etwas gedrängterer Stand seine Berechtigung, wenn sich das Durchforstungsmaterial als Hopfenstangen und Rebpfähle gut verwerthen läßt, weil diese Sortimente astrein erwachsen sein müssen.

Daß bei den beiden letzten Durchforstungen vor Eintritt der Verjüngung die unterdrückten Stämme in der Umgebung der stärksten hiebsreifsten Stämme und der Vorwuchs, dieser überall, zu erhalten ist, wurde bereits oben 179 gesagt. — Ebenso ist das Bodenschutzholz sorgfältig zu schonen.

Der Waldtrauf muß besonders bei Fichten sorgfältig erhalten und behandelt werden, dieß geschieht aber nicht dadurch, daß man ihn unberührt sich selbst überläßt, sondern daß man rechtzeitig die überwachsenen Stämme herausnimmt, damit die zurückbleibenden Raum für eine möglichst kräftige Entwicklung, namentlich in den Kronen bekommen. Daneben soll alles, was den Einfluß des Windes abhalten kann, Gestrüpp, Laubholzausschläge, ebenso wie die nach der bedrohten Seite gerichtete Beastung, sorgfältig geschont werden.

211   Bei der Fichte kommt außer der Holznutzung auch noch ein Ertrag an Harz in Betracht, und wird dasselbe bei ihr in etwas anderer Weise als bei der Schwarzkiefer gewonnen; es werden bei der Fichte mehrere, aber minder breite Lachen angebracht, indem man mit einem bügelförmigen scharfen Messer einen etwa 4 cm breiten Streifen Rinde parallel der Längenachse des Stammes herausschneidet, um den Saft zum Ausfluß zu bringen, welcher sich dann unter der Einwirkung der Luft schnell in Harz verwandelt.

Wenn die Holzproduktion durch die Harznutzung nicht ganz in den Hintergrund gedrängt werden soll, dürfen die Stämme erst in einem Alter von 60—80 Jahren und womöglich erst 10—12 Jahre vor der Fällung angerissen werden; man darf ihnen auf 1 m Umfang höchstens 3—4 Lachen geben. Bei schwächeren Stämmen, die lange Zeit geharzt werden, giebt man anfangs weniger Lachen, und läßt auf einer oder zwei Seiten einen größeren Raum frei, um später neue Lachen dort anbringen zu können. Die Lachen müssen so angelegt werden, daß sie das Eindringen des Wassers an ihrem unteren Ende nicht gestatten, um der Fäulniß keinen Vorschub zu leisten; sie bekommen eine solche Länge, daß ihr oberes Ende noch gut mit der Hand erreicht werden kann; vom Boden müssen sie so weit abstehen, daß durch den Regen keine Unreinigkeit hineingeschlagen wird.

Die passendste Jahreszeit des Anlachens ist der Vorsommer. Wenn der frisch angeharzte Stamm zwei Jahre lang gestanden hat, und auch später je im zweiten Jahre wird das Harz abgenommen; es geschieht dieß im Sommer, am besten im Monat Juni; zuerst wird das in der Lache befindliche Harz mit einem gekrümmten Messer sorgfältig und rein herausgekratzt, wobei man es in ein untergehaltenes Gefäß von Rinde oder in ein mittelst eines hölzernen Reifs offen erhaltenes Säckchen fallen läßt. Hierauf wird das aus der Lache herausgetretene, am Stamm heruntergeflossene Harz besonders gesammelt und bei dieser Gelegenheit werden alle vier Jahre die Lachen wieder auf-

gefrischt, indem man an den Rändern die hereingewachsene Rindenwulst
und das ausgetrocknete Holz wegschneidet. Das bei dieser Gelegenheit
gewonnene Flußharz ist ein viel geringeres Produkt, als das Lachen-
harz.

Die Harznutzung wird theils durch Verpachtung, theils in Selbst-
administration betrieben. Letztere ist in der Regel für die Waldungen
schonender, denn bei der Verpachtung kann man doch nicht alle Sicherheitsmaßregeln streng durchführen, um das Anharzen zu junger oder
schöner Nutzholzstämme, oder die schädliche Erweiterung der Lachen zu
verhindern. Blos da, wo das Fichtenholz wenig Werth hat, kann
man die Verpachtung gestatten; sie geschieht in der Regel der Stammzahl nach.

Der Ertrag dieser Nutzung ist sehr wechselnd; aus Fichtenbeständen des Thüringer Waldes (Allg. Forst- u. Jagdzeitg. 1859),
welche erst bei einer Stammstärke von 0,28 m (1,5 m über dem
Boden gemessen) angeharzt werden, sind per ha 45—55 kg reines
Pech gewonnen worden, und steigerte sich dadurch der Ertrag des
ganzen Forstbezirks um 1,08 Mk. per ha; wobei jedoch ein etwaiger
Verlust am Holzzuwachs und Nutzholzwerth nicht abgerechnet ist.

Es ist allerdings noch nicht constatirt, daß und wie stark der
Massenzuwachs an Holz bei der Fichte durch die Harznutzung beeinträchtigt wird; dagegen ist es unzweifelhaft, daß dadurch in den
meisten Fällen ein Verlust am Nutzholzausbringen eintritt, welcher
zudem gerade den werthvollsten Theil des Stammes in sich schließt.
Bei kürzerer Dauer der Harznutzung wäre es allerdings denkbar, daß
der mit Lachen bedeckte Stammtheil an seinem Gebrauchswerth als
Nutzholz nichts verliert, wenn man in Betracht zieht, daß ohnehin bei
jeder Bearbeitung des Stammes ein Theil des Holzes in die Spähne rc.
fällt; da aber meistens die Lachen tiefer gehen und daneben noch
manche Stämme anfaulen, so sind derartige Abgänge am Nutzholzausbringen als Regel anzunehmen, und es dürfen dieselben, wenn man
auch noch so nieder geht, doch mindestens auf 8—10 % veranschlagt
werden; in alten Harzwaldungen aber wohl reichlich auf das Doppelte.

Das Harz ist der Entwendung sehr ausgesetzt und es werden oft
die schönsten Stämme von Frevlern angerissen; wenn man nun selbst
auf die Nutzung verzichtet, so läßt sich der Frevel dadurch leicht aus-
rotten, daß man die Lachen mit Kalkmilch bestreicht, wodurch das Harz
unbrauchbar wird.

Außerdem kann auch noch die Rinde der Fichte als Material 212 zum Gerben von Leder gewonnen werden und geschieht dieß namentlich da mit Nutzen, wo die Fällungsarbeiten im Sommer vorgenommen werden müssen. Auch das im Februar gefällte Stammholz läßt sich beim Eintritt der Saftzeit nachträglich noch schälen, wenn es gleich nach der Fällung entastet worden ist. — Die Rinde muß sorgfältig getrocknet und so viel wie möglich gegen Nässe geschützt werden.

213　　Die **Wirthschaftseinrichtung** bietet bei den Fichten= und Tannenwaldungen keine Besonderheiten und wird deßhalb auf das oben 138—157 Vorgetragene Bezug genommen. Nur ist hervorzuheben, daß die Schutzmaßregeln gegen den Windschaden (206) durch Bildung von geordneten, dem Terrain angepaßten, und die gefährliche Wind= richtung sorgfältig beachtenden Hiebszügen mit gut angelegten Wirth= schaftsstreifen in Fichtenbeständen besondere Aufmerksamkeit erfordern.

214　　Bei der Weißtanne und in höheren Lagen auch bei der Fichte kommt vielfach noch der

Femelbetrieb

zur Anwendung; hiebei sind die Altersklassen nicht flächenweise getrennt, sondern stehen stammweise und in kleineren Horsten gemengt durch einander. Der Femelbetrieb läßt sich bei den beiden genannten Holz= arten hauptsächlich deßhalb empfehlen, weil sie den Druck und Seiten= schutz am leichtesten ertragen; derselbe ermöglicht dem Wirthschafter, jeden einzelnen Stamm zur höchsten Vollkommenheit auswachsen zu lassen, während gleichzeitig die freiere Stellung eine Steigerung des Zuwachses (am Einzelstamm) zur Folge hat. Dagegen ist noch nicht festgestellt, ob und um wie viel der Massenertrag des Femelwaldes hinter dem des Hochwaldes zurück bleibt. Allerdings erfordert die Be= wirthschaftung nach diesem System mehr Umsicht und Arbeit, weßhalb es sich zunächst nur für kleinere, leicht zu übersehende Complexe em= pfiehlt; außerdem hat es zur Anwendung zu kommen in rauhen exponirten Hochlagen an der oberen Grenze der Baum=Vegetation und an sehr steil abfallenden Gehängen, auf felsigem und sonstigem nahezu sterilem Boden.

Obwohl nun beim Femeln möglichst individualisirt wird, so darf man darin doch nicht zu weit gehen, man muß die Hiebe wenigstens so weit concentriren, daß sie sich jährlich nur etwa auf den 10. bis 20. Theil der Gesammtfläche erstrecken und also eine entsprechende Abwechslung in den Hiebsflächen stattfindet, damit der Nach= wuchs in der Zwischenzeit, wo kein Hieb im betreffenden Bestand ge=

führt wird, hinlänglich Zeit bekommt, um sich an eine freiere Stellung zu gewöhnen und sich wieder von den Beschädigungen zu erholen, welche ihm bei der Fällung und Abfuhr des zur Nutzung gebrachten Holzes etwa zugefügt worden sind. Es braucht zum Behuf dieser Abwechslung nicht gerade eine förmliche Flächeneintheilung gemacht zu werden, es genügt schon, wenn der Hieb von einem Ende des Waldes langsam gegen das andere Ende hin jährlich in annähernd gleicher Flächen= ausdehnung vorrückt. Beim Hieb selbst werden vorzüglich diejenigen Stämme herausgenommen, welche die nutzbare Stärke erreicht haben; je später sich derselbe auf der gleichen Fläche wiederholt, um so weiter muß man bei der Auszeichnung auf jüngeres, angehend haubares Holz herabgehen, daneben sind noch alle diejenigen Stämme herauszunehmen, welche keine tauglichen Sortimente mehr liefern können und dabei dem Nachwuchs hinderlich sind; selbst wenn ihr Holz unbenutzt im Walde liegen bleiben müßte. Hat man die Wahl zwischen mehreren Stämmen, so ist natürlich derjenige vorher zu nehmen, in dessen Nähe sich bereits Vorwuchs findet, oder der stärker beastet ist und andere Bäume im Wachsthum zurückhält, oder der keinen so guten Zuwachs mehr zeigt. Können mehrere Stämme neben einander geschlagen werden, so hat dieß bei lichtbedürftigeren Holzarten mit Rücksicht auf das Gedeihen einer natürlichen Besamung seine Berechtigung. Man nähert sich auf diesem Wege den früher üblich gewesenen Kesselhieben, wo in ähn= licher Weise kleinere Flächen gelichtet und allmählig abgetrieben wurden, um die Verjüngung zu bewirken; es waren dieß die ersten Anfänge der Schlagwirthschaft. Hiedurch erzieht man die Altersklassen mehr horstweise gemischt, begünstigt damit die kräftigere Entwicklung des Schafts auf Kosten der Aeste, was bei Nutzholzwirthschaft besonders zu empfehlen ist.

So weit es die sonstigen Verhältnisse erlauben, sind an den über= zuhaltenden Stämmen Aufästungen vorzunehmen; auch ist in gleich= alterigen Horsten gelegentlich der Hauptnutzung auf der betreffenden Fläche das unterdrückte Holz wegzuhauen; anderwärts ist aber dasselbe zu schonen.

Hinsichtlich der Fällung und Abfuhr des Holzes ist besondere Vorsicht geboten; ein möglichst vollständiges Wegnetz ist zu diesem Zweck unumgänglich nothwendig.

Im Hochgebirg modifizirt sich die Schlagführung in sofern, daß man von der Mitte des Bestandes aus gegen den Rand vorrückt und etwas schwächer angreift, also die Jahresschläge entsprechend größer macht; besonders an den meist bedrohten Stellen ist mit größter Vorsicht zu verfahren und immer ein genügender widerstandskräftiger Theil des älteren Holzes überzuhalten. Das vorhandene Lagerholz und das Stockholz sollen nicht genutzt werden, sondern zur Sicherung des Erfolgs der Verjüngung erhalten bleiben. Unter minder günstigen Standortsverhältnissen muß man durch Wundmachung des Bodens vor Abfall des Samens, oder auch durch Saat und Pflanzung nachhelfen; auch ist dem vorhandenen Nachwuchs nöthigenfalls durch Aufastung des umgebenden Bestandes Luft zu machen, wenn dieß nicht durch die Hiebsführung möglich sein sollte.

Bei der Fällung, Aufbereitung und Abfuhr des Holzes ist alle Vorsicht anzuwenden, um den vorhandenen Nachwuchs vor Beschädigungen zu schützen, namentlich sind die Stämme stets in der Richtung zu werfen, in der sie später abgefahren werden; allzustark beastete sind vor der Fällung zu entasten. Das Ausrücken des Holzes an die Wege durch die eigenen Holzhauer empfiehlt sich hier ganz besonders.

Durchforstungen können im Femelwald eigentlich nur da vorkommen, wo die Gruppirung der Altersklassen mehr eine horstweise ist; doch muß man sich dann darauf beschränken, zunächst nur das kranke und zu stark beschädigte Holz herauszunehmen, wo es nicht als Bodenschutzholz dient; einem allzugedrängten Stande ist zeitig entgegen zu wirken, wobei man in diesem Fall, ohne das Prinzip zu verletzen, viel eher auch auf dominirende Stämme greifen darf, als im schlagweisen Hochwald; andrerseits ist es aber auch nicht statthaft, das unterdrückte Holz unbedingt alles herauszunehmen, da namentlich bei der Weißtanne selbst die verkümmertsten und zurückgebliebensten Individuen nach kurzer Uebergangszeit sich erholen und zu kräftigen Stämmen auswachsen können. In der Umgebung von hiebsreifen Stämmen ist die Erhaltung solcher Nachwuchsreserven besonders nothwendig, um desto eher auf jene greifen zu können.

216 Der Femelbetrieb bedingt sodann eine andere Methode der Ertragsermittlung und Forsteinrichtung, welche sich mehr der stammweisen Individualisirung anschließt; deßhalb ist das Flächenfachwerk hier ganz ausgeschlossen, und auch das Massenfachwerk muß einzelne Modifikationen erleiden. Es kann sich zunächst nur auf den der Haubarkeit näher stehenden Theil des Holzbestandes erstrecken, weil die jüngeren und jüngsten Altersklassen weder der Fläche, noch der Stammzahl nach festzustellen sind. Allein schon bei Bestimmung des Alters begegnen wir der Schwierigkeit, daß dieselbe eigentlich für jeden

einzelnen Stamm besonders stattzufinden hätte, was ohne die Fällung desselben und somit überhaupt unausführbar ist. Deßhalb tritt an Stelle des Alters der Massengehalt oder die Stammstärke bei Brusthöhe, und theilt man deßhalb bei der Auszählung der einzelnen Bestände die Stämme in drei oder mehr Klassen: hiebsreif, angehend hiebsreif und mittelwüchsig. In die erste Klasse werden z. B. eingereiht alle Stämme von 2 Festmeter Holzmasse und darüber, in die zweite die von 1—2 Festmeter und in die dritte die von 0,5—1,0 Festmeter; oder bei der Ausscheidung nach dem Brusthöhendurchmesser die von 40 cm und darüber, sodann von 30—39 cm und von 20—29 cm.

Ist es nun der Zweck der Wirthschaft auch fernerhin hauptsächlich Stämme von 2 Festmeter und darüber zu erziehen, so hat man zunächst das durchschnittliche Alter dieser Stärkeklasse festzustellen, was durch genaue Abzählung der Jahresringe einiger gefällter Stämme geschieht, wobei jedoch für die Zeit, in welcher der betr. Stamm in starkem Druck gestanden, ein verhältnißmäßiger Abzug zu machen ist. Ebenso ermittelt man das durchschnittliche Alter der schwächsten, in die Aufnahme hereinbezogenen Stämme, also der von 0,5 Festmeter oder von 20 cm Brusthöhendurchmesser, wobei man natürlich abnorm gebildete Individuen ausschließt.

Obige drei Stärkeklassen müssen nun den Bedarf für einen Zeitraum decken, welcher gleich ist der Alters-Differenz zwischen dem hiebsreifen und dem schwächsten der aufgenommenen Stämme. Wenn also die mit 2 Festmeter durchschnittlich 110, die mit 0,5 Festmeter 50 Jahre alt sind, so haben die ausgezählten Stämme für 110—50 = 60 Jahre die Nutzung zu decken, wobei aber zu beachten, daß ein Theil der schwächeren Klassen nicht die volle Hiebsreife erreichen wird.

Die Auszählung hat z. B. für den ganzen Complex ergeben von

der stärksten Klasse 3850 Stämme,
der zweiten Klasse 2560   „
der dritten Klasse 4280   „

Es ist nun anzunehmen, daß die zweite Klasse bis zum Eintritt der Hiebsreife noch etwa 3 Prozent, die dritte aber etwa 10 Prozent verliert (Zahlen, welche nach dem mehr oder weniger gedrängten Stand der betr. Altersklassen zu bemessen sind); es kommen also ins hiebsreife Alter von der ersten Klasse 3850 Stämme (22,7 Jahre)

zweiten   „   2483   „ (14,6 „)
dritten   „   <u>3852</u>   „ <u>(22,7 „)</u>
zusammen 10,185   „ (60,0 „)

und dürfen somit während 60 Jahren jährlich 169,7 oder rund 170 Stämme erster Klasse eingeschlagen werden, so daß obige Vorräthe je für die in (　) beigesetzte Zahl von Jahren ausreichen.

Um die Masse der Jahresnutzung zu finden, hat man dann nur den Durchschnittsgehalt der über 2 Festmeter gebenden Stämme zu ermitteln und diesen mit der gefundenen Stammzahl zu multipliziren; im gegebenen Fall mag solcher auf 2,4 Festmeter sich stellen, die Jahresnutzung also auf $170 \times 2,4 = 408$ Festmeter. — Das Verhältniß, in welchem oben die einzelnen Stärkeklassen vertreten sind, weist übrigens darauf hin, daß nach erfolgter Abnutzung der zweiten Klasse der durchschnittliche Massengehalt des einzelnen Stammes eine Zeit lang zurückgehen wird, weil bis zum Anhieb der dritten Klasse nicht volle 40, sondern nur 37,3 Jahre verfließen. — Zu obigem Haubarkeitsertrag treten allerdings noch die Abgänge aus der zweiten und dritten Stärkeklasse mit 3 und 10 Prozent oder 77+428 Stämmen, trifft auf 60 Jahre jährlich 8,4 Stämme, deren Massengehalt ebenfalls nach dem Durchschnitt der einzelnen Stärkeklasse zu bestimmen ist.

XII. Die Lärche.

217　　Diese Holzart kommt nach zwei Richtungen in Betracht; zunächst nemlich als eine wichtige bestandesbildende Holzart des Mittel und Hochgebirges; dann als vielfach eingebürgertes Mischholz im Hügelland und theilweise auch in der Ebene. In letzterer gedeiht sie aber nur, wenn ein feuchtes Klima ihr die eigentliche Heimath wenigstens theilweise ersetzt, wobei sie sich sehr gut befindet und kräftig entwickelt (Thiergarten bei Cleve und verschiedene Waldanlagen in Holland, wo frohwüchsige Stämme und größere Horste über 100 Jahre vorkommen).

Im Gebirg ist die Lärche bezüglich des Bodens sehr wenig anspruchsvoll, sie vermeidet nur die ganz nassen und sauren Böden; Südwest, West und Nordwestlagen sagen ihr nach Sendtner in den bayrischen Alpen am besten zu (54). Die untere Grenze ihres Vorkommens wird in den Alpen der Schweiz, Deutschlands und Oesterreichs mit 500 m erreicht; die obere Grenze fällt mit der der Fichte zusammen, doch zeigt sie hier noch eine viel kräftigere Entwicklung als diese.

Die Lärche verlangt einen lockeren, mehr trockenen als feuchten Boden, mit ziemlicher Tiefgründigkeit; gedeiht aber auch auf steinigem und felsigem Grund, sofern derselbe nur zerklüftet ist. Thonboden sagt ihr nicht zu; magerer Sand und nasse oder sumpfige Stellen ebenſowenig. Kälte ſchadet ihr weniger als Hitze, doch kann erſtere da, wo häufig Spätfröſte einfallen, ihr Wachsthum weſentlich hindern.

Die Lärche keimt mit 5—7, meiſt 6 ſehr zarten ganzrandigen Keimblättern, denen bald weitere kürzere Blättchen folgen; in rauhem Klima entwickelt ſich dann im 2. Jahr der weitere Höhentrieb und Seitenzweige, welche mit breiten, lanzettförmigen, nicht ſelten über Winter bleibenden Nadeln beſetzt ſind; erſt am 3jährigen Pflänzchen und bei älteren an 2jährigem Holz treten die Nadeln in büſchelförmiger Stellung an der Spitze von verkümmerten Zweigen auf. — Die junge Pflanze keimt noch in mäßigem Grasüberzug und wächſt vom 2. Jahr an ſehr ſchnell; gegen Froſt iſt ſie unempfindlich; im Herbſt ſchließt ihr Wachsthum ſehr ſpät ab.

Die Bewurzelung iſt tiefgehend, der Stamm ſtark abfällig, im Einzelnſtande vielfach nicht ſo gerade gewachſen, wie bei den anderen Nadelhölzern. An Höhe und Dicke erreicht er ziemlich die gleichen Dimenſionen wie die Kiefer. Die Aſtverbreitung iſt nicht beſonders ſtark, Aſtquirle bilden ſich bei ihr nicht deutlich aus, die Seitenzweige ſind unregelmäßig vertheilt, an den jüngeren Trieben ſehr zahlreich, ſterben aber bald ab; die Belaubung iſt einjährig und ſehr licht. — Die Blüthe fällt in den April, der Same reift im folgenden Herbſt.

Geſchloſſene Beſtände ſind auch im Hochgebirg ſelten, ſie tritt daſelbſt häufig als Begleiterin der Uebernutzung und fehlerhaften Bewirthſchaftung der Wälder auf (Landolt). — In Miſchung mit anderen Holzarten, namentlich mit der Fichte und Arve gedeiht ſie gut und ebenſo im Einzelſtande auf Weiden ꝛc.

Sie gehört zu den lichtbedürftigſten Holzarten und verlangt zu²¹⁸ entſprechendem Gedeihen insbeſondere den Winden allſeitig zugängliche Freilagen; in geſchloſſenen engen Thälern, oder in kleinen Lücken zwiſchen höherem Nachwuchs oder gar in älteren Beſtänden kommt ſie nicht fort; wenn ſie in ſolchen Oertlichkeiten auch vielleicht anfänglich noch ein günſtiges Wachsthum zeigt, ſo hört dieß doch bald auf, die Entwicklung der Seitenäſte tritt zurück, ſie bedecken ſich mit Flechten und die Pflanze ſtirbt dann frühzeitig ab. — Die natürliche Anſamung erfolgt in ihrer Heimath mit großer Leichtigkeit, ſelbſt noch auf mäßig beraſtem Boden, allein den Schirmdruck kann ſie nicht ertragen, nicht einmal den geringen ihrer eigenen Mutterbäume. Sie läßt ſich ſehr leicht verpflanzen, wenn dieß zu einer Zeit geſchieht, wo die friſchen Nadeln noch nicht ausgetrieben haben.

In geſchloſſenen Jungwüchſen erzogen, macht ſich das Bedürfniß

der Lichtstellung bei der Lärche noch früher bemerklich als bei der ge=
meinen Kiefer und entwickeln die reinen Bestände bei beiden Holzarten
in den späteren Altersstufen sich in ähnlicher Weise, die Verminderung
der Stammzahl tritt bei der Lärche eher noch stärker hervor als bei
der Kiefer, dagegen erhält sich der Einzelstamm bei jener länger in
kräftigem Zuwachs, dessen Gang sich an dem oben (171) gegebenen
Beispiel erkennen läßt. Für reine Bestände giebt Wessely für eine
Meereshöhe von 11—1400 Meter noch einen Durchschnittszuwachs bis
zu 3,7 Festmeter pro ha an. Die Zwischennutzungen sind mindestens
auf 30—40 Prozent des Haubarkeitsertrages zu veranschlagen.

219	Die Qualität des Holzes ist in der Regel eine vortreffliche,
es zeichnet sich durch seine große Dauer vor allen anderen Nadelhölzern
aus und werden die besseren Sortimente in dieser Hinsicht der Eiche
noch vorgezogen. Allerdings erhält man von den auf üppigem Boden
erwachsenen Stämmen (den sogenannten Wies= oder Graslärchen) ein
minder dauerhaftes Holz. — Die Heizkraft ist besser als bei der ge=
meinen Kiefer, Grabner's Versuche haben dieselbe der vom Schwarz=
kiefernholz gleich gestellt; doch ist es als Kohlholz weniger beliebt.

Das Nutzholzausbringen wird im Allgemeinen durch die stärkere
Abholzigkeit des Stammes und oft auch noch durch mangelnde Gerad=
schäftigkeit desselben, weniger aber durch Stammfäulniß beeinträchtigt.

In ihrer Heimath hat die Lärche wenig zu leiden von Sturm=
und Schneebruch, auch nicht von Insekten, dagegen ziemlich viel von
Weidevieh und Wild; doch schadet ihr dieß weniger als der Kiefer und
Fichte, weil sie eine größere Reproduktionskraft besitzt.

220	Die Lärche eignet sich wenig zu reinen Beständen, außer für kürzere
Umtriebszeiten, da sie in der Jugend sehr rasch wächst; als Misch=
holz gewährt sie dagegen viele Vortheile, doch ist ihre Anzucht in so fern
schwierig, als der richtige Zeitpunkt zur Einmischung oft versäumt wird,
so daß sie entweder einen zu großen Vorsprung bekommt, oder vom
umgebenden Bestand zu stark beschattet und dann unterdrückt wird.
Zur Anzucht auf Weiden ist sie sehr zu empfehlen, weil die abfallenden
Nadeln den Graswuchs sehr begünstigen; es sind mir Fälle bekannt,
wo die Grasnutzung zwischen 6 Meter entfernten Lärchenreihen mit
50 Mark pro ha bezahlt wurde, während die anstoßende, unbepflanzte,
sonst gleiche Fläche nur den dritten Theil ertrug.

Auch außerhalb ihrer Heimath ist die Lärche ein sehr nützliches
Mischholz und verdient als solches alle Beachtung; doch darf man sie
hier nicht auf allzu ungünstigen Boden und noch weniger in ein=

geschlossene Thalgründe oder ins Innere größerer Forste der Ebene oder auf kleinere Blößen bringen.

Ein sehr belehrendes Beispiel über die Steigerung des Holzertrags durch die Einmischung von Lärchen in Fichten ist in der Oesterr. Monatschrift für Forstwesen 1868 S. 55 aus den Mährischen Sudeten mitgetheilt. Die unter ganz gleichen äußeren Verhältnissen erwachsenen 110jährigen Bestände wiesen pro österreichisches Joch folgende Holz= massen auf, und zwar die reinen Fichten

350 dominirende Stämme mit 16611 c′
130 unterdrückte   „   „   1730 c′

480   18341 c′ = 166,7 c′ Durchschnitts=
zuwachs pro Jahr und Joch = 9,13 Festmeter pro ha.

Der gemischte Bestand:

320 { 176 dominirende Fichten / 144 unterdrückte   „ }   10880 c′

192 { 144 dominirende Lärchen / 48 unterdrückte   „ }   10592 c′

512   21472 c′ = 197 c′ Durchschnitts=
zuwachs = 10,8 Festmeter pro ha.

Die Einmischung von 37 Prozent Lärchen hat also hier den Massenertrag um 17 Prozent gesteigert, woneben noch das Lärchenholz in der Regel höher im Preise steht und der obige Mischbestand mit Einrechnung der unterdrückten Stämme durchschnittlich 41,9 c′, der reine Bestand 38,2 c′ Massengehalt pro Stamm ausweist, wodurch für ersteren das Ueberwiegen der werthvolleren Starkhölzer nachgewiesen ist. —

Ueber die Erziehung und Behandlung der Lärche ist Folgendes zu sagen: Die natürliche Verjüngung vollzieht sich leicht auch auf mäßig verrastem Boden, namentlich wenn derselbe bis zur Keimung des Samens mit Weidevieh betrieben und die nöthige lichte Stellung ge= geben wird, selbst wenn es sich um Freilagen handelt. Baldiger Abtrieb der Samenbäume ist nothwendig und zulässig. Die Jungholzbestände sind durch Reinigungshiebe zeitig von schädlich werdenden Straucharten zu befreien und muß schon bei diesem Anlaß dafür gesorgt werden, daß kein zu gedrängter Schluß sich bildet. Da die Lärche das Ausästen gut erträgt, so lassen sich dadurch die vorgewachsenen Stämme erhalten, ohne daß der umgebende Bestand zu sehr beeinträchtigt würde.

Bei den späteren Durchforstungen ist die große Lichtbedürftigkeit der Lärche zu beachten; sobald ein Stamm im Höhenwuchs hinter den umgebenden Lärchen zurückbleibt, oder im Fichten= 2c. Bestand den

nöthigen Vorsprung verliert, so ist er der Durchforstung verfallen; in
Mischbeständen muß die Krone der Lärche stets die nächste Umgebung
überragen, sonst ist die normale Entwicklung gehemmt.

Bei der künstlichen Erziehung dieser Holzart ist zunächst zu
beachten, daß der Samen nicht jedes Jahr gedeiht, ziemlich viel taube
Körner enthält und schwer keimt, es empfiehlt sich daher, bei ihm be=
sonders die oben (88) beschriebenen Samenbeizen anzuwenden. Für das
Saatbeet sucht man einen milden, lockeren humosen Boden, womöglich
mit Seitenschutz gegen Süd und Südwest. Vollsaat empfiehlt sich nicht,
und darf auch in den Riefen nicht zu dicht gesäet werden; deßhalb
nimmt man ungeachtet der geringeren Keimfähigkeit nicht oder nur wenig
mehr, als bei der Fichte angegeben ist, 1—2 kg pro ein Ar.

Die Keimpflänzchen sind sehr zart und empfindlich, wenn also das
Saatbeet nach der Einsaat mit Moos eingedeckt wird, so hat man
dieses zeitig vor dem Hervorbrechen der Keimlinge zu entfernen, und
den frei und schutzlos gelegenen Beeten durch seitwärts eingesteckte
laubige Zweige Schatten zu geben; das Laub darf aber nicht auf die
Beete fallen, weil die jungen Pflänzchen unter ihm verdorren und ab=
sterben.

Den aufgekeimten Pflänzchen werden besonders auch die heftigen
Schlagregen schädlich, zur Abwendung dieser Gefahr legt man in die
freien Zwischenräume zwischen zwei Riefen ein halbrundes Stück Holz,
einen in der Mitte gespaltenen Knüppel, mit der Rindenseite nach oben
gerichtet.

In günstigen Standortsverhältnissen werden manchmal schon die
einjährigen Pflänzchen zur Verwendung ins Freie (auf unberasten
Boden) reif; meist läßt man sie aber zwei Jahre alt werden, und
wenn die Rillen im Saatbeet nicht zu dicht stehen, so kann man
wenigstens die kräftigeren Pflanzen unverschult verwenden. — Das
Verschulen ist nothwendig, wenn man zu Nachbesserungen erstarkte
Pflanzen braucht, oder in rauhem Klima, wo die Entwicklung lang=
samer geht.

Die Verpflanzung ins Freie erfordert besonders bezüglich des
Zeitpunkts Aufmerksamkeit, indem nach Aufbruch der Knospen der Er=
folg ein sehr unsicherer wird, falls man nicht, wie bei größeren Pflänz=
lingen möglich, durch stärkeres Beschneiden in den Seitenästen etwas
helfen kann. Bei Erziehung von reinen Beständen ist der Verband
möglichst räumlich zu bestimmen, und kann noch ein solcher von 2 m
im Quadrat, namentlich auf besserem Standort, als zulässig erachtet

werden. Bei Einmischung zwischen andere Holzarten ist diesen ein verhältnißmäßiger Vorsprung zu geben, der Kiefer von 2—4, der Fichte von 3—6 Jahren; man hat zu diesem Zweck die für Einpflanzung der Lärchen bestimmten Stellen offen zu lassen und kann eventuell auch noch die etwa inzwischen in der andern Kultur entstehenden Lücken mit Lärchen nachbessern.

Soll dagegen eine unregelmäßige natürliche Verjüngung mit Lärchen ergänzt werden, so hat man stets einen genügenden Abstand von dem vorhandenen Nachwuchs einzuhalten, der um so größer sein muß, je stärker die Höhentriebe bei demselben sich entwickeln. Man wird nie weniger Abstand nehmen dürfen als das 1½fache der Höhe des nächststehenden Jungholzes, also kleinere Blößen, deren Durchmesser das 3fache dieser Höhe nicht erreicht, unbeachtet lassen; auch größere Blößen, welche ringsum bereits von wüchsigem Jungholz umschlossen sind, können nur dann noch mit Lärchen bepflanzt werden, wenn sie durch die Neigung des Hanges das nöthige Licht und genügend Luft erhalten.

Auch zu ihrem späteren Gedeihen bedarf sie stets eines Vorsprungs vor dem umgebenden Bestand, den sie etwa mit der hälftigen Krone überragen muß, wenn sie sich freudig entwickeln soll. Andernfalls reduzirt sich die Beastung sehr schnell und verschwindet fast gänzlich, man kann deßhalb bei den Durchforstungen alle derart kümmernden Stämme unbedingt wegnehmen.

XIII. Buchenhochwald.

Unter den Laubhölzern nimmt die Buche, vermöge ihrer großen 222 Verbreitung und ihres geselligen Vorkommens in ausgedehnten reinen Beständen den ersten Rang ein. In Beziehung auf ihre Ansprüche an den Standort geht sie zwar viel weiter als die meisten andern Holzarten, nur begnügt sie sich mit einem flachgründigeren Boden und erträgt auch noch ein rauheres Klima als die meisten übrigen Laubhölzer. Im Boden verlangt sie vor Allem mineralische Kraft und eine geschonte Laubdecke; nasse und saure Böden sind ihr zuwider, dagegen kommt sie auf zerklüfteten Felsen und selbst auf strengem Thonboden noch gut fort, wenn letzterer nicht naß ist und einigen Kalkgehalt zeigt. Feuchtes Klima sagt ihr am besten zu; gegen Spätfröste ist sie dagegen sehr empfindlich; auch die im Herbste eintretenden Frühfröste beeinträchtigen sie häufig, namentlich in der Entwicklung der Blüthenknospen, fürs kommende Jahr. Die von ihr bevorzugten Expositionen sind be-

reits oben (54) hervorgehoben worden. — Auf minder günstigen Stand=
orten, auf magerem, felsigem, aber etwas zerklüftetem Boden, in sehr
sonniger Lage 2c. hält sie wenigstens als Ausschlagholz noch ziemlich
gut aus, und ist für solche Verhältnisse oft die einzig verwendbare
Holzart.

In den bayrischen und tyroler Alpen und dem bayrischen Wald
erhebt sie sich bis zu 1300 m; in reinen Beständen jedoch nur bis zu
1100 m, am Harz bis zu 500 m.

223   Die Keimpflanze trägt zwei fleischige, nierenförmige Samenlappen,
mit einem dichten, kurzen, silberglänzenden Ueberzug auf der Unter=
seite; sie erheben sich über die Oberfläche des Bodens und können selbst
schwachen Frösten nicht widerstehen. Das zweite Blätterpaar hat die
gewöhnliche Blattform der Buche, jedoch noch gegenüberstehend; dasselbe
ist auch gegen Fröste sehr empfindlich. Bis zum 10., in rauhen Lagen
bis zum 20. Lebensjahre verlangt die junge Pflanze den Schutz der
Mutterbäume, und erträgt bei günstigen Standortsverhältnissen bis
zum 30. oder 40. Jahre einen starken Druck ohne größeren Nachtheil.
Die junge Buche keimt nur auf wundem, oder schwach berastem Boden;
eine hohe Schicht Laub oder Moos, durch welche ihre Wurzel den
mineralischen Boden nicht erreichen kann, ist ihrem Gedeihen hinderlich;
noch mehr aber ein dichter Grasfilz. Ohne Schutzbestand läßt sie sich
nur in mildem Klima und bei sorgfältiger Behandlung anziehen.

Die Wurzelbildung geht in den ersten 4—5 Jahren rasch in
die Tiefe, entwickelt sich aber bald mehr seitlich und bedarf die Buche
auf Boden, der ihr noch einigermaßen zusagt, nur eine 0,3—0,5 m
tiefe Krume, worin die Wurzeln, oberflächlich streichend, sich auf einen
um so engeren Raum concentriren, je besser der Boden ist; deßhalb
unterliegt sie hier öfter dem Windwurf, von dem sie sonst fast ganz
verschont bleibt.

Der Stamm wird im Schluß langschäftig, auf günstigem Stand=
ort bis zum Gipfel 25—30 m hoch, seine Krone ist vielästig und
dicht, die einzelnen Zweige werden im Durchschnitt nicht sehr stark.
Die Belaubung ist äußerst reichlich. (Formzahlen vgl. 261.)

Die Buche unterliegt wenig Krankheiten, nur ist die Weiß=
und Rothfäule im höheren Alter zu erwähnen; Beschädigungen durch
Insekten oder Elementarereignisse sind selten, unter letzteren (außer
Frost) auch noch der Hagel hervorzuheben. Ihre Fruchtbarkeit beginnt
ziemlich spät, im geschlossenen Bestande kaum vor dem 70. Jahre, und
außerdem sind die Samenjahre bei ihr selten, folgen in der Regel den

guten Weinjahren, wenn das Holz im Herbst zuvor vollständig aus=
reifen konnte.

Als Schattenpflanze bedarf die junge Buche länger als alle andere
Holzarten den Schutz der Mutterbäume und hält sich im Bestand sehr
lange geschlossen. Das Wachsthum des einzelnen Baumes ist in der
Jugend bis zum 25. Jahre ein ganz geringes; dann steigert es sich
nach und nach, zunächst in der Längenrichtung, um vom 50. Jahre ab
bis etwa zum 80. zu voller Stärke sich zu entwickeln, und dann über
das 150. Jahr hinaus in ziemlich gleicher Stärke anzuhalten. Im
Vollbestand wirkt die bei Schattenpflanzen zulässige größere Stammzahl
günstig; der periodische Durchschnittszuwachs, welcher in den ersten
50 Jahren des Hochwaldumtriebs ein mäßiger ist, etwa 2—5 Festmeter
pro ha, erreicht zwischen dem 70.—90. Jahre sein Maximum von 3 bis
7 Festmeter pro ha, welches im 110.—130. Jahre wieder auf 2—5 Fest=
meter zurückgeht. — Die Erzeugung des werthvolleren, auf weitere Ent=
fernungen transportabeln Materials beginnt erst nach dem 60. Jahre.

Die Ausschlagfähigkeit der Stöcke erhält sich bei der 224
Buche am wenigsten lang, auch erfolgt der Ausschlag minder leicht
und nur ausnahmsweise, namentlich in sonnigen warmen Lagen reich=
lich. Unter ungünstigen Verhältnissen darf man nach dem 40. bis
50. Jahre auf keinen Ausschlag mehr rechnen; bei alten Niederwald=
Stöcken tritt dieser Zeitpunkt noch viel früher ein. Die Buche hat
deßhalb in rauherem Klima für den Niederwald nur eine geringe
Bedeutung, nemlich auf flachgründigen, aber sonst mineralisch kräftigen
Böden und namentlich an Süd= und Südwesthängen. In letzterer
Beziehung sind die von Wessely (Alpenländer S. 186) mitgetheilten
Zahlen belehrend; danach beträgt in den venetianischen Alpen in einer
Seehöhe von:

	der mittlere Jahreszuwachs		der Umtrieb
bei der	Stammlänge	in Festmeter pro ha	
700—1000 m	0,556 m	5,88	30 Jahre,
1050—1360 „	0,279 „	3,80	40 „
1300—1530 „	0,183 „	2,48	50 „

Für den Mittelwald taugt die Buche am allerwenigsten, weil die
Ausschlagfähigkeit der Mutterstöcke unter dem Schirm des Oberholzes
noch geringer ist als anderwärts, und weil die dichte Krone der Buche
viel zu starken Druck ausübt, zumal in freierem Stande der Höhen=
wuchs des Stammes ein geringerer bleibt.

225   In Betreff ihrer Verträglichkeit mit andern Holzarten ist zu sagen, daß sie sich im Unterstand der übrigen sehr gut befindet, weil sie von Jugend an den stärksten Druck ertragen kann; dieß macht sie insbesondere der Weißtanne in gemischten Beständen gefährlich, welche sie häufig verdrängt. Gegenüber von eingesprengten Holzarten verhält sie sich in dem Fall sehr günstig, wenn solche etwas schneller wachsen, oder den nöthigen Vorsprung vor ihr voraus haben; letzteres ist besonders bei der Eiche nothwendig, mit welcher sie sich in so fern gut verträgt, weil ihr dichter Schirm die nöthige Bodenkraft sichert und erhält, was die Eiche für sich allein nicht vermag. Eschen, Ulmen und Ahorne wachsen namentlich in der Jugend rascher als die Buche und eignen sich deßhalb sehr zur Einmischung. Die Birke dagegen bekommt meist einen zu großen Vorsprung und schadet dann durch die Beweglichkeit ihres Gipfels, indem sie die jungen Triebe der Buchen abpeitscht und die regelmäßige Entwicklung der Gipfelknospen hindert; in späterem Alter, wenn die Buche annähernd dieselbe Höhe erreicht hat, fehlt es der Birke am nöthigen Licht und am Raum zur Kronenentwicklung, so daß sich nur wenige eingesprengte Stämme erhalten, welche einen entsprechenden Vorsprung erlangt haben.

226   Das Buchenholz dient vorherrschend als Brennmaterial und gilt im gewöhnlichen Haushalt als das beste; es wird bei Vergleichung der Heizkraft als Einheit angenommen. Zu Nutzholz hat es nur eine beschränkte Verwendung, gewöhnlich sind nur etwa 2—5 Prozent der erzeugten Gesammtmasse als solches verwerthbar, wo diese Holzart herrschend auftritt; im Jahre 1874 stellte sich z. B. in den württembergischen Buchenforsten das Nutzholzausbringen vom Laubholz nach Ausscheidung der Eichen in Bebenhausen auf 1,7, Blaubeuren 3,5, Heidenheim 1,4, Urach auf 1,1 Prozent des Derbholzanfalls, während in den Nadelholzforsten, wo das Laubholz seltener ist, das Ausbringen von denselben Holzarten bis auf 14 Prozent gesteigert wurde (Freudenstadt und Weingarten). Der Durchschnitt aus sämmtlichen Staatsforsten stellt sich auf 5,6 Prozent. Von diesen Prozenten sind aber noch abzurechnen die mit darunter begriffenen Eschen, Ulmen, Birken, Erlen 2c., so daß für die Buche nur ein geringer Prozentsatz verbleibt. — Ausnahmsweise günstige Absatzlagen machen allerdings eine Steigerung bis zu 25 Prozent möglich, welche sich noch weiter erhöhen kann, wenn ein besonderer Industriezweig ausschließlich auf die Buche angewiesen ist, z. B. die Stuhlfabrikation mit gebogenem Holz oder

Imprägnirungsanstalten von Eisenbahnschwellen, die neuerdings aber meist wieder aufgegeben worden sind.

Das Verhältniß der **Haupt-** und **Zwischennutzungserträge** 227 ist ein minder günstiges als bei anderen Holzarten, weil sich die Buche in der Jugend viel langsamer entwickelt und einen dichten Schluß erträgt, also ihren Zwischenbestand weniger schnell und weniger deutlich ausscheidet. Es fällt dann allerdings die geringe Menge des Durchforstungsmaterials mehr auf Rechnung der ängstlichen Wirthschafter, welche trotz der günstigen Erfolge des Seebach'schen modifizirten Buchenhochwaldes (cf. unten 242) die Zulässigkeit und die Vortheile der verstärkten, den Kampf um die Existenz abkürzenden Durchforstungen nicht erkennen wollen.

Die **Nebennutzungen** von der Buche sind unbedeutend, am meisten kommt die Nutzung der Bucheckern in Betracht, da jedoch die Samenjahre ziemlich selten sind, so läßt sich auf eine stetige Einnahme hieraus nicht rechnen. Die Benutzung des grünen Laubes zur Fütterung ist noch seltener; dagegen sind die abgefallenen Blätter als Laubstreu fast überall sehr begehrt, obwohl gerade die anspruchsvolle Buche deren Entziehung am wenigsten ertragen kann, und dadurch schon vielfach an Terrain verloren hat.

Was nun die ökonomische Seite der Buchenwirthschaft betrifft, so 228 steigern sich zunächst die **Produktionskosten** bei der Buche einmal durch die Ansprüche, welche dieselbe an die Bodenkraft macht, ferner durch die nothwendig werdenden höheren Umtriebszeiten; der Kulturaufwand kann zwar erheblich reduzirt werden, wenn man unter günstigen Vorbedingungen die natürliche Verjüngung sachgemäß leitet; allein wenn dieß nicht gelingt, ist die erforderliche Nachhülfe eine schwierige. In ersterer Beziehung werden folgende Zahlen einen Anhaltspunkt geben: die drei größeren württembergischen Forstbezirke, in denen die Buche herrschend ist und Umwandlungen in Nadelholz nicht, oder nur in untergeordnetem Maße vorkommen, hatten in den drei Jahren 1870 bis 1872 folgenden Kulturaufwand zu machen, und zwar Blaubeuren 1,68, Kirchheim 1,47, Urach 0,75 Mark pro ha der gesammten Waldfläche; während der Aufwand für sämmtliche Staatsforste gleichzeitig 2,42 Mark pro ha betragen hat.

Die **Reineinnahme** wird sodann noch durch den geringeren Geldertrag der Buche beeinflußt; denn wenn auch die Preise des Brennholzes um ein Drittel höher stehen, als die beim Nadelholz, so fallen dagegen wieder die geringere Massenproduktion und das niedrige

Nutzholz-Prozent als ausschlaggebende Momente ins Gewicht, und es stellt sich das Gesammtergebniß annähernd in folgenden Zahlen dar, wobei das Nadelholz in der letzten, die Buche in der ersten Spalte möglichst günstig behandelt ist:

	Buche		Nadelholz	
Nutzholz-Prozent	4	2	60	75
Preisverhältniß	5	6	4	5
Brennholz-Prozent	96	98	40	25
Preisverhältniß	4	5	3	4
Materialertrag	60	40	100	100
also Brutto-Geldertrag	242,4	200,8	360	475
Verhältniß =	67,4	42,1 :	100	100

Dem gegenüber kann der geringere Kulturaufwand nur wenig ins Gewicht fallen.

Ob und in wie fern sich diese ungünstigen Verhältnisse mit der Zeit ändern können, steht dahin; es ist hier insbesondere die steigende Concurrenz der fossilen Kohle und die erleichterte Verfrachtung derselben im Auge zu behalten, indem das Eisenbahnnetz sich Jahr um Jahr weiter ausdehnt. Die Folgen davon machen sich besonders empfindlich in der Nähe der größeren Kohlengebiete geltend, wie O. von Hagen (Die forstlichen Verhältnisse Preußens, S. 31) am Beispiel der Siegener Gegend nachweist, wo der Preis pro Klafter Buchenscheitholz nach Erbauung der Eisenbahn von 10—12 Thlrn. auf 3—4 Thlr. gesunken ist. Daß eine erhebliche Steigerung des Nutzholzausbringens durch Auffindung anderer Verwendungszwecke möglich ist, muß zwar zugegeben werden, aber immer wird dasselbe schon der Baumform wegen weit hinter dem der Nadelhölzer zurückbleiben. Aus diesen Gründen ist es erklärlich, daß der Buchenwald mehr und mehr dem Nadelholz das Feld räumen muß; doch sollte sie auf einigermaßen günstigem Standort wenigstens als Mischholz erhalten bleiben.

229 Bei der Buche ist die **natürliche Verjüngung** Regel und kommen hiebei folgende Eigenthümlichkeiten in Betracht:

Die Bucheln (Eckern) fallen meist senkrecht vom Mutterbaume ab, zudem sind im mittleren und nördlichen Deutschland die vollen Samenjahre selten, und es müssen zur Verjüngung die sogenannten Sprengmasten sorgfältig benutzt werden. Die jungen Pflanzen verlangen Schutz gegen Spätfröste und Unkräuter; außerdem ist zu ihrem Gedeihen eine humose Bodendecke von verwesendem Laub 2c. sehr förderlich. Sie ertragen den Druck der Mutterbäume lange ohne Schaden, namentlich wenn sie nachher nicht zu rasch frei gestellt werden. —

Ein Vorbereitungsschlag wird hauptsächlich da nothwendig, wo die Streunutzung in schädlicher Ausdehnung längere Zeit betrieben, oder das Laub vom Wind fortgeweht und in Folge dessen der Boden ganz ausgetrocknet und hart geworden ist, was eine 5—10jährige Ruhe oder einen Schutz gegen den Wind nöthig macht; auch ist das theilweise oder gänzliche Behacken des Bodens auf den exponirten Stellen zu empfehlen.

Wird in angehend haubarem Holze ein Vorbereitungsschlag ein= gelegt, um einen frühzeitigeren oder reicheren Samenansatz zu bewirken, so sind zunächst die gipfeldürren, faulen oder hohlen Bäume zu entfernen und die etwa vorhandenen Stockausschläge zu begünstigen, weil sie er= fahrungsmäßig früher Mast tragen, als die aus Samen erwachsenen Stämme; wo mehrere Ausschläge auf einem Stock stehen, ist deßhalb stets ein Theil davon wegzunehmen. Im Uebrigen hat ein ähnliches Verfahren einzutreten, wie oben (177) angegeben.

Aeltere Schriftsteller verlangen, daß bei Stellung des Besamungs= 230 oder Dunkelschlages die Aeste der Buchen noch in einander greifen sollen, es ist dieß aber nicht nothwendig, da zur Zeit des Samenabfalles die Bewegung der Stämme durch den Wind eine weitere Verbreitung des abfallenden Samens über die unmittelbare Schirmfläche der Samen= bäume hinaus bewirkt.

Die Stellung des Besamungsschlages erfolgt demgemäß in der Weise am zweckmäßigsten, daß die äußersten Zweigspitzen der Stämme noch 2—3 m von einander entfernt sind. Je seltener die vollständigen Samenjahre sind, um so dunkler muß die Stellung sein. Bei kurz= schäftigem und weniger zum Samentragen geneigtem Holz muß eben= falls dunkler gehalten werden. — Als sicherstes Merkmal der zur Auf= nahme des Samens geeignetsten Bodenbeschaffenheit gilt auch hier das Auftreten eines beginnenden Graswuchses, der vereinzelt in schwachen Büschchen die Laubdecke durchbricht.

Die sorgfältige Erhaltung des Waldtraufs ist wenigstens für die erste Hälfte der Verjüngungsperiode zu empfehlen, mit Ausnahme jedoch der mindest bedrohten Seite des betr. Bestandes, wo zum Eintritt des Seitenlichts ein stärkerer Durchhieb nothwendig wird. — Wo (z. B. auf felsigem Boden) Windwürfe nicht zu fürchten sind, empfiehlt es sich, zum Schutz der jungen Pflanzen gegen die kalten Frühjahrswinde die Südostseite aufzuhauen.

Erlauben es die Verhältnisse im Forsthaushalt, daß der Besamungsschlag gerade in der Zeit geführt wird, wo ein Aeckerich bereits eingetreten, so ist dieß schon darum sehr zweckmäßig, weil auf diese Weise,
während des Winters, durch die Fällungs- und Aufbereitungsarbeiten
eine gehörige Verbindung des Samens mit dem Boden erreicht wird.
Wenn in einem solchen Besamungsschlag kein zur Verjüngung unmittelbar tauglicher Vorwuchs vorhanden ist, so darf die Anrückung des
erzeugten Materials an die Wege ohne Anstand unterbleiben, damit die
Abfuhr des Holzes den Boden auch noch wund macht.

Ist ein sehr reichliches Aeckerich gewachsen, so kann man unbedenklich während des Samenabfalls eine Zeit lang Schweine eintreiben,
nur muß man damit aufhören, so lange noch etwa $1/2 - 1/3$ der Mast
auf den Bäumen hängt. Ebenso kann man durch Menschen Bucheln
in den Schlägen auflesen lassen, wobei natürlich nicht alle gefunden,
sondern viele in den Boden getreten werden. Das Zusammenkehren
der Bucheln mit Besen oder das Auffangen derselben in Tücher ist
aber zu verbieten.

Wo eine natürliche Besamung nicht erwartet werden kann, soll
gleich mit Stellung des Dunkelschlages die künstliche Nachhülfe (Ansaat
unter Schutzbestand) eintreten. Stellenweise genügt auch eine bloße
Bearbeitung des Bodens, wenn es nämlich nicht an samentragenden
Mutterbäumen fehlt.

Die Bucheln keimen in einem nach obigen Regeln gestellten Be-
samungsschlage sehr gut, und die jungen Pflanzen ertragen auf 3 bis
6 Jahre den angegebenen Schutz der Mutterbäume ohne Nachtheil.

231   In milden Gegenden und auf sehr guten Böden ist die Lichtung
des Schlages 3 oder 4 Jahre nach erfolgter Besamung sehr vortheilhaft; sie muß in der Weise erfolgen, daß etwa $2/5 - 1/2$ der vorhandenen
Stämme genommen werden, während in rauhem Klima nach 4 bis 6
Jahren $1/3$, in besonders rauhen, den Spätfrösten ausgesetzten Lagen
dagegen nach 5—8 Jahren blos $1/4$ der Stammzahl des Besamungs-
schlags zu nehmen ist. Je weniger beim ersten Nachhieb oder Lichtschlag genommen wird, um so öfter muß man wiederkehren, um so
mehr haben die jungen Pflanzen durch die Aufbereitung des Holzes zu
leiden, die Holzhauerlöhne werden theurer rc., so daß es jedenfalls
genau zu erwägen ist, ob das Klima wirklich einen langsameren
Abtrieb verlangt. Darüber wird man sich bald ein Urtheil bilden
können, wenn man die im freieren Stande auf ganz ähnlichen Stand-

orten sich findenden jungen Buchen genau untersucht, ob sie häufiger vom Frost gelitten haben oder nicht.

Im Lichtschlag soll nicht mehr auf natürliche Besamung einzelner Lücken und Blößen gewartet werden; es ist nur ganz nutzlos verlorene Zeit; wenn einmal über die Hälfte der Schlagfläche natürlich besamt ist, so muß man künstlich durch Pflanzung nachhelfen.

Die in rauheren Lagen und auf mageren Böden noch folgenden Nachhiebe sind in angemessenen Zwischenräumen vorzunehmen, und haben sich längstens alle 5 bis 6 Jahre zu wiederholen.

Der letzte Schlag, Abtriebsschlag, wird zweckmäßig nach 232 einer kürzeren Frist, etwa von 3—4 Jahren, dem unmittelbar vorangegangenen Hiebe nachfolgen. Werden die Nachhiebe in kürzeren Pausen von 2—3 Jahren vorgenommen, so hat der Nachwuchs keine Zeit, um Beschädigungen, die er beim vorangegangenen Hiebe erhalten, wieder auszuheilen, und sich in der freieren Stellung zu erholen. Läßt man aber längere Zwischenräume eintreten, so wachsen die Aeste der Schutzbäume wieder nahe zusammen und die jungen Pflanzen werden in ihrer geregelten Entwicklung gestört, namentlich auch dann, wenn durch spätere Nachhiebe wieder eine stärkere Lichtung eintreten muß.

In milden Lagen und bei gutem Boden, besonders wenn keine Gefahr von Forstunkräutern droht, kann der Abtrieb rasch erfolgen. Während der oben angegebene Gang der Verjüngung einen Zeitraum von 15—20 Jahren durchschnittlich erfordert, kann im entgegengesetzten Falle eine Periode von 7—8 Jahren und die Einlegung von blos drei Hieben vollständig genügen.

Auch im regelmäßigen Bestand finden sich Stämme von verschiedener Stärke und soll bei der Schlagstellung vom Besamungsschlag an womöglich stets die stärkste Klasse zuerst herausgezogen werden, so weit es der Lichtungsgrad zuläßt.

Unregelmäßige und unvollkommene Buchenbestände 233 sind durch mehrmalige Vorbereitungsschläge der natürlichen Verjüngung entgegenzuführen, wobei successive die etwa vorhandenen fremden Holzarten nach Bedarf zu entfernen und die Stockausschläge durch Reduktion der dem einen Stock angehörigen Stangen möglichst zu kräftigen sind. Der Vorwuchs ist zu erhalten, wo er sich findet; ebenso das Bodenschutzholz, namentlich am Trauf, wo es das Verwehen der Laubdecke durch den Wind verhindert. Dagegen ist jeder weiteren Ausbreitung eines schädlichen Unkräuterfilzes entgegenzuwirken.

Der Besamungsschlag ist namentlich in unvollkommenen Beständen etwas dunkler zu halten, als oben angegeben; am Rand von Blößen ist in ähnlicher Weise zu verfahren, wie beim Waldtrauf; dem Vorwuchs ist nach und nach Luft zu machen. Außerdem ist zu beachten, daß nach dem Abhieb von schwächeren Laubholzstämmen die verbleibenden Stöcke wieder ausschlagen und deren Loden schneller wachsen als die Samenpflanzen, diese also unter deren Druck leiden, was oft nur durch theure Reinigungshiebe zu beseitigen ist; man thut deßhalb gut, solche schwächere Stangen möglichst lange überzuhalten, bis der Buchenkernwuchs einen genügenden Vorsprung hat.

Mit der künstlichen Nachhülfe darf noch weniger gezögert werden als bei regelmäßigen Beständen; es ist derselben zeitig genug die genügende Ausdehnung zu geben, wobei aber stets sorgfältig zu erwägen, ob die Bodenkraft und der zeitweilige Bodenüberzug die Anzucht der Buche überall räthlich erscheinen lassen, oder ob nicht die horstweise Einmischung genügsamerer Holzarten vorzuziehen ist. Jedenfalls gehören erzwungene Buchenkulturen auf erschöpften oder zu armen Böden nicht nur zu den theuersten, sondern auch zu den wenig rentabelsten Maßregeln, da man in solchen Fällen selten eine brauchbare Bestockung erhält; es kann daher vor solchen widernatürlichen Zwangsmaßregeln nicht ernstlich genug gewarnt werden.

234 Die künstliche Erziehung der Buche im Freien läßt sich nur in den seltensten Fällen durchführen und kann solche deßhalb hier übergangen werden; dagegen sind die zur Förderung und Ergänzung der natürlichen Verjüngung geeigneten Maßregeln noch kurz zu besprechen.

Wo eine hinreichende Zahl von Samenbäumen vorhanden ist, genügt ein Wundmachen des Bodens. Die Anwendung eiserner Harken (Rechen) reicht nur auf lockerem Kalk- oder humosem, lehmigem Sandboden aus; in der Regel wird man die Hacke zu Hülfe nehmen müssen, obwohl diese Arbeit viel theurer kommt. Der Ersparniß halber beschränkt man dann dieselbe auf einzelne 0,5—0,8 m breite Streifen, die etwa 1—1,5 m von einander entfernt sind. Einer feineren Bearbeitung bedarf es nicht, grobes Rauhhacken genügt; es ist auch nicht nothwendig, die Arbeit auf die Zeit nach dem Samenabfall zu verschieben, man kann schon im Sommer, wo ohnehin die Tage länger sind, damit beginnen. Stärkere Wurzeln und große Steine werden hiebei übergangen, auch hat die Lockerung je etwa $1\frac{1}{2}$—2 m vom Fuß der stärkeren Stämme entfernt aufzuhören; da hier eine Besamung doch nicht gedeiht.

Den benöthigten Samen läßt man am besten selbst sammeln; er

kommt zunächst auf luftige trockene Böden, wo er in dünnen Lagen aufgeschichtet und anfangs täglich gewendet werden muß, damit er nicht schimmelt, später geschieht dieß nur noch alle 2—3 Tage. Wenn er nicht mehr schwitzt, kommt er auf große Haufen, welche nöthigenfalls mit Stroh oder Laub bedeckt werden, um ein allzustarkes Austrocknen zu verhindern. Ein Begießen im Nachwinter (184) ist auch hier zu empfehlen.

Ist eine natürliche Besamung nicht zu erwarten, so muß die 235 Saat aus der Hand erfolgen. Da aber der Same hoch zu stehen kommt, so wendet man in diesem Fall die plätzeweise oder Tellersaat an, bei der man etwa 1,5—2 hl Samen pro ha bedarf, wenn man die Stufen 1—1,25 m im Quadrat auseinander rückt. Der Same darf nicht tiefer als 2—3 cm tief bedeckt werden, und es genügt, wenn 3—5 gesunde Bucheln in jede Stufe kommen. — In lockerem Boden kann man die Löchersaat oder Stecksaat anwenden, wo in ein mit dem Steckholz etwa 2 cm tief eingestoßenes Loch 1 bis höchstens 3 Eckern eingelegt werden, und bei der man $^3/_4$—$^1/_3$ des obigen Samenquantums erspart; doch ist große Vorsicht nothwendig, daß die Samen nicht zu tief in den Boden kommen, was bei diesem Verfahren häufig der Fall ist und den Erfolg beeinträchtigt. — Einerseits ist es räthlich, möglichst früh (auch noch im Herbst) zu säen, damit der Samen nicht zu stark austrocknet oder sonst nothleidet; andrerseits sind die frühen Saaten den Beschädigungen durch Frost, Mäuse, Finken ꝛc. stark ausgesetzt, weßhalb man in der Regel bis Ende April wartet. Die weit sichereren und auch nicht so kostspieligen Untersaaten von Eschen und Ahorn können natürlich nur in beschränktem Umfang angewendet werden, dürfen auch noch einige Jahre später zur Ausführung kommen; am spätesten die Ulmensaaten; doch verlangen diese Holzarten stets den besten Boden oder ein tiefer gelockertes Keimbett, Stocklöcher ꝛc.

Die Pflanzung hat, wo sie nöthig, schon gleich nach dem ersten 236 Lichtschlag Anwendung zu finden und kann man unter Schutzbestand auf unberastem Boden ein- und zweijährige, im Besamungsschlag bei feuchtem Wetter ausgezogene Pflänzchen dazu verwenden. Das Einsetzen geschieht dann mit Hülfe eines Pflanzholzes oder Pflanzeisens durch Einstoßen eines Loches in den Boden und nachheriges Andrücken der Pflanze. Sind aber die Verhältnisse ungünstiger, so muß man zu stärkeren Pflanzen greifen, welche am billigsten aus dem natürlichen Aufschlag ausgezogen oder (bei festem Boden und trockener Witterung) ausgegraben werden. Größere Pflanzen erholen sich dabei aber nur lang-

fam, auch wenn man sie in den Aesten beschneidet; dagegen treiben die
Stummel= oder Stutzpflanzen sehr kräftig und wachsen gut an; die=
selben werden vor dem Einsetzen unmittelbar über dem Wurzelknoten
abgeschnitten oder mit einem Beil abgehauen und so tief eingesetzt,
daß die Abhiebsfläche noch ein wenig mit Erde bedeckt ist. — Die
Nachbesserung mit Ballenpflanzung kommt als zu theuer nur ausnahms=
weise vor. — Die Erziehung in Saat= und Pflanzschulen erfolgt in
ähnlicher Weise wie (185—188) für die Weißtanne angegeben wurde.

  Zum Zweck der Nachbesserung von kleineren Blößen verwendet man
auf gutem Boden gerne die schnell wachsende Esche oder Ulme (die
beiden Ahornarten lassen sich weniger gut verpflanzen), auf geringerem
Boden die Birke oder Lärche und Fichte; für nasse Stellen auch die
Schwarzerle, welche übrigens nur bei entsprechender Tiefgründigkeit den
ganzen Umtrieb aushält. An Orten, welche dem Frost sehr stark aus=
gesetzt sind, dienen Erlen, Birken 2c. als erwünschtes Schutzholz für
die Buche.

237 Die jungen Buchenschläge werden hauptsächlich von den Mäusen
und Siebenschläfern durch Abnagen der Rinde beschädigt, was
namentlich in schneereichen Wintern eintritt. Hiegegen läßt sich im
Großen nur vorbeugend einschreiten durch Schonung und Hegen der
Mäusefeinde, Fuchs, Igel, Wiesel, Eulen, Bussarde, Raben 2c.

238 Die weitere Behandlung der jungen Buchenbestände erfordert zu=
nächst sorgfältige Ueberwachung der eingemischten unerwünschten Weich=
hölzer und Stockausschläge der Hauptholzart, damit diese den Kern=
wuchs nicht allzusehr verdämmen oder verdrängen. Hiebei hat man
aber stets im Auge zu behalten, wie lange der Bestand bis zur Ver=
jüngung zu leben hat; je kürzer der Umtrieb, um so erwünschter sind
solche Beimischungen zur Steigerung der Zwischen= und eventuell auch
noch der Haubarkeitserträge. Das Streben nach Erziehung von reinen
Kernwuchsbeständen darf deßwegen auch nicht allzuweit gehen, zumal
die Buche als schattenliebende Holzart von den schneller wachsenden
eingemischten Weichhölzern und von den ebenfalls rascher sich ent=
wickelnden Eschen, Ulmen, Ahornen 2c. weniger zu leiden hat, während
eine solche Mischung wesentlich zur Erhöhung des Geldertrages mit=
wirkt.

  Bei den Reinigungshieben hat man zunächst nur diejenigen andern
Holzarten und Buchenstockausschläge zu entfernen, welche dem jungen
Buchenkernwuchs, so weit derselbe später für die Bildung des hiebs=
reifen Bestandes nothwendig ist, schädliche Concurrenz machen und zur

Abwehr der Spätfröste nicht mehr nothwendig sind. Es ist dabei aller=
dings auch noch der Kostenpunkt ins Auge zu fassen, welcher oft einen
stärkeren Zugriff wünschenswerth macht, damit das gewonnene Material
eher die Kosten deckt. — Häufig geht man aber beim Aushieb der Weich=
hölzer und Stockausschläge zu weit und andrerseits bleibt dann ebenso
oft der Kernwuchs, wenn er auch noch so dicht steht, ganz sich selbst
überlassen, während ihm eine frühzeitige Durchlichtung, ehe derselbe
sich zu schwanken, haltlosen Gerten ausgewachsen hat, sehr zu gut
kommt. Es ist unverkennbar, daß der häufige allzudichte Stand der
Buchenjungwüchse die rentable Entwicklung des Bestandes für zwei
oder drei Dezennien störend beeinflußt und mit dazu beiträgt, daß die
Buche einen verhältnißmäßig hohen Umtrieb erfordert.

Bezüglich der Wiederholung dieser Aushiebe ist der richtige Mittel=
weg zu suchen, daß man einerseits nicht zu spät und zu selten kommt,
wodurch der Zweck theilweise oder ganz verfehlt würde, und andrerseits,
daß man des Kostenpunkts wegen nicht zu oft kommt und dadurch den
Arbeitsaufwand steigert, den jeweiligen Ertrag aber mindert.

Die Reinigungshiebe können nur unter ständiger technischer Leitung
ausgeführt werden und da der Umfang der Arbeitsleistung zum Voraus
sich kaum bemessen läßt, so werden sie auch nicht im Accord vergeben,
sondern im Taglohn, weil der Arbeiter kein Interesse daran haben
darf, ob viel oder wenig Holz genommen wird.

Die Durchforstungen werden meist zu spät begonnen, namentlich 239
in allzudicht bestockten Jungwüchsen, welche dann, sich selbst überlassen,
den Halt verlieren, weil sich der Kampf um die Herrschaft zu sehr ver=
längert und zu einer normalen Kronen= und Wurzelentwicklung kein
Raum ist. Ist nun aber einmal dieser krankhafte Zustand eingetreten,
so bildet allerdings ein solcher Bestand für längere Zeit ein Rühr=
michnichtan, und wenn man dann doch einmal etwas thun muß, so
kann darin nur mit äußerster Vorsicht vorgegangen werden; man hat
sich zunächst lediglich auf das vollständig unterdrückte und umgebogene
Holz zu beschränken, welches nur einen geringen Ertrag giebt, so daß
die früher durch Unterlassung rechtzeitiger Verminderung der Stamm=
zahl gemachten Ersparnisse nun wieder durch diese Ausgaben und Ein=
nahmeausfälle beglichen werden.

Handelt es sich dann um genügend erkräftigte Bestände, so ist
auch in diesen noch häufig wahrzunehmen, daß in Verkennung der Natur
der Buche viel zu schwach durchforstet wird, weil selbst ein stark
beherrschter und ziemlich unterdrückter Stamm in seiner Krone und

Belaubung noch ein gesundes Aussehen zeigt, während sein Zuwachs
auf ein Minimum reduzirt ist, und er längst zum Nebenbestand gehört.
Ein fast noch häufiger wahrzunehmender Fehler wird dadurch gemacht,
daß man sich nicht an die aus Stockausschlag erwachsenen Stämme
wagt, welche zwar, wenigstens bei kürzerem Umtrieb oder in mittel=
wüchsigen bis angehend haubaren Beständen, entschieden zum dominirenden
Holze gehören, aber demungeachtet ohne längere Unterbrechung des
Schlusses eine Verminderung in der Zahl der auf einem Stock stehenden
Stangen zulassen, wodurch nicht blos der Zwischennutzungsertrag nam=
haft gesteigert werden kann, sondern ebenso sehr der Zuwachs an den
stehen bleibenden Stangen; weil diese nicht wie der Kernwuchs den
frei werdenden Wurzelraum erst mühsam erobern müssen, sondern aus
dem längst in Besitz genommenen, die seither schon für fünf oder sechs
zur Verfügung gestandene Nahrungsmenge sofort nach Verminderung
der Stangenzahl unverkürzt zugeführt erhalten und gleich bald in Holz
anlegen. Wer ein einziges Mal diese äußerst günstige Wirkung beobachtet
hat, der wird sich gewiß nie mehr eine derartige Gelegenheit zur
Steigerung des Zuwachses entgehen lassen.

Mit Hülfe solcher kräftigen Durchforstungen läßt sich bei der
Buche auch noch die Umtriebszeit wesentlich abkürzen, wie speziell
aus einem von Jäger in seiner Schrift „Der Odenwald" angeführten
Beispiel ersichtlich wird. In einem 110jährigen Buchenbestande war
ein 51jähriges, 1,06 ha großes Stangenholz eingeschlossen und sollte
bei der Verjüngung des ersteren möglichst rasch einer frühzeitigeren
Hiebsreife entgegengeführt werden; es wurden deßhalb in vier Durch=
forstungen oder Vorbereitungshieben vom 51.—64. Jahre 37,7 Fest=
meter auf diese Weise erhoben, wonach im 64. Jahr ein Bestand von
46,2 Festmeter verblieb, aus dem in 14 Jahren ein Zwischennutzungs=
ertrag von 87 % gewonnen worden war.

240   Bezüglich der häufiger vorkommenden eingemischten Holz=
arten ist bei den Buchenbeständen zu unterscheiden zwischen solchen,
die den vollen Umtrieb aushalten und jenen, die keine so lange Lebens=
dauer haben (Sahlweide, Aspe ꝛc.), oder nicht so lange den vollen Be=
standesschluß der Buche ertragen (Birke). Letztere verlangt noch mehr,
als oben bei der Lärche angegeben, für ihre Krone allseitiges Licht,
welches sie nur erhält, wenn sie einen Vorsprung im Höhenwuchs von
mindestens 2—3 m vor dem umgebenden Bestand voraus hat; je älter
sie wird, um so nöthiger ist ihr dieß; so daß sie bald abstirbt, wenn
sie vom umgebenden Bestand in der Krone bedrängt wird. Das Holz

von solchen abgestorbenen Birken geht dann rasch in Fäulniß über und wird unbrauchbar, deßhalb darf man es nie so weit kommen lassen. Die Einmischung darf außerdem nie zu stark werden und soll ein Viertel der Bestandesmasse nie überschreiten, außer etwa da, wo vorübergehend noch in der Jugend die Buche eines Schutzbestandes bedarf.

Mit den anderen Weichhölzern wird man in der Regel schon früher, d. h. vor dem 50. Jahre geräumt haben müssen, da sie später nur noch einen geringen Zuwachs haben und gerne faul werden. — In beiden Fällen hat die Wegnahme dieser Mischhölzer ganz allmählig zu geschehen, besonders vorsichtig dann, wenn der Hauptbestand noch nicht genügend erstarkt ist.

Unter denjenigen Holzarten, welche auch die längeren Umtriebe aushalten, sind zuerst die Esche, Ulme, der Berg- und Spitzahorn zu nennen, welche zwar ein geringeres Lichtbedürfniß haben als die vorigen, aber doch ein ziemlich stärkeres als die Buche, weßhalb man ihnen von Jugend an die erforderliche freiere Stellung verschaffen muß; dagegen brauchen sie nicht, wie die Eiche, einen Altersvorsprung vor der Buche (cf. unten 271).

Auch Nadelhölzer kommen eingemischt vor und haben einen noch günstigeren Einfluß auf die Ertragserhöhung als die vorgenannten, weil sie in Folge ihres kräftigeren Höhenwuchses stets zu dem dominirenden Bestand gehören und deßhalb sehr starkes Nutzholz liefern. Um diesen Zweck zu erreichen, ist es aber nothwendig, in der Umgebung der Nadelholzstämme den Buchenbestand in gutem Schluß zu erhalten, damit sie sich nicht allzusehr in die Krone verbreiten können.

Die vergleichenden Versuche, welche in Jägers „Odenwald" S. 222 mitgetheilt sind, weisen nach, daß ein aus 64 Kiefern, 47 Buchen und 34 Birken gemischter 80jähriger Bestand um 13 % mehr Holzmasse enthielt als der unter gleichen Verhältnissen erwachsene und ebenso alte reine Kiefernbestand. Zum Beweis dafür, daß in gemischten Beständen namhaft stärkeres Holz erzogen wird, dient folgendes Beispiel aus J. Miklitz, Beschreibung des Altvatergebirges:

1 ha Fichten 94 Jahr alt rein hatte 545 Stämme à 1,89 Festm. = 1028,5 Festm. pr. ha

1 ha { „ 95 „ „ gemischt 181 „ „ 2,88 „ = 519,7 „ „ „
{ Buchen 209 „ — 281,0 „ „ „
800,7 Festm. pr. ha.

Wenn nun 1 cbm Fichtenholz aus dem ersten Bestande um 10 Mk. zu verkaufen ist, so wird das aus dem zweiten Bestande minbeftens um 16 Mk. abzufeßen fein, weil die betr. Stämme je um 1 Feftmeter mehr Maffe halten; dazu kommt das Buchenholz mit ca. 10 Mk. pro Feftmeter, wodurch der gemifchte Beftand einen Geldwerth von 11 130 Mk. gegen 10 285 Mk. des reinen Beftandes erhält.

241   Unter dem Namen Confervationshieb wurde von E. F. Hartig eine Verbindung von Samen= und Ausfchlagverjüngung für folche Verhältniffe vorgefchlagen, wo vom Niederwald zum Hochwald oder in leßterem vom niederen zum höheren Umtrieb übergegangen wird. Man nimmt in 40—50jährigen Beftänden etwa $^3/_5$—$^2/_3$ der Stämme heraus und erhält dann von den Stöcken einen reichlichen Ausfchlag. Die fchöneren Stangen werden übergehalten, etwa 6—800 pro ha, erftarken und zeigen im freien Stand einen fehr günftigen Zuwachs. Nach etwa 30—40 Jahren wird im Unter= und Oberholz wieder gehauen und mit Hülfe des leßteren die natürliche Verjüngung ausfchließlich durch Samennachwuchs eingeleitet. In Kurheffen wurde diefe Betriebsart vorübergehend eingeführt, und hat einen guten Erfolg gehabt in all den Fällen, wo man fich auf Beftände mit gutem Boden befchränkte; auf ungünftigem Standort erfolgt die Ueberfchirmung des Bodens durch die Stockausfchläge fehr ungenügend und deßhalb hatte dann auch die Lichtftellung auf den Zuwachs des Oberholzes einen fehr nachtheiligen Einfluß.

242   Der hannoverfche Oberforftmeifter v. Seebach hat eine ähnliche Verjüngungsmethode, den modifizirten Buchenhochwaldbetrieb, Lichtungshieb, vorgefchlagen. Diefer unterfcheidet fich von dem vorigen durch fpäteren Anhieb der Beftände, im 60.—80. Jahre, nach Beendigung des hauptfächlichften Höhenwuchfes, durch Zuhülfenahme des Samennachwuchfes zur Erziehung eines Unterholzes und durch Ueber= halten einer geringeren Zahl von Stämmen, etwa 200—260 pro ha, welche dann im 100.—120. Jahre ihres Alters, bis wohin fich wieder ein Kronenfchluß hergeftellt hat, zur natürlichen Befamung benüßt werden. Beim erften Hieb nußt man etwa zwei Drittel der Beftandesmaffe und bezieht beim zweiten Hieb meift ebenfoviel, als ein unangegriffener Beftand gegeben hätte. — Wenn es an haubaren Beftänden fehlt, dagegen die mittelwüchfigen Altersklaffen in zu großer Ausdehnung vertreten find, fo ift diefes Verfahren fehr zweckmäßig, und kann auch noch auf etwas weniger gutem Boden angewendet werden, weil beim erften Hieb neben dem Stockausfchlag auch Samennachwuchs erzogen wird. Nach Seebach wird dadurch ein Hochwald gefchaffen, der volle Lebenskraft, Holzreichthum und hohen Zuwachs in fich fchließt.

Endlich kann man auch die Bestände im 40.—50. Jahre ganz auf den Stock setzen, die erfolgenden Ausschläge mittelst Durchforstung und Vorbereitungshieb groß ziehen, und dann im 60.—80. Jahre wieder auf Samen verjüngen, was aber nur ausnahmsweise in Anwendung auf einzelne Bestände oder Bestandestheile vorkommt, um etwaige Alters=differenzen auszugleichen.

Die **Wirthschaftseinrichtung** für Buchenforste ist in so 243 fern etwas einfacher, als man in denselben durch die Rücksichten auf den Wind weniger beengt ist, obwohl namentlich auf sehr gutem Boden auch bei der Buche Windwürfe, jedoch nur von untergeordnetem Um=fange, vorkommen. —

Die Flächeneintheilung muß sich jedenfalls an ein zweckmäßig an=gelegtes Wegnetz anschließen und soll so viel als möglich den oben (140) gestellten Anforderungen entsprechen, wobei allerdings Wirthschaftsstreifen entbehrlich sind; dagegen empfiehlt es sich, geeignete Hiebszüge vorzu=zeichnen, ohne daß es aber nothwendig würde, dieselben sofort ins Leben zu rufen; es kann wohl da und dort eine Abweichung davon erfolgen, ohne die für Fichtenbestände drohenden Gefahren befürchten zu müssen.

Das Massenfachwerk paßt sehr gut für diesen Zweck; doch ist auch das Flächenfachwerk nicht ausgeschlossen, nur muß man besondere Aufmerksamkeit auf die Reduktion der Flächen verschiedener Standorts=güte verwenden. Außerdem sind noch die in Verjüngung stehenden Abtheilungen auf den Umfang des Vollbestandes zu reduziren. Wenn z. B. in einem Nachhieb noch 120 Festmeter pro ha Altholz steht, wo der Vollbestand unmittelbar vor dem Anhieb einen Vorrath von 360 Festmeter hatte, so kommt $\frac{1}{3}$ der betr. Fläche in die älteste Klasse und der Rest in die jüngste. — Beim Massenfachwerk hat eine ähnliche Vertheilung des Holzertrages stattzufinden; der gegenwärtig vorhandene Nachhiebsrest mit dem bis zum Abtrieb erfolgenden Zuwachs wird der ersten Periode zugewiesen; die letzte Periode erhält dann ebendeßhalb nur noch den verbleibenden Rest des gesammten Haubarkeitsertrages, in obigem Beispiel $360 - 120 = 240$ Festmeter pro ha; da man bei allen derartigen Ertragsberechnungen unterstellt, daß am Schluß der ersten Umtriebszeit die betr. Bestände im gleichen Zustande, in dem sie sich jetzt befinden, an die folgende übergehen.

Hier dürften sodann auch noch einige andere **Taxations=** (nicht 244 **Wirthschaftseinrichtungs=**) Methoden kurz erwähnt werden.

Zunächst die sogenannte **Oesterreichische Cameraltaxe,** durch kaiserl. Hofdekret vom 14. Juli 1788 vorgeschrieben. Dieselbe nimmt

zur Grundlage den normalen Vorrath eines regelmäßig im Alter ab-
gestuften Complexes, in dem also alle Altersstufen vom ersten Jahre ab
aufwärts bis zum ältesten hiebsreifen Bestand in gleicher Ausdehnung
und Ertragsfähigkeit vertreten sind. Sie ermittelt denselben auf sehr
einfache (jedoch nur annähernd correkte) Weise dadurch, daß man den
normalen Ertrag der Flächeneinheit des hiebsreifen Bestandes mit der
gesammten produktiven Fläche und hernach mit dem Faktor 0,5 multiplizirt, wodurch aber namentlich für kürzere Umtriebszeiten unter 100 Jahren
ein etwas zu hoher normaler Vorrath gefunden wird. Der normale Ertrag eines solchen Complexes ist jeweils in dem hiebsreifen ältesten Bestand gegeben; er kann aber nachhaltig und ununterbrochen nur dann
genutzt werden, wenn die rückwärtsliegenden jüngeren Altersstufen in
gleicher Ertragsfähigkeit vorhanden sind. Den Nachweis hiefür sucht man
dadurch zu geben, daß man den wirklich vorhandenen Holzvorrath
ermittelt und ihn dann mit dem in obiger Weise berechneten normalen
Vorrath vergleicht. Stimmen beide überein, so nimmt man an, der
Waldbesitzer sei in der Lage, den normalen Ertrag nachhaltig zu beziehen. Ist aber der wirkliche Vorrath geringer als der normale, so
muß derselbe nach und nach auf die Höhe des letzteren ergänzt werden
und dieß kann nur durch zeitweilige Ermäßigung der Nutzung und
Aufsparung des Zuwachses in den einzelnen Beständen geschehen; man
darf also nur einen bestimmten Theil des normalen Ertrages erheben,
und zwar um so weniger, je größer die Differenz zwischen normalem
und wirklichem Vorrath ist und je schneller man diese Ergänzung
bewirken will. — Im umgekehrten Fall, wenn der wirkliche Vorrath
höher steht als der normale, erhöht sich die wirkliche Nutzung über
die normale für so lange, bis der Ueberschuß aufgezehrt ist.

Für einen Buchenforst von 640 ha sei z. B. gegeben ein 80jähriger
Umtrieb und ein normaler Ertrag n e von 320 cbm pro ha; der
wirkliche Vorrath w v wird mit 86 000 cbm gefunden und soll derselbe
innerhalb des nächsten 80jährigen Umtriebes auf die Höhe des Normalvorraths ergänzt werden, so berechnet sich die normale Nutzung auf
$320 \times \dfrac{640}{80} = 2560$ cbm; der normale Vorrath auf $320 \times 640 \times 0{,}5 =$
102 400 cbm und die auszugleichende Differenz auf 102 400—86 000 =
16 400 cbm; letztere auf 80 Jahre vertheilt, giebt jährlich 205 cbm,
um welche Größe die normale Nutzung sich vermindert, so daß in
Wirklichkeit nur 2560—205 = 2355 cbm geschlagen werden dürfen.
Es ist oben schon angedeutet, daß der Faktor 0,5 den Normalvorrath

zu hoch angebe; nach den Feistmantel'schen Ertragstafeln erfordert die entsprechende IV. Ertragsklasse bei einem Haubarkeitsertrag von 318,28 cbm nur 132,25 cbm pro ha als Normalvorrath, woraus sich der Faktor 0,4155 ergiebt, mit Hülfe dessen der Normalvorrath des obigen Beispiels sich auf 85012 cbm reduzirt, so daß also der wirkliche Vorrath mit 86000 cbm den normalen Vorrath übersteigt und ein Ueberschuß von 988 cbm successive abzunutzen wäre, wodurch sich die normale Nutzung von 1280 um $\frac{988}{80} = 12{,}3$ cbm für die Dauer von 80 Jahren erhöhen würde. Bei solchen Ueberschüssen ist es aber namentlich dann, wenn sie in hiebsreifem oder überreifem Holze vorhanden sind, nicht nöthig und oft nicht einmal zweckmäßig, sie auf so lange Zeiträume zu vertheilen.

Hundeshagen hat das Verhältniß zwischen dem Normalertrag und Normalvorrath in einem Dezimalbruch, dem Nutzungsprozent, ausgedrückt $\frac{n\,e}{n\,v}$ und bestimmt die Nutzungsgröße durch Multiplikation desselben mit dem wirklichen Vorrath.

Bei beiden Methoden ist aber die Möglichkeit nicht ausgeschlossen, daß zwar der normale Vorrath, nicht aber der normale Zustand, also auch nicht der normale Zuwachs vorhanden sein kann, namentlich verlangen und geben sie gar keinen Nachweis über den Umfang, in welchem die einzelnen Altersklassen vertreten sind, und vernachlässigen die wirthschaftliche Eintheilung, besonders aber die windsichere Anordnung der Hiebsfolge, mit einem Wort die Wirthschaftseinrichtung gänzlich.

Zur Verbesserung des ersten Fehlers wurde namentlich von C. Heyer der Zuwachs als weiterer Faktor in seine Formel einbezogen, welche die Nutzungsgröße $N = \dfrac{w\,v + s\,w\,z - n\,v}{x}$ setzt. In derselben ist w v der gegenwärtige Vorrath, s w z die während eines bestimmten Ausgleichungszeitraums x erfolgende gesammte Zuwachsmasse und n v, der normale Vorrath, welcher am Schluß des Ausgleichungszeitraumes vorhanden sein soll. Mit anderen Worten heißt dieß: Zu dem gegenwärtigen Vorrath w v wächst während einer bestimmten Zahl von Jahren x eine weitere Masse Holzes s w z hinzu und am Schluß des Zeitabschnittes x muß der normale Vorrath n v zurückbleiben; diejenige Holzmasse, welche also letzterer nicht benöthigt, ist der Nutzung verfallen und giebt durch die Zahl der Jahre x getheilt das jährlich zu erhebende Fällungsquantum. — C. Heyer fordert aber ausdrücklich noch einen wohl überlegten Betriebs- und Wirthschaftsplan und giebt zu, daß die Etatsordnung sich in vielen Fällen nicht in die engen Grenzen einer mathematischen Formel einzwängen lasse.

Bezüglich der Ausgleichungszeit x ist zu sagen, daß sich der normale Vorrath in dem Fall in beliebig kurzer Zeit herstellen läßt, wenn der w v ein größerer ist; doch bildet auch hiebei schon die Unmöglichkeit größere Ueberschüsse rasch und ohne Preisrückgang zu verwerthen, häufig ein sehr zu beachtendes Hinderniß. Anders aber verhält es sich in dem Fall, wenn der n v erheblich höher ist als der w v, das Fehlende also successive eingespart und dann gleichzeitig noch eine möglichst sichere Bestandesordnung hergestellt werden muß; um der letzteren in Fichtenbeständen unerläßlichen Anforderung zu genügen, braucht man in der Regel die volle Umtriebszeit, oft auch noch die zweite, namentlich dann, wenn die rasche Durchführung der normalen Ordnung dem Waldbesitzer unverhältnißmäßige Opfer auferlegen würde; eine Rücksicht, die auch bei der wünschenswerthen Ergänzung des w v öfters Platz greift.

247   Bei Ausführung des Hiebsplanes durch die regelmäßig jedes Jahr erfolgenden Fällungen ergeben sich in Buchenforsten mehrfache Schwierigkeiten daraus, daß die Samenjahre so selten sind und die künstliche Nachhülfe sehr theuer ist; man muß also die Hiebsführung so einrichten, daß man in der Zwischenzeit von einem Samenjahre zum andern genügende Mengen von haubarem Holze zur Fällung bringen kann, ohne die natürliche Verjüngung zu beeinträchtigen. Dieß bedingt einerseits eine entsprechende Ausdehnung des Verjüngungszeitraums und andrerseits sorgfältige Benützung aller, auch der weniger ergiebigen Sprengmasten. Es ist anzunehmen, daß bei eintretendem Samenjahre eine genügende Fläche im Vorbereitungsschlage steht, so daß man der Besamungsschlagstellung eine möglichst große Ausdehnung geben kann. Doch darf man nicht zu weit gehen und muß stets das Verhältniß zwischen Umtriebszeit und Verjüngungszeitraum beachten; ist erstere 90 Jahre und letzterer 15 Jahre, so darf die ganze in Verjüngung stehende Fläche (Besamungs- und Lichtschläge) ein Sechstel der Gesammtfläche nicht überschreiten; tritt nun alle 7—8 Jahre ein Samenjahr oder einige Halbmasten, welche ausreichende Besamung geben, ein, so darf nur ein Zwölftel der Gesammtfläche in Besamungsschlag gestellt werden. In diesem Jahre unterbleiben alle Nachhiebe und Vorbereitungsschläge unbedingt. Würde auf der gegebenen Anhiebsfläche zu viel Material anfallen, so kann man nöthigenfalls in den Beständen mit gutem,

frischem Boden, an nördlichen Gehängen den Hieb dunkler führen,
weil hier der Nachwuchs einen stärkeren Druck auszuhalten vermag. —
Nach 3—4 Jahren wird auf dieser Anhiebsfläche eine Lichtung zulässig
sein, annähernd in der gleichen Stärke wie der erste Einschlag; man
hat also zur Deckung für die zwischenliegenden Jahre die Vorbereitungs-
und Lichtungshiebe in anderen Waldtheilen einzulegen, um den Jahres-
Etat zu erfüllen. Da die Hiebe in Pausen von 3—5 Jahren auf
derselben Fläche wiederkehren, und sich auch die Masse ziemlich gleich
auf die einzelnen Jahre vertheilen läßt, so ist die gestellte Aufgabe bei
einiger Umsicht leicht zu lösen, zumal auch schon ein Jahr vor Eintritt
der Mast ein Besamungsschlag geführt werden kann, wenn ein milder
Herbst der Blüthenbildung fürs kommende Jahr Vorschub leistet.

An **Nebennutzungen** gewährt die Buche hauptsächlich die **Mast** 248
und die **Laubstreu.** Erstere kann unbedenklich so weit gewonnen
werden, als sie zur natürlichen Besamung in den Schlägen nicht nöthig
ist, nur darf man dabei das Anklopfen der Stämme mit schweren
Hämmern nicht zur Anwendung bringen. Das Eintreiben von Schweinen
ist mehr zu empfehlen. Zur Oelfabrikation verwendet, ergeben die
Bucheln etwa 10—12 % ihres Gewichts an schmackhaftem Speiseöl.
Für den Waldbesitzer wird diese Nutzung am besten verwerthet, indem
man gegen Bezahlung einer Taxe oder gegen bestimmte Naturallieferung
für jeden Sammler einen Erlaubnißschein abgiebt; in letzterem Fall
erhält man aber häufig nur Samen von geringer Qualität.

Die **Laubstreunutzung** kann eigentlich nur selten ohne Schaden
ausgeübt werden, wenn es sich um Bestände auf ganz gutem Boden
und in feuchtem Klima handelt und wenn dieselbe nicht öfter als nach
10—15 Jahren wiederkehrt; je geringer aber die Bodenkraft ist, um
so größer ist die Gefahr der Erschöpfung. Man darf in der Regel
auch auf guten Böden nicht vor Ablauf des ersten Drittels der Umtriebszeit beginnen und höchstens alle 5—8 Jahre wiederkehren, wobei
aber 8—10 Jahre vor Beginn der Verjüngung gänzliche Schonung
einzutreten hat. Der durch die Laubstreunutzung veranlaßte Ausfall
am Holzertrage ist sehr bedeutend; so hat z. B. Jäger (Odenwald) gefunden, daß eine vierjährige Laubentziehung in einem vorher nicht berechten Buchenbestande einen Rückgang am Holzzuwachs von 17 %
zur Folge hatte; bei öfter wiederkehrenden Nutzungen steigt dieser Verlust auf 30—60 % des Gesammtertrages, je nach der Verschiedenheit der ursprünglichen Bodenkraft, welche dann schließlich so weit erschöpft wird, daß die Wiederanzucht der Buche unmöglich ist, selbst

wenn der alte Bestand noch ein erträgliches Wachsthum zeigte. — Auf solchen Böden bleibt in der Regel nichts mehr übrig, als die Anzucht der Kiefer, welche mit ihren Wurzeln zum Theil auf die tieferen Bodenschichten angewiesen ist, während die flachwurzelnde Fichte in den gänzlich erschöpften oberen Schichten auch nicht mehr genug Nahrung findet und deßhalb rasch verkümmert.

XIV. Weitere Holzarten des Hochwalds.

249　　Ueber die im Hochwald mit der Buche gemischt vorkommenden, bereits oben berührten Hartholzarten ist hier noch Einiges nachzutragen:

Die Ulmen, Rüstern oder Steinlinden sind in unsern Waldungen hauptsächlich durch zwei Arten vertreten, die Feldulme und die Fächerulme; letztere hat ein kleineres Blatt, feinere und fächerförmig gestellte Zweige. Beide gehören unter die nicht geselligen Holzarten; sie kommen nur einzeln auf gutem, tiefgründigem, frischem Boden und auf zerklüfteten Felsen vor. Die chemische Zusammensetzung des Bodens zeigt weniger Einfluß auf ihr Gedeihen, doch scheinen sie den Kalk und Mergel besonders zu lieben; sie ertragen ein ziemlich rauhes Klima und sind gegen Spätfröste, selbst in der Jugend, wenig empfindlich. Ein trockener, heißer Standort schlägt ihnen nur bei tiefgründigem, lockerem Boden noch einigermaßen zu. In den Alpen gehen sie kaum bis 1000 m Höhe.

Die Keimpflanze erhebt ihre zwei kleinen, nierenförmigen Samenblätter über die Erde und treibt bald nachher ein zweites Paar gegenständige Blätter, die stark gezähnt sind; vom nächsten Jahre an stehen die Blätter alternirend und der Wuchs ist ein sehr rascher. Beide Arten keimen nur auf wundem Boden und in freiem Stand, erreichen ein Alter von 150—200 Jahren, und wachsen bis zu einer Höhe von 30 m und einer Stärke von 1 m. Ihre Wurzeln gehen tief. Sie blühen im März und April, längere Zeit vor dem Laubausbruch, ihr Samen reift Ende Mai und Anfangs Juni; er ist eine Flügelfrucht, fliegt wenige Tage nach dem Reifwerden ab. Im 60.—70. Jahre fangen sie an Samen zu tragen; derselbe geräth in der Regel alle 2—3 Jahre reichlich; doch sind viele taube Körner dabei.

Auf den Stock gesetzt, geben sie einen kräftigen und üppigen Ausschlag, die Stöcke dauern lange; Wurzelbrut treiben sie in ziemlicher Menge, wenn sie tief gehauen werden. Als Brennholz haben sie annähernd die gleiche Qualität, wie die Buche; zu Werkholz liefert die

Feldulme das dauerhafteste und zäheste Material. Die Fächerulme dagegen eignet sich nicht zu Werkholz, sondern nur zu Brennholz und auch dieses ist wegen der Schwerspaltigkeit wenig begehrt.

Unter ihren Feinden ist eigentlich nur die Ulmenblattlaus zu nennen; und das Wild; doch vertragen sie die Beschädigungen gut.

Zu erwähnen ist noch die strauchartig bleibende, sogenannte Hecken=ulme, deren Samen dem der andern beiden Arten ganz ähnlich sieht; es ist deßhalb vor dem Ankauf von solchem sich zu hüten.

Bei der künstlichen Erziehung ist zu beachten, daß der Ulmen=250 same nur in ganz frischem Zustande verwendet werden kann, später verliert er die Keimkraft gänzlich, da er schon von Anfang an viele tauben Körner enthält. Man säet ihn gleich nachdem er vom Baum genommen ist, Anfangs Juni, und bedeckt ihn nur etwa 6—8 mm hoch mit lockerer Erde. Bei feuchtem Wetter keimt er sehr bald und erwachsen im gleichen Jahr noch ziemlich erstarkte Pflänzlinge; so daß deren Verwendung in 1—2jährigem Alter die Regel bildet, wenn es sich nicht um stark verunkrauteten Boden oder um verspätete Nachbesserung handelt, in welchen Fällen man verschulte Pflanzen verwendet. Beim Versetzen ins Freie wie beim Verschulen sind die Pfahlwurzeln einzu=kürzen, im ersteren Fall schwächer als im letzteren; der Schnitt der Wurzel hat immer so zu erfolgen, daß beim Einsetzen die Schnittfläche horizontal auf dem Boden des Pflanzlochs aufsitzt. — Bei etwaigem Verschulen ist der gleiche Verband einzuhalten wie dieß unten bei der Esche angegeben.

Die Esche gehört kaum noch zu den bedingt geselligen Holzarten; 251 denn auch bei den günstigsten Standortsverhältnissen wird sie selten in größerer Ausdehnung herrschend.*) Sie liebt einen feuchten, auch noch nassen Boden, sofern kein saurer Humus sich vorfindet, und das Wasser nicht zu lang stagnirt; dagegen muß ein trockener Standort, auf dem sie noch gedeihen soll, wenigstens tiefgründig und humos, oder wenn Felsen im Untergrund sind, diese zerklüftet sein; auf Thonboden gedeiht sie gut, wenn er feucht und tiefgründig ist; am liebsten ist ihr ein Kalkboden oder ein lockerer Lehm. — Spätfröste schaden ihr dann und wann; von Insekten und Krankheiten hat sie aber fast gar nicht zu leiden.

---

*) In den Verhandlungen der Forstsection für Mähren und Schlesien 1857 ist eine Bestandesaufnahme aus reinem Eschenhochwald mitgetheilt, wonach der Holzvorrath im 70. Jahre pro ha 366,79 Festmeter betrug, also der Haubarkeits-durchschnittszuwachs 5,24 Festmeter jährlich. Der Standort war allerdings sehr günstig in der Niederung zwischen Thaya nnd March.

In den Alpen geht sie bis zu 1000 m absoluter Erhebung.

Ein Alter von 120—150 Jahren erreicht sie noch gut. Im 40. bis 50. Jahre trägt sie Samen und fast jährlich; sie blüht im April vor Ausbruch des Laubes. Der Samen reift im September und Oktober, fliegt während des Winters ab, verbreitet sich so weit, als der Baum hoch, ist und bleibt $1^1/_2$—$2^1/_2$ Jahre im Boden, bis er keimt. In der ersten Jugend wächst sie ziemlich langsam, und verlangt einigen Schutz, kann aber auch einen stärkeren Druck ertragen; später bedarf sie dann zur Kronenentwicklung Freistellung. Sie gehört zu den tief= wurzelnden Holzarten, ihr Stamm wächst schlank und schnell in die Höhe; sie bekommt wenige, aber stärkere Aeste, und nähert sich in der Baumform mehr der Eiche; sie trägt ein Fiederblatt mit 7 bis 13 Blättchen, die Belaubung ist ziemlich licht, der Boden verrast deß= halb unter ihr sehr bald.

Ihr Ausschlag ist reichlich und wächst rasch; die Stöcke dauern gut aus. Wurzelbrut ist selten. In gemischten Beständen erlangen die Stockausschläge einen bedeutenden Vorsprung vor denen der übrigen Laubhölzer, und einen noch größeren vor dem Kernwuchs derselben, da sie aber sehr zahlreich auftreten, so ist es immerhin möglich, zu= nächst die äußersten zu entfernen, um den nachtheiligen Einfluß auf die Umgebung abzuwenden und daneben die günstigere Holzproduktion der Ausschläge auszunützen.

Das Holz wird von den meisten Handwerkern sehr gesucht, und besitzt etwa die gleiche Heizkraft wie das der Buche.

252 Bei der natürlichen Verjüngung ist die Esche durch Lichtstellung in der Umgebung der Mutterbäume zu begünstigen, dabei aber stets zu beachten, daß ihr Same erst im zweiten Jahre keimt, daß man also insbesondere auf unkrautwüchsigem Boden auch nicht früher lichten darf, damit keine Verwilderung eintreten kann. Mit den Laubhölzern verträgt sich die Esche von Jugend an gut, sie hält mit den schnell wachsenden, wie Birke zc., ziemlich gleichen Schritt. In Fichten bedarf sie eines mäßigen Vorsprungs, sobald dieselben einmal in das stärkere Höhenwachsthum eintreten.

Die Erziehung der Esche in der Saat= und Pflanzschule ist sehr leicht; der Samen wird am besten erst im zweiten Frühjahre ausgesäet, nachdem er zuvor im Freien ein Jahr lang eingeschlagen war. Man verfährt dabei in folgender Weise: An einer Stelle der Saatschule, wo kein Quellwasser eindringen kann, macht man eine Grube, bringt auf den Grund derselben einiges Reis, bedeckt dieses mit einer leichten,

2—3 cm dicken Schicht Erde, streut etwa 1 cm hoch Samen darauf, dann wieder die gleiche Lage Erde und so abwechselnd fort, bis sämmtlicher Samen untergebracht ist. Oben muß noch eine Schichte Moos oder Laub und eine stärkere Lage Erde, wenigstens 30 cm hoch, aufgelegt und fest angetreten werden. Kommt die Zeit der Saat, so muß man den Samen aussäen, ehe er noch zu keimen anfängt, wobei natürlich die zwischenliegende Erde nicht ausgeschieden werden kann, sondern mit dem Samen, wie er aus der Grube kommt, ausgesäet wird.

Die Saat ins Freie ist namentlich dann zu empfehlen, wenn man 253 so vorbereiteten Samen auf gut geebnete Stocklöcher einstreuen kann, wobei wegen Erleichterung der späteren Pflege riesenweise Saat vorzuziehen ist. — Das Gleiche gilt für die Saatbeete, in beiden Fällen ist die noch häufig wahrnehmbare allzudichte Saat zu vermeiden.

Da die jungen Pflänzchen gleich anfangs sehr starke Pfahlwurzeln treiben, so müssen sie behufs Erziehung von älteren Pflänzlingen längstens zwei Jahre alt ins Pflanzbeet übersetzt, zuvor aber die Pfahlwurzeln stark eingekürzt werden. Man hat ihnen daselbst einen Verband von mindestens 20×20 cm zu geben, wenn sie noch zwei Jahre da stehen sollen. Will man Halbheister erziehen, so müssen solche zum zweiten Mal in der Pflanzschule auf 30×30 cm verpflanzt und die stärkeren Wurzeln noch einmal eingestutzt werden. Das Beschneiden der Krone hat sich nur auf Einkürzung der Seitenzweige zu beschränken; der Gipfeltrieb soll hier wie bei den Ahornen ganz bleiben, weil man sonst der gegenständigen Knospen wegen Gabelstämme erzieht.

Von den in unseren Wäldern heimischen drei Ahornarten 254 kommen zwei im Hochwalde vor, nemlich: der gemeine oder Bergahorn, Acer Pseudoplatanus, und der spitzblättrige oder Spitzahorn, Acer platanoides, während der Feldahorn oder Masholder, Acer campestre, mehr dem Nieder- und Mittelwald angehört und dort besprochen werden soll. Die Unterscheidungskennzeichen der drei Arten liegen schon in den Blättern, der Spitzahorn hat tiefere Einschnitte, die Lappen und Zähne sind sehr spitzig, während der Bergahorn abgerundete Lappen und Zähne hat; jener enthält einen Milchsaft, dieser keinen; die Rinde des Stamms schuppt sich beim Bergahorn ab, beim Spitzahorn bleibt sie rauh und beim Feldahorn wird sie korkartig. Die Blätter dieses letzteren sind viel kleiner, als die der beiden vorigen Arten.

Der Bergahorn und der Spitzahorn kommen vorherrschend im Hochwald und hier nur einzeln eingemischt vor; wobei sie in Nadelholzbeständen noch ein ebenso gutes Gedeihen zeigen wie zwischen Buchen. Sie gedeihen noch auf trockenem, flachgründigem Boden, der aber humos sein muß. Nässe und selbst größere Feuchtigkeit ist ihnen zuwider, steinige und felsige Standorte lieben sie dagegen sehr. Thonböden entsprechen ihnen nicht, Thonmergel noch eher; Lehm und humosen Kalkboden ziehen sie vor. In rauhem Klima und kalten Lagen kommen sie noch gut fort; der Bergahorn geht höher als der Spitzahorn; in den Alpen bis zu 1300 m, im bayrischen Wald bei gutem Wuchs bis 1100 m, am Harz 500 m.

Beide letztgenannten Arten wurzeln flach; der Stamm geht im freien Stand nicht so rasch in die Höhe und setzt bald eine ziemlich breitästige Krone an, mit dichter Belaubung. Sie erreichen ein Alter von 150—200 Jahren, tragen im 40.—60. Jahre Samen; dieser ist eine Flügelfrucht, gedeiht oft und reichlich. Der des Bergahorns unterscheidet sich durch ein fast kugelrundes Korn von dem mehr plattgedrückten des Spitzahorns. Die Keimpflanzen beider sind dagegen an den Cotyledonen kaum zu unterscheiden; die des Spitzahorns haben eine dunklere, saftigere Färbung; das folgende Blätterpaar des letzteren ist ganzrandig, das des Bergahorns sägezähnig.

Blüthezeit: April und Mai, beim Spitzahorn vor, beim Bergahorn nach dem Laubausbruch; Reifzeit September; der Samen fliegt den Winter durch ab. In den ersten Jahren wachsen die jungen Pflanzen etwas langsam, sie können aber den Schutz der Mutterbäume nicht lange ertragen. Der Ausschlag vom Stock ist zwar nicht so reichlich, aber sehr kräftig und schnellwüchsig. Wurzelausschläge sind ganz selten. Die Stockausschläge lassen sich zur Steigerung des Holzertrags in ähnlicher Weise ausnützen, wie bei der Esche angedeutet, wenn man sie nicht alle gleichzeitig wegnimmt, sondern allmählig ihre Zahl vermindert. Das Holz vom Bergahorn ist zu feineren Schnitzarbeiten sehr gesucht; die Brennkraft ist bei beiden ziemlich gleich, etwas geringer als bei der Buche. Das Laub wird zur Viehfütterung gerne verwendet.

Beide Arten lassen sich nur als zwei- und dreijährig gut verpflanzen, in späterem Alter sterben die Gipfel ab und tritt jedenfalls eine längere Stockung des Wachsthums ein; man zieht deßhalb vor, unter Schutzbestand (im Buchenlichtschlag) zu säen, oder die Stutzpflanzung (vgl. 236) anzuwenden.

Der Masholder oder Feldahorn bleibt meistens strauchartig, nur auf ganz günstigem Standort erhebt er sich zu einem Halbbaum. In

Beziehung auf den Boden ist er ziemlich anspruchsvoll; er zieht auch die Kalk= und Mergelböden vor und verträgt Nässe so wenig wie die andern beiden Arten. Er giebt sehr reichlichen Ausschlag, sein Holz ist aber zum Brennen nicht besonders gesucht, weil es sich mehr den Weichhölzern nähert.

Feinde und Krankheiten: ziemlich unbedeutend. Gegen Fröste sind alle drei Arten minder empfindlich.

Die Weiß= und Schwarzbirke, letztere auch weichhaarige Birke genannt, unterscheiden sich besonders dadurch, daß die jungen Triebe der Schwarzbirke weich behaart sind, während sie bei der Weiß=birke sich mit Warzen (Wachsausschwitzungen) bedecken.

Die Schwarzbirke kommt mehr im Norden vor, und bildet hier ausgedehnte, reine Bestände, gehört also dort entschieden zu den ge=selligen Holzarten; aber auch bei uns scheint diese Art eine größere Neigung zum geselligen Auftreten zu haben, als die Weißbirke, welche meist nur einzeln zwischen andern Holzarten sich ansiedelt.

Die Weißbirke liebt mehr den trockeneren, sandigen, kalkhaltigen Boden, während die andere Art auf feuchtem und nassem Thonboden noch gut fortkommt; selbst noch in Brüchen, wo die Erle wegen Flach=gründigkeit des Bodens und wegen stauenden Wassers nicht mehr ge=deiht. Beide gehen im Gebirge nicht so hoch, wie gegen Norden. Auf der schwäbischen Alp bleibt die Weißbirke bei 650 m Erhebung schon merklich zurück, in den Alpen geht sie bis 900 m, am Harz aber nur bis zu 300 m. Die andere Art gedeiht auf der schwäbischen Alp noch gut bei 800 m, und am Harz geht sie bis zur höchsten, 1000 m hohen Spitze. In wärmeren Gegenden gedeihen beide an südlichen, sonnigen Hängen weniger gut.

Beide Birken erreichen ein Alter von 80—120 Jahren, in ge=schlossenen Beständen halten sie sich nicht so lange, weil sie sich schon vom 40. Jahre an licht stellen und der Boden unter ihrer geringen Ueber=schirmung bald verrast. Auf solchem Boden keimt die junge Pflanze nicht gerne, ebensowenig hält sie sich unter dem Druck der Mutter=bäume, sie will vielmehr von Jugend an einen freien Stand und eine räumliche Stellung. — Die kleinen, eiförmigen Samenlappen fallen bald ab, nachdem zuvor ein in der Form den Blättern älterer Bäume ähnliches, nur mehr rundliches Blatt getrieben ist. In diesem Alter sind die Pflänzchen den jungen Himbeeren sehr ähnlich; letztere sind aber an einzelnen steifen Borstenhaaren leicht zu erkennen. Die Wurzeln laufen flach, bei der Weißbirke mehr, als bei der andern. Der Stamm geht rasch in die Höhe, wird sehr schlank, die Krone ist unbedeutend, die Belaubung ganz licht, bei der Schwarzbirke etwas stärker; sie wachsen namentlich bis ins 40. und 60. Jahr schnell, sind in der Jugend gegen Fröste sehr hart und eignen sich daher vorzüglich, um andere zärtere Holzarten unter ihrem Schutze anzuziehen, oder um in kürzerer Zeit einen reichlichen Holzertrag zu erlangen. — In gemischten Beständen erzogen verlangt sie namentlich für die Entwicklung ihrer verhältnißmäßig schwachen Krone einen solchen Vorsprung, daß dieselbe von keiner Seite beschattet wird, andernfalls stirbt sie bald ab, was vorausgehend daran zu erkennen ist, daß am Stamm in verschiedener Höhe mehrfach kurze und kümmerliche Loden hervorbrechen.

Blüthezeit Mai mit dem Laubausbruch, der Samen reift im September und fliegt im Winter bald aus, er verbreitet sich sehr weit und fällt mit den Schuppen der Zäpfchen gleichzeitig ab. Im 30. bis 40. Jahre fangen sie an Samen zu tragen, und man kann alle 2 bis 3 Jahre auf reichen Anflug rechnen.

Die Weißbirke zeigt weniger Neigung zum Stockausschlag und verliert die Ausschlagfähigkeit schon im 30. Jahre, auch brechen bei ihr die Loden sehr leicht am Stock ab. Bei der Schwarzbirke sind diese Verhältnisse günstiger. Wurzelausschläge kommen bei beiden nicht vor. — Häufig wird behauptet, daß gepflanzte Birken auch bei rechtzeitigem Abtrieb nicht ausschlagen, es ist dieß aber unrichtig. Der Ausschlag erfolgt theils an der Abhiebsfläche, theils am Wurzelknoten.

Feinde und Krankheiten sind kaum schädlich. Vom Wind werden die Birken im Einzelstand häufig geworfen.

256   Beide Arten verjüngen sich in der Regel ganz gut auf natürlichem Wege, doch giebt es auch Fälle, wo künstliche Nachhülfe nothwendig wird; solche erfolgt durch Ansaat auf wundem, leicht berastem oder leicht mit der Dornegge oder durch vorheriges Eintreiben von Schafen verwundetem Boden, wenn die Anzucht reiner Bestände beabsichtigt wird, wobei man sich insbesondere vor zu dichter Saat zu hüten hat, weil diese Holzart einen gedrängten Stand nicht erträgt; bei 0,2 m breiten und 1—1,2 m von einander entfernten Riefen genügen 12—15 kg Samen pro ha; bei Vollsaaten nimmt man das $1\frac{1}{2}$fache Quantum. Wenn es sich jedoch nur um Einmischung der Birke handelt, beschränkt sich die Saat auf wunde Stellen, Stocklöcher 2c., oder da der Same sehr billig ist, so streut man ihn etwas reichlicher vor Eintritt des Winters aus, damit er durch den Schnee und Regen in das

richtige Keimbett gelangt. Aus solchen Freisaaten werden dann auch die etwa zu Pflanzungen nöthigen Pflänzlinge entnommen.

Die Birke ist von früher Jugend an nutzbar, und deßhalb auch 257 dem Diebstahl vielfach ausgesetzt; dieser Umstand begründet bei einzelnen Forstleuten eine tiefe Abneigung gegen diese so nützliche Holzart, freilich zum Nachtheil des Waldbesitzers, der dadurch in seinem Einkommen geschädigt wird. Allerdings fordert die richtige Ausnutzung der einzelnen Sortimente viel Zeit und genaue Beaufsichtigung der Arbeiter. Zunächst geben die schlank erwachsenen astreinen Stämmchen Reifstäbe und Floßwieden, während die stärker beasteten ein sehr gesuchtes Besenreis liefern; dann sind die stärkeren Stangen für Wagner- und Stellmacherarbeit sehr geeignet und müssen in Gegenden, wo die Buche nicht vorkommt, diese ersetzen; ältere Stämme werden namentlich auch zu Hausgeräthen verarbeitet und liefern das Material zu Spulen für Baumwollspinnereien. Die Rinde findet Verwendung bei der Juchtengerberei. Vom Brennholz ist anzuführen, daß es auch im grünen Zustand leicht brennt und in seiner Heizkraft nur etwa um 10 bis 15 Prozent hinter dem der Buche zurücksteht; außerdem giebt es bei der trockenen Destillation die größte Ausbeute an Holzessig.

Ein wesentliches Mittel, die Diebstähle abzuwenden, besteht hier wie in allen anderen Fällen darin, daß man den Holzconsumenten genügende Gelegenheit bietet, in legaler Weise ihren Bedarf zu decken. Dieß gilt namentlich vom Besenreis, welches theils von stehenden Bäumen durch mäßiges Entasten (Wegnahme von $\frac{1}{4}$—$\frac{1}{3}$ der Beastung), theils von gefällten Stämmen gewonnen werden kann und rasch abgegeben und verwerthet werden muß, damit es nicht in die unrechten Hände kommt.

XV. Eichenhochwald.

Die Eichen kommen in zwei ganz verschiedenen Richtungen in 258 Betracht: als Baum des Hoch- und Mittelwaldes und als Ausschlagholz des Niederwaldes. In ersterer Richtung tritt ihre Bedeutung mehr und mehr zurück, weil schon der gute Boden, auf welchen deren Vorkommen beschränkt ist, mit fortschreitender, wirthschaftlicher Entwicklung naturgemäß der Landwirthschaft zufallen muß, und weil gleichzeitig die hohen Umtriebszeiten, welche der Eichenhochwald erfordert, die meisten Waldbesitzer dieser Holzart abgeneigt machen. Im Gegensatz damit steht die zunehmende Verbreitung des Eichennieder-

waldes, welcher hauptsächlich der Erzeugung von Gerbrinde wegen be=
günstigt wird.

259   Die Stiel= und Traubeneiche unterscheiden sich botanisch
durch den Stand der Früchte; die der Stieleiche sind an einem
langen Stiel meist einzeln oder zu zweien; die der Trauben=
eiche dagegen mit ganz kurzen, kaum sichtbaren Stielen in
größerer Zahl traubenförmig an der Spitze der Zweige beisammen
sitzend. Die Blätter sind dagegen bei der Stieleiche ganz kurz=
gestielt, bei der Traubeneiche langgestielt. Bei beiden Arten
bleiben die Samenlappen der Keimpflanze unter der Erde; die ersten
Blättchen haben eine nicht zu verkennende Aehnlichkeit mit den Blättern
der älteren Bäume, nur sind die der Traubeneiche auf der Unterseite
behaart, die der Stieleiche nicht.

Betrachtet man zunächst die Eichen als Baum des Hoch= und
Mittelwaldes, so ist hervorzuheben, daß sie bei diesen Betriebsarten
von allen Waldbäumen die höchsten Ansprüche nicht blos an die
Tiefgründigkeit, sondern auch an die mineralische Kraft des Bodens
machen, wobei dauernde größere Nässe, oder gar Säure und Ver=
sumpfung ganz ausgeschlossen sind, während sie zeitweilige Ueber=
schwemmungen oder hohen Stand des Grundwassers gut ertragen;
letzteres ermöglicht oft noch ihr Fortkommen in Böden, die ihnen sonst
nicht zusagen würden, wie namentlich in der Rheinthalebene. Das
andere Extrem: große Trockenheit des Bodens, ertragen sie nur dann,
wenn derselbe durch größere Tiefgründigkeit und mineralische Kraft
einen entsprechenden Ausgleich bietet. — Die Traubeneiche macht ge=
ringere Ansprüche an den Boden, sie kommt noch auf tiefgründigem,
humosem, lehmigem Sande fort, wo die Stieleiche zurückbleibt; schwere
Thonböden sagen beiden Arten noch zu, und die Pfahlwurzel dringt
oft noch tief in einen ziemlich festen, thonigen Untergrund ein, so lange
derselbe nicht ausschließlich aus plastischem Thon besteht.

Die Ansprüche an die andern beiden Standortsfaktoren sind theil=
weise schon oben berührt, es ist aber hier noch besonders der in den
forstlichen Schriften viel verbreitete Irrthum zu widerlegen,
daß die Stieleiche vorherrschend ein Baum der Ebene,
die Traubeneiche aber Bewohnerin der Vorberge und
des Hügellandes sei. In der badischen Rheinthalebene und im
norddeutschen Tieflande findet man die Traubeneiche namentlich auf
minder kräftigen Böden in größeren Beständen und nur selten mit der
Stieleiche gemischt. Im Schwarzwald findet sich im Gebirg selbst fast

ausschließlich nur die Traubeneiche, welche bis gegen 1000 m Erhebung noch vereinzelt vorkommt. Aehnlich verhält sie sich am Südabfall der Alpen, wo die Stieleiche in der Thalebene zurückbleibt, während die Traubeneiche bis 1350 m ansteigt*). Ganz das Entgegengesetzte gilt vom Nordabfall der Alpen, an deren bayrischem Theil die Trauben= eiche nach Sendtner gar nicht vorkommt; auch in der Schweiz scheint sie sich ähnlich zu verhalten, wobei das Zeugniß des Kantonsforstmeisters Marchand in Bern maßgebend ist, welcher von der Stieleiche nicht nur das häufigere Vorkommen im Kanton Bern, sondern auch ihr höheres Ansteigen ins Gebirg constatirt. Ebenso Thurmann, welcher im Schweizer Jura die niedere Region mit der eßbaren Kastanie und der Traubeneiche, hernach die mittlere Region von 400—700 m Er= hebung mit der Buche und Stieleiche unterscheidet. Auch im Schwäbischen Jura (rauhe Alp) bleibt die Traubeneiche erheblich zurück. — Letztere ist dagegen im Spessart die herrschende Art und geht in dem weiter nördlich gelegenen Reinhardswalde so wie am Harz um 200 m höher wie die Stieleiche. Dieses Auftreten der beiden Arten verdient bei Neuanlagen besondere Beachtung.

Als einzelner Baum hat die Stieleiche unter den einheimischen Holzarten die höchste Lebensdauer, die Vorbedingungen hiezu sind günstiger Standort und freie Stellung behufs ungehinderter Kronenentwicklung; Letzteres ist bei Erziehung älterer Stämme schon frühzeitig zu beachten. Sie verbreitet sich stärker als die andere Art in die Krone, bildet zwar wenige, aber um so stärkere Aeste, die Belaubung ist ziemlich licht, und darum ist sie nicht geeignet, den Boden in höherem Alter gehörig zu überschirmen.

Sie keimt im Freien noch auf mäßig verrastem Boden, ist nur als ganz junge Pflanze gegen Fröste empfindlich, kann auch den Druck der Mutterbäume nur wenige Jahre ertragen. In erster Jugend wächst sie etwas langsam, namentlich unter einem Schutzbestand; erst vom 10.—20. Jahre an entwickelt sie sich mehr im Höhenwuchs; zwischen dem 80.—100. Jahre läßt sie darin nach, und wächst mehr in die Dicke.

---

*) Zu vergl. Freiherr von Haußmann, Flora von Tyrol, 1852, wo es von Qu. sessiliflora heißt: „Gemein um Botzen mit Qu. pubescens alle Hügel und Abhänge überziehend, am Ritten bis 4000′ je einzeln, z. B. am Kemater Kalkofen und gegen Oberinn bis 4200′, die Früchte scheinen jedoch über 3500′ nicht mehr zur Reife zu gelangen." Bei Qu. pedunculata ist gesagt: „Um Botzen nicht häufig und nur in der Ebene, z. B. in der Robler= und Kieferau."

Die Bewurzelung geht in der Jugend vorherrschend in die Tiefe, im höheren Alter verschwindet die Pfahlwurzel und die Seitenwurzeln treten an ihre Stelle. Bis ins 60. und 80. Jahr erhält sich ihre Ausschlagfähigkeit; sie giebt reichlichen, kräftigen und in erster Jugend sehr schnell wachsenden Stockausschlag, welcher bis ins 40. u. 50. Jahr einen günstigen Zuwachs zeigt. Die Stöcke im Niederwald behalten ihre Ausschlagfähigkeit sehr lange. Ausschläge aus der Wurzel sind auch mit künstlicher Nachhülfe nicht zu bewirken. Nach zurückgelegtem 80.—100. Jahre fängt sie an Samen zu tragen, doch sind die guten Samenjahre selten, namentlich in geschlossenen Beständen. Die Blüthe ent= wickelt sich etwas später als das Laub; dieses bricht bei ihr 8—10 Tage früher aus als bei der andern Art. Die Früchte reifen im Oktober und die Samen fallen sogleich ab; sie sind sehr verschieden in der Größe, meist etwas länger und weniger kugelig als die der Traubeneiche.

Das Holz liefert ein ausgezeichnetes Baumaterial zum Hoch=, Wasser= und Schiffbau; seine Elastizität ist übrigens gering, weßhalb es zu Tragbalken z. B. nicht taugt. Hinsichtlich der Brennkraft steht es nicht weit hinter dem der Buche zurück; es brennt aber mit sehr schwacher Flamme.

Die häufigsten Krankheiten sind die Kernfäule (welcher sie aber weniger unterworfen ist als die Traubeneiche), Gipfeldürre und Frost= risse. Die besten Vorbeugungsmittel sind die Anzucht auf passendem Boden, rechtzeitige Benutzung der reinen Bestände oder Erziehung in einer passenden Mischung.

Die Traubeneiche bekommt selten so starke Dimensionen, wie die Stieleiche. Auf Thon= und auch auf minder kräftigem Boden ge= deiht sie besser, als jene, sie kommt noch auf Sandboden mit geringer Thonbeimischung oder mit lehmigem Untergrund gut fort, auch wenn er blos eine Tiefe von 0,5—0,8 m hat, und nicht zu sehr durch Streurechen oder Bloßliegen entkräftet ist. Auf Moorboden kommt sie so wenig vor wie jene.

Sie erreicht als ein einzelner Baum ein hohes Alter, im reinen Bestand 150—200 Jahre; ist in der Jugend und im Alter gegen Hitze und Kälte unempfindlicher als die Stieleiche; verträgt aber ebenso wenig ein stärker verrastes Keimbett. Ihre Bewurzelung ist weniger tiefgehend. In Beziehung auf den Stockausschlag verhält sie sich wie jene. Der Laubausbruch, die Blüthe und Fruchtreife erfolgt um 8—10 Tage später, als bei der Stieleiche, und ist sie deßhalb auch weniger vom Frost gefährdet.

Ihr Holz ist spaltbarer, aber nicht so zäh und wird zum Bauwesen nicht so gesucht wie das der Stieleiche. Im Schälwald ist die Traubeneiche beliebter, da die Rinde mehr Gerbestoff enthält, sich stärker entwickelt und besser schälen läßt. Die Eicheln sind bei ihr kürzer, und voller, im Ganzen aber kleiner; sodann auch die Samenjahre häufiger als bei der Stieleiche.

Bei beiden Arten ist die rauhe Borke an der Rinde stark ent= wickelt, namentlich bei der Stieleiche, wenn sie einmal das 100. Jahr erreicht; dadurch geht ein großer Theil der erzeugten Masse verloren, da die abgestorbene Borke auch nicht als Gerbematerial verwendet werden kann. Ebenso wird das Ausbringen an Nutzholz wesentlich beeinträchtigt, da doch in der Regel die Rinde nicht mit gemessen wird, oder, wenn dieß geschieht, der Preis für das Holz sich ermäßigt. Der Massenverlust wird bei besonders rauhborkigen Stämmen 15 Prozent und mehr betragen; unter entgegengesetzten Verhältnissen aber bis auf 8 und 10 Prozent zurückgehen können.

Für den Consumenten kommt dann noch dazu der Abgang an Splintholz, welches wegen seines raschen Verderbens bei allen Verwendungsarten unbedingt entfernt werden muß; die Dicke desselben ist sehr verschieden nach den Altersstufen und dem Standort; in der Jugend besteht die ganze Holzmasse noch aus Splint, welcher sich bei den Eichen erst etwa vom 50. Jahre an in Kernholz umzubilden beginnt. Auf minder günstigem Standort erwachsenes Holz hat weniger Splint als das üppig erwachsene. — Obwohl es schwer ist, Durchschnittszahlen anzugeben, so wird doch gesagt werden können, daß der Verlust an Splintmasse bei Stämmen von 80 cm und darüber 12—20 Prozent, bei schwächeren, aber noch über 30 cm starken bis zu 35 Prozent betragen mag.

Bei dem zu Brennholz verwendeten Ausschlagholz beeinträchtigt der fast ausschließlich auftretende Splint die Verwendung nicht. In diesem Alter ist sodann auch das Verhältniß zwischen Holz und Rindenmasse ein anderes, letztere beträgt etwa 20—25 Prozent der Gesammtmasse.

Die Formzahl der Eichen steht höher als die von anderen Holzarten; in Baden wurden folgende Faktoren gefunden, denen zur Vergleichung die für Buchen angefügt werden, bei

Stammhöhe	Eichen	Buchen
6 —15 m	0,632—0,596	0,632—0,590
15,5—20 „	0,594—0,576	0,588—0,568
20,5—25 „	0,574—0,556	0,566—0,548
25,5—30 „	0,554—0,536	0,546—0,528

262 Als eine lichtbedürftige Holzart fordert die Eiche von Jugend an eine freie Stellung und im späteren Alter genügenden Raum zur ungehinderten Entwicklung ihrer Krone, welche zudem nicht von höherem Holz eingeengt sein darf. Absterbende junge Stämme zeigen, ähnlich wie bei der Birke angegeben, viele aber kümmerliche Stammloden.

In geschlossenen reinen Beständen stellen sich die Eichen schon nach dem 50. und 60. Jahre ziemlich licht und reduzirt sich die Stammzahl sehr rasch in ähnlichem Verhältniß, wie bei der Kiefer; deßwegen erreicht der geschlossene reine Bestand viel früher den Culminationspunkt des Zuwachses, als dieß nach der Entwicklung des Einzelstammes zu erwarten wäre.

Unter dem lichten Schirm des Eichenhochwaldes bildet sich bald ein dichter Grasfilz; auf geringerem Boden siedelt sich auch vereinzelt die Heidelbeere oder gar die Heide an, und so verschlechtert sich derselbe, wenn er sich selbst überlassen bleibt, wenigstens in seiner oberen Schichte, falls nicht eine schützende Decke von Sträuchern, Dornen, Haselnuß ꝛc. sich einfindet, welche den Boden beschattet und durch ihren Laubabfall bessert. Wo man großen Werth auf die Erhaltung solcher reinen Eichenbestände legt, wird deßhalb, mit der Periode der Lichtstellung beginnend, ein Bodenschutzholz, am besten aus Buchen bestehend, künstlich angezogen, wenn der Boden nicht so kräftig ist, daß der erwünschte Strauchwuchs sich rechtzeitig selbst ansiedelt. Diese Schwierigkeit in Verbindung mit dem Umstande, daß die Eiche unter allen unseren Waldbäumen die geringste Holzmasse erzeugt und dazu die höchsten Umtriebszeiten erfordert, ohne daß diese Nachtheile durch die bessere Qualität und die höheren Preise des Holzes vollständig ausgeglichen würden, geben weitere Veranlassung zum allmähligen Verschwinden der reinen Eichenhochwaldbestände. Hiezu kommt noch, daß trotz der starken Nachfrage nach Eichennutzholz das Ausbringen an solchem ein ziemlich niederes ist und selten 50 Prozent des Gesammtanfalls übersteigt.

Im Einzelstande dagegen treten diese minder günstigen Verhältnisse weniger hervor, da der Zuwachs ein stärkerer ist, namentlich wenn der Stamm von Jugend an in freier Stellung sich befand. Deßhalb und wegen des lichten Baumschlages eignet sich die Eiche vorzüglich zum Oberholz im Mittelwald und giebt hier sehr günstige Erträge, ohne das Unterholz allzusehr zu beeinträchtigen. Auch als Ueberständer und Waldrechter besonders im Buchenhochwald wird sie noch häufig angetroffen; doch verlangt sie in dieser Mischung auch im höheren

Alter noch eine horſtweiſe Stellung, weil einzelſtehende Bäume, nament=
lich ſolche mit ſchwacher Krone, ſich nicht halten, im Zuwachs ſtocken
und leicht gipfeldürr werden.

Die Eiche hat von Inſekten wenig zu leiden, der Mai= 263
käferfraß bringt ſie zwar manchmal im Zuwachs etwas zurück; doch
erholt ſie ſich raſch wieder. Elementarereigniſſe werden ihr ſelten
ſchädlich, ſie hat nur hie und da von Spätfröſten zu leiden, vereinzelt
auch vom Sturm (Speſſart). In der Jugend wird ſie namentlich auf
naſſem und eiſenhaltigem Boden von krebsartigen Auswüchſen befallen;
in ſpäterem Alter bekommt ſie mehr als die übrigen Holzarten Froſt=
riſſe und wird ſodann leicht herzringig, wodurch der betr. Stammtheil
ſeine Verwendbarkeit als Nutzholz ganz oder theilweiſe verliert. Endlich
unterliegt ſie auch häufig der Rothfäulniß, deren Auftreten durch ver=
ſpätete Aufaſtungen und ſonſtige allzuſtarke Verletzungen begünſtigt wird.

An Nebennutzungen liefert ſie hauptſächlich die Rinde als
unentbehrlichen Hülfsſtoff zur Bereitung von Sohlleder; außerdem
ihre Samen, die als Maſtfutter für die Schweine allerdings die frühere
große Bedeutung verloren haben, ſeit der Kartoffelbau allgemein ge=
worden iſt. — Am Fruchtkelch der Stieleiche bilden ſich durch den Stich
einer Gallweſpe die Knoppern, welche übrigens nur in den wärmeren
Gegenden Ungarns vorkommen und von dort als Gerbematerial ein=
geführt werden.

Im Niederwald zeigt die Eiche in mehrfachen Richtungen ein 264
abweichendes Verhalten. Zunächſt ſind ihre Anſprüche an die Boden=
güte ziemlich geringer und nimmt ſie auch mit flachgründigen oder
felſigen Gehängen noch vorlieb, wobei aber ausdrücklich hervorzuheben
iſt, daß ſie durch namhaft höhere Erträge die beſſeren Böden voll=
ſtändig auszunützen vermag. Dagegen iſt in allen denjenigen, d. h.
wohl in den meiſten Fällen, wo es ſich um die Erzeugung von Gerbe=
rinde handelt, ein wärmeres Klima oder eine wärmere Lage nothwendig
als für den Hochwald. Einzelne Autoren beſchränkten das hiefür ge=
eignete Gebiet innerhalb der Grenzen der Weinbauregion, allein die=
ſelben wurden ſchon in älteren Zeiten vielfach überſchritten; aber
immerhin ſoll das Klima es ermöglichen, daß der Ausbruch des Laubes
noch in der erſten Hälfte des Monats Mai erfolgt. In kälteren
Gegenden muß man daher ſtets die wärmeren Böden und ſonnigeren
Lagen für dieſen Zweck auswählen, indem nicht nur gerbſtoffreichere
Rinde dort erzeugt wird, ſondern überhaupt die Eiche als Ausſchlagholz
den Gefährdungen durch Spät= und Frühfröſte weniger ausgeſetzt iſt;

letztere sind besonders im Herbste des ersten Jahres nach dem Abtrieb sehr zu fürchten, weil sie die noch nicht genügend verholzten Theile der jungen Ausschläge zum Absterben bringen, was sich manchmal auch noch in den folgenden Jahren wiederholt und die normale Entwicklung hemmt.

Während reine Eichenhochwaldbestände sich weniger empfehlen, bildet beim Eichenschälwald reine Bestockung die Regel, oder doch das anzustrebende Ziel; auch die Beschattung durch Oberholz ist unerwünscht, weil das Rindenerzeugniß in Qualität und Quantität dadurch beeinträchtigt wird. Selbst da, wo es sich blos um die Holz=erzeugung handelt, wird die Ueberschirmung den Eichenstockausschlägen ziemlich nachtheilig.

Der Stockausschlag erfolgt sehr reichlich und auch noch von über 50 Jahre alten Stöcken; in mildem Klima entwickeln sich die Ausschläge schon im ersten Sommer sehr kräftig und hält dieses Wachs=thum bis ins vierte und fünfte Jahr in ziemlich gleicher Stärke an, wobei die Längenentwicklung noch vorherrscht. Nach dem fünften oder sechsten Jahre tritt eine ziemliche Stockung ein, hauptsächlich veranlaßt durch das Drängen der nun allzuzahlreichen Ausschläge (Loden); in diesem Zeitpunkt macht sich die Nothwendigkeit einer Durchforstung geltend; durch eine solche wird insbesondere das Erzeugniß an Rinde nach Masse und Güte wesentlich gesteigert. Der Gesammtzuwachs bleibt sich bis ins 30. und 40. Jahr ziemlich gleich, wenn nicht der Boden zu gering ist; allein es kommt hier weniger darauf, als auf den Rindenertrag an, wobei vor allem deren Qualität zu beachten ist. Sobald nemlich die Rinde anfängt, rissig zu werden und todte Borke abzuscheiden, verliert sie sehr erheblich an Werth und an Verkäuflich=keit. Dieser Zeitpunkt tritt auf magerem Boden früher, oft schon mit dem 12. oder 15., anderwärts spätestens im 20. Jahre ein, und fallen demgemäß die Umtriebszeiten für den Eichenschälwald innerhalb dieses Rahmens; auf sehr gutem Boden kann man bis auf 8 Jahre herabgehen, unter gewöhnlichen Verhältnissen stellt man den Umtrieb auf 15—20 Jahre.

Der Massenertrag ist beim Niederwald kaum geringer als beim Eichenhochwald, viel mehr unter Berücksichtigung der Standortsgüte eher noch stärker. So nimmt Forstmeister Roth von Zwingenberg den Normalertrag auf 1 badischen Morgen zu 0,7 badische Klafter an, = 5,25 Festmeter pro ha, während Burckhardt in der besten Klasse des Eichenhochwaldes nur zwischen dem 80. und 90. Jahre einen Durch=

ſchnittszuwachs von 5 Feſtmeter ausweist, vorher und nachher aber
einen geringeren. — Der Rindenertrag bewegt ſich zwiſchen 3—8 Ctr.
pro ha und Jahr, ausnahmsweiſe kommen auch noch 10 Ctr. vor.

In den Eichenſchälwaldungen iſt die Nebennutzung des Getreide=
baues noch viel verbreitet; obwohl dadurch die Holz= und Rinden=
gewinnung bald mehr, bald weniger beeinträchtigt werden ſoll. Der
bei zweijährigem Einbau zu erwartende Geldnettoertrag ſchwankt zwiſchen
60 und 100 Mk. pro ha, alſo für einen 20jährigen Umtrieb von 3 bis
5 Mk. pro ha jährlich.

Ueber die Erträglichkeit des Eichenhochwaldes laſſen ſich 265
keine zuverläſſigen Zahlen beibringen; es ſind mir wenigſtens keine
größeren Complexe bekannt, wo derſelbe in regelmäßiger Altersabſtufung
nachhaltig bewirthſchaftet wird. Dagegen liegen über den Reinertrag
des Eichenniederwaldes ſchon ziemlich viele Zahlen vor, jedoch
meiſt geſammelt in Beſtänden, die noch mit anderen Holzarten oder
mit Oberholz gemiſcht ſind. — Nach den in der Allgem. Forſt= und
Jagd=Zeitung 1868, S. 451 veröffentlichten Zahlen ertrugen in der
großh. heſſiſchen Oberförſterei Wendelsheim bei 18jährigem Umtrieb
zwiſchen 1862 und 1867 321,18 ha durchſchnittlich pro ha netto
69 Mark, während im gleichen Bezirk der Buchenhochwald nur 31,7 Mark
abgeworfen hat. Würde man das beiderſeitige Materialkapital noch in
die Rechnung einbeziehen, ſo ſtünde der Buchenhochwald wegen der
viel bedeutenderen Vorräthe, die bei ihm nothwendig ſind, noch weit
ungünſtiger.

Die Kulturkoſten ſind allerdings bei dem Eichenſchälwald ziemlich
hoch, namentlich wenn man wegen minder reichlicher Bodenkraft die
Bodenbearbeitung ſorgfältiger als ſonſt vornehmen muß, was z. B.
bei 1 m tiefem Umſpaten (am Niederrhein) 170—200 Mark pro ha
und im Ganzen, einſchließlich der Pflanzung und Pflanzenerziehung,
bis zu 400 Mark koſten kann. Anderwärts, wo der Boden beſſer und
die Anlage mittelſt des Waldfeldbaues möglich iſt, kann man durch
letzteren öfter noch einen Ueberſchuß über die Kulturkoſten erzielen. —
Außer den baaren Auslagen iſt aber noch in Rechnung zu nehmen,
daß der erſte Abtrieb nur einen geringen Ertrag an Holz und Rinde
ergiebt, und daß der volle Ertrag erſt am Ende der zweiten Umtriebs=
zeit, manchmal auch noch ſpäter erfolgt.

Die Bewirthſchaftung und Behandlung reiner Eichen= 266
hochwaldbeſtände macht einige weſentliche Abweichungen von dem
bei den übrigen Hochwaldungen üblichen Verfahren nothwendig, welche

hier hervorzuheben sind. — Eine natürliche Verjüngung derselben ist nur da möglich, wo kein allzudichter Gras= 2c. Wuchs den Boden be= deckt; auch der vorkommende stärkere Strauchwuchs ist hinderlich, weil das Wegräumen desselben wenig hilft, indem die Stöcke sofort wieder ausschlagen. — Als Bodenvorbereitung ist der Eintrieb von Rindvieh und Schafen vor Beginn der Verjüngung und hernach von Schweinen zu empfehlen. Nur wo tauglicher Vorwuchs vorhanden ist, muß dieß unterbleiben. Streifenweises Behacken der Besamungsfläche kann auch noch zur Anwendung kommen.

Die Verbreitung des Samens ist durch dessen Größe und Schwere ziemlich gehemmt, doch wird sie auch wieder durch den Häher gefördert. Zur Besamung ist jedoch immerhin die Stellung eines Dunkelschlags, wie bei der Buche angegeben, nöthig. Im Schutzbestand genügt ein Kronenabstand von 4—5 m; es ist also nöthig, gleich nach eingetretener Besamung diesen Lichtungsgrad herzustellen. Die Unterbringung des Samens wird bewirkt durch Eintreiben von Rindvieh und Schafen nach dem Abfall der Eicheln oder durch Eintreiben von Schweinen vor dem gänzlich beendigten Abfall des Samens; durch das Brechen der Schweine kommt der Boden in einen für diesen Zweck sehr tauglichen Zustand. Ein Nachhieb hat spätestens nach 3—4 Jahren auf die Hälfte des Schutzbestandes sich zu erstrecken, dem dann nach einer weiteren gleich langen Periode der Abtrieb folgen kann.

Der etwa noch erforderliche Schutz gegen die schädlichen Ein= wirkungen der Atmosphärilien wird dadurch gegeben, daß man die Schläge in schmalen Streifen anlegt und sie in der passendsten Rich= tung vorrücken läßt, etwa von Nord gegen Süd, oder von West gegen Ost, was bei dieser Holzart, wo der Wind nicht zu fürchten ist, keinen Anstand hat.

267 Bei der künstlichen Verjüngung wird hauptsächlich des Kosten= punkts wegen der Saat oder der Pflanzung von einjährigen Pflänzchen der Vorzug gegeben. Für beide Zwecke ist es sehr erwünscht, wenn damit der Einbau landwirthschaftlicher Gewächse verbunden werden kann, weil die Eiche auf bearbeitetem Boden besonders gut gedeiht, und das Be= arbeiten dann nichts kostet, selbst wenn es in Verbindung mit dem Ein= bau auf 2 oder 3 Jahre ausgedehnt wird, welcher aber nur auf gutem Boden so lange statthaft ist.

Wenn man im Herbst den erforderlichen Samen gesammelt hat, so muß derselbe einige Wochen lang an einem luftigen Orte dünn auf= geschichtet und öfter umgewendet werden, bis er hinlänglich abgetrocknet ist (nicht mehr schwitzt); den Winter hindurch hat man dagegen zu beachten, daß er nicht allzustark austrocknet, was durch Aufschichten in größeren Haufen und Aufbewahren in luftigen Parterre-Räumen, auf Lehmtennen 2c., nöthigenfalls auch im Freien unter Laub- und Erd- bedeckung verhindert wird; doch muß man dann dafür sorgen, daß keine Mäuse und Vögel beikommen.

Die Saat erfolgt am besten in Reihen, nachdem zuvor mit dem Pflug Furchen gezogen sind, welchen man eine Entfernung von 1,2 bis 1,8 m giebt; die Eicheln werden dann in einem Abstand von 25—40 cm einzeln in die Furche gelegt und mit einem weiteren vom Pflug aus- gehobenen Streifen Erde bedeckt. Auch kann man die erstgezogene Furche offen lassen und mit dem Steckholz oder Steckeisen die Eicheln einzeln, etwa 3—5 cm tief, in die Erde bringen. Auf sehr gutem Boden läßt sich sogar dieses Stecken ohne vorherige Pflugarbeit ausführen.

Der Samenbedarf stellt sich auf 2—4 hl pro ha, wobei es namentlich auf die Größe der einzelnen Eicheln ankommt.

Die Erziehung der Pflanzen geschieht in eigenen Saatkämpen, [268] welche man, sofern nur einjährige Eichen erzogen werden sollen, auf 20—25 cm Tiefe umspatet, andernfalls müssen sie schon auf mindestens 30 cm Tiefe gelockert werden. Die Saat erfolgt im ersteren Fall breitwürfig, ziemlich dicht, 2—3 hl pro a, im zweiten Fall etwas dünner oder der besseren Pflege halber in Reihen.

Beim Ausheben werden die Pflanzen in der Wurzel beschnitten und dann mit dem Setzholz oder dem Buttlar'schen Pflanzeisen ein- gesetzt. — Im Niederwald verwendet man 3—4jährige unverschulte Stummel- oder Stutzpflanzen (vgl. 236); auch läßt sich die Nach- besserung mittelst Absenker vornehmen, indem man 2—3 Jahre vor dem Abtrieb einzelne Ausschläge herabbiegt und mit dem oberen Ende etwa 0,2 m tief in den Boden eingräbt, so jedoch, daß der Gipfel noch hervorsieht.

Will man Heister erziehen, so werden dieselben, wie (253) bei der Esche angegeben, zwei Mal verschult. Es kommt aber deren Erziehung und Verpflanzung stets sehr hoch zu stehen und werden solche daher nur ausnahmsweise verwendet. — Häufig geschieht dieß zu dem Zweck, um der Eiche einen entsprechenden Vorsprung vor andern beizumischenden Holzarten zu geben, es hat aber dieses Mittel wenig Erfolg, am aller- wenigsten bei Einmischung von Nadelholz.

Dagegen ist die Pflanzung stärkerer Heister auf den mit unbedingter Weideservitut belasteten Hudeflächen (in Kurhessen, Hannover 2c.)

nothwendig und kommt dort in großem Umfange zur Anwendung; ebenso bei Anlage von Alleen und Schutzmänteln um landwirthschaftliche Grund= stücke zu Abhaltung des Windes. — Beim Ausheben stärkerer Heister ist mit Vorsicht zu verfahren, daß die Wurzeln möglichst wenig verletzt und nicht vom Stamm weggerissen werden; doch lassen sie sich nicht in ihrer ganzen Länge erhalten, es genügt, wenn sie etwa noch 0,2 bis 0,3 m lang sind und dann glatt abgeschnitten werden, so daß die Schnittfläche nach unten sieht und horizontal auf der Erde aufsitzt.

Die Pflanzlöcher werden für 2,5—3 m hohe Heister mindestens 0,4 m tief und womöglich ebenso weit gemacht; zuerst wird der Rasen abgeschält und besonders gelegt, dann die übrige Erde ausgehoben und auf die andere Seite gebracht. Diese Arbeit läßt sich vor und während des Winters ausführen. Beim Einsetzen ist auf den Grund des Pflanzloches eine Schicht lockere Erde zu bringen, dann der Heister senkrecht darauf zu stellen und die Wurzeln mit feiner humoser Erde zu umgeben, damit diese zwischen die Wurzeln kommt, wird der Stamm geschüttelt, und nachher die Erde festgetreten. Die Rasen werden ver= kehrt obenauf gelegt.

Bei den Hudeflächen ist in der Regel der zulässige Verband durch Vertrag oder Herkommen bestimmt. Wenn noch eine entsprechende Weidenutzung Platz greifen soll, so darf die Entfernung der einzelnen Stämme nicht unter 10×10 m herabgehen; wogegen in den Alleen der Abstand oft bis auf 6 m reduzirt wird, was eine Zeit lang an= geht, weil die seitliche Entwicklung in Wurzel und Krone nicht gehindert ist. Tritt dann aber dieser Zeitpunkt ein, so muß auch die Stammzahl verhältnißmäßig vermindert werden, wenn der Zuwachs nicht zurück= gehen soll. — Derartig verpflanzte stärkere Heister bedürfen auch noch eine Zeit lang besondere Pflege, namentlich Beseitigung der sich am Stamm etwa bildenden Wasserreiser, der doppelten Gipfeltriebe 2c. Auch sind sie für zeitweilige Lockerung des Bodens in der nächsten Umgebung des Stammes sehr dankbar, was aber vom forstlichen Standpunkt aus zu theuer kommt und nur etwa bei Bearbeitung des angrenzenden Ackerlandes gelegentlich geschehen kann. —

Das Pflanzen von solchen Heistern kostet in der Regel bei Einhaltung obiger Dimensionen für die Pflanzlöcher 15—25 Pfennige pro Stück.

269	Das Aufasten, welches neuerdings besonders mit Anwendung auf die Eiche von einzelnen Seiten so sehr empfohlen wird, läßt sich überhaupt nur bei jüngeren, frohwüchsigen Stämmen ohne Gefahr für diese ausführen und es darf nie auf stärkere Aeste ausgedehnt werden, d. h. auf solche, deren Schnittfläche länger als 3—4 Jahre braucht, bis sie wieder überwallt (überwachsen) ist. Je länger es ansteht, bis sich die Wunde wieder geschlossen hat, um so größer wird die Gefahr, daß sich eine Faulstelle bildet, welche dann rückwärts im Stamm weiter frißt. Namentlich bei ganz alten Eichen ist sich vor jeder Verletzung des Stammes sorgfältig zu hüten.

Es sind mehrere Werkzeuge zu diesem Zweck besonders construirt worden, darunter verdient die Flügelsäge von Ahlers zunächst empfohlen zu werden, sie ist auf einer Stange aufgesetzt, wird mit Leichtigkeit von einem Manne gehandhabt, und macht das Besteigen des Stammes überflüssig. Noch besser für den Baum, aber schwieriger zu handhaben ist der holländische Baummeißel, welcher, ebenfalls an einer stärkeren Stange befestigt, unmittelbar unter dem wegzunehmenden Ast angesetzt und durch Schläge mit einem schweren Hammer gegen das untere Ende der Stange in Wirksamkeit gesetzt wird, wobei stets zwei Personen nothwendig sind. Bei diesem Verfahren entsteht eine ganz glatte, gut verheilende Astwunde, während bei der Säge leicht der Ast abschlitzt und der Stamm dadurch eine weitere unnöthige Verletzung erhält; ohnehin heilen die mit der Säge beigebrachten Wunden nicht so gut wie die durch gutgeführten Axt= ꝛc. Hieb verursachten glatten Schnittflächen.

Die Aufastung hat den Zweck, eine allzustarke Entwicklung der Krone auf Kosten des Stammes zu verhindern, das Wachsthum des letzteren zu fördern und in die richtige Bahn zu leiten. Am zweckmäßigsten geschieht dieß, wenn man von Zeit zu Zeit die stärksten Aeste und zunächst immer diejenigen, welche dem Gipfeltrieb Concurrenz machen, wegnimmt; dabei darf aber nicht zu rasch vorgegangen werden, namentlich bei schwachen Stämmchen, damit sie nicht zu stark in die Höhe schießen und dadurch den Halt verlieren. Bei stärkeren Stämmen kommt daneben noch der Kostenpunkt in Betracht, je langsamer man vorgeht, um so höher stellen sich die Kosten, während allerdings der Baum dabei sich wohler befindet als bei raschem Vorgehen. — Um die Arbeit zu erleichtern und dadurch billiger zu machen, wird dann in der Regel ohne Rücksicht auf die Stärke der Aeste der untere Theil der Krone ganz weggenommen, wobei man den dritten Theil niemals überschreiten sollte.

Jedenfalls hat man stets darauf Bedacht zu nehmen, daß die Wunde nicht größer, als absolut nöthig, gemacht wird; die kleinste

Schnittfläche erhält man, wenn der Aſt ſenkrecht auf ſeine Achſe durch=
ſchnitten wird; dieß veranlaßt allerdings bei den in ſehr ſpitzem Winkel
vom Stamm abgehenden Aeſten, daß die Schnittfläche eine mehr
horizontale Lage bekommt und wenn die Ueberwallung beginnt, der
Abfluß des Regenwaſſers durch die untere Aſtwulſt gehemmt wird, was
allerdings nur dann ſchädlich werden kann, wenn bis zum vollſtändigen
Schluß der Wunde mehr als 5 Jahre verfließen.

Das Verkleben der Wunden mit Harz, Baumwachs, oder das
Beſtreichen mit Theer iſt zwar ſehr zweckmäßig, kommt aber im Großen
zu theuer. Freilich ſchützt ein ſolcher Anſtrich gegen das Ankommen
von Pilzkeimen, welche den erſten Anlaß zur Zerſetzung und Fäulniß
des Holzes geben.

Im Hochwald läßt ſich das Aufäſten durch rechtzeitige Herſtellung
eines genügenden Beſtandesſchluſſes und durch ſorgfältige Schonung
der entwicklungsfähigſten Stämme bei den Durchforſtungen faſt gänz=
lich umgehen; beim Mittelwald iſt dieß dagegen nicht immer möglich.

270 Im Eichenhochwald ſind die Durchforſtungen ſtets mit Be=
achtung der Anſprüche dieſer Holzart als einer ſehr lichtbedürftigen zu
führen; es ſind eigentlich alle beherrſchten und ſchwach beaſteten Stämme
wegzunehmen, was bis zum 50. und 60. Jahre ohne Nachtheil für den
Beſtandesſchluß geſchehen kann, weil die Kronen der verbleibenden
Stämme noch nicht ſo hoch angeſetzt ſind und ſich ſtets ſehr kräftig
entwickeln, wenn ihnen Raum geſchafft wird. In den älteren Beſtänden
mit höher angeſetzten Kronen bringt das Licht ſtärker ein und es bildet
ſich unter denſelben eine Unkräuterdecke, welche mit der Zeit immer
dichter wird, und einen nachtheiligen Einfluß auf den Zuwachs des
Beſtandes gewinnt.

Um dieſem vorzubeugen und um gleichzeitig die für das Gedeihen
der Eiche ſo nothwendige Entwicklung der Krone zu fördern, nimmt
man, ſobald ſich eine Beraſung auf dem Boden anſiedeln will, etwa
$\frac{1}{4}$—$\frac{1}{3}$ der Beſtandesmaſſe heraus, wobei man natürlich die geſundeſten,
ſchönſten und wüchſigſten Bäume überhält. Unmittelbar nachher wird
dann ein Bodenſchutzholz angezogen, wozu ſich am beſten die Buche
oder Hainbuche eignet; die Fichte paßt am wenigſten, weil ſie die Eiche
bald einholt und dann in der Kronenentwicklung allzuſehr behindert.
Wenn man noch einen wunden oder nicht allzuſtark verraſten Boden
vorfindet, ſo iſt namentlich die Anzucht der Hainbuche mittelſt Unter=
ſaat eine ziemlich billige Maßregel. Auf ſehr gutem Boden ſiedeln
ſich verſchiedene Straucharten und Ausſchlaghölzer von ſelbſt an und

hier hat man dann nur dafür zu sorgen, daß diese willkommene Boden=
decke möglichst dicht und voll sich bilde und auch dann noch erhalte,
wenn der Kronenschluß sich wieder hergestellt hat. Derselbe wird zwar
niemals wieder so dicht wie bei jüngeren Beständen; allein doch nach
einiger Zeit so stark, daß ein Nachlaß im Zuwachs bemerkbar wird;
deßhalb hat in diesem Stadium wieder eine Durchforstung einzutreten,
obgleich eigentlich unterdrückte Stämme nicht vorhanden sein werden,
man hat deßhalb die beherrschten und schwach beasteten wegzunehmen,
um dem Gesetz der fortschreitenden Verminderung der Stammzahl bei
zunehmendem Alter des Bestandes gerecht zu werden.

Die Eiche wird vielfach in Mischung mit anderen Holzarten 271
erzogen, am besten verträgt sie sich mit der Buche, obwohl ihr auch
von dieser, doch nur in der ersten Jugend Gefahr droht, weil sie in
den ersten 10—20 Jahren langsamer wächst, dagegen größere Ansprüche
an den Lichtgenuß macht. Das Verkennen der letzteren Eigenschaft ist
der Hauptgrund, daß die Eiche in der Mischung mit anderen Holz=
arten so sehr zurückgegangen ist.

Als eine Hauptaufgabe ist bei Erziehung von gemischten Eichen=
und Buchenbeständen anzusehen die räumliche Vertheilung der
Eichen in nicht allzukleinen Horsten von mindestens 20—30 Ar
Umfang. Um solche zu erziehen, hat man 8—12 Jahre vor Beginn
der auf die Erziehung von Buchen gerichteten Maßregeln die zu An=
lage solcher Horste geeigneten Stellen mit besserem Boden auszusuchen,
den Bestand entsprechend zu lichten und auf künstliche oder natürliche
Besamung hinzuwirken. — In letzterem Falle ist bei Eintritt einer
Eichelmast unter= und außerhalb der Zweigspitzen derjenigen Samen
tragenden Eichen, welche beim nächsten Hieb herauskommen, ein 6—8 m
breiter Streifen vom Buchenbestand kahl abzutreiben und nöthigenfalls
durch Stockroden oder Behacken des Bodens das Ankommen der Be=
samung zu fördern. Diese Streifen sind auf die Südost=, Süd= und
Westseite von den alten Eichen zu legen, damit die jungen Pflanzen
über die Mittagshitze Schutz vom vorstehenden Buchenbestand haben.
Im weiteren Verlauf der natürlichen Verjüngung ist darauf zu halten,
daß die Eichen nach 3—4 Jahren möglichst frei gestellt und insbesondere
auch vor nachtheiligem Seitendruck bewahrt werden. Wo die natür=
liche Verjüngung zur Bildung größerer Horste nicht ausreicht, hat recht=
zeitig die künstliche Nachhülfe zu Herstellung des Zusammenhangs ein=
zutreten. Hiebei wird dann am zweckmäßigsten die Saat in 20—30 cm
tief gelockerten, etwa $1\frac{1}{2}$—2 m entfernten Riesen angewendet, in

welchen die Eicheln einzeln oder je zu zweien auf 0,4—0,6 m Ent=
fernung etwa 3—4 cm tief eingelegt werden.

In älteren, noch längere Zeit überzuhaltenden Horsten ist bei der
Verjüngung auf Herstellung eines genügenden Bodenschutzholzes von
Buchen 2c. hinzuwirken, unter Umständen sind selbst Haseln 2c. als
solches willkommen. Buchen siedeln sich oft von selbst an, und werden
dann unter den zur Verjüngung bestimmten Eichenhorsten dem Eichen=
Nachwuchs gefährlich; sie sind in dem Fall durch Herausreißen oder
Weghauen zu entfernen. —

Aehnlich ist die Eiche in der Mischung mit Nadelholz zu be=
handeln; nur muß man ihr noch mehr Licht und noch größeren Vor=
sprung geben und auf etwas ausgedehntere Horste hinwirken. Unter
der Kiefer findet sich gerne Eichenvorwuchs ein, der meist zur Ver=
jüngung benützt werden kann; in diesem Fall entspricht ein Vorbereitungs=
schlag und nachheriger rascher Abtrieb dem Zweck am besten.

Vereinzelter Eichennachwuchs zwischen Buchen und Nadelholz
läßt sich nur selten an Wegen, am Waldtrauf, sonst aber nur mit
großen Opfern von Mühe und Geld emporbringen; er verdient deß=
halb unter diesen Verhältnissen keine besondere Beachtung. In ge=
mischten Beständen hat man immer darauf Bedacht zu nehmen, daß
die Eiche niemals von anderen Bäumen beherrscht werde und zur
kräftigen Entwicklung ihrer Krone stets den genügenden Raum bekomme,
und demgemäß bei den Durchforstungen zu verfahren.

Die Gewinnung und Nutzbarmachung des Aeckerichs geschieht
in ähnlicher Weise, wie oben bei der Buche angegeben. — Die Rinden=
nutzung wird unten beim Niederwald abgehandelt.

XVI. Vom Niederwald, Ausschlag- oder Schlagwald.

272 Der Niederwaldbetrieb ist nur beim Laubholz möglich und gründet
sich auf die Fähigkeit desselben, vom Stock oder der Wurzel wieder
auszuschlagen, wenn man den Stamm abgehauen hat. Auf diesem
natürlichen Wege geht eine vollständige Verjüngung dieser Wälder vor
sich, sobald einmal die nöthige Anzahl von ausschlagfähigen Stöcken
vorhanden ist. Die Wirthschaft hat dabei hauptsächlich ihr Augenmerk
auf die Erhaltung der Ausschlagfähigkeit und der geeigneten Holzarten
zu richten.

Früher war die Ansicht verbreitet, daß die Ausschlagfähigkeit eines
Stockes blos so lange daure, als derselbe gelebt hätte, wenn der frag=

liche Stamm zur normalen Entwicklung gekommen wäre. Vielfache Erfahrungen haben diese Ansicht widerlegt, und man hat sich überzeugt, daß die Stöcke der meisten Laubholzarten bei richtiger Behandlung viel länger ausschlagfähig sind, daß sie eigentlich unter günstigen Verhältnissen perennirend genannt werden können.

Dagegen ist zu beachten, daß der aus Samen erwachsene Kernstamm, so wie auch die Stockloden ihre Ausschlagfähigkeit in einem bestimmten Alter verlieren und daß daher beim Niederwald der zu späte Abtrieb eines Bestandes die ganze Verjüngung gefährden kann. Der zu frühe Abhieb ist dagegen nicht schädlich für die Stöcke, sie behalten dabei ihre volle Ausschlagfähigkeit, so lange die richtige Jahreszeit eingehalten wird, und so lange der Boden die erforderliche Kraft behält.

Die Gränze der Ausschlagfähigkeit ist nach den Holzarten und dem Standort verschieden; auf magerem Boden, in rauhen Lagen hört dieselbe früher auf, als bei entgegengesetzten Verhältnissen; bei der Eiche, Hainbuche später, als bei der Buche u. s. w. Die größere oder geringere Dicke der Rinde und namentlich der abgestorbenen Borke ist in der Regel die Ursache des Aufhörens der Ausschlagfähigkeit. Je dünner und saftiger die Rinde ist, um so größer ist die Ausschlagfähigkeit. Nur die Buche macht hievon eine Ausnahme, indem sie die Reproduktionskraft verliert, ehe die Rinde mit abgestorbener Borke sich bedeckt.

Ueber die im Niederwald hauptsächlich vorkommenden Laubhölzer ist zunächst noch Folgendes vorauszuschicken, wobei hinsichtlich der Buche, Eiche, Esche, Ulme, der Ahorne und Birken auf das bereits oben beim Hochwald Vorgetragene Bezug genommen wird.

Die Hainbuche, Weißbuche oder Hagebuche ist nach der 273 Eiche die beste Hartholzart für den Niederwald, sie unterscheidet sich von der Rothbuche durch die Form der Frucht; diese ist ein flachgedrücktes, mit steinartiger Schale umgebenes Nüßchen, das auf einem dreitheiligen Flügel sitzt; außerdem sind die Blätter gefaltet, der Stamm ausgebuchtet, was bei der Rothbuche nicht der Fall ist.

Diese Holzart kommt nur als bedingt gesellige vor, als Baum findet sie sich namentlich in kalten Lagen, wo die Rothbuche wegen der Fröste nicht mehr gut gedeiht, und auf schweren, Thonböden, wo fast keine anderen Hölzer fortkommen. Nässe verträgt sie nicht gut, und beansprucht kaum weniger Bodenkraft als die Buche. Im Gebirg geht

sie nicht so hoch wie die Rothbuche, sie bleibt etwa 300 m unter der=
selben zurück.

Sie erreicht als Baum, jedoch nur auf sehr günstigem Standort,
eine Höhe von 16—24 m und eine Stärke von 40—60 cm, aber
kein so hohes Alter als die Rothbuche. Die Bewurzelung ist ziemlich
tiefgehend. In erster Jugend wächst sie rasch, und gedeiht noch gut
in ziemlich verrastem Boden; sie verlangt von der ersten Zeit an einen
freien Stand. Ihre Krone ist nicht so dicht, wie die der Buche, die
Zweige sind fein, aber ziemlich zahlreich und ihr Auftreten beschränkt
sich weniger auf die eigentliche Krone, indem sie sich über einen großen
Theil des Stammes verbreiten. — Die Hainbuche wirkt ebenfalls
günstig auf die Bodenverbesserung.

Im 40.—50. Jahre trägt sie reifen Samen; die Samenjahre sind
häufig; die Blüthen erscheinen zugleich mit dem Laub, der Same reift
im Oktober und fliegt den Winter hindurch ab; er ist ziemlich leicht
und verbreitet sich auf 20—30 Schritte Entfernung vom Mutterbaum.
Bis zur Keimung muß er $1\frac{1}{2}$ Jahre im Boden liegen. Die kleinen,
eiförmigen Samenlappen erheben sich über den Boden. In der Saat=
schule und beim Verpflanzen ins Freie ist sie zu behandeln wie die Esche.

Ihre Stöcke halten sich sehr lange ausschlagfähig und liefern sehr
viele und kräftig wachsende Ausschläge, dieselben werden jedoch leicht
zum Kümmern gebracht durch stärkere Ueberschirmung. Aus den Wurzeln
erfolgt dagegen kein Ausschlag. Sie taugt zu Kopfholz gut. Das
Brennholz steht dem der Rothbuche gleich, zu Werkholz gibt sie ein
sehr geschätztes Material. Außerdem ist ihr Laub zur Fütterung gut
geeignet.

Am meisten schaden ihr die Mäuse, welche die Ausschläge benagen
und zum Absterben bringen, und das Wild. Von Krankheiten hat sie
wenig zu leiden.

Während sie im Hochwald geringere Massenerträge liefert als die
Buche, ist das Verhältniß im Niederwald ein günstigeres als bei dieser,
obwohl sie hier wie dort nur selten in reinen Beständen oder größeren
Horsten, sondern meist nur in Einzelmischung vorkommt. — Auf Böden,
welche ihr zu arm sind, bilden sich nur schwache, an der Erde hin=
kriechende Ausschläge, welche manchmal noch durch Ausschneiden der
geringwüchsigsten erhalten und zu besserer Entwicklung gebracht werden
können.

274   Die Weiß= und Schwarzerle, Elsen. Beide Arten sind leicht
von einander zu unterscheiden, indem die Weißerle auf der Unterseite

des Blattes und an der Rinde des Stammes eine weißliche Farbe hat; die Blätter sind bei ihr schmäler und spitzer als bei der andern Art, bei der sie einen klebrigen Saft ausschwitzen. Beide Arten lieben einen nassen oder doch feuchten, aber dabei lockeren Boden; die Schwarzerle erträgt eine stärkere Nässe, und gedeiht sogar noch auf nassem und sumpfigem, oder auf Moor- und Bruchboden, wenn das Wasser nicht stagnirt; dagegen verlangt sie sehr tiefgründigen Boden, was bei der Weißerle weniger der Fall ist, welche noch in Sand und Kies gut wächst, wenn, wie z. B. an Flußufern, die Feuchtigkeit nicht fehlt; sumpfige und saure Böden meidet sie ganz. Auf undurchlassendem Thonboden gedeihen beide nicht gut, ebensowenig in trockenen, sonnigen Lagen.

Beide ertragen ein rauhes Klima und sind gegen Spätfröste sehr unempfindlich; die Weißerle geht ziemlich hoch im Gebirg, in den Alpen bis zu 1500 m und am Harz nahezu bis 500 m.

Die Erlen keimen mit zwei eiförmigen Samenlappen, welchen bald die Entwicklung eines weiteren, den Blättern des alten Baumes ähnlichen Blättchens folgt; gegen Trockenheit und Hitze ist das junge Pflänzchen sehr empfindlich; es kommt nur auf wundem Boden an. — Im zweiten Jahre beginnt ein rascher Wuchs. Beide Arten verlangen von Jugend an einen freien Stand. In der Belaubung und Kronenbildung sind beide ziemlich gleich, sie üben keinen sehr starken Schirmdruck. Die Schwarzerle hat einen schöneren, höheren Stamm; die Weißerle wird nur ein Halbbaum. Einzeln erreichen sie ein Alter von 100—120 Jahren; in geschlossenen Beständen halten sie sich aber selten bis zum 80. Jahre. Im 30.—40. Jahre tragen beide Samen und die Samenjahre sind nicht selten. Beide blühen vor dem Laubausbruch im März, ihr Samen reift im Oktober und fliegt zu Anfang des Winters ab, er verbreitet sich auf eine große Fläche, die Zäpfchen bleiben nachher noch am Baume hängen.

Der Stockausschlag erfolgt bei beiden reichlich, selbst noch in einem Alter von 40—50 Jahren, die Stöcke dauern sehr lange. Bei der Weißerle ist auch auf eine sehr zahlreiche Wurzelbrut zu rechnen.

Das Brennholz von der Weißerle ist minder gut, als das der Schwarzerle, sie verhalten sich nach Grabner zur Heizkraft der Buche (= 100) wie 51 zu 78 (Rotherle). Dieses ist außerdem zu Wasserbauten wegen seiner Dauerhaftigkeit sehr gesucht, sowie auch wegen seiner Farbe zu feineren Tischlerarbeiten und zur Fabrikation von Cigarrenkistchen. Die Rinde der Schwarzerle wird in den Weißgerbereien benützt, die Kohle der Weißerle in den Pulverfabriken.

Die Haselerle, Alnus pubescens, ein niedrig bleibender Strauch, in Schlesien und Sachsen vorkommend, hat keine forstliche Bedeutung; er trägt jedoch frühzeitig Samen, welcher leicht zu gewinnen ist und deßhalb zur Verfälschung des Samens der andern beiden Arten benützt wird.

Auf geeignetem Boden giebt die Schwarzerle im Niederwald sehr hohe Massenerträge, nach den Pfeil'schen Ertragstafeln bis zu 7,26 Festmeter pro ha jährlich. Interessante Aufnahmen finden sich ferner im 8. Heft des Tharandter Jahrbuches S. 190, wo insbesondere auch Zahlen über die vorhandenen Mutterstöcke mitgetheilt sind, diese schwanken pro ha auf bestem Boden zwischen 252 und 372 und auf geringstem Boden zwischen 744—858.

Bei der Schwarzerle erfolgt die künstliche Anzucht wie bei der Birke meist durch Saat vor Winter, ohne besondere Bodenvorbereitung. Die zur Pflanzung benöthigten Pflänzlinge lassen sich häufig aus natürlichen Anflug gewinnen und werden dann vor dem Wiedereinsetzen stark eingestutzt oder als Stummelpflanzen (236) verwendet. Muß man sie in Saatbeeten eigens erziehen, so ist zu beachten, daß der Same nicht zu stark (nicht über 2—3 mm hoch) mit Feinerde bedeckt, und daß das Beet bis zur Keimung stets feucht erhalten, also täglich begossen wird. Im zweiten oder längst dritten Jahre können die Pflanzen aus dem Saatbeet ins Freie verwendet werden.

275 Die Aspe findet sich fast auf allen Böden, und ist häufig auf den besseren ein schlimmes Unkraut; auf sauren Böden fehlt sie, und auf schwerem Thon gedeiht sie weniger gut. Größere Trockenheit liebt sie nicht, der Boden muß frisch sein, wenn er ihr noch zusagen soll; sie erträgt aber starke Nässe. Warme, sonnige Lagen sind ihr nicht besonders zuträglich. Gegen den Frost ist sie unempfindlich; sie geht hoch ins Gebirg.

Die Wurzeln streichen sehr flach, der Stamm geht ziemlich rasch in die Höhe und bildet eine lichte Krone, welche nur wenig überschirmt. Im 25. bis 30. Jahr trägt sie schon Samen, sie blüht im April vor dem Laubausbruch, ihr Same reift im Juni und fliegt alsbald ab; derselbe gedeiht fast jedes Jahr reichlich, er ist sehr leicht und verbreitet sich außerordentlich weit, da er mit einem Büschel Haare versehen ist. Sie wird als einzelner Baum nicht älter wie 60—80 Jahre, und wo sie horstweise geschlossen ist, stellt sie sich schon im 40. Jahre licht. Stockausschlag liefert sie keinen, dagegen eine unendlich zahlreiche Wurzelbrut, von der aber nur ein geringer Theil größere Lebensdauer besitzt.

Selbst eine mäßige Ueberschirmung erträgt sie nicht, wenn sie sich als Baum entwickeln soll; dagegen erhalten sich ihre Wurzeln im geschlossenen Bestand Jahre lang ausschlagfähig.

Unter den Insekten ist als ihr schädlichster Feind zu nennen ein Bockkäfer, Cerambyx Carcharias, welcher sich ins Holz einbohrt und dann die Rothfäule veranlaßt.

Das Holz wird in Ermangelung von Nadelholz zu Bauholz verwendet und liefert Material zu den roheren Schnitzarbeiten und zu Zündhölzern, sowie den besten Holzstoff zur Papierfabrikation; so daß die bei vielen Forstleuten herrschende Abneigung gegen diese Holzart in der Nähe solcher Fabriken nicht mehr begründet ist. Als Brennholz ist es nicht gesucht, weil es wenig Brennkraft, etwa 0,6 der Buche besitzt; dagegen wird die Kohle zu Schießpulver verarbeitet.

Da die Aspe gegen den Frost unempfindlich ist, und häufig auf Froststellen vorkommt, so ist sie als Schutzholz willkommen. Im Uebrigen taugt sie ihrer kurzen Lebensdauer wegen mehr für den Nieder= als den Hochwald, aus welchem sie, wie die Birke, durch zeitige Durchforstungen längstens bis zum 60. Jahre zu entfernen ist. — Die künstliche Anzucht derselben findet nur ausnahmsweise als Alleebaum in rauhem Klima oder auf ärmeren Böden statt; man verwendet hiezu gehörig erstarkte Wurzelausläufer.

Die Akazie, eine nordamerikanische Holzart, hat sich zwar in 276 unsern Wäldern noch nicht so allgemein eingebürgert, doch darf sie nicht ganz unbeachtet bleiben, weil sie für manche Zwecke kaum entbehrt werden kann. Ihre Dornen sind es hauptsächlich, die eine allgemeinere Verbreitung hindern; man sollte deßhalb bestrebt sein, eine dornenlose Abart zu züchten, die sich als solche durch Samen fortpflanzt. — Auf magerem, steinigem, trockenem Boden gedeiht sie noch ganz gut, sofern sie mit ihrer Wurzel tief eindringen kann. Nur auf moorigem und nassem Standort und im eigentlichen schweren Thonboden kommt sie nicht fort. Da sie spät austreibt, so kann sie noch in rauhem Klima angezogen werden, obwohl sie auch gerne an sonnigen Hängen wächst. Die Keimpflanze hat fleischige, nierenförmige, oberirdische Samenlappen, denen bald ein fast kreisrundes Blättchen folgt, erst später entwickeln sich Fiederblättchen. Die junge Akazie verlangt einen lockeren, reinen Boden als Keimbett. Ein Theil ihrer Wurzeln geht rasch in die Tiefe, einzelne streichen an der Oberfläche hin, das Bestreben der Stammbildung tritt nicht sehr hervor, sie bildet sich blos zu einem Baum zweiter Größe. Ihre Aeste sind wenig zahlreich,

und ihre Belaubung sehr leicht und licht, sie hat ein Fiederblatt mit
11—21 Blättchen. Sie wächst bis ins 40., bis 60. Jahr rasch, blüht
im Juni, trägt frühe und fast jährlich Samen; dieser reift im Oktober;
die Frucht bleibt bis in den Februar auf dem Baum hängen. Als
Baum gezogen erreicht sie ein Alter von 80—100 Jahren.

Ihr Ausschlag erfolgt sehr reichlich, weniger aus dem Stock, als
aus den Wurzeln; die Ausschläge vom Stock brechen leicht ab. Das
Holz ist sehr zäh und hart, als Brennholz vorzüglich, auch zu Eisen=
bahnschwellen, Schiffsnägeln, Rebstecken rc. gesucht.

Gegen Fröste ist sie empfindlich, obgleich sie spät austreibt. Der
Wind schadet ihr sehr, weil die Aeste leicht abschlitzen. Wild, nament=
lich Hasen und Kaninchen, werden ihr oft gefährlich, und machen sogar
da und dort ihre Anzucht unmöglich.

Im Niederwald giebt sie in Folge ihres anfänglichen raschen Wachs=
thums sehr reichlichen Holzertrag, und kann in 10—15jährigem Um=
trieb erzogen werden. Man benützt sie gewöhnlich zu Nachbesserungen
und pflanzt 2—3jährige, in Saatbeeten erzogene Pflanzen, welche in
der Wurzel und am Stamm stark eingestutzt werden müssen. Dabei ist
zu beachten, daß sie den Druck anderer Holzarten nicht erträgt, da sie
zu den lichtbedürftigen Holzarten gehört.

277   An Flußufern und im Ueberschwemmungsgebiet der Flüsse kommen
die Weiden in größerer Ausdehnung in einer Menge von Arten
gesellig vor, jedoch selten als Baumholz oder im Hochwald; die forst=
lich wichtigen Arten gedeihen nur auf nassem oder feuchtem, etwas tief=
gründigerem und lockerem Boden; ganz trockene, schwere Böden, ganz
sumpfige und torfige Gründe vermeiden die nutzbaren Arten, diese ge=
deihen aber meistens noch in kalten Lagen, nur die gelbe Weide ist
gegen den Frost schon ziemlich empfindlich.

Für den Ausschlagwald und als Kopfholz passen sie vorzüglich
vermöge ihrer großen Reproduktionsfähigkeit bei niederem Umtrieb von
1—10 Jahren, und zeigen eine große Dauer der Mutterstöcke, wogegen
die baumartigen höchstens ein Alter von 60—70 Jahren erlangen, weil
sie leicht faul werden; im Hochwald sind sie selbst als Mischholz
weniger willkommen. Wurzelausschläge kommen bei ihnen nicht vor.
Die Verjüngung erfolgt meist auf künstlichem Wege durch Stecklinge.

Ihr Holz ist sehr weich und zum Brennen wenig geeignet, dagegen
sind die ein= und mehrjährigen Ausschläge zu manchen technischen
Zwecken, zum Korbflechten, als Bindewieden rc. sehr gesucht. Es ist

aber dabei zu beachten, daß sie sich auf sehr gutem Boden stark ver=
ästeln und dann zu diesen Zwecken minder brauchbar werden.

Für Kopfholz eignen sich vorzüglich die Baumweiden, namentlich
Salix alba und fragilis; als Buschholz kommen häufig vor: S. amygdalina, purpurea, viminalis und incana; die beiden erstgenannten
lassen sich auch noch als Kopfholz erziehen.

Auf nassen Stellen findet man in Jungwüchsen zwischen anderen
Holzarten häufig die Garn= und Salbeiweide, Salix aurita; als
ein ziemlich nieder bleibender, langsam wachsender Strauch, der sich
aber dicht bestockt, und dadurch den besseren Holzarten in der Jugend
schädlich wird.

Die kaspische Weide, auch Uralweide, Salix acutifolia, wächst
noch auf etwas frischeren Sandböden und zeichnet sich aus durch ihre
langen, dünnen Triebe ohne Verzweigung, welche sie zu feineren Flecht=
arbeiten sehr verwendbar machen.

In zusagenden Verhältnissen an Flußufern rc., liefern die rauheren
Arten sehr große Massenerträge, welche besonders zu Deckung des
Faschinenbedarfs für Uferbauten erwünscht sind; oder auch sehr hohe
Gelderträge, da hiebei nicht blos das Holz, sondern auch das dazwischen
wachsende Gras gut bezahlt wird. Die unter der Flußbauverwaltung
stehenden 1492 ha Weidenniederwaldungen im Großherzogthum Hessen
ergaben im Jahre 1861 einen Holzertrag von 13,27 cbm pro ha,
daraus an Geld 50,6 Mk. nebst einem Grasertrag von 20,4 Mk.
Dieß ist allerdings eine Bruttorente, allein da die Verwaltung sehr
einfach und nur wenig für Kulturen aufzuwenden ist, so geht hiefür
kein erheblicher Theil davon ab.

Noch höhere Erträge geben die feineren Flechtweiden, welche z. B.
auf der Herrschaft Garbe*) an der untern Elbe allerdings mehr in
gärtnermäßiger Weise angezogen werden.

Vereinzelt kommt sodann unter den übrigen Waldbäumen die
Salweide vor, welche hauptsächlich wegen ihrer Unempfindlichkeit
gegen Spätfröste als Schutzholz auf Froststellen willkommen ist, sonst
aber geringwerthiges, nur als Brennmaterial verwendbares Holz liefert;
Grabner hat seine Heizkraft auf 0,71 der Buche bestimmt. Der an=
fänglich sehr rasche Wuchs läßt schon im 15. bis 20. Jahre nach,
sie entwickelt sich meist nur als stärkerer Strauch oder selten als Halb=

---

*) Reuter, Die Kultur der Eiche und der Weide in Verbindung mit Feld=
früchten. 2. Auflage, Berlin 1867, Jul. Springer.

baum, und wird deßhalb in der Regel schon frühzeitig ausgehauen; die Kohle dieser 6—10jährigen Loden ist zur Schießpulverfabrikation sehr gesucht. Obgleich diese Weide vielfach auf feuchten und nassen Stellen auftritt, so gedeiht sie doch auch noch auf lockerem Kalkgestein und auf frisch aufgeschlossenem Mergel und kalkigem Thonboden, weßhalb sie zur Befestigung von Bergrutschen und zur ersten Bewaldung von Steinhalden in der Form von Stecklingen sich verwenden läßt, ohne große Kosten zu veranlassen.

278   Zu den nutzbaren Straucharten sind zu zählen die Hasel, der Hartriegel (Cornus sanguinea), das Pulverholz oder der Faulbaum, der Vogelbeerbaum, der Weiß- und Schwarzdorn, die Besenpfrieme ꝛc. — Im Ganzen spielen dieselben eine untergeordnete Rolle, und nur ausnahmsweise läßt sich aus denselben ein beachtenswerther Gelbertrag ziehen. Meist kommen derartige Sträucher als unwillkommene Eindringlinge vor und nur ausnahmsweise kann man sie als Schutzholz für die anzuziehenden, nutzbaren Holzarten benützen; so namentlich im Hochgebirge den dort strauchartig vorkommenden Vogelbeerbaum. — Der Materialertrag ist ein geringer und da sie meist auf besserem Boden vorkommen, so wird derselbe durch sie weniger gut ausgenützt als durch andere Holzarten. Immerhin dienen diejenigen, welche eine dichte Belaubung haben, wie namentlich die Hasel und der Hartriegel, zur Bodenbesserung.

Die Hasel kommt nur auf sehr gutem Boden vor, gewährt aber hier keinen genügenden Ertrag und verdrängt in der Regel alle besseren Holzarten, weßhalb sie häufig zu den Unkräutern gerechnet werden muß; sie findet sich gern ein auf Kalk- und Lehmboden; der Thonboden sagt ihr weniger zu; ebenso wenig große Feuchtigkeit und Nässe; gegen Kälte ist sie ziemlich unempfindlich.

Die Hasel gedeiht nur ausnahmsweise zu einer Stärke von über 20 cm.; schlägt sehr reichlich vom Stock aus, und in den ersten 5 bis 8 Jahren wachsen die Loden ungewöhnlich rasch, später lassen dieselben aber schnell nach und ihre Zunahme in die Länge und Dicke ist dann ganz gering. Wegen ihres dichten Ausschlags und der starken Belaubung läßt sie keine anderen Holzarten neben sich aufkommen und überwächst die vorhandenen sehr häufig. Die Hasel liebt zwar einen freien Stand, doch erhält sich auch unter einem dichteren Schirm die Ausschlagfähigkeit ihrer Stöcke; weßhalb diese Holzart nur durch Stockroden oder durch langjährigen starken Druck verdrängt werden kann. Der Ertrag an Holz ist der Masse nach gering, dagegen der Geldertrag manchmal beachtenswerth, wo ihre Ruthen zu Flechtarbeiten oder zu Floßwieden ꝛc. gesucht werden. In den Hackwaldungen des Odenwaldes erhält man für bie im 8. bis 10. Jahre auszuhauenden Haseln 48—57 Mk. pro ha, was eine sehr beachtenswerthe Zwischennutzung bildet. (Monatschrift für das Forst= und Jagdwesen, 1860 S. 28.)

Die Nüsse werden zur Oelbereitung verwendet und das Laub giebt ein gutes Viehfutter.

Der Faulbeerstrauch oder das Pulverholz findet sich bei uns häufig und ist gegen Norden weit verbreitet; es kommt auf feuchtem oder nassem Boden vor, die Wurzeln gehen flach, der Wuchs der Loden ist in den ersten Jahren sehr rasch, läßt aber bald nach; es schlägt reichlich von dem Stock und der Wurzel aus. Die Belaubung ist zwar ziemlich licht, aber bei den vielen Ausschlägen wirkt es doch verdämmend. Der Faulbeerstrauch kann den Druck anderer Bäume gut ertragen. Das Holz ist blos zur Verkohlung behufs der Pulverfabrikation gesucht, im Uebrigen ist es ein schlechtes Material.

Der Weiß= und Schwarzdorn kommen mehr auf Kalk und Mergel, weniger auf eigentlichem Thon und Sand vor; zeigen jedoch überall einen besseren Boden an. Sie treten in der Regel nur als Straucharten auf und sind dann dicht in einander verwachsen, so daß selten zwischen ihnen etwas aufkommen kann. Haut man sie ab, so erfolgt ein sehr reichlicher Stock= und Wurzelausschlag. Blos in der Nähe von Gradirwerken haben sie einigen Gebrauchswerth, sonst sind sie wegen ihrer Dornen wenig gesucht, obgleich sie ein gutes Brennholz liefern. Zu Hecken werden sie häufig angezogen.

Der Niederwaldbetrieb ist auf das Laubholzgebiet be=²⁷⁹ schränkt und hat auch innerhalb dieses nur eine geringe Ausdehnung; er ist geboten, wenn auf schlechterem, namentlich flachgründigerem Boden noch Laubholz erzogen werden soll, oder vielleicht noch weit öfter in den Fällen, wenn der bei ihm allein zulässige niedere Umtrieb aus finanziellen Rücksichten nicht verlassen werden kann. In bruchigem, sumpfigem Terrain, wo die künstliche und natürliche Verjüngung sehr erschwert ist, an steilen Berglehnen, wo Abrutschungen zu befürchten sind, wenn älteres, schweres Holz darauf erzogen werden wollte, da ist der Niederwald am Platz. — Auch wird er zeitweilig bedingt durch den geringen Umfang des Waldeigenthums, obgleich er streng genommen auch beim kürzesten Umtrieb noch eine größere Fläche verlangt als der Femelwald, wenn jährlich gleich bleibende Nutzungen erhoben werden

sollen. Sehr viele Niederwaldungen müssen endlich mit Rücksicht auf
die Erzeugung von Eichenglanzrinde, oder von Flußbaumaterial als
solche erhalten werden, da bei anderen Betriebsarten die in großen
Massen benöthigten Erzeugnisse dieser Art nicht, oder nicht in genügen=
der Qualität gewonnen werden könnten.

Der Niederwald ist aber nur in milderem Klima zulässig;
die früher vielfach verbreitete gegentheilige Ansicht ist unrichtig, wie
bereits oben (26) nachgewiesen wurde. Besonders verlangt der Eichen=
schälwald ein sehr mildes Klima, in welchem die Rinde nicht nur besser
und gerbstoffreicher, sondern auch viel dicker wird. Die besten Rinden
wachsen im Rheingau in nächster Nähe von den besten Weinbergen,
und kann man dort auch hören, daß da, wo die Eiche nicht schon im
April ihre Blätter entfaltet, keine gute Rinde mehr gewonnen werde,
so ist dieß doch nur bis zu einem gewissen Grade richtig. Immerhin soll
sich der Schälwald nicht weit über die Region des Weinbaues hinaus
wagen; namentlich sind die Spät= und Frühfröste dem Gedeihen der
Eiche hinderlich.

In Bezug auf die Absatzlage verlangt der Niederwald eine
Gegend mit dichter Bevölkerung, wo auch das anfallende viele geringe
Reis noch zu guten Preisen Abnehmer findet und wo es gleichzeitig
nicht an den nöthigen Arbeitskräften mangelt, um die vermehrte Arbeit
der Aufbereitung zu bewältigen.

Ueber die Größe des beim Niederwald erforderlichen Material=
kapitals, ebenso bezüglich des Zuwachses und Materialertrages ist
oben (58) das Nöthige zu ersehen. Auch wurden die höheren Er=
träge bei der Grasnutzung schon erwähnt. Daraus geht hervor, daß
man bei dieser Betriebsart stets mit dem geringsten Holzvorraths=
kapital arbeitet und daß dieses auch die höchsten Zuwachsprozente ge=
währt. Im Einzelnen ist zu unterscheiden zwischen dem Eichenschälwald,
Weichlaubwald und Hartlaubwald, von welchen der erstere die höchsten
Gelderträge, der zweite die höchsten Materialerträge (oft höhere als der
Hochwald), der dritte in beiden Beziehungen die geringsten Erträge
liefert. Beim Schälwald ist aber noch hervorzuheben, daß seit einigen
Jahren die Rindenpreise sich im Rückgang befinden, und zu befürchten
steht, sie könnten bei vermehrtem Ausgebot an Rinde noch weiter sinken,
oder könnten Surrogate für die Eichenrinde zur Verwendung kommen
und letztere dadurch verdrängt werden.

Im Uebrigen ist die Rente aus einem gut bestockten und gut
behandelten Niederwald eine außerordentlich sichere und gleich=

mäßige, da bei dieser Betriebsart fast gar keine Störungen durch schäd=
liche Thiere und Elementarereignisse vorkommen, ausgenommen durch
Feuer, welches aber nur selten so heftig wird, daß es die Ausschlag=
fähigkeit der Mutterstöcke vernichtet. — Auch sind größere Vorauslagen
nur ausnahmsweise nöthig, da die Bestandesnachbesserungen nur wenig
Arbeit und Geldaufwand verursachen, sobald einmal die erste Anlage
mit Erfolg hergestellt ist.

Die Bewirthschaftung und Verwaltung ist bei dieser Betriebsart
sehr einfach und erfordert wenig technische Kenntnisse.

So günstig nun auch diese Verhältnisse sind, so darf man sich
doch durch dieselben nicht verleiten lassen, dem Niederwald eine allzu=
große Ausdehnung zu geben, weil er mit Ausnahme der Eichenrinde
nur Produkte für die nächste Umgebung erzeugt, welche einen weiteren
Transport nicht ertragen. Außerdem überwiegt die Brennholzerzeugung
sehr bedeutend und der größte Theil des für gewerbliche Zwecke be=
nöthigten Nutzholzes kann im Niederwald gar nicht gewonnen werden;
in ersterer Beziehung ist sodann auch noch besonders die Concurrenz
der fossilen Kohle zu beachten. Außerdem eignet sich die Rothbuche,
welche das beste Brennholz liefert, namentlich in rauherem Klima, am
wenigsten für den Niederwald, giebt die niedersten Massenerträge, und
ihre Stöcke verlieren die Ausschlagfähigkeit am frühesten.

Für die Behandlung und Bewirthschaftung des Nieder= 280
waldes gelten folgende Regeln:

Die richtige Wahl der Umtriebszeit, namentlich mit Beziehung
auf die Erhaltung der Ausschlagfähigkeit der Mutterstöcke. Stellt man
dieselbe zu hoch, so kann leicht eine Holzart gänzlich verdrängt oder
doch im Ertrag wesentlich geschwächt werden, während ein zu früher
Abtrieb, namentlich bei Weichhölzern, Weiden u. dgl., eigentlich nur
dadurch schädlich wird, daß der Boden zu lange ohne Beschattung bleibt
und leicht verrast oder in seiner Produktionsfähigkeit geschwächt wird.
Doch ist auch noch außerdem, namentlich bei Eichenniederwald, in Folge
zu frühen Abtriebs das Ausbleiben vieler Stöcke wahrgenommen worden:
sie ersticken im Saft oder verbluten.

Der höhere Umtrieb hat zwar eine günstige Wirkung auf die
Steigerung und Erhaltung der Bodenkraft; allein andrerseits geht der
Holzertrag mehr oder weniger zurück, weil die Massenvermehrung nach
Ueberschreitung einer gewissen Grenze abnimmt, ein Nachtheil, der
allerdings wieder mehr oder weniger ausgeglichen werden kann durch
den höheren Sortimentspreis und die leichtere Verkäuflichkeit des

stärkeren Holzes. In Berücksichtigung aller dieser Verhältnisse ist ein geeigneter Mittelweg zu suchen. Dabei muß aber stets noch der Einfluß des Standorts beachtet werden, je geringer derselbe ist, um so weniger hoch darf die Umtriebszeit genommen werden, weil unter solchen Verhältnissen die Ausschlagfähigkeit früher aufhört.

Die gewöhnlichen Umtriebszeiten sind für reine Buchen 30—40 Jahre, Hainbuchen 20—30, Schwarzerlen 25—35, Weißerlen 15—20, Birken 30—40, sonstige Weichhölzer 15—20, Eichenschälwald 10—20 Jahre.

281 Die sorgfältige Behandlung der Stöcke beim Fällen und während der Aufbereitung des Schlagmaterials ist auf folgendem Wege anzustreben: Es muß

a) der Abhieb so geführt werden, wie es die Eigenthümlichkeit der Holzart erheischt. Erfolgt der Ausschlag allein oder doch wenigstens vorherrschend auf der Krone des abgehauenen Stockes, wie bei der Buche, so kann man so nieder als möglich hauen. Erfolgt derselbe seitwärts am Stock, so ist diesem eine solche Höhe zu geben, daß zwischen dem Boden und dem der Austrocknung unterworfenen Theil unmittelbar unter der Abhiebsfläche des Stockes noch Raum zur Bildung der neuen Triebe bleibt. — Der Hieb darf in beiden Fällen nicht im alten Holze des Stockes geführt werden, wenn die Rinde desselben zu dick ist und keine Ausschläge mehr hervorbrechen läßt. — Wo der Ausschlag aus den Wurzeln erfolgt, ist eine Rücksicht auf den Stock nicht geboten.

b) Der Abhieb hat so zu geschehen, daß der Stock möglichst wenig verletzt wird; namentlich ist das Zerreißen der Stöcke durch die fallenden, halb abgehauenen Stangen zu vermeiden, weil solche Risse das Austrocknen des Stockes befördern, und dadurch die Ausschlagfähigkeit nothleidet; man muß deßhalb auf der dem Hauptschrot entgegengesetzten Seite ein wenig vorhauen, einen kleinen Einhieb machen. — Aeußere Verletzungen an der Rinde schaden weniger, sind sogar oft vortheilhaft, indem aus der frischen Rinde, die sich am Rande einer solchen Wunde bildet, leichter Ausschläge hervorbrechen, als aus der älteren.

c) Die Abhiebsfläche muß glatt mit scharfer Axt gehauen (nicht gesägt) sein, den Ablauf des Wassers gestatten, und womöglich eine Neigung gegen Süden haben, um die Verdunstung des ausfließenden Saftes zu befördern.

d) Mit besonderer Vorsicht sind die aus Samen erwachsenen jüngeren Pflanzen zu hauen; die Anwendung eines leichten scharfen Beiles oder einer Baumscheere ist bei ganz schwachen Pflänzchen zu empfehlen, weil bei der Arbeit mit diesen Werkzeugen das Stämmchen weniger hin und her gezogen, also auch die Wurzeln weniger gelockert werden.

Eine passende Fällungszeit ist von großem Einfluß auf die 282 Erhaltung der Ausschlagfähigkeit. Ueber diesen Punkt haben verschiedene Meinungen bestanden. Die Fällung zur Saftzeit wurde von Einzelnen verworfen; doch zeigt ein Blick auf die Bestockung der Eichenschäl= waldungen, die seit Jahrhunderten im Saft gehauen werden, daß die Ausschlagfähigkeit dadurch nicht beeinträchtigt wurde, vielmehr hier der Ausschlag sehr reichlich und frohwüchsig erfolgt. Die Fällung vor Winter hat für den Stock manche Nachtheile: die Beschädigungen, welche er bei der Fällung etwa erlitt, werden durch das eindringende Wasser, wenn solches gefriert, noch vergrößert; die darauf folgende Austrocknung durch die Frühjahrswinde ruft einen Contrast hervor, welcher nur ungünstig wirken kann. Aber auch unverletzte Stöcke leiden durch Frost mehr, als die entsprechenden Theile der stehenden Bäume, was sich leicht erklärt, wenn man den Einfluß der nächtlichen Wärme= ausstrahlung auf die nächste Nähe der Erdoberfläche, und andrerseits den mit der ganzen Pflanze im Zusammenhang stehenden Stock ins Auge faßt.

Als die passendste Zeit der Fällung ist daher im milderen Klima die Saftzeit, und wo diese nicht anwendbar, die Zeit kurz vor Be= ginn der stärkeren Saftbewegung, also der Schluß des Winters zu be= zeichnen. In rauherem Klima ist der Hieb zur Saftzeit nicht rathsam, weil durch denselben das Erscheinen der Ausschläge hinausgeschoben und ihr gehöriges Verholzen im ersten Jahre gefährdet wird.

Die Ausschlagfähigkeit wird befördert durch ungehinderte Einwirkung von Licht und Wärme auf den Stock, durch Bedecken der Abhiebsfläche mit Rasen oder Steinen, durch Lockern oder Beseitigen der Erde in der Nähe der Stöcke, um die zartere, seither bedeckte Rinde zu gesteigerter Thätigkeit zu veranlassen, durch größere oder kleinere Verletzungen in der Rinde, Einkerbungen einen oder zwei Zoll unter der Abhiebsfläche und Behäufeln der Ausschläge mit Erde, Rasen 2c., um die jüngeren Stangen zur Bildung neuer Wurzeln zu veranlassen (diese Maßregel muß dem Hieb einige Jahre vorausgehen).

Bei der Richtung der Schläge ist darauf Bedacht zu nehmen, daß die austrocknenden kalten Frühjahrswinde aus Ost und Nordost durch das vorstehende ältere Holz möglichst von der Schlagfläche abge= halten werden.

Wo für die Stöcke oder den Ausschlag ein Schutz gegen Fröste 2c. nöthig ist, kann das Ueberhalten einzelner älterer Stockausschläge auf einige Zeit gerechtfertigt sein. Der Nachhieb hat aber zu erfolgen, sobald der Boden anfängt sich durch die Ausschläge zu decken.

283 Streng genommen ist eine Nachbesserung des Niederwaldes blos durch künstliche Kultur möglich; es lassen sich aber auch Fälle denken, wo z. B. von Birken-, Erlen-, Buchen-, in günstigen Jahren auch von Eichenstockausschlägen stellenweise natürliche Besamung erfolgen kann. Es versteht sich von selbst, daß solche Art von Regeneration nach Thunlichkeit benützt und befördert werden muß; z. B. durch Ueberhalten von Raiteln, die zum Samentragen bestimmt sind, sowie auch durch Wundmachung des Bodens und durch zeitige Lichtung in der Nähe der Samen tragenden Bäume, sobald ein Samenjahr eintritt, und sobald die bereits aufgegangenen Pflanzen zu sehr überschirmt werden.

Beim Samennachwuchs, der sich zufällig oder durch künstliche Nachhülfe angesiedelt hat, ist noch die Frage zu entscheiden, ob derselbe möglichst jung oder möglichst alt sein soll, um kräftigen Ausschlag zu liefern. Ist derselbe kränklich und unterdrückt, so ist es rathsam, ihn so bald als möglich abzuschneiden; man wird auf diesem Wege etwas weit Besseres erhalten, als wenn man ihn stehen ließe, auch die sorgfältigste Pflege vorausgesetzt. — Bei freudig gedeihendem Kernwuchs dagegen ist es zulässig und oft auch vortheilhaft, denselben etwas älter als die Stockausschläge werden zu lassen, weil sich die Ausschlagfähigkeit an den aus Samen erwachsenen Pflanzen immer länger erhält, und weil sie auch nicht so viel Holz geben wie Stockausschläge von gleichem Alter.

Handelt es sich um Verdrängung einer Holzart, so ist es zweckmäßig, diese, wenn sie keinen zu dichten Schirm bildet, überzuhalten und die zu begünstigende vorher zu hauen. Auf diesem Wege bekommen die zu begünstigenden Ausschläge einen Vorsprung und es wird manchmal möglich werden, den Boden sich durch diese decken zu lassen, ehe man an den Nachhieb der andern geht, so daß also von dieser die Ausschläge nicht mehr aufkommen können. Die gänzliche Ausrottung einer Holzart wird bewirkt, wenn man die einzelnen Stämme auf 0,2 m Breite rings herum entrindet (ringelt) und so zwei Jahre stehen läßt, während welcher Zeit der ganze Vorrath von Reservenahrung aufgezehrt und die Ausschlagfähigkeit auch in den Wurzeln vernichtet wird. Den gleichen Zweck erreicht man meist auch noch dadurch ohne so große Kosten, wenn man Ende Juni die Stangen auf 1 m Höhe abhaut und dann, wenn sich zur Zeit des zweiten Safttriebs neue Ausschläge an diesen Stummeln gebildet haben, letztere am Boden abschneidet. Holzarten, die eine freie Stellung verlangen, lassen sich durch Ueber= halten eines stärkeren, beschattenden Oberholzbestandes leicht verdrängen, oder wenigstens im Wuchs zurückhalten.

In sehr exponirten Lagen, namentlich an steilen, südlichen Hängen, und bei Holzarten, die den Druck gut ertragen, ist es zweckmäßig, nicht alle Stangen eines Stockes auf einmal zu hauen, sondern nur etwa je $\frac{1}{3}$ oder $\frac{1}{4}$ derselben, und nach je 5—6 Jahren die übrigen Aus= schläge. Auch bei Stöcken, die wegen ihres Alters 2c. keinen zahlreichen oder kräftigen Ausschlag mehr erwarten lassen, ist das Ueberhalten eines oder mehrerer Ausschläge von gutem Einfluß auf die Beförderung der Ausschlagfähigkeit.

Die verschiedenen, zum Niederwald tauglichen Holzarten stellen sich 284 bezüglich ihrer **Ausschlagfähigkeit** etwa in folgende Ordnung:

Die Schwarzerle, Weiden, Hasel, Akazie, Hainbuche, Esche, Weiß= erle, Aspe, Silberpappel, Eiche, Ulme, Ahorn, Birke, Buche; ferner meist als minder erwünschte Beimischungen: das Pulverholz, der Hart= riegel, Schwarz= und Kreuzdorn 2c.

Unter den in erster Reihe genannten Holzarten sind die mit dem reichlichsten Ausschlag vorangestellt; es ist aber dabei zu bemerken, daß diese Reihenfolge nur da gilt, wo die betreffenden Holzarten auf den ihnen zusagenden Standorten vorkommen; auf weniger entsprechendem Standort tritt die Ausschlagfähigkeit bei den einzelnen Holzarten mehr zurück. — Unter den genannten Holzarten treiben in der Regel blos die Akazie, die Weißerle, die Silberpappel und die Aspe eine reichliche Wurzelbrut, ohne dazu durch künstliche Nachhülfe veranlaßt worden zu sein.

Bei den Birken, Akazien und auch noch bei den Erlen brechen die Ausschläge durch Schnee und Duftanhang, selbst durch starken Regen leicht am Stock ab.

In Beziehung auf die Behandlung der einzelnen Holzarten läßt sich anführen: Das Alter, in dem sie ihre Ausschlagfähigkeit verlieren, ist bei den Eichen 40—60 Jahre; bei den Ulmen, Ahorn, Akazien, Hainbuchen und Eschen zwischen 35—50; bei den Buchen, Birken und Weißerlen zwischen 30—45; bei der Schwarzerle zwischen 30—50; bei den Weiden 20—30 Jahre. Es ist aber zweckmäßig, wenn man den Hieb nicht zu weit hinausrückt, weil der Ausschlag von altem Holz nicht so reichlich erfolgt, wie von jüngern Stöcken, und weil immerhin einzelne Stöcke ihre Ausschlagfähigkeit früher verlieren.

Bei der Erle ist der Hieb während des Winterfrostes geboten, wenn sie einen sumpfigen Standort einnimmt, und sollen die Stöcke 10—15 cm hoch gemacht werden, weil der Ausschlag nur vom Stock erfolgt. Zur vollen Bestockung sind auf gutem Boden 400—600 aus= schlagfähige Stöcke pro ha erforderlich.

Eine Mischung der Holzarten ist im Niederwald sehr häufig und meistens auch erwünscht, namentlich auf weniger gutem Boden. Wenn die schnellwachsenden Weichhölzer die besseren Holzarten unterdrücken, so hat man durch zeitige Auszugshiebe letzteren nachzuhelfen.

285   Die im Niederwald entstehenden Lücken sind in der Regel durch Pflanzung nachzubessern; man hat dabei zunächst auf die Wahl einer dem Boden und dem umgebenden Bestand entsprechende Holzart Be= dacht zu nehmen; die letztere Rücksicht bedingt namentlich, daß man keine langsam wachsenden Buchen oder Hainbuchen zwischen die übrigen schnell wachsenden Hölzer bringe. Die zu verwendenden Pflänzlinge müssen möglichst erstarkt sein und werden am besten in der Form von Stutzpflanzen (236) eingesetzt.

Bei Weiden und Pappeln bedarf es keiner bewurzelten Pflanzen, man verwendet hiezu Stecklinge; es werden zu diesem Zweck die Zweige von vollständig ausgereiftem, ein= oder zweijährigem Holz im Frühjahre vor dem Laubausbruch abgenommen, oben und unten an einem Auge, so daß diese beiden noch am Steckling bleiben, abgeschnitten und 20 bis 30 cm tief schief in den Boden eingesteckt, entweder in eine aufgelockerte Stelle, oder auf günstigem lockerem Boden in ein zuvor eingestoßenes Loch, das man nach dem Einlegen wieder fest zutritt, jedenfalls muß der Steckling rings mit der Erde in Berührung kommen und mit der unteren Schnittfläche satt auf dem Grund des Setzloches aufsitzen.

Muß man die Stecklinge schon im Winter sammeln, so sind sie an einem schattigen Ort aufzubewahren, daß sie nicht austrocknen; man gräbt sie zu diesem Zweck zur Hälfte in die Erde ein; empfindlichere Holzarten (Platanen) dürfen dem Frost nicht ausgesetzt sein. Vor dem Einstecken werden sie manchmal einige Tage ins Wasser gestellt, was von günstigem Einfluß für sie ist. Auf feuchtem Boden, an Flußufern genügt es oft schon, wenn man schwächeres Astreisig etwa 40—50 cm tief in den Boden eingräbt und die Spitzen desselben flußabwärts ge= richtet hervorsehen läßt; die Anordnung geschieht entweder in Reihen oder auch in Gruben nesterweise.

Wo die Birke und Erle gedeiht, kann auch noch die Saat, jedoch nur auf gutem und wundem, sonst aber unvorbereitetem Boden zur Anwendung kommen. Auf gelockerten Stellen (Stocklöcher 2c.) können Ulmen, Akazien, Ahorn und Eschen angesäet werden, nur muß man dann zeitig für genügende Reduzirung der Stammzahl sorgen. Auf mageren Stellen werden zweckmäßig zur Bodenverbesserung vorüber= gehend Kiefern 2c. eingesäet; in solchen Oertlichkeiten sind auch Dornen 2c. als Bodenschutzholz zu erhalten, bis bessere Hölzer ange= zogen sind.

In der Regel bleiben die Niederwaldungen ohne besondere Pflege 286 ganz sich selbst überlassen, und werden auch keine Reinigungshiebe oder Durchforstungen in dieselben eingelegt, was aber ein großer Fehler ist. Die Ausschläge ein und desselben Stockes sind im ersten Jahre viel zu zahlreich, als daß sie sich auf demselben erhalten könnten, und in diesem Stadium wäre eine pflegliche Verminderung deren Zahl besonders erwünscht; allein das Material ist zu wenig werth und deckt die Kosten bei weitem nicht, außer wenn es sich zu Bindwieden 2c. ver= wenden läßt. Sich selbst überlassen, geht allerdings in den ersten 2 bis 4 Jahren ein Theil der Ausschläge wieder ein; es verbleiben dann aber namentlich auf den kräftigeren Mutterstöcken immer noch mehr, als die letzteren in späteren Jahren voll und ausgiebig ernähren können; alle diese Ausschläge sind nun gleich stark entwickelt, gehören zum herrschenden Bestand und dieß ist dann der allerdings ganz unberechtigte Grund zur Unterlassung der Durchforstung.

Dieser Entwicklungsgang giebt nun auch den Fingerzeig für die Ausführung derartiger Hiebe im Niederwald; es handelt sich dabei weniger um die Beseitigung von unterdrücktem Holz, als vielmehr um rechtzeitige Herstellung des Gleichgewichts zwischen der Produktions= fähigkeit des Mutterstockes und den dieselbe verwirklichenden Organen. Jene ist als feststehend anzusehen, bedingt durch die Nahrung auf= nehmenden Wurzeln und der diesen zur Verfügung stehenden Boden= kraft. Es ist aber für den Forstwirth durchaus nicht gleichgültig, ob diese Zufuhr von Nährstoffen sich auf 5, 8 oder 12 Ausschläge vertheilt; in letzterem Falle gewinnt man nur schwaches Reis, im ersteren Falle starkes Knüppelholz, welches doppelt so hoch im Preis stehen kann wie ersteres, so daß dadurch auch bei gleich bleibender Massenproduktion ein erheblicher Vortheil erzielt wird, namentlich wenn man nicht zu lange mit Einlegung solcher Hiebe wartet und dieselben nöthigenfalls (bei längeren Umtrieben) auch noch ein= oder zweimal wiederholt.

Die sich hiebei namentlich aus den älteren Beständen ergebenden Erträge sind nicht so unbedeutend; so wird z. B. in der Forststatistik des Kantons Thurgau ein Mittelwaldbestand angeführt, gebildet aus 0,5 Rothbuchen, 0,3 Hainbuchen, 0,2 Linden und Aspen, welcher aus dem Unterholz im 18. Jahre 17,25 cbm pro ha, im 25. Jahre 27,25 cbm als Zwischennutzung ertragen hat.

Eigentliche vergleichende Versuche sind selten zur Ausführung gekommen, zunächst im Eichenschälwald der großherzogl. hessischen Oberförsterei Oberrosbach am Taunus mit 20jährigem Umtrieb, wo die im 12. Jahre vorgenommene Durchforstung beim Abtriebsertrag eine Steigerung von 65 Prozent der Holz= und von 44,5 Prozent der Rindenmasse gegenüber dem undurchforstet gebliebenen Theil des Bestandes bewirkt hat (Allgemeine Forst= und Jagdzeitung 1852, S. 69). Spätere, von Neubrand (Die Gerbrinde, S. 105) mitgetheilte Versuche aus dem gleichen Bezirk geben von größeren Flächen den Durchschnitt des Mehrertrags beim Holz auf 27 Prozent, bei der Rinde auf 20 Prozent an.

287   Beim Niederwald ist die wichtigste Nebennutzung das Gras, welches auf gutem Boden in den jüngeren Schlägen sich reichlich entwickelt und ohne Schaden gewonnen werden kann; daß daraus erhebliche Geldeinnahmen flüssig gemacht werden können, ist bereits oben bei den Weiden nachgewiesen (277). — Wo aber das sogenannte Seegras, Carex brizoides auftritt, da steigern sich diese Erträge noch sehr erheblich, weil das im August gewonnene und dann getrocknete Material zum Ersatz für Roßhaar verwendet und gut bezahlt wird. In den 827 ha großen Mittelwaldungen der Stadt Freiburg stellte sich die Einnahme aus Seegras in den drei Dezennien von 1842 ab auf 1,02 ... 2,91 und 9,56 Mk. pro ha; das übrige Gras brachte dagegen nur 0,12 ... 0,09 und 0,90 Mk. pro ha. Dabei ist in Betracht zu ziehen, daß nicht die ganze Fläche für diese Art der Nutzungen beigezogen werden kann. — Auf kleineren, mit Seegras gut bewachsenen Stellen werden oft viel höhere Gelderträge als vom Holz erzielt, z. B. in einem 144 ha großen Distrikt des Rheinbischofsheimer Gemeindewaldes 78,68 Mk. pro ha und im Gemeindewald von Riegel von 5,4 ha, 166 Mk. pro ha.

Beachtenswerth ist manchmal auch die Gewinnung von Futterlaub aus den Niederwaldungen zur Viehfütterung und es kann die=

selbe bei zweckmäßigem Betrieb dem Wald noch förderlich werden, wenn nemlich in den 1—3jährigen Schlägen die überzähligen Stock= loden ausgeschnitten, oder in älteren Schlägen sich auf die Wegnahme von Seitenzweigen beschränkt wird. So wurde z. B. in dem futter= armen Sommer 1863 auf einer Herrschaft in Ungarn in 8—15jährigem Eichenniederwald durch Wegnahme eines Theils der Seitenzweige der volle Viehstand erhalten; von 1 ha wurden gewonnen 466 kg Trocken= gewicht, im Heuwerth von 0,8; die Gewinnung pro metr. Centner Heu= werth kostete ohne die Beifuhr 66 Kr. ö. W. Bezüglich der Gewinnung ist übrigens noch zu bemerken, daß das Laub nicht naß werden darf.

Eine besondere Art von Niederwald bilden die

Eichenschälwaldungen (Lohhecken),

welche zur Erziehung von Eichenglanzrinde (Rinde ohne rauhe Borke) etwas abweichend behandelt werden.

Zunächst ist bei dieser Betriebsart die reine Bestockung ent= schieden vorzuziehen, und es gilt die Traubeneiche als die zu Schäl= wald geeignetere Art. Die Einmischung fremder Holzarten entzieht nicht blos einen Theil der Bodenfläche den Eichen, sondern beeinträchtigt auch die Rindenerzeugung der vorhandenen Eichenstöcke, wie das ver= gleichende Versuche im hessischen Revier Hirschhorn sehr anschaulich nachweisen; in einem Fall, wo die Bestockung 69 Prozent Mutterstöcke von anderen Holzarten (Raumholz) enthielt, produzirten 12,95 Eichen= mutterstöcke 1 Centner Rinde, während bei einer Mischung von 27 Prozent Raumholz schon 8,90 Mutterstöcke dazu ausreichten; 1 ha ertrug bei letzterer Mischung 12,800 kg, bei ersterer aber nur 4000 kg Rinde, der Holzertrag war gleich. Auch in einem zweiten Fall auf geringerem Boden ergab sich ein ähnliches Verhältniß, bei 61 Prozent Raumholz kam 1 Centner Rinde auf 12,56 Eichenmutterstöcke, bei 16 Prozent Raumholz aber schon auf 8,00 Stöcke; vom ha wurden gewonnen auf letzterer Fläche 14,200, von ersterer 4600 kg Rinde; der Holzertrag war im reineren Bestand um 26 Prozent größer als im anderen. Da nun beim Eichenschälwald die Haupteinnahme aus der Rinde sich ergiebt, so verdienen diese Zahlen ganz besondere Be= achtung.

Das Verhältniß zwischen Rinden= und Holzmasse wechselt natür= lich schon nach der Standortsgüte und dem Alter des Bestandes, eben= so auch nach der Einmischung anderer Holzarten; dazu kommt aber noch, daß der Gelderlös aus dem Holz ein sehr schwankender ist, weil

dasselbe eine Verbringung auf größere Entfernungen nicht lohnt; bei
der Rinde dagegen gestaltet sich dieses Verhältniß viel günstiger, indem
namentlich die besseren Qualitäten ein ausgebreitetes Marktgebiet haben,
deßhalb sind auch die Rindenpreise viel weniger verschieden als die
Holzpreise. — In gewöhnlichen Verhältnissen ist es möglich, daß aus
der Rinde das 2—4fache des Holzerlöses erlangt werden kann.

Die Umtriebszeiten wählt man zwischen 10 und 20 Jahren, die
kürzeren sind nur auf sehr gutem Boden anwendbar; bei den längeren
ist dagegen schon zu fürchten, daß ein Theil der Stangen eine rauhe,
rissige Rinde bekommt, wodurch dann gerade das sonst werthvollste
Stück eine geringere Qualität erhält.

289   Bei der ersten Anlage von Eichenschälwald wird verschieden ver=
fahren, je nach der Beschaffenheit des Bodens und der vorausgehenden
Bestockung. Wenn z. B. Kiefern in Schälwald umgewandelt werden
sollen, so können nach einer mäßigen Lichtung Eicheln unter dem Schutz
der Kiefern in tief gelockerten Boden eingestuft werden, denen man
dann im Lauf der nächsten 5—6 Jahre allmählig Luft macht, um auf
diesem kürzesten Wege eine reine Eichenbestockung zu erhalten. — Aehn=
lich verfährt man bei Uebergängen von anderen Hochwaldarten; dagegen
hat die am häufigsten vorkommende Umwandlung gemischter Nieder=
waldbestände in reines Eichenschlagholz größere Schwierigkeiten, weil
die fremden Holzarten sich meist nicht so rasch verdrängen lassen. Es
empfiehlt sich zu diesem Zweck die bereits oben (283) dargestellte
Methode in Verbindung mit nachfolgender Stockrodung und die An=
saat von Eicheln oder die Einpflanzung von Stutzpflanzen. Will man
sich auf die Saat beschränken, so hat diese Kulturmaßregel 3 oder
4 Jahre dem Abtrieb vorauszugehen; nach dem Abtrieb hat man dann
aber den jungen Eichen eine ganz besondere Pflege angedeihen zu lassen,
damit sie nicht von anderem Holz überwachsen werden. — In solch
gemischten Beständen läßt sich dann die Eiche auch noch durch Ab=
senker vermehren (268). Der Ansatz von Wurzeln wird sehr be=
fördert durch leichtes Einkerben oder durch Ausschneiden eines Rinden=
streifens an der mit der Erde in Verbindung kommenden Stelle. Die
erfolgte Wurzelbildung erkennt man an dem kräftigeren Trieb des
aus dem Boden hervorsehenden Gipfelstücks; es ist aber gut, wenn
die Trennung vom Mutterstock nicht sogleich, sondern erst ein oder
zwei Jahre nach der Bewurzelung erfolgt, damit diese hinlänglich er=
starken kann.

290   Handelt es sich um Neuanlagen auf Blößen oder früherem

Acker= 2c. Land, so ist es der einfachste Weg, die Kultur in Verbindung mit dem landwirthschaftlichen Einbau zu bringen, was übrigens nur auf gutem Boden möglich ist, und darf die landwirthschaftliche Be= nützung nicht länger als auf 2—3 Jahre ausgedehnt werden. Be= sonders günstig wirkt die mit der Kultur von Hackfrüchten verbundene Bodenlockerung auf die Entwicklung der jungen Eichen.

Auf geringeren, zum Feldbau nicht mehr geeigneten Böden, welche aber durch genügende Feuchtigkeit das Gedeihen der Eiche noch sichern, wird eine Lockerung bis zu 1 m Tiefe nothwendig, wobei die gesammte Fläche gleichmäßig durchzuarbeiten ist, wie oben (84) beschrieben; dieß kostet in lockerem Sandboden 150—200 Mk. pro ha.

Der zu wählende Verband richtet sich nach der Bodengüte; auf den besten Böden genügen später 4—5000 Mutterstöcke vollkommen, man nimmt aber bei der ersten Anlage gerne eine etwas größere Pflanzenzahl und geht auf geringerem Boden bis zu 10,000 Stück pro ha, was einem Verband von 1×1 m entspricht. Die Ver= wendung von Stutzpflanzen ist auch hier in erster Linie zu empfehlen. Für die erste Anlage, von welcher eine Rindennutzung ohnehin nicht zu erwarten, empfiehlt sich auf geringeren Böden die Einsaat von Kiefern zum Zweck baldiger Bodendeckung, es ist dann aber stets dafür zu sorgen, daß die Eichen nicht unterdrückt, die Kiefern also rechtzeitig aufgeastet und ausgehauen werden.

Wenn Eichenpflanzen ausbleiben, so hat unverweilt die Nachbesserung einzutreten, wozu stets die stärksten Pflänzlinge zu verwenden sind. — In Saaten muß andrerseits auf eine räumliche Stellung der Eichen frühzeitig hingewirkt werden.

Im späteren Verlauf ist auf derartigen Böden auch noch dafür zu sorgen, daß sich die Heide nicht ansiedelt; wenn dies auf kleineren Blößen vorkommen sollte, so hat wieder eine Bodenbearbeitung einzu= treten, und empfiehlt sich dann noch weiter die Einsaat oder Ein= pflanzung von Kiefern, welche nach dem ersten oder zweiten Umtrieb wieder herausgenommen werden.

Von dem günstigen Einfluß der Durchforstungen war bereits oben (286) die Rede, und ist hier nur noch darauf hinzuweisen, daß nicht blos die Quantität, sondern ebenso die Qualität der Rinde dadurch gesteigert wird.

Dem Abtrieb des Eichenschälholzes geht im Winter der Aushieb 291 der übrigen im betr. Bestand vorhandenen Hölzer, welche man als Raumholz bezeichnet, vorher; der Eichenhieb beginnt dann mit dem

Ausbruch des Laubes, sobald sich die Rinde leicht vom Holz löst. Beim Abhieb der Ausschläge ist darauf zu bringen, daß derselbe möglichst tief erfolge, daß die Abhiebsfläche am Stock glatt und ohne Ablösung der Rinde und ohne Splitterung oder Zersprengen des Stockes hergestellt werde. Werden die Stöcke so hoch gemacht, daß sie über den Boden herausragen, so brechen die sich bildenden Ausschläge nicht unmittelbar am Boden hervor und können dann auch sich nicht bewurzeln, sie sind mit ihrer Ernährung auf den alten Mutterstock angewiesen, welcher aber bald verfault und dann keine Ausschläge mehr treibt, während bei tief geführtem Abhieb die Ausschläge sich bewurzeln und selbständig fortlebende neue Stöcke bilden. — Das Einreißen der Rinde bis unter die Erdoberfläche wird in einzelnen Gegenden für förderlich gehalten, was aber in der That nicht der Fall ist.

292   Das Schälen geschieht auf verschiedene Weise; das beste Verfahren ist das Schälen im Stande, wobei die Rinde von unten nach oben bis an die Hauptäste vom Stamm abgelöst, mit dem obern Ende aber mit dem Stamm in Verbindung gelassen wird, bis sie in dieser hängenden Lage genügend abgetrocknet ist. Die dabei zur Anwendung kommenden Werkzeuge sind ein scharfes Beil mit kurzem Stiel oder eine Heppe, sodann der Lohschlitzer oder Lohlöffel. Unmittelbar über dem Boden wird rings um die zu schälende Stange die Rinde durchgehauen (ge= kränzt), dann aufwärts ein senkrechter Schnitt durch die Rinde gemacht, in welchen man den Lohschlitzer einschiebt und mit demselben die Rinde vom Stamm trennt, nachdem zuvor die schwächeren Aeste beseitigt und die stärkeren gekränzt worden sind. Auf die Gipfeläste wird das Schälen nicht ausgedehnt, was zwar einen Verlust an Rinde bedingt; da aber in diesen Theilen nur dünne, geringwerthigere Rinde gewonnen wird und die Hauptmasse eine sehr gute Qualität erlangt, weil der Regen ihr viel weniger Gerbestoff entziehen kann, so wird der Verlust an Material (bis zu 15 Prozent) zum großen Theil durch den besseren Preis ausgeglichen. Dagegen ist es als ein besonderer Nachtheil dieses Verfahrens anzusehen, daß die Arbeit nur durch erwachsene Männer vorgenommen werden kann, und deßhalb theuer zu stehen kommt, da ein Mann täglich nicht viel über 50 kg trockene Rinde schälen kann. Besondere Vorrichtungen zum Trocknen der Rinde sind aber hiebei nicht nothwendig wodurch auch einige Ersparniß eintritt.

293   Eine andere Art des Schälens ist die, daß man das Holz zuerst fällt, das schwächere, soweit es zum Brennen bestimmt ist, auf die gewöhnliche Länge zerlegt, diese Trümmer auf zwei entgegengesetzten

Seiten leicht klopft und dann die Rinde mit der Hand ablöst; das Klopfen bewirkt übrigens einen Verlust an Gerbestoff bis zu 25 Prozent, weil dadurch der Saft aus der Rinde herausgedrückt wird, auch geht an den Hauspähnen ein Theil der werthvolleren Stammrinde (bis zu 3 Prozent) in Verlust.

Es darf nie mehr Holz gefällt werden, als man an einem Tag schälen kann, weil sich sonst die Rinde nicht mehr löst. Soll stärkeres Holz geschält werden, so schneidet man der Länge des Stammes nach mit der Axt die Rinde bis aufs Holz durch, schiebt dann einen stärkeren Lohschlitzer zwischen Rinde und Holz ein, hilft mit der Hand nach und bekommt so die Rindenstücke in möglichst unverletztem Zustande.

Nach dem Schälen wird die Rinde getrocknet, wobei sie an=294 nähernd ein Drittel Gewicht verliert. Das Trocknen geschieht am zweck= mäßigsten auf kleinen Gerüsten von bereits geschälten Stangen, welche etwa 1 m vom Boden horizontal über vier Pfähle gelegt werden. Die Rinde wird mit der äußeren Seite nach oben gedreht, weil sie so das Wasser am wenigsten annimmt. Bei feuchtem Wetter muß man sie öfters wenden, die unten liegenden Stücke nach oben bringen; oder man legt sie von Anfang an etwas dünner, so daß höchstens zwei Lagen auf einander kommen; eine Aufschichtung von 4—5 Lagen über einander ist als eine ziemlich dichte zu betrachten und nur bei ganz gutem Wetter zulässig. Minder empfehlenswerth ist das Einlegen der Rinde in so= genannte Böcke, die man aus zwei Paar bereits geschälten, 1,5 m langen, 0,5 m von einander entfernt übers Kreuz in den Boden eingeschlagenen Stangen herstellt, weil die gepreßte Lage der Rinde das Austrocknen derselben erschwert.

Das Trocknen der Rinde durch Anlehnen an stärkere, liegende Stämme und dergleichen ist ganz unzweckmäßig, weil die untere, mit der Erde in Berührung befindliche Hälfte nie vollständig austrocknen kann. Neuerdings hat man in einigen größeren Schälwaldungen eigene Trockenschuppen, theils transportabele, theils feststehende, gebaut, deren Anlagekosten sich gut verzinsen. Anderwärts beschafft man sich große getheerte Decktücher, um die bereits in Gebunde und auf Haufen zu= sammen gebrachte Rinde vor dem Auslaugen durch Regen zu schützen; wenn dieselbe aber noch nicht ganz trocken ist, so setzt sich leicht Schimmel an, der die Qualität noch mehr beeinträchtigt als der Regen.

Ob die Rinde genügend getrocknet sei, erkennt man an dem Grad ihrer Brüchigkeit; wenn sie nemlich beim Zusammenbiegen beider Enden in der Mitte der Länge bricht, so ist sie hinreichend trocken (bruch=

trocken) und man schreitet dann zum Anfertigen der Gebunde,
welche in der ortsüblichen Länge in der Regel mit zwei, die längeren
auch mit drei Wieden fest gebunden werden und eine möglichst gleiche
Größe oder Schwere erhalten sollen. Weil das Raummaß ein unsichereres
ist, so wird der Verkauf nach dem Gewicht immer mehr zur Regel, zu
welchem Zweck man mit einer leicht transportabeln Wage je etwa das
zehnte Gebund wiegt und aus den gefundenen Zahlen den Durchschnitt
zieht, welcher für das ganze Quantum maßgebend ist. Um unrichtigen
Ergebnissen möglichst vorzubeugen, werden verschiedene Vorsichtsmaßregeln angewendet, entweder wählt das eine Mal der Käufer, das
andere Mal der Waldbesitzer die zu wiegende Büschel, wobei dann
aber die größere Uebung des ersteren häufig diesem zum Vortheil ge-
reicht; deßhalb ist es besser, sich streng an die Reihenfolge der Gebunde
zu halten und dann jeweils immer die 10. oder 20. Büschel zu wiegen,
wobei man es dem Loos überlassen kann, welche Ziffer zwischen eins
und zehn jeweils maßgebend sein soll; wird z. B. die Ziffer 7 gezogen,
so ist dann fernerhin auch die Büschel 17...27...37 u. s. f. zu wiegen.

Den Zeitpunkt, in welchem die Rinde gewogen werden
soll, kann man unbedenklich durch den Käufer bestimmen lassen, weil er
das größte Interesse daran hat, dieselbe so rasch als möglich ins
Trockene zu bringen, indem ein einziger Regen viel mehr schadet, als
einige Prozente Gewichtsabgang ihm nützen können.

Bei sehr ungünstigem Wetter ist es oft nicht möglich, die Rinde
im Walde zu trocknen, und kann dann das dem Verkauf zu Grund zu
legende Gewicht nicht sofort festgestellt werden. In solchen Fällen
nimmt man eine genügende Zahl von Probebüscheln bis zur vollständigen
Austrocknung unter gemeinschaftlichen Verschluß und berechnet nach dem
Verhältniß des an diesen constatirten Gewichtsverlustes das Trockengewicht des gesammten verkauften Quantums.

Die zum Binden der Rinde nöthigen Wieden sind oft schwer
zu beschaffen, man benützt daher neuerdings Stricke oder Eisendraht, am
besten solchen, der verzinkt und dadurch gegen das Rosten geschützt ist,
also mehrere Jahre hindurch gebraucht werden kann.

295   Bezüglich der Verwerthungsart hat sich in den einzelnen
Gegenden meist schon ein fester Gebrauch gebildet, je mehr aber die
Rinde auf den großen Markt kommen soll, um so weiter muß der
Waldeigenthümer die Herstellung eines leicht transportabeln Produkts
in der dem Käufer willkommensten Form auf sich übernehmen. Be-
reits macht deßhalb die in gemahlenem Zustand in den Handel

kommende ungarische Lohe der einheimischen Rinde empfindliche Con=
currenz, weil sie vom Lederfabrikanten sofort verwendet werden kann,
ohne daß er nöthig hat, sie in eigenen oder fremden Lohmühlen
weiter verarbeiten zu lassen. Je weiter der Waldbesitzer nun von
dieser begehrtesten Veredlungsform abweicht, um so mehr beschränkt er
sich den Absatzkreis für sein Produkt; und er kann nur auf Abnehmer
aus allernächster Umgebung rechnen, wenn er, aufs entgegengesetzte
Extrem übergehend, die Rinde am Stamm verkauft und dem Käufer
noch die Fällung des Holzes und das Schälgeschäft überläßt.

Dabei ist noch besonders zu beachten, daß die Lohgerber mehr als
andere Gewerbtreibende corporativ auftreten und sich nur selten gegen=
seitig Concurrenz machen. Wenn also der Waldbesitzer eine solche aus
größerer Entfernung herbeiziehen will, so muß er mindestens so weit
gehen, daß er die Rinde ganz auf seine Kosten fertig herstellen läßt,
was er um so mehr kann, als er viel eher wie der Rindenkäufer die
nöthigen Arbeitskräfte um billigen Lohn zur Verfügung hat.

Es ist in diesem Fall, wie in den meisten anderen, Regel, die
Rinde vor Beginn der Schälzeit noch am Stamm zu verkaufen und es
haben sich zu diesem Zweck durch das Zusammenwirken mehrerer
Schälwaldbesitzer verschiedene Rindenmärkte gebildet, wo die Rinden
nach Muster öffentlich versteigert werden, was eine größere Concurrenz
herbeiführt.

In einzelnen Gegenden, wo es an Arbeitskräften mangelt, wird
der Lohschlag in eine größere Zahl von Abtheilungen zerlegt und dann
diese einzeln zum Verkauf gebracht, wobei Holz und Rinde zusammen
ausgeboten wird. Dieß setzt aber ein Dazwischentreten Dritter voraus,
welche die Aufbereitung des Holzes und Rindengewinnung übernehmen;
letztere leidet dabei mehr oder weniger noth, was dann auf den Erlös
nachtheilig zurückwirkt, weßhalb dieses Verfahren auch nicht zu em=
pfehlen ist.

Zu erwähnen ist noch die Entrindung mittelst heißer
Wasserdämpfe in dem hiezu besonders construirten Apparat des
Franzosen J. Maitre. Die zu entrindenden Holztrümmer werden in
geschlossenem Raum 30—45 Minuten der Einwirkung des Dampfes
ausgesetzt und können dann ohne Rücksicht auf die Fällungszeit das
ganze Jahr hindurch leicht entrindet werden. Dieses Verfahren kann
aber schon wegen des feststehenden Apparates nicht wohl mit dem oben
beschriebenen Schälen zur Saftzeit concurriren, zumal auch noch die
Qualität der mit Dampf gewonnenen Rinde etwas geringer ist.

296   In vielen Eichenschälwaldungen wird seit alter Zeit der zeitweilige
Einbau von Cerealien betrieben und haben sich hieraus im Odenwald
die Hackwaldungen, im Siegenschen die Hauberge entwickelt, ohne
daß bei sorgfältiger Behandlung die Produktionskraft des Bodens
dabei nothgelitten hätte, was sich bei den stark die Bodenkraft an=
greifenden landwirthschaftlichen Ernten nur dadurch erklären läßt, daß
die im Boden vorhandenen Steine und Felsen durch ihre Verwitterung
den nöthigen Ersatz leisten. Das hiebei übliche Verfahren ist folgendes.
Nach dem Abtrieb wird der Unkrautfilz abgeschält, und nachdem er
getrocknet ist, mit dem zurückgebliebenen Reis und Laub in meilerartigen
Haufen (Schmodhaufen) langsam verbrannt. Sodann wird die Asche
über die ganze Fläche gleichmäßig verbreitet und im ersten Sommer
noch Heidekorn oder Buchweizen ausgesäet, mit der Asche eingehackt und
im gleichen Sommer geerntet. Gleich nach der Ernte wird Winter=
roggen gesät, welcher im nächsten Sommer zur Reife kommt, worauf
dann kein Fruchtbau mehr stattfinden kann, weil die Ausschläge schon
zu groß werden. Mit dieser letzten Fruchtsaat kann auch Birken= oder
Forchensamen, oder Eicheln untergebracht werden. Beim Einernten ist
die gehörige Rücksicht zu nehmen auf die Samenpflanzen und Stock=
ausschläge, ebenso auch beim Einhacken der Saat. Wo sich die Aus=
schläge zu sehr ausbreiten und dadurch der Frucht schaden, kann man
sie zusammenbinden, damit sie weniger Raum einnehmen.

    In einzelnen Gegenden wird statt des obigen Verfahrens beim
Brennen das sogenannte Sengen oder Ueberlandbrennen angewendet,
wobei ohne vorherige Bodenbearbeitung das zurückgebliebene schwache
Reis und der Bodenüberzug bei trockenem Wetter in Brand gesetzt
werden; hernach wird Heidekorn ausgestreut und flach untergehackt; im
folgenden Herbst wird dann noch Roggen gesäet.

    Durch diese Nebennutzung wird dem Auftreten der Besenpfrieme
großer Vorschub geleistet und muß solche deßhalb rechtzeitig und mehr=
mals ausgeschnitten werden, was in den meisten Gegenden noch eine
kleine Geldeinnahme gewährt, da dieses Material zur Einstreu gesucht ist.

    Die landwirthschaftliche Nutzung wird in der Regel verpachtet und
erhält man für diese beiden Ernten, je nach der Beschaffenheit des
Bodens, 25—50 Mk. pro ha. Vom Buchweizen erntet man das
6.—8., vom Roggen das 4.—5. Korn.

297   Im Niederwald mit Einbezug des Schälwalds ist die Wirth=
schaftseinrichtung und Ertragsschätzung sehr einfach, meist
schon seit alten Zeiten faktisch bestehend; es wurden so viele einzelne,

meist gleich große Jahresschläge gemacht, als die Umtriebszeit Jahre zählt. Auch bezüglich der Anreihung der Schläge findet sich meist schon eine gewisse Ordnung, von der um so schwieriger abgewichen werden kann, je kürzer die Umtriebszeit ist.

Die Eintheilung in gleiche Jahresschläge, oder bei größerer Verschiedenheit in der Bodengüte die Herstellung proportionirter Schlagflächen, wobei die mit schlechterem Boden verhältnißmäßig größer gemacht werden müssen, sind die allgemein zur Anwendung kommenden Wirthschaftssysteme, sie gehören zum Flächenfachwerk (147).

Bei der Ertragsschätzung lassen sich mit Hülfe der früheren wirklichen Ergebnisse die zu erwartenden Holz-, Rinde- 2c. Erträge ziemlich genau zum Voraus schätzen, da sich dieselben stets in kürzeren Perioden wiederholen. Nöthigenfalls kann man auch durch Probefällungen die gewünschten Anhaltspunkte gewinnen.

XVII. Mittelwald.

Der Mittelwaldbetrieb ist eine Zusammensetzung des Nieder- und 298 Hochwaldes. Ein Theil des Bestandes, das Unterholz, wird von Stockausschlägen; ein anderer Theil, das Oberholz, von Bäumen, die aus Samen erwachsen sind, gebildet. Derselbe verlangt eher noch ein milderes Klima als der Niederwald, damit das Unterholz trotz der Beschattung vollständig ausreifen kann; und er bedarf ferner auch noch eines besseren, namentlich tiefgründigeren Bodens zum guten Gedeihen des Oberholzes.

Bei der Verjüngung soll auf beiderlei Wegen, durch Samen und durch Stockausschlag vorgegangen werden. Es treten aber hiebei besondere Schwierigkeiten ein, daß die Stockausschläge den Boden vor der Schlagstellung sehr dicht überschirmen und so das Ankommen der Besamung erschweren oder ganz verhindern; daß die Unkräuter in der Bodendecke von einem Abtrieb zum andern sich in den meisten Fällen lebensfähig erhalten und sich deßhalb rasch ausbreiten, wenn ein Hieb geführt wird; daß ferner nach der Schlagstellung die Stockausschläge sehr rasch wachsen und leicht den anfangs etwas zurückbleibenden Kernwuchs unterdrücken oder ganz verdrängen.

Außerdem ist das Verhältniß zwischen Ober- und Unterholz in doppelter Beziehung zu beachten; ob ersteres dem letzteren keinen Schaden bringt, und ob das Unterholz nach der Schlagstellung rasch genug wieder den Boden deckt, um die zum Gedeihen des Oberholzes nöthige

Beschattung alsbald wieder herzustellen. Diese Andeutungen zeigen, daß die Verjüngung des Mittelwaldes durch wesentliche Momente von der Verjüngung des Nieder- und Hochwaldes verschieden ist.

299 Das Oberholz in einem regelmäßigen Mittelwald besteht aus mehreren Altersklassen, welche vermischt untereinander, gleichmäßig über die ganze Fläche vertheilt sein sollen. Gewöhnlich sind für die einzelnen Altersklassen besondere Benennungen eingeführt. Das Alter wird hier nicht direkt nach den Jahren, sondern nach den Umtriebszeiten des Unterholzes bemessen. Die jüngsten Oberholzstämme, welche beim letztmaligen Hieb des Unterholzes, sei es nun vom Samenwuchs oder Stockausschlag, übergehalten wurden, heißen Laßreiser, Hegereiser oder Laßraitel. Es wird aber dabei vorausgesetzt, daß diese Stämmchen wenigstens einen vollen Umtrieb des Unterholzes alt sind; Vorwuchs von jüngerem Alter wird nicht dazu gerechnet. Diejenigen von ihnen, welche nach dem zweiten folgenden Hieb im Unterholz über-gehalten sind, führen den Namen Oberständer. Nach der nächsten dritten Schlagführung heißen sie angehende Bäume; sie rücken nach dem folgenden, vierten Hieb in die Klasse der Hauptbäume auf, und diejenigen Stämme, welche den fünften und die späteren Hiebe überleben, werden mit dem Namen alte Bäume bezeichnet.

Es können nun zwar einzelne der älteren Altersklassen fehlen; allein bei normalem Stande müssen immer von jeder Altersstufe so viele Stämme vorhanden sein, daß aus denselben bei den nach einander folgenden Nutzungen je die nächst höhere Altersklasse in ge-nügender Zahl übergehalten werden kann, wobei etwaige Unglücksfälle die zufällige Vertheilung über die Fläche, die Qualifikation des einzelnen Stammes u. A. bestimmend einwirken. In solchem Falle ist der Zweck der ganzen Oberholzerziehung auf die älteste Klasse gerichtet; in anderen Fällen kann es dagegen räthlich sein, die jüngeren Altersklassen in größerem oder geringerem Maße zur Nutzung heranzuziehen, wodurch ein anderes Verhältniß in der Vertretung der einzelnen Altersklassen bedingt wird. Zur Veranschaulichung hat man in jenem ersteren Falle die Stammzahl in den einzelnen Altersstufen nach der arithmetischen, im andern Falle nach der geometrischen Progression wachsen lassen, wobei man von der niedersten Zahl in der ältesten Klasse ausgeht. Nimmt man auf je einen alten Baum $1 + 3 \ldots 1 + 3^2 \ldots 1 + 3^3$ u. s. f. von jeder folgenden Stufe, so erhält man in der geometrischen Reihe $1 \ldots 4 \ldots 10 \ldots 28 \ldots 82 = 125$ Stämme, welche Zahl, in arithmetischer Reihe vertheilt, etwa folgendes praktisch brauchbare Verhältniß geben könnte: 15 .... 20 .... 25 .... 30 .... 35 = 125 Stämme. Dabei ist einerseits zu bemerken, daß in letzter Reihe die Zahl der Laßreiser wegen der ihnen drohenden Gefahren durch eine kleine Reserve verstärkt werden müßte und daß trotz der gleichen Stammzahl die Schirmwirkung bei ersterer eine viel geringere, somit für diese auch eine kleinere Fläche nothwendig ist. Im übrigen aber wird aus den beiden Reihen ersichtlich, wie sich die Nutzungen aus den verschiedenen Altersklassen zu einander verhalten, wenn man das erste Glied zu der Summe der Differenzen aller folgenden Glieder addirt. Im ersten Falle werden 82 Stämme, im letzteren Fall 35 Stämme zur Nutzung kommen, bei diesen aber der Zahl und der Masse nach das Starkholz bedeutend überwiegen, wie aus nachfolgender Vergleichung zwischen Vorrath (am Beginn des etwa 25jährigen Umtriebs) und Nutzung (am Schluß desselben) ersichtlich wird:

geometrische Reihe:

Vorrath				Nutzung			
82 St. à	3 c′ =	246 c′		54 St. à	10 =	540 c′	
28 „	„ 10 „ =	280 „		18 „	„ 30 =	540 „	
10 „	„ 30 „ =	300 „		6 „	„ 60 =	360 „	
4 „	„ 60 „ =	240 „		3 „	„ 100 =	300 „	
1 „	„ — „ =	100 „		1 „	„ 140 =	140 „	
		1166 c′	82 St.			1880 c′	

Der Vorrath 100 giebt nach 25 Jahren 161 Ertrag;

arithmetische Reihe:

Vorrath				Nutzung			
35 St. ×	3 c′ =	105 c′		5 St. à	10 c′ =	50 c′	
30 „ ×	10 „ =	300 „		5 „	„ 30 „ =	150 „	
25 „ ×	30 „ =	750 „		5 „	„ 60 „ =	300 „	
20 „ ×	60 „ =	1200 „		5 „	„ 100 „ =	500 „	
15 „ ×	100 „ =	1500 „		15 „	„ 140 „ =	2100 „	
		3855 c′	35 St.			3100 c′	
		100	:			80,4	

Bei näherer Vergleichung dieser Zahlen ergiebt sich, daß in Folge des Vorherrschens der jüngeren Stämme die geometrische Reihe viel mehr Masse, die arithmetische Reihe viel mehr Altholz liefert, welches durch höheren Werth den Ausfall reichlich wieder ausgleichen kann.

In Beziehung auf die Schirmwirkung der einzelnen Altersklassen 300 ist Folgendes wahrzunehmen: Die jüngste Altersklasse überschirmt

in den meisten Fällen höchst unbedeutend; wogegen die Oberständer
sich während der längeren Freistellung schon sehr dicht beastet und
belaubt haben; dazu kommt dann ferner, daß sie meist auch noch
kurzschäftig sind. Die angehenden Bäume und Hauptbäume haben
ebenfalls eine starke Kronenverbreitung, doch hat sich ihre dichte Be=
laubung in der Krone mehr in die Höhe gezogen, selbst dann, wenn
sie unten keine Aeste verloren haben. Die alten Bäume dagegen be=
kommen nicht selten lückenhafte Kronen, und lassen in Folge dessen
wieder mehr Licht auf den Boden gelangen; nur die Buche, Ulme und
Linde machen hievon Ausnahmen.

Es versteht sich von selbst, daß man schon der Sicherheit wegen
eine größere Zahl Laßreiser überhält, als man seiner Zeit alte Bäume
haben will, weil in der langen Reihe von Jahren viele dieser Stämme
durch Elementarereignisse, Krankheiten, Frevel, Beschädigungen beim
Fällen stärkerer Stämme u. dgl. ausgehen. Andere werden sich nicht
so, wie es mit Rücksicht auf das Unterholz wünschenswerth ist, ent=
wickeln und müssen darum entfernt werden. Behält man nun blos
die Zwecke der Verjüngung im Auge, so ist es nur nothwendig, die
Oberholzstämme so lang überzuhalten, bis sie tauglichen Samen tragen.
Dabei müssen aber so viele stehen bleiben, daß sich der Zweck der
Verjüngung durch Samen noch überall erreichen läßt, wo es etwaige
Lücken im Unterholz nöthig machen, und daß auf der andern Seite das
Unterholz noch hinreichend Licht und Luft behält. Tragen also die
Bäume bald Samen, so läßt sich mit wenigen Altersklassen dieser
Zweck vollständig erreichen; werden sie erst später fruchttragend, so
müssen mehr Altersklassen übergehalten werden und es ist darauf zu
sehen, daß die jüngeren davon nicht zu sehr überwiegen, weil man sonst
weniger ältere Stämme erziehen könnte, ohne den Bestand des Unter=
holzes zu gefährden.

Verlangt das Unterholz Schutz gegen Spätfröste u. dgl., so wird
in der Regel ein stärkerer Schutzbestand aus der zweiten Altersklasse
der Oberständer diesen Zweck am ehesten erfüllen.

301   Ueber den Zuwachsgang der einzelnen Altersklassen findet sich
nur wenig veröffentlicht; besondere Beachtung verdienen die Ergebnisse
der vom Oberförster Lauprecht in Worbis angestellten Zuwachsuntersuchungen, weil sie sich auf ein sehr umfangreiches Material gründen
und der Autor als gewissenhafter Beobachter gegolten hat. Diese
Erhebungen beweisen, daß die Zuwachsprozentsätze in gleicher Alters=
klasse mit zunehmender Baumstärke und bei gleicher Stärkeklasse mit

wachsendem Alter sich verringern. Im Einzelnen muß auf die im Oktoberheft der Allgemeinen Forst= und Jagdzeitung von 1875 veröffentlichten Tabellen verwiesen werden; doch sei es uns gestattet, aus der Tabelle C. die Hauptresultate, welche Durchschnittszahlen aus ganzen Walddistrikten darstellen, hier mitzutheilen, zunächst für Eichen nach Stärkeklassen getrennt

des Mittelstammes	I. Stärkekl. 43 cm u. darüber	II. Stärkekl. 30—42 cm	III. Stärkekl. 18—29 cm	IV. Stärkekl. 8—17 cm
Durchschnitts=Alter	128 Jahre	104 Jahre	66 Jahre	48 Jahre
„ Höhe	16,9 m	14,8 m	11,9 m	9,4 m
„ Massengehalt	2,11 Festm.	0,775 Festm.	0,229 Festm.	0,059 Festm.
„ Zuwachs	0,016 „	0,0078 „	0,0037 „	0,0012 „
Zuwachs=Prozent	1,05	1,44	2,37	3,78

sodann für **Buchen**

	Stärkeklassen 34 cm u. mehr	18—34 cm	8—17 cm
Durchschnitts=Alter	106 Jahre	68 Jahre	45 Jahre
„ Höhe	18,8 m	14,1 m	10,4 m
„ Massengehalt	1,61 Festm.	0,341 Festm.	0,056 Festm.
„ Zuwachs	0,015 „	0,005 „	0,0012 „
Zuwachs=Prozent	1,58	3,02	5,20

Bei den schwächeren Stämmen, namentlich in den jüngsten Altersklassen, findet man viel höhere Zuwachsprozente; z. B. in derselben Abhandlung Lauprechts bei einer

Brusthöhenstärke	Höhe	Eichen	Buchen
7,8— 8,5 cm	5,6—13,2 m	8,4 %	10,8 %
9,1—11,1 „	5,6—11,6 „	7,1 „	— „
— „	5,6—14,8 „	— „	10,3 „
11,7—13,7 „	5,6—13,2 „	5,3 „	9,2 „
14,4—16,3 „	7,2—13,2 „	5,3 „	— „
— „	7,2—14,8 „	— „	8,5 „
17,0—18,9 „	7,2—14,8 „	4,8 „	7,1 „

Da aber nur ausnahmsweise diese schwächeren Klassen vorherrschen und sonst das stärkere Holz mit einer überwiegenden Masse und stetigen, aber viel mäßigeren Zuwachsprozenten den Ausschlag giebt, so vermögen diese sehr hohen Prozente der schwächeren Oberbäume bei Bemessung des Durchschnittes für den ganzen Bestand keinen nennenswerthen Einfluß zu gewinnen.

Das Verhältniß des Oberholzes zum Unterholz macht sich hauptsächlich durch die von ersterem ausgehende Ueberschirmung fühlbar. Diejenige Fläche, welche senkrecht unter dem Kronenschirm des betreffen-

den Baumes liegt, heißt seine Ueberschirmungsfläche. Beim
Mittelwald drückt man den Grad der Ueberschirmung dadurch aus, daß
man die überschirmte Fläche in Bruchtheilen des Gesammtareals angibt,
z. B. es ist $^1/_3$ des Schlages überschirmt, will so viel heißen, daß von
der Schlagfläche Ein Theil senkrecht unter den Kronen des Oberholzes
liege, und zwei Theile des Bodens frei seien von solcher Bedeckung.
Hiebei ist es nothwendig, jedes Mal genau zu bezeichnen, wie lange
Zeit seit der letzten Schlagstellung verflossen sei. Gewöhnlich wird
jedoch die Ueberschirmung nur unmittelbar vor oder unmittelbar nach
der Schlagstellung näher ins Auge gefaßt; in diesem Fall aber erst
dann, nachdem mittelst Rectification und Aufästung die letzte Hand an
den Schlag gelegt ist. Diese Ueberschirmung kann auch bei dem gleichen
Verhältniß zwischen überschirmter und nicht überschirmter Fläche eine
verschiedene Wirkung äußern; je nachdem die Belaubung dicht, die
Krone nieder angesetzt, das Klima mild oder rauh, die Lage südlich
oder nördlich, exponirt, der Boden gut oder schlecht ist; oder die im
Unterholz vertretenen Arten den Druck mehr oder weniger leicht er=
tragen.

Von großer Bedeutung ist dieß Verhältniß zwischen Ober= und
Unterholz, einestheils mit Rücksicht auf die Erhaltung der Bodenkraft,
anderntheils mit Rücksicht auf den Ertrag an Holz und Geld; sodann,
wie schon oben angedeutet, mit Rücksicht auf den Fortbestand des Unter=
holzes selbst. In der Regel wird die Bedeutung des letzteren gegen
das Oberholz sowohl nach der Masse, als auch nach dem Geldertrag
erheblich zurücktreten, weil vorherrschend nur geringere Brennholz=
sortimente aus demselben zu gewinnen sind, während das Oberholz
werthvolleres Brennholz und insbesondere auch viel Nutzholz liefert.
Demungeachtet verdient das Unterholz die gleiche Sorgfalt, weil es
eine wesentliche Vorbedingung für das gute Gedeihen des Oberholzes
ist, und muß deßhalb ein dichter voller Schluß des Unterholzes erhalten
werden. Je mehr dann Oberholz erzogen werden soll, um so öfter
muß dessen Durchlichtung stattfinden, um so kürzer muß also auch der
Umtrieb des Unterholzes genommen werden; diese Maßregel hat dann
noch den weiteren günstigen Erfolg, daß dadurch die lichtbedürftigen
Holzarten, namentlich die Eiche, erheblich begünstigt werden.

303   Die zulässige Ausdehnung des Oberholzbestandes ist
außerdem noch nach den Holzarten und nach den Standorts=
verhältnissen verschieden. Beim Vorherrschen der Eiche und
bei einer Umtriebszeit von 15—20 Jahren kann die Ueberschirmung

unmittelbar vor dem Hieb bis zu 0,9 der Fläche gehen, während Oberholz mit dichterem Kronenschluß, höchstens noch 0,8 der Fläche überschirmen darf; namentlich, wenn das Unterholz aus lichtbedürftigeren Holzarten, das Oberholz aus kurzschäftigen Bäumen gebildet, oder der Boden weniger gut, die Lage sehr sonnig ist 2c. Die Ueberschirmung unmittelbar nach beendigter Schlagstellung wird in solchem Falle auf 0,4—0,5 der Fläche sich erstrecken; bei längerem Umtrieb von 25—30 Jahren aber kaum 0,25—0,33 betragen dürfen. Weiter zu gehen, wird nur ausnahmsweise räthlich sein; viel öfter werden die oben angedeuteten, dem Mittelwald minder günstigen Verhältnisse eine Reduction des Oberholzes bis auf die Hälfte dieser Größen nothwendig machen.

Erfahrene Mittelwaldkenner (Dengler, Lauprecht u. A.) empfehlen gegenüber der früher festgehaltenen gleichmäßigen Vertheilung des Oberholzes im Ganzen und in den einzelnen Klassen eine **mehr horstweise Stellung**, wenigstens in den Fällen, wo es sich um die Erziehung von werthvollem Nutzholz handelt. Insbesondere weist Lauprecht in einer sehr lesenswerthen Abhandlung über den Mühlhäuser Mittelwald*) auf Grund langjähriger Erfahrungen nach, daß der Mittelwald ohne Nachtheil einen sehr starken Oberholzbestand, 250—400 Festmeter pro ha ertragen könne, wenn nur der Umtrieb des Unterholzes nicht zu hoch gegriffen werde. Aus den wirklichen Erträgen von 1825 bis 1870 führt Lauprecht für zwei Distrikte folgende Unterholzerträge bei verschiedenen Umtriebszeiten auf:

14—16 Jahre 1,8 Festm. pro ha,		12—15 Jahre 1,6 Festm. pro ha,		
12—20 „ 1,2 „ „ „		25—27 „ 1,0 „ „ „		
23—24 „ 1,1 „ „ „		17—18 „ 1,2 „ „ „		
17 „ 0,7 „ „ „		19—23 „ 1,1 „ „ „		

Das Maximum des Durchschnittszuwachses fällt daselbst beim Unterholz zwischen das 13. und 18. Jahr. — Daß die Durchforstungen auch hier von günstigstem Einfluß auf die Entwicklung des Unterholzes sein müssen, ist oben (286) eingehend erörtert.

Der Gesammtertrag steht, wie bei 342 zu ersehen, vielfach ebenso hoch und höher als bei den Hochwaldungen, und ist es daher schwer zu erklären, daß man so viele Mittelwälder in Hochwald umgewandelt hat, zumal auch die Sicherheit des Ertrags und die Gleich-

---

*) G. Heyer, Supplemente zur Allgemeinen Forst- und Jagd-Zeitung, 8. Band, 1. Heft.

mäßigkeit der Rente bei jenen weit größer ist als bei diesen, selbst
wenn man die Nadelhölzer von der Vergleichung ausschließt. Allerdings macht die Bewirthschaftung, die Leitung und Einrichtung des
Betriebes und die genaue Ertragsschätzung mehr Arbeit, erfordert größere
Umsicht und Kenntnisse als beim Hochwald, allein dadurch darf man
sich nicht abhalten lassen, seinen überwiegenden Vorzügen gerecht zu
werden, wobei namentlich auch die Mannigfaltigkeit der Holzarten und
Sortimente, welche bei dieser Betriebsart erzogen werden können, als
besonders günstig in Betracht kommen.

305   Es ist beim Mittelwald Regel, daß eine größere Zahl von Holzarten gemischt in demselben vorkommt, und es ist ein solches Verhältniß wegen des Gegensatzes zwischen Ober- und Unterholz und wegen
der verschiedenen Ansprüche, die an beide gemacht werden, sehr wünschenswerth oder fast nothwendig.

Die beim Niederwald angeführten Holzarten sind zwar alle auch
im Mittelwald für das Unterholz brauchbar; aber es wird für
diesen Zweck noch die weitere Eigenschaft gefordert, den mehr oder
weniger starken Druck der Oberholzstämme ohne größere Nachtheile
längere Zeit zu ertragen. Von diesem Gesichtspunkt aus empfiehlt sich
die Buche vorzüglich als Unterholz im Mittelwald mit stärkerem Oberholzbestand; weniger gut, oder blos für einen lichteren Oberholzbestand
eignen sich die Esche, Hainbuche, Eiche und Birke ins Unterholz; die
Aspe und Erle gedeihen am wenigsten bei einem starken Druck; die
Hasel erhält sich noch gut bei einem dichteren Oberholzbestand.

Ist der Standort im Allgemeinen, insbesondere der Boden für
eine Holzart günstig, so kann sie auch einen stärkeren Druck ertragen,
als im umgekehrten Fall. Auf geringeren Böden, in trockenen Lagen,
an sonnigen Hängen darf nur wenig Oberholz übergehalten werden,
wenn man das Unterholz nicht verdrängen will. Es ist allerdings
selten, daß das Unterholz rasch und gänzlich verdrängt wird; aber gar
leicht verschwinden die besseren Holzarten aus demselben und machen
allmählig schlechteren Platz, welche die Hauptaufgabe des Unterholzes,
die baldige und dichte Ueberschirmung des Bodens, nicht mehr gehörig
zu erfüllen vermögen, so daß dann auch zuletzt der Oberholzbestand
nothleidet.

Zum Oberholz eignen sich vorherrschend solche Bäume, welche
wenig überschirmen, und dem Wind Widerstand leisten. Es sind dieß
im Allgemeinen Stämme mit geringer Astverbreitung, hochangesetzten
Kronen mit tiefgehender, starker Bewurzlung, die von Jugend an ziem-

lich frei standen. Zum Oberholz kann nicht blos Laubholz, sondern auch Nadelholz gewählt werden. Unter den einzelnen Laubholzarten eignen sich am besten zum Ueberhalten die Eichen und namentlich die Stieleiche, welche sich weniger stark in die Aeste verbreitet, und mehr in die Höhe strebt. Die Birken empfehlen sich vermöge ihrer lichten Belaubung ebenso gut; werden aber auf exponirten Stellen häufig vom Wind geworfen. Ulmen und Eschen sind ebenfalls noch sehr passend; ihre dichtere Belaubung wird durch die in der Regel hochangesetzte Krone neutralisirt; für den Ahorn gilt letzterer Vorzug weniger. Die Aspe wäre in Beziehung auf den Schirm gleich nach der Birke einzureihen, wenn sie eine größere Dauer hätte. Die Buche ist durch ihre starke Belaubung und dichte Krone sehr schädlich; doch kann man dem einigermaßen entgegenwirken, wenn man unter den Stämmen eine entsprechende Wahl trifft, und dieselben blos wenige Umtriebszeiten überhält. Mit Rücksicht darauf, daß die Buche im Unterholz den Druck sehr gut erträgt, und daß sie sich verhältnißmäßig schwerer durch den Stockausschlag verjüngt, ist ein Ueberhalten von Buchen im Oberholz zur Begünstigung der natürlichen Besamung rathsam. Die Hainbuche wird meist nur als Samenbaum zum Zwecke der Erneuerung oder Vervollständigung des Unterholzes übergehalten, indem ihr geringer Höhenwuchs und ihre dichte, weit herabreichende Krone sie nicht besonders zu Oberholz empfiehlt; sie trägt aber frühzeitig Samen und kann deßhalb bald wieder entfernt werden. Es gibt auch Fälle, wo Obstbäume als Oberholz gezogen werden, und wo das Obst eine schöne Nebeneinnahme gewährt; es sind vorzüglich Sorten mit hochgehenden Kronen und spätreifer Frucht zu wählen.

Sollen Nadelhölzer übergehalten werden, so empfehlen sich hauptsächlich die Lärchen und Kiefern hiezu; weniger die Fichte und Tanne, weil sich diese mehr in die Aeste verbreiten, und weil erstere noch sehr häufig vom Wind geworfen wird.

Ist der Ueberschirmungsgrad und das Verhältniß der Altersklassen zu einander bestimmt, so muß danach der Schlag gestellt werden. Wer noch keine Uebung darin hat, wird am besten in kleinen Probeschlägen das nöthige Bild sich verschaffen, und dieses dann auf den ganzen Schlag übertragen.

Wählt man eine mehr horstweise Vertheilung des Oberholzes und sie läßt sich da nicht wohl vermeiden, wo z. B. das Gedeihen einzelner Holzarten oder Altersklassen an bestimmte, nicht überall im Schlag vorkommende Standortsverhältnisse gebunden ist, ober wo man die zu ftarke Aſtverbreitung der Stämme hindern will, ſo darf das Unterholz in ſolchen Horſten nie ganz außer Acht gelaſſen werden, da ſie in der Regel nie ſo dicht geſchloſſen werden können, um den Boden unter ſich vor Vermagerung zu ſchützen.

Die Oberholzſtämme ſind nach ihrer Geſundheit, muthmaßlichen Ausdauer, nach der geſuchteſten Form des Stamms, nach der geringſten und am höchſten angeſetzten Krone, mit Ausſchluß allzuſchlanker, ſich nicht ſelbſtſtändig tragender Stämme auszuwählen und nach Holzarten und Altersklaſſen, wo die erwähnten Ausnahmen nicht zu machen ſind, gleichmäßig über die ganze Fläche zu vertheilen.

Werden ältere Bäume übergehalten, und iſt man nicht ganz ſicher, ob ſie während der nächſten Umtriebszeit geſund bleiben, ſo hat man in ihrer Nähe mehr jüngeres Holz, als die gegebene Norm fordert, in Reſerve ſtehen zu laſſen. Wo ſich Samennachwuchs angeſiedelt hat, iſt demſelben gehörig Luft zu machen, oder nach dem Bedürfniß der Holz= arten der nöthige Schutz zu erhalten, daß die jungen Pflanzen nicht zu raſch freigeſtellt werden und dadurch Schaden erleiden.

Zur Heranziehung und Begünſtigung des Samennachwuchſes bei den Eichen iſt ſtellenweiſe im Unterholz ein Vorhieb zu führen, wie ſolches bei den gemiſchten Hochwaldbeſtänden (271) angegeben iſt.

Von denjenigen Holzarten, welche in der Jugend den freien Stand lieben, werden einige Samenbäume übergehalten, die ſofort nach etlichen Jahren nachgehauen werden können, wenn ſie ihren Zweck erfüllt haben.

Bei der Fällung iſt das ſtärkſte Holz zuerſt, überhaupt alles Ober= holz v o r dem Unterholz zum Hieb zu bringen, damit man genau weiß, welche Stämmchen zu Laßraiteln beſtimmt werden können.

Für die Hiebsführung im Unterholz gelten die gleichen Regeln, wie ſie im Abſchnitt über den Niederwald (281) angegeben ſind.

Die Richtigſtellung des Schlages oder S c h l a g r e c t i f i c a t i o n erfolgt theils gleich nach der Hiebsführung, und beſteht in dieſem Falle hauptſächlich im Aufäſten der jüngeren Stämme. Auf ältere Bäume darf das Aufäſten nur ausnahmsweiſe ausgedehnt werden, weil der Stamm an den wunden Stellen leicht anfault und dadurch ſehr an Werth verliert. Näheres unter 269.

Eine weitere Rectification erfolgt im zweiten oder dritten Jahre nach der Schlagführung und erſtreckt ſich auf Herausnahme derjenigen Stämme, hauptſächlich der Laßraitel, welche durch den Wind, Schnee, Duft und Regen umgebogen worden ſind, oder welche die Freiſtellung nicht ertragen. Außerdem werden bei dieſer Gelegenheit auch jene

Laßraitel oder Oberständer nachgehauen, welche zum Schutz von Samen=
nachwuchs übergehalten wurden, falls dieser des Schutzes nicht mehr
bedarf, und welche mit Rücksicht auf die drohenden Gefahren als Reserve
dienten, um etwa entstehende Lücken zu decken.

Bei jungen, schlanken Stämmen kann ein solcher Nachhieb erst
nach dem zweiten oder dritten Jahre mit Sicherheit geführt werden,
weil dieselben erst im zweiten Jahre eine stärkere Belaubung ansetzen
und dadurch mehr Gefahren unterworfen sind.

Bei der Einrichtung und Abschätzung des Mittelwaldes [307]
kommt bezüglich des Unterholzes die gleiche oder proportionirte Schlag=
flächeneintheilung wie beim Niederwald (297) zur Anwendung, wogegen
für das Oberholz nach der beim Femelwald angegebenen Methode
(216) ein stammweiser Etat aufgestellt wird, nachdem zuvor das Ver=
hältniß des Oberholzes zum Unterholz und der einzelnen Oberholzklassen
den wirthschaftlichen Rücksichten entsprechend festgesetzt worden ist. Die
zulässige Nutzungsgröße wird nach den oben (299 am Schluß) auf=
geführten Beispielen ermittelt und festgestellt. — Außerdem hat man
bei Einrichtung der Schlagtouren mehr als beim Niederwald auf Ab=
wendung der dem Oberholz vom Wind etwa drohenden Gefahren Be=
dacht zu nehmen.

XVIII. Würdigung und Verbindung der verschiedenen Verjüngungsmethoden.

Obgleich in Vorstehendem schon mehrfach darauf hingewiesen wurde, [308]
daß das einseitige und starre Festhalten an ein und demselben Ver=
jüngungsverfahren nur ausnahmsweise zu empfehlen sei, weil dabei
viel Zeit= und Geldverluste entstehen können, so dürfte es doch gerecht=
fertigt sein, hier nochmals alles auf die Verjüngung Bezügliche in
eine übersichtliche Darstellung zusammenzufassen, damit namentlich der
neu in die Praxis eintretende Wirthschafter einen sicheren Leitfaden
dafür erhalte, wie er diese wichtige Aufgabe anzugreifen und durchzu=
führen habe.

Es ist dabei natürlich mit aller Beschleunigung zu verfahren, je=
doch stets der richtige Mittelweg zu wählen, damit ein allzurasches Vor=
gehen auf Kosten der Sicherheit des Erfolges vermieden werde, so gut
als ein zu langsames, wobei schließlich wieder der gleiche Nachtheil zu
befürchten ist, außerdem aber Verluste an Zuwachs und Bodenkraft
herbeigeführt werden, welche allerdings nicht sofort im Kassenjournal zu

Tage treten, sondern erst nach Jahrzehenten ihre Wirkung äußern und deßhalb vielfach unbeachtet bleiben.

Die Wahl der Verjüngungsart liegt in vielen Fällen in den Händen des Forstwirths. Der natürlichen Verjüngung durch Selbst-Besamung vom Mutterbestand, oder durch Stockausschlag, steht die künstliche Verjüngung durch Ansaat aus der Hand oder durch Pflanzung (einschließlich der Stecklinge rc.) gegenüber. Die natürliche Ver-jüngung setzt bereits vorhandene Bestände voraus, welche behufs der Selbstbesamung so alt und erstarkt sein müssen, daß sie reichlich Samen tragen; während bei der Verjüngung durch Stockausschlag ein gewisses Alter nicht überschritten werden kann. Wo diese Voraussetzungen nicht zutreffen, ist die natürliche Verjüngung ausgeschlossen; ebenso da, wo eine bisher nicht vorhandene Holzart neu angezogen werden soll, oder wo der Boden für die Aufnahme des Samens nicht geeignet ist. — Andrerseits ist sie nothwendig oder doch empfehlenswerth bei Holzarten, welche ohne den Schutz der Mutterbäume nicht aufzubringen sind (Buche und Weißtanne), auch bei anderen, wenn sie unter ungünstigen Stand-ortsverhältnissen, namentlich in rauhen Hochlagen verjüngt werden sollen; ferner an sehr steilen Hängen auf felsigem Boden und sonst, wo die künstliche Kultur durch Terrain- und Bodenverhältnisse erschwert, oder wo der Erfolg durch Insekten gefährdet ist; ebenso bei mangelnden Kulturmitteln (Pflanzen, Samen, Geld) und bei gutem Boden, wo die Besamung leicht ankommt, und andrerseits der Unkrautwuchs durch den Schutzbestand zurückgehalten werden muß.

309   Die künstliche Kultur ist dagegen nothwendig, wenn es sich um die Aufforstung größerer Blößen, oder um die Einführung einer neuen Holzart, oder um die Verjüngung von Beständen handelt, welche noch nicht, oder nicht mehr genügend Samen tragen, oder die Fähigkeit vom Stock auszuschlagen verloren haben, oder wo die natürliche Ver-jüngung aus sonstigen Ursachen keinen sicheren und genügenden Erfolg verspricht.

Durch Saat kann die Verjüngung erfolgen unter Schutzbestand als Untersaat an Stellen, wo keine natürliche Besamung zu er-warten, weil die betr. Holzart im Schutzbestand nicht in genügender Zahl oder nicht in richtigem Alter vertreten ist; sodann in Freisaaten auf größeren Schlägen und Blößen bei Holzarten, die in erster Jugend von Frost und Unkraut wenig zu leiden haben, wie die Kiefer, Birke, Eiche und Erle, oder welche sich nicht so leicht sicher und billig ver-pflanzen lassen (Eiche, manchmal auch Weißtanne). Sodann paßt die

Saat nur auf Böden, die weniger zur Verrasung geneigt, nicht naß, sumpfig oder flüchtig, aber auch nicht zu fest und trocken oder zu mager und steinig sind. Ebensowenig Erfolg verspricht sie in rauhen Hoch=lagen, an sonnigen Hängen und auf allzu lockerem moorigem oder stark kalkhaltigem Boden, auf letzteren beiden deshalb, weil hier der Frost durch Ausziehen der Pflanzen das Gedeihen der Saat höchst unsicher macht. Der Mangel an genügendem Samenvorrath oder ein unver=hältnißmäßig hoher Samenpreis sind mehrfach auch Hindernisse für die Anwendung der Saat.

Die Pflanzung hat hienach zur Anwendung zu kommen, wo die oben für die Saat geforderten Standortsverhältnisse nicht vorhanden sind, wo die Saaten während der Keimung durch Vögel, Mäuse ꝛc. gefährdet werden; sodann bei Nachbesserungen im Niederwald und sonst, wenn der umgebende Bestand schon einen Vorsprung hat. Auch ist die Pflanzung meist Regel in Verbindung mit dem Waldfeldbau und wo es sich um die Herstellung eines bestimmten Mischungsverhältnisses oder um die Anzucht empfindlicherer Holzarten handelt.

In den meisten Fällen werden aber die verschiedenen Verjüngungs=methoden combinirt, um die Verjüngung zu beschleunigen und den Boden durch eine möglichst frühzeitig erzogene volle Bestockung wieder in seinem ganzen Umfange nutzbar zu machen, und man erreicht dieses Ziel am besten, wenn man mit Umsicht zur rechten Zeit und am richtigen Orte das Nöthige, aber auch nur dieses vorzukehren und Un=nöthiges zu vermeiden weiß, stets aber dabei in erster Linie Alles für nöthig hält, was die Sicherheit des Erfolges erhöht und den Schluß des jungen Bestandes möglichst frühzeitig herbeiführt. Auch hiebei ist vor allzu großem Uebereifer zu warnen, daß man z. B. in der Ab=sicht einer möglichsten Beschleunigung des Erfolges minder geeignete Mittel anwendet, z. B. bei knappen Pflanzenvorräthen zu schwache Pflänzlinge oder Saaten auf ungeeigneten Böden ꝛc.

Bezüglich der mit den einzelnen Verjüngungsarten ver=knüpften Vor= und Nachtheile läßt sich nur dann einigermaßen eine Parallele ziehen, wenn man bei der natürlichen Verjüngung die=jenige mittelst Kahlschlägen ausschließt und andrerseits ebenso bei der künstlichen Verjüngung die unter Schutzbestand auszuführende.

Mit der natürlichen Verjüngung sind folgende Vorzüge verbunden; zunächst die Ersparniß an Kulturkosten, was namentlich bei niederen Holzpreisen und bei großen Schlagflächen (im Niederwald und sonst bei kürzerem Umtrieb) sehr ins Gewicht fallen kann. Der Schutz der

Mutterbäume, den manche Holzarten in der Jugend unbedingt ver=
langen, läßt sich durch künstliche Mittel meist gar nicht, oder nur bei
kleinen Flächen und auch da nur mit unverhältnißmäßigem Aufwand
herstellen. Am Schutzbestand erfolgt in der freieren Stellung ein sehr
beachtenswerther gesteigerter Zuwachs (177). Durch natürliche Ver=
jüngung erzieht man in der Regel viel dichtere junge Bestände, welche
frühzeitiger sich schließen, die Bodenkraft also besser erhalten und früher
wieder vollständig in Nutzung bringen, sodann den Höhenwuchs, wie
auch die Astreinheit der einzelnen Stämme wenigstens eine Zeit lang
wesentlich fördern. Durch diesen dichteren Stand werden manche
Gefahren abgewendet, oder abgeschwächt, welche den jungen Saaten
und Pflanzungen drohen und schädlich werden; hieher sind namentlich
zu zählen die Beschädigungen durch Insekten (Rüsselkäfer, Maikäfer=
larven 2c.), Mäuse, Wild oder Weidevieh; ebenso durch Unkräuter.
Dagegen sind allerdings in natürlichen Verjüngungen wegen dieses
dichten Standes die Beschädigungen durch Schneedruck und Duftanhang
wieder mehr zu fürchten, als in künstlichen Kulturen; können aber
durch aufmerksame Behandlung und frühzeitigen Beginn der Durch=
forstungen erheblich vermindert und ganz beseitigt werden. — Die mit
der künstlichen Verjüngung verbundene Bodenlockerung und Bearbeitung
gefährdet unter Umständen an steilen Hängen, oder auf flüchtigem Sand
die Erhaltung der nöthigen Bodenkrume und Bodenkraft.

Als Nachtheile der natürlichen Verjüngung treten dagegen mehr
oder weniger hervor der durch unregelmäßigen Eintritt der Samen=
jahre gestörte gleichmäßige Fortgang der Fällungen, was allerdings bei
langsamem Abtrieb, wo die Angriffsflächen sehr groß sind, durch einige
Umsicht in der Wahl der Schläge und Vertheilung der verschiedenen
Angriffs= und Lichtungshiebe zum Theil wenigstens ausgeglichen werden
kann, bei rascher Verjüngung aber nicht ohne Störungen möglich ist,
wenn man nicht gleichzeitig auch noch die künstliche Kultur zu Hülfe
nimmt. — Bei dem allmähligen Abtrieb erleidet ein Theil des noch
überzuhaltenden Altholzes Beschädigungen durch die Fällung und Ab=
fuhr der früher herauszunehmenden Stämme, noch mehr aber ist der
Nachwuchs solchen ausgesetzt, wenn vorherrschend Langholz oder Säg=
klötze erzeugt werden. — Die in Verjüngung gestellten Bestände sind
sodann, namentlich bei langsamem Abtrieb der Gefahr, vom Sturm ge=
worfen zu werden, in größerem Umfang und in höherem Maß aus=
gesetzt, als dieß bei der künstlichen Verjüngung nothwendig wird, und
dieß ist namentlich in Fichtenwaldungen ein sehr zu beachtendes Ver=

hältniß, wogegen allerdings die vom Frost für das Jungholz drohenden Gefahren wieder die langsame Verjüngung unter Schutzbestand fordern können. — Dadurch, daß man die Fällung des Mutterbestandes bei der natürlichen Verjüngung auf mehrere Jahre vertheilt, vermehrt man die Arbeit in den leitenden und ausführenden Kreisen, sie wird schwieriger sowohl bei der Fällung wie bei der Abfuhr; bei längeren Verjüngungs= zeiträumen erschwert und vertheuert der vorhandene stärkere Nachwuchs das Ausbringen des Holzes sehr erheblich. Sodann ist die Erhaltung und Herstellung eines bestimmten Mischungsverhältnisses auf dem Wege der natürlichen Verjüngung sehr schwierig, bei künstlicher dagegen viel leichter. Endlich ist noch als Schattenseite der natürlichen Verjüngung anzuführen, daß sie für sich allein nicht immer genügt, um vollkommene und regelmäßige Bestände zu erziehen, und daß etwaige Mißgriffe und ungenügende Erfolge in der Regel nur durch Uebergang zur künstlichen Verjüngung wieder ausgeglichen werden können.

Es ist hieraus zu entnehmen, daß keine der beiden Methoden alle Vorzüge in sich vereinigt und für alle Fälle ausreicht; deßhalb ist man in den meisten Wirthschaften schon längst von der ausschließlichen Fest= haltung des einen oder anderen Systems abgegangen, wenn nicht sehr günstige Bodenverhältnisse den Erfolg der natürlichen Verjüngung sichern und gleichzeitig schattenliebende Holzarten in der Jugend Schutz ver= langen. Die künstliche Verjüngung wird dagegen in den Kiefernforsten, namentlich in der Ebene, immer mehr zur Regel, weil einerseits der dazu erforderliche Aufwand ein sehr mäßiger ist, andrerseits diese Holz= art auf dem ihr angewiesenen armen Boden sich schwer auf natürlichem Wege verjüngt, theils wegen des Unkrautüberzuges, theils wegen ihrer Lichtbedürftigkeit. Die Erleichterung, welche die künstliche Verjüngung nach vorausgegangenen Kahlhieben für den Wirthschaftsleiter wie für die Arbeiter mit sich bringt, verschafft ihr immer mehr Anhänger auch in Fichtenwaldungen, in welchem sie aber nur in beschränkterem Um= fang und nur da, wo Schaden von Spätfrösten nicht zu fürchten ist, empfohlen werden kann, namentlich wenn es sich um exponirtere, dem Wind ausgesetzte Lagen handelt. — Die natürliche Verjüngung wird sodann beim Hochwaldbetrieb in dem Fall ausgeschlossen, wo der Wald= feldbau Platz greifen soll; im Niederwald dagegen findet letzterer neben ihr statt in den Hackwaldungen, Haubergen ꝛc. Die ausschließliche natürliche Verjüngung hat überhaupt nur da noch einigermaßen ihre Berechtigung, wo das Holz noch ziemlich werthlos ist und der ganze Betrieb deßhalb mehr extensiv geführt wird. Allein auch hier hat man

stets im Auge zu behalten, daß der bei verzögerter und ungenügender
Verjüngung zu erwartende Zuwachsverlust die zur künstlichen Nach=
hülfe erforderlichen Kosten vielfach übersteigt.   Wird z. B. die Wieder=
bestockung um ein Jahr verzögert, so ist dieß zunächst allerdings nur
gleich dem Verlust eines Jahreszuwachses; allein wenn es sich jährlich
wiederholt, so wird dadurch thatsächlich der Umtrieb um ein Jahr ab=
gekürzt, oder der Wald um einen durch die Jahre der Umtriebszeit an=
gegebenen Bruchtheil verkleinert*).   Noch schlimmer zeigt sich die
Wirkung, wenn einzelne Theile der zu verjüngenden Flächen unbestockt
bleiben; diese sind dann für so lange ertraglos, als der Bestandesschluß
noch nicht hergestellt ist; erfolgt dieser bis zur nächsten Verjüngung gar
nicht mehr, so verliert man also für so lange den ganzen Holzzuwachs,
der sonst auf diesen Flächen zu erwarten wäre; in anderen Fällen aber
nur einen verhältnißmäßigen Theil davon.   Gleichzeitig erzieht man
aber mehr ästiges und manchmal auch kurzschäftigeres Holz, woneben
die Lücken noch die Widerstandsfähigkeit des betr. Bestandes beeinträchtigen,
indem sie dem Wind eine größere Angriffsfläche bieten.

311   Die Art, wie künstliche und natürliche Verjüngung zu
combiniren sind, und in welchem Zeitpunkt mit ersterer eingegriffen
werden muß, um den gegebenen Zweck vollständig und möglichst früh=
zeitig zu erreichen, läßt sich im Allgemeinen nicht wohl in bestimmte
Regeln bringen, da die Standorts= und Bestandesfaktoren in der ver=
schiedensten Weise darauf influiren.   Nur so viel ist zu sagen, aber
auch mit allem Nachdruck zu betonen, daß um so frühzeitiger
auf künstlichem Wege nachgeholfen werden muß, je un=
günstiger die Verhältnisse für die natürliche Verjüngung
liegen; es werden auf diese Weise nicht blos Kosten erspart und
sicherere Erfolge erzielt, sondern auch Verluste an Holzzuwachs und an
Bodenkraft vermieden.   Von diesem Gesichtspunkt aus ist der Beginn
des künstlichen Eingreifens oft schon beim ersten Anhieb nöthig durch
Entwässerung von sumpfigen Stellen, oder durch Wundmachung eines
allzuhart gewordenen oder zu dicht verunkrauteten Bodens, durch Unter=
saat, wo die erwünschte Besamung nicht zu hoffen ist.   In einem
späteren Zeitpunkt hat die Unterpflanzung 2c. einzutreten, wobei man
auch mit schwächeren Pflänzlingen und mit geringerem Arbeitsaufwand

---

*) In der Allgemeinen Forst= und Jagdzeitung 1859, S. 375, wird vom
Oberförster Muhl für einen in Steyermark häufig vorkommenden Fall, wo man
nach geführten großen Kahlschlägen bis zu 20 Jahren auf die natürliche Wieder=
verjüngung warten muß, ein Verlust von 28 Prozent nachgewiesen.

oft besseren Erfolg erreicht, als wenn man damit bis nach beendigtem
Abtrieb zuwartet. Nach diesem letzten Hieb ist sodann so rasch als
möglich vorzugehen, um unter Bevorzugung stärkerer Pflänzlinge oder
schnell wachsender Holzarten die verbliebenen Lücken zu ergänzen, wobei
allerdings auch vor einem gewissen Uebereifer gewarnt werden muß,
da namentlich auf gutem Boden solche, die sich in wenigen Jahren
schließen, alte nicht zu breite Wege ꝛc. unbedenklich offen gelassen werden
können. Auch findet man bei Auspflanzung größerer Blößen häufig
ein gleiches Außerachtlassen der gebotenen Sparsamkeit, indem man die
Pflänzlinge an den Rand des natürlichen Anfluges unmittelbar anschließt, wo sie in kurzer Zeit von letzterem überwachsen und unterdrückt
werden, ohne daß man einen Nutzen davon hätte. Die Erhaltung und
Mitbenützung des etwa vorhandenen gesunden Vorwuchses, vereinzelter
Stockausschläge und Weichhölzer, letztere beide zu vorübergehender Beimischung und baldiger Herbeiführung des Schlusses, macht die künstliche
Nachhülfe auch theilweise entbehrlich und ist also hierauf während der
Verjüngungsdauer Bedacht zu nehmen.

Beim Laubholz läßt sich auch noch verkrüppelter Vorwuchs gut
benützen, wenn man ihn rechtzeitig auf den Stock setzt. Hat man es
blos mit der Combination von Saat und Pflanzung zu thun, so kann
jene nur ausnahmsweise später eintreten als diese, nemlich bei schnell
wachsenden Holzarten, z. B. Birken oder Kiefern und Lärchen zwischen
gepflanzte Fichten ꝛc., in der Regel wird die Saat vorangehen und in
diesem Fall ist namentlich davor zu warnen, daß man eine erstmals
mißlungene Saat nicht nochmals auf der gleichen Kulturstelle wieder-
hole; denn die Chancen des Gedeihens werden mit jedem Jahr schlechter,
weil der Boden fester, trockener und humusärmer wird. Es empfiehlt
sich überhaupt, schon bei der ersten Ausführung der Saat diejenigen
Stellen davon auszunehmen, welche wegen zu starken Unkrautfilzes,
oder wegen sonstiger ungünstiger Bodenverhältnisse den jungen Pflanzen
nicht die zu ihrem Gedeihen nöthigen Vorbedingungen bieten, oder wo
ein zweifelhafter Erfolg zu erwarten wäre. Andrerseits verstärkt man
die Saat entsprechend auf besseren Stellen (Stocklöchern, Graben-
dämmen ꝛc.), um genügendes Material zu den kaum ausbleibenden
Nachbesserungen zu erhalten. Ist eine Saat im Ganzen gut gelungen,
so hat man die Nachbesserungen möglichst zeitig durch Pflanzung vorzunehmen, im äußersten Fall kann so lange zugewartet werden, bis
man die Saat aus sich selbst ergänzen kann, was am sichersten mit
Hülfe von Ballenpflanzungen auszuführen ist.

Wo man auf die Pflanzung angewiesen ist, da muß frühzeitig für die Erziehung der Pflänzlinge in genügender Zahl und guter Beschaffen= heit gesorgt werden, wo es nöthig, durch Anlegung von Saat= und Pflanzschulen, so nahe als möglich am Ort des Bedarfs. Werden nur wenige Pflanzen nothwendig, so genügt oft schon die Ansaat von Stock= löchern oder Grabenaufwürfen, wenn etwa der natürliche Nachwuchs dazu nicht ausreichen sollte.

Unmittelbar vor Beginn des Pflanzgeschäftes hat man sodann wegen der zweckmäßigsten Art der Vertheilung des verfügbaren Materials Vorsorge zu treffen, damit die stärkeren und besseren Pflänzlinge auf die graswüchsigeren und minder günstigen Oertlichkeiten kommen. Je schwieriger die Pflanzung ist, um so größere Sorgfalt muß auf dieselbe verwendet werden durch vorausgehende Bodenlockerung, Anwendung von Kulturerde, sicherer Pflanzmethoden (Ballen=, Hügel= 2c. Pflanzung) und eventuell auch durch engeren Verband, oder durch Büschelpflanzung, und wo stärkere Beschädigungen vom Frost oder Wild= und Weidevieh zu befürchten sind, durch Verwendung größerer Heisterpflanzen. — Da die letztgenannten Methoden oft zwei= und mehrfach so theuer sind wie die einfache Pflanzung, so hat man sie auf diejenigen Flächen und Flächentheile zu beschränken, wo man mit billigerem Verfahren auf einen sicheren Erfolg nicht rechnen kann; in Zweifelsfällen muß aber stets die Sicherheit des Gedeihens in erster Linie angestrebt werden, die ökonomischen Rücksichten können um so eher dagegen zurücktreten, weil ein unsicheres Verfahren immer noch weitere Kosten nach sich zieht. — Bei theurerer Methode kann man bis zu einem gewissen Grade durch die Wahl eines räumlicheren Verbandes in etwas compensiren, und um so mehr, wenn man in der Lage ist, durch Zwischenpflanzung einer anderen Holzart als Füllholz den Boden wiederum rechtzeitig zu decken. — In solchen Fällen kann namentlich auch die Frage auf= geworfen werden, ob man nicht durch eine sogenannte Vorkultur mit einer billiger und leichter anzuziehenden Holzart besser zum Ziele komme, und in vielen Fällen wird sich dieser, wenn auch etwas um= ständlichere Weg als der annehmbarere zeigen.

Bei Erziehung von gemischten Beständen erfordert die Reihen= folge, in welcher die verschiedenen Kulturmaßregeln am zweckmäßigsten auf einander folgen, umsichtige Ueberlegung. Es giebt wenige Mischungen, wo die gleichzeitige Anzucht zweier oder mehrerer Holzarten nicht zum Nachtheil der einen ausschlägt, man muß daher die Reihenfolge, in welcher die Anzucht erfolgt, nach dem jugendlichen Wachsthumsgange

derselben bestimmen. Werden Einmischungen von untergeordneter Be=
deutung verlangt, so genügt es oft schon, wenn man die nöthig werden=
den Nachbesserungen mit der betr. Holzart ausführt. Beabsichtigt man
aber bleibende Mischungen in annähernd gleichem Umfang der ver=
schiedenen Holzarten, so hat man die schneller wachsende um so viel
später einzubringen, als die andere nöthig hat, um sich neben jener be=
haupten zu können, man läßt also für die schnell wachsende entsprechende
Flächen (Reihen oder Horste) frei, und benützt sie sodann eventuell auch
noch zu Nachbesserungen in den kleineren Lücken, wenn sie sich ihrer
Natur nach hiezu eignet. — Auch giebt es Mischungen, wo man die
langsamer wachsende Holzart pflanzen und die schneller wachsende gleich=
zeitig säen kann, was manchmal mit der Fichte und Kiefer noch gelingt,
während Lärchen und Birken entschieden einige Jahre später in Fichten
eingesäet werden müssen, wenn sie keinen zu großen Vorsprung bekommen
sollen. Werden Holzarten eingemischt, die sonst in der Gegend nicht
heimisch sind, so ist besondere Vorsicht geboten; es ist für derartige
verfehlte Maßregeln schon viel Geld unnütz aufgewendet worden.

Eine Vergleichung zwischen Saat und Pflanzung be=312
züglich ihres Erfolges und ihrer Anwendbarkeit ist unzulässig, sobald
man voraussetzt, daß jede der beiden Methoden am richtigen Platz und
zu rechter Zeit mit genügender Sorgfalt ausgeführt wird. Wenn man
demungeachtet Parallelen zwischen beiden ziehen wollte, so könnten sich
solche nur auf jene selteneren Fälle erstrecken, wo beide Methoden gleich
günstigen Erfolg versprechen würden. Doch ist im Allgemeinen zu
sagen, daß die räumlichere Stellung und gleichmäßigere Vertheilung der
einzelnen Individuen bei den Pflanzungen deren Entwicklung von Jugend
an fördert und denselben in der Regel einen Vorsprung vor den aus
Saat entstandenen Kulturen giebt. Dieß läßt sich selbst bei der Kiefer
nachweisen, obgleich dieser Holzart die Verjüngung durch Saat am ehesten
zusagt; der Zuwachsgang wird aus folgenden im Wermsdorfer Wald
(Königreich Sachsen) gemachten Aufnahmen von drei je einen sächsischen
Acker großen Probeflächen ersichtlich, wovon die eine in 4=, die zweite
in 5füßigem Pflanzverband, die dritte durch Saat auf ca. 4' breiten
und ebenso weit von einander abstehenden Rinnen in Bestockung gebracht
wurde; alle drei Probeflächen waren bezüglich der Standorts= und
Bestandesverhältnisse möglichst gleichartig und wurden in Zwischen=

---

*) Bericht über die 7. Versammlung des sächsischen Forstvereins 1856.
Colditz, Br. Heinke. S. 196.

räumen von 5 Jahren wiederholt aufgenommen, wobei sich auf 1 ha berechnet folgende Holzmassen in Festmetern ergaben.

Jahr der Aufnahme	Bestandesalter	Stammzahl pro ha.						Gesammtvorrath pro ha.			Durchschnittszuwachs pro ha.		
		dominirend			unterdrückt								
		Pflanzung auf 4'	Pflanzung auf 5'	Saat	Pflanzung auf 4'	Pflanzung auf 5'	Saat	Pflanzung auf 4'	Pflanzung auf 5'	Saat	Pflanzung auf 4'	Pflanzung auf 5'	Saat
1844	26	4796	3783	4833	953	583	2027	205,0	192,7	176,3	7,89	7,41	6,78
1849	31	4253	3330	4054	706	595	1055	246,0	233,7	205,0	7,94	7,54	6,61
1854	36	3095	3059	3077	626	174	471	278,8	278,8	225,5	7,74	7,74	6,26
1859	41	2378	2453	2384	550	233	724	287,0	297,7	227,5	7,00	7,26	5,55
1864	46	1846	1938	1806	194	65	366	333,3	306,7	273,5	7,24	6,67	5,94
Durchforstungserträge								37,7	41,8	11,9	8,07	7,58	6,21
1869	51	1386	1522	1245	362	315	223	339,9	360,4	247,2	6,67	7,06	4,85
Durchforstungserträge								29,0	34,9	63,8	7,23	7,75	6,10

Obgleich bei den ersten vier Aufnahmen die Durchforstungserträge nicht notirt wurden und die betr. Versuchsstellen vom 36. Jahre ab durch Wind= und Schneebruch gelitten hatten, so sind obige Zahlen doch geeignet, die Einflüsse des engeren oder weiteren Verbandes bei der Kiefer anschaulich zu machen.

Noch deutlicher tritt dieser Unterschied bei der Fichte hervor, für welche bekanntlich die Saat viel weniger paßt, wie aus folgenden in der Allgemeinen Forst= und Jagdzeitung von Heyer 1865, S. 320 veröffentlichten Aufnahmen ersichtlich wird. Dieselben sind von Ober= förster Koch in Burgwenden auf dem Finngebirge in den Werthern= schen Forsten gemacht worden und ergaben bei ganz gleichem Standort und gleichen Bestandesverhältnissen (mit alleiniger Ausnahme des Alters, welches in der Pflanzung um das Alter der verwendeten Pflänz= linge höher steht) folgende Resultate pro ha:

	Pflanzbestand		Saatbestand	
Alter	33 Jahre		29 Jahre	
ursprüngliche Pflanzenzahl .	6350 Stück		? —	
jetzige Stammzahl	4014	"	5495	Stück
durchschnittliche Höhe . .	12,56 m		7,85	m
durchschnittlicher Umfang .	35,76 cm		30,28	cm
Massenvorrath	270,2 Festmeter		184,4	Festmeter
Jahreszuwachs für 29 Jahre	9,31	"	6,3	"
" " 33 "	8,19	"	—	"

Auf der Hoch- und Deutschmeister'schen Domäne Hrabin in Oesterreichisch-Schlesien wurden wohl die umfangreichsten und interessantesten vergleichenden Versuche gemacht, welche in der Oesterreichischen Monatschrift für Forstwesen 1868, S. 102 mitgetheilt sind; sie erstrecken sich gleichzeitig auch noch auf verschiedene Pflanzweiten. Die Versuchsflächen liegen in einer Seehöhe von 380 m am Altvatergebirge, in einer sanften, gegen Nordwest geneigten Lage und haben einen ziemlich tiefgründigen sandigen Lehmboden. Es handelt sich durchweg um Fichtenkulturen; bei den Pflanzungen wurden 4—5jährige Setzlinge verwendet; die Aufnahmen fanden im Jahre 1867 statt. Unter Ziffer 1—9 werden Pflanzungen, unter 10—17 Saaten aufgeführt.

	Verband	Jahre / Alter	Stammzahl.		Holzmassengehalt in Festmetern pro ha				Durchschnittszuwachs	
			dominirend	unterdrückt	Hauptbestand	Nebenbestand	bereits erhoben	zusammen	am Hauptbestand	im Ganzen
1	0,95 ✕ 1,26	1847 / 20	7500	571	106,3	3,8	—	110,1	5,12	5,50
2	0,95 ✕ 0,95	1841 / 26	5707	891	161,9	7,3	15,3	184,5	6,23	7,00
3	0,95 ✕ 1,26	1841 / 26	5898	779	176,5	8,2	15,3	200,0	6,79	7,69
4	0,95 ✕ 1,58	1841 / 26	5603	651	176,6	11,1	15,3	203,0	6,79	7,81
5	0,95 ✕ 1,9	1841 / 26	4681	494	176,8	3,8	15,3	195,9	6,80	7,54
6	1,9 ✕ 1,9	1842 / 25	2366	237	178,6	7,7	7,7	194,0	7,14	7,76
7	1,9 ✕ 1,9	1831 / 36	1488	375	337,1	22,5	16,4	376,0	9,36	10,42
8	1,9 ✕ 1,9	1820 / 47	1415	78	423,1	8,4	48,9 *)	480,4	9,00	10,21
9	1,9 ✕ 1,9	1810 / 57	1401	111	529,4	12,3	52,7	594,4	9,29	10,43
10	Abstand der Saatriefen = 1,9 m	29	6542	758	53,6	2,6	16,4	72,6	1,85	2,50
11		34	5846	3828	182,0	13,3	—	195,3	5,35	5,74
12		38	3428	2558	206,1	34,6	—	240,7	5,42	6,33
13		40	3428	—	218,9	—	35,7	254,6	5,47	6,36
14		45	2401	1224	254,0	17,7	26,8	298,5	5,64	6,63
15		48	2279	1169	366,0	30,2	—	396,2	7,63	8,26
16		59	1287	113	379,8	6,2	42,2	428,2	6,44	7,26
17		60	905	195	346,6	9,9	53,7	410,2	5,93	6,83

*) Folge eines Schneebruches.

Vergleicht man die 26jährigen (und mit Einrechnung des Alters der Pflänzlinge 30 oder 31jährigen) Pflanzungen mit der 29jährigen Saat, so steht letztere außerordentlich weit im Ertrag zurück; auch bei den älteren Saaten ist dieß noch sehr merklich der Fall und wird von keiner derselben der Zuwachs, wie ihn die Pflanzungen gegeben haben, erreicht.

Bezüglich des Verbandes lassen die 26jährigen unter ganz gleichen Verhältnissen ausgeführten Pflanzungen den mit $0{,}95 \times 1{,}58$ m (3×5 österreichische Fuße) bezüglich der Massenproduction als den vortheilhaftesten erkennen; doch ist natürlich aus diesem einen Fall ein sicherer Schluß nicht wohl zu ziehen; da der Verband nach den Standortsverhältnissen bald enger bald weiter zu wählen ist, namentlich verlangt die Fichte auf magerem Boden einen engeren Verband, damit ihre flachstreichenden Wurzeln möglichst frühzeitig die nöthige Beschattung erhalten.

In dieser Richtung sind folgende, der Allgem. Forst- und Jagd-Zeitung 1858, S. 266 entnommenen Versuchsergebnisse aus einem auf buntem Sandstein erwachsenen 41jährigen Fichtenbestande mit wechselnder Bodengüte sehr belehrend. Es wurde gefunden bei einer Pflanzweite von 5 und 3 kasseler Fußen $= 1{,}44$ und $0{,}86$ m

	auf Normalboden		auf gutem Mittelboden	
	bei 5 Fuß	bei 3 Fuß	bei 5 Fuß	bei 3 Fuß
Abgang durch die Zwischennutzung	14,43 %	41,5 %	5 %	27,6 %
gegenwärtiger Stammabstand	1,7 m	1,47 m	1,53 m	1,21 m
mittlerer Durchmesser bei Brusthöhe	12 cm	9,6 cm	9,5 cm	7,4 cm
mittlere Baumhöhe . . .	14,4 m	12,4 m	10,9 m	9,7 m
Stammgrundfläche . . .	43,72 qm	60,72 qm	37,48 qm	61,42 qm
Holzmasse	377,0 Festm.	434,5 Festm.	245,6 Festm.	347,5 Festm.
Durchschnittszuwachs . .	9,19 „	10,6 „	5,99 „	8,47 „
Verhältnißzahlen	100	1,15	—	—
„	—	—	100	1,41
„	100	—	65,1	—
„	—	100	—	79,9

Diese letzteren Zahlen lassen erkennen, wie ungeeignet es ist, auf Kulturflächen mit wechselnder Bodengüte durchweg die gleiche Pflanzweite festzuhalten. — Außerdem ist es bemerkenswerth, daß der Höhenwuchs bei weiterem Pflanzverband sich viel kräftiger entwickelte, als bei dem engeren.

Bei den Nadelhölzern und insbesondere bei der Fichte kommt es 313 aber nicht blos auf die Dimensionen der Stämme und den Massen= ertrag pro ha, sondern vielfach auch noch auf die Qualität des Er= zeugnisses, Astreinheit, Vollholzigkeit ꝛc. an. Diese Eigenschaften werden insbesondere von den Erzeugnissen der ersten Durchforstungen verlangt, um dieselben zu Rebpfählen und Hopfenstangen verwenden zu können; ein weiterer Verband, in welchem sich die Beastung zu lange erhält und demgemäß auch das Stämmchen zu abfällig, namentlich am untern Ende zu dick wird, kann die Gewinnung dieser sehr gut bezahlten Sortimente ganz unmöglich machen, oder doch erheblich reduziren, während ein entsprechend engerer Verband reichliche Erträge davon giebt, welche nicht blos das Mehr der aufgewendeten Kulturkosten, sondern möglicher= weise den ganzen Kulturaufwand nebst den bis dahin aufgelaufenen Zinsen zu tilgen im Stande sind. Hat man z. B. in hiesiger Gegend für 1000 Stück Fichten für Erziehung und Einpflanzen zu rechnen äußerstenfalls 10 Mark, so wächst dieser Kulturaufwand bei 4 Prozent nach 20 Jahren auf 22 Mark, nach 30 Jahren auf 32 und nach 40 Jahren auf 48 Mark an, während die um 1000 Stück verstärkte Auspflanzung bei engerem Verband nach 20 Jahren die Gewinnung von etwa 800 Stück schwächeren Rebpfählen im Nettowerth von 3 Mark pro 100 Stück, oder nach 30 Jahren 700 stärkere à 5 Mark, oder nach 40 Jahren von 600 Hopfenstangen à 30 Mark pro 100 erwarten läßt. Mit dem letzteren Erlös wird die Kulturvorauslage einschließlich der in 40 Jahren erwachsenen Zinsen gedeckt für $6 \times 30 : 4,8 = 3750$ Stück Fichtenpflanzen. In einer Gegend, wo obige Sortimente keinen Absatz finden, wird man den Verband der Pflanzung so weit, als es die Rücksichten auf Erzielung des rechtzeitigen Schlusses nöthig machen, sonst aber so weit als möglich festsetzen, und man kann sich hienach wohl eine Fläche denken (etwa 1 Morgen), welche mit 1000 Stück weniger, also mit 2750 genügend bestockt wird, und rechtzeitig in Schluß kommt, aber keine der genannten Sortimente produzirt. Letzteres wird erst dadurch ermöglicht, daß man die Pflanzung in engerem Verband mit obigen 3750 Stück ausführt, so daß also auf diesem Wege eine Verstärkung der Pflanzenzahl um 1000 Stück den ganzen Kulturaufwand nebst den aufgelaufenen Zinsen zu decken vermag, sobald das genannte Sortiment zu obigem Preise Absatz findet. Unter Umständen kann man auch noch ohne Beschränkung der Pflanzenzahl an den Kulturkosten einige Er= sparniß machen, wenn man in die dritte oder vierte Pflanzstufe jeweils zwei Pflänzlinge zusammen einsetzt; was sich besonders da empfiehlt, wo die Herstellung der Pflanzlöcher, oder die Beschaffung der nöthigen Kulturerde höher zu stehen kommt. Je mehr diese Kosten steigen, um so mehr wird man durch Verstärkung der Pflanzenzahl und schließlich durch Anwendung der Büschelpflanzung mit 2—5 Stück pro Büschel den Verband so viel als möglich zu erweitern bestrebt sein, ohne jedoch das Hauptziel, die Herbeiführung eines möglichst baldigen Schlusses, zu gefährden.

314 Weitere Ersparnisse, ohne den Erfolg zu beeinträchtigen, lassen sich dadurch machen, daß man, wenn die Samenpreise sehr hoch stehen, die Pflanzung wählt, oder bei Vertheilung des Samens, sowie bei Auswahl und Vorbereitung der Saatstellen sehr sorgfältig vorgeht. Bei der Pflanzung läßt sich am ehesten an der Arbeit für die Pflanz= löcher sparen, wenn man genügende Mengen von guter Kulturerde und Pflanzen mit concentrirtem Wurzelsystem verwendet. Auf die Erziehung von solchen wird noch viel zu wenig Rücksicht genommen, obwohl sie nicht einmal besondere Mühe macht, wenn man beim Verschulen ins Pflanzbeet die Pflanzriefen mit humoser Erde ganz oder theilweise ausfüllt.

Andrerseits kann auch zu viel geschehen, indem man bei Saaten zu große Samenmengen verwendet, oder bei gemischtem System die Bei= hülfe der natürlichen Verjüngung unbenützt läßt, die den künftigen Be= stand bildende Holzart gleich von Anfang an in dominirender Ueber= zahl einpflanzt, auch wo es nicht an den nöthigen sonstigen Füllhölzern, oder an bodenschützenden Stockausschlägen fehlt. Am meisten sieht man bei Nachbesserungen eine ungerechtfertigte Verschwendung, indem man zu nahe an den bereits vorhandenen Bestand heranpflanzt, oder mit Holzarten nachbessert, welche denselben nicht mehr einholen können, oder mit zu schwachen Pflänzlingen. Auch bei den Entwässerungen geschieht oft zu viel, indem man die Mithülfe des künftigen Wald= bestandes an der Trockenlegung nicht beachtet und dabei so tief ent= wässert, daß die Oberschichte, auf welche der junge Bestand zunächst angewiesen ist, für diesen zu trocken wird. In anderen Fällen nimmt man bei der Bodenvorbereitung mit dem schädlichen Ueberzug zu viel der besseren humosen Schichte mit hinweg, und pflanzt natürlich mit viel geringerem Erfolg in den sterileren Boden.

Mancher unnöthige Luxus herrscht auch noch in den Saat= und Pflanzschulen, wo oft schon die vielleicht ganz entbehrliche Umzäunung allzutheuer angelegt wird; früher war namentlich auch in den für die flachwurzelnden Fichten bestimmten Pflanzschulen ein allzutiefer Um=

bruch) des Bodens üblich und noch jetzt verursacht die pedantische Ent=
fernung von Stöcken, größeren Felsen 2c. manch unnöthige Ausgabe;
desgl. die mit den vielen Wegen getriebene Raumverschwendung in den
Pflanzschulen. Auch ist es sehr nachtheilig, wenn wegen Entlegenheit
der Saatschule von den Kulturstellen der Transport vertheuert und
die Sicherheit der Kultur beeinträchtigt wird.

Die zweckmäßige Eintheilung der Kulturarbeiten ist an 315
und für sich schon nothwendig, besonders aber muß derselben aus An=
laß des fast überall hervortretenden Mangels an Arbeitskräften die
größte Aufmerksamkeit zugewendet werden. Zunächst ist für rechtzeitige
Räumung der Kulturstelle zu sorgen, sei es nun, daß es sich
blos um das Ausrücken oder die Abfuhr des aufbereiteten Holzes oder
auch noch um die Stockholzgewinnung handelt. Letztere muß da, wo
für die folgende Kultur Schaden vom Rüsselkäfer zu befürchten ist,
mindestens um ein Jahr der Bepflanzung vorangehen; auf sehr schwerem
thonigem Boden, wo noch der Nebenzweck der Aufschließung und
Lockerung des Bodens erreicht werden soll, ist manchmal eine solche
Zwischenpause ebenfalls zu empfehlen. — An steilen Gebirgshängen
und auf sehr felsigem Terrain ist man öfter genöthigt, für die Zu=
gänglichmachung der Kulturstelle durch Anlage von Fußpfaden 2c. sorgen
zu müssen.

Bei Ausführung der eigentlichen Kulturarbeiten müssen dieselben
zunächst in zwei verschiedene Kategorien eingetheilt werden, nämlich in
solche, die mit Rücksicht auf die Vegetationsentwicklung an eine be=
stimmte kurze und nicht zu verlegende Frist gebunden
sind, und in solche, welche in beliebiger Jahreszeit mit alleiniger Aus=
nahme von hartem Frostwetter vorgenommen werden können. Zu
letzteren gehört die Herstellung von Entwässerungs= und Schonungs=
gräben, die Zubereitung von Kulturerde, das Umlegen von Plaggen,
das Ziehen von Saat= oder Pflanzfurchen mit dem Pflug, oder das
Bearbeiten solcher von Hand; das Ausheben von größeren Pflanzlöchern
für Heister, das erste Umbrechen von Saat= und Pflanzschulen 2c.
Diese Arbeiten sind stets zu der Zeit auszuführen, wenn die Löhne am
niedrigsten stehen, wenn insbesondere die Feldgeschäfte ruhen. Doch
können auch hiebei Ausnahmen vorkommen, wenn man eine gewisse
Zahl von Arbeitern ständig das ganze Jahr hindurch zu beschäftigen
hat, oder wenn die ausgehobene Erde beziehungsweise das umgebrochene
Land den Einflüssen des Winterfrostes ausgesetzt werden soll. Der
eigene weitere Bedarf an Arbeitskräften, namentlich für die Holzauf=

bereitung, ist dabei stets im Auge zu behalten, damit letztere nicht be=
einträchtigt wird.

Die vorstehend aufgeführten Arbeiten sind in den meisten Fällen
nach Umfang und Qualität leicht zu controliren, weßhalb sie im Accord
vergeben werden, während die übrigen Kulturarbeiten von Anfang an
mit großer Sorgfalt ausgeführt werden müssen, weil sie nach der
Vollendung bezüglich ihrer Güte nicht mehr controlirt oder verbessert
werden können, weßhalb man sie fast allgemein durch Tagelöhner
unter gehöriger Anleitung und Aufsicht ausführen läßt. Zu den
wenigsten Verrichtungen dieser Art wird ein größerer Kraftaufwand
erforderlich; es genügt meist eine pünktliche und aufmerksame Aus=
führung; deßhalb ist es zulässig und wegen der dadurch zu erzielenden
Lohnersparnisse empfehlenswerth, hiezu womöglich nur Frauen oder
überhaupt jüngere und schwächere Personen zu verwenden.

Die Ausführung von Saaten oder Pflanzungen zur Herbstzeit
wird nur in den Fällen nöthig werden, wenn die Aufbewahrung des
Samens Schwierigkeiten macht (Bucheln und Tannensamen), und
wenn der frischgesäete Same nicht von Mäusen, Vögeln ꝛc. bedroht
wird, oder wenn die Pflanzung an sonnigen, trockenen Hängen aus=
zuführen ist, oder wenn frühtreibende Holzarten, namentlich Lärche und
Tanne, zur Verwendung kommen; endlich wenn unter Schutzbestand
gepflanzt werden kann. — Bei der Herbstpflanzung empfiehlt sich mög=
lichst früher Beginn; einerseits, damit noch ein Anwachsen stattfinden
kann, andrerseits, damit man nicht in die kurzen und kälteren Tage
hineinkommt, wo meist bei gleichen Lohnsätzen wie für die längern
Tage viel weniger gearbeitet wird. Es gelingt aber selten, frühzeitig
genug zu beginnen, weil einerseits die Ernte= und Bestellungsarbeiten
alle verfügbaren Hände im Felde beschäftigen und meist auch noch die
Witterung zu trocken oder zu kalt ist. Immerhin ist es nöthig, die
Herbstzeit für Kulturzwecke möglichst auszunützen, wenn man größeren
Geschäftsaufgaben gegenübersteht und Arbeiter zur Verfügung hat.

Die Reihenfolge, in welcher die Kulturarbeiten zur Ausführung
kommen sollen, bestimmt der Wirthschaftsführer, und je mehr zu thun,
je kürzer die zur Verfügung stehende Zeit bemessen ist, um so sorgfältiger
müssen die hiebei influirenden Verhältnisse erwogen werden. — Die
Saaten lassen sich am ehesten zurückstellen, namentlich wenn die nöthige
Bodenvorbereitung schon vor der eigentlichen Kulturzeit stattgefunden
hat. Unter den Pflanzungen sind die mit ballenlosen Pflänzlingen aus=
zuführenden stets die dringendsten; hernach bestimmt sich die Reihen=

folge zunächst nach den Anforderungen der verschiedenen Holzarten: Birken, Lärchen und Weißtannen ertragen eine Verspätung am schwersten, ebenso die Buchen, nur die Stummelpflanzung läßt sich bei ihr wie bei der Eiche noch ohne Nachtheil nach dem Laubausbruch ausführen. Die Fichte darf schon etwas angetrieben haben, ohne daß ihr das Verpflanzen schadet; die Kiefer erträgt dasselbe, wenn sie schon 1—2 cm lange Gipfeltriebe angesetzt hat, vorausgesetzt, daß man sie sonst gut behandelt und namentlich die Wurzeln sorgfältig aushebt und vor dem Austrocknen schützt.

Neben dieser durch die Holzarten bestimmten Reihenfolge wirken auch die Standortsverhältnisse darauf ein, so daß auf leichtem sandigem Boden in trockener sonniger Lage, in der wärmeren Niederung früher gepflanzt wird, als unter entgegengesetzten Verhältnissen. Mit Hülfe einer im Sommer zuvor gut vorbereiteten Kulturerde kann man die verzögernd oder beengend auf die Arbeit einwirkenden Bodenverhältnisse, namentlich zu große Nässe oder Härte, einigermaßen neutralisiren und die Kulturzeit wenigstens in Etwas erweitern, da sich mit diesem Hülfsmittel die nach eingetretenem Regen sonst nöthigen Unterbrechungen der Arbeit abkürzen lassen, woneben noch bessere Arbeit geliefert wird.

In allen Fällen sind die Nachbesserungen früherer Kulturen, oder natürlicher Verjüngungen stets als die bringendsten Arbeiten anzusehen, was aber noch häufig mißachtet wird. Allerdings spricht Einiges dafür, daß man im Anfang des Kulturjahres nicht gleich jeweils mit den Nachbesserungen beginnt, sondern zunächst die Arbeiter auf größeren Blößen einschult, wo sie leicht beaufsichtigt und eingeleitet werden können, hernach aber die besseren auswählt, um sie zu dem schwierigeren Geschäft zu verwenden. Nachbesserungen werden auch dadurch sehr erleichtert, daß man die dürrgewordenen Pflanzen der ersten Kultur nicht ausreißen läßt, bis man mit der Nachpflanzung beginnt; dieß ist namentlich da angezeigt, wo das Löchermachen schwierig ist, oder Füllerde zur Anwendung kam; sind aber Maikäferlarven vorhanden, so müssen sie zunächst sorgfältig gesammelt werden, bevor man aufs Neue in die alten Löcher pflanzt. — Nach Beendigung der Pflanzungen ballenloser Pflänzlinge folgen die Ballenpflanzungen, dann die Saaten im Freien und in den Pflanzschulen, während das Verschulen in letzteren schon früher in Gang gesetzt werden muß.

Vor dem Beginn der Kulturarbeiten hat man mit dem die Aufsicht führenden Personal die Kulturstellen einzeln zu begehen und über die Vorbereitungen zur Arbeit und

deren Ausführung ins Einzelne gehende Anleitung zu
geben; dieß ist namentlich bei schwierigeren Nachbesserungen, bei Ausführung gemischter Saaten und Pflanzungen nothwendig, und können
bei diesem Anlaß auch noch die Reihen und Horste vorgezeichnet werden.
Es ist hiebei gleichzeitig zu bestimmen, von wo, in welchen Quantitäten
und in welchen Transportmitteln die Pflanzen bezogen werden, wie und
wo die ausgehobenen Vorräthe auf der Kulturstelle zu verwahren,
wohin die stärkeren und die schwächeren Exemplare zu verwenden sind,
welche Pflanzstellen eine sorgfältigere Bearbeitung, die Beigabe von
mehr Füllerde erfordern u. s. w.

Bezüglich der beizuschaffenden Pflanzenvorräthe ist zu sagen, daß
zu große Mengen die gute Verwahrung auf der Kulturstelle erschweren;
es ist deßhalb meist schlecht gespart, wenn man die Pflanzen in großer
Zahl im Vorrath aushebt und in vollen Wagenladungen transportirt.
— Das Aufsichtspersonal ist auch stets zum Voraus darüber zu instruiren, wie etwa nach Unterbrechung der Arbeit durch Regen zc.
oder nach vollständiger Beendigung derselben die Arbeiter zu beschäftigen sind.

Es empfiehlt sich nicht, gleichzeitig an verschiedenen Punkten mit
der Arbeit zu beginnen, es ist viel besser, wenn man zunächst an einem
Ort die Arbeiten einleitet und organisirt, womöglich unter Beiziehung
des gesammten Aufsichtspersonals oder wenigstens des ungeübteren
Theils davon; ist dann hier das Nöthigste geordnet und organisirt, so
wird auf der zweiten Kulturstelle ebenso verfahren u. s. w. — Sind
die Arbeiten etwas complicirter Natur, oder die Aufseher und Vorarbeiter weniger eingeübt, so ist es gut, wenn man auf der betreffenden
Kulturstelle zunächst nur mit einer geringeren Zahl von Arbeitern beginnt und erst, wenn diese genügend eingeübt sind, an den folgenden
Tagen weitere Kräfte heranzieht, welche dann zwischen die bereits eingeleiteten Arbeiter eingestellt werden.

Wenn die Arbeit selbst eingeleitet werden soll, so ist es ein Haupterforderniß, jedem einzelnen Arbeiter seine bestimmte Funktion zuzuweisen, ihn über die Art der Ausführung, über die besten Handgriffe zc.
eingehend zu belehren; namentlich ist dieß nothwendig bei Nachbesserungen,
wo die Aufsicht und Leitung weniger ins Einzelne gehen und controliren
kann. — Eine entsprechende Theilung der Arbeit ist in den
Fällen von selbst geboten, wenn man für schwerere Arbeiten, Pflanzstufen
machen zc., kräftigere, für das Einpflanzen dagegen schwächere Personen
zur Verfügung hat; aber auch sonst kann man bei umsichtiger Berück-

sichtigung der physischen und intellektuellen Kräfte der einzelnen Arbeiter, namentlich bei Pflanzschularbeiten, die Arbeit fördern, wenn es möglich ist, jedem ausschließlich einen besonderen Theil der Verrichtungen zuzuweisen.

Dem Aufsichtspersonal ist sodann besonders zu empfehlen, daß es für ruhigen, gleichmäßigen Fortgang der Arbeiten sorge; vor Unterbrechung der Arbeit während der Ruhestunden oder der Nacht die noch unverwendeten Pflanzenvorräthe genügend verwahren lasse; die Zeiten für den Beginn, die Unterbrechung, wie für die abendliche Beendigung der Arbeit sind genau einzuhalten; unzulässig ist namentlich hiebei das Versprechen einer früheren Entlassung vom Arbeitsplatz, falls ein gewisses Arbeitsmaß zuvor geleistet sei, weil sonst zu schnell und deßhalb schlecht gearbeitet wird. — Die vom Aufseher zu gebenden Befehle und Weisungen müssen bestimmt gefaßt und wo möglich auch an eine bestimmte Person gerichtet sein; er muß für die ganze Arbeitercompagnie denken und das gehörige Ineinandergreifen der verschiedenen Verrichtungen veranlassen, rechtzeitig die nöthigen Pflanzenvorräthe zur Stelle schaffen lassen, das unnöthige Hin- und Herlaufen verhindern; bei Verwendung von Kulturerde stets den kürzesten Weg vorschreiben, auf welchem dieselbe beizuschaffen ist u. s. w. — Es ist also sehr wichtig, für diese Zwecke recht zuverlässige und intelligente Leute zu verwenden und sich solche heranzuziehen.

XIX. Reinigungs-, Auszugshiebe und Durchforstungen.

Diese wirthschaftlich sehr wichtigen Maßregeln sind zwar bereits 317 mehrfach erwähnt und so weit besprochen worden, als es sich um die Berücksichtigung der Eigenthümlichkeiten bei den einzelnen Holz- und Betriebsarten handelte, wobei aber stets auf das allen Gemeinschaftliche, wie es in Nachfolgendem übersichtlich zusammengestellt ist, Bezug genommen werden mußte, um Wiederholungen zu vermeiden.

Die Reinigungshiebe haben den Zweck, in jüngeren Schlägen die nicht wünschenswerthen Stockausschläge derselben Holzgattung zu entfernen und einen rein aus Samen erwachsenen Bestand herzustellen. Die Auszugshiebe sollen eine oder mehrere Holzarten, beziehungsweise Altersklasse zu Gunsten einer anderen verdrängen. Bei diesen beiden Hiebsarten nimmt man keine Rücksicht darauf, ob die herauszunehmende Holzart herrschend oder unterdrückt ist, wogegen die Durchforstungen erst beginnen, wenn unterdrückte Stämme sich bilden oder bereits vorhanden sind, und werden dabei in der Regel nur diese herausgenommen, ohne den Schluß des Bestandes zu unterbrechen.

Streng genommen wird selten eine dieser Hiebsarten rein durchgeführt werden können, es werden immer Uebergriffe in das Gebiet der einen oder andern stattfinden müssen. Im Allgemeinen ist bei allen drei Hiebsarten im Auge zu behalten, daß sie das Gedeihen und Wachsthum einer oder mehrerer Holzarten befördern sollen, und daß sie bei umsichtiger Anwendung sehr wirksame Hülfsmittel einer rationellen und rentablen Forstwirthschaft bilden. Ihre Bedeutung und namentlich ihr Verhältniß zu der vielfach, aber irrigerweise höher geschätzten Kulturthätigkeit ist am treffendsten gezeichnet in einem königl. preußischen Ministerialrescript vom 16. April 1865 in folgendem Satz: „Die Erhaltung einer schon vorhandenen wüchsigen Eiche hat oft mehr Werth als die Pflanzung von zehn Eichen, deren Gedeihen noch zweifelhaft bleibt, und die Erhaltung einzelner wüchsiger Eichenhorste pro Morgen in den Verjüngungsschlägen ist oft von größerem Nutzen als die Anlage einer umfangreichen neuen, noch vielen Gefahren ausgesetzten Eichenkultur. Das Verdienst, welches der Forstwirth sich durch Erhaltung und Pflege des Vorhandenen erwirbt, ist daher nicht geringer als das Verdienst, welches er durch gelungene Kulturausführungen und Verjüngungsoperationen sich erwerben kann."

318   Handelt es sich blos von zwei Holzarten, wovon die eine der andern Platz zu machen hat, so nimmt man bei den Auszugshieben jene heraus, wo sie der letzteren schadet, oder wenn man weiter gehen will, hat die erstere auch dann noch Platz zu machen, wenn sich erwarten läßt, daß die andere in Bälde den Schluß herstellen wird. Besondere Rücksichten sind da zu nehmen, wo die auszuziehende Holzart der verbleibenden den nöthigen Schutz und Anhalt gewährt, oder wo auf Erhaltung der vollen Bodenüberschirmung wegen des Unkrautes, wegen sonniger Lage, Bodenarmuth rc., gedrungen werden muß. Hier ist allmählig und mit Vorsicht zu verfahren; man hat zwar der begünstigten Holzart allen Vorschub zu leisten, aber ihr die Ausbreitung Schritt für Schritt anzubahnen und sie im Besitz des einmal gewonnenen Terrains zu sichern. Nur durch öfter wiederkehrende, langsame und vorsichtige Herausnahme der betreffenden Holzart läßt sich in solchen Fällen das Ziel erreichen. Wenn die zu verdrängenden Holzarten vom Stock ausschlagen, so kann, je rascher und dichter dieß erfolgt, um so sicherer auf die Wiederherstellung einer Bodenüberschirmung gerechnet und darum auch stärker gehauen werden.

Wo mehrere Holzarten vorhanden sind, und von diesen wieder mehrere verdrängt werden sollen, da ist es nothwendig, zuerst zu bestimmen, welche absolut zu vertilgen und welche ausschließlich zu begünstigen sei; die übrigen sind dann zwischen diesen beiden in die richtige Reihenfolge zu bringen und ist hienach der Hieb so zu führen, daß die begünstigten Holzarten die nöthige Luft bekommen, ohne daß der Schluß allzusehr unterbrochen würde.

Sind die zu beseitigenden Holzarten schon weit voran, so ist vorsichtig zu verfahren, um die besseren allmählig an das Licht und den freieren Stand zu gewöhnen. Handelt es sich in diesem Falle um Vertilgung von Laubholzstockausschlägen, so soll auf jedem Stock ein Theil derselben stehen bleiben, um den nöthigen Schirm herzustellen und um die den benachbarten bessern Hölzern oft so schädlichen, in großer Menge hervorbrechenden stark belaubten Ausschläge im Wuchs zurück zu halten. Es sind aber stets vollkommen erstarkte Stockausschläge stehen zu lassen, weil die schwächeren bei der üppigen Laubentwicklung, welche in Folge dieses Aushiebs zu erwarten ist, leicht durch Regen umgedrückt werden; die stehengebliebenen Stangen werden dann später herausgehauen, wenn die begünstigten Holzarten so weit erstarkt sind, daß sie von den Stockausschlägen nichts mehr zu befürchten haben. — Zuerst werden immer die östlich, südlich oder westlich von den zu begünstigenden Stämmen stehenden Stockausschläge ꝛc. weggenommen, damit jene mehr Licht erhalten.

Ist eine Nadelholzart zu verdrängen, so muß dieß in der Regel mit besonderer Vorsicht geschehen, weil die dazwischen befindlichen Laubholzarten in dem dichten Schluß der Nadelhölzer sehr schlank erwachsen und daher nicht auf einmal ihrer Stützen beraubt werden dürfen; es kann in solchem Fall nothwendig werden, die Nadelhölzer blos zu entgipfeln oder theilweise zu entasten, damit sie das Laubholz noch eine Zeit lang stützen und mit ihren Seitenästen den Bodenschirm erhalten. Je mehr die zu begünstigende Holzart noch einer Stütze bedarf, um so weniger tief darf die Entgipfelung vorgenommen werden.

Die Reinigungshiebe sind womöglich im Sommer, nach Beendigung 319 des ersten Triebs, vorzunehmen; man erreicht dadurch den Zweck viel sicherer, weil die Triebe und Knospen der begünstigten Holzart unter dem vermehrten Einfluß des Lichts und der Wärme vollständig ausreifen können, während auf der andern Seite von den zu verdrängenden Holzarten keine oder keine so kräftigen Stock- und Wurzelausschläge mehr erfolgen, jedenfalls nicht mehr gehörig verholzen und daher mit ge-

ringerer Lebensfähigkeit ins nächste Vegetationsjahr übergehen. Laub=
hölzer, welche ganz verdrängt werden sollen, sind 0,5—1 m hoch über
dem Boden abzuhauen, und diese Stöcke, falls sie noch ausgeschlagen
haben, ein Jahr später am Boden wegzunehmen.

Kann gleichzeitig mit dem Aushieb ein zweckmäßiges Aufästen der
zu begünstigenden Laubhölzer vorgenommen werden, so wird dieß nur
günstig auf dieselben einwirken. Bei Nadelhölzern ist diese Maßregel
nur in feuchtem Klima gestattet, weil sie vorherrschend flachwurzelnd
sind, und daher die Unterbrechung der Bodenüberschirmung, welche das
Aufästen bedingt, einen Stillstand im Wachsthum nach sich zieht.

Nicht selten sind die künstlich erzogenen Saaten sehr dicht und es
entsteht hiedurch entweder eine Stockung im Wachsthum, namentlich
auf magerem Boden, oder werden die schädlichen Einflüsse des Windes,
Schnee= und Duftanhangs zu sehr begünstigt. Um dieß zu vermeiden,
muß die Pflanzenzahl auf einer so bestockten Fläche durch Ausziehen
oder Ausschneiden allmählig vermindert werden. Diese Maßregel
nähert sich zwar schon mehr den Durchforstungen, doch hat sich hier
in der Regel noch kein unterdrücktes Holz gebildet, es muß also die
Zahl der dominirenden Stämme vermindert werden. Sobald man ein
Kränkeln des Jungholzes, oder nur eine mehrere Jahre gleich bleibende
Verlangsamung des Wachsthums bemerkt, muß man durch allmählige
Verminderung der Stammzahl nachhelfen.

Wo es sich um Herausnahme einzelner älterer Stämme
handelt, da ist die möglichste Schonung des umstehenden Holzes, Er=
haltung des Bestandesschlusses, oder baldige Wiederherstellung desselben
zu bezwecken, weßhalb bei der Fällung, Aufbereitung und Abfuhr die
größte Vorsicht zu beobachten ist. Bei jüngeren Stämmen mit größerem
oder geringerem Vorsprung, welche sich zu sehr in die Aeste verbreitet
haben, reicht es öfters schon aus, wenn man dieselben theilweise ent=
ästet. Der durch Aushieb dieser Altersklasse verursachte Zuwachsverlust
ist meist sehr bedeutend, und die angestrebte Regelmäßigkeit des Be=
standes wird dadurch doch nicht erreicht; man erhält nur statt einer
positiven und rentablen Unregelmäßigkeit eine negative unrentable; es
empfiehlt sich also die Beschränkung einer solchen Maßregel aufs Aller=
nothwendigste.

320   Die Durchforstung hat den Zweck, den Zuwachs zu steigern,
oder ihn in einer bestimmten Richtung zu leiten; nebenbei läßt sich
noch die eine oder andere Holzart begünstigen oder verdrängen.

Wenn dieser Zweck erreicht werden soll, müssen die Durchforstungen beginnen, sobald in einem Bestand der Kampf um die Existenz eintritt, und haben sich in entsprechenden Perioden zu wiederholen; dabei dürfen sie sich aber nicht blos auf das bereits unterdrückte Holz beschränken, denn dieß wäre von geringem Einfluß auf die Förderung des Zuwachses; es muß vielmehr dem herrschenden Bestand die normale Ent= wicklung vorgezeichnet und erleichtert werden durch zeitige Herausnahme der angehend unterdrückten und beherrschten Stämme. Es giebt auch Fälle, wo man noch einen Schritt weiter gehen und die Zahl der herrschenden Stämme vermindern muß, z. B. in allzugedrängt stehenden Buchenverjüngungen oder Nadelholzsaaten; sodann insbesondere in angehend haubaren Hochwaldbeständen zur Zeit, wo der Höhenwuchs nachläßt und die Kronenentwicklung kräftiger erfolgen muß, wenn nicht ein Rückgang im Massenzuwachs eintreten soll. Im letzteren sind alle jene Stämme der Durchforstung verfallen, welche nur ganz schwache Kronen tragen und verhältnißmäßig geringe Stammstärke besitzen, sofern sie im Bereich kräftiger entwickelter Stämme stehen. Eine kleine Unterbrechung des Schlusses läßt sich hiebei nicht ganz vermeiden, nur darf solche niemals so stark sein, daß sie über die nächstfolgende Durch= forstung hinaus sich erhalten würde. Bei Laubholzbeständen, welche während des Winters durchforstet werden, wird öfter zu wenig heraus= genommen, weil der Wald im unbelaubten Zustand viel lichter aussieht als im belaubten.

Als weitere Regeln bei den Durchforstungen sind zu bezeichnen: 321

Daß mit Rücksicht auf den Standort der Hieb stärker geführt werden könne auf gutem Boden, in mildem und feuchtem Klima, in nördlichen und westlichen Lagen; daß da, wo vom Schnee= und Duft= anhang oder vom Wind Schaden zu befürchten ist, namentlich auch im Hochgebirge, von Jugend auf freier gestellt werden muß, indem man der einzelnen Pflanze möglichst viel Raum zu geben hat, damit sie ihre Aeste und Wurzeln allseitig kräftig zu entwickeln vermag; blos in dem Fall ist anfangs ein umgekehrtes Verfahren einzuhalten, wenn die Durchforstung verspätet vorgenommen wird; man darf dann nur sehr allmählig zu einer lichteren Stellung übergehen. Auf schlechterem Boden trägt bekanntlich dieselbe Fläche stets eine größere Stammzahl von gleichem Alter als auf besserem Boden, und es handelt sich bei jenem mehr als anderwärts um sorgfältige Erhaltung der Bodenüber= schirmung zum Behuf der Bodenverbesserung und Erhaltung der Feuch= tigkeit; deßhalb darf der Hieb nicht so stark geführt werden.

Mit Rücksicht auf die Holzart ist gestattet, bei tiefwurzelnden

Waldbäumen und bei solchen, die eine lichtere Stellung verlangen, z. B. Eichen, Forchen, Birken, Erlen, stärker zu durchforsten; Fichten stärker als Tannen. Die schattenliebenden Holzarten lassen die Ausscheidung des Nebenbestandes weniger leicht erkennen und werden deßhalb in der Regel zu schwach durchforstet.

In jüngerem Alter, so lange die Bestände noch vorherrschend in die Höhe wachsen, ist eine schwächere Hiebsführung nothwendiger, als später, wenn der Höhenwuchs beendigt ist.

Am Trauf, namentlich gegen das Feld und an exponirten Stellen im Innern des Waldes, ist ein voller Schluß sorgfältig zu erhalten, was aber nicht ausschließt, daß man den kräftig entwickelten Stämmen stets den nöthigen Raum verschafft.

Wo langschäftiges Bauholz erzogen werden soll, müssen die Hiebe am schwächsten geführt werden; wo das Brennholz ein Hauptproduct ist, da ist eine lichtere Stellung zulässig; die lichteste aber bei Erziehung von unregelmäßigen Krummhölzern zum Schiffbau.

Nicht selten ist es nothwendig, bei den Durchforstungen ältere Stämme herauszunehmen, wenn sie krank geworden sind, oder voraussichtlich den Umtrieb nicht mehr aushalten. Vor der Fällung sind dieselben auszästen zu lassen und nach derjenigen Richtung zu fällen, wo sie am wenigsten schaden. In der Umgebung solch älterer Stämme, welche vielleicht schon bei der nächsten Durchforstung, im Vorbereitungs- oder Besamungsschlag zu fällen sind, ist einiges unterdrückte Holz zu erhalten, damit die Lücke eher wieder verwächst, oder doch nicht zu groß wird.

Bei den ersten Durchforstungen ist vorzüglich darauf zu sehen, daß die stehenbleibenden Stämme in möglichst gleichem Abstand auf der Fläche vertheilt sind. Ausnahmen sind blos statthaft, wo kranke Stämme oder ungeeignete Holzarten zu entfernen sind.

Ferner sind im Hochwald die aus Samen erwachsenen Pflanzen fast ohne Ausnahme zu begünstigen und die Stockausschläge allmählig herauszunehmen (zu vereinzeln), dabei stets diejenigen zuerst zu entfernen, welche die nebenstehenden Samenpflanzen durch Ueberhängen im Wachsthum hindern, und nur diejenigen stehen zu lassen, welche eine mehr senkrechte Richtung angenommen haben. Bei kürzerem Umtrieb darf man aber mit Verdrängung der Stockausschläge nicht zu weit gehen.

In jungen Nadelholz=Dickichten müssen die bei der Arbeit

hinderlichen, abgeſtorbenen Zweige mit Vorſicht und ohne Be=
ſchädigung des Stammes entfernt werden.

Wo die begünſtigte Holzart durch andere (natürlich noch nicht
allzuſtark) zurückgedrängt iſt, muß derſelben allmählig Luft gemacht
werden, damit ſie gehörig erſtarken und Terrain gewinnen kann. Dieß
wird ihr weſentlich erleichtert, wenn man ihr zunächſt von Oſt, Süd
und Weſt her Licht verſchafft.

In unvollkommenen und unregelmäßigen Beſtänden
iſt beſonders darauf zu achten, daß in der Umgebung von Blößen oder
lichter beſtockten Stellen weniger weggenommen wird. Wo ſich der
Boden gern mit Unkraut überzieht, iſt die gleiche Vorſicht nöthig. Ob
mehr den jüngeren oder mehr den älteren Horſten aufgeholfen werden
ſoll, hängt von dem Altersklaſſenverhältniß ab, muß alſo vom Taxator
(möglichſt genau) beſtimmt werden.

In angehend haubaren und in weniger vollkommenen
mittelwüchſigen Beſtänden ſind zur Erleichterung für die künftige
Verjüngung der ſtärkere und ſchwächere Vorwuchs, theilweiſe
ſogar die Ausſchläge von früher weggenommenen Stangen zu erhalten.
Dieß iſt beſonders bei hohem Umtrieb wichtig, weil mit ganz altem
Holz allein nicht leicht der richtige Schutzbeſtand hergeſtellt werden kann.

In älteren Beſtänden und bei Nutzholzwirthſchaft muß auf die
Schonung des geſundeſten und werthvollſten Holzes Be=
dacht genommen werden; Stämme, die ſolches erwarten laſſen, ſind zu
erhalten, namentlich alſo aſtreine, die bei einer Brennholzwirthſchaft
in der Regel am leichteſten weggenommen werden können.

Die Erhaltung von Bodenſchutzholz und allem, was dazu
geeignet iſt, muß in älteren Beſtänden, wie auf geringem und ſehr zur
Verunkrautung geneigtem Boden, ſowie bei Holzarten, die ſich bald
licht ſtellen, ſorgfältig berückſichtigt werden.

Die Durchforſtungen laſſen ſich, wo die Rückſicht auf das zu ge=
winnende Material es nicht anders verlangt, ohne Anſtand im
Sommer wie im Winter ausführen.

Die Wiederholung dieſer Hiebsart richtet ſich nach dem mehr 322
oder minder raſchen Wiedereintritt des Kampfes zwiſchen den herrſchenden
Stämmen; man kann dabei nicht jedes Drängen und Unterdrücktwerden
vermeiden, weil ſonſt die Holzgewinnung und die Arbeit zu ſehr zer=
ſplittert würde; aber man muß da bälder entſcheidend einſchreiten, wo
die Erhaltung einer lichteren Stellung aus wirthſchaftlichen und ökono=
miſchen Gründen nothwendig erſcheint, oder wo der vorangegangene

Hieb dunkel gehalten wurde. Auf magerem Boden, wo vorsichtiger gehauen wird, sind die Durchforstungen in kürzeren Zeiträumen zu wiederholen. — Mit Hülfe des Preßler'schen Zuwachsbohrers lassen sich Stockungen im Zuwachs am sichersten erkennen, ebenso auf den Abhiebsflächen der gefällten, oder an Einkerbungen stehender Stämme.

Im Niederwald und im Unterholz der Mittelwaldungen kann gleichfalls die Vornahme von Durchforstungen nicht genug empfohlen werden, wie dieß schon oben (286) durch Beispiele nachgewiesen ist. Im Eichenschälwald steigern die Durchforstungen Qualität und Quantität der Rinde. — Bei gemischter Bestockung ermöglichen derartige Durchforstungen die Reduction oder gänzliche Verdrängung der minder erwünschten Holzarten, oder auch solcher, welche etwa den höheren Umtrieb nicht aushalten. Außerdem kann hiebei dem vorhandenen Kernwuchs, eingepflanzten Heistern ꝛc. das nöthige Licht verschafft werden.

Es ist im Allgemeinen zu bemerken, daß die Durchforstung eigentlich selten so weit gehen kann, daß nur noch die äußersten Zweigspitzen der Bäume sich berühren; in jedem normalen und regelmäßigen Bestande werden vielmehr die Zweigspitzen noch in einander greifen, wenn ein ordentlicher Schluß vorhanden ist, ohne daß deßhalb unterdrücktes Holz sich vorfinden wird. Doch kommen auch, namentlich bei den lichtbedürftigen Holzarten Fälle vor, wo ein eigentlicher Bestandesschluß nicht mehr besteht und doch einzelne Stämme absterben, aus keinem andern Grund, als weil sie für die eigenthümlichen Anforderungen der Holzart zu gedrängt stehen; dieß tritt namentlich bei Kiefern und Lärchen, wie auch bei Eichen in älteren Beständen häufig ein, bei jenen oft schon mit dem 40. Jahre.

Außer den im Bestand selbst liegenden Bedingungen haben auch noch Einfluß auf die Hiebsführung in den Durchforstungen die Gelegenheit zum Holzabsatz, die Höhe der Arbeitslöhne, die mehr oder weniger häufigen Holzdiebstähle und die Streunutzungen. Bei ungünstigen Absatzverhältnissen wird man später und weniger, dann aber (so weit zulässig) möglichst stark durchforsten, ebenso bei hohen Arbeitslöhnen; diesen kann man übrigens dadurch einigermaßen entgegenwirken, daß man das Holz durch die eigenen Arbeiter blos fällen läßt und das Ausrücken, so wie die weitere Aufbereitung den Käufern überläßt. Oder auch man besorgt noch das Ausrücken in eigener Regie und verkauft das Material in Haufen. Wo Holz- und Streudiebstähle häufig sind, hat man stets etwas vorsichtiger zu durchforsten, ebenso wo die

Streunutzung auf legalem Wege ftärker betrieben wird, damit ftets ein entsprechender Schluß erhalten bleibt.

Das Aufaften der Bäume durch Wegnahme eines Theils der 323 Aeste am ftehenden Stamm findet ftatt, wenn einzelne vorgewachsene und allzureich beaftete Stämme den umgebenden Beftand in seiner normalen Entwicklung beeinträchtigen, und sich doch nicht entfernen laffen, ohne den Schluß wesentlich zu unterbrechen, oder das Holz vor= zeitig verwerthen zu müssen; in andern Fällen soll dagegen der Längen= wuchs eines freiftehenden Stammes mehr befördert oder aftreines Nutz= holz erzogen werden.

Das Aufäften eines Stammes hat hauptsächlich in jenem Alter eine günftige Wirkung, so lange das Höhenwachsthum noch vorherrscht. Auch da, wo sich dieses durch zufällige, ungünftige Einflüsse, durch häufig wiederkehrende Fröste, Verbeißen von Wild, Weidevieh 2c. bälder, als es Regel ift, abgeschloffen hat, ift jene Maßregel immerhin noch zweckdienlich, um den zu früh eingetretenen Stillstand wieder zu heben; doch dürfen aber die entftehenden Wunden nicht allzuzahlreich werden, weil sonft der Stamm leicht krank wird oder später an technischer Brauchbarkeit verliert.

Beim Aufäften ift zu unterscheiden zwischen Nadelholz und Laub= holz. Erfteres erträgt diese Operation weniger gut und sie kann ge= radezu schädlich wirken, wenn dadurch in jüngeren Beftänden der Schluß unterbrochen wird. Die Tanne und Lärche ertragen das Abnehmen eines Theils ihrer Aeste in jüngerem und mittlerem Alter ziemlich gut, bei vorsichtiger Behandlung auch die Fichte und Kiefer*).

Beim Laubholz ift eine Verminderung der Aftverbreitung häufiger zuläffig, weil die Reproductionskraft größer ift, und meiftens auch noth= wendiger, weil sich das Aftsyftem auf Koften des Stammes mehr als beim Nadelholz entwickelt. Ein völliges Entäften ift aber selbft bei jüngeren Laubholzftämmchen nicht thunlich; denn es hätte nur zur Folge, daß sich eine größere Zahl von sogenannten Wafferreisern bildete, wodurch dann der Trieb wieder vom Gipfel abgelenkt würde. Man hat auch beim Laubholz nur langsam sich dem Ziele zu nähern, und zuerft die ftärkften Aeste, oder diejenigen, welche die Form des Stammes verderben, wegzunehmen. Es sind übrigens dabei auch die Koften zu berückfichtigen; je öfter sich die Aufaftung wiederholt, um so theurer wird diese Maßregel; im Großen kann man deshalb selten eine

---

*) Vgl. Monatschrift für Forst= und Jagdwesen von 1859. S. 250.

Wiederholung eintreten lassen. Ueberhaupt empfiehlt sie sich schon des Kostenpunkts wegen nur für kleinere, sehr intensiv betriebene Wirthschaften und auch hier nur in beschränkterem Umfange, sie wird bei Anwendung im Großen kaum je rentabel werden. — Der Forstmann soll deßhalb bestrebt sein, durch eine auch in anderer Beziehung vortheilhafte baldige Herstellung des Bestandesschlusses oder durch horstweise Gruppirung und durch zweckmäßige Auswahl der Oberholzstämme dieses kostspielige Hülfsmittel entbehrlich zu machen.

Die zweckmäßigste Zeit des Aufastens ist der Spätsommer, ehe das Wachsthum ganz beendigt ist; es bilden sich in diesem Fall nicht so viel Wasserreiser an den Wunden und dem Baum werden für das kommende Frühjahr weniger Nahrungsstoffe entzogen. Soll unmittelbar vor Beginn der Vegetationszeit aufgeastet werden, so darf dieß bei schwächeren Stämmen nicht so stark geschehen, weil sonst der Baum sich leicht zu üppig entwickelt und der schwereren Last der Blätter nicht gewachsen ist. Geschieht das Aufasten mehr mit Rücksicht auf das umgebende Holz, so kann es stärker betrieben werden; an Bäumen, die nicht mehr lange stehen, kann man auch stärkere Aeste abnehmen. Ebenso braucht man diejenigen Stämme, welche blos Brennholz abwerfen sollen, weniger schonend zu behandeln. Im Uebrigen vgl. 269.

XX. Wildholzzucht außerhalb des Waldes.

324   Der Kopfholzbetrieb ist eigentlich keine besondere, namentlich keine rein forstliche Betriebsart. Derselbe bildet mehr nur eine Unterabtheilung des Niederwaldbetriebs und es besteht im Wesentlichen kein Unterschied zwischen beiden, als daß beim Kopfholz die Erziehung der Ausschläge in einer bestimmten größeren Höhe über dem Boden bezweckt wird.

Es eignen sich hauptsächlich hiezu die baumartigen Weiden, Salix alba, fragilis, purpurea und amygdalina, die canadische Pappel und auch noch die Schwarzpappel. Von den Harthölzern sind besonders hiezu geeignet die Ulmen, Eschen, Eichen, Hainbuchen; weniger dagegen Ahorn, Buchen und Akazien, letztere wegen des geringen Widerstands, den die einzelnen Ausschläge dem Wind und dem Schneedruck gegenüber leisten; sie brechen am Kopf gar zu leicht ab.

Der Kopfholzbetrieb verlangt einen guten Boden und gewährt dann auf solchem bei entsprechendem Verband einen erheblichen Ertrag von der Gras- oder Weidenutzung; da aber übrigens die guten Böden bei ausschließlich landwirthschaftlicher Benutzung besser rentiren, so bleibt dieser Betrieb meist nur auf die Ueberschwemmungsgebiete der Flüsse oder auf die Uferpflanzungen an kleineren Gewässern beschränkt, wo er fast ebenso hohe Holzerträge liefert wie der Niederwald, gleiche Umtriebszeit und Holzart vorausgesetzt. —

Der zu wählende Verband hat sich nach der Holzart, der Umtriebszeit und der beabsichtigten Nebennutzung zu richten; je mehr auf letztere Rücksicht zu nehmen, je höher der Umtrieb und je reichlicher die Ausschläge bei einer Holzart erfolgen, um so weiter ist der Verband zu wählen; zwischen 4×4 m bis 6×6 m werden die meisten fallen.

Die erste Anzucht der Kopfholzstämme muß auf künstlichem Wege bewerkstelligt werden, bei den Weichhölzern durch Setzstangen (ähnlich zu behandeln wie Stecklinge 285, nur nimmt man sie von 5—6jährigen Trieben und macht sie 2,5—3 m lang, wovon etwa 0,6 m in den Boden kommen), bei den Harthölzern durch bewurzelte Heister. Bei letzteren hat man auf ein stufiges Wachsthum hinzuwirken, damit der Stamm stark genug werde, um die Last der Krone zu tragen; man hat deßhalb den Höhenwuchs auf Kosten der Astentwicklung zurückzuhalten, was durch zweckmäßiges Einstutzen des Gipfeltriebs geschieht. Hat dann der Stamm die für Kopfholz taugliche Höhe, so bewirkt man dort die Bildung von möglichst vielen Seitenästen und nimmt die unterhalb der Krone befindlichen Zweige weg, wenn der Stamm die nöthige Stärke erreicht hat. Werden die Kopfholzstämme aus unbewurzelten Setzstangen erzogen, so sind die im ersten und zweiten Jahre nach dem Einsetzen überall hervorbrechenden Ausschläge zweimal im Sommer (nach dem ersten und zweiten Safttrieb) abzunehmen, mit Ausnahme der in der Nähe der künftigen Krone befindlichen. Der erste und zweite Abhieb der Ausschläge hat einige Jahre früher einzutreten, als bei alten Stämmen, weil sonst die Aeste dem Stamm zu schwer werden.

Der Abhieb der Stämme hat in der erforderlichen Höhe, meistens zwischen 2—3 m über dem Boden zu geschehen; es richtet sich dieselbe nach den Zwecken, die als Nebennutzungen erreicht werden sollen, und es ist dabei nur zu bemerken, daß die Höhe, wie sie beim ersten Abhieb festgestellt wird, später nicht mehr leicht verändert werden kann. Wo Viehweide stattfindet, müssen die Stämme so hoch genommen werden, daß das Vieh den Ausschlägen nicht beikommen kann.

Beim Hieb gelten die gleichen Regeln wie beim Niederwald, nur ist noch größere Sorgfalt darauf zu verwenden, daß der Stamm durch das Fällen der Ausschläge keinen Schaden leide. Man darf ferner nie im alten Holze hauen, sondern muß von jeder wegzunehmenden Stange ein 5—10 cm langes Stück stehen lassen, an dem dann die neuen Ausschläge erfolgen.

In manchen Fällen wird das Ueberhalten einer Ausschlagstange anempfohlen, es ist dieß aber nicht nothwendig und unter Umständen dem Stamm schädlich, weil die fragliche Stange durch ihre Schwere leicht umgedrückt und dabei ein Stück vom Stamm abgeschlitzt werden kann.

Sehr zweckmäßig ist es dagegen, wenn man blos die stärkeren Ausschläge heraushaut und die schwächeren stehen läßt, weil in diesen dann rasch ein stärkerer Zuwachs erfolgen kann, und der Stamm nicht veranlaßt wird, so viele neue Ausschläge zu treiben, wovon ein großer Theil unnütz wieder verdirbt. Auch soll man im ersten Jahre einen Theil der zahlreich erscheinenden Ausschläge wegnehmen, um das Wachsthum in den übrigen zu beschleunigen; dieß ist namentlich da zu empfehlen, wo sich dieses Material zu Flecht= und Bindweiden ꝛc. gut verwerthen läßt.

Die Umtriebszeit setzt man beim Kopfholz gewöhnlich zwischen 4—10 Jahre, die höhere nur bei harten Hölzern, weil die Ausschläge vom Wind leicht abgeschlitzt werden, wenn man sie zu stark werden läßt.

Wenn ein Stamm keinen kräftigen Ausschlag mehr zu liefern im Stande ist, so wird er weggehauen. Es ist jedoch dabei zu bemerken, daß oft ganz schlechte, hohle Stämme noch die gleiche Productionskraft besitzen, wie gesunde.

325　　Bei der Schneidelwirthschaft läßt man dem Stamm den Gipfel und schneidet jährlich, oder alle 2—6 Jahre die Seitenzweige ab, meist wegen des Laubs zur Fütterung. Am besten geschieht dieß Ende August, damit sich im Herbst keine neuen Ausschläge mehr bilden, weil solche Spättriebe den Winter über leicht erfrieren und dadurch der Baum geschwächt wird. Die Eichen und Linden, welche um diese Zeit noch frisches Laub haben, eignen sich deßhalb sehr gut für diesen Betrieb, Pappeln dagegen weniger, weil ihr Laub früh trocken wird und abfällt. Für die landwirthschaftlichen Nebennutzungen ist dieser Betrieb vortheilhafter, als der Kopfholzbetrieb, weil er eine geringere Ueberschirmung des Bodens veranlaßt.

Ein Mittelding zwischen Kopf= und Schneidelwirthschaft findet sich in manchen Alpenthälern, wo man Ahornen, Linden ꝛc. die Hauptäste auf halbe Länge einkürzt, um hier einen reichlichen Ausschlag zu veranlassen, welcher dann des Laubes wegen jeweils im Spätsommer abgenommen

und in kleine Büschel gebunden wird, welche dann getrocknet und be=
sonders den Schafen gefüttert werden. — Da und dort findet man
auch Birken in der Nähe der Gehöfte, welche zum Zweck der Erzeugung
von Besenreis ähnlich behandelt werden.

Das Futterlaub ist vor Nässe zu bewahren, also unter Dach in
Schuppen ꝛc. zu trocknen, nachdem es zuvor in Büschel von 1 m Um=
fang gebunden wurde; glattes Reis ist besonders zu behandeln und
darf namentlich nicht so fest gebunden werden wie sperriges, weil es
sonst schimmelt.

Der Forstmann hat öfter auch bei Befestigung von Bö=
schungen, Erdrutschen, Flußufern und Wildbächen mitzu=
wirken, wobei die Holzerziehung Nebensache ist und andere Rücksichten
maßgebend sind.

Bei Befestigung von Böschungen ist zunächst auf gehörige Ab= 326
leitung des Wassers hinzuwirken und sind namentlich verborgene Quellen
aufzusuchen und dieselben in Drainröhren, oder durch Sickerdohlen
abzuleiten. — Ist die Böschung sehr steil und läßt sich ihr eine
mäßige Neigung nicht geben, so muß man strauchartige, möglichst tief=
wurzelnde Holzarten anziehen; es eignet sich hiezu auf nassem Boden
besonders die Weißerle, weil sie Wurzelbrut treibt, ebenso auf minder
nassen Stellen die Aspe, die strauchartigen Weiden und die Alpenerle.
Die Weiden können als Stecklinge oder sogar in der Form von Flecht=
zäunen eingesetzt werden, was besonders da von Werth ist, wo die
Bodenoberfläche nicht wund gemacht werden soll. Auf trockenem Boden
sind zu wählen Akazien, Birken, Haseln, Legföhren; auf Kalkboden
und in Kalkgestein gedeiht auch die Sahlweide noch gut (277). Einer
möglichst engen Pflanzung ist der Vorzug zu geben.

An Straßen sollen die Böschungen oft nur mit niedrig bleibendem
Gesträuch bepflanzt werden. Hiezu eignen sich auf sandigem Boden
Besenpfriemen, Ginster, Wachholder und Heiden; auf thonigem Boden
zur Noth auch noch Wachholder oder die Hauhechel (Ononis spinosa),
auf nassem Boden die Alpenerle, Garnweide (Salix aurita). Oefters
ist auch die Ansaat von Luzerne, Esparsette oder einer passenden Gras=
mischung genügend, doch kommt bei Grassaaten ein Abrutschen leicht
vor, weil die Wurzeln nicht tief gehen, man muß daher Bäume oder
Sträucher einzeln dazwischen pflanzen; noch besser ist es, wenn man
Stecklinge einbringen kann, weil dabei eine Lockerung des Bodens ver=
mieden wird. An steilen Böschungen und an nassen Stellen dürfen

die gepflanzten Holzarten nie baumartig werden, weil sonst ihre Schwere das Abrutschen befördert.

Bei Erdabrutschungen ist zunächst die Ableitung des Wassers aus dem Bereich des bewegten Terrains mit besonderer Sorgfalt vorzunehmen; hierauf hat möglichst bald die Bepflanzung in der oben angegebenen Weise zu folgen.

327 Zur Sicherung der Flußufer eignen sich vorzüglich Erlen und Weiden, auch Pappeln, Eschen, Ulmen und andere rasch wachsende Holzarten; nur darf man solche Hölzer, die baumartig werden, nicht zu nah an das Wasser bringen, weil sie sonst leicht von der Strömung unterwaschen werden. Es ist hiebei so rasch und so dicht als möglich ein Bestand anzuziehen. Bei den Erlen kann man auf wundem, schlammigem Boden eine Saat versuchen und bei den Weiden sind so viel als möglich Stecklinge einzubringen. Dieselben müssen lang genug sein, um noch in den feuchten Untergrund hinabzureichen, und müssen so eingesteckt werden, daß das Wasser leicht über sie wegströmen kann. Diese Kulturarbeiten dürfen erst dann vorgenommen werden, wenn die Hochgewässer im Frühjahre verlaufen sind. Auf sandigen, trockenen Stellen ist der Seekreuzdorn anzuziehen; auch gedeiht da noch Salix argentea und repens, so wie die Akazie. Die Silberpappel und Aspe sind namentlich wegen der Wurzelausläufer sehr zu empfehlen, sie erfordern aber schon einen bessern Boden und lassen sich nicht so leicht durch unbewurzelte Stecklinge fortpflanzen; die Wurzelausläufer von alten Stämmen wachsen aber sicher an.

Handelt es sich um Beförderung der Verlandung in Altwassern, so sind zu dem Zwecke zunächst Schlammfänge anzulegen; man gräbt nemlich, auf 8—12 m Entfernung frischgehauenes etwa 1—2 m langes Weiden- und Pappelnreisig 0,6 m tief reihenweise in den Boden ein, wobei man zwischen den einzelnen Aesten einen genügenden Raum läßt, damit das Wasser möglichst ungehindert durchziehen kann. Die Reihen müssen rechtwinklig auf die Strömung gerichtet werden, und das Reis muß mit dem untern Ende in einem spitzen, stromaufwärts gerichteten Winkel eingelegt oder eingesteckt werden. Auch durch nesterweises Eingraben von Weidenreisig in 0,5 m tiefe, etwa 1 m weite und 3—5 m von einander entfernte Gruben läßt sich derselbe Zweck erreichen.

328 Die Verbauung von Wildbächen ist, wenn es sich um weit vorgeschrittene Verwüstungen handelt, kaum noch Sache des Forstmannes; jedenfalls muß sich derselbe für solche wichtigere Unternehmungen den Rath eines erfahrenen Wasserbautechnikers einholen.

Belehrend sind auch die in den Schweizer Alpen (Kanton Bern, Graubünden 2c.) ausgeführten Verbauungen. Dem Forstmann des Gebirges liegt aber die sehr wichtige Verpflichtung ob, es nie so weit kommen zu lassen, daß man die Hülfe des Wasser= bautechnikers in Anspruch nehmen muß; es ist hier eine der nützlichsten Wirkungen des Waldes, daß er den Boden bindet und vor Abschwemmung schützt, die Bildung von Wildbächen hindert. Der Forstmann kann also durch die Ausübung seines Hauptberufes schon vielen Schaden verhindern; nebenbei aber muß er darauf bedacht sein, die auf Kahlschlägen, Blößen 2c. sich bildenden kleineren Rinnsale als die Anfänge des größeren Uebels rechtzeitig zu beseitigen, oder durch Einstellen von Geflechten, steinernen Querdämmen 2c. den Wasserlauf zu reguliren; nebenbei aber auch durch baldige Wiederbestockung der Verjüngungsflächen sich im neuen Bestand ein weiteres Mittel zur Abwehr heranzuziehen.

Für die Anlage von Hecken wurde früher die Saat empfohlen, 329 es verdient aber die Pflanzung schon darum den Vorzug, weil sie bälder einen Erfolg verspricht. Handelt es sich um Erzielung eines Schutzes gegen Menschen oder größere Thiere, so gewähren die Baum= und Straucharten mit Stacheln und Dornen die größten Vortheile. Hieher sind zu rechnen: der Weißdorn, die Akazie und der Kreuzdorn. Der Sauerdorn (die Berberize) eignet sich vorzüglich; doch darf er nicht in die Nähe von Getreidefeldern gebracht werden, weil der auf seinen Blättern wachsende Pilz den Brand im Getreide verursacht, wo er eine neue Form annimmt, ähnlich wie die Finne des Schweines in den menschlichen Eingeweiden zum Bandwurm sich umbildet. Außer diesen liefern Hainbuchen, Rothbuchen, Fichten, Weißtannen, Stech= palmen und Wachholder, der Bocksdorn (Lycium), die gelbe Schote (Robinia Carragana) ein gutes Material zu Hecken, die beiden letzt= genannten gedeihen auch noch auf leichteren Sandböden.

Die Pflanzung in 25—50 cm tief ausgehobene und wieder ein= gefüllte Gräben ist am sichersten und gewährt den schnellsten Erfolg; dabei hat man Gelegenheit, die Anlage so zu machen, daß ein gewisser Verband hergestellt werden kann, indem man an beiden Rändern des Grabens je eine Reihe pflanzt, wovon die eine Pflanze immer gegen= über der Mitte von zwei andern Pflanzen der zweiten Reihe zu stehen kommt. Die Tiefe des Umbruchs richtet sich nach dem Bedürfniß der gewählten Holzart. Die Laubholzpflanzen können zwar schon älter sein, müssen aber in dem Fall sehr kurz als Stummel geschnitten werden;

dadurch wird bezweckt, daß sich tief unten am Boden viele Ausschläge bilden, welche später nach beiden Seiten hin umgebogen und mit denen des nächsten Stammes zusammengebunden werden, so daß sie möglichst nahe am Boden bleiben. Dieses Geschäft ist gleich von Anfang an sehr sorgfältig vorzunehmen, indem das Versäumte später nicht wieder nachgeholt werden kann. Jüngere Laubholzpflänzlinge können statt senkrecht eingesetzt, schief oder mehr horizontal, aber nicht zu tief in den Boden gelegt werden, so daß dann die Seitenzweige in die Höhe treiben, um eben so viele Pflanzen zu ersetzen. Wenn die gewählten Holzarten sehr rasch wachsen, so ist es nothwendig, die Zweige schon im Sommer gegen die nebenstehenden Stämme hinzubiegen, oder durch zeitiges Beschneiden des Gipfels das Höhenwachsthum mehr zurückzuhalten. Von den Nadelhölzern sind jüngere, zwei- bis dreijährige oder solche, die von jeher frei gestanden, zu wählen, damit die Seitenzweige, welche sich bekanntlich später nicht mehr ersetzen, in ausreichender Zahl vorhanden sind. Der Gipfel ist beim Verpflanzen abzuschneiden und die untern Zweige sorgfältig zu erhalten. Im zweiten und dritten Jahre, oft auch noch im vierten ist mit dem Einflechten der Seitenzweige fortzufahren. Wenn die Hecke die gewünschte Höhe erreicht hat, so wird sie mit der Scheere beschnitten, was in der Regel im August geschieht. — Die Regeneration der Laubholzhecken geschieht einfach durch Abhauen der alten Stämme, wodurch ein dichter Stockausschlag veranlaßt wird, bei welchem übrigens die Entwicklung von Seitenästen durch zeitiges Beschneiden ebenfalls gehörig befördert werden muß.

330   Die Erziehung eines Waldsaumes oder Schutzstreifens oder einer Baumwand zum Schutz gegen die Winde (3) kann sowohl für den Forst- wie für den Landwirth nöthig werden. Den günstigen Einfluß der Baumwände constatirt Kolaczek in seinem „Führer ins Pflanzenreich", Wien 1856, worin er anführt, daß er in Ungarn oft Gelegenheit hatte, zu beobachten, wie sich innerhalb der von solchen Schutzstreifen eingefaßten Ländereien ein Thauniederschlag bildete, während derselbe im offenen Land nicht eingetreten war. — Zunächst handelt es sich hiebei um die theilweise auch noch durch den Standort bedingte Wahl einer passenden Holzart; dieselbe muß vermöge ihrer tiefen Bewurzlung dem Wind gehörig Widerstand leisten. Nadelhölzer eignen sich zwar weniger, weil sie nicht in dem Grade widerstandsfähig sind, wie Laubhölzer, dagegen halten sie namentlich, auch im Winter, den Wind sehr gut ab. Je schmäler der anzulegende Waldstreifen ist, um so mehr muß man zu tiefwurzelnden Holzarten greifen und auf dem

gegen die Windseite gerichteten Trauf die Astbildung begünstigen, den Höhenwuchs aber mehr zurückhalten. Dieß geschieht hauptsächlich durch einen von Jugend an freien Stand, oder durch öfteres Abschneiden des Gipfels. Wenn man die anzulegende Fläche der Länge nach in zwei Theile theilt, in der dem Wind zugewandten Hälfte des Streifens die Pflanzen von Jugend an frei stellt und sobald sie mit den Zweigen dichter in einander greifen, die Verbindung durch Herausnahme einzelner Stämme wieder aufhebt, so wird hiedurch schon einiger Schutz für die rückwärts liegende Hälfte des Streifens hergestellt. Auch auf dieser müssen die Bäume in ihrer Jugend längere Zeit frei gestanden sein, damit ihr Ast= und Wurzelsystem sich gehörig ausbreiten können. Dann soll auf diesem Theil ein mäßiger Schluß eintreten und thunlichst erhalten werden. Ein Femelbetrieb bei Weißtannen und Buchen, oder ein Mittelwaldbetrieb mit Eichen und Buchen dürfte diese Zwecke am sichersten erreichen lassen. Es kann bei solchen Kulturen natürlich nur die Pflanzung im weitesten Verband Anwendung finden.

Ist der Wind sehr heftig, wie z. B. an Seeküsten, so dürfte es zweckmäßig sein, die Reihen in der Richtung des Windes anzulegen, aber dieselben enger zusammen zu stellen, während in den Reihen wieder eine ziemlich weite Distanz eingehalten werden müßte. Die Erziehung in einzelnen Horsten, welche wieder unter sich in einem zweckmäßigen Verband stünden, könnte hier möglicher Weise ebenfalls eine günstige Wirkung haben, sofern man diese Horste als die äußersten Vorposten gegen die Gewalt des Windes benützen würde.

In Dänemark legt man solche Windmäntel in der Art an, daß man auf der exponirten Seite zuerst einen Streifen strauchartig bleibender Holzpflanzen erzieht, dann folgt ein Streifen von Halbbäumen und zuletzt ein dritter mit Bäumen zweiter oder erster Größe. Zu ersterem eignen sich Legforchen besonders gut; von den Bäumen geben die Wehmuthskiefern die dichteste Wand. Fichtenbestände in exponirten Lagen erhalten in Norwegen folgende Schutzstreifen: am äußersten Rand 3—4 Reihen Legföhren, dann folgen 3 Reihen Abies alba (Mchx.) und ebensoviel Schwarzkiefern, auf gutem Boden auch noch Weißtannen. — Immerhin muß man derartige Kulturen möglichst sorgfältig ausführen, gute Pflanzen wählen, Füllerde zu Hülfe nehmen 2c.

Zu **Baumalleen an Fahrwegen, Dämmen, Feldrändern** 2c. 331 empfehlen sich in all den Fällen, wo Obstbäume nicht angewendet werden wollen und können, die canadische und italienische Pappel, wilde Kastanie, Linden, Eschen, Ulmen, Ahorne, Eichen 2c., in milderen

Gegenden auch noch die amerikanische Platane, der Silberahorn, der Götterbaum (Ailanthus glandulosa) u. a. Die Silber= und Balsampappel erwachsen zwar zu sehr schönen Bäumen, werden aber durch ihre Wurzelausläufer den anstoßenden Grundstücken sehr lästig; ebenso die Schwarzpappel, diese bildet überdieß keinen schönen Baum, wächst langsam und giebt ein schlechtes, wenig gesuchtes Holz. In sehr hohen Lagen sind Vogelbeer= und Mehlbeerbäume oder die Aspe und Birke zu empfehlen, letztere insbesondere auch an frequenten Straßen zu leichterer Orientirung in dunkeln Nächten. Auf sehr nassem, moorigem Boden sind Erlen, Birken, Weiden (Salix alba & fragilis) oder Aspen zu benützen.

Canadische und zur Noth auch italienische Pappeln können durch Setzstangen (wie Weidenkopfholz) an Ort und Stelle erzogen werden; besser ist es aber, wenn man auch diese Holzarten aus Stecklingen von einjährigem Holz in Pflanzschulen erzieht und als Heister verpflanzt; dieß ist bei der Platane unbedingt nöthig, von welcher nur etwa die Hälfte der Stecklinge anwachsen, in trockenen Jahren oft noch weniger. Die Silber= und Balsampappeln werden durch Wurzelausläufer vermehrt, welche zur weiteren Entwicklung ins Pflanzbeet kommen. Die übrigen Arten werden aus Samen erzogen.

XXI. Wechsel des Wirthschaftssystems.

332 In dem bis hieher Vorgetragenen wurde stillschweigend vorausgesetzt, daß die Wirthschaft sich an das wirklich Vorhandene anschließe und ihre Verbesserungen nur so weit ausdehne, als dies geschehen kann, ohne die Grundlagen des gegebenen Systems zu verlassen. Da es aber nicht immer möglich oder räthlich ist, diese für immer beizubehalten, so folgt nachstehend noch eine Anleitung darüber, wie die gegebenen Verhältnisse zu prüfen und zu beurtheilen sind, um wenn nöthig Aenderungen vorzunehmen und auf Grund möglichst sicherer Erhebungen Besseres an die Stelle von minder Gutem zu setzen, wobei es stets darauf ankommt, neben Erhaltung und Vermehrung der im Walde thätigen Produktionskräfte, den möglichst höchsten nachhaltigen Geldertrag aus demselben zu ziehen.

Deßhalb ist es eigentlich die wichtigste und erste Aufgabe des neu in die Verwaltung eintretenden Forstwirths, die Absatzverhältnisse seiner Forstprodukte eingehend zu erforschen, wobei natürlich auch die Concurrenz fremder Waldbesitzer aus kleinerer oder größerer

Entfernung ſorgſam beachtet werden muß. — So lange das Holz nur
ein beſchränktes Abſatzgebiet in nächſter Umgebung vom Ort ſeiner Er=
zeugung hatte und nur etwa die werthvollſten und ſchönſten Stämme
einen weiteren Transport verlohnten, war dieſe Aufgabe eine verhält=
nißmäßig leichte. Ganz anders hat ſich jedoch die Sache geſtaltet, ſeit=
dem die Vervollkommnung der Verkehrsmittel zu Land und zu Waſſer
es ermöglicht haben, daß das gewöhnliche Bauholz von den entfernteſten,
früher ganz unzugänglichen Gegenden des europäiſchen Oſtens und des
amerikaniſchen Weſtens auf dem Weltmarkt ſeine Abnehmer ſucht.
Dieſes Concurrenzgebiet erweitert ſich immer noch, extenſiv durch den
Bau neuer Verkehrswege, aber auch intenſiv dadurch, daß die Trans=
portkoſten ſich ermäßigen, oder künſtlich herabgedrückt werden durch die
Differentialtarife und ſonſtige Maßregeln der Eiſenbahnen und Schiffs=
rheder.

Iſt es nun ſchon äußerſt ſchwierig, alle in der Gegenwart auf die
Holzpreiſe einwirkenden Verhältniſſe genau feſtzuſtellen, ſo gehört dieß
gerade zu den Unmöglichkeiten, wenn es ſich um die Zukunft, ſelbſt
von wenigen Jahren handelt, wie viel mehr, wenn Zeiträume von
einigen Dezennien oder gar von einem Jahrhundert in Betracht kommen,
Fälle, die bei der Forſtwirthſchaft eigentlich die Regel bilden.

Aber auch das Brennholz verliert immer mehr Terrain in ſeinem
allerdings beſchränkteren, aber eben deßhalb ehemals faſt monopoliſirten
Abſatzgebiet, in welchem nun die foſſilen Kohlen oder ſtellenweiſe der
Torf die Oberhand zu gewinnen ſuchen. Eine ähnliche Wirkung äußert
das Sinken der Eiſenpreiſe, wodurch das Nutzholz aus einer Menge
von Verwendungsarten verdrängt wird, welche ihm ſeither faſt unbe=
ſtritten zukamen, z. B. im Schiffsbau, bei Eiſenbahnſchwellen, Brücken ꝛc.
Hieraus ergiebt ſich, daß es auch für den erfahrenſten Forſtwirth und
den umſichtigſten Spekulanten abſolut unmöglich iſt, mit irgend welcher
Sicherheit vorauszubeſtimmen, wie ſich die Preiſe der Holzerzeugniſſe
nach 10 oder 20 Jahren geſtalten werden.

Als feſtſtehend nahm man früher an, daß in Folge der ſich ver=
mindernden Holzerzeugung, des ſinkenden Geldwerthes, der Bevölkerungs=
zunahme und der geſteigerten induſtriellen Thätigkeit die Holzpreiſe in
fortwährendem, wenn auch nicht gleichmäßigem Steigen begriffen ſeien,
und es waren genug ſtatiſtiſche Zahlen zur Hand, welche dieſe Anſicht
beſtätigten; auch die ſeit Jahrhunderten beſtehende Furcht vor dem
drohenden Holzmangel fand in dieſen Verhältniſſen ihre Nahrung. —
Dieſe von Nationalökonomen und Forſtmännern als unumſtößlich an=

gesehene Thatsache wurde zuerst in bedenklicher Weise erschüttert, in der Umgebung der Steinkohlenreviere, als man anfing im Hüttenprozeß die Holzkohlen entbehren zu lernen; so ging z. B. im Siegener Lande zu dieser Zeit der Preis des Buchenbrennholzes um zwei Drittel zurück. Auch neuerdings macht sich die Concurrenz der fossilen Kohlen zunächst immer durch einen Preisrückgang bei diesem Sortiment bemerkbar. In jüngster Zeit ist unter der erdrückenden Concurrenz des Auslandes auch der Preis des Nutzholzes erheblich gesunken und wird voraussichtlich noch mehr sinken, wenn die Frachtermäßigungen auf dem Wege der Differenzialtarife zur Schädigung der inländischen Produktion in bis= heriger Weise fortbestehen dürfen.

Wohl vertröstet man die einheimischen Waldbesitzer auf jene Zeit, wo die ausländischen Forste erschöpft sein werden, und es ist immerhin denkbar, daß eine solche Erschöpfung bei den gegenwärtig in Ausnutzung begriffenen eintreten wird, aber dieß kann sich theilweise wiederum aus= gleichen durch die Erweiterung des Bezugsgebiets, Erleichterung des Transports, oder durch Verwendung von Holzsurrogaten. Obgleich nun auch die einheimischen Forste nicht allenthalben streng nachhaltig bewirthschaftet, manche sogar devastirt werden, so dürfte die andrerseits in Staats=, Gemeinde= und Fideicommißwaldungen hervortretende conservative Thätigkeit genügende Ausgleichung dafür gewähren. Im Ganzen wird man also gut thun, diese ausländische Concurrenz als einen für längere Zeit bleibenden Faktor mit in Rechnung zu nehmen, und von dem früheren stetigen Steigen der Holzpreise für die Zukunft ganz abzusehen. In einzelnen Fällen könnte sogar noch an einen weiteren Rückgang der Holzpreise gedacht werden, wo nothleidende holzverzehrende Gewerbe eingehen oder statt des Holzes fossile Kohlen verwenden.

Bei Beurtheilung der Nachfrage nach den einzelnen Holzsortimenten darf man sodann das Verhältniß derselben zur Gesammtproduktion und die muthmaßliche Dauer der Nachfrage nicht aus dem Auge verlieren. Läßt sich ein solches nur in geringen Mengen und vielleicht auch nur während kürzerer Zeit verwerthen, so verdient es natürlich weniger Beachtung als ein Artikel des bleibenden täglichen Bedarfes, von dem man überzeugt sein kann, daß er stetsfort, wenn auch zu mäßigerem Preise, Abnehmer findet.

In dieser Hinsicht steht das Bau= und Sägholz der Nadelhölzer allen anderen Sortimenten voran; dann folgt das Eichenholz und her= nach, übrigens in weit geringeren Mengen, das Nutzholz von Birken, Eschen, Ulmen, Ahorn, Erlen u. s. w. Unter den Brennholzsortimenten

ist das Buchenholz am meisten gesucht, zu gewissen Zwecken auch das
Nadelholz, gegen welche die übrigen Holzarten schon deßhalb mehr
zurücktreten, weil sie seltener vorkommen. Beim Brennholz ist aber
namentlich auch noch dessen geringere Versendbarkeit selbst bei den
besseren Qualitäten von Bedeutung; weil der Transport auf Entfernungen von über 10—15 Meilen dasselbe zu sehr vertheuert und
die Concurrenz der fossilen Kohle, welche im gleichen Gewicht etwa
das 2,5fache an Heizkraft besitzt, dadurch wesentlich erleichtert wird. —
Die geringen Brennholzsortimente, das schwächere Knüppel-, Stangen-
und Astholz, das Reis, die abfallende Rinde und Spähne lohnen oft
nicht mehr die Kosten des Zusammentragens und eines Transports
auf kürzere Strecken, in die nächste Umgebung der betr. Forste, sofern
die besseren Sortimente, welche weniger Arbeit machen und eine größere
Heizkraft besitzen, sehr billig sind. Die Werthlosigkeit jenes geringeren
Materials äußert eine besonders empfindliche Rückwirkung auf die
Wirthschaft, indem namentlich die Durchforstungen viel später erst die
Arbeitslöhne decken oder einen Ueberschuß darüber hinaus gewähren,
je billiger die dabei erzeugten schwächeren Hölzer abgegeben werden
müssen, ein Verhältniß, das von großem Einfluß auf den früheren oder
späteren Beginn dieser wichtigen Verbesserungshiebe ist.

Am wenigsten transportfähig ist das Stockholz, bei welchem zudem
auch noch die Rodungskosten sehr hoch stehen; es kann also nur da gewonnen werden, wo billige Arbeitskräfte zur Verfügung sind und Abnehmer in der Nähe sich befinden, welche dasselbe ohne viel weitere
Zerkleinerung mit den geringsten Umformungskosten verwenden können. —
Bei hohen Brennholzpreisen und wenigstens zeitweilig billigen Arbeitslöhnen ist das Stockholz allerdings ein für den Lokalbedarf gesuchtes
Sortiment.

Ueberhaupt dürfen die Aufbereitungskosten und unter Umständen
auch die Kosten für das Ausrücken der Hölzer an die Abfuhrwege nicht
unbeachtet bleiben, denn obwohl sich bei den häufiger und in größeren
Massen anfallenden Sortimenten keine sehr erheblichen Unterschiede ergeben, so kommen doch Fälle vor, z. B. bei der Rindennutzung, daß die
Gewinnungskosten einen größeren Theil des Bruttoerlöses verschlingen. —
Im Allgemeinen wird aber dieses Verhältniß um so wichtiger, je niedriger
die Holzpreise stehen.

Innerhalb seines eigenen Wirkungskreises kann der Forstwirth
zwar durch Herstellung und gute Unterhaltung eines zweckmäßigen
Wegnetzes und durch Anrücken des Holzes an die Wege fördernd

auf den besseren Absatz der Waldprodukte einwirken; allein es ist dieß stets nur von mehr untergeordneter Bedeutung; die Verhältnisse des großen Marktes kann er nicht ändern und muß sie als etwas Gegebenes hinnehmen, aber eben deßhalb auch genau kennen und erforschen, namentlich für eintretenden Wechsel in der Nachfrage ein aufmerksames Auge haben; obgleich er natürlich nur in beschränktem Maße den Anforderungen des Marktes zu folgen vermag, da er die Leistungsfähigkeit seiner Forste nicht immer beliebig ändern kann, oder, wo dieß möglich ist, eine längere Zeit vergeht, bis die Folgen einer solchen Aenderung wirksam werden.

333   Hat nun der Forstmann die Absatzverhältnisse genau erforscht, so tritt dann die Frage an ihn heran, was leistet dem gegenüber der ihm anvertraute Wald; leistet er so viel als die Standortsverhältnisse ermöglichen, ist die vorhandene Holzart die rentabelste, entspricht die Betriebsart, die Umtriebszeit und das übrige Wirthschaftssystem den Anforderungen, welche der Waldeigenthümer bei nachhaltiger Nutzbarmachung zu stellen berechtigt ist?

Bezüglich des Standorts ist bereits oben das Nöthige gesagt, was bei Beurtheilung seiner Leistungsfähigkeit zu beachten, und wurde auch sonst schon mehrfach hervorgehoben, daß es im Großen und Ganzen beim forstlichen Betrieb nicht möglich sei, die Standortsfaktoren wesentlich zu ändern; sie sind deßhalb auch als etwas Gegebenes zu betrachten, so weit nicht durch Entwässerung, Bindung, Bearbeitung eine Verbesserung des Bodens möglich ist.

Eine freiere Bewegung hat man bezüglich der Holzarten, welche man wenigstens auf den besseren Standorten, wo es nöthig sein sollte, wechseln kann. Früher hat man sogar einen natürlichen Wechsel der Holzarten angenommen, so daß auf die Buche das Nadelholz und dann wieder Laubholz folgen müßte. Wäre ein solches Naturgesetz begründet, so dürfte es nicht unbeachtet bleiben; es kann aber aufs Bestimmteste gesagt werden, daß für die historische Zeit ein solcher Wechsel nicht nachzuweisen ist, so viel man auch schon Beispiele dafür beigebracht hat. Es lassen sich diese einzelnen Fälle stets auf menschliche Einwirkungen zurückführen, und sind solche leicht erkennbar, wenn durch übertriebene Streunutzung der Boden für die betr. Holzart allzusehr entkräftet wurde, oder wenn durch schädliche Ausübung der Waldweide die eine oder die andere Holzart nach und nach verschwindet und dann eine minder empfindliche an ihre Stelle tritt. Oft läßt sich auch nachweisen, daß die fehlerhafte Behandlung Ursache des Verschwindens einer Holzart ist, z. B. bei der Weißtanne in den Alpen die Verjüngung in großen Kahlschlägen, auf welchen die Tanne den ihr in der Jugend unentbehrlichen Schutz nicht findet. In gleicher Weise hat die Eiche innerhalb des Waldes durch zu dunkle Stellung der Besamungsschläge bedeutend an Terrain verloren, mehr noch als durch die Waldausrodungen, bei welchen natürlich zuerst auf die guten Eichenböden gegriffen wurde.

Die Analogie des landwirthschaftlichen Fruchtwechsels paßt nicht auf den geschonten und richtig behandelten Wald; denn in den landwirthschaftlichen Gewächsen werden dem Boden viel größere Mengen von Pflanzennahrungsstoffen entzogen und es wiederholen sich die Ernten meist Jahr um Jahr, so daß selbst der beste Ackerboden in kurzer Frist unfruchtbar wird, wenn man ihm die entzogenen Nahrungsstoffe nicht wieder ersetzt. Anders aber verhält es sich schon bei den Wiesen, welche ohne Düngung nachhaltig in gleicher Fruchtbarkeit zu beharren vermögen. Bei dem Wald kommt dann noch hinzu die reichliche Selbstdüngung durch den Blatt- und Nadelabfall, sowie durch die verbleibenden Wurzeln und eventuell auch durch die Stöcke, nebst den schwächeren Reisern, Rindenschuppen, Flechten ꝛc., die fortwährend abgestoßen werden, wie man solche auf jeder älteren Schneedecke sehen kann. Da nun nach den oben (51) mitgetheilten Zahlen namentlich die Blätter und Nadeln den größten Gehalt an mineralischer Pflanzennahrung zeigen, so ist es erklärlich, daß durch ihre vollständige Belassung im Wald und durch ihre Verwesung die Bodenkraft nicht blos erhalten, sondern auch noch vermehrt wird.

Bevor man nun zu einem freiwilligen künstlichen Wechsel der herrschenden oder zum Verdrängen einer eingemischten Holzart schreitet, hat man zunächst die seitherigen Wirthschaftsergebnisse genau festzustellen und zu untersuchen, ob nicht durch andere minder tiefgreifende Modifikationen des Betriebes das Gewünschte ohne ein solch radikales Mittel ebenfalls erreicht werden könnte; so läßt sich die Eiche vielleicht erhalten durch den Uebergang vom Hochwald zum Mittelwald; die geringe Rentabilität des Buchenhochwaldes läßt sich durch den Seebach'schen modifizirten Betrieb (242) namhaft erhöhen, ohne zu jener äußersten Maßregel schreiten zu müssen; auch die vorübergehende oder bleibende Einmischung bodenbessernder Holzarten kann die erwünschte Hülfe gewähren, z. B. die Beimischung von Kiefern in mageren Buchen- oder Eichenschälwaldungen. — Es ist ferner vorher genau zu untersuchen, ob und wie weit anzunehmen ist, daß die der betr. Holzart ungünstigen

Verhältniſſe als bleibende angeſehen werden können. In dieſer
Richtung werden hauptſächlich die Abſatzverhältniſſe maßgebend ſein,
worüber bereits oben das Nöthige geſagt iſt. Hier möchte ich nur als
Beiſpiel die Aſpe anführen, welche früher an verſchiedenen Orten ver=
folgt und verdrängt wurde, weil ſie keinen Abſatz fand, während ſie
jetzt von den Zündholz= und Papierſtofffabriken ſehr begehrt iſt.

Bei der neu einzuführenden Holzart muß man in erſter
Linie verſichert ſein, daß ihr die Standortsverhältniſſe voll=
kommen zuſagen. Dieß iſt ſelbſt nach den etwa vereinzelt in der
Gegend vorkommenden Stämmen nicht immer mit voller Sicherheit zu
beurtheilen, weil ſie im geſchloſſenen Beſtande ein anderes Verhalten
zeigen können, wie z. B. die Kiefer im ſüdlichen Schwarzwald vereinzelt
gut gedeiht, im geſchloſſenen Beſtande aber frühzeitig dem Schneedruck
unterliegt. — Sodann muß die Wahl auf eine ſolche Holzart gelenkt
werden, die in das beſtehende Wirthſchaftsſyſtem ohne Störung ein=
gefügt werden kann, wobei namentlich die Betriebsart und die Um=
triebszeit zu beachten ſind. In dieſer Hinſicht paſſen Buchen und
Kiefern weniger gut zuſammen, außer wenn man etwa letztere in der
halben Umtriebszeit der erſteren bewirthſchaften könnte.

Den Ausſchlag geben bei einer ſolchen Wahl die Ertrags= und
Abſatzverhältniſſe; es muß volle Sicherheit darüber beſtehen, daß
die neu einzuführende Holzart mehr und beſſer verwerthbares Material
liefert als die bisherige. Auch hier iſt zu erwägen, ob und wie weit
der Abſatz als ein bleibend geſicherter angeſehen werden darf, oder
nicht. Der Geldertrag iſt aber nur dann als nachhaltig geſichert zu
betrachten, wenn die betr. Holzart die Eigenſchaft beſitzt, den Boden
zu beſſern oder ihn wenigſtens vor Verſchlechterung zu bewahren; weß=
halb auch hierauf entſprechende Rückſicht zu nehmen iſt. Ebenſo kommt
noch der nöthige Kulturaufwand und die Sicherheit des Kulturerfolges
in Betracht, unter Umſtänden auch die größere oder geringere Leichtig=
keit, ſich den benöthigten Samen zu beſchaffen.

Hienach iſt man ſchon bei freiwilligem Wechſel der Holzart durch
Rückſichten verſchiedener Art ziemlich beſchränkt; noch mehr aber iſt dieß
der Fall, wenn man durch eingetretene Bodenverſchlechterung dazu ge=
zwungen wird. Wäre dieſe noch nicht allzu weit vorgeſchritten, ſo kann
vielleicht durch zeitweilige Einmiſchung einer bodenverbeſſernden Holzart
oder durch vorübergehende Anzucht einer ſolchen abgeholfen werden;
ſofern nicht etwa durch Abkürzung der Umtriebszeit, ſachgemäße Aus=
führung der Durchforſtungen, durch Bodenlockerung und dergl. der be=

absichtigte Zweck neben Erhaltung der seitherigen Holzart sich er=
reichen ließe.

In allen Fällen aber empfiehlt sich ein vorsichtiges und all=
mähliges Vorgehen, wobei es sich gewissermaßen von selbst ver=
steht, daß zur vollständigen Durchführung einer derartigen Maßregel
gewöhnlich eine volle Umtriebszeit nöthig ist. Wo man in einem
kürzeren Zeitraum damit fertig werden muß, da ergeben sich viele
Störungen im Betrieb und in der Nachhaltigkeit. Am leichtesten wird
eine solche Maßregel durchgeführt, wenn man zunächst nur eine Ein=
mischung der neu einzuführenden Holzart vornimmt, wobei dann gleich=
zeitig noch weitere, im nächsten Paragraphen dargestellte Vortheile zu
erreichen sind.

Eine Wahl zwischen reinen und gemischten Beständen kann 335
überhaupt nur in den Fällen getroffen werden, wo der Standort die
Erziehung mehrerer Holzarten ermöglicht, und hier gebührt aus ver=
schiedenen, bereits mehrfach berührten Gründen den gemischten Beständen
unbestritten der Vorzug; zunächst wegen des höheren Massenertrages
(cf. oben 220 und 240). Dazu gehört aber ganz besonders, daß man
das richtige Verhältniß der Mischung trifft, denn neben dem unter 220
angeführten Lärchen= und Fichtenbestand wurde ein zweiter aufgenommen,
wo die Lärchen viel stärker vertreten waren, welcher deßhalb nur einen
Vorrath von 20,016 c' pro österreichisches Joch, somit 7 Prozent weniger
als der früher angeführte Bestand hatte; immer aber noch 9 Prozent
mehr als der reine Bestand. Eine Steigerung des Massenertrages
erfolgt zwar nicht bei Einmischung von langsam wachsenden Holzarten
in schnellwachsende, z. B. in Fichten und Weißtannen; dann aber gleicht
die größere Sicherheit des Ertrages einen etwaigen Ausfall reichlich wieder
aus. Auch läßt sich von solchen eingemischten Holzarten ein größerer
Theil zu Nutzholz absetzen, als dieß in reinen Beständen möglich ist.
So hatte man 1878 in den württembergischen Staatswaldungen der
Forstbezirke Blaubeuren und Urach mit vorherrschender Buchenbestockung
ein Nutzholzausbringen vom Laubholz, excl. Eichen von 2,9 und
1,8 Prozent, in den vorherrschenden Nadelholzforsten ergaben dagegen
dieselben Holzarten in Altensteig 19,5, Freudenstadt 8,5 und Weingarten
13,3 Prozent.

Daneben erlangen auch die Stämme in gemischten Beständen viel
stärkere Dimensionen, wie aus den von J. Miklitz erhobenen Zahlen
(240) zu ersehen ist. Gemischte Bestände geben jedenfalls eine größere
Mannigfaltigkeit der Produkte, was die Möglichkeit bietet, bei mangeln=

dem Absatz des einen, den Ausfall zeitweilig durch das andere zu decken.

Der dichtere und ins höhere Alter hinein dauernde Schluß wirkt günstig auf die Vermehrung und Erhaltung der Bodenkraft, was eine direkte Ertragserhöhung zur Folge hat, aber außerdem auch noch die Anzucht erträglicher und besser zu verwerthender Holzarten ermöglichen kann.

Reine Bestände sind viel stärker vom Feuer gefährdet, ebenso von den schädlichen Insekten, mit einer Ausnahme jedoch, daß in reinen Kiefernbeständen der Maikäfer nicht vorkommt. Der so gefürchtete Kiefernspinner vermeidet gemischte Bestände fast gänzlich (Dankelmann, Zeitschrift für Forst- und Jagdwesen, 7. Bd. 1. H. S. 48), während der Fichtenborkenkäfer sich in solchen wenigstens nicht so behaglich fühlt und wenn er auch einen Theil der eingemischten Fichten befällt, doch nicht den ganzen Bestand vernichtet.

Den Stürmen widerstehen gemischte Bestände viel besser als reine; auch vom Schnee und Duftbruch haben sie weniger zu leiden, ebenso vom Frost, namentlich in dem besonders gefährdeten jugendlichen Alter.

Im Allgemeinen erlauben gemischte Bestände in der ganzen Wirthschaft eine freiere Bewegung, sie ermöglichen die Begünstigung oder Verdrängung einer Holzart, wenn veränderte Absatzverhältnisse dieß oder jenes erheischen, sie erleichtern die natürliche Verjüngung, gewähren frühzeitigere und reichlichere Zwischennutzungen, ermöglichen unter Umständen sogar ohne Beeinträchtigung der Qualität der Produkte eine Herabsetzung der Umtriebszeit, und auf Terrain mit rasch wechselnder Bodengüte die Ausnutzung der verschiedenen Bonitäten jeweils durch die erträglichste Holzart. Schließlich geben sie auch noch in zweifelhaften Fällen die Möglichkeit, einen etwaigen Mißgriff rechtzeitig zu verbessern.

Im Mittelwald ist eine Mischung verschiedener Holzarten eigentlich die Vorbedingung, weil Ober- und Unterholz je besondere Ansprüche machen. Mit einziger Ausnahme der Eichenschälwaldungen zieht man deßhalb die gemischten Bestände den reinen jetzt überall vor, sobald die Bodenkraft das Fortkommen mehrerer Holzarten gestattet.

336　Hiebei hat man allerdings verschiedene Vorsichtsmaßregeln zu beobachten, welche bei reinen Beständen nicht nothwendig sind, und welche die Wirthschaftsführung mehr oder weniger erschweren. Schon bei der natürlichen Verjüngung ist die Schlagführung in gemischten Beständen, deren Mischung erhalten werden soll, oft sehr schwierig, wenn die betr. Holzarten in der Jugend verschiedene Ansprüche an den Lichtgenuß machen; deßhalb kann man das Verschwinden der Birke aus dem Buchenhochwald häufig beobachten, weil man nicht genugsam darauf Bedacht nimmt, die Samenbäume der Birke bis zum letzten Abtrieb überzuhalten, was manchmal auch des Windes halber nicht ausführbar ist. Ebenso erfordert die Eiche bei der Verjüngung in Buchenbeständen sorgfältig auszuführende Vorhiebe und rechtzeitige künstliche Nachhülfe, wenn sie im jungen Bestand erhalten werden soll.

In natürlich verjüngten Beständen hat man sodann bei den zeitig beginnenden, Reinigungshieben und Durchforstungen alle Aufmerksamkeit anzuwenden, um das wirthschaftlich richtige Verhältniß unter den einzelnen Holzarten herzustellen und zu erhalten; es müssen deßhalb auch diese Hiebe stets und unausgesetzt von sachverständigen Organen beaufsichtigt und können viel weniger als in reinen Beständen den Holzhauern überlassen werden, da man fortwährend die jetzigen und künftigen Ansprüche der einzelnen Holzart berücksichtigen und jeder im richtigen Zeitpunkt den benöthigten Raum verschaffen muß.

Bei der künstlichen Verjüngung oder bei gemischtem System ist vorausgehend mit Umsicht zu erwägen, welche Holzarten wirthschaftlich zusammenpassen, welchen Raum und welchen Vorsprung in der Zeit die einzelne beansprucht. In ersterer Beziehung ist bekannt, daß eine Mischung von lichtbedürftigen und von schattenertragenden Holzarten am leichtesten durchzuführen ist und bezüglich der Bodenbesserung die beste Wirkung äußert; es sind aber manchmal auch Mischungen von zwei oder mehr lichtbedürftigen Holzarten durch die Bodenbeschaffenheit oder die Absatzverhältnisse geboten, wie die oben erwähnte Mischung von Kiefern und Birken; in solchem Fall ist es nothwendig, den Kiefern einen Vorsprung von mehreren Jahren zu geben, weil die Birken in erster Zeit zu rasch voraneilen und dann die Kiefern unterdrücken, wenn sie so zahlreich sind, daß sie einen geschlossenen Bestand bilden können. Bei zärtlicheren Holzarten, z. B. bei der Weißtanne, Buche ꝛc., ist es dagegen sehr erwünscht, wenn die Birken oder die Kiefern einen größeren Vorsprung haben, weil dann der Frostschaden abgewendet oder gemindert wird.

Die größere oder geringere Zulässigkeit einer Mischung hängt oft auch noch davon ab, wie weit es möglich wird, schon frühzeitig die etwa nöthige künstliche Nachhülfe eintreten zu lassen, was einerseits von den vorhandenen Arbeitskräften, andrerseits von

der Verwerthbarkeit des geringeren Holzes aus den Reinigungshieben
abhängt.   Durch zweckmäßige Vertheilung und durch ein richtiges
Mischungsverhältniß kann man oft die ungeeignete Entwicklung einer
Holzart verbessern, z. B. die breitästige Krone der Eiche durch Ein=
mischung von Buchen, bei der Kiefer durch Fichten reduziren, ebenso
bei der Hainbuche den Höhenwuchs steigern, bei der Lärche die Neigung
des Stammes zum Krummwuchs aufheben u. s. f.

Für dieses gegenseitige Verhalten der einzelnen Holzarten und für
die zweckmäßigsten Mischungen lassen sich aber keine allgemein gültige
Regeln geben, weil schon die Standortsverhältnisse auf die einzelnen
Holzarten verschiedene Einflüsse äußern, und andrerseits die Absatz=
verhältnisse und die größere oder geringere Intensität der Wirthschafts=
führung als weitere Faktoren ins Gewicht fallen.   Das eine Mal
kann eine Mischung sich ganz gut bewähren, unter andern Umständen
aber ganz ungeeignet sein.   Die Fichte und die Eiche sind z. B. in
höherem Alter fast überall unverträglich und doch finden sie sich in
Schlesien, königl. Oberförsterei Scheidelwitz, in befriedigendem Gedeihen
gemischt vor.

337   Es kommt auch viel auf die Stellung und Gruppirung der einzelnen
Holzarten an; je gleichartiger die Entwicklung derselben ist, um so eher
können sie in Einzelmischung erzogen werden, wie z. B. Ulme,
Ahorn und Esche zwischen Buchen.   Je größere Verschiedenheit aber
in ihrem Wachsthumsgang besteht, um so nothwendiger ist die horst=
oder gruppenweise Mischung, wie bei der Eiche zwischen Buchen,
oder Buchen zwischen Fichten u. s. f.   In manchen Fällen läßt sich
die Einzelmischung auch noch bei Ergänzung der natürlichen Ver=
jüngungen durch Einpflanzung der betr. Holzart erreichen; doch muß
der hiezu geeignete Zeitpunkt mit besonderer Sorgfalt wahrgenommen
werden, wenn es sich um lichtbedürftige Holzarten handelt und wenn
der umgebende Bestand schon einen ziemlichen Vorsprung hat; in solchen
Fällen ist die Kiefer nur noch in der Mitte von größeren Blößen in
einem Abstand von mindestens der doppelten Höhe der benachbarten
Horste verwendbar; die Lärche verlangt außerdem noch eine freie, dem
Wind ausgesetzte Lage; die Birke macht weniger Ansprüche; dann
kommen Fichte, Buche, Weymuthskiefer und Weißtanne; doch sollen
auch diese nicht näher als auf die einfache Höhe des benachbarten Be=
standes angerückt werden, weil sie sonst vom Seitendruck zu viel leiden.

Bei der horstweisen Mischung gehen manchmal einzelne der
oben geschilderten Vortheile verloren, wenn man die Horste zu groß

machen muß, größer als etwa 0,1 ha; dieser Fall tritt namentlich bei lichtbedürftigen Holzarten ein, weil unter ihnen der Boden nicht dicht genug überschirmt ist. In solchen Fällen zieht man dann in der Zeit, wo die Lichtstellung beginnt, gern ein Bodenschutzholz an, und es werden auf diese Weise zwei verschiedenalterige Bestände mit einander gemischt; doch ist bei der Wahl des Schutzholzes die Vorsicht zu be=obachten, daß man keine Holzart nimmt, welche den Hauptbestand später beeinträchtigt, also kein Nadelholz unter Eichen. Wählt man in diesem Fall Buchen, so kann man solche gleichzeitig noch als sogenanntes Treibholz zur Beförderung des Höhenwachsthums der Eichen benützen, wenn man dafür sorgt, daß die Buchen die Kronen der Eichen erreichen, bevor letztere ihren Höhenwuchs beendigt und ihre Krone in die Breite entwickelt haben.

Allein es handelt sich nicht immer um bleibende, sondern vielfach 338 auch um vorübergehende oder nur zeitweilige Einmischungen; diese sind als Regel anzusehen bei denjenigen Holzarten, welche nicht so lange aushalten als der herrschende Bestand, namentlich Salweiden, Aspen, manchmal auch Erlen, Birken und Kiefern, letztere besonders zum Zweck der Besserung des Bodens. Sie bieten großentheils die=selben Vortheile, wie solche aufgezählt sind, nur mit dem Unterschied, daß sich die Ertragssteigerung nicht auf die Hauptnutzung, sondern blos noch auf die Zwischennutzungen erstreckt; aber es ist bei dieser Art der Einmischung noch mehr Vorsicht zu empfehlen als bei der bleibenden, weil durch successive Herausnahme der eingemischten Hölzer keine Bestandeslücken entstehen dürfen; also von Anfang an eine Einzel=mischung angestrebt werden muß. Solche vorübergehende Einmischungen werden oft vorgenommen, um an Kulturkosten zu ersparen, indem man eine schwieriger anzuziehende Holzart in geringerer Zahl anpflanzt und eine andere, billiger zu kultivirende als Füllholz dazwischen bringt, um sie nach gehöriger Entwicklung der ersteren allmählig wieder heraus=zuziehen. — Das Gleiche geschieht manchmal auch zur Herbeiführung eines baldigen Bestandesschlusses und zur Bodenbesserung.

Auch bezüglich der Wahl der Betriebsart, welche von ebenso 339 großem Einfluß auf die Rentabilität des forstlichen Gewerbs sein kann wie die Wahl der Holzart, ist noch einiges Allgemeine hier vorzutragen. Vielfach kann man von der gegebenen Betriebsart gar nicht abgehen, wenn die Standortsverhältnisse zu einer Holzart nöthigen, welche eine Wahl bezüglich der Betriebsart ausschließt, wie es bei der Kiefer auf Sandboden der Fall ist. Andrerseits erfordert aber ein Wechsel in

der Betriebsart meist eine lange Zeit und ist mit vielerlei Opfern ver=
knüpft, so daß sich die maßgebenden Momente nicht mit voller Sicher=
heit bestimmen lassen und die Bilanz der künftigen Wirthschaft immer
einige zweifelhafte Faktoren in sich aufnehmen muß. Es kann schon
der künftige Holzertrag bei ein und derselben Holzart schwer zu
bestimmen sein und läßt sich z. B. vom guten Gedeihen der Buche im
Niederwald noch nicht auf einen entsprechenden Massenertrag des Hoch=
waldes schließen; gewöhnlich aber findet gleichzeitig auch noch ein
Wechsel der Holzart statt und dann ist es, namentlich wenn die neu
einzuführende sonst in der Gegend wenig verbreitet ist, sehr schwer, den
künftigen Massenertrag zum Voraus genauer zu bestimmen. Noch
schwieriger ist dieß bezüglich des Anfalls der einzelnen Sortimente,
deren Verkäuflichkeit und der zu erwartenden Preise. Insbesondere bei
den Holzpreisen ist schwer zu sagen, wie sie sich nach einer Reihe
von Dezennien gestalten werden, ob und wie lange der gegenwärtige
Rückgang andauern werde. Am wenigsten wird man sich bei seltenen
und theuren Sortimenten auf das Bestandhalten hoher Preise gefaßt
machen dürfen, weil gerade bei solchen Sortimenten am stärksten das
Bestreben hervortreten muß, sie durch billigere Surrogate vom Markte
zu verdrängen. Das auffallendste Beispiel dieser Art wird S. 478
in der Schrift „Die Forstverwaltung Bayerns bezüglich der Kiefernmast=
bäume aus dem Hauptsmoor bei Bamberg" angeführt, welche im Jahre
1849/50 mit 117 Mark, 10 Jahre später aber nur noch mit 48 Mark
pro Festmeter bezahlt wurden.

Am schwierigsten sind solche Zukunftsfragen zu lösen, wenn es
sich um eine bisher in der Gegend nicht oder nur selten vorkommende
Holzart handelt, sofern deren Absatz nur innerhalb dieser engeren
Grenzen möglich wäre.

340   Die Zeitdauer der Uebergangsperiode wird in der Regel
durch die Umtriebszeit der neueinzuführenden Betriebsart bestimmt,
kürzer als diese kann sie wohl nie genommen werden; öfter wird man
sie zwei= oder dreimal so lang nehmen müssen, namentlich wenn die
seitherige Umtriebszeit eine erheblich kürzere war. Es handelt sich bei
derartigen Uebergängen hauptsächlich um die entsprechenden Verände=
rungen in den Jahresschlag= oder Periodenflächen und im Normal=
vorrath. Erstere werden bei Ueberführungen zu höherem Umtrieb
zahlreicher, also auch kleiner; letzterer dagegen muß in diesem Fall er=
höht werden. Daneben ist aber vielfach noch eine andere Gruppirung
der Altersklassen nothwendig, und diese Operation erfordert dann in

der Regel eine Uebergangsperiode von drei oder mehr der bisherigen Umtriebszeiten, wenn man schonend vorgehen will. Es empfiehlt sich überhaupt ein möglichst langsamer Uebergang zunächst in den Fällen, wo dem Eigenthümer Opfer auferlegt werden müssen, um diese durch Vertheilung auf eine längere Reihe von Jahren minder empfindlich zu machen; aber auch im entgegengesetzten Fall, wo in Folge eines Ueberganges die Verwerthung überschüssiger Vorräthe nothwendig wird, ist es häufig rathsam, damit langsam vorzugehen, um nicht die Preise durch allzugroßes Ausgebot zu drücken.

Es fallen bei solchen Vergleichungen auch noch die verschiedenen Ausgaben für Kulturen, Wegbauten, selbst für Holzhauer= und Bringer= löhne ins Gewicht und müssen daher genau erhoben und in die Rech= nung mit einbezogen werden. — Bei allen einzelnen Ansätzen hat man dann bezüglich der größeren oder geringeren Wahrscheinlichkeit, ob sie in der angenommenen Höhe auch wirklich eingehen werden, die nöthige Vorprüfung anzustellen und danach mit den günstigsten und den un= günstigsten Faktoren in besonderen Berechnungen nachzuweisen, was als unbedingt sicherer Ertrag oder als minder sicherer zu erwarten ist, und hienach erst läßt sich die maßgebende Entscheidung treffen.

Der schlagweise Hochwaldbetrieb ist beim Nadelholz in 341 größter Ausdehnung Regel; es kommt daneben nur noch in geringer Ausdehnung der Femelbetrieb vor. Auch beim Laubholz ist der Hoch= wald in rauhem Klima geboten, weil unter solchen Verhältnissen der Nieder= und Mittelwald nicht am Platze sind. Unter den Nadelhölzern schließen insbesondere die lichtbedürftigen, wie die Kiefer und Lärche, eine andere Betriebsart fast ganz aus; das Gleiche gilt auch noch be= züglich der Fichte auf sehr magerem Standort, wo sie den Druck nicht mehr entsprechend erträgt. Andrerseits ist der Hochwaldbetrieb in den rauhesten Lagen an der oberen Grenze des Vegetationsgebiets der betr. Holzarten, wo die Wiederverjüngung sehr erschwert ist, mehr oder weniger unzulässig, ebenso aus dem gleichen Grunde in sumpfigem oder bruchigem Terrain, wo die Wiederverjüngung aus Samen unmöglich ist.

Die Absatzverhältnisse bedingen den Hochwald überall da, wo die erzeugten Holzsortimente ihre Abnehmer in größerer Entfernung suchen müssen, weil nur die werthvollere Waare, welche im Hochwald gewonnen wird, den weiteren Transport ertragen kann. Es trifft dieses Moment schon bei Brennholzwirthschaften bezüglich des werthvolleren Scheit= oder Klobenholzes zu, noch mehr aber bei Nutzholzwirthschaften bezüg= lich des viel werthvolleren, also ein viel weiteres Absatzgebiet beherr=

schenden Bau= und Sägholzes, sei es nun, daß diese Sortimente in rundem Zustand oder halbverarbeitet, als Kantholz und Bretter versandt werden.

In Betreff der Erhaltung und Schonung der Bodenkraft giebt man mit Recht dem Hochwaldbetrieb in den Fällen den Vorzug, wo es sich um Böden geringerer Qualität handelt, weil die mit der Verjüngung verbundenen Nachtheile durch längeres Bloßliegen nicht so oft wiederkehren und der Bestandesschluß in den meisten Fällen ein viel dichterer ist als bei den anderen Betriebsarten.

Der Hochwald kann jedoch nur auf einem Areal von gewissem Umfang eine nachhaltig gleiche Rente geben, da bei ihm stets so viele Altersstufen vertreten sein müssen, als der Umtrieb Jahre zählt; er verlangt daher unter allen Betriebsarten die relativ größte Fläche; gleichzeitig aber auch das größte Holzvorrathskapital.

342 Hierüber geben folgende, in Baden aus sämmtlichen Staats= und Gemeindeforsten erhobene Zahlen nähere Anhaltspunkte und liefern auch den Beweis, daß der durchschnittliche Vorrath pro ha der in regelmäßigem Nachhaltbetrieb stehenden Forste nicht so groß ist, als man ihn gewöhnlich sich denkt. Zu weiterer Vergleichung werden noch die Haubarkeitserträge, wie sie wirklich erhoben werden, und der ermittelte zeitliche Zuwachs beigefügt:

Hochwald:

Umtrieb	Vorrath	Abgabesatz	Nutzungsprozent	Zuwachs
70	106 Festm.	2,2 Festm.	2,08	3,4 Festm.
80	153 „	3,0 „	1,96	3,9 „
90	170 „	3,0 „	1,77	4,1 „
100	218 „	3,8 „	1,74	4,3 „
110	259 „	4,3 „	1,66	4,7 „
120	252 „	3,8 „	1,51	4,5 „
130	351 „	4,9 „	1,39	4,9 „
140	321 „	4,3 „	1,34	4,2 „
Durchschn. 213 Festm.		3,55 Festm.	1,67	4,2 Festm.

Mittelwald:

Umtrieb	Vorrath	Abgabesatz	Nutzungsprozent	Zuwachs
10—15	63 Festm.	5,4 Festm.	8,57	5,8 Festm.
16—20	84 „	4,7 „	5,60	4,9 „
21—25	103 „	4,9 „	4,76	4,9 „
26—30	105 „	4,1 „	3,90	4,2 „
31—35	106 „	3,7 „	3,49	4,6 „
36—40	141 „	4,4 „	3,12	4,2 „
Durchschnitt 99 Festm.		4,4 Festm.	4,44	4,5 Festm.

Niederwald:

Umtrieb	Vorrath	Abgabesatz	Nutzungsprozent	Zuwachs
8—15	58 Festm.	4,4 Festm.	7,59	3,9 Festm.
16—20	40 „	3,5 „	8,75	3,6 „
21—25	66 „	4,3 „	6,51	3,8 „
Durchschnitt	46 Festm.	3,7 Festm.	8,04	3,7 Festm.

Daß die Zahlen zu Anfang und am Ende der Reihen nicht immer ganz normal verlaufen, hat seinen Grund darin, daß diese Extreme nur im untergeordneten Umfang vertreten sind, also die daraus gezogenen Durchschnitte keine so breite Basis haben. Der 8—15jährige Niederwald verdankt außerdem den hohen Materialertrag wohl nur dem schnellen Wachsthum des Weichlaubholzes. Immerhin geben diese Zahlen sehr belehrende Aufschlüsse über die Massenerträge.

Daß ferner der Zuwachs im Hochwald erheblich höher steht als der Abgabesatz, ist ein Beweis für die conservative Richtung der Wirthschaft in Baden, welche auf diesem Wege den wirklichen Vorrath auf die Höhe des normalen zu bringen bestrebt ist.

Die Zwischennutzungen sind nicht nach Betriebsarten und Umtriebszeiten ausgeschieden, sie betragen in den Staatswaldungen 0,66 Festmeter pro ha und Jahr, in den Gemeinde- 2c. Waldungen 0,42 Festmeter. Das oben angegebene Nutzungsprozent, das Verhältniß zwischen Vorrath und Ertrag, stellt sich mit Einrechnung dieser Zwischennutzungen ziemlich günstiger, z. B. durch Hinzurechnung zum Abgabesatz des Hochwaldes 3,55 + 0,66 auf 1,98 Prozent. Es muß aber auch noch hingewiesen werden auf den sehr erheblichen Unterschied im Werth des hiebsreifen Holzes im Abgabesatz und dem alle Altersklassen bis zur jüngsten umfassenden des Gesammtvorrathes; jenes ist in manchen Fällen dreimal, durchschnittlich aber mindestens zweimal so viel werth wie letzteres. — Es ist dann auch noch ein großer Werthunterschied zwischen den Erzeugnissen des vorherrschend Nutzholz liefernden Nadelholzhochwaldes und dem Buchenhochwald, sowie zwischen diesem und dem aus Weichlaubhölzern gebildeten Niederwald, wodurch das gegenseitige Verhältniß immer complicirter wird.

Geht man lediglich vom Massenertrag aus, so kommt bei obigen Zahlen selbstverständlich nicht die ganze Differenz auf Rechnung der Betriebsart, sondern ebensoviel auf Rechnung der Holzart und der Standortsbonitäten; man hat aber dabei in Betracht zu ziehen, daß die Hochwaldungen Badens in überwiegender Ausdehnung mit Nadelholz bestockt sind, welches erheblich mehr Masse erzeugt als das im

Mittelwald herrschende Laubholz, wodurch der in entgegengesetzter Richtung wirkende Umstand, daß das Nadelholz vielfach den geringeren Boden und ungünstigere Höhenlagen einnimmt, wohl als vollständig ausgeglichen zu betrachten ist; der höhere Ertrag des Mittelwaldes kann also nur auf den günstigen Einfluß der lichteren Stellung des Ober= holzes und auf das kräftige Wachsthum der Stockausschläge zurück= geführt werden; während der geringere Ertrag des Niederwaldes wohl meist auf Rechnung des Hackwaldes zu setzen ist.

Einige weitere Beispiele über das Ertragsverhältniß zwischen Hoch= und Mittelwald werden obige Thatsachen auch für weitere Kreise be= stätigen.

In den Stadtforsten von Freiburg i. Br. ist der Normalertrag des Hochwaldes auf 5,27 Festmeter pro ha, des Mittelwaldes auf 7,11 und des Niederwaldes auf 4,49 Festmeter angesprochen; der zeit= liche Ertrag zu 4,70 . . . . 6,94 . . . . und 3,77 Festmeter pro ha.

Die im Gemeindebesitz befindlichen 39520 ha Hochwald der Provinz Oberhessen ertragen 3,97, die 3525 ha Mittel= und Nieder= wald 4,14 Festmeter pro ha; die Domänenwaldungen dagegen zeigen ein umgekehrtes Verhältniß: 4,76 Festmeter Ertrag des Hochwaldes und 4,23 Festmeter für Mittel= und Niederwald.

Im Regierungsbezirk Erfurt werden vom Mittelwald 4,48, vom Hochwald 4,31 Festmeter Ertrag pro ha nachgewiesen. Oberförster Lauprecht zu Worbis hat aus den Mittelwaldungen von Mühlhausen während der letzten 45 Jahre als wirklichen Ertrag 3,22—4,53 Fest= meter pro ha erhoben, während die königl. Forste der Inspektion Mühlhausen, vorherrschend Hochwald, 3,87—4,72 Festmeter pro ha ertrugen.

343   In Betreff des Geldertrages läßt sich wenig allgemein Gültiges sagen; doch ist anzunehmen, daß bei Vergleichung des Laubholzhoch= waldes mit dem Mittelwald zu Gunsten des letzteren ein höheres Nutz= holzausbringen sich erwarten läßt; im Regierungsbezirk Erfurt steht es in den fiskalischen Forsten wirklich auch doppelt so hoch als im Hochwald, nemlich auf 19,5 gegen 9,0 bei letzterem. Eine Vergleichung mit Nadelholzhochwald wird allerdings ein ganz anderes Verhältniß ergeben, welches aber nicht auf Rechnung der Betriebsart zu setzen ist. — Da= gegen treten im Hochwaldertrag die geringeren Sortimente an Ast= und Reisholz mehr als bei allen anderen Betriebsarten zurück, wie sich andrerseits der höchste Ertrag an Stockholz von ihm erwarten läßt. — Eine genaue Vergleichung beider Betriebsarten in Bezug auf die

Nebennutzungen ist mit Rücksicht auf die Verschiedenheit der Standorts=
güten kaum zulässig. Doch darf mit Sicherheit angenommen werden,
daß der Hochwald die größten Erträge an Laub= und Nadelstreu ge=
währt; auch die Mastnutzung wird bei ihm am reichlichsten ausfallen.

Dagegen ist ein größerer Aufwand für Kulturkosten noth=
wendig, auch wenn die natürliche Verjüngung zu Hülfe genommen wird,
und obgleich die Schlagflächen wegen des höheren Umtriebs kleiner
werden als beim Nieder= und Mittelwald, bei welchen die viel sicherere
Wiederverjüngung durch Stockausschlag vorherrscht.

Während der längeren Periode des Hochwaldumtriebes sind die
Bestände, namentlich im Nadelholz, vielen Gefährdungen durch
Thiere oder Elementarereignisse ausgesetzt, wodurch entweder
der Schluß unterbrochen, oder der betr. Bestand zu fernerer Erhaltung
untauglich wird und neu begründet werden muß. In beiden Fällen
findet eine Ertragsschmälerung statt, indem die entstehenden Bestandes=
lücken gewöhnlich für den Rest der Umtriebszeit ertraglos werden, oder
auch noch dazuhin an Bodenkraft verlieren, wenn man nicht ein Boden=
schutzholz anziehen will, was wiederum eine gering rentirende Voraus=
lage nöthig macht. Muß aber wegen allzugroßer Ausdehnung solcher
Lücken der ganze Bestand vorzeitig verjüngt werden, so entstehen dadurch
außerordentliche Kulturkosten und in den meisten Fällen Verluste am
Holzerlös, wenn das Material noch nicht hinlänglich erstarkt war. —
In der Regel wird aber auch bei solchen außerordentlichen Ereignissen
ein Theil des Holzes durch Abbrechen, Dürrwerden ꝛc. in der Qualität
verschlechtert; oder fällt es zur ungeeigneten Jahreszeit an, wo die
Aufbereitung theurer und die Verwerthung schwieriger ist. Nach dem
großen Windwurf von 1870 sank z. B. das Nutzholzausbringen in
einzelnen Nadelholz=Revieren des Böhmer Waldes von 65—70 Prozent
auf 45—55 Prozent. Gleichzeitig ging auch der Preis des Holzes zurück,
weil die angefallenen Massen in großen Gebieten den Markt über=
schwemmten und weil nur ein sehr kleiner Theil sofort aufbereitet und
ausgerückt werden konnte, ehe er durch längeres Liegen Schaden litt.
Endlich kam noch der Arbeitermangel und eine Lohnsteigerung auf das
Doppelte des früheren Standes dazu; so daß in diesem — allerdings
ganz außerordentlichen Fall — der Verlust im Ganzen auf mindestens
50 Prozent veranschlagt werden darf, uneingerechnet die Nachtheile,
welche die künftige Wirthschaft durch Störung der Hiebsfolge und des
Altersklassenverhältnisses zu erleiden haben wird.

Da sodann der Hochwald in den meisten Fällen die höchsten Um=

triebszeiten verlangt, so ist er für die Besitzer kleinerer Wald=
flächen weniger geeignet und namentlich ist die Neubegründung
eines nachhaltig zu bewirthschaftenden Hochwaldcomplexes, selbst wenn
man den niedersten, etwa 40—50jährigen Umtrieb einzuführen hätte,
ein auf mehrere Generationen sich erstreckendes Unternehmen, das erst
spät rentabel zu werden beginnt und deßhalb für die Privatspekulation
keinerlei Reiz bietet; es ist sogar für den Staat, für Gemeinden und
Fideicommisse nur bei dauernd sehr günstiger ökonomischer Lage möglich,
Hochwaldcomplexe von irgend erheblichem Umfang ganz neu zu schaffen.
Um so nothwendiger ist also die Erhaltung der bestehenden
Hochwälder, namentlich in den Gegenden, wo die Standortsverhältnisse
eine andere Wald= und Betriebsart gar nicht gestatten. Von diesem
Gesichtspunkt aus ist die gänzliche Freigebung der Waldwirthschaft auf
den armen Böden des norddeutschen Tieflandes um so mehr zu be=
klagen, als das dortige Ueberwiegen des Großgrundbesitzes die Erhaltung
der Forste wesentlich begünstigt hätte.

344		Während beim schlagweisen Hochwaldbetrieb der einzelne Bestand
als Individuum betrachtet und behandelt wird, verlangt der **Femel=
wald** eine stammweise Individualisirung; man kann also
bei diesem Betrieb jeden einzelnen Stamm die höchste Vollkommenheit
erreichen lassen, oder fehlerhafte, minderwüchsige Stämme, die beim
Hochwald des Schlusses wegen noch zu erhalten gewesen wären, recht=
zeitig entfernen, um anderen besseren Stämmen den nöthigen Raum
zu schaffen. Es ist leicht erklärlich, daß entsprechend ausgewählte und
sorgfältig behandelte Stämme in freier Stellung einen gleichmäßig
günstigeren Zuwachs zeigen als im Schluß gehaltene. Nur in einer
Beziehung sind letztere im Vortheil, weil sie sich weniger in die Aeste
entwickeln können und deßhalb astreinere, vollholzigere Stämme liefern.
Bei kleinerem Waldbesitz mit intensiverem Betrieb läßt sich im Femel=
wald durch entsprechende, namentlich frühzeitige Aufastung diesem Nach=
theil begegnen. Geeignete schattenertragende Holzarten vorausgesetzt,
kann der Femelwald als diejenige Betriebsart bezeichnet werden, welche
die sorgfältigste Behandlung jedes einzelnen Stammes zuläßt und da=
durch die höchste Rente bringt. Insbesondere trifft dieß bei der Nutz=
holzwirthschaft zu, wo die stärkeren Stammklassen mit entsprechend
höheren Preisen bezahlt werden und wo man also stets die größt=
mögliche Zahl von Stämmen in die werthvollste Klasse eintreten lassen
kann. Solche günstige Verhältnisse sind in den Privatwaldungen des
Schwarzwaldes Regel, wo man durch Besteigen des Baumes vor der

Fällung sich überzeugt, ob er den für die höheren Preisklassen maßgebenden Zopfdurchmesser auch wirklich besitzt. Solch intensiver Betrieb entspricht der französischen Benennung Jardinage vollkommen, es ist nichts anderes als eine Waldgärtnerei.

Anders aber ist die Vorstellung, welche viele älteren Forstlehrbücher mit der Bezeichnung Femelwald verbinden; er wird dort als der Inbegriff aller Unordnung, aller Mißhandlungen und Unbilden, welche dem Wald zugefügt werden können, dargestellt; in dieser Form aber, welche in Ländern mit Holzüberfluß wohl noch vereinzelt vorkommen mag, kann er nicht Gegenstand unserer Betrachtung sein.

Der Femelbetrieb ist für die rauhen Hochlagen unentbehrlich, weil hier die künstliche Verjüngung außerordentlich erschwert ist und die natürliche Verjüngung so langsam von statten geht, daß man hiedurch gewissermaßen von selbst zum Femelbetrieb hinübergedrängt wird. Das Zurückgehen der Wälder im Hochgebirg ist vielfach nur dem Aufgeben der Femelwirthschaft zuzuschreiben. — Auch an steilen Berglehnen läßt sich ein Nadelholzbestand nur als Femelwald dauernd erhalten. In exponirten Lagen, zum Schutz gegen Lawinen, Abrutschungen, Versumpfungen oder Sandverwehungen, ist der Femelbetrieb nothwendig, sei es auch nur auf einem Schutzstreifen von angemessener Breite. —

Wo das Waldeigenthum auf eine kleine Fläche beschränkt ist und auf solcher nur Nadelholz in stärkeren Dimensionen erzogen werden will oder kann; da ist nur der Femelbetrieb zulässig.

Begünstigt wird diese Betriebsart insbesondere durch die Fähigkeit der betr. Holzart, die Beschattung ohne Nachtheil zu ertragen und sich von den nachtheiligen Folgen derselben rasch zu erholen, auch muß sie dem Sturm hinlänglich Widerstand leisten können. In diesen Beziehungen stehen Weißtanne, Buche und Zirbelkiefer allen anderen Holzarten voran; auch die Fichte genügt in windsichereren Lagen den dießfallsigen Anforderungen noch befriedigend. Am wenigsten ist dieß der Fall bei der Eiche und Kiefer. Doch sind auch diese beiden Holzarten auf den ihnen besser zusagenden Standorten noch einigermaßen zum Femelwald geeignet, wie aus den graphischen Darstellungen des Zuwachsganges von lange im Druck gestandenen, später aber kräftig erwachsenen Kiefern in der forstlichen Monatschrift 1859, S. 194 ersichtlich wird. Beim Laubholz und insbesondere bei der weniger hiezu geeigneten Eiche tritt in den meisten Fällen der Mittelwald an die Stelle des Femelwaldes.

345   Wie schon oben angedeutet, fehlt es an sicheren Zahlen über das Verhältniß des nothwendigen Holzvorraths für den Femelwald und den Hochwald mit gleichen Umtriebszeiten. In Betreff des zu erwartenden Holzzuwachses liegt zwar auch kein genügendes Material vor, doch können die aus dem badischen Schwarzwald stammenden „Erfahrungen über den Zuwachs der Weißtanne am einzelnen Stamm des Femelwaldes" (mitgetheilt in der forstlichen Monatschrift 1859, S. 108) einige Anhaltspunkte bieten; danach zeigt sich folgender Entwicklungsgang in Festmetern:

Alter	Durchschnittszuwachs	letztjähriger Zuwachs
60	0,0108—0,0162	—
70	0,0161—0,0216	0,0513
80	0,0216—0,0270	0,0621
90	0,0324—0,0378	0,1215
100	0,0432—0,0486	0,1431
110	0,0540—0,0594	0,1647
120	0,0621—0,0621	0,1215

Diese Zahlen stützen sich auf eine größere Reihe von Untersuchungen, wobei einzelne Stämme mit einem Jahresdurchschnitt von 0,081 und einem letztjährigen Zuwachs von 0,270 Festmeter vorkommen. Leider hat sich der Verfasser nicht genannt; für den Ortskundigen sind aber diese Zahlen ganz glaubhaft.

Bei Unterstellung einer mäßigen Bestockung von 278 dominirenden Stämmen pro ha und bei vollständiger Vertretung aller Altersstufen von 1—100 berechnet der betr. Autor im 100. Jahre einen möglichen Ertrag von 12,76 Festmeter pro ha, was als ein außerordentlich günstiges Ergebniß anzusehen und Demjenigen, welcher derartige Verhältnisse aus eigener Anschauung kennt, recht wohl möglich erscheint. Bei Unterstellung einer andern Gruppirung der Altersklassen kommt derselbe Autor auf einen zwar mäßigeren, aber immerhin noch günstigen Ertrag von 9 Festmeter pro Jahr und ha. — Dem gegenüber ist allerdings zu sagen, daß Zwischennutzungen aus dem Nebenbestand nur in geringem Umfang vorkommen und insbesondere die schwächeren Sortimente von Stangen ꝛc. nicht in geeigneter Qualität und nur in untergeordneter Menge anfallen. — Dagegen läßt sich in Femelwaldungen die Weide unschädlicher ausüben und giebt auch einen höheren Ertrag, weil unter dem geringeren Schluß ein reichlicherer Graswuchs erfolgt.

Als ein Hauptvorzug des Femelwaldes ist endlich anzusehen die

beſſere Erhaltung der Bodenkraft, weil ein vollſtändiges Bloß=
liegen nie vorkommt und dadurch eine Verwilderung oder Vermagerung
wie ſie bei den Kahlſchlägen und auch bei langſamer Verjüngung noch
in größerem Umfange eintritt, unmöglich gemacht oder auf ein Mini=
mum beſchränkt wird. — Ferner ſind bei richtig geleiteter Wirthſchaft
nur ſelten Kulturkoſten aufzuwenden, denn in der Regel wird die
künſtliche Nachhülfe nur in geringem Umfange nothwendig.

Dagegen iſt nicht zu beſtreiten, daß die Beſchädigungen bei der
Fällung und Abfuhr des Holzes ſowohl an ſtehenden, wie an gefällten
Stämmen in der Regel größeren Umfang erlangen, als beim ſchlag=
weiſen Hochwaldbetrieb; doch laſſen ſich durch geſchickte Holzhauer und
durch ein hinreichend verzweigtes Wegnetz dieſe Nachtheile einigermaßen
vermindern.

Ziemlich ſchwierig iſt die Ertragsregulirung des Femelwaldes,
weil es an ſicheren Grundlagen für die Bemeſſung des Zuwachſes noch
allenthalben fehlt und weil die Ueberſichtlichkeit bei dieſem Betrieb am
meiſten erſchwert iſt. Dieſe Aufgabe iſt jedoch keine ſchwierigere als
beim Oberholz des Mittelwaldes, und darf daher auch keinen Anlaß
geben, den Femelbetrieb zu vernachläſſigen.

Die Verhältniſſe des Niederwalds ſind bereits oben (279) be=
ſprochen worden und wird deßhalb darauf Bezug genommen.

Uebergang von einer Betriebsart zur anderen.

Will man die Betriebsart ändern, ſo iſt dieß eine Maßregel von 346
ſo tief eingreifender Bedeutung, daß man ſich über die muthmaß=
lichen Folgen dieſes Schrittes möglichſte Klarheit verſchaffen muß und
erſt dazu ſchreiten darf, wenn die vollſte Sicherheit darüber beſteht, daß
das bisherige Syſtem aus forſtlichen oder ökonomiſchen Gründen nicht
mehr haltbar iſt. Im Allgemeinen aber muß namentlich den Anfängern
in der Praxis Vorſicht empfohlen und zu bedenken gegeben werden, daß
der forſtliche Betrieb eine conſervative Grundlage nöthig hat und nicht
viele Wechſel ertragen kann; daß insbeſondere eine conſequent aus=
gebildete und feſtgehaltene Wirthſchaft erfahrungsgemäß beſſere Reſultate
giebt, als eine andere, welche im Streben nach der höchſten Voll=
kommenheit den noch nicht erprobten, raſch wechſelnden Strömungen in
der Wiſſenſchaft fortwährend zu folgen bemüht iſt. Nirgends mehr
als beim Forſtweſen verdient das Sprichwort innerhalb gewiſſer Grenzen
Beachtung: „das Beſſere iſt der Feind des Guten“. Bei den meiſten
forſtlichen Erwägungen und Maßnahmen kommen Zukunftsfaktoren in

Rechnung, deren künftige Größe nicht einmal mit annähernder Sicher=
heit zu bestimmen ist und die deßhalb besonders vorsichtig zu be=
handeln sind.

Demungeachtet lassen sich Aenderungen in der Betriebsart nicht
immer vermeiden, sie sind vielmehr geboten, wo in Folge von
Bodenverschlechterung und eines dadurch veranlaßten Holzarten=
wechsels vom Mittel= und Niederwald zum Nadelholzhochwald über=
gegangen werden muß, oder wo der Laubholzhochwald aus dem gleichen
Grund dem Niederwald zu weichen hat. Sodann kommen bei Zu=
käufen zu größeren Waldcomplexen Fälle vor, wo das neu erworbene
kleinere Objekt dem größeren auch in der Betriebsart assimilirt werden
soll. Endlich kann die Nothwendigkeit, gewisse Produkte zu liefern,
z. B. Eichenspiegelrinde, einen Wechsel begründen.

Vielfach sind es aber ökonomische Gründe, welche Aende=
rungen in der Betriebsart veranlassen, leider meist in rückschreitender
Bewegung zum Zweck einen Theil des lebenden Holzvorraths als außer=
ordentliche Nutzung erheben zu können, womit aber meist eine Schwächung
der Produktionskraft verbunden ist.

Die Schwierigkeiten solcher Ueberführungen liegen hauptsächlich
darin, daß eine veränderte Gruppirung der Altersklassen
und des Holzvorrathes meist auch noch eine Verkleinerung oder
Vergrößerung der Schlagflächen oder Periodenflächen
nothwendig werden. Letzteres dann, wenn die beiden Betriebsarten
verschiedene Umtriebszeiten bedingen. — Je größer derartige Ver=
schiedenheiten sind, um so schwieriger ist der Uebergang, um so lang=
samer muß er vollzogen werden. In manchen Fällen reicht eine einzige
Umtriebszeit hiezu nicht aus und sogar nach Ablauf der zweiten oder
dritten sind noch Nachwirkungen des früheren Betriebs zu erkennen.
Die langsamen Uebergänge sind in der Regel für den Waldeigenthümer
die vortheilhaftesten. — Dieser wichtigste Theil der Aufgabe fällt der
Wirthschaftseinrichtung zu, während der Wirthschaftsführer bei der
Verjüngung hauptsächlich nach den für unregelmäßige Bestände gelten=
den Regeln vorzugehen hat.

Uebergang vom Femelwald zum schlagweisen Hochwald.

347   Nach dem, was oben über den Femelwald gesagt wurde, ist eine
solche Ueberführung eigentlich nur da zu empfehlen, wo die Holzart
weniger dazu paßt, oder wo es im Anschluß an einen größeren Complex
der Gleichmäßigkeit, halber gewünscht wird. Es fragt sich aber stets,

ob nicht beſſer als durch das Aufgeben des Beſtehenden, durch ent=
ſprechende Vervollkommnung desſelben geholfen werden könnte.

Bei größeren Verwaltungen, welche eine überſichtliche, leicht
controlirbare Wirthſchaftsführung fordern, gleichzeitig aber auch an
Verwaltungsaufwand ſparen müſſen, iſt der Femelbetrieb weniger am
Platze als der ſchlagweiſe Hochwald, welcher auch dem Laien einen
leichteren Einblick in die Wirthſchaft ermöglicht.

Da in der Regel bei dieſem Uebergang die Umtriebszeit bei=
behalten werden kann, ſo handelt es ſich bei demſelben hauptſächlich
nur um die veränderte Gruppirung der Altersklaſſen,
welche nicht mehr ſtammweiſe gemiſcht unter einander, ſondern flächen=
weiſe getrennt erzogen werden ſollen, und zwar in einer räumlichen
Aneinanderreihung, welche möglichſte Sicherung gegen Windſchaden
gewährt, alſo die künftigen Hiebszüge ſchon jetzt vor=
zeichnet. — Innerhalb eines ſolchen Hiebszuges hat man dann die
Abtheilungen nach den hiefür geltenden Regeln zu bilden, insbeſondere
aber auch noch die zufällig vorhandenen Altersunterſchiede in Unter=
abtheilungen zu trennen. Letzteres iſt von beſonderer Wichtigkeit und
müſſen dabei namentlich die mittelalterigen und jüngeren Altersſtufen
ſorgfältigſt ausgeſchieden werden. Es wird zwar nach dem Zuſtand
des Femelwaldes in einer ſolchen Unterabtheilung nur ganz ausnahms=
weiſe Holz von gleichem Alter oder von unweſentlicher Altersverſchieden=
heit vereinigt, ſondern mehr oder weniger ein Gemenge aller Klaſſen
vertreten ſein; allein man muß ſich eben in ſolchen Fällen nach der=
jenigen Altersklaſſe richten, welche überwiegt, nach der alſo die Be=
handlung zu erfolgen hat. Hiebei ſind folgende Verſchiedenheiten
getrennt zu halten: 1. Klaſſe, wo das haubare und überreife Holz vor=
herrſcht; 2. Klaſſe, angehend haubares, 3. Klaſſe, mittelalteriges und
4. Klaſſe Jungholz. Jede Klaſſe hätte hienach die betr. Altersſtufen
des vierten Theils der Umtriebszeit in ſich aufzunehmen.

Da nun aber in ſolchen Fällen die beiden letzten Klaſſen meiſt
ganz fehlen, oder nur in untergeordnetem Umfang vorhanden ſein
werden, ſo iſt es nicht möglich, mit dieſem Material allein ſofort eine
nachhaltige Nutzung herzuſtellen, weil für die zweite Hälfte der Um=
triebszeit die nöthigen Beſtände fehlen. Um dieſe Lücke auszufüllen,
iſt es rathſam, einen Theil des umzuwandelnden Complexes vorerſt
noch als Femelwald zu belaſſen, um auf ihn zurückgreifen zu können,
wenn man in den ſchlagweiſe behandelten Flächen wegen mangelnden
Materials zeitweilig die Fällungen beſchränken muß; und je größer

jene Lücke ist, um so größer muß auch dieser Femelbezirk gemacht werden.

Um nun in den zunächst zu ordnenden Hiebszügen möglichst bald die nöthige Altersabstufung herzustellen, sind die Nutzungen in folgender Weise zu regeln: zunächst muß etwa vorhandenes überständiges und hiebsreifes Holz in den Beständen der beiden jüngsten Altersklassen vorsichtig ausgezogen werden. Je jünger und vollkommener die betr. Bestände sind, um so stärker kann bei diesen Auszugshieben auch auf das angehend haubare und mittelwüchsige Holz gegriffen werden; in den älteren Beständen dieser Klasse wird man aber gut thun, von letzterem so viel möglich zum Einwachsen überzuhalten. Ueberhaupt ist für die ganze Dauer der Ueberführung als Regel festzuhalten, daß man einstweilen von Erziehung ganz regelmäßiger, gleichalteriger Bestände abzusehen hat, und zwar so, daß in vielen Fällen Unregelmäßigkeiten, als sehr förderlich für den gegebenen Zweck, eher zu begünstigen als zu beseitigen sind, weil die bei und nach solchen Ueberführungen nöthig werdenden Verschiebungen des Hiebes einzelner Abtheilungen durch die Unregelmäßigkeit wesentlich erleichtert werden, namentlich wenn man gleichzeitig den Verjüngungszeitraum für dieselben entsprechend verlängern kann.

In zweiter Linie steht der Dringlichkeit nach der Auszugshieb in der Klasse 3, welcher sich übrigens nur auf das ganz abgängige und kranke Holz zu beschränken hat, das sich nicht mehr halten läßt, bis der Bestand zur Verjüngung kommt. So viel thunlich, ist dabei der Schluß zu erhalten, und zu dem Zweck dieser Hieb in Zwischenräumen von 10—15 Jahren zu wiederholen, wobei gleichzeitig auch die Durchforstungen zur Ausführung kommen.

Während diese beiden Hiebe noch im Gange sind, muß mit Einleitung der Verjüngung in der ältesten Klasse durch Vorbereitungsschläge begonnen werden, wobei man durch vereinzelte Wegnahme älterer, minderwüchsiger Stämme den übrigen Luft macht, und dabei auch den etwa vorhandenen Vorwuchs begünstigt. Ist die Fläche so ausgedehnt, daß der Vorbereitungsschlag in derselben auf mindestens 6—8 Jahre das erforderliche Material liefert, so kann man dann nach dessen Beendigung gleich mit dem eigentlichen Besamungsschlag nachkommen, und in gleichen Fristen die Nachhiebs- und Abtriebsschläge folgen lassen.

Nach Beendigung dieser Verjüngung oder bei geringerem Umfang der betr. Altersklasse, je nach Durchführung des betr. Hiebes, wird eine Pause eintreten, welche aus dem reservirten Femelcomplex zu decken ist. Bei den hier zu führenden Hieben hat man stärker zu greifen, wenn sie seltener wiederkehren und wenn man das mittelwüchsige Holz begünstigen muß, um für die mangelhaft ausgestatteten Perioden das erforderliche Material zu reserviren.

Kann man dann nach diesen Femelhieben die schlagweise Verjüngung in den oben als mittelwüchsig ausgeschiedenen Beständen beginnen, so kommen nun diese an die Reihe, und dazwischen hinein, so weit nöthig, wieder die Auszugshiebe im Femelcomplex. Von letzterem soll schon zeitig ein entsprechender Theil ausgeschieden werden, um einen oder mehrere neue Hiebszüge zu bilden, in welchen die schlagweise Verjüngung zu beginnen hat, sobald in den erst ausgeschiedenen Hiebszügen die Nutzungen aufhören. In diesem abzutrennenden Theil des Femelcomplexes muß sodann schon bei den vorausgehenden Femelhieben Rücksicht genommen werden auf die im künftigen Hochwaldbetrieb einzuhaltende Hiebsfolge, es darf deßhalb in den am frühesten anzuhauenden Abtheilungen niemals so stark auf das ältere Holz gegriffen werden, wie in den der Reihe nach folgenden, und je später die betr. Abtheilung zur Verjüngung kommen wird, um so mehr sind die jüngeren und mittelwüchsigen Stämme zu begünstigen.

Inzwischen kann vielleicht die in den erst ausgeschiedenen Hiebszügen gebildete jüngste Altersklasse zur Verjüngung herangezogen werden; oder wenn dieß noch nicht möglich sein sollte, so hätte man schon vorausgehend aus dem Femelcomplex wieder einige neue Hiebszüge dem schlagweisen Hochwald zuzuweisen, was sich in dem Fall auf den ganzen Rest dieses Complexes erstrecken müßte, wenn damit der Bedarf für den noch nicht bedeckten Theil der Umtriebszeit befriedigt werden kann.

Für die Führung dieser Hiebe ist im Allgemeinen ein successives schonendes Vorgehen zu empfehlen; bei den Auszugshieben insbesondere soll der Schluß thunlichst erhalten und der umgebende Bestand möglichst geschont werden; es sind zu dem Zweck lieber öfter wiederkehrende Hiebe einzulegen, damit man bei der Wegnahme des stärkeren Holzes die abgängigen Stämme nach und nach vereinzelt zur Fällung bringen kann. Vorheriges Entasten und möglichste Sicherung gegen etwaige Beschädigungen bei der Abfuhr empfiehlt sich hiebei noch ganz besonders. — In den Verjüngungshieben muß man sodann einen genügenden Spielraum haben; die Verjüngungsdauer darf nicht zu kurz genommen werden, damit die schwächeren Stämme mit Hülfe der freieren Stellung noch hinlänglich erstarken können. Die Rücksichten auf Abwendung des Sturmschadens dürfen nicht unbeachtet bleiben;

obgleich die im Femelbetrieb erwachsenen Stämme und Bestände be=
kanntlich viel windständiger sind, als die im Schlusse erzogenen. Je
mehr man den Verjüngungszeitraum der schlagweise behandelten Hoch=
waldungen ausdehnen kann, um so mehr nähert man sich dem Femel=
betrieb; denn bei diesem ist die Verjüngungsdauer gleich der Umtriebs=
zeit. In den Weißtannen=Femelwaldungen des badischen Schwarzwalds,
wo man daneben in den schlagweise bewirthschafteten Domänenwaldungen
einen 40jährigen Verjüngungszeitraum einhält, ist der Uebergang hie=
durch sehr erleichtert, und mit geringen Opfern an Zuwachs 2c. ver=
bunden.

Bei vorherrschend mit lichtbedürftigen Holzarten
bestockten Waldungen ist der Uebergang nicht so einfach, man ist
dabei nur allzu oft genöthigt, einzelne Bestände über das normale
Alter hinaus stehen zu lassen und andere wieder frühzeitiger zu ver=
jüngen. Mit Auszugs= und Vorbereitungshieben kann hier wohl auch
einige Hülfe gegeben werden, allein nur in beschränkterem Umfang,
und wenn einmal die Verjüngung in einem Bestand in Angriff ge=
nommen ist, so muß sie schon mit Rücksicht auf die Lichtbedürftigkeit
des Nachwuchses, ebenso sehr aber mit Rücksicht auf die nöthige Ver=
stärkung der jüngsten Altersklasse thunlichst beschleunigt werden. Hiebei
ist frühzeitig genug die künstliche Nachhülfe in Anspruch zu nehmen,
wenn die natürliche Verjüngung keinen, oder erst sehr spät einen Erfolg
erwarten läßt.

Je rascher der Uebergang bewirkt werden muß, um so größer
wird der in der Mitte des Ueberführungszeitraums ent=
stehende Mangel an haubarem Holz werden und man hat
deßhalb in Zeiten auf dessen Ergänzung Bedacht zu nehmen. Dieß
kann geschehen durch die Anzucht schnell wachsender und in jüngerem
Alter schon gut verwerthbarer Holzarten, theils in reinen Beständen,
theils in stärkerer Einmischung, wozu die Kiefer, Lärche oder Birke sich
am besten eignen. — In gleicher Weise kann durch die Erhaltung von
den mittelwüchsigen und jüngeren Altersklassen angehörigen geschlossenen
Horsten oder einzelnen Stämmen verfahren werden. Je nach der Stellung
und Gruppirung derselben, kann man dann bei der nächsten Verjüngung
solcher Bestände entweder die auf diese Weise erhaltenen stärkeren
Stämme vereinzelt auszugsweise früher nutzen, oder den ganzen Bestand
zeitiger in regelrechte Verjüngung nehmen. Ist aber der muthmaßliche
Ausfall schon in einer früheren Periode zu erwarten, so muß man
durch Ueberhalten von angehend haubaren Stämmen für diese Zeit eine

Reserve sich bilden; doch kann dieß nur in geringerem Umfang ge=
schehen, wenn die darunter nachzuziehenden Bestände nicht allzusehr
beeinträchtigt werden sollen.

Wo diese Mittel nicht, oder nicht in genügendem Umfange an=
wendbar sind, da bleibt nichts übrig, als durch früheren oder durch
hinausgeschobenen Anhieb einzelner Bestände den Ausfall nach Thun=
lichkeit zu decken, und durch sorgfältige Behandlung derselben, öftere
Durchforstungen bei jenen, vorsichtigen Auszugshieben bei diesen den
Zuwachsverlusten möglichst vorzubeugen.

Die bei diesen Ueberführungen im Schwarzwald während des ab=
gelaufenen Jahrhunderts gemachten Erfahrungen weisen darauf hin,
daß es ein großer Fehler ist, wenn man mit allen Beständen eines
Wirthschaftscomplexes gleichzeitig vom Femelwald zum Hochwald über=
gehen will; man erhält dann nach wenigen Dezennien in überwiegender
Ausdehnung haubare Bestände, während die mittleren Altersklassen fast
ganz fehlen. Auf diese Weise wird man vor die Alternative gestellt,
entweder einen erheblichen Theil überständig werden, oder eine zeit=
weilige Uebernutzung mit nachfolgendem Defizit eintreten zu lassen.
Wenn dann einmal ein solches gestörtes Altersklassenverhältniß besteht,
so wirkt es auf mehrere Umtriebszeiten hinaus nach und beeinflußt
den Betrieb in nachtheiligster Weise.

Der Uebergang vom Mittelwald zum Hochwald

ist nach den in § 342 gegebenen Nachweisungen nur ausnahmsweise dann 349
motivirt, wenn die Bodenkraft so weit erschöpft ist, daß das Laubholz
nicht mehr gut fortkommt, oder wenn es sich um den Anschluß eines
kleineren, untergeordneten Theiles an einen großen Complex handelt.
In vielen Fällen kann ein derartiger Uebergang das Verdrängen der
Eiche, manchmal auch noch die Vertauschung der Laubholznutzholz=
wirthschaft mit der Brennholzwirthschaft zur Folge haben. Da außer=
dem zur Ansammlung des für den Hochwald benöthigten höheren
Materialkapitals namhafte Opfer zu bringen sind, indem längere Zeit
hindurch auf einen Theil des Holzertrages verzichtet werden muß, so
erfordert es eine reifliche Erwägung aller Verhältnisse, ehe man zu
dieser Maßregel schreitet. Insbesondere ist noch zu untersuchen, ob
nicht durch vorübergehende Einmischung von bodenverbessernden Holz=
arten im Einzelstande oder in Horsten der Mittelwald sich erhalten
ließe, was namentlich da möglich wäre, wo nur vereinzelte kleinere
Flächen mit schlechterem Boden vorkommen.

v. Fischbach, Forstwirthschaft. 23

Der Unterschied zwischen den Umtriebszeiten des Mittel- und des Hochwaldes ist sehr erheblich und erschwert die Ueberführung nach zweierlei Richtungen: einmal dadurch, daß die Stockausschläge des Unterholzes meist nicht so lange erhalten werden können, als es der höhere Umtrieb verlangen würde, und dann noch dadurch, daß die Jahresschläge oder die Altersklassen im Hochwald vermehrt, also auch gleichzeitig verkleinert werden müssen. Manchmal finden sich außerdem noch im Mittelwald Holzarten vor, welche für den Hochwald weniger passen, und darum nach und nach durch besser geeignete ersetzt werden müssen. — Bedingt die neu einzuführende Holzart eine bedeutendere Erhöhung der Umtriebszeit, etwa aufs dreifache der seitherigen, so wird dadurch der Uebergang noch sehr erheblich erschwert, und wird es sich in solchen Fällen empfehlen, für die Uebergangsperiode möglichst viel schnellwachsende Holzarten anzuziehen, und die schon vorhandenen im weitesten Umfang zu benützen.

Der erste vorbereitende Schritt zum Uebergang besteht darin, daß man den Oberholzvorrath thunlichst vermehrt und gleichzeitig im Unterholz die Straucharten zu beseitigen strebt, andrerseits aber die ausdauernderen Stockausschläge mit Hülfe von öfter wiederkehrenden Reinigungshieben und Durchforstungen sich erkräftigen läßt. Hiebei wird auch dem zwischen den Ausschlägen auftretenden Kernwuchs gebührend Raum geschafft, und das Ankommen desselben, so viel es geschehen kann, ohne den Schluß allzu sehr zu unterbrechen, thunlichst gefördert. Die Weichhölzer, welche sich zum Hochwaldbetrieb für kürzere Umtriebszeit eignen, sind bei einer solchen Ueberführung besonders förderlich und demgemäß wenigstens für den Anfang entsprechend zu begünstigen, auch wenn sie nicht für immer beibehalten werden wollen.

Hierauf sind die künftigen Hiebszüge und Abtheilungen zu projektiren, um stets die richtige Schlagfolge anstreben zu können. Innerhalb der Hiebszüge hat man sodann zunächst diejenigen Abtheilungen auszuscheiden, welche sich über die gewöhnliche Umtriebszeit des Unterholzes hinaus erhalten lassen, und von diesen aus die künftige Hiebsfolge zu ordnen. Das Haupterforderniß, um sich hiefür zu qualifiziren, ist die Bestockung mit gesundem kräftigem Stockausschlag von geeigneten Holzarten, woneben ein reicherer Oberholzbestand den Zweck noch wesentlich fördert. In diesen Abtheilungen hat die Durchforstung sich so oft als nöthig zu wiederholen und ist dabei auf thunlichste Vereinzelung der Stockausschläge hinzuwirken, damit dieselben erstarken und zum Samentragen gebracht werden. Das Oberholz bleibt hiebei unberührt, so weit es sich nicht um Aufastungen handelt, welche aus Rücksicht für das Unterholz geboten sind. Die etwa vorkommenden Horste von Straucharten, Weichhölzern, welche nicht bis zur Verjüngung des Bestandes ausdauern, oder auf geringerem Boden stockenden und darum schlechtwüchsigen Harthölzer müssen bei diesen Durchforstungen auf den Stock gesetzt werden; was sich aber selbstverständlich nur auf einen untergeordneten Theil der ganzen Fläche erstrecken darf, weil sich sonst eine solche Abtheilung nicht zum Ueberhalten eignen würde.

Bei der Verjüngung soll möglichst langsam vorge=350 gangen werden, sofern es die nachzuziehende Holzart erlaubt. Es empfiehlt sich wohl in allen Fällen, einen Vorbereitungsschlag zu führen, welcher diejenigen Individuen zu begünstigen hat, die sich kräftig ent= wickelt haben und deßhalb reichen Samenansatz versprechen. Wenn im Oberholz sehr starke Stämme vorkommen, so hat man mit deren Herausnahme schon im Vorbereitungsschlag zu beginnen; da in diesem Stadium die entstehenden Lücken bei weiterer Entwicklung des um= gebenden Bestandes sich verengern und im Seitenschutz desselben die Besamung gut ankommt, während unter dem Druck solch alter und meist dicht beasteter Bäume kein Nachwuchs sich ansiedelt. Kann man aber demungeachtet nicht alle derartigen starken Stämme gleich bei den ersten Verjüngungshieben herausnehmen, so muß man in deren Um= gebung das Ankommen der Besamung dadurch begünstigen, daß man, von den äußersten Zweigspitzen beginnend nach auswärts, namentlich auf der Süd= und Westseite vom Stamm aus betrachtet, dem Unterholz eine entsprechend lichte Stellung giebt. Eine künstliche Nachhülfe hat überall da zeitig einzutreten, wo das Gelingen der natürlichen Besamung zweifelhaft ist.

Wäre man aber, wie beim Uebergang in Nadelholzhochwald, ganz auf die künstliche Verjüngung angewiesen, so hat frühzeitig Untersaat oder Unterpflanzung einzutreten, oder wo dieß die Holzart nicht erträgt, der Abtrieb erst dann zu erfolgen, wenn weitere Lichtungen durch Vor= bereitungs= und Dunkelschlag einen Rückgang im Zuwachs des alten Bestandes unter die normale Leistungsfähigkeit des Vollbestandes zur Folge hätten. So weit es die neu anzuziehende Holzart erträgt, sind Laßreiser und schwächere Oberständer in den neu zu erziehenden Be= stand einwachsen zu lassen, außerdem ist die Einmischung von schnell wachsenden Weichhölzern, so weit thunlich, zu begünstigen.

Wenn nun entsprechend der Hiebsfolge im künftigen Hochwald, die vorliegenden Abtheilungen gleich in ähnlicher Weise behandelt und

verjüngt werden könnten, so würde dadurch die Ueberführung sehr er=
leichtert; allein es wird dieß nur selten möglich sein und muß man
deßhalb für einzelne Jahre während der Uebergangszeit die Deckung
anderwärts suchen; dieß geschieht theilweise dadurch, daß man einen
Theil der besseren Mittelwaldschläge in bisheriger Weise fortbehandelt,
wobei aber doch Abweichungen in zwei Richtungen zu empfehlen sind:
einmal ein stärkerer Zugriff auf die ältesten und sodann größere Be=
günstigung der jüngeren Oberholzklassen. — Als weiteres Mittel zur
Deckung kommen Nachhiebe im Oberholz der jüngsten Mittelwaldschläge
zur Anwendung, wobei ebenfalls vorherrschend auf die stärksten Stämme
gegriffen werden muß. Da nun diese in der Regel höheren Werth
haben, so kann dadurch ein Ausfall an Masse wenigstens theilweise
ausgeglichen werden, und muß man zu diesem Auskunftsmittel um so
mehr seine Zuflucht nehmen, je größer der Unterschied zwischen dem
seitherigen und dem künftigen Materialkapital und zwischen den beider=
seitigen Umtriebszeiten ist.

In Fällen, wo es sich um die Ueberführung eines selbständigen Com=
plexes und um **Beibehaltung der seither herrschenden Holzarten** handelt, wird der Gang der Hiebe etwa folgender sein können:
Von den ältesten Mittelwaldschlägen würden etwa 10—15 Prozent der
Gesammtfläche zur Verjüngung durch natürliche Besamung vorbereitet,
gleichzeitig aber auf den jüngsten Schlägen im Oberholz Nachhiebe ein=
gelegt, welche vorherrschend einen Theil des Altholzes treffen. Nach
deren Beendigung müssen, soweit nicht aus den Besamungsschlägen
Deckung erfolgt, die Mittelwaldschläge wie seither, jedoch der Fläche
nach in reduzirtem Umfang, bezüglich des Oberholzes aber ziemlich
stärker als bisher fortgeführt werden. Indessen scheidet man weitere
Flächen aus, auf welchen die natürliche Samenschlagverjüngung so vor=
bereitet wird, daß sie beginnen kann, wenn der erst ausgeschiedene
Complex abgetrieben sein wird. Für diese Zeit muß auch noch ein
Theil der vorerst als Mittelwald zu behandelnden Fläche reservirt
bleiben, auf welcher dann die Verjüngung durch natürliche Besamung
erst zuletzt eintreten kann. —·Hat man auf diese Weise den ganzen
Complex durchgenommen, so wird bereits die Umtriebszeit um mindestens
50 Prozent erhöht sein und wird es hienach möglich sein, bei dem
nächsten Turnus durch weitere Reduktion der Hiebsflächen dieselbe auf
ihre richtige Höhe zu bringen, wobei man durch die eingewachsenen
Oberholzvorräthe und Weichhölzer wesentlich unterstützt wird; letztere

können insbesondere schon frühzeitig als Durchforstungsmaterial nach und nach nutzbar gemacht werden.

Handelt es sich aber um den Uebergang vom Mittelwald 351 zum Nadelholzhochwald, so wird man zunächst die Umtriebs- zeit für letzteren doppelt oder dreifach so hoch als die seitherige fest- setzen und wäre es in diesen Fällen das Einfachste, wenn man die seit- herigen Jahresschläge je in zwei oder drei Theile zerlegen und successive abtreiben und mit Nadelholz anbauen könnte. Es hätte dieß aber die Folge, daß während der ganzen Uebergangsperiode nahezu auf die Hälfte oder zwei Drittel der bisherigen Nutzung verzichtet werden müßte, und daß ein Theil der Schläge zu alt würde, was weitere Ver- luste zur Folge hätte. Erstere sind zwar mit Hülfe des Oberholz- vorraths einigermaßen zu mildern; letztere können aber ganz vermieden werden, wenn man mit den Kahlschlägen je ein ums andere Jahr oder auch in größeren Zwischenräumen aussetzt und inzwischen mit Ueber- springung einiger Altersstufen in den jüngeren Mittelwaldbeständen in bisheriger Weise, jedoch mit verstärkten Oberholzhieben die Verjüngung vornimmt, worauf man wieder zeitweilig zu den Kahlhieben übergeht, was so oft zu wiederholen ist, bis die Kahlhiebe vollständig durchgeführt sein werden.

Wird dagegen ein verhältnißmäßig kleinerer Mittelwald einem größeren Hochwaldcomplex angeschlossen, so geschieht dieß einfach dadurch, daß man die Umwandlung in eine Periode verlegt, wo etwa die im Hochwald zur Verjüngung kommende Altersklasse mit ungenügender Fläche ausgestattet ist, bis dahin aber noch den Mittelwaldbetrieb bei- behält, jedoch den Uebergang inzwischen durch möglichste Verstärkung des Oberholzvorraths förderlichst vorbereitet.

Die Ueberführung von Niederwald in Mittelwald läßt sich 352 in all den Fällen empfehlen, wo der Boden für das zu erziehende Oberholz tiefgründig genug ist; die allerdings mit einigen Opfern ver- bundene Ansammlung des benöthigten Oberholzkapitals wird meist durch die günstigen Zuwachsprozente und durch die höheren Nutzholzpreise als eine rentable Anlage sich erweisen. Nur bei Eichenschälwald und Faschinenwald wird dieser Uebergang nicht zu empfehlen sein. Der- selbe ist übrigens eine ziemlich einfache Operation, wenn bezüglich des Umtriebes beim Unterholz eine Aenderung nicht eintritt; man hat dann blos bei jedem Abtrieb Laßreiser in genügender Zahl überzuhalten und dafür zu sorgen, daß durch entsprechende künstliche Nachhülfe für den folgenden Hieb genug Kernwuchs vorhanden sei, aus dem sich dann später das Oberholz ergänzen läßt. Allerdings wird man im Anfang kaum über eine größere Zahl von Kernstämmen verfügen; allein bei sachgemäßer Auswahl und Behandlung, bei regelmäßig wiederkehrenden Durchforstungen werden sich namentlich auf besseren Böden schon so viele wüchsigere Loden von jüngeren Mutterstöcken finden, daß man sich daraus die erste Altersstufe des Oberholzes bilden kann, obgleich gerade bei diesem ersten Abtrieb, wo ältere Stämme noch nicht vorhanden sind, eine größere Zahl als sonst davon nöthig ist. Bei dem nächst folgenden Hieb wird man allerdings kaum mehr in der Lage sein, einen entsprechenden Theil dieser jüngsten Oberholzklasse für die Bildung der zweitältesten reserviren zu können; dieß wird nur als Ausnahme in einzelnen günstigeren Fällen möglich sein, um so mehr muß man aber darauf Bedacht nehmen, das benöthigte Material durch künstliche Kultur heranzuziehen, und eignen sich zunächst hiezu schnell wachsende Holzarten, wie Birke, Esche, Ulme, Kiefer, Lärche, bei kürzerem Umtrieb auch die Aspe. — Es läßt sich sodann schon nach dem zweiten und dritten Umtrieb auf eine natürliche Besamung rechnen, aus welcher der Oberholzbestand nach und nach in der gewünschten Zahl von Altersstufen herzustellen ist.

353　　Die Umwandlung von Niederwald in Hochwald wird hauptsächlich in Folge von Bodenverschlechterung und des hiedurch bedingten Holzartenwechsels nothwendig. In diesem Fall wird es aber auch nicht einmal möglich sein, den Umwandlungszeitraum auf die Dauer des künftigen Hochwaldumtriebs auszudehnen, jedenfalls ist nach Thunlichkeit anzustreben, daß hiebei wenigstens eine möglichst vielgliedrige Altersabstufung für den Hochwald gebildet werde, um dann mit Hülfe dieser successive zur normalen übergehen zu können. — Der Unterschied im Vorrathskapital, welcher nach und nach durch Reduktion der Jahresnutzung ausgeglichen werden muß, ist in diesem Fall so bedeutend, daß die damit verbundenen Opfer nur bei untergeordneten Flächen, oder bei Zutheilung des umzuwandelnden Bestandes zu einem größeren Hochwaldcomplex gebracht werden können. Wo aber der Besitzer eines solchen Niederwaldes ausschließlich auf die aus diesem fließende Rente angewiesen wäre, da würde nur erübrigen, die Umwandlung durch vorbereitende Einmischung von Nadelholz (Kiefern, Lärchen) oder Birken, durch sorgfältige Pflege der Bodenkraft, fleißige Durchforstungen zu verlangsamen und den Vorrath nach und nach zu steigern.

Will man aber unter Beibehaltung des Laubholzes vom Niederwald zum Hochwald übergehen, so geschieht dieß am besten dadurch, daß man zunächst während zwei oder drei Umtrieben größere Mengen Laßreitel und Oberständer heranzieht, und dann mit Hülfe dieser die natürliche Verjüngung einleitet. — Allein auch hiebei sind Ausfälle im Ertrag während des Ueberganges nicht zu vermeiden, obgleich sie durch die oben angegebenen Mittel einigermaßen gemindert werden können.

Ein Uebergang vom Hochwald zum Mittelwald wird sich 354 nur da empfehlen lassen, wo seither Buchenbrennholzwirthschaft bestand und diese zur Laubholznutzholzwirthschaft unter möglichster Begünstigung der Eiche übergeführt werden soll. In diesem Falle wird zwar ein erhebliches Materialkapital frei; dasselbe wird aber durch ein viel werthvolleres ersetzt, wodurch der Ausfall an Masse bei letzterem größtentheils wieder ausgeglichen wird. Es muß jedoch zuvor darüber Gewißheit bestehen, daß die Standortsverhältnisse, insbesondere der Boden, den Mittelwaldbetrieb auf die Dauer gestatten.

Handelt es sich dabei um einen Hochwaldcomplex mit regelmäßiger Altersabstufung, so wird man am besten thun, denselben zunächst in zwei Hälften zu theilen: der einen alle diejenigen jüngeren Bestände zuzuweisen, bei welchen noch ein genügender Ausschlag von den Stöcken zu erwarten ist; in die andere Hälfte kommen die Bestände, welche nur noch durch Besamung zu verjüngen sind. Für beide Theile werden besondere Schlagtouren eingerichtet, und dabei die zweckmäßigste Aneinanderreihung der Schläge angestrebt, worauf auch schon bei Zuscheidungen in die beiden Hälften Bedacht zu nehmen ist. — In dem älteren Holz wird nun zunächst die natürliche Besamung eingeleitet, unter möglichster Begünstigung der für den Mittelwald tauglichsten Holzarten. Bei den Vorbereitungs= und Verjüngungshieben ist auf die Erhaltung einer gewissen Zahl von zu Oberholz geeigneten Stämmen verschiedener Stärkeklassen Bedacht zu nehmen und sind dieselben insbesondere von Anfang an so zu stellen, daß sie sich an den künftigen, freien Stand gewöhnen. Etwaiger Vorwuchs ist thunlichst zu gleichem Zweck zu benützen. Beim Abtrieb bleibt dann eine entsprechende Menge Oberholzes stehen, worin freilich nur eine einzige Altersklasse vertreten sein kann, so daß die etwaigen Unterschiede in der Stärke diesen Mangel einigermaßen ausgleichen müssen. Es wird das Ueberhalten einer größeren Oberholzmenge nothwendig sein, weil einerseits doch manche in der freieren Stellung nicht ausdauern, dem Wind, Rindenbrand ꝛc. erliegen, und weil andrerseits der nachgezogene Kernwuchs, in dem für das künftige Unterholz bestimmten Abtriebsalter zur Nutzung gebracht, in seinem Materialertrag dem des Stockausschlags gegenüber zurück=

steht. — In dem nachgezogenen Kernwuchs sind mit Hülfe von Reinigungs=
hieben und Durchforstungen die für den Mittelwald passendsten Holz=
arten zu begünstigen und soll außerdem auf eine möglichst räumliche
Stellung hingewirkt werden, da ein zu gedrängter Stand der künftigen
Mutterstöcke einer kräftigen Entwicklung des Unterholzes wenig förder=
lich ist. Durch das gleiche Mittel wird auch die Kräftigung der für
den künftigen Oberholzbestand benöthigten Kernloden bewirkt.

In der andern Schlagtour, wo gleich von Anfang an die Ver=
jüngung durch Stockausschläge erfolgen kann, ist dieselbe in der oben
angegebenen Weise vorzubereiten, und dann mit Ueberhalten einer hin=
reichenden Zahl von Laßreisern der Mittelwaldschlag zu stellen. Da
in dieser Hälfte nur schwächeres, in der andern aber nur stärkeres Holz
anfällt, so ist es nothwendig, die Hiebe in beiden Hälften gleichmäßig
fortschreiten zu lassen, um Schwankungen in der Nutzungsgröße und
in ihrem Werth zu vermeiden.

Eine Ueberführung vom Hochwald in Niederwald wird in
ähnlicher Weise durchgeführt, nur mit dem Unterschied, daß kein Ober=
holz überzuhalten ist; es wird aber dabei noch mehr als beim Mittel=
wald auf die künstliche Einmischung von ausschlagfähigen Holzarten hin=
zuwirken sein. Dieser Uebergang dürfte aber nur ausnahmsweise und
auf Grundstücken von geringerem Umfang vorkommen; bei größeren,
seither im Hochwald nachhaltig bewirthschafteten Complexen wird eine
solche Maßregel kaum zu rechtfertigen sein, weil weniger und gering=
werthigeres, daher auch schwerer abzusetzendes Material erzeugt wird,
als im Hochwald.

355   Endlich hat man auch noch den Fall in Betracht zu ziehen, wenn
bisher landwirthschaftlich benützte Flächen oder Blößen
dem anliegenden Wald behufs der Aufforstung zugetheilt werden, was
unter den Voraussetzungen räthlich ist, daß die landwirthschaftliche Rente
niederer steht, als die zu erwartende forstliche und daß der Eigenthümer
bis zur ersten Holzernte auf jene verzichten kann und will, oder unter
der andern Voraussetzung, daß die seitherige Unterbrechung des Zu=
sammenhanges der Bestände aus überwiegenden forstlichen Rücksichten
beseitigt werden soll. Hiebei ist zunächst auf die Ergänzung eines
etwaigen Flächenabmangels in einer oder der andern Altersklasse, so=
dann aber auf entsprechende Verbindung mit den benachbarten Be=
ständen und auf zweckmäßige Einfügung in die Schlagreihe Rücksicht
zu nehmen, wie dieß oben bereits mehrfach erörtert ist. — Handelt es
sich aber um Flächen von bedeutenderem Umfang, namentlich um solche,

die dem bestehenden Waldcomplex nahezu gleich kommen oder noch größer sind, so wird am besten nach der Anleitung im nächsten Paragraphen vorgegangen.

Zu Gunsten solcher Zutheilungen wird manchmal noch angeführt, daß gleich nach gelungener Aufforstung der auf dieser Fläche erfolgende Zuwachs im übrigen Hauptcomplex sofort erhoben werden könne; daß also ein Waldbesitzer nicht bis zum Schluß der Umtriebszeit zu warten brauche, um das Kulturkapital verzinst zu bekommen, sondern dieser Zeitpunkt schon nach wenigen Jahren für ihn eintrete. Diese Ansicht ist aber völlig unbegründet, wie sich gleich daraus ergiebt, wenn man die neu hinzukommende Fläche 3 oder 4 und 5 mal so groß sich denkt, wie den alten Complex. Forstlich wäre diese Operation überhaupt nur dann möglich, wenn in dem alten Waldbesitz ein Ueberschuß über den Normalvorrath sich fände; ein solcher kann und darf aber auch ohne derartige Veranlassung erhoben und verwerthet werden; dieß ist ein Geschäft für sich und es liegt kein Grund vor es mit jener Unternehmung zusammen zu werfen, und dadurch den ökonomischen Effekt beider zu vermengen.

Begründung eines neuen Waldcomplexes.

Eine derartige Aufgabe trat bis jetzt nur selten an den Forstwirth 356 heran; es ist aber leider nur allzusicher, daß man derselben auf die Dauer nicht mehr ausweichen kann, wenn der großartigen Walddevastation nicht energisch und rechtzeitig Einhalt geboten wird; allein die Schwierigkeit eines solchen Verbotes liegt hauptsächlich in der Bestimmung des richtigen Zeitpunktes zum Einschreiten. Es darf nemlich nicht so lange zugewartet werden, bis der Wald verschwunden ist; denn dann hängt die Wiederaufforstung ganz vom Zufall ab, weil die nöthigen Kulturfonds nicht mehr aus eigenen Mitteln des Waldes beschafft werden können, sondern fremde Hülfe dazu in Anspruch genommen werden muß.

Die Devastation nimmt aber meist einen langsamen Verlauf; es wird zunächst das Vorrathskapital vermindert, indem man so lange die rentabelste Umtriebszeit sucht, bis man zum Buschholz- oder Kusselnbetrieb herabgekommen ist. Daneben wird durch Streu- und Humusentziehung auch die Bodenkraft geschwächt, so daß man nach einigen Jahrzehenten schon den Ausfall an den Revenüen merklich empfindet, und zur Sparsamkeit genöthigt wird; diese kehrt sich aber dann zunächst gegen den Wald selbst, es werden die Verwaltungs- und Schutzkosten möglichst reduzirt, die Kulturausgaben beschränkt, wo nicht ganz eingestellt

und, so weit möglich, durch Steigerung der Nebennutzungen ein Ersatz
für den Ausfall in der Hauptnutzung gesucht. So geht es von Schritt
zu Schritt bergabwärts, bis man dann schließlich bei der totalen Ver-
ödung angekommen ist, wo die Blöße nur noch eine Zeit lang als
Weideland benützt werden kann, so lange nemlich, bis auch die Nachbarn
in ihrem Zerstörungswerk ebensoweit gekommen sind und dann die
ganze Gegend schutzlos der Wuth der Elemente preisgegeben, die Bevölkerung aber so arm geworden ist, daß sie ohne den — wenn auch
äußerst spärlichen — Ertrag der Weide nicht mehr leben, noch viel weniger
aber Mittel zur Wiederaufforstung des verwüsteten und inzwischen ver-
magerten oder abgeschwemmten Waldgrundes aufbringen kann.

Dieser wahrhaft erschreckende Abschluß des Krieges gegen den
Wald, den man leider in vielen Gegenden jetzt schon thatsächlich vor
Augen hat, und die daraus folgende Hülflosigkeit der durch die Hab-
sucht Einzelner ruinirten Bevölkerung, so wie die nachfolgend dargestellten
Schwierigkeiten, welche bei Wiederherstellung einer genügenden Bewaldung
zu überwinden sind, sollten den Gesetzgebern stets vor Augen treten,
wenn der verlockende Ruf um Befreiung der Waldwirthschaft von allen
gesetzlichen Beschränkungen an ihr Ohr bringt; denn dem Recht des
Waldeigenthümers steht wie jedem anderen Recht auch eine Pflicht
gegenüber und die heißt Erhaltung der Ertragsfähigkeit des
Bodens, weil die Schwächung oder Vernichtung derselben weit über
die Zeit hinaus schädlich wirkt, in welcher seine eigene Thätigkeit ihren
natürlichen Abschluß findet, und weil ein analoges Vorgehen aller
Wald= und aller Grundeigenthümer schließlich dem Staat in dem kultur=
fähigen Boden eine seiner wesentlichsten Existenzbedingungen entziehen
würde.

357   Am einfachsten sind solche größere Neuaufforstungen dann, wenn
der Boden noch Kraft genug besitzt, um die Wahl einer beliebigen
Holzart zu gestatten, und wenn auch die Absatzverhältnisse dieß gleichfalls zulassen. In solchem Falle wird man am besten zunächst
zum Niederwald, in günstigem Klima zum Eichenschälwald
oder Akazienniederwald seine Zuflucht nehmen und mit Hülfe der dabei
möglichen kurzen Umtriebszeiten schon im zweiten oder längstens mit
Beginn des dritten Jahrzehents einen entsprechenden Ertrag beziehen,
welcher in den folgenden Umtrieben auf den vollen normalen Ertrag
sich steigern läßt. In günstigen Verhältnissen können auch noch Nebennutzungen durch landwirthschaftlichen Zwischenbau, Gräserei rc. schon
frühe eine Rente gewähren. — Bei Beginn dieser Waldanlage wird

man zunächst die künftige Umtriebszeit festsetzen und sodann jährlich den entsprechenden Bruchtheil der Gesammtfläche in Kultur nehmen.

Beabsichtigt man aber die Bildung eines Laubholzhochwald=complexes, so kann man nicht wohl mit dem Niederwald beginnen, obgleich dieß wegen des früheren Eintritts einer Nutzung sehr erwünscht wäre; allein die Wahl der Holzart wird dieß in der Regel unthunlich machen, weil nicht jede für beiderlei Betriebsarten paßt. Am besten kommt man mit einer Vorkultur von Birken oder Kiefern zum Ziel, unter deren Schutz sodann die künftige herrschende Holzart an=gezogen werden kann, sobald erstere genügend erstarkt sind. Die der zweiten Kultur vorausgehenden Lichtungs= und die später erfolgenden Abtriebshiebe geben hiebei einen sehr erwünschten Zwischenertrag, welcher, wo immer möglich, so zu vertheilen ist, daß derselbe den größten Theil der Begründungszeit ausfüllt. — Zu diesem Zweck hat man die Auf=forstungen in der Vorkultur auf einen Zeitraum auszudehnen, welcher mit der künftigen, bleibenden Umtriebszeit in richtigem Verhältniß steht, am besten so, daß letztere das Doppelte oder Dreifache des ersteren be=trägt. Man beschränkt dann die zweite Kultur jährlich auf die Hälfte oder den dritten Theil einer Altersstufe der Vorkultur und kommt auf diese Weise auf den zwei= oder dreifach so hohen Umtrieb, den man bei der ersten Anlage eingehalten hat. —

In derselben Weise läßt sich auch die Begründung eines Nadelholzcomplexes durchführen, wo aber bei der Kiefer eine eigentliche Vorkultur nicht möglich ist; demungeachtet empfiehlt es sich auch hier, successive vorzugehen und nicht sofort die endgiltig beabsichtigte Umtriebszeit einzuführen, sondern zunächst die Hälfte oder den dritten Theil davon als Aufforstungszeitraum festzusetzen, um nachher die Flächen in der angegebenen Art zu theilen. Daß man hiebei schon vor Beginn der Aufforstung wegen richtiger Anlage der Hiebszüge im Klaren sein muß, versteht sich von selbst. Zu erwähnen ist noch, daß bei der Schwarzkiefer der frühzeitig eintretende und ziemlich hohe Harzertrag ein solches Unternehmen wesentlich fördert.

Im Allgemeinen wird man überall, wo es ausführbar ist, durch Einmischung schnell wachsender Holzarten und durch zeitig beginnende, öftere Durchforstungen die Zwischennutzungserträge steigern und läßt sich dieß namentlich in Fichtenbeständen, aus welchen Rebpfähle und Hopfenstangen verwerthbar sind, durchführen, wenn man durch entsprechenden engeren Pflanzverband gleich bei der ersten Anlage darauf Bedacht nimmt.

Ist die Aufforstung namentlich auch des vom Wald zu gewähren=
den Schutzes wegen dringend, so werden zunächst auf den exponirtesten
Rücken und Gebirgsrändern, oder in der Ebene auf gleichmäßig ver=
theilten Streifen die Neuanlagen begonnen, worauf dann die zwischen=
liegenden Flächen in günstigen Verhältnissen sich selbst besamen können.
Es ist aber in solchem Fall schwer, die Rücksichten, welche wegen der
Hiebsfolge zu beachten sind, allseitig wahrzunehmen.

358 Bei derartigen Kulturen hat man fast noch mehr als bei den
sonstigen auf möglichste Sicherheit des Erfolgs und auf mög=
lichste Kostenersparniß hinzuwirken. Zu ersterem Zweck empfiehlt
sich vor Allem die Anwendung der Pflanzung mit in nächster Nähe
erzogenen, gut bewurzelten Pflänzlingen unter Anwendung von Füllerde
und Einhaltung keines allzu weiten Verbandes; es kann auch namentlich
die Birke mit Erfolg durch Saat kultivirt werden und da deren Same
sehr billig ist, empfiehlt sich diese Maßregel in all den Fällen, wo der
Boden noch hinlänglich kräftig ist und wo später das Holz Abnehmer
findet. Auch kann durch Einsaat von Birken in Nadelholzkulturen,
welch letztere aber einen kleinen Vorsprung im Alter haben müssen, ein
früherer Bestandesschluß herbeigeführt, oder bei den theureren Nadel=
holzpflanzungen ein weiterer Pflanzverband zugestanden werden. Außer=
dem lassen sich hiedurch die Zwischennutzungserträge wesentlich steigern.
Bei der Eiche, Buche, Weißtanne, Weymuths= und Zirbelkiefer steht
das Saatgut sehr hoch im Preis und erschwert daher die Anzucht dieser
Holzarten, sobald derselben ein größerer Umfang gegeben werden soll.
Nächst der Birke kommt bezüglich der Billigkeit des Samens die Akazie
und Fichte, bei der Kiefer steht der Preis zwar hoch, allein es gleicht
sich dieß wieder aus durch die geringen Kosten, welche die Erziehung
der Pflänzlinge und deren Einsetzen verursacht, weil man mit ein= und
zweijährigem Material arbeiten kann.

Noch kommt aber ein wichtiger Ausgabeposten hiebei in Betracht,
nemlich der Aufwand für Schutz und Verwaltung, welcher bei
größeren derartigen Unternehmungen nicht umgangen werden kann, die=
selben aber oft so erheblich belastet, daß ein Reinertrag nicht übrig bleibt.
Es muß deßhalb das Bestreben darauf gerichtet sein, daß man wenigstens
für den Anfang solche Aufforstungen anderen bestehenden Revieren
zutheilt, um wenigstens eine Zeit lang diese große Last nicht zum vollen
Betrage übernehmen zu müssen.

359 Um ein Bild von der ökonomischen Seite derartiger Unter=
nehmungen zu bekommen, mögen folgende Rechnungen mit Zahlen,

welche in vielen Fällen zutreffen werden, hier Platz finden; es ist da=
bei zur Erläuterung vorauszuschicken, daß bei der ersten Anlage stets
die nöthigen Nachbesserungen in die Kostensätze schon aufgenommen sind
und daß die Abtriebserträge, wo längere Verjüngungszeiträume unter=
stellt werden können, auf die Mitte derselben berechnet wurden. — Zu=
nächst folgt ein Beispiel, wo die Beschaffenheit des Bodens nur die
Kiefer zuläßt, dabei aber noch Nutzholzwirthschaft mit 80jährigem
Umtrieb gestattet, welche demgemäß auch angestrebt werden soll.

Die Rechnung hat hiebei dem oben vorgezeichneten Gang zu folgen
und bleiben deßhalb auch die Verwaltungs= und Schutzkosten, sowie die
Steuern vorerst außer Ansatz; die Gelderträge sind den Burckhardt'schen
Tafeln entnommen und wird mit 3 Prozent Zinseszinsen gerechnet.
Die Aufforstung soll sich erstrecken auf 320 ha, wovon zunächst 40 Jahre
lang jährlich 8 ha in Kultur genommen werden, wobei die Kosten
sammt Pflanzenerziehung und Nachbesserungen auf 40 Mark pro ha
zu stehen kommen. Die Vorauslagen betragen hienach 40 Jahre lang
$8 \times 40 = 320$ Mk., diese summiren sich bis ans Ende dieses Zeit=
raums auf 24 128 Mk. Dagegen fallen schon während dieser Auf=
forstungszeit folgende Einnahmen an:

Im 20. Jahre eine Durchforstung mit 12 Mk. pro ha, Werth
nach einer Dauer von 20 Jahren $12 \times 8 \times 26{,}9 = 2582{,}5$ Mark,
im 30. Jahre desgl. eine mit 39 Mark auf 8 ha, 10 Jahre lang (also
11,5fach) 3588,0 Mark. Danach kann die nachhaltige Nutzung im
40jährigen Holze beginnen mit 8 ha à 633 Mk. $= 5064$ Mk. jähr=
lich, woneben noch die beiden Durchforstungen im 20. u. 30. Jahre je auf
8 ha zu erheben sind $= 408$ Mk., zusammen jährlich nachhaltige Ein=
nahme aus Holz 5472 Mark. Hievon gehen wieder ab an Kulturkosten
jährlich $8 \times 40 = 320$ Mk., bleibt Ueberschuß 5152 Mk., oder ein
Kapitalwerth von $5152 : 0{,}03 = 171\,733{,}0$ Mk., hiezu die während der
Aufforstung angefallenen Durchforstungserträge geben 177 903,5 Mk. und
nach Abzug der ersten Anlagekosten nebst Zinsen einen Reinwerth von
153 775,6 Mark $= 480{,}5$ Mark pro ha, welcher auf 40 Jahre
zurück diskontirt $= 147{,}5$ Mark ergiebt. Von letzterem sind dann
streng genommen noch abzuziehen der Kapitalwerth der Lasten, nemlich
Verwaltungs= und Schutzkosten, sowie der Steuern; letztere fallen in
steigender Progression, beginnend für 8 ha und endigend für 320 ha
im 40. Jahre dem Aufforstungsfonds zur Last; hernach bleiben sie in
gleicher Höhe. Bezüglich der Verwaltungs= und Schutzkosten wird sich
das Gleiche nicht wohl annehmen lassen; sie werden entweder ganz

wegfallen, weil man die betr. Fläche als Annex zu einem größeren, bereits in voller Rente stehenden Forst behandeln kann, oder sie müssen gleich vom ersten Beginn des Unternehmens an mit ihrem ganzen Betrag voll in Rechnung genommen werden. Dieser wird sich nach der Flächenausdehnung und den persönlichen Ansprüchen der betr. Angestellten richten, wird aber nicht wohl niederer als 1,5 Mark pro ha und sodann die Steuer auf etwa 0,3 Mark veranschlagt werden müssen, wonach sich der oben gefundene Kapitalwerth um $\frac{1,8}{0,03} = 60$ Mk. pro ha verringert. Belastet man nun die Bestandesbegründung gleich von Anfang an mit den vollen Schutz- und Verwaltungskosten für sämmtliche 320 ha, so erhält man am Schluß des 40jährigen Zeitraums hiefür

einen Werth von . . . . 36 192 Mark
hiezu die Steuern mit . . . . 2 980 „
und die obigen Kulturkosten . . . . 24 128 „
63 300 Mark

es verbleibt nach deren Abzug nur noch ein reiner Kapitalwerth von 114 503,5 Mk. = 358,1 Mk. pro ha = 109,9 Mk. Jetztwerth. — Wenn also die seitherige Rente niederer als 3,3 Mk. pro ha steht, so ist die Aufforstung an sich ein ökonomisch vortheilhaftes Unternehmen; demungeachtet aber werden sich die Wenigsten dazu entschließen, auch wenn sie nur die Hälfte der künftigen Forstrente beziehen, da sie nicht so lange auf diese Revenüe und auf den Zinsengenuß aus den aufzuwendenden Kapitalien verzichten können oder wollen.

Günstiger würde sich die Sache noch gestalten, wenn man die Schutz- und Verwaltungskosten zunächst nur für die jeweils in Kultur genommenen Flächen berechnen würde, was aber der Wirklichkeit nur selten entspräche; denn schon der obige Aufwand von 480 Mark wird nicht einmal für den Schutz genügen, sofern derselbe nicht als Nebenverrichtung besorgt werden kann. Darin liegt dann eine weitere Erschwerung solcher Unternehmungen, daß sie, wenn Verwaltung und Schutz nicht zu theuer werden sollen, auf große Flächen ausgedehnt werden müssen, also auch große Kapitalkräfte in Anspruch nehmen und für längere Zeit festlegen.

360 Geht man nun mit Eintritt des ältesten Bestandes in das 40. Jahr sofort zum 80jährigen Umtrieb über, so ergeben sich folgende Nutzungen 40 Jahre lang, auf je 4 ha à 633 Mark, jährlich 2532 Mark, wovon Kulturkosten mit 160 Mark und für Verwaltung, Schutz und Steuer 576 Mark jährlich abgehen, so daß netto

verbleiben 1796 Mark. Hiezu tritt noch die Durchforstung auf 4 ha der 40jährigen Bestände mit $4 \times 54 = 216$ Mark, zusammen 2012 Mark, deren Endwerth . . . . . . $= 151\,704{,}8$ Mark. Der Werth der weiteren Durchforstungen ist zuzuschlagen

für die 4. 30 Jahre lang 252 Mk. $=$ 11 995,2 „

$\left. \begin{array}{l} \text{5. 20 } „ \quad „ \quad 300 \\ \text{1. 20 } „ \quad „ \quad 48 \end{array} \right\}$ „ $=$ 9 361,2 „

$\left. \begin{array}{l} \text{6. 10 } „ \quad „ \quad 336 \\ \text{2. 10 } „ \quad „ \quad 156 \end{array} \right\}$ „ $=$ 5 658,0 „

178 719,2 Mark.

Im 80. Jahre beginnt sodann die nachhaltige Nutzung mit

3423 Mark pro ha Haubarkeitsertrag

und 327 „ „ „ Durchforstung,

zusammen 3750 Mark $\times$ 4 $=$ 15 000 Mark,

davon gehen wieder ab:

Kulturkosten 160 Mark

Steuern, Ver- waltung 2c. 576 „ $\Bigg\} = 736$ „

bleiben netto 14 264 Mark,

deren Kapitalwerth $= 475\,466{,}7$ „

654 185,9 Mark.

Von der Begründung der 40jährigen Altersreihe kommen noch folgende Passiv-Posten in Rechnung: Steuern, Verwaltungs-, Schutz- und Kulturkosten aufs 40. Jahr abmassirt cf. oben 63 300 Mark.

Davon gehen die beiden Durchforstungen ab: mit 6070 Mark $= 57\,230$ Mark.

Diese Schuld auf weitere 40 Jahre prolongirt $= 186\,569{,}8$ Mark,

467 616,1 Mark.

1 ha $= 1439{,}4$ Mark, oder Jetztwerth $= 135{,}3$ Mark, während beim 40jährigen Umtrieb mit den analogen Werthen 109,9 Mark gefunden worden sind.

Wollte man aber ohne diese Zwischenstufe des 40jährigen Umtriebs von Anfang an gleich den 80jährigen Turnus begründen, so würde das die ökonomische Seite des Unternehmens weit ungünstiger gestalten, ganz abgesehen davon, daß ein Kapitalist, wenn er die Wahl hat nach 40 oder erst nach 80 Jahren in den Genuß der Zinsen zu treten selbst bei höherem Zinsfuß (der hier aber gerade ein niederer wäre) das letztere niemals wählen würde. — Wenn demungeachtet einzelne Mathematiker eine derartige fast auf unmöglichen Voraussetzungen beruhende Berechnungsmethode als die allein richtige empfehlen, so kann dem vom Standpunkt des Praktikers aus unter keiner Bedingung zugestimmt werden.

361   Der Eichenschälwald wird in kürzerer Frist rentabel, allein erfordert eine viel höhere Vorauslage in all den Fällen, wo die Kultur für sich allein und ohne landwirthschaftlichen Zwischenbau erfolgen muß; die Kosten werden etwa betragen für Bodenvorbereitung 200 Mark, für Pflanzenankauf oder Erziehung ebensoviel, für die Pflanzung und Nachbesserung 100 Mark, zusammen 500 Mark pro ha. Diesem steht gegenüber die erste Einnahme, im 15. Jahre beginnend und 15 Jahre dauernd, mit etwa 250 Mark, in den folgenden 15 Jahren 600 Mark und hienach immerwährend 900 Mark pro ha. Es sollen aufgeforstet werden 450 ha; was 15 Jahre lang eine jährliche Ausgabe von $30 \times 500 = 15\,000$ Mark veranlaßt; diese wachsen bis zur Beendigung der Kultur bei 3 Prozent Zinseszinsen auf 279 000 Mark; hiezu kommen Schutz und Verwaltungskosten 1,5 Mark pro ha und Steuern 0,6 Mark, im ersten Jahre $30 \times 2,1 = 63$ Mark und jährlich während der Aufforstung um so viel steigend $= 71\,442$ Mark, zusammen 350 442 Mark. — Die erstmals nach 15 Jahren beginnenden Einnahmen mit $250 \times 15 = 3750$ Mk. haben zunächst die Steuern, Verwaltungs- und Schutzkosten mit $2,1 \times 450 = 945$ Mark, sodann aber auch noch Kulturkosten in etwaigem Betrage von zusammen 155 Mark zu decken, so daß eine 15jährige Nettorente von 2650 Mark verbleibt; diese hat einen Anfangswerth von . . . . . 31 641 Mk., der zweite Abtrieb ergiebt 600×30 für 15 Jahre, die
   Ausgaben mögen sich gleich bleiben, und stellt sich hienach
   der Anfangswerth der Nettorente auf $16\,900 \times 11,94 =$
   201 786 Mark, oder am Beginn des ersten Abtriebes auf 130 189 „
Die hierauf beginnende nachhaltig gleiche Nutzung mit
   $900 \times 30 = 27\,000 - 1100 = 25\,900$ Mark, $=$
   einem Kapital von 863 333 Mark, welches am Beginn
   des ersten Abtriebs einem Werth entspricht von. . . 355 693 „
   ____
   517 523 Mk.

Nach Abzug des Aufforstungskapitals verbleiben noch Nettowerth $= 167\,081$ Mark $= 371,3$ Mark pro ha, was einem auf den Beginn der Aufforstung diskontirten Jetztwerth von 238,4 Mark pro ha entspricht; wenn also in diesem Fall die seitherige Rente höher stand als 7,15 Mark pro ha, so empfiehlt sich die Aufforstung nicht.

Neben der Wahl der Betriebsart hat auch die

Umtriebszeit

einen sehr tiefgreifenden Einfluß auf den Forstertrag und ist deren richtige Bestimmung deßhalb ebenso wichtig.

Als Umtriebszeit bezeichnet man bekanntlich diejenige Zahl von Jahren, innerhalb welcher man den Abtrieb auf allen einzelnen Abtheilungen eines Waldcomplexes durchzuführen hat; dabei kommt es häufig vor, daß einzelne Bestände aus Rücksicht auf die Hiebsfolge oder auf die Gleichstellung der Jahreserträge früher oder später zum Hieb kommen, als die Umtriebszeit bedingen würde, welche überhaupt nur als durchschnittliches Hiebsalter der einzelnen zu einem Ganzen vereinigten Bestände anzusehen ist; das Hiebsalter selbst bezieht sich stets nur auf den einzelnen Bestand, es bezeichnet denjenigen Zeitpunkt, in welchem dieser zur Nutzung oder zur Verjüngung gebracht wird.

Dieser Zeitpunkt richtet sich zunächst nach der Hiebsreife oder Haubarkeit des Bestandes, womit man denjenigen Zustand bezeichnet, in welchem die Nutzung des Holzes oder die Verjüngung aus irgend einer Rücksicht geboten ist. Man unterscheidet hiebei:

Die natürliche oder physische Haubarkeit, welche eintritt, wenn der Bestand nach der Entwicklung der Mehrzahl seiner Individuen sich am sichersten und leichtesten ohne Beeinträchtigung der Bodenkraft verjüngen läßt. Im Hochwald hängt dieß von der Fähigkeit reichlich genug Samen zu tragen, im Niederwald mit der Ausschlagfähigkeit der Mutterstöcke zusammen; bei dieser Betriebsart ist man deßhalb auf einen geringeren Spielraum beschränkt als bei jener, weil die Fähigkeit Samen zu tragen viel länger anhält als die Ausschlagfähigkeit der Stöcke.

Die technische Haubarkeit wird bestimmt durch denjenigen Zeitpunkt, in welchem ein Bestand das zu gegebenem Zweck geeignete Material in bester Qualität und größter Menge liefert, und kommt z. B. bei dem Eichenschälwald, bei Erziehung von Bau- oder Sägholz, von Schiffsmasten 2c. als maßgebend in Betracht.

Die ökonomische oder wirthschaftliche Haubarkeit wurde 363 namentlich früher in dasjenige Alter verlegt, wo ein Bestand die größte Holzmasse abwirft, wo namentlich der auf das Bestandesalter treffende Durchschnittszuwachs dem laufend jährlichen Zuwachs gleich steht. Es kommt aber hiebei nicht blos die Masse, sondern ebenso sehr der Werth des Holzes in Betracht, welcher namentlich bei Nutzholzwirthschaft im höheren Alter bedeutend zunimmt; ſo dürfte der Fall nicht ſelten ſein, wo die Fichte im 50. Jahre nur den halben Werth hat, wie im 100. Jahre, und es wird deßhalb auch dieſem Faktor neuerdings überall die gebührende Aufmerkſamkeit zugewendet. — Zur Vergleichung mögen folgende aus den Burckhardt'ſchen Tafeln berechneten Verhältnißzahlen dienen, wobei der Durchſchnittszuwachs im 90. Jahre = 100 angenommen iſt:

	Buche:		Fichte:		Kiefer:	
Alter	Maſſe	Geldwerth	Maſſe	Geldwerth	Maſſe	Geldwerth
50	84,5	55,9	90,8	56,2	106	52,4
60	95,6	70,7	96,9	72,5	109	72,4
70	100	82,7	101,7	86,5	109	89,7
80	100	90	101,7	94,1	106	95,9
90	100	100	100,0	100	100	100
100	100	106	97,1	102	95,6	—
110	97,8	109	90,2	—	91,1	—
120	95,6	110	90,7	—	84,4	—

Bei derartigen Vergleichungen muß insbeſondere davor gewarnt werden, daß man die für die Flächeneinheit auf den verſchiedenen Altersſtufen in den Ertragstafeln vorgetragenen Haubarkeitsmaſſen direkt mit einander vergleiche, weil dadurch unrichtige Anſchauungen hervorgerufen werden, indem jede Altersſtufe als das Produkt einer Altersreihe von ebenſoviel Flächeneinheiten angeſehen werden muß, als einzelne Jahre vertreten ſind, und man ſonach erſt dann eine richtige Vergleichung vornehmen kann, wenn beiderlei Größen auf gleiche Benennung gebracht ſind. Dieß geſchieht dadurch, daß man unter Berückſichtigung der Veränderlichkeit der Schlagflächen die Haubarkeitserträge je für gleich große Complexe berechnet. Die Burckhardt'ſche Tafel giebt z. B. für die Fichte folgende Haubarkeitserträge pro ha:

			Verhältnißzahlen	
Jahr	Maſſe	Geld	Maſſe	Geld
70	466 Feſtm.	2113 Thlr.	79,1 Feſtm.	67,3 Thlr.
80	532 „	2625 „	90,3 „	83,6 „
90	589 „	3141 „	100 „	100,0 „
100	637 „	3567 „	108 „	113,6 „

Wendet man nun dieſe Zahlen in allen vier Fällen auf einen Complex von 100 ha an, ſo iſt klar, daß bei 90jährigem Umtrieb jährlich $\frac{100}{90}$; bei 80jährigem $\frac{100}{80}$ ha zum Hieb kommen, während

obige Erträge sich gleichmäßig nur auf die Flächeneinheit beziehen; ver=
wandelt man sie nun durch Multiplikation mit obigen Schlagflächen in
vergleichbare Größen, so erhält man folgende, das Rentabilitätsverhält=
niß der verschiedenen Umtriebszeiten r i c h t i g bezeichnende Erträge:

			Verhältnißzahlen	
Alter	Masse	Geld	Masse	Geld
70	665,7 Festm.	3019 Thlr.	101,7 Thlr.	86,5 Thlr.
80	665,0 „	3281 „	101,7 „	94,0 „
90	654,4 „	3490 „	100 „	100 „
100	637,0 „	3567 „	97,4 „	102 „

welche ersichtlich in einem ganz anderen Verhältniß stehen als die erst
angeführten und namentlich die kürzeren Umtriebszeiten bezüglich der
Massen= und Gelderträge in einem viel günstigeren Licht erscheinen
lassen. Vergleicht man letztere Verhältnißzahlen mit den oben für den
Durchschnittszuwachs ermittelten, so findet man, daß sie genau über=
einstimmen, und daß man an diesem einen ebenso sicheren Maßstab
für die Beurtheilung der Holzproduktion hat, wie an den in obiger
Weise umgerechneten Haubarkeitserträgen, der um so mehr Beachtung
verdient, als er stets direkt den Tafeln entnommen werden kann.

Bei diesem Anlaß muß auch noch eine häufig vorkommende
Täuschung über den Werth des periodischen oder zeitlichen Zuwachses
berichtigt werden; die gewöhnliche Art und Weise denselben festzustellen
besteht darin, daß man den Haubarkeitsertrag der niederen Altersstufe
von dem der höheren abzieht und die Differenz an Masse mit der
Differenz an Jahren theilt, woraus der periodische jährliche Zuwachs
gefunden wird. Hiebei wird nun aber übersehen, daß der ältere Bestand
eine entsprechend größere Fläche zur Vorbedingung hat und daß der
Mehrertrag des höheren Umtriebs nicht blos ein Produkt des längeren
Zeitraumes ist, sondern gleichzeitig auch der erweiterten Fläche seine
Entstehung verdankt, wodurch ein um so größerer Fehler entsteht je
weiter die betr. Altersstufen auseinanderliegen. Will man den wirk=
lichen Effekt verschiedener Umtriebszeiten auf den Massen= und Geld=
ertrag richtig würdigen, so hat man in obigen Beispielen aus der
Burckhardt'schen Fichtenertragstafel nicht die unmittelbar aus dieser
entnommenen, sondern die mit Rücksicht auf die veränderliche Größe
der Schlagfläche umgerechneten Werthe der Vergleichung zu Grund zu
legen; bei Erhöhung der Umtriebszeit von 80 auf 100 Jahre hat man
also in Fichten nicht eine Vermehrung der Massenproduktion im Ver=
hältniß von 532 : 637, sondern sogar einen Rückgang von 665 auf

637 Festmeter zu erwarten, was allerdings durch die Preise wieder
günstiger gestaltet wird, indem sich die Gelderträge von 3281 auf
3567 Thlr. steigern. — Man kann also bei Würdigung der verschiedenen
Umtriebszeiten den periodischen Zuwachs, wie er gewöhnlich in den
Ertragstafeln aufgeführt wird, nicht zur Anwendung bringen, ohne ihn
zuvor mit Hülfe der veränderten Schlagflächen richtig gestellt zu haben.

305   Aehnliche Correcturen sind bei den Normalvorräthen erforderlich,
wenn man die zu den verschiedenen Umtriebszeiten, benöthigten Holzmassen vergleichen will; die Burckhardt'sche Tafel zeigt z. B. bei Fichten
für die verschiedenen Altersstufen, d. h. je für ebenso viel Flächeneinheiten, als das Alter Jahre zählt, folgende Normalvorräthe, denen
hier die berichtigten Größen gleich zur Seite gestellt werden:

Burckhardt

die berichtigten Vorräthe je auf 100 ha berechnet

Alter	Masse		Geldwerth		Masse		Geldwerth	
Jahre	Festm.	%	Thlr.	%	Festm.	%	Thlr.	%
70	14074	45,5	45399	34,4	20105	55,0	64856	49,1
80	19097	61,8	69345	52,5	23871	77,3	86684	65,6
90	24731	80,1	98433	74,6	27479	88,9	109370	82,8
100	30885	100,0	132186	100,0	30885	100,0	132186	100,0

Die Unterschiede sind namentlich bei den niederen Umtriebszeiten gewiß so erheblich, daß sie alle Beachtung verdienen. Dagegen
ist ausdrücklich hervorzuheben, daß das ebenfalls sehr wichtige Verhältniß
zwischen Normalvorrath und Etat durch diese Umrechnung auf die
veränderlichen Schlagflächengrößen ganz unberührt bleibt, weil auf
beiden Seiten mit denselben Faktoren vergrößert oder verkleinert wird.

Nach der von Oberförster Faustmann in Babenhausen erstmals
angewendeten und von Hofrath Preßler in Tharandt und Professor
Dr. G. Heyer in München weiter entwickelten Formel für den Boden-
erwartungswerth soll der ökonomische Erfolg der Wirthschaft bei einer
gegebenen Betriebsart und Umtriebszeit aus dem zu berechnenden
Kapitalwerth des Bodens erkannt und aus der größeren oder geringeren
Höhe desselben die bessere oder schlechtere Rentabilität der Wirthschaft anschaulich gemacht werden. Es werden dabei alle während des
ersten Umtriebs zu erwartenden Einnahmen an Haupt-, Zwischen-
und Nebennutzungen aufs Ende der Umtriebszeit mit Zinseszinsen
prolongirt, ebenso die Ausgaben und der verbleibende Nettoüberschuß
als eine sich je am Ende der Umtriebszeit wiederholende immer-

währende Rente kapitalisirt. Da aber stets mit der Flächeneinheit gerechnet wird und die veränderliche Größe der Jahresschläge deßhalb in dieser Rechnung nicht zum Ausdruck kommen kann, so eignet sie sich auch nicht dazu, um den ökonomischen Effekt verschiedener Umtriebs= zeiten festzustellen, wie Verfasser aus verschiedenen Anlässen nachgewiesen hat. — Die mathematische Entwicklung geht hiebei von unrichtigen, den wirklichen Verhältnissen nicht entsprechenden Voraussetzungen aus und kommt deßhalb zu unrichtigen Resultaten. Es kann daher nicht Wunder nehmen, wenn diese Theorie bis jetzt nur wenig Anklang in der Praxis gefunden hat und insbesondere die leitenden Persönlich= keiten in den größeren Forstverwaltungen sich derselben gegenüber mit wenig Ausnahmen ablehnend verhalten.

Hat man nun durch vergleichende Berechnungen, welche sich auf 365 ein und denselben Waldcomplex von unveränderlichem Umfang beziehen, diejenige Umtriebszeit gefunden, bei welcher der Wald die höchsten Erträge giebt, so hat man allerdings einen allgemeinen Anhaltspunkt gewonnen; es sind aber daneben auch noch mancherlei andere Rücksichten und Erwägungen für die Bestimmung der Umtriebszeit maßgebend, die hier noch erörtert werden müssen.

Zunächst ist es die Erhaltung der Bodenkraft und die Wahrnehmung desjenigen Zeitpunktes in der Entwicklung des Bestandes, wo die Produktionsfähigkeit des Bodens am meisten geschont bleibt; dieser Zeitpunkt tritt namentlich bei den lichtbedürftigen Holzarten manchmal früher ein, ehe der höchste Reinertrag erreicht wird, muß also besonders in solchen Oertlichkeiten genügend berücksichtigt werden, wo der Boden an sich schon arm ist. Diese sehr wichtige Regel kommt neuerdings bei den Kiefernwaldungen immer mehr zur Geltung, wie schon eine Vergleichung zwischen den Pfeil'schen und Burckhardt'schen Ertragstafeln anschaulich macht; die ersteren führen auch noch in der 4. und 5. Standortsklasse die Erträge für Kiefern von 100—120 Jahren auf (bei Fichten und Buchen schließt dieser Autor mit dem 100. Jahr), während in den Tafeln von Burckhardt die Ertragsangaben bei der Kiefer für die 5. Standortsklasse schon mit dem 70., für die 4. mit dem 90. und für die 3. mit dem 100. Jahre aufhören.

Beim Nieder= und theilweise auch noch beim Mittelwald verhält sich die Sache etwas anders, indem hier die nachtheilige Einwirkung der mehrjährigen unvollständigen Bodenüberschirmung um so öfter wiederkehrt und der Zeitraum des bodenbessernden dichten Bestandes= schlusses um so mehr beschränkt wird, je kürzer man die Umtriebszeit wählt; hier sind also die längeren Umtriebszeiten der Erhaltung und Schonung der Bodenkraft günstiger als die kürzeren.

366 Die Umtriebszeit muß ferner so gewählt werden, daß sie die Bestandesverjüngung auf natürlichem oder künstlichem Wege noch mit der nöthigen Sicherheit des Erfolges gestattet, und nicht allzusehr vertheuert. Bei der natürlichen Verjüngung gewährt der Hochwald einen ziemlich großen Spielraum, sofern es sich nicht etwa um Holzarten handelt, welche durch lichte Stellung im höheren Alter die Verwilderung des Bodens begünstigen und dadurch die natürliche Verjüngung unmöglich oder doch sehr unsicher machen. Auch bei den anderen Holzarten kann unter ungünstigen Verhältnissen, in Hochlagen &c. der geeignete Zeitpunkt für die natürliche Verjüngung auf die Umtriebszeit bestimmend einwirken.

Im Niederwald und im Unterholz des Mittelwaldes muß hierauf noch mehr Rücksicht genommen und darf die Umtriebszeit nicht höher gesetzt werden, als die Mutterstöcke ihre Ausschlagfähigkeit behalten, wobei noch insbesondere die Eigenthümlichkeiten der einzelnen Holzarten zu beachten sind, welche bald früher, bald später diese Eigenschaft verlieren. Am frühesten tritt dieß bei der Birke und Rothbuche ein, am spätesten bei der Eiche, eßbaren Kastanie, der Schwarzerle, Ulme, Esche und den Ahornarten; auch die meisten Weiden und Sträucher behalten sie sehr lange, doch hat dieß keinen praktischen Werth, weil sie aus anderen Gründen keinen höheren Umtrieb zulassen.

Beim Hochwaldbetrieb sind die Eigenthümlichkeiten der Holzarten bezüglich ihres Entwicklungsganges, namentlich in geschlossenem Bestand, und bezüglich des Eintritts ihrer Nutzbarkeit von wesentlichem Einfluß auf die Umtriebszeit; bei Eichen muß solche nothwendigerweise höher gesetzt werden als bei Buchen, bei diesen wieder höher als bei Birken; bei der Weißtanne höher als bei der Fichte, weil jene Holzarten erst später ein gut verkäufliches Material liefern als die letztgenannten. In gemischten Beständen hat man deßhalb auch einen größeren Spielraum bei Festsetzung des Umtriebs als in reinen.

Die Betriebsart übt sodann ebenfalls großen Einfluß, da der Niederwald nach aufwärts, der Hochwald nach abwärts seine bestimmte Grenze hat, über welche hinaus nicht gegangen werden kann. Die Unterschiede zwischen Femel- und Hochwald sind nicht so bedeutend und verschwinden eigentlich ganz, sobald man es beiderseits mit den gleichen Verhältnissen zu thun hat.

Den wichtigsten Einfluß auf die Wahl der Umtriebszeit haben die 367 Standortsfaktoren; je ungünstiger dieselben sind, um so mehr beschränken sie die Wahl, und zwar so, daß die Armuth des Bodens die höheren Umtriebszeiten ausschließt und andrerseits die Ungunst des Klimas solche bedingt. Die Gefährdungen durch Sturmschaden sind in höherem Umtrieb mehr zu fürchten, als bei niedrigerem, einmal weil höhere und stärker beastete Bäume leichter geworfen werden, andrerseits weil im Laufe einer größeren Reihe von Jahren mehr sturzgefährliche Winde eintreten als in kürzerem Umtrieb, in welchem die vom Sturm= schaden freien Altersstufen in viel größerem Verhältniß vertreten sind als in höherem Umtrieb. Nimmt man an, daß z. B. bei den Fichten unter 40 Jahren ein Sturmschaden nicht vorkomme, so ist bei 80= jährigem Umtrieb die Hälfte, bei 120jährigem aber nur ein Drittel des Umtriebs (oder der Fläche) vor derlei Gefährdungen gesichert. Hiebei sind dann namentlich die entstehenden kleineren Bestandeslücken, welche nicht mehr kultivirt werden können, im höheren Umtrieb länger ertraglos.

Die freie Wahl der Umtriebszeit ist häufig auch noch beschränkt durch den Umfang des zu Gebot stehenden Waldareals; je kleiner dieses ist, um so weniger kann man den in größerer Zahl benöthigten einzelnen Altersabstufungen die zu ihrer selbständigen Existenz erforderliche Ausdehnung geben und wird hiedurch also auf die Beschränkung deren Zahl, bezw. auf Abkürzung des Umtriebs hingewiesen. Ebenso ist man bei sehr zersplittertem und mit vielem andern Waldeigenthum ver= mengtem Besitz wenigstens bei Nadelholzhochwald an die Einhaltung der von den Nachbarn gewählten Umtriebszeit gebunden, wenn man sich nicht allzu großen Gefahren bezüglich des Windschadens aussetzen will.

Auch der gegebene Holzvorrath muß bei Bestimmung der Umtriebszeit insofern beachtet werden, wenn der Waldeigenthümer nicht in der glücklichen Lage oder sonst nicht geneigt ist, die mit der etwa nothwendigen Vermehrung desselben verbundenen Ausfälle an den Ein= künften zeitweilig zu tragen. Durch Vorrathsüberschüsse kann man aber ebenso beengt werden, wenn dieselben in alten rückgängigen Beständen vorhanden sind, und die Abnutzung auf eine möglichst kurze Periode, welche von der zweckmäßigsten Umtriebszeit erheblich abweicht, zusammen= gedrängt werden muß, sonach also die nachzuziehenden Jungholzbestände während jener Abnutzungszeit nur einen Theil der erforderlichen Alters= reihe begründen können, wobei noch die Altersstufen einen viel zu großen Umfang erlangen.

Durch die Berechtigungen, welche Dritten auf bestimmten Waldungen zustehen, kann die Umtriebszeit ebenfalls mehr oder weniger beeinfluß werden, namentlich wenn Bauhölzer von bestimmten Dimensionen zu gewähren sind.

368 Nachdem sodann die Umtriebszeit das wichtigste Bindemittel für die zu einem Wirthschaftsganzen vereinigten Waldbestände bildet, so ist es auch nothwendig, daß in dieser Hinsicht die Einheit hergestellt und erhalten werde; man darf daher bei Festsetzung des Umtriebs nicht nach dem Einzelbestand individualisiren, sondern man muß nach dem Durchschnitt vom Ganzen generalisiren, und die etwa vorhandenen Gegensätze auf einem beiderseits möglichst annehmbaren Mittelwege zu vereinigen suchen; denn nicht blos die anzustrebende Gleichheit der nachhaltigen Periodenerträge, sondern auch die Einhaltung der gegen Windschaden sichernden Hiebsfolge wäre bei zwei oder mehreren Um= triebszeiten innerhalb eines nachhaltig zu bewirthschaftenden Complexes nicht möglich, wie folgendes Beispiel zeigt: In einem Hiebszug des 100jährigen Umtriebs liegt eine Abtheilung, für welche der 70jährige Umtrieb geeigneter wäre, und ihr Abtrieb würde auch in die erste Schlagtour und in den Materialetat passen, sofern sie in letzterem das zur Zeit bestehende einzige Defizit des ganzen 100jährigen Umtriebs decken würde. Allein schon bei der nächsten Verjüngung dieser Abtheilung müßte die Hiebsfolge verlassen werden und würden die werthvollen, über 70 Jahre alten Abtheilungen des 100jährigen Umtriebs ihres Schutzes gegen Windschaden beraubt und freigehauen werden; außerdem bekäme man gleichzeitig einen Ueberschuß im Material= oder Flächen= etat, während das dem gegenwärtigen Defizit im 100jährigen Umtrieb entsprechende erst 30 Jahre nach dem 2. Abtrieb der 70jährigen Ab= theilung sich wiederholt; man bekommt also auf diese Weise

das Defizit im 100jährigen Umtrieb	der Ueberschuß im 70jährigen Umtrieb
1876	1876
	1946
1976	
	2016
2076	
	2086
	2156
2176	

Es ist einleuchtend, daß solche Schwankungen im Ertrag höchst unerwünscht sind und Versuche zu deren Ausgleichung immer wieder aufs Neue die Hiebsfolge stören und die Sicherheit der Bestände beeinträchtigen müßten. Deßhalb ist namentlich bei Nadelholzwaldungen, wo letzteres Moment besonders sorgfältige Beachtung erheischt, die Herstellung einer einheitlichen Umtriebszeit die wichtigste Vorbedingung für die Begründung einer geregelten Hiebsordnung, und es wird sich in den meisten Fällen eine Vereinbarung der abweichenden Anforderungen um so eher treffen lassen, als man überhaupt nie auf ein bestimmtes Jahr hin genau den richtigen Zeitpunkt berechnen kann, sondern nur annähernde Werthe erlangen wird, die ohne Nachtheil einen Spielraum von 5—10 Jahren nach auf= oder abwärts zulassen.

Eine Verschiedenheit in den Umtriebszeiten ist einigermaßen nur dann noch zulässig, wenn es sich um isolirt gelegene Parzellen von untergeordneter Bedeutung handelt, oder um Flächen von ganz ab= weichender Standortsgüte, Brüche ꝛc., welche die Anzucht der im Haupt= complex herrschenden Holzart nicht gestatten und deßhalb auch eine ganz abweichende Behandlung verlangen.

Beim Uebergang von einer Umtriebszeit zu einer anderen

vollzieht sich eine durchgreifende Aenderung in der ganzen Wirthschaft; 369 zunächst ist eine andere Formation der Altersstufen nothwendig; denn beim 90jährigen Umtrieb bedarf man 90 einzelne, oder 9 je 10 Jahre umfassende Altersklassen, beim 60jährigen aber deren nur 60 bezw. 6. Bei gleichen Gesammtflächen müssen also beim Uebergang vom 60= zum 90jährigen Umtrieb die betr. einzelnen Altersklassen um ein Drittel verkleinert werden; ein Complex von 720 ha zerfällt in 90 Alters= stufen von 8 ha oder in 60 von 12 ha. Außerdem verändert sich der Normalvorrath; man braucht selbstverständlich einen größeren zum höheren Umtrieb als zum kürzeren. Doch tritt hier das eigenthümliche Verhältniß ein, daß von den größeren Jahresschlägen des kürzeren Umtriebs derjenige Theil des Vorraths entbehrlich wird, welcher auf der für den höheren Umtrieb nicht benöthigten Fläche sich vorfindet. In der 60jährigen Altersreihe sind 12 ha 60jähriges Holz und in gleicher Größe alle rückwärts liegenden Altersstufen vertreten; da nun für den 90jährigen Umtrieb je nur 8 ha benöthigt sind, so wird beim Uebergang zu letzterem die Differenz 12—8 auf allen 60 Flächen= theilen mit dem darauf stockenden Holzvorrath entbehrlich, und muß nach und nach mit 61—90jährigem Holze bestockt werden, um die

90jährige Altersreihe zu ergänzen. Dieser Ueberschuß drückt sich aus in der Größe $\frac{U-u}{U} \times n\,v$, deren Entstehung in G. Heyers Allgem. Forst= und Jagdzeitung 1868, S. 409 vom Verf. nachgewiesen wurde und worin U die höhere, u die kürzere und n v den normalen Vorrath bedeutet. Noch besser wird dieses Verhältniß veranschaulicht in folgender Figur:

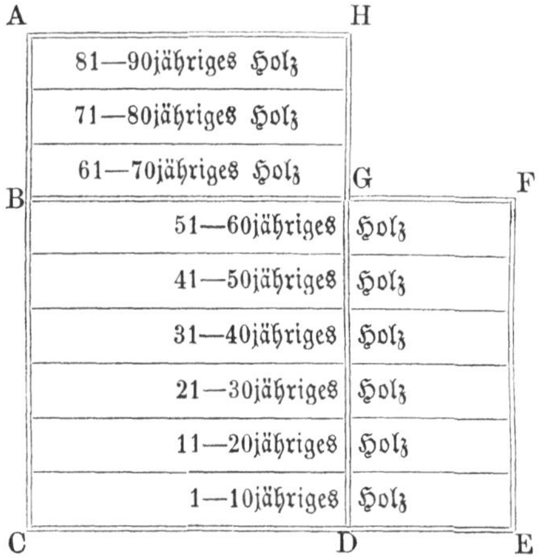

$$
\begin{array}{l}
\text{A} \hspace{7cm} \text{H} \\
\text{81—90jähriges Holz} \\
\text{71—80jähriges Holz} \\
\text{61—70jähriges Holz} \hspace{1cm} \text{G} \hspace{3cm} \text{F} \\
\text{B} \\
\text{51—60jähriges Holz} \\
\text{41—50jähriges Holz} \\
\text{31—40jähriges Holz} \\
\text{21—30jähriges Holz} \\
\text{11—20jähriges Holz} \\
\text{1—10jähriges Holz} \\
\text{C} \hspace{5cm} \text{D} \hspace{3cm} \text{E}
\end{array}
$$

Die Rechtecke A C D H und B C E F stellen zwei gleich große Wirthschaftscomplexe vor, wovon der erstere in 90jährigem, der letztere in 60jährigem Umtrieb bewirthschaftet wird; die 1—60jährigen Altersstufen sind zwar beiden gemeinschaftlich, aber beim kürzeren Umtrieb sind sie je um die Hälfte größer als die des 90jährigen, und beim Uebergang zu letzterem werden die in das Rechteck D E F G fallenden Theile derselben entbehrlich; dagegen haben an deren Stelle zu treten die 61—90jährigen Altersklassen, welche genau die gleiche Flächenausdehnung erhalten, wie jene überschüssigen Theile der Reihe von 1—60 Jahren.

Hieraus ist ersichtlich, daß beim Uebergang vom niederen zum höheren Umtrieb keineswegs (wie bei der Rechnung mit der Formel des Bodenerwartungswerths unterstellt wird) ein vollständiges Sistiren der Hauptnutzung nothwendig ist, es kann und muß vielmehr ein Theil des seitherigen Normalvorraths successive zum Einschlag gebracht werden. Derselbe ist· aber auf alle einzelne Altersklassen des seitherigen Umtriebs vertheilt, und es sollte deßhalb auch seine Abnutzung wenigstens so lange dauern, als der Umtrieb Jahre zählt, denn bei schnellerem Vorgehen würde das betr. Holz größtentheils in einem viel jüngeren

Alter zum Einschlag kommen als seither; man wird aber in der
Wirklichkeit nicht schablonenmäßig vorgehen, sondern statt der ihrer
Masse nach ohnehin geringeren Ueberschüsse der jüngeren Altersstufen
um ein Entsprechendes in den älteren vorgreifen, da man hiefür in
den nachwachsenden jüngeren Beständen genügenden Ersatz findet. Nur
in solchen Fällen, wo man den bisherigen Umtrieb aufs Doppelte
erhöht, ergiebt es sich von selbst, daß während der ganzen Uebergangszeit Holz im bisherigen Hiebsalter geschlagen werden kann. — Die
Zeitdauer, für welche der fragliche Ueberschuß des Normalvorrathes
die seitherige Nutzung deckt, berechnet sich nach der Formel des Verf.

$$= \frac{U^{!} - u}{U} \times u.\ 0{,}45,$$

worin letztere Größe der badische Faktor für
Berechnung des Normalvorrathes ist und an Stelle des Faktors 0,5
der österreichischen Cameraltaxe (244) tritt. Beim Uebergang vom

50 zum 60jährigen Umtrieb ist diese Zeit	= 3,75 Jahre,
60 „ 70 „	„	„	„	„	= 3,86	„
70 „ 80 „	„	„	„	„	= 3,94	„
80 „ 90 „	„	„	„	„	= 4,00	„
90 „ 100 „	„	„	„	„	= 4,05	„

Derartige Erhöhungen des Umtriebs werden natürlich sehr er- 370
leichtert, wenn man bereits einen Theil des noch weiter benöthigten
Holzvorrathes in gesunden wüchsigen Beständen vorfindet, was in solchen
Wirthschaften vorkommt, in denen seither nicht der volle Zuwachs zum
Einschlag gebracht wurde. Dieß ist also der erste vorbereitende Schritt
zu einer derartigen Maßregel und hat die Einsparung so lange stattzufinden, bis in den einzelnen Altersklassen die erforderlichen
Theilquoten des normalen Vorrathes vom höhern Umtrieb vertreten
sind, woraus sich die Dauer eines solchen Ueberganges mindestens gleich
der Dauer einer Umtriebszeit ergiebt. Hat man aber in einzelnen
Altersklassen die oben angedeuteten Vorgriffe gemacht, so wird zur
vollständigen Ausgleichung auch noch der nächste Umtrieb herangezogen
werden müssen.

Eine solche Ueberführung zum höheren Umtrieb macht im Anfang
sich nur wenig fühlbar, so lange man noch in haubarem und nahezu haubarem Holze sich bewegt; erst wenn die Hiebe weiter vorrücken und an
Beständen von geringerer Stärke angelangt sind, deren Material nicht
mehr so gut verwerthbar ist, zeigt sich eine fühlbare Lücke, zu deren
Ergänzung schon frühzeitig Vorsorge getroffen werden muß, wenn man
nicht zeitweilig erhebliche Ausfälle erleiden will, die namentlich in Nutz-

holzwirthschaften sehr empfindlich werden können, wenn man nur noch
Bestände zur Verfügung hat, die nicht blos bezüglich des Massenertrages,
sondern noch mehr bezüglich des Durchschnittspreises ihres Materials
mehr oder weniger hinter den hiebsreifen Beständen zurückbleiben.

Ist es nun schon in jeder wie immer gestalteten Wirthschafts=
führung nothwendig, die Pflege der Bestände so einzurichten, daß der
erreichbar höchste Zuwachs gewonnen werden kann, so ist dieß hier noch
ganz besonders geboten, zunächst immer bezüglich derjenigen Bestände,
welche geeignet sind, zur Ausfüllung der sich ergebenden Lücken heran=
gezogen zu werden. Diese bereits anderwärts erwähnten Mittel be=
stehen in sorgfältiger Schonung und Pflege etwaigen Vorwuchses, theil=
weise auch von Stockausschlägen, im Ueberhalten von einzeln oder horst=
weise gestellten Waldrechtern, in der Einmischung schnell wachsender
Holzarten, möglichst starken und oft wiederkehrenden Durchforstungen,
Kräftigungs= und Vorbereitungshieben; in Buchenwaldungen kann auch
vorübergehend der von Seebach'sche modifizirte Buchenhochwaldbetrieb
(242) zu Hülfe genommen werden.

371   Die meisten Veränderungen bei der Umtriebszeit erfolgen in ent=
gegengesetzter Richtung durch eine Herabsetzung der bisher eingehaltenen;
dieß kann veranlaßt sein durch die Verschlechterung des Bodens, Ein=
führung einer anderen Holzart, veränderte Absatzverhältnisse u. dgl.
In vielen Fällen aber vollzieht sich dieser Prozeß gewissermaßen von
selbst, wenn die Waldbesitzer die Nutzungen mehr nach den eigenen
Bedürfnissen einrichten und dabei die Ertragsfähigkeit des Waldes und
die Nachhaltigkeit der Rente unbeachtet lassen. Je schwerer es nun ist,
vom niederen zum höheren Umtrieb wieder aufzusteigen, um so ernster
und gründlicher muß das beabsichtigte Vorgehen in entgegengesetzter
Richtung erwogen werden. Wo die Ursache im Rückgang der Boden=
kraft zu suchen ist, da liegt unter Umständen noch die Möglichkeit vor,
die Reduktion der Umtriebszeit zu umgehen durch sorgfältige Schonung
des Waldes vor der Streunutzung, insbesondere in der Zeit vor der
Verjüngung, durch Erhaltung eines dichten Bestandesschlusses, Anziehung
von Bodenschutzholz, insbesondere da, wo sich Blößen zu bilden beginnen;
durch aufmerksame Behandlung des Waldes bei den Durchforstungen,
Kräftigungs= und Vorbereitungshieben, durch Bodenlockerung (manch=
mal schon durch Stockrodung zu erreichen), durch Bearbeitung der
Kulturen, durch vorübergehende Einmischung von bodenverbessernden und
von genügsameren Holzarten ꝛc.

Erweisen sich aber solche Mittel nicht mehr als ausreichend, und muß man wirklich die Umtriebszeit herabjetzen, so ist in vielen Fällen die Vorfrage zu entscheiden, was mit dem verfügbar werdenden Ueber= schuß des normalen Vorraths zu geschehen habe, ob er als außerordent= liche Einnahme den laufenden Revenüen zugeschlagen und mit diesen verzehrt, oder als Grundstockskapital anderweitig angelegt werden soll. Letzteres ist als das wirthschaftlich allein richtige Verfahren zu bezeichnen und deßhalb ausschließlich zu empfehlen. Es sollte aber auch hiebei stets in erster Reihe der Wald selbst Berücksichtigung finden, indem man ihn entweder durch Ankäufe vergrößert, wobei so viel möglich auf Miterwerbung von Holzbeständen Bedacht zu nehmen ist, welche das Altersklassenverhältniß entsprechend ergänzen; wäre eine solche Ver= größerung des Areals aber nicht möglich, so hätte man einen in den fortzuerhaltenden Altersklassen etwa bestehenden Abmangel mit Hülfe jenes Ueberschusses zu begleichen, und dann erst den verbleibenden Rest als anderweitig verfügbar zu betrachten.

Mit Rücksicht auf die nöthige Verschiebung der Flächen in den einzelnen Altersklassen ist es vom forstlichen Standpunkt aus das richtigste Verfahren, die Abnutzung des Ueberschusses auf die ganze nächste Um= triebszeit zu vertheilen, wobei allerdings die Einhaltung einer gleichen Flächengröße nur dann möglich ist, wenn man auf einen gleichen Massenertrag verzichtet; denn man hat z. B. in dem unter § 369 dar= gestellten Fall zunächst im 90jährigen Holze zu schlagen, wobei man aber bereits in das 89. hinüber greifen muß; im folgenden Jahre kommt sodann das 90jährige Holz nur noch auf der reduzirten Fläche zum Abtrieb und muß sich deßhalb der Uebergriff in die nächst niedere Altersstufe entsprechend erweitern, was sich durch die ganze Umtriebs= zeit hindurchzieht.

Es kann allerdings Fälle geben, wo man wegen des Gesundheits= zustandes der ältesten Bestände rascher vorgehen muß; allein es ist hiemit stets eine erhebliche Störung im Altersklassenverhältniß ver= bunden, welche zu ihrer Ausgleichung eine oder zwei weitere Umtriebs= zeiten erfordert.

Um die Folgen der Herabsetzung zu mildern, empfiehlt es sich da, wo es die Boden= und Bestandesverhältnisse gestatten, einzelne schwächere Stämme überzuhalten und als Waldrechter in die neu zu erziehenden Bestände einwachsen zu lassen.

Beim Femelwald und beim Oberholz im Mittelwald läßt sich die Erhöhung ohne weitere Schwierigkeiten durch Zurückhalten mit der

Nutzung und umgekehrt durch deren Steigerung eine Reduktion der Umtriebszeit bewirken.

372   Das Hiebsalter, welches ſich nur auf den einzelnen Beſtand oder die Abtheilung bezieht, hat ſich zwar im Allgemeinen der Umtriebszeit möglichſt anzuſchließen; doch nicht ſo, daß deren genaue Einhaltung aufs Jahr hin durchweg verlangt werden könnte. Es giebt nemlich viele Verhältniſſe, welche es nothwendig machen, dieſen oder jenen Beſtand früher oder ſpäter zur Nutzung zu bringen, als die allgemeine Umtriebszeit beſagt. Die Gründe hiezu können im Beſtand ſelbſt oder außerhalb deſſelben liegen; im erſteren Fall ſind es hauptſächlich der Geſundheitszuſtand, die größere oder geringere Vollholzigkeit und der Zuwachsgang des Beſtandes, welche eine Abweichung von der normalen Umtriebszeit bedingen; während die äußeren Gründe hauptſächlich in der Hiebsordnung zu ſuchen ſind.

Es iſt die erſte Regel einer gutgeführten und conſervativen Forſtwirthſchaft, innerhalb desjenigen Spielraumes, den die zur Sicherung wegen Windſchaden nöthigen Rückſichten in den Hiebszügen zulaſſen, zunächſt immer die ſchlechteren Beſtände anzugreifen, welche nicht mehr den vollen Ertrag geben, oder den Boden nicht mehr hinlänglich beſchirmen; die guten, in günſtigem Zuwachs ſtehenden dagegen möglichſt lange zu erhalten. Bei Einhaltung eines ſolchen Verfahrens kann auch ein herabgekommenes Revier bald wieder in Aufnahme gebracht und gehoben werden und es iſt deßhalb dieſe Regel hauptſächlich den nichttechniſchen Verwaltern kleinerer Complexe nachdrücklichſt einzuſchärfen, weil dadurch vielen Mißgriffen vorgebeugt werden kann.

Im Einzelnen laſſen ſich die Abweichungen von der Umtriebszeit in folgenden Fällen rechtfertigen, wobei aber namentlich in Nadelholzbeſtänden und in exponirten Lagen die gegen Windſchaden ſichernde Hiebsreihenfolge nicht geſtört werden darf, was da, wo man mehrere Hiebszüge zur Verfügung hat, um ſo eher angeht, als man abwechſelnd bald im einen, bald in dem andern hauen kann; während dieß allerdings bei Beſchränkung auf einen einzigen Hiebszug nicht ſo gut möglich iſt, wenn nicht vorausgehend ſchon Loshiebe (206) und Windmäntel angelegt worden ſind.

Innerhalb dieſes Rahmens ſind es zunächſt die Beſchaffenheit des Beſtandes, ſeine größere oder geringere Dauerhaftigkeit und ſeine mehr oder weniger entſprechenden Leiſtungen bezüglich des Zuwachſes, wodurch ein ſpäterer oder früherer Anhieb ermöglicht oder räthlich gemacht wird, wobei aber nicht die abſoluten, ſondern ſtets nur die relativen,

aus der Vergleichung mit anderen im Hiebsalter oder demselben nahe=
stehenden Beständen sich ergebenden Größen in Betracht kommen. Ins=
besondere müssen stets die unvollkommeneren Bestände vor den voll=
kommeneren angegriffen werden, da es sich bei jenen nicht blos um den
Zuwachsentgang, sondern noch viel mehr um die Verschlechterung des
Bodens handelt, welche thunlichst abgewendet werden müssen. Es kann
auch vorkommen, daß die Bestandesmischung, das Vorherrschen oder
stärkere Auftreten von Holzarten, oder Stockausschlägen, welche den
vollen Umtrieb nicht aushalten, einen früheren, das entgegengesetzte Ver=
hältniß (eingemischte Eichen) einen späteren Anhieb begründen.

Aber nicht blos die bereits eingetretene Verschlechterung, sondern 373
auch schon die mit Sicherheit vorauszusehende kann das Motiv abgeben
zu früherer Verjüngung der betr. Bestände, namentlich solcher, die auf
geringerem und flachgründigerem Boden einen baldigen Nachlaß im
Zuwachs erwarten lassen, oder bei denen in höherem Alter Krankheiten,
wie z. B. Rothfäule, Gipfeldürre, oder auch in exponirteren Lagen viele
Windfälle zu fürchten sind.

Außerdem sind es Unregelmäßigkeiten in Vertretung der einzelnen
Altersklassen, welche bald eine Verkürzung, bald eine Verlängerung des
Hiebsalters veranlassen, um mit der Zeit eine gleiche Vertretung der=
selben herbeizuführen und einen möglichst gleichen Materialertrag zu
beziehen. Manchmal läßt man sich auch durch die zeitweilig erleichterte
Möglichkeit einer natürlichen Verjüngung zum früheren Anhieb ver=
leiten; doch darf man sich hiedurch nur zu geringeren Abweichungen
von der Umtriebszeit bestimmen lassen, wenn es sich nicht etwa aus=
nahmsweise um ganz ungünstige Verhältnisse in Hochlagen ꝛc. handelt.
Hier kann es auch vorkommen, daß der Anhieb sich nach den etwa
bestehenden vergänglichern Transportanstalten (Riesen), welche für be=
nachbarte Bestände erbaut wurden, zu richten hat.

Wenn bei ein und demselben Bestand mehrere dieser Gründe in
gleicher Richtung zusammen wirken, so wird die Entscheidung leicht sein;
sehr schwierig kann sie aber werden, wenn die Verhältnisse entgegen=
gesetzte Tendenz zeigen, wenn z. B. ohne Störung der Hiebsordnung
der frühere Angriff eines schlechtwüchsigen Bestandes nicht möglich wäre
u. dgl. Bei einem solchen Conflikt giebt dann hauptsächlich die künftige
Gestaltung der Sachlage den Ausschlag; denn es läßt sich ein einmaliges
Opfer viel eher rechtfertigen, wenn dadurch eine bleibende gesunde
Grundlage für die ganze Wirthschaft gewonnen wird, als wenn es sich
blos um ein vorübergehendes Auskunftsmittel handelt, oder gar um ein

solches, welches die zukünftige Ordnung aus untergeordneten augenblick=
lichen Rücksichten preisgiebt. Weitere Regeln lassen sich hiefür nicht
wohl aufstellen; die richtige Entscheidung kann nur getroffen werden,
wenn man alle zu berücksichtigenden lokalen Verhältnisse, die vorüber=
gehenden, wie die bleibenden genau festgestellt und gegen einander ab=
gewogen hat.

XXII. Die Forstbenutzung

374 hat zum Schluß noch Anleitung zu geben, wie die verschiedenen Wald=
produkte am zweckmäßigsten gewonnen, zugutgemacht und in die für
den Verbrauch als Rohstoff geeignetste Form gebracht werden.

Hiebei kommt zunächst als das wichtigste Erzeugniß das Holz in
Betracht, welches zu den mannigfaltigsten Verwendungsarten geeignet
ist, je nachdem die eine oder andere seiner Eigenschaften es zu den ge=
gebenen Zwecken brauchbar macht.

Der Forstwirth hat dabei in der Regel nur das Rohprodukt her=
zustellen und dasselbe in diejenige Form zu bringen, welche den Trans=
port und die weitere Verwendung möglichst erleichtert. Die natürliche
Verjüngung bedingt an und für sich schon die möglichst schonende Fällung
und Aufbereitung der hiebsreifen Stämme, meist auch noch die Ver=
bringung des angefallenen Materials an die Abfuhrwege, und sind die
dabei vorkommenden Verrichtungen bei allen Verjüngungsmethoden und
Betriebsarten ziemlich gleich, so daß sie wohl gemeinschaftlich dargestellt
werden können; es bildet also dieser Abschnitt eine nothwendige Er=
gänzung zu den vorausgegangenen einzelnen Abschnitten.

Die sonst an dieser Stelle als theoretische Einleitung zu gebende
Abhandlung über die verschiedenen physischen und technischen Eigen=
schaften des Holzes wird hier auf die wichtigsten, im täglichen Gebrauch
maßgebendsten beschränkt werden dürfen.

375 Das Gewicht des Holzes wechselt nach der Holzart, dem
Stammtheil, woher es genommen ist, dem Standort, der Erziehungs=
art, Fällungszeit und in den meisten Fällen auch nach dem Wassergehalt.

Das schwerste Holz im trockenen Zustand liefert in der Regel das
Kernholz, der Stock und die unteren Theile des Stammes, beim Nadel=
holz auch die Aeste; auf magerem Boden, in rauhem Klima, in sehr
dichtem Schluß wird schwereres Nadelholz erzeugt als unter entgegen=
gesetzten Verhältnissen, während andrerseits das Eichenholz aus wärmeren
Standorten ein größeres Gewicht hat als das aus kälteren Gegenden.

Bekannt ist der Unterschied im Gewicht von frischem, mit Saft erfülltem und älterem, durch langes Liegen im Trockenen, oder durch künstliche Mittel mehr oder weniger von seinem Wassergehalt befreitem Holz.

Ein Festmeter harten Holzes, Eichen, Buchen, Eschen, Ahorn, Ulmen und Hainbuchen wiegt in ganz frischem Zustand 950—1100 kg (in aufgespaltenem Zustand etwa 30 Prozent weniger); trocken je nach dem Grad und der Dauer der Austrocknung, aber ohne Zuhülfenahme künstlicher Mittel, 800—900 kg; weiche Laubhölzer grün 800—900 kg, lufttrocken 6—700 kg; Nadelhölzer frisch 7—900, trocken 5—600 kg (1 cbm Wasser = 1000 kg). Nach der Jahreszeit ist das Gewicht in folgender Weise verschieden: bei den harten Laubhölzern in der ersten Hälfte des Jahres um nahezu 4 Prozent schwerer, in der zweiten Hälfte um 4,8 Prozent leichter als der ganzjährige Durchschnitt; bei den weichen Laubhölzern in der ersten Hälfte des Jahres um 5,4 Prozent schwerer, in der zweiten Hälfte um 6,7 Prozent leichter; die Kiefer hat ebenfalls in der ersten Jahreshälfte, die Fichte und Tanne dagegen in der zweiten schwereres Holz. (Theodor Hartig.) Bei aufgespaltenem Holz beträgt der Gewichtsverlust unter günstigen Umständen im Freien während der ersten 50 Tage nach der Fällung gegen 20 Prozent, in den folgenden 50 Tagen 10 Prozent. —

Die natürliche Dauer des Holzes wird durch äußere Ein= 376 wirkungen mehr oder weniger beeinträchtigt, namentlich durch Fäulniß, durch Insekten, oder durch Pilze.

Das Holz zersetzt sich durch den gewöhnlichen Prozeß der Verwesung, wobei sich der Sauerstoff der Luft mit dem Kohlenstoff zu Kohlensäure und mit dem Wasserstoff zu Wasser verbindet, was aber nur bei einer Wärme von mindestens + 6° und höchstens 40° R. und bei genügender Feuchtigkeit geschehen kann; wird aber der Zutritt der Luft durch das Wasser gehemmt, so wird dadurch der Fäulniß= prozeß unterbrochen, wie überhaupt ein solcher nur vor sich gehen kann, wenn alle drei Faktoren gleichzeitig auf das Holz einwirken. So erhält sich unter Wasser, im Torf und in festen Thonlagern alles Holz unendlich lange, weil die Luft nicht zutreten kann; in trockener Luft und in sehr kalten Gegenden ebenso, weil die Einwirkung des Wassers gehemmt ist und die nöthige Wärme fehlt.

Einzelne Hölzer besitzen als Präservativ gegen die Feuchtigkeits= aufnahme den Harzgehalt; dieser ist bei älteren Kiefern im Kienholz so bedeutend, daß dasselbe dadurch zu dem dauerhaftesten Holze gemacht und auch deßhalb zu solchen Zwecken sehr gesucht wird, wo es der

Nässe häufig ausgesetzt ist. Lärchen und Zürbelkiefern geben ein ebenso gutes Holz, wenn es den gleichen Harzgehalt hat. Der Dauer nach stehen diesem am nächsten einzelne harte Hölzer (Eichen, Ulmen ꝛc.), und vom weichen Holz besonders solches, das auf magerem, trockenem Standort, aber noch unter günstigen klimatischen Verhältnissen keine breiten Jahresringe anlegt. Durch häufigen Wechsel zwischen Feuchtig= keit und Trockenheit wird das Verderben des Holzes sehr beschleunigt; in solchen Verhältnissen zeigt das Holz der Schwarzerle noch die größte Dauer. — Am schnellsten verbirbt das Holz der Birke, etwas minder rasch das der Buche, namentlich in unentrindetem oder unaufgespaltenem Zustande.

Bei Beurtheilung der Dauer des Holzes ist es von großer Wichtig= keit, die Art seiner Erziehung und Behandlung zu kennen, wodurch jene entweder sehr erhöht, oder verkürzt werden kann; ebenso vermögen wirthschaftliche Maßregeln und künstliche Mittel dieß zu bewirken. Unter die ersteren sind zu rechnen die Wahl eines passenden, das Wachsthum nicht zu sehr begünstigenden Standorts, die Einhaltung einer nicht zu kurzen und nicht zu langen Umtriebszeit, damit das Holz seine gehörige Reife erlange, ohne überständig zu werden, die Erziehung in gleichmäßig geschlossenen Beständen; ferner die Fällung des Bau= holzes im Vorwinter und Begünstigung des Austrocknens durch Ent= rinden oder durch Aufspalten oder sonstige Verarbeitung; auch die Fällung im Sommer, wobei das Holz alsbald vollständig zu entrinden oder zu spalten ist, um die Austrocknung zu beschleunigen; noch günstiger wirkt das Entrinden stehender, belaubter Stämme im Frühling und deren Fällung im folgenden Winter, dadurch wird das Holz vollständig ausgetrocknet und ein großer Theil des Splintes in Kernholz verwandelt, weßhalb diese Behandlungsweise in Frankreich und in Ostindien bei den für die Marine bestimmten Hölzern (Eichen und Teakbäumen) empfohlen ist. Die Fällung im Sommer ist für solches Holz weniger geeignet, das nicht reißen soll.

377 Zu den mehr oder weniger künstlichen Mitteln, die Dauer zu erhöhen, gehören folgende: das Ankohlen von solchen Theilen, die in lockerer Erde dem Zutritt von Luft und Feuchtigkeit abwechselnd ausgesetzt sind; weil aber durch die Hitze des Feuers das Holz aufspringt und diese Risse der Feuchtigkeit und Luft Zutritt ins Innere gestatten, so wird die Fäulniß durch das Ankohlen nicht auf= gehalten. Wirksamer erweisen sich bei zuvor ausgetrocknetem Holze das Anstreichen mit Theer oder Theeröl oder Oelfarbe, wo=

durch das Ansaugen und das Eindringen von Wasser verhindert wird; ferner das Einstampfen des Holzes in festen Thon; das Entsaften des Holzes; dieß wird durch fließendes Wasser bewirkt und namentlich bei Buchen angewendet, um das Werfen zu verhindern, und bei Eichen, um den Gerbestoff auszuziehen. Durch das Verflößen des Langholzes wird eine theilweise Entsaftung gelegentlich vorgenommen, wenn das Holz längere Zeit im Wasser bleibt. Neuerdings wird das Entsaften auch durch Auskochen in heißen Dämpfen bewerkstelligt; auch kommt das Tränken oder Imprägniren des Holzes mit verschiedenen Salzlösungen vielfach zur Anwendung, beide Methoden erfordern aber complizirte Maschinen und Apparate und liegt deren Anwendung nicht mehr in der Aufgabe des Forstmannes.

Die Insekten sind dem verarbeiteten Holz oft so gefährlich, wie den lebenden Bäumen, sie können aber durch eine zweckmäßige Behandlung, namentlich durch vollständiges Austrocknen, Entsaften, durch Verminderung des Luftzutritts mittelst Oelfarbe- und Theeranstriche gehindert werden, das Holz anzugehen. Das Buchenholz ist jedoch gegen solche Angriffe nicht zu schützen, wenn es in stärkeren Dimensionen zur Verwendung kommt.

In schlecht gebauten Häusern tritt der sogenannte laufende 378 Schwamm sehr häufig auf. Es giebt nur vorbeugende Mittel dagegen, welche darin bestehen, daß man völlig ausgetrocknetes Holz verwendet, an und um dasselbe einen regelmäßigen Luftwechsel befördert und dafür sorgt, daß die Räume, in denen das Holz sich befindet, gehörig trocken sind, daß das Holz mit feuchten, schwitzenden Steinen nicht in Berührung kommt, sondern durch dazwischen gelegtes Zinkblech oder durch gut gebrannte Backsteine, eine Lage Cement ɔc. davon getrennt wird; es wurde auch schon vorgeschlagen, das Holz an feuchten Orten mit Kohllösche (Kohlstübbe) zu umgeben, es ist dieß aber kein sicheres Vorbeugungsmittel.

Wenn gefälltes Holz im Wald vor Verderben zu schützen ist, so 379 sind verschiedene Vorsichtsmaßregeln zu beobachten. Damit es während der heißen Sommertage nicht aufreißt, soll es nicht unmittelbar den Sonnenstrahlen ausgesetzt sein; damit die Insekten nicht daran gehen (namentlich der Bostrichus lineatus an Fichten, Tannen und Lärchen), soll es dagegen auch nicht zu sehr im Schatten liegen und gleich nach der Fällung entrindet werden; wenn es nicht aufreißen soll, darf die Entrindung nur streifenweise oder nur bis zur Basthaut erfolgen. Auf feuchtem, sumpfigem Boden muß man es auf eine Unterlage von Steinen ober anderem Holze bringen; denn wenn die eine Hälfte des Stammes feucht, die andere trocken iſt, ſo beſchleunigt dieß das Verderben.   Am ſchnellſten verdirbt das Holz in Nachhiebsſchlägen mit dichtem jungem Nachwuchs und in Durchforſtungshieben; hier muß es ſo ſchnell als möglich an trockene, luftige Orte geſchafft werden, und wenn mehrere Lagen über einander kommen, ſo wird dadurch der ſchädliche Einfluß der Sonne faſt ganz aufgehoben, und das Holz wird ſehr bald leicht, namentlich wenn die einzelnen Schichten zur Beförderung des Luftzugs durch Querhölzer getrennt ſind; Eichenholz wird am beſten unter Waſſer verſenkt, Kiefern läßt man im ſtehenden Waſſer ſchwimmen, wenn man ſie länger aufbewahren will.

380   Die Heizkraft des Holzes iſt im praktiſchen Leben von großer Bedeutung und liegen zu deren Beſtimmung viele Verſuche und theo=retiſche Berechnungen vor, dieſelben haben aber ziemlich abweichende Reſultate gegeben, und ſtimmen nicht immer mit den Beobachtungen und Erfahrungen des gemeinen Lebens überein; doch geben ſie immer=hin beachtenswerthe Verhältnißzahlen.

Die theoretiſch, nach der chemiſchen Zuſammenſetzung, berechnete Wärme, welche irgend ein Heizmaterial durch ſeine Verbrennung er=zeugen könnte, läßt ſich ſchon deßhalb nicht vollſtändig nutzbar machen, weil ein Theil ſich nicht gehörig entwickeln kann, ein andrer von den Feuermauern und Gefäßen abſorbirt wird, und ſelbſt bei den beſt conſtruirten Feuerungen ein weiterer Theil in den Schornſtein entweicht. Auf dieſe Weiſe gehen 20—30 Prozent Heizkraft verloren.

Zur vollſtändigſten Ausnutzung der Heizkraft ſind erforderlich möglichſte Zerkleinerung des Materials, richtiges Verhältniß des Feuer=raumes und Roſtes. Für 1 Centner Hartholz pro Stunde iſt ein Feuerraum von 0,4—05, für Weichholz und Torf von 0,6—0,75, für Steinkohle von 0,2—0,25 cbm, bei einer Höhe von 0,4—0,6 m für Holz und 0,2—0,4 m für Steinkohle erforderlich; der Roſt für Hart=holz ſoll 0,6—0,7 qm, für Weichholz 0,5—0,6 qm groß und mit 0,7 cm breiten Roſtſchlitzen verſehen ſein. Als rauchverzehrende und Brennholz erſparende Einrichtungen ſind noch zu erwähnen: der Doppel=herd, der Länge nach durch eine Wand getheilt, wo bald rechts, bald links Feuermaterial zugebracht wird; der Treppenroſt und eine weitere Luftzufuhr hinter der Feuerbrücke.

Die nutzbare Heizkraft der Hölzer ſteht, nach den älteren Verſuchen von Rumford und den neueren von Brix, faſt genau in direktem Verhältniß zu ihrem Gewicht, einen gleichen Grad von Trockenheit vorausgesetzt; blos harzhaltiges Holz macht hievon eine Ausnahme, indem es verhältnißmäßig mehr Wärme entwickelt. Die harten Hölzer liefern dem Pfund nach sogar etwas weniger Hitze, als die weichen, was theils daher kommt, daß sie eine verhältnißmäßig geringere Oberfläche haben und weniger locker sind; theils von dem in größerer Menge in diesen enthaltenen freien (nicht mit Sauerstoff zu Wasser verbundenen) Wasserstoff. Dessen ungeachtet werden sie zu vielen Feuerungen sehr gesucht, weil sie im gleichen Raum eine größere Hitze entwickeln können. Oft verlangt man aber weniger Intensität, sondern mehr eine rasche Entwicklung der Hitze, und zu diesem Zweck sind dann wieder die weichen Hölzer, besonders die harzigen Nadelhölzer, besser; in anderen Fällen will man eine starke Kohle neben lebhaftem Feuer, was beim Birkenholz vereinigt ist, dieses hat auch die Eigenschaft, daß es in frischem Zustand bei stärkerem Wassergehalt noch gut brennt.

Die Fällung im Vorwinter giebt ein Holz, das die meisten brennbaren Stoffe in fester Form enthält, die Fällung im Saft giebt am wenigsten feste Stoffe, weil solche, aufgelöst im Wasser, mit diesem bei der Austrocknung verdunsten; dagegen liefert die Saftfällung meist ein trockeneres und, wenn die Entrindung stattgefunden hat, ein aufgerisseneres Holz, deßhalb brennt es von der gleichen Holzart schneller und mit stärkerer Flamme; der Gesammteffekt ist aber geringer, wenn man im Winter gefälltes Holz von gleicher Trockenheit damit vergleicht.

Die Behandlung des Brennholzes nach der Fällung ist ebenfalls von großem Einfluß auf die Brennkraft; je rascher der Stamm zersägt und aufgespalten oder entrindet wird, um so mehr wird die Austrocknung befördert; das Aufsetzen des Holzes an luftigen sonnigen Orten, auf guten Unterlagen ist ebenso vortheilhaft. Verzögertes Aufspalten verursacht namentlich in der Saftzeit nicht selten ein Gähren der Säfte, ein Stockigwerden, und vermindert dadurch den Werth des Brennholzes ebenso, wie den des Nutzholzes. Durch entsprechendes Austrocknen des Holzes und durch Kleinspalten wird die Brennkraft erheblich gesteigert.

Nachfolgende Verhältnißzahlen sind entnommen den Werken: Gg. Ludw. Hartig, Physikalische Versuche über das Verhältniß der Brennbarkeit der meisten deutschen Waldbaumhölzer. Marburg 1794. Theodor Hartig, Ueber das Verhältniß des Brennwerths verschiedener Holz- und Torfarten für Zimmerheizung und auf dem Kochherde. Braunschweig 1855. (Es sind nur die Durchschnittszahlen

Holzart	Stamm-theil	Alter	G. L. Hartig 1794. per Raummeter	Th. Hartig 1855. per Raummeter	Dr. Brix (Berlin) 1853. per Raummeter bei mittlerem Waſſergehalt	Dr. Brix (Berlin) 1853. per Pfund bei mittlerem Waſſergehalt	Dr. Brix (Berlin) 1853. per Pfund trocken	Oeſter-reich. Sali-nen. per Raummeter	Grabner Heizkraft zur Holz-Feuerung Raummeter	Grabner Heizkraft zur Kohlen-Feuerung Raummeter*)
Kiefernkohle	Stamm	80	—	—	—	1940	1782	—	—	—
Rothbuche	Stamm	120—160	100	100	—	—	—	1000	100	100
	"	80	—	—	1000	1000	1000	—	—	—
	"	50—80	101	103	—	—	—	—	—	—
	"	25—30	—	112	—	—	—	—	—	—
	Reis	—	—	95	—	—	—	—	—	—
	Stock	—	—	104	—	—	—	—	—	—
	Wurzel	100	—	81	—	—	—	—	—	—
Weißbuche	Stamm	100	105	101	1008	1008	1007	—	100	102
Eiche	Stamm	300	—	—	1038	1030	1029	—	—	—
	"	120	92	96	—	—	—	—	110	112
	"	35	—	92	—	—	—	—	—	—
Birke	"	100	86	102	—	—	—	—	86	87
	"	35—40	—	—	926	1030	1031	—	—	—
	Reis und Aeſte	—	—	80	—	—	—	—	—	—
Kiefer	Stamm	200—300	—	—	987	1154	1149	—	—	—
ſehr harzreich	"	120	99	114	—	—	—	—	—	—
	Aeſte	120	—	58	—	—	—	—	—	—
	Stamm	100	99	76	—	—	—	—	73	83
	"	45—50	—	—	851	1055	1052	—	—	—
	"	20	68	53	—	—	—	—	—	—
Lärche	"	60—70	81	88	—	—	—	—	90	104
Fichte	"	100	79	82	—	—	—	786	85	72
	Stock	—	—	86	—	—	—	—	—	—
Weißtanne	Stamm	120	70	60	—	—	—	—	82	85
	"	80	—	—	—	—	—	656	—	—
Erlen	"	40	58	69	793	1052	1049	575 70jähr.	—	—
	Ausſchlag	20	—	51	—	—	—	—	—	—
Aspen	Stamm	60	57	—	—	—	—	629	69	67
	"	30	—	68	—	—	—	—	—	—

*) Grabner, Die Forſtwirthſchaftslehre, 2. Aufl., S. 283, führt dieſe Zahlen als auf gleiche Holzgewichte geltend an; geht man aber auf die erſte Veröffentlichung (Oeſterr. Vierteljahrsſchrift, 1. Heft 1851, S. 77) zurück, ſo iſt dort erſichtlich, daß ſie von gleich großen Holzſtücken à 72 Kub.-Zollen gewonnen worden ſind.

aus den beiden Versuchsreihen aufgenommen worden.) Endlich Brix, Untersuchungen über die Heizkraft der wichtigeren Brennstoffe der preußischen Monarchie. Berlin 1853. Während die beiden ersten Autoren nur im Kleinen Versuche anstellten, sind die Zahlen des letzteren bei Dampfkesselfeuerung ermittelt worden. — Bei den Zahlen von Brix über die Heizkraft von trockenem und nicht trockenem Holz ist übrigens zu beachten, daß beide Reihen von der Heizkraft je des trockenen und halbtrockenen Buchenholzes ausgehen; also die nebeneinander stehenden Zahlen nicht das Verhältniß zwischen der Heizkraft des gleichen Holzquantums in trockenem und in halbtrockenem Zustand angeben, sondern nur die senkrecht unter einander stehenden Zahlen mit einander verglichen werden dürfen. — Die Resultate der Grabner'schen Versuche sind veröffentlicht in der Oesterreichischen Vierteljahrsschrift für Forstwesen, 1. Heft, und in Grabner's Forstwirthschaftslehre, Wien 1866, S. 283.

Die Fehler, Mängel und Schäden des Holzes sind nur relativ, sie beziehen sich auf einzelne, bald auf weniger, bald auf mehr Verwendungsarten.

Ein Zeichen von angehendem Verderben ist das Streifigwerden 382 des Holzes, wo in einzelnen Schichten schon der Zersetzungsprozeß beginnt und durch eine besondere, von der normalen abweichenden Farbe sich zu erkennen giebt; bei der Eiche sind die Streifen unterbrochen, es erscheinen kleinere weiße Flecke, Spreu oder Staarflecke. Ebenso macht sich beginnende Zersetzung der Holzfaser oft durch eine gleichmäßige dunklere, ins Braune oder Röthliche gehende Färbung kenntlich; man heißt dieß wasserröthliches Holz oder den todten Kern. Endlich wird die Fäulniß öfters durch unvorsichtige Verletzungen des Stammes, durch das Abstoßen eines großen Rindenstücks oder eines zu starken Astes veranlaßt, wenn die Ueberwallung so langsam vor sich geht, daß in der Zwischenzeit der Stamm anfault, oder wenn durch die Ueberwallungswulst der Wasserablauf an der Wunde gehindert oder Wasser mit eingeschlossen wird.

Holz, das während der Vegetationsperiode dürr geworden ist und noch längere Zeit in der Rinde stehen blieb, bekommt sehr schnell eine andere Mischung der Säfte, es wird leicht stockig und fällt auch noch nach seiner Verwendung bälder der Fäulniß anheim, jedoch weniger schnell bei der Eiche und Forche, als bei anderen Holzarten.

Den Uebergang von den chemischen zu den physischen Fehlern bilden die abnormen Saftanhäufungen in einzelnen Theilen des Stamms,

z. B. des Harzes in den Harzgallen der Fichte, in den kienigen Theilen des Kiefernholzes, was für die Dauer und Heizkraft der Hölzer zwar vortheilhaft ist, dagegen der Verarbeitung, wegen der damit verbundenen Sprödigkeit, Hindernisse bereitet, die Tragkraft schwächt ꝛc. Bei den Laubhölzern ist diese Art der Saftausscheidung unter dem Namen Brand bekannt, sie bedingt im Holz eine bälder eintretende Fäulniß des betreffenden Stammtheils. Ist die Verletzung der Art, daß sich das Wasser von der wunden Stelle aus allmählig senkrecht abwärts im Stamm verbreiten kann, so bildet sich dadurch auch das sogenannte wasserrothe Holz.

Eine Folge abnormer Saftanhäufung und Saftcirkulation ist die Bildung einer größeren Anzahl von Knospen, die nicht, oder nur theilweise zur Entwicklung kommen, und auf diese Weise das zu manchen Zwecken so sehr gesuchte Maserholz bilden, was freilich als sehr schlecht spaltig den Stamm zu einzelnen anderen Zwecken ganz unbrauchbar machen kann. Die krankhafte Knospen- und Zweigbildung bei Weißtannen, Fichten und Forchen, unter dem Namen Hexenbesen, Hexenbusch bekannt, kommt meist nur an den Aesten vor und ist deßhalb von geringer Bedeutung.

Der Krebs bei Weißtannen ist ebenfalls eine Folge der gestörten gleichmäßigen Saftvertheilung, er macht sich zuerst durch ein freiwilliges Abstoßen der Rinde kenntlich; unter dieser Rinde findet man bald ein sehr hartes, sprödes, bald ein angefaultes oder stockiges Holz und unterscheidet darnach gesunden und kranken Krebs. Der Umfang des Stamms nimmt beim Krebs bald zu, bald ab; die glatte Rundung des Stamms geht in der Regel dabei verloren. Der Krebs macht hienach den Stamm zu manchen Zwecken untauglich, namentlich verliert ein solcher an Tragkraft oder zerbricht schon beim Transport.

Risse im Holz vermindern dessen Gebrauchsfähigkeit sehr, wenn sie concentrisch sind, wenn das Holz herz- oder ringschälig oder herzlos ist; zu Sägwaaren läßt es sich dann nicht verwenden, und ebenso ist seine Tragkraft geschwächt. Die Frostrisse sind ebenfalls schädlich, weil solche Stämme nicht nach jeder beliebigen Richtung geschnitten werden können. —

Verschiedene andere Eigenschaften der Stämme machen sie zu einzelnen Zwecken unbrauchbar, z. B. Krümmungen, namentlich wenn sie nicht in einer Ebene liegen; obwohl eine stärkere Biegung, mindestens 5 cm auf den Meter, bei Holz zu Maschinen und Schiffen oft sehr gesucht und theuer bezahlt wird; zeigt es aber keine solch entschiedene Krümmung, ist es flau, so wird es dadurch werthloser, weil es nicht der ganzen Länge nach als ein Stück benützt werden kann.

Holz mit stark spiralig verlaufenden Gefäßbündeln, gedreht ge= wachsenes Holz, ist zu solchen Zwecken, wo eine größere Spaltbarkeit verlangt wird, untauglich, und in der Regel auch nicht hinlänglich trag= kräftig. — Das wimmerige Holz zeigt einen wellenförmigen, fein gekräuselten Verlauf der Gefäße und Markstrahlen, es spaltet deßhalb schlecht und ist spröder als das normal gewachsene mit gerade ver= laufenden parallelen Fasern; dagegen ist es zu feineren Tischlerarbeiten sehr gesucht, namentlich von Ahorn und Erle.

Nach den Verwendungsarten des Materials unterscheidet man 383 Nutz = und Brennholz; ersteres zerfällt wieder in eine größere Zahl von Arten (Sortimenten), deren Aufzählung hier zu weit führen würde, zumal dieselben in den verschiedenen Waldgegenden und Absatzgebieten oft sehr von einander abweichen; der auf möglichst gute Verwerthung seiner Produkte bedachte Forstwirth muß sich aber stets eingehend unter= richten über die mehr oder weniger gangbaren Sortimente, deren Dimensionen und sonstige Beschaffenheit, insbesondere aber über das zwischen denselben bestehende Preisverhältniß, welches dasjenige Sorti= ment erkennen läßt, von dem die beste Verwerthung zu erwarten ist, und von dem dann auch die der Nachfrage entsprechenden Quantitäten aufbereitet werden müssen.

Das meiste Holz wird nicht rund, sondern kantig beschlagen 384 verwendet; der Forstmann muß daher auch das Verhältniß zwischen rundem und dem daraus zu gewinnenden beschlagenen Holze kennen. Es ist dabei ein großer Unterschied, ob das Holz scharfkantig oder wahnig beschlagen wird, ob es als Säule, oder als Pyramidenrumpf herausgearbeitet werden soll, oder ob man ihm eine andere als die gerade Form zu geben hat. Hienach ist der Verlust an Holzmasse sehr verschieden. Wenn man die Bearbeitung mittelst der Säge vornimmt, so kann man, namentlich bei stärkeren Stämmen, noch einen Theil vom abfallenden Holze zu besseren Zwecken als zu bloßem Brennholz verwenden.

Am seltensten kommt das Beschlagen des Holzes als Pyramiden= rumpf vor, es verursacht den geringsten Abfall, nämlich etwa 36 bis 40 Prozent von der Masse des runden Stammes, wenn vollkantig ge= arbeitet werden muß.*) Wird das Holz mit durchaus gleich bleibendem

---

*) Der Kreis verhält sich nämlich zum Quadrat, das in denselben gezeichnet werden kann, wie 314 : 200, der geringst mögliche Abgang beim Kantigbeschlagen beträgt sonach 36,3 Prozent.

Querſchnitt zur Säule bearbeitet, ſo entſteht dadurch ein viel größerer Verluſt; er läßt ſich aber nur annähernd bezeichnen, da der Querſchnitt der Säule ſich nach dem ſchwächeren Durchmeſſer am oberen (Zopf) Ende, dem Ablaß, richtet. Je größer die Differenz zwiſchen dem oberen und unteren Durchmeſſer des Stammes iſt, um ſo größer der Verluſt. Deßhalb wird vollholziges Bauholz, bei dem dieſer Unter= ſchied zwiſchen oberem und unterem Durchmeſſer am geringſten iſt, beſſer bezahlt, weil man aus der gleichen Kubikmaſſe ſtärkere Balken bekommt, als von abfälligen oder abholzigen Stämmen. Wenn der ſchwächere Durchmeſſer um ein Viertel kleiner iſt, als der ſtärkere, ſo wird der Kubikgehalt des beſchlagenen Balkens ſchon um mehr als die Hälfte kleiner, als der vom runden Stamm. — Durch das Wahnig= oder Rindenkantig=Beſchlagen des Holzes können wieder 15 Prozent des Verluſtes vermieden werden; oder man kann entſprechend ſchwächeres Holz brauchen, wenn man es nicht ſcharfkantig beſchlägt; es fragt ſich dabei, ob der Balken an allen vier Kanten, oder blos an zwei oder an einer, und wie ſtark wahnig er ſein darf.

Beſondere Beachtung verdienen dieſe Verhältniſſe in den Schneide= mühlen, wo das Holz zu Brettern geſägt wird. Gewöhnlich hat man ſich im Handel an eine beſtimmte Länge und Breite der Borde ge= wöhnt; am Rhein z. B. beträgt dieſe Breite 30 cm, und die Länge 3 oder 4 m. Unter ſolchen Umſtänden hat man dann, bevor Bretter von dieſer Breite geſchnitten werden, die ſchwächeren Blöcher oder Säg= klötze vierkantig zu ſchneiden, ſo daß die eine Seite in der rechtwinkligen Grundfläche der Säulen 30 cm beträgt; dabei iſt beſonders darauf zu ſehen, daß an ſtärkeren Klötzen, aus denen die doppelte Breite ge= ſchnitten werden kann, dieß auf die möglichſt vortheilhafteſte Art ge= ſchehe, was oft dadurch am einfachſten bewirkt wird, daß man dieſelben in zwei Hälften zerſägt, und aus jeder beſonders eine ſolche vierkantige Säule herausſchneidet.

385　　Bei dem häufigſt vorkommenden Sortiment, dem Bauholz zu Land= und Waſſerbauten, kommt es hauptſächlich auf die Dimenſionen und die Geradheit des Stammes, ſowie auf die Geſundheit deſſelben an. Als Sägholz, zu Brettern, Dielen, Bohlen und Latten ver= wendbar, verlangt man in der Regel ſtärkere, nicht zu äſtige und ſonſt möglichſt fehlerfreie Stämme und Stammtheile, hauptſächlich Nadel= hölzer oder Eichen. Beim Schiffbauholz werden ſo vielerlei An= forderungen gemacht, daß zu deſſen Auswahl ganz genaue Detailkennt= niſſe nöthig ſind. Zu Eiſenbahnſchwellen iſt verhältnißmäßig kurzes

Holz verwendbar und kann daher noch manches Gipfelstück eine Schwelle geben, in der Regel werden dieselben aber in größeren Mengen verlangt, so daß man auch noch bessere Stammtheile dazu verwenden muß.

Das Werk= oder Schirrholz für Wagner, Stellmacher, Drechsler u. s. w. wird nur in geringeren Mengen begehrt und können deßhalb die gewünschten Formen und Qualitäten nach den Angaben der Kaufliebhaber leicht gefunden werden. Ebenso das Holz für Fässer und Kübel, welches astfrei und leicht spaltend sein muß; wie auch das für Dachschindeln.

Für landwirthschaftliche Zwecke sind besonders Hopfenstangen und Rebpfähle gesucht und werden meist auch gut bezahlt; im Gebirge verlangt die Einfriedigung der Weiden viel Holz, welches aber nur wenig Geld bringt. In Obstbau treibenden Gegenden sind in reichen Obstjahren die Baumstützen zur Unterstützung der Aeste sehr gesucht.

Auch verdient die Verwendung des Holzes zu Papierstoff und Cellulose in der Nähe derartiger Fabriken besondere Beachtung.

Alles Holz, das nicht zu vorstehenden Zwecken taugt, oder hiezu 386 nicht verwerthet werden kann, wird als Brennholz aufbereitet, indem man es in kleinere Stücke zertheilt und solche theils als Scheite (Kloben), theils als Knüppel oder Prügel zwischen zwei aufrechtstehende Stangen einlegt, aufschichtet, oder indem man das Reis und die schwächeren Prügel in Büschel oder Wellen zusammenbindet und stückweise nach dem Hundert zusammenträgt. Manchmal läßt man auch das Reis blos auf Haufen zusammenziehen, oder im Schlag herumliegen und verkauft es so, wie es abfällt.

Man verlangt in der Regel beim Brennholz eine Trennung nach der Holzart, nach dem verschiedenen Grad der Gesundheit und nach den Dimensionen; manchmal wird der Stamm blos der Länge nach in Klötze zersägt, und diese ins Klafter gesetzt, manchmal verlangt man fein=, meist aber grobgespaltene Scheite, viele starke Prügel in dem Reis, bald gespalten, bald ungespalten mit diesem zusammengebunden. — Werden derartige Wünsche der Käufer unberücksichtigt gelassen, so schlägt dieß selten zum Vortheil des Waldbesitzers aus und hat man deßhalb den eingebürgerten Gewohnheiten möglichst entgegen zu kommen. Insbesondere ist aber auf sorgfältigste Trennung zwischen exportfähigem und dem nur den Lokalbedarf befriedigenden Brennholz zu bringen, damit auswärtigen Abnehmern die Concurrenz möglichst erleichtert wird.

Beim Aufsetzen des Schichtholzes dürfen so wenig als möglich leere Zwischenräume frei bleiben, auch die Reisigbunde sind dicht und fest zu binden, damit die Käufer das gebührende Maß bekommen.

Wenn eine längere Zeit zwischen dem Aufschichten und dem Verkauf liegt, so hat man beim Scheit- und Prügelholz die Stöße von Anfang an etwas höher zu machen; man giebt eine Ueberlage von 3—5 Prozent der Höhe, das Schwindmaß oder Darrscheit.

387   Von großer Bedeutung ist das Verhältniß, in welchem die verschiedenen Sortimente anfallen; dabei unterscheidet man zwischen Nutz- und Brennholz, in manchen Fällen auch zwischen Stock-, Schaft- und Reisholz, oder zwischen ober- und unterirdischer Holzmasse und endlich zwischen Holz im engeren Sinne und Rinde. Für unsere Zwecke kommen hauptsächlich Nutz- und Brennholz in Betracht, wobei vorauszusetzen ist, daß die Ausscheidung des ersteren nur in jenen Fällen stattfindet, wo dadurch ein höherer Reinerlös in Aussicht steht; Ausnahmen von dieser Regel werden im Privathaushalt kaum, oder doch nur vorübergehend vorkommen. Da die Aufbereitungskosten bei manchen Nutzholzsortimenten höher stehen als beim Brennholz, so dürfen solche nicht außer Acht gelassen werden.

Das Nutzholzausbringen ist verschieden einerseits nach den Holz- und Betriebsarten, Umtriebszeiten und Standörtlichkeiten, andrerseits aber auch beeinflußt von der Nutzungsart und den Absatzverhältnissen. Nimmt man letztere vorerst in allen Fällen als die günstigsten an, so hat das Nadelholz, und unter diesem die Fichte, das höchste Nutzholzprozent, ihr folgen Tanne, Kiefer und Lärche; im Laubholz steht die Eiche obenan, dann folgt die Birke. Dagegen haben die Ulme, Esche, der Ahorn und einige weitere eingesprengt vorkommende Hartlaubhölzer zwar als Einzelstämme meist ebenso günstige Verhältnisse wie die Eiche, aber da sie nur in untergeordneter Zahl auftreten, so wird das Gesammtergebniß von ihnen nur wenig beeinflußt. Am niedrigsten steht das Nutzholzprozent bei der Rothbuche, weil ihr Holz nur eine beschränkte Verwendbarkeit zu technischen Zwecken besitzt. Unter den Betriebsarten hat der Niederwald nur geringen Nutzholzanfall, außer in dem Fall, wo das Gesammterzeugniß als Korb- oder Bindeweiden abgesetzt werden kann. Im Mittelwald liefert das Oberholz bei entsprechender Holzart eine beträchtliche Menge Nutzholz, so daß z. B. in den Staats- und Gemeindewaldungen des Großherzogthums Hessen das Nutzholzausbringen 1861 in den Nieder- und Mittelwaldbeständen auf 7,6 Prozent, in den Hochwaldungen auf 7,8 Prozent stand; in letzteren ist das Laubholz auf 64 Prozent der Fläche herrschend, wenn man die gemischten Bestände hälftig noch herüberzieht. Es ist aber der gesammte Holzertrag einschließlich von Stockholz und Reis in beiden Fällen in die Rechnung einbezogen.

Im Hochwald ist die Nutzholzausbeute am größten, schon deßhalb, weil in dieser Betriebsart die Nadelhölzer vorherrschen; sie wird aber hier noch besonders von der Umtriebszeit beeinflußt und zwar derartig, daß der kürzere Umtrieb stets höhere Nutzholzprozente (aber nicht immer höhere Nutzholzmassen und Nutzholzwerthe) abwirft, als der längere, weil in ersterem Fall das Stammholz überwiegt, die Aeste noch schwach sind, die Verwendung der Gipfeltheile also weniger behindern und der Stamm noch bis zum äußersten Gipfel gerade ist, also viel eher seiner ganzen Länge nach zu Nutzholz taugt, als ältere Stämme, welche mehr und viel stärkere eingewachsene Aeste haben, so daß deren schwächere Gipfeltheile viel weniger verwendbar und ohnehin leicht ersetzbar sind durch astfreieres jüngeres Holz. Namentlich bei den Laubhölzern und bei der Kiefer verliert der Stamm im höheren Alter in seinem Kronentheil die nothwendige Geradschäftigkeit, bei der Lärche tritt derselbe Uebelstand häufig am unteren Stammende hervor. Ferner sind im höheren Alter die Verluste durch Stammfäulniß, Krebs und durch Bruch oder Splittern bei der Fällung viel größer als in jüngeren Jahren. Könnte man sich einen Fichtenhochwaldbetrieb lediglich zum Zweck der Erziehung von Hopfenstangen denken, so würde hier der volle Haubarkeitsertrag mit Ausnahme des geringen Astreises als Nutzholz anfallen. Nahezu der gleiche Fall tritt ein in Kiefernbeständen mit 40—50jährigem Umtrieb, in welchen schwächeres Stempelholz für Bergbauzwecke erzogen und bis zu 5 cm Gipfelstärke abgenommen wird. Verfasser selbst hat seiner Zeit im königl. württembergischen Revier Wildbad im Schwarzwald aus schwächerem Kiefernholz, welches bis zu 12 cm oberem Durchmesser als Nutzholz aufbereitet werden konnte, bis zu 92 Prozent des Gesammterzeugnisses in dieser Form verwerthet; wobei allerdings die abfallenden Gipfelstücke unter 7 cm Durchmesser in das Astreis genommen und deßhalb nicht in die der Berechnung zu Grunde gelegte Holzquantität einbezogen wurden. Bei stärkeren Kiefern, welche mit mindestens 20 und 25 cm oberem Durchmesser aufbereitet werden mußten, ging das Nutzholzprozent auf 80 zurück; in Weißtannen von 100—150 Jahren schwankte es zwischen 65 und 85 Prozent, je nach der Langschäftigkeit und Gesundheit des Bestandes; Fichten kommen dort nicht vor; doch geben gesunde Bestände unter sonst gleichen Verhältnissen immer einige Prozente mehr als die Tannen, weil letztere auch im Gipfel noch vollholziger sind und aus diesem Theile mehr Brennholz anfällt.

In Laubholzbeständen gestaltet sich das Nutzholzausbringen sehr verschieden, bei der Eiche sind mehr als 60 Prozent selten und setzen gut im Schluß erwachsene, wenig veräftete Bestände voraus; mit stärkerer Entwicklung der Krone sinkt das Nutzholzprozent, was also namentlich auch für das Oberholz im Mittelwald gilt. Die Birke liefert nach der Eiche das meiste Nutzholz unter den geselligen Laubholzarten, doch läßt sich da, wo sie in größerer Verbreitung auftritt, nur ein Theil des möglichen Nutzholzerzeugnisses als solches absetzen. Bei der Buche gestaltet sich dieses Verhältniß noch ungünstiger und wird in ausgedehnten reinen Buchenforsten nicht viel über 2—5 Prozent als Nutzholz verwerthet, nur ausnahmsweise unter besonders günstigen Umständen können auch höhere Prozente erzielt werden.

Bei den Zwischennutzungen ist der Einfluß des Bestandesalters noch viel bedeutender als bei den Haubarkeitserträgen. Im Nadelholz läßt sich schon frühzeitig eine größere Zahl unterdrückter Stämmchen zu Floßwieden, Bohnen-, Reb- und Hopfenstangen verwenden; später, wo stärkere, aber in größerer Zahl weniger leicht verwerthbare Stangen als Durchforstungsmaterial anfallen, vermindert sich das Nutzholzerzeugniß und steigt erst wieder in angehend haubaren Beständen, wenn einmal schwächeres Bauholz gewonnen werden kann; doch sind in allen Fällen 40—50 Prozent das günstigste Ergebniß. Im Laubholz ist dieses Ausbringen selbst bei den Zwischennutzungen in Eichenbeständen ein viel niedrigeres, (335) nur etwa da, wo die Birke als einziges Laubholz selten vorkommt, kann sich das Verhältniß ebenso günstig gestalten, wie bei den Zwischennutzungen im Nadelholz.

388 Die Berechnung des Nutzholzausbringens geschieht in der Regel in großen Durchschnitten für ganze Wirthschaftsbezirke, Kreise oder Länder ohne Ausscheidung nach Betriebs- und Holzarten und ohne Trennung von Haubarkeits- und Zwischennutzungserträgen. Ein solches Verfahren giebt keine allgemein vergleichbaren Zahlen, sie sind nur unter der Voraussetzung unter sich vergleichbar, wenn sie sich auf denselben Waldcomplex beziehen und wenn das Verhältniß von Haubarkeits- und Zwischennutzung in den zu vergleichenden Fällen unverändert blieb; dann kann mit ziemlicher Sicherheit vom Nutzholzausbringen auf den Geldertrag geschlossen werden, wie denn z. B. in den Jahren 1862/1863 in den bayrischen Staatswaldungen bei einer Gesammt-materialnutzung von 1 044 468 Klaftern die Steigerung der Nutzholz-

ausbeute um 1 Prozent den Bruttoertrag um 111 252 fl. hob; das
Nutzholzmehr hatte also zunächst den Ausfall an Brennholz zu decken
und darüber hinaus noch $\frac{111\,252}{10\,444{,}68} = 10{,}65$ fl. pro Klafter zu ge=
währen. In den bayrischen Staatswaldungen stand von 1819 ab das
Nutzholzausbringen am niedersten in der Finanzperiode von 1825/1831,
wo es sich nach Ausschluß von Stock= und Reisholz auf 14,4 Prozent
stellte, successive aber bis auf 27,7 Prozent im Jahre 1863/1864 an=
gestiegen ist; in den folgenden drei Jahren ging dasselbe wieder etwas
zurück; doch sind die Ursachen aus den veröffentlichten Tabellen nicht
ersichtlich, weil die erhobene Holzmasse nicht nach Holz= und Hiebsarten
getrennt aufgeführt ist. — In den königl. preuß. Staatsforsten stand
das Nutzholzausbringen 1830 auf 20,2 Prozent und stieg bis 1865
auf 31,6 Prozent. Diese günstigere Zahl ist wohl theilweise dem Vor=
herrschen des Nadelholzes zuzuschreiben; wie denn auch im Regierungs=
bezirk Coblenz, wo die Buchenbestände 48 Prozent der Waldfläche ein=
nehmen, im Jahre 1865 nur 17,6 Prozent, im Regierungsbezirk Minden
mit 59,4 Prozent Buchen nur 18,3 Prozent Nutzholz angefallen sind;
dagegen im Regierungsbezirk Düsseldorf mit 45,6 Prozent Nadelholz
und 33,8 Prozent Eichenhochwald 49,1 Prozent, im Regierungsbezirk
Liegnitz mit 80,1 Prozent Nadelholzbeständen 50,5 Prozent Nutzholz.

In den königl. sächsischen Staatsforsten, worin Fichte und Kiefer
überwiegend vertreten sind, stieg das Nutzholzprozent (Reisig und Stock=
holz nicht einbezogen) von 1817/1826 = 17 Prozent bis 1863 auf
58 Prozent. Dabei dürfen aber die sehr günstigen Absatzverhältnisse
nicht unbeachtet bleiben. Die Hannöverischen Staats= und Ge=
meindewaldungen, in welchen Eichen= und Nadelholzhochwald mit
54,2 Prozent, der Mittelwald (aus Harthölzern) mit 8,9 Prozent, der
Buchenhochwald mit 28,5 Prozent vertreten sind, ergaben in den Jahren
1859/1863 32,6 Prozent Nutzholz unter Ausschluß von Wellen= und
Stockholz.

In dem Württembergischen Staatsforste wird das Nutzholzaus=
bringen (auf Anregung des Verfassers) schon seit 2 Jahrzehenten ge=
sondert je für Nadelholz, Eichen und für das übrige Laubholz berechnet,
wobei aber Durchforstungen und Hauptnutzungen zusammengeworfen
sind. Hiebei ergaben sich folgende Prozentsätze durch das ganze Land
(Stockholz und Reis nicht einbezogen):

	Eichen	Sonstiges Laubholz	Nadelholz	Gesammtdurchschnitt.
1872	47,7	5,3	54,1	45,3
1873	50,7	6,2	62,9	50,7
1874	49,9	5,6	58,7	44,9
1875	43,2	4,3	56,4	42,7
1876	39,0	4,0	55,0	46,0
1877	39,0	3,8	47,8	36,1

389 Es besteht aber beim Nutzholzausbringen selbst noch eine große Verschiedenheit in den einzelnen Sortimenten, bezüglich ihres Werthes und Preises, wobei Differenzen im Verhältniß von 1 : 5 und darüber vorkommen können, deßhalb ist natürlich das Nutzholzprozent für sich allein noch nicht maßgebend, man muß auf die einzelnen Preisklassen zurückgehen und diese detaillirt ausscheiden, wenn man den ökonomischen Effekt kennen lernen will. Dabei darf aber die Möglichkeit des Absatzes nicht außer Acht gelassen werden; denn gerade die werthvollsten Sortimente haben oft nur ein beschränktes Absatzgebiet oder nur eine zeitweilige Nachfrage und gehen im Preis namhaft zurück, sobald sie in zu großer Menge ausgeboten werden; wogegen die Sortimente des täglichen und allgemeinen Bedarfes, namentlich in günstigeren Absatzlagen, eigentlich in beliebigen Mengen zu Markt gebracht werden können. Letztere verdienen also stets die hauptsächlichste Aufmerksamkeit und gehören hieher namentlich die verschiedenen Bau- und Sägholzklassen. Mit der Stärke und namentlich mit dem oberen Durchmesser des einzelnen Stammes steigt bekanntlich auch die Nutzbarkeit und mannigfaltigere Verwendbarkeit, was im Preise zum Ausdruck kommt. Früher bestanden für die einzelnen kleineren Marktgebiete besondere Sortimentseintheilungen, von denen nicht leicht abgegangen werden konnte, weil theils die Transportanstalten, theils die Einrichtungen der Schneidemühlen dieß nicht gestatteten; mit Einführung des neuen Maßes und der größeren Entwicklung des Verkehrs hat sich dieß geändert, man fühlt allenthalben das Bedürfniß der einheitlichen und allgemein verständlichen Klassifikation der Nutzhölzer.

Hiefür hat nun der Verein deutscher Versuchsstationen eine gewiß allen Anforderungen entsprechende Basis geschaffen, indem er zunächst für seine Versuche folgende Sortimentseintheilung annahm, welche auf seine Anregung bereits von den meisten Staatsforstdirektionen für ihre Verwaltungen eingeführt worden ist und der sich mit der Zeit auch der Holzhandel allgemein anschließen wird. Außerdem wird die Annahme einer solchen gleichheitlichen Klassifizirung

die Vergleichung der Holzerträge aus den verschiedenen Forsten wesent=
lich erleichtern, indem man überall unter dem gleichen Wort auch die
gleiche Sache versteht und nicht jeweils zuvor nachsehen muß, ob im
gegebenen Fall ins Derbholz auch noch die Rinde oder das Stockholz
einbezogen worden ist, oder wo die Sortimentsgrenze für Reisholz be=
ginnt ꝛc.

Die Sortimente werden hiebei auf zweierlei Grundlagen gebildet:

A) In Bezug auf die Baumtheile:

    1) Derbholz, die oberirdische Holzmasse über 7 cm Durch=
        messer einschließlich der Rinde gemessen, mit Ausschluß
        des bei der Fällung am Stocke bleibenden Schaftholzes;

    2) Nicht=Derbholz,

        a) Reisig, die oberirdische Holzmasse bis einschließlich 7 cm
           Durchmesser aufwärts,

        b) Stockholz, die unterirdische Holzmasse und der bei der
           Fällung daran bleibende Theil des Schaftes.

B) In Bezug auf die Gebrauchsart:

    I) Bau= und Nutzholz,

        a) Langnutzholz, Nutzholzabschnitte, welche nicht in Schicht=
           maasen aufgearbeitet, sondern kubisch in aufgespaltenem
           Zustand vermessen und berechnet werden,

           1) Stämme, welche, 1 m oberhalb des untern Endes
               gemessen, noch 14 cm Durchmesser haben,

           2) Stangen, die schwächeren Hölzer (entwipfelt oder nicht),
               aa) Derbstangen über 7 bis mit 14 cm,
               bb) Reisstangen bis mit 7 cm Durchmesser, 1 m
                   oberhalb des untern Endes;

        b) Schichtungsnutzholz;

           3) Nutzscheitholz, in Schichtmaase eingelegtes Nutzholz
               von über 14 cm Durchmesser am oberen Ende der
               Rundstücke;

           4) Nutzprügelholz (Knüppelholz) 7—14 cm am obern
               Ende;

           5) Nutzreisig, in Schichtmaase eingelegtes oder ein=
               gebundenes bis mit 7 cm am stärkeren untern Ende;

        c) Nutzrinden, die zur Gerberei ꝛc. benützten, vom Stamm
           getrennten Rinden; bei Eichen wird zwischen Alt= und
           Jungrinde unterschieden.

II) Brennholz,

    1) Scheite, Kloben ausgespalten aus Rundstücken von über 14 cm am dünnen Ende;

    2) Prügel, Knüppel über 7 bis mit 14 cm am obern Ende;

    3) Reisig, schwächeres Holz bis mit 7 cm am untern Ende;

    4) Brennrinde;

    5) Stöcke.

Das unter I b und c sowie unter II aufgeführte Material nimmt in aufgespaltenem Zustande bekanntlich einen größeren Raum ein, wie zuvor als Rundholz, die genaueren Verhältnißzahlen dieser **Raumvermehrung** werden zur Zeit noch gesucht; inzwischen reduzirt man die Raummeter durch Multiplikation mit 0,7 auf Festmeter bei Scheit= und Prügelholz; mit 0,5 bei Stock= und Reisholz, 100 Stück Reiswellen 1 m lang und 1 m im Umfang werden = 2 Festmeter, 1 Centner Jungrinde = 0,06 Festmeter, 1 Centner Altrinde = 0,07 Festmeter angenommen.

390   Hiemit ist zunächst dem Bedürfniß für forststatistische Untersuchungen Genüge geleistet, allein **für den Handel und für Geldwerths=berechnungen** sind noch weitere Unterschiede zu machen; selbst das Brennholz muß in solchen Gegenden, wo ein Export auf größere Entfernungen stattfindet, in weitere Klassen geschieden werden, um die besseren für diesen Export geeigneten Qualitäten gesondert zum Verkauf bringen zu können; in der Regel genügen dafür bei obigen beiden ersten Sortimenten je zwei Klassen Kloben 1. und 2. Klasse, Knüppel desgl.

Ein stärkeres Detailiren ist nothwendig beim Langnutzholz, wobei im Großen meist nur nach bestimmten Dimensionen eingetheilt zu werden pflegt; als Muster kann in dieser Beziehung die im Rheingebiet immer mehr zur Geltung kommende Schwarzwälder Sortimentsbildung für Bau- und Sägholz empfohlen werden, welche aus folgenden Klassen besteht:

Langholz:

    1. Klasse mindestens 18 m lang, oben 30 cm stark;

    2.   „   „   18 „ „   „ 22 „   „

    3.   „   „   16 „ „   „ 17 „   „

    4.   „   „   8 „ „   „ 14 „   „

    5.   „ kürzere oder schwächere Stämme.

Sägholz:

1. Klasse 4,5, 9, 13,5 oder 14 m lang oben mindest. 30 cm, mitten 40 cm,

2.   „ . . . . 30 „   „ 30 „

3.   „ abnorm . . . . 14 „

Bei den Stangen bedingt die lokale Nachfrage meist noch eine weitergehende Spezialisirung, doch sind die Anforderungen in dieser Beziehung allzu verschieden, um hier näher darauf eingehen zu können. Nur bezüglich des werthvollsten Sortiments der Hopfenstangen mag noch die von den Consumenten im Elsaß geforderte Klassifizirung Platz finden, da ein Absatz dahin nur dann möglich ist, wenn man sich genau an folgende Eintheilung anschließt: 1. Klasse 9 m lang und 0,3 m oberhalb der Abhiebsstelle 9 cm; stark 2. Klasse 8 m und 8 cm; 3. Klasse 7 m und 7 cm Durchmesser.

Bei den werthvolleren Nutzhölzern, insbesondere bei Eichen, kann die Eintheilung nicht blos nach den Dimensionen erfolgen; es sind vielmehr noch nebenbei die zur Verwendung qualifizirenden Eigenschaften mit in Betracht zu ziehen: Spaltigkeit, Geradschäftigkeit, Astreinheit rc., so daß namentlich bei werthvollem Holz gewissermaßen für jeden einzelnen Stamm eine besondere Preisklasse zu bilden wäre. So weit wird in der Praxis natürlich nicht gegangen, doch kann man in dieser Beziehung nicht sorgfältig genug sein, da die Verschiedenheiten sehr bedeutend und mannigfach sind; eine genügende Anleitung hiezu würde aber zu viel Raum beanspruchen und muß deßhalb unterbleiben.

Wo nicht der Massengehalt für sich allein, sondern gleichzeitig oder ausschließlich der obere Durchmesser die Klasseneintheilung regelt, da ist besondere Sorgfalt bei Auswahl der zu fällenden Bäume anzuwenden; in vielen femelweise behandelten bäuerlichen Waldungen des Schwarzwaldes wird der obere Durchmesser in der bestimmten Höhe durch Besteigen des Baumes gemessen und nur dann die Fällung des letzteren angeordnet, wenn man sicher ist, daß er die gewünschte Preisklasse erreicht hat. In geschlossenen regelmäßigen Hochwaldbeständen läßt sich dagegen der dem Zopfdurchmesser entsprechende untere Brusthöhendurchmesser leicht ermitteln und kann man mit Hülfe dessen ziemlich sicher vorgehen.

Obgleich nun durch eine sorgfältige Auswahl der zum Hieb kommenden Stämme das Sortimentsverhältniß bei langsamem Abtrieb sehr verbessert werden kann, so trifft man demungeachtet in vielen Wirthschaften diese Rücksichten ganz hintangesetzt, und doch läßt sich sogar bei einer Brennholzwirthschaft in Buchen das Ausbringen an werthvollerem Scheitholz dadurch sehr wesentlich steigern, wenn man beim Vorbereitungs- und Besamungsschlag die schwächeren Stämme möglichst schont und zunächst auf die stärkeren greift, wodurch jenen mehr Raum verschafft und Zeit gegeben wird, um in die höhere Preisklasse aufzurücken.

Die geringeren Brennholzsortimente Reis und Stockholz spielen namentlich dann eine ganz untergeordnete Rolle, wenn die Holzpreise nieder, die Arbeitslöhne aber hoch stehen, und es scheint, daß sie in neuster Zeit deßhalb sehr an Bedeutung verlieren. Das Reis hat eigentlich nur im Nieder- und Mittelwald einen größeren Antheil am Gesammtertrag, in den meisten Verhältnissen bringt es verhältnißmäßig nur einen geringen Antheil davon, in entlegenen Gebirgsforsten muß oft sogar noch ein Arbeitsaufwand dafür gemacht werden, um es zu beseitigen (zu verbrennen).

Bei der Stockholzgewinnung übt manchmal auch die ununterbrochene Beschäftigung der Waldarbeiter einen Einfluß aus; jedenfalls hat man in Gegenden mit niederen Brennholzpreisen die etwaige Concurrenz zu beachten, welche man mit demselben den anderen geringen Brennholzgattungen macht, damit nicht etwa das aus dringenden Durchforstungen zu gewinnende Material dadurch unverkäuflich werde.

Holzfällung und Aufbereitung.

391   Die Arbeiten der Holzfällung und Aufbereitung werden meistens im Akkord oder Stücklohn an Handarbeiter überlassen. Diese müssen gehörig erstarkt sein, die nöthige Gewandtheit und Uebung besitzen, um die Fällung und Aufbereitung im Interesse des Waldes, wie des Waldbesitzers mit dem geringsten Schaden bewerkstelligen zu können. Zum gleichen Zweck sind sie mit einer genauen Anweisung zu versehen, worin die nöthigen Vorschriften darüber gegeben sind, wie sie sich im Allgemeinen und im Einzelnen bei ihrem Geschäft zu verhalten haben. Zuwiderhandlungen gegen einzelne Bestimmungen können mit Conventionalstrafen bedroht werden. — Ueber die nothwendige Zahl läßt sich wenig Bestimmtes sagen, da dieselbe von der Beschwerlichkeit der Arbeit, von der etwaigen Nothwendigkeit, dieselbe mehr oder weniger zu beschleunigen, von der Art der verlangten Aufbereitung, von den Werkzeugen und der Geschicklichkeit, von der Tageslänge, der Witterung und Jahreszeit abhängt. Außerdem kann man von den Holzhauern verlangen, daß sie treu und reblich, und daß sie jederzeit zur Arbeit disponibel sind, sobald man sie nöthig hat. Es wird nur selten zweckmäßig sein, mit einzelnen Unternehmern zu contrahiren, weil diese das Risiko eines Akkords nur dann übernehmen, wenn sie sichere Aussicht haben, dabei zu gewinnen, und weil sie sich bestreben werden, ihren Arbeitern möglichst wenig zu bezahlen; die Arbeit wird dann, auch bei der besten Aufsicht, schlechter geliefert, als wenn man

jeden einzelnen unter den Arbeitern am Gewinn und Verlust sich be=
theiligen läßt. In diesem Fall ist dann eine gehörige Organisation in
Rotten unter bestimmte Obleute, welche die Auszahlung des Lohns vor=
nehmen, für Proviant, Werkzeuge u. dgl. sorgen, von gutem Erfolg.
Zur Sicherung des Waldbesitzers ist es nothwendig, eine solche Gesell=
schaft gesammtverbindlich für alle von ihr eingegangenen Verpflichtungen
zu machen. Außerdem hat aber das Schutz= und Wirthschaftspersonal
eine ununterbrochene strenge Aufsicht zu führen, die Arbeiter entsprechend
zu belehren und anzuleiten, so daß bei der Fällung möglichst wenig
Schaden entstehen kann, sowohl am zu fällenden Holze, wie am Nach=
wuchs, und daß die Ausscheidung der werthvollen Sortimente sorgfältig
vorgenommen werde.

Das Fällen und Aufbereiten des Holzes durch Taglöhner ist
nur da gerechtfertigt, wo man weniger geschickte Arbeiter zur Verfügung
hat und das eine oder andere Geschäft mehr als gewöhnliche Sorg=
falt erheischt; z. B. bei Reinigungshieben, Aufästungen 2c. Zum Aus=
rücken und Zusammentragen des Holzes verwendet man dann die
minder geübten und billigeren Arbeitskräfte. — Die Theilnahme oder
selbständige Arbeit der Holzempfänger beim Fällen und Zurichten
des Holzes ist nur ausnahmsweise zu gestatten, wo besondere Sorgfalt
und Kunstfertigkeit nothwendig sein sollten, um die einzelnen Stämme
in die gehörige Form zu bringen. Strenge Aufsicht im Allgemeinen
und Vorsicht, daß das Interesse des Waldbesitzers nicht verkürzt werde,
ist hier ganz besonders zu empfehlen.

Die Zeit der Holzfällung ist verschieden nach der beabsich= 392
tigten Verwendungsart, nach der Möglichkeit, in einer bestimmten
Periode die nöthige Arbeiterzahl zu bekommen und die Arbeit ohne
allzu große Hindernisse vornehmen zu können.

Man unterscheidet Winter= und Sommerfällung; letztere
nennt man auch den Safthieb. Die Winterfällung, welche in milderen
Gegenden fast allgemein ist, läßt die größte Schonung des Waldes zu,
wenn man namentlich bei ganz strenger Kälte mit dem Hieb aussetzt;
das Holz trocknet langsamer aus, bekommt demgemäß keine schädlichen
Risse, was beim Nutzholz ein großer Vorzug ist; es kann bei Frost
oder Schnee mit möglichster Schonung der Wege aus dem Walde ge=
schafft werden; meist sind die Arbeiter den Winter durch in größerer
Zahl und wohlfeiler zu bekommen. Die Sommerfällung wird dessen
ungeachtet Regel, wenn im Winter tiefer Schnee und strenge Kälte die
Waldarbeiten unmöglich machen, wenn die Holzhauer den Winter durch

anderwärts beschäftigt sind, oder wenn man das Holz zum Behuf der
Rindengewinnung, oder um dasselbe vor Insekten zu schützen, oder um
es zum Verflößen leicht zu machen, in der Saftzeit aufbereiten muß.
Außer den auf mildere Gegenden angewiesenen Eichenschälwaldungen
sind es hauptsächlich die Waldungen im Hoch- und Mittelgebirge, in
denen aus obigen Gründen die Sommerfällung nothwendig wird. In
Laubwaldungen muß man ferner auch die Holzarten, welche verdrängt
werden sollen, und deren Stockausschlag zu fürchten ist, im Sommer
hauen lassen.

Bei der Tanne und Fichte liefert der Hieb im September, Oktober und November (vor Eintritt eines Frostes) ein Holz, das selbst
bei der vorsichtigsten Behandlung leicht stockig wird und schnell verdirbt;
es zeigt sich an der Stirnfläche bald ein schwarzer Schimmel. Einigermaßen wird dieser schädliche Einfluß vermindert, wenn man den Stamm
nach der Fällung unentrindet und unabgeästet liegen läßt, bis die
Nadeln abfallen, damit der Saft durch die Vegetationsthätigkeit der
Nadeln ausgezogen wird. — Einem ähnlichen schnelleren Verderben
sind Kiefern und Lärchen ausgesetzt, wenn sie während des Sommers
gefällt werden.

In Betreff der Fällungszeit hat man noch vorgeschlagen, die
Bäume, welche besonders dauerhaftes Holz liefern sollen, bei abnehmendem Monde zu fällen; es ist aber hiefür kein wissenschaftlicher Beweis
erbracht worden und man begnügte sich mit der Erklärung, daß bei
abnehmendem Mond weniger Regen fallen soll, als bei zunehmendem,
was aber neuerdings auch widerlegt worden ist.

Mit Rücksicht auf den Nachwuchs sind die Nachhiebsschläge zu
besonders passender Zeit, bei leichtem Frost und nicht zu tiefem Schnee
vorzunehmen; die Besamungsschläge lassen sich eher verschieben und bei
den Durchforstungen hat man weniger Rücksicht auf die Zeit zu nehmen,
weil nicht so viel und nicht so werthvolles Material in denselben anfällt, auch bei der Fällung weniger Schaden geschehen kann.

Während das Holz fest gefroren ist, muß die Arbeit eingestellt
werden, da sie zu beschwerlich wird und der Nachwuchs, wie auch das
zu fällende Holz selbst vielen Beschädigungen ausgesetzt ist. In letzterer
Hinsicht hat die Erle bei hartem Frost den stärksten Verlust durch
Bruch.

393   Die Grundsätze, wonach die Größe des Schlags bestimmt wird,
entweder nach seiner Fläche oder nach der Quantität des zu nutzenden
Holzes, sind bereits oben erörtert, ebenso die Bestimmung des Ortes

des Anhiebs, so daß hier sogleich auf das eigentliche Aufbereitungs=
geschäft eingegangen werden kann. — Die Schlagauszeichnung,
welche der Fällung vorangeht, geschieht durch den Wirthschafter nach
den Regeln des Waldbaues; er weist im stärkeren Holz die einzelnen
Stämme an, läßt dieselben durch Anplatten und durch Aufschlagen des
Waldzeichens oder Waldhammers (eines Stempels mit bestimmtem
Zeichen, das sich in dem angeschlagenen Holz abdrückt) auf den Stock
kenntlich machen, belehrt die Holzhauer und das Aufsichtspersonal über
die nothwendigen Sicherheitsmaßregeln zu Gunsten des Nachwuchses,
über die Art der Aufbereitung und der Ausnutzung der einzelnen
Sortimente.

Bei der Auszeichnung hat der Wirthschafter genau darauf zu
achten, daß er denjenigen Grad der Lichtung, welchen die Grundsätze
des Waldbaues vorschreiben, richtig treffe. Dieß kann in der Regel
nur geschehen, wenn man nicht gleich anfangs sämmtliche herauszu=
nehmenden Stämme zur Fällung bezeichnet, sondern nur etwa $^2/_3$—$^3/_4$
des Hiebsquantums. Wenn dieses am Boden liegt, so wird die Schlag=
fläche nochmals durchgangen und der zur Deckung der einzuschlagenden
Masse noch benöthigte Theil des Bestandes an denjenigen Stellen
herausgenommen, welche noch zu dunkel stehen; dieß nennt man die
Rektifikation des Schlags. Daß man die stärkeren, breitästigen Stämme
zuerst fällen läßt, und in deren Umgebung mit der Auszeichnung an=
fänglich zurückhält, ist bereits mehrfach erwähnt.

Wo die größere Masse des Holzes zur Fällung kommen und nur
eine kleine Anzahl Stämme stehen bleiben soll, da werden die letzteren
durch Anreißen eines besonderen Zeichens kenntlich gemacht; diese Art ist
übrigens nicht so sicher. In Durchforstungen in sehr dichten jüngeren
Stangenhölzern läßt man öfters die Holzhauer, nach vorangegangener
genauer Instruirung an sogenannten Probeschlägen, das unterdrückte
Holz ohne vorangehende Auszeichnung fällen, und der Wirthschafter
beschränkt sich dann darauf, nachher den Bestand zu durchgehen, um
die nöthigen Nachzeichnungen der noch herausgehörenden Stämme vor=
zunehmen. Man muß aber dabei sicher sein, daß die Holzhauer vor=
sichtig zu Werk gehen. Wo gemischte Bestände vorkommen und die
Mischung gleichmäßig erhalten oder verändert werden soll, da kann man
die Arbeit nur selten in obiger Weise den Holzhauern überlassen, noch
weniger da, wo die Durchforstungen mehr den Charakter von Auszugs=
oder Reinigungshieben annehmen, oder wo die Bestände sehr unregel=
mäßig sind.

In allen Fällen ist aber darauf zu sehen, daß keine anderen als die vom Wirthschafter dazu bezeichneten Bäume gefällt und die zum Ueberhalten bestimmten sorgfältig geschont werden. Trifft aber einen der letzteren ein Unglück, so sind in seiner Umgebung andere zur Herausnahme bezeichneten Stämme so lange stehen zu lassen, bis der Wirthschafter an Ort und Stelle darüber entschieden hat, wie der Schaden auszugleichen sei.

Wo Kahlschläge geführt werden, ist die stammweise Auszeichnung nicht nothwendig; es werden nur die Grenzlinien kenntlich gemacht. Bei der Holzfällung hat man sodann lediglich nur darauf zu sehen, daß die einzelnen Stämme möglichst wenig Schaden nehmen.

394 Die Art der Fällung ist verschieden nach dem lokalen Gebrauch der Arbeiter, nach den Rücksichten auf das Terrain, den Waldbestand, die Zurichtung und Abfuhr des Holzes.

Die zur Fällung nothwendigen Instrumente sind die Schrotaxt, die Säge, der Keil und theilweise auch noch der Wendhaken. Mit der Axt kann man zwar den Baum fällen, ohne daß man ein anderes Instrument anwendet, dabei geht aber viel Holz, gerade vom werthvollsten Theil des Stammes, verloren, und man braucht bei stärkeren Stämmen mehr Zeit dazu. Dagegen ist ausschließliche Anwendung der Axt im Niederwald und im Unterholz des Mittelwaldes mit Rücksicht auf die Erhaltung der Stöcke geboten, da mit der Axt eine glatte, leicht überwallende Abhiebsfläche hergestellt wird, was mit der Säge nicht möglich ist. Ueberdieß kann man mit dieser nicht überall beikommen, wie mit jener. Wo dagegen stärkeres Holz zur Fällung gebracht wird und dieses einen höheren Werth hat, empfiehlt sich die gemeinschaftliche Anwendung von Säge und Axt in der Art, daß man etwa $^2/_3$ oder $^3/_4$ des Stammes durchsägt, den Rest mit der Axt durchschrotet und dann durch Eintreiben von Keilen in den Sägenschnitt den Baum zu Fall bringt, wobei ihm die erforderliche Richtung gegeben werden kann; da ein senkrecht stehender, gleichmäßig beasteter, gesunder Stamm, wenn er durch Säge und Axt gefällt wird und wenn der Sägenschnitt mit der innersten Linie des ausgeschroteten Raumes parallel geht, in der Regel im rechten Winkel auf den Sägenschnitt nach der geschroteten Seite hin fällt. Dabei ist übrigens zu bemerken, daß man beim Hauen angesägter Stämme stets an beiden äußeren Seiten mehr Holz stehen lassen muß, als in der Mitte des Stammes, sonst hat man die Richtung des Falles nicht unbedingt in der Hand. Fällt der Stamm nicht sogleich zu Boden, bleibt er an andern Bäumen hängen, so bringt man ihn durch Absägen von Trümmern an seinem Stockende allmählig zu Fall; noch leichter geht dieß, wenn man ihn mittelst eines Wendhakens und eines Hebels um seine Achse dreht, weil dann die den Fall hindernden Aeste in eine andere Lage gebracht werden und so der Stamm zu Boden fallen muß. Der Wendhaken ist ein 30 bis 36 cm langes, etwas gebogenes, 2—3 cm dickes Eisen, an dessen einem Ende ein 3—5 cm langer, scharfer und gestählter Haken so breit wie das Eisen nach der innern Seite des Bogens hin gerichtet ist; am andern Ende befindet sich ein Ring von 15—25 cm Oeffnung, der gegen den Haken hin und rückwärts bewegt werden kann. Dieses Werkzeug wird in den um seine Achse zu drehenden Stamm eingehackt, durch den Ring schiebt man einen Hebel, der einarmig, am zu drehenden Stamm selbst den festen Punkt bekommt, während die Kraft des durch zwei Männer bewegten Hebels am Ring wirksam wird und dadurch den Stamm wendet. Auch bei liegenden Stämmen ist dieses Instrument mit Vortheil zu gebrauchen.

Außerdem findet auch das Ausgraben ganzer Stämme mit dem Stock und einem Theil der Wurzeln Anwendung, wenn es sich von sehr werthvollem Stammholz handelt, namentlich von sehr starkem Holz, bei dem man auf anderem Wege hohe Stöcke machen müßte. Nur ganz geschickte Arbeiter haben bei dieser Arbeit die Richtung des Falles in der Hand, sonst hat sie aber Vieles für sich und ist in stein= freiem Boden nicht so schwierig, als man auf den ersten Blick glaubt; durch Anwendung von Seilen und Ketten läßt sich dem Stamm eine bestimmte Richtung geben; als besonders zu dem Zweck construirte Instrumente sind zu erwähnen der G. Heyer'sche Seilhaken und der Waldteufel.

Ganz schwache Stämmchen werden mit dem Durchforstungsmesser oder mit der Durchforstungsscheere ausgeschnitten; schwächere Stangen im Niederwald mit der Hape, Heppe oder dem Gertel abgehauen.

Die Höhe der Stöcke richtet sich hauptsächlich darnach, ob das Stammholz gut bezahlt wird und ob die Stöcke nachher gerodet werden. Ist Ersteres der Fall, so hat man die Stöcke nieder zu machen; ebenso ist zu verfahren, wenn das Stock= und Wurzelholz keine Abnehmer findet. Wird aber dieses Sortiment sehr gesucht, und hat dagegen das Stammholz keine andere Verwendung, als zu Brennholz, so kann man oft mit Vortheil die Stöcke höher machen, weil sie dann leichter gerodet werden können und mehr Erlös zu erwarten ist. Nur bei schwachen Stämmen und auf ebenem Boden vermag man die Stöcke

etwas niederer als 15 cm zu machen. Bei stärkeren Stämmen von
0,5—1 m Durchmesser muß man die Stöcke 15—30 cm hoch lassen, und
bei dickeren Bäumen ist öfters auch dieses Minimum nicht mehr einzuhalten; der gleiche Fall tritt ein, wenn man dem Stamm beim
Fällen eine andere Richtung geben will, als dieß durch seine eigene
oder des Terrains Neigung bedingt ist.

396   Bei Fällung der Stämme hat der Holzhauer dem umgebenden
Bestande und dem zu fällenden Stamme selbst die möglichste Schonung angedeihen zu lassen. Der Stamm wird durch den Sturz nicht
selten beschädigt, indem er abbricht, oder am Stock absplittert, oder ein
Stück durch abspringende Aeste ausgerissen wird. Um solche Beschädigungen namentlich bei werthvollem Nutzholz zu vermeiden, ist zunächst darauf zu sehen, daß der Stamm in einer Richtung geworfen
werde, wo er nicht auf Felsen und alte Stöcke, oder auf zu große
Unebenheiten des Terrains fallen kann; an steilen Bergabhängen soll
man nicht bergabwärts, sondern aufwärts oder seitwärts werfen, wobei
aber immer der Stock höher gemacht und dem Sägenschnitt eine schiefe
Richtung gegen den Berg gegeben werden muß.

    Wenn man den Baum nach der Seite hinwirft, auf welcher er
die meisten Aeste hat, und zur Zeit, wenn er belaubt ist, so wird der
Stamm meistens vor Beschädigungen geschützt; doch ist bei zu starken
und langen Aesten zu befürchten, daß ihre Wucht beim Fallen den
Stamm entweder ganz abbreche, oder wenigstens ein Stück davon
herausreiße; deßhalb ist es gut, solche Bäume vor dem Fällen zu besteigen und die stärksten Aeste zur Hälfte durchsägen zu lassen; dadurch
wird der Stamm beim Fallen vor Beschädigungen bewahrt; die Aeste
brechen dann ab, ohne ein Stück vom Stamm abzuschlitzen.

    Bei windigem Wetter hat man die Richtung des Falls nicht so
in der Gewalt, auch entsteht leicht Gefahr für die Arbeiter, und der
Stamm wird am Stock oft zerschlitzt, wenn er durch den Wind um-
gerissen wird, ehe er gehörig abgesägt und abgehauen ist. Durch Anlehnen des stärkeren Stammes an einen schwächeren noch stehenden
wird die Gefahr des Zerbrechens für ersteren vermindert.

    Wenn man das Geschäft der Fällung mit besonderer Schonung
für den Nachwuchs betreiben will, so hat man die Stämme in der
Richtung zu werfen, wo gar kein Nachwuchs getroffen werden kann; ist
dieß nicht möglich, so ist es besser, sie in den dichtesten Anflug oder
Aufschlag zu werfen, weil sich in solchem die entstehenden Lücken wieder
rasch verwachsen.

Wird das Holz in langen Stämmen abgeführt, so ist der Schaden bei der Fällung oft ganz unbedeutend gegenüber von dem bei der Abfuhr entstehenden. Die Fällung muß dann in der Art geschehen, daß alle Stämme mit ihrer Spitze gegen den Weg und unter sich möglichst parallel zu liegen kommen. An Berghängen muß die Spitze möglichst bergab gerichtet werden, und wenn an sehr steilen Halden das Abrutschen der Stämme zu befürchten wäre, so muß man sie wenigstens etwas bergabwärts, in der Hauptsache aber seitwärts zu werfen suchen.

Bei den Schlagarbeiten selbst ist der Nachwuchs möglichst zu schonen; es ist das Weghauen einzelner Pflanzen durch die Holzhauer zu verbieten und streng darüber zu wachen, daß es nicht geschieht; die gefällten Stämme sollen, soweit sie Brennholz geben, so rasch wie möglich entästet und aufgesägt werden; das Holz, das man in Klaftern oder Wellenhaufen aufsetzt, ist auf freien Plätzen, wo kein Nachwuchs sich findet, aufzustellen. Kann man die Arbeit des Fällens, Aufarbeitens und Abführens bei mäßig tiefem Schnee vornehmen, so ist dieß von großem Nutzen, indem dabei am wenigsten Schaden am Nachwuchs geschieht; je kleiner derselbe ist, um so weniger Beschädigungen ist er ausgesetzt.

Zur Schonung des Nachwuchses oder des umgebenden Bestandes ist es öfters nothwendig, einzelne Bäume stehend zu entästen, was durch Besteigen derselben geschehen muß; dabei ist aber zu beachten, daß der entästete Stamm selbst beim Fällen mehr der Gefahr des Zerbrechens ausgesetzt ist, als der unentästete.

Das Stockroden geschieht auf zweierlei Weise, je nachdem man 397 nur das eigentliche Stockholz oder dieses mit sammt dem Wurzelholz gewinnt. An steilen kahlen Hängen ist letzteres Verfahren unzulässig, weil der gelockerte Boden zu leicht abgeschwemmt wird. Wo man blos das Stockholz nutzt, da werden die Stöcke in kleinen Stücken abgespalten, indem man möglichst nahe an der Erde einen kleinen Schrot einkerbt, alsdann oben in entsprechender Dicke einwärts einen Keil einschlägt und auf diese Weise ein Stück nach dem andern weghaut. Wo man dagegen Wurzel= und Stockholz gewinnt, da ist es nöthig, den Stock von den weitauslaufenden Wurzeln zu isoliren und diese für sich besonders zu gewinnen, den Stock selbst aber theilweise zu untergraben und durch Keile oder Pulver zu sprengen. Die Wurzelbildung muß besonders beachtet werden, so kann man z. B. Fichtenstöcke nicht auf diese Weise behandeln; sie müssen mit sammt den Wurzeln herausgegraben, dann auf die Abhiebsfläche gestellt und von unten, d. h. von den Wurzeln

aus geſpalten werden, weil letztere zu dicht in einander verwachſen
ſind, was bei der Tanne z. B. nicht der Fall iſt. Das Sprengen der
Stöcke mit Pulver oder Dynamit unter Anwendung der ſogenannten
Sprengſchraube erſpart viele Arbeit. Vgl. Allg. Forſt= und Jagd=
zeitung. 1860. Suppl. 1861 und 1862. S. 245.

398   Die Holzaufbereitung, namentlich die Ausſortirung des
werthvolleren Nutzholzes, muß ein Gegenſtand der beſonderen
Aufſicht des Wirthſchafters ſein. Zuerſt iſt darauf zu ſehen, daß
ebenſo wie beim Fällen möglichſt wenig Holz nutzlos verloren gehe:
demgemäß iſt beim ſtärkeren Holz überall die Anwendung der Säge
ſtatt der Axt zu verlangen; letztere verurſacht beim Zerſchroten in
meterlange Trümmer 7 Prozent mehr Verluſt als die Säge. Die
Holzhauer dürfen ſodann zur Feuerung bei kaltem Wetter nur geringes,
werthloſes Holz verwenden.

Nach der Fällung wird der Stamm zuerſt entaſtet, wenn nicht
etwa einzelne Aeſte zur Erhöhung des Nutzwerthes für die Zwecke als
Schiffsbauholz 2c. am Stamm bleiben ſollen. Nach der Entäſtung hat
man zu entſcheiden, zu welcher Art von Nutzholz er am beſten tauge;
dabei muß vorzüglich auf die lokale Nachfrage Rückſicht genommen, im
Zweifelsfall aber der Stamm immer möglichſt lang gelaſſen werden;
Nadelholzſtämme und namentlich Sägklötze ſind ſtets oberhalb eines
Aſtquirls abzuſägen. Das werthvollere Nutzholz muß immer zuerſt
ausgeſchieden werden, und hierauf erſt die geringeren Sortimente.
Dabei tritt dann nicht ſelten der Fall ein, daß ein Stamm in zweier=
lei Formen gebracht werden könnte, wovon die eine ein weniger gut
bezahltes Sortiment, aber mehr Holzmaſſe, die andere dagegen ein
theureres, jedoch weniger Holz geben würde; in ſolchen zweifelhaften
Fällen entſcheidet mehr der höhere Geldwerth, der auf die eine oder
andere Weiſe zu erzielen iſt; oft aber auch die Rückſicht auf den
Käufer, auf die Nachfrage, auf die Abfuhr u. dgl.; doch rechtfertigt es
ſich in der Regel nicht zur Verminderung des Schadens bei der Abfuhr
Langnutzholz als Brennholzſcheite aufzuſpalten; der Verluſt am Holz=
erlös wird meiſt größer ſein als der etwa durch die Abfuhr veranlaßte
größere Kulturaufwand.

Beim Langholz kommt es meiſt auch auf ſeine Geradheit (Schnürig=
keit) an; dieſe Eigenſchaft wird oft beeinträchtigt, wenn nach dem Fällen
der Stamm nicht ganz eben aufliegt oder längere Zeit unentäſtet liegen
bleibt. Nutzholzſtämme werden gleich nach der Fällung namentlich im
Frühjahr oder Sommer ſo ſchnell als möglich entrindet (wenn der

Stamm vor der Saftzeit gefällt und alsbald entastet wurde, so kann er auch noch nach 2—3 Monaten geschält werden); hierauf haut man die Aeste glatt am Stamm ab und entfernt die Erhabenheiten, welche bei der Abfuhr, namentlich beim Schleifen der Stämme Hindernisse bereiten, das stehende Holz beschädigen, oder die Vorrichtungen zur Erleichterung des Transports verderben.

Das Brennholz, wozu alle Theile des Baumes verwendet werden, so weit sie noch Absatz finden, wird gewöhnlich als Scheit- oder Kloben-, Prügel- oder Knüppel- und Reiswellenholz aufbereitet, und das gesunde vom anbrüchigen sorgfältig getrennt. Zum Zweck der Verkohlung in größeren Meilern oder des Transports auf Riesen werden die Stammtrümmer öfters ganz gelassen, wobei man dann also nichts zu thun hat, als den Stamm auf die gegebene Länge mehrmals zu zersägen.

Die Länge der Trümmer hängt im Allgemeinen von gesetzlichen Bestimmungen und sodann von den Heizeinrichtungen oder von der Gewohnheit der Consumenten ab, dabei ist aber zu bemerken, daß die kürzeren Trümmer mehr Arbeit machen, und sich besser zusammensetzen lassen, so daß im gleichen Kubikraum mehr feste Masse enthalten ist, je kürzer die Trümmer gemacht werden.

Das Spalten des Holzes erfolgt in der Richtung des Stammdurchmessers, nur bei stärkeren, über 0,5 m dicken Rundstücken werden die allzubreiten Scheite nochmals parallel mit der Peripherie des Stammes durchgespalten. Je kleiner das Holz gespalten wird, um so mehr Arbeitslohn erfordert es, um so weniger Masse ist im gleichen Kubikraum und um so weniger werden die Käufer dafür bezahlen; dagegen ist eine größere Zerkleinerung zweckmäßig in all den Fällen, wo das Holz stark ausgetrocknet werden soll, z. B. daß es zum Flößen leicht wird 2c. Alsbaldiges Aufspalten gleich nach der Fällung ist nothwendig, um das Holz vor dem Verderben zu schützen und das Austrocknen zu befördern; in feuchtem Klima wird letzteres auch dadurch noch begünstigt, daß man die Scheite nicht gleich ins Klafter setzt, sondern vorher einige Zeit auf Böcken oder in Rauhbeugen sitzen läßt. — Zum Spalten wird mit Vortheil eine schwerere keilförmige Axt (Spaltaxt im Gegensatz zur Schrotaxt) unter Zuhülfenahme von eisernen Keilen benützt.

Zur Aufstellung der Brennholzstöße müssen trockene Stellen, [399] wo möglich auf ebenem Boden, ausgewählt werden; ist Letzteres nicht möglich, so muß man die Weite stets horizontal oder die Höhe der

Stöße rechtwinkelig auf die geneigte Fläche des Hanges messen. Jeder Stoß bekommt vier in die Quere gelegte Knüppel oder Scheite zu Unterlagen, weil sich sonst die unteren Scheite zu tief in den Boden eindrücken und theilweise verderben würden. Sehr grobes, klotziges, unspaltiges Holz wird vom Scheiterholz getrennt und besonders aufgesetzt. — Das Aufsetzen geschieht in der Regel zwischen zwei senkrecht in den Boden gestoßenen Stangen oder Stützen, welche durch eingeschlagene Wieden festgehalten werden.

Den einzelnen Stößen giebt man am besten die Höhe von 2 m. Das Aufsetzen erfordert eine besondere Geschicklichkeit und sind deßhalb nur geschickte und geübte Arbeiter damit zu beauftragen. Ob das Aufsetzen sogleich nach dem Aufspalten geschehen soll, oder erst einige Zeit nachher, hängt hauptsächlich von der Sicherheit der Waldprodukte vor Entwendungen ab.

Das schwächere Brennholz von 7—14 cm Durchmesser wird in der Regel nicht mehr gespalten, sondern in runden Trümmern als Knüppel- oder Prügelholz aufgesetzt. Wenn dasselbe bis zu seiner Verwendung längere Zeit, namentlich den Sommer über im Wald oder unterwegs bleibt, so muß es theilweise entrindet (gereppelt oder gefleckt) werden. — Beim Aufspalten von solchem Rundholz ergiebt sich eine Raumvermehrung von etwa 20 Prozent.

Das ganz schwache Ast- und Reisholz wird in Büscheln gebracht und mit ein oder zwei Weidenbändern fest gebunden. Diese Wellen werden 1 m lang gemacht, mit 1 m Umfang und werden nach der Stückzahl, nach Hunderten zusammengesetzt.

Aus dem Reisholz werden manchmal noch die stärkeren Aeste von 2—7 cm besonders ausgeschieden und als Reiserknüppel oder Reisprügel in Raummetern oder als Kohlwellen in Gebunden aufbereitet. In vielen Gegenden wird das Reis blos auf Haufen zusammen gezogen und so abgegeben, um an Arbeitslohn zu sparen, wenn derselbe durch den Erlös aus dem Holze nicht genügend gedeckt wird. Solche Reishaufen dürfen aber nicht zu lange auf der Stelle liegen, weil aller Nachwuchs unter ihnen erstickt. Wo das Nadelreis zur Streu verwendet wird, ist dessen baldige Abfuhr geboten, ehe es die Nadeln verliert und unbrauchbar wird.

Das Stock- und Wurzelholz wird möglichst dicht gesetzt; die Stöße macht man aber nur 1 m hoch, damit man die schweren Stöcke nicht so hoch zu heben braucht.

Das Maß ist überall constant einzuhalten, gehörig dicht zu setzen und fest zu binden; namentlich darf von einer in der Gegend üblichen Aufbereitungsweise ohne gewichtige Gründe nicht einseitig abgegangen werden, weil dieß einen Rückschlag auf die Preise äußert, der in der Regel dem Waldbesitzer nachtheiliger ist, als der auf der andern Seite entstehende Vortheil.

In Beziehung auf die Holzarten wird nicht überall eine gleich scharfe Trennung durchgeführt; eine solche ist überhaupt nur da möglich, wo wenige Holzarten in ziemlich gleicher Menge in allen Theilen des Schlags anfallen; nothwendig ist sie aber nur da, wo das Holz in kleineren Quantitäten nach der Taxe abgegeben wird. Beim Unterholz in Mittel- und Niederwaldungen wird man sich in den meisten Fällen darauf beschränken müssen, die harten und weichen Holzarten besonders aufzubereiten.

Wenn alles Holz im Schlag aufbereitet ist, so wird noch in holzarmen Gegenden das herumliegende Reis- und Späneholz zusammengelesen, um es für die Forstkasse zu verwerthen. Die Holzhauer sollen aber dieses Abfallholz wo möglich nicht bekommen, weil es sonst in ihrem Interesse liegt, möglichst viel Holz in die Späne zu hauen.

In Gegenden mit Holzüberfluß bleibt ein größerer oder geringerer Theil des Reises im Schlag liegen und das Nadelreis hindert sogar noch in den Besamungs- und Abtriebsschlägen das Ankommen und Gedeihen des Nachwuchses; in solchen Fällen ist es nothwendig, das Reis auf Haufen zusammentragen und verbrennen zu lassen, was durch die Holzhauer mit der nöthigen Vorsicht während der übrigen Arbeiten vorgenommen werden muß; oder man läßt es nach beendigter Holzabfuhr gleichmäßig über den ganzen Schlag ausbreiten.

Wenn der ganze Holzschlag fertig ist, so schreitet man zur Schlagaufnahme; das erzeugte Material wird gebucht, d. h. in ein übersichtliches Verzeichniß gebracht, wozu der Revierverwalter, das Schutzpersonal und die Holzhauer mitwirken. Die gefällten Stämme und die aufbereiteten Klaftern müssen einzeln mit deutlichen fortlaufenden haltbaren Nummern versehen werden. Bei den größeren Nutzholzstämmen wird, um den Kubikinhalt finden zu können, die ganze Länge und der Durchmesser in der halben Länge des Stammes gemessen. Zu letzterem Zwecke bedient man sich des Klupp- oder Gabelmaßes, auch kurzweg Kluppe genannt, welches, von Holz oder Eisen gefertigt, aus einer Schiene mit Maßeintheilung, aus einem rechtwinklig daran befestigten, feststehenden und einem parallel mit diesem verschiebbaren

Schenkel besteht. Diese Schenkel werden an der bezeichneten Stelle zu beiden Seiten des Stammes angelegt, und giebt dann ihre Entfernung von einander den Durchmesser an. Hiebei ist zu beachten, daß man denselben an einer regelmäßig gewachsenen Stelle abgreift. Ganz unregelmäßig gewachsene Stämme werden in zwei oder mehrere Abschnitte zerlegt gedacht und jeder Abschnitt für sich besonders gemessen.

In vielen Fällen, namentlich wo es Handelsgebrauch ist, die Sortirung nach der Stärke des oberen oder Zopfdurchmessers vorzunehmen, muß auch dieser bei jedem Stamm gemessen und verzeichnet werden. Die Ausmittlung des Kubikinhalts geschieht mittelst des in der halben Länge des Stammes abgegriffenen Durchmessers; unregelmäßig gewachsene Stämme werden zu dem Zweck in zwei oder mehreren Längenabschnitten gemessen; an ovalen Stämmen legt man die Hälfte des großen und kleinen Durchmessers der Berechnung zu Grunde. Zwischen Käufer und Verkäufer muß darüber Vereinbarung getroffen sein, ob mit oder ohne Einbezug der Rinde gemessen und ob nur jeweils der volle Centimeter oder auch dessen Bruchtheile und welche in Rechnung genommen werden.

Der Kubikinhalt selbst wird mit Hülfe von besonderen Tafeln gefunden und übersichtlich, nach Preisklassen getrennt, zusammengestellt. Die Ermittlung des Kubikinhalts nach dem sogenannten verglichenen Durchmesser (dem arithmetischen Mittel zwischen dem oberen und unteren) führt bei größerer Differenz zwischen beiden zu bedeutenden Fehlern. Man spricht auch manchmal bei ovalen Stämmen, welche nach zwei Richtungen gemessen werden, von verglichenem Durchmesser.

Bei schwächeren Nutzhölzern wird in der Regel nur die Länge und die Stückzahl angegeben, wobei aber vorausgesetzt wird, daß die Dicke durchweg, wenigstens nahezu, gleich und fest bestimmt sei.

Beim Brennholz werden jedesmal ein oder mehrere Stöße, wenn sie unmittelbar neben einander stehen, mit einer Nummer versehen. Hauptsächlich ist dabei die Gewohnheit und der Bedarf der Abnehmer ins Auge zu fassen. Wo größere Quantitäten einem einzigen Empfänger zufallen, da kann man ohne Nachtheil mehrere Stöße auf einer Nummer aufführen. Wo das Gegentheil der Fall ist, muß man jeden einzeln mit einer Nummer versehen und bei der Aufarbeitung des Schlags dafür sorgen, daß solche kleine Quantitäten in genügender, der jeweiligen Nachfrage entsprechender Zahl besonders gesetzt werden. Ebenso erhält jeder Haufen von Wellen oder von ungebundenem Reis seine eigene Nummer.

Ist in der Art alles im Schlag vorhandene Material verzeichnet, so wird die Aufnahme in der Regel an Ort und Stelle nochmals revidirt und sofort ins Reine geschrieben. Hierauf folgt, je nach den besonderen Verwaltungsvorschriften, die Controle eines höheren Beamten, oder die Uebergabe an die verrechnende Stelle, oder an den Käufer des Holzes. Bei der Uebergabe wird neben der Quantität auch die Qualität des Holzes vom Käufer besonders beurtheilt und man hat darauf zu sehen, daß bei dieser Gelegenheit die Interessen beider Theile gleich= mäßig gewahrt werden; da ein billiges Verfahren die Käufer anzieht und die Concurrenz steigert.

Die Beischaffung an die Wege erfolgt beim Brennholz am 401 unschädlichsten für den Nachwuchs durch das Heraustragen auf der Schulter, auf Tragkörben oder Tragbahren, oder durch Anfahren mit Schlitten oder Schiebkarren, an steilen Hängen auch durch Rollen und Werfen. Wenn die einzelnen Stammtrümmer nicht zu schwer sind, so trägt man sie vor dem Spalten zusammen. Je nach der Ent= fernung der Wege und der Beschwerlichkeit des Terrains ist diese Arbeit theurer oder wohlfeiler. Beim Nutzholz läßt sich dieses Tragen nur mit den kleinsten Sortimenten bewerkstelligen. Wo keine regelmäßigen Schlittwege bestehen, kann das Schlitten auf der Ebene nur bei mäßigem Schnee geschehen; an steilen Bergabhängen von 30—40° Neigung schlittet man auf dem offenen Boden und hängt an einer Kette noch acht bis zehn Scheite hinter den Schlitten, damit diese die Reibung auf dem Boden vermehren. Auf bloßem, aber gefrorenem Boden kann man bei einer Neigung des Terrains von 20—30° den Schlitten noch anwenden. Bei ganz geringem Neigungswinkel wird das Schlitten ohne Schnee dadurch erleichtert, daß man Tannenreis, oder schwache, gleich dicke Aeste oder Scheite, welch letztere man an der Stelle, wo der Schlitten darüber gleitet, nöthigenfalls mit Speck be= schmiert oder mit Wasser befeuchtet, um die Reibung zu vermindern, quer über den Weg legt und über diese Unterlagen weg den Schlitten fortzieht. Bei Schnee wird das zu schnelle Abgleiten des Schlittens durch Einwerfen von Erde, Sand oder Kohllösche verhindert. Es wird zwar in der Regel eine feste Bahn eingehalten und diese von Felsen, Holz oder ähnlichen Hindernissen zuvor befreit, aber den Namen eines Wegs verdient dieselbe nicht.

Beim Langholz wird, um es an den Weg zu schaffen, das 402 Schleifen angewendet. Zu dem Zweck wird der Stamm von allen größeren Unebenheiten befreit, und an beiden Enden, namentlich auf der

Seite, die beim Transport nach unten zu liegen kommt, an den scharfen Kanten abgestumpft. Am dünnen Ende schlägt man sofort in ein gebohrtes Loch das sogenannte Lotteisen (einen starken eisernen Keil der mit einem Ring derartig verbunden ist, daß er und ebenso der Stamm selbst sich ungehindert um ihre Achse drehen können). Dieses Eisen befestigt man an das Vordergestell eines Wagens, so daß der Stamm halb aufgehängt ist, und dann vom Zugvieh fortgezogen wird, wobei allerdings der vorhandene Nachwuchs durch die Räder vielfach Schaden leidet.

Minder schädlich ist das Schleifen mit dem Lottbaum, wobei das eine Ende des Stammes auf ein Brett aufgelegt und an einem senkrecht darauf stehenden Stift mittelst des Lotteisens befestigt wird; diese Vorrichtung ist mit einer Deichsel für ein oder zwei Zugthiere in fester Verbindung, und so kann mit derselben geschleift werden. Wenn die Thiere anziehen, so hat der Fuhrmann mit Hebeln nachzuhelfen, ebenso da, wo es über Unebenheiten geht; sind diese sehr bedeutend, kommen Felsen, alte Stöcke und dergleichen in den Weg, so müssen vorher Stangen hingelegt werden, um über sie den Stamm wegziehen zu können. Blos auf solchem Terrain, wo größere oder geringere Neigungen rasch mit einander abwechseln, ist das Anspannen des Stammes am dicken Theil nothwendig, um zu vermeiden, daß derselbe zu lange die horizontale Lage beibehält, wenn die Zugthiere am Hang stehen und der Stamm noch auf der Ebene liegt.

Das Rutschen des Holzes wird durch dessen Schwere bewirkt, kann also nur an Bergabhängen angewendet werden; man hat dabei vorzüglich darauf zu sehen, daß der Stamm keinen Schaden leidet und die gewünschte Richtung einhält. — Beim Stammholz geschieht dieß am sichersten durch das Seilen; man befestigt mittelst eines eisernen Hakens, der in ein 6—10 cm tiefes, regelmäßig eingehauenes Loch eingekeilt wird, das Seil am dicken Ende des Stammes und bringt ihn, nachdem das Seil 2- oder 3mal um einen stehenden Baum geschlungen, mittelst Hebeln in Bewegung, wobei man diese durch Anziehen oder Nachlassen des Seils so regulirt, daß man ihrer stets Meister bleibt. Ist das Seil kürzer, als der Bergabhang hoch ist, so läßt man, wenn es abgelaufen, den Stamm zur Ruhe kommen und rückt mit dem Seil abwärts, wo man es um einen andern stehenden Stamm schlingt. Mittelst eines Flaschenzugs kann man dieses Geschäft besser besorgen, die Seile nützen sich nicht so stark ab, und man hat die Bewegung besser in der Hand, auch werden die stehenden Bäume dadurch weniger beschädigt. — Den Stamm frei rutschen zu lassen, geht nur da an, wo es sich um kleinere Bergabhänge, um schwächeres Holz und um keine Rücksicht für den Nachwuchs handelt; stärkere Stämme werden dabei in der Regel beschädigt.

Auf regelmäßigen Holzabfuhrwegen wird das Holz meistens mit Wagen und Schlitten gefahren, auch das Schleifen des Stammholzes wird noch angewendet, und es schadet den Wegen mit festgefahrener Bahn in der Regel weniger, als man gewöhnlich glaubt. Das Fahren geschieht mittelst Schiebkarren und leichten Schlitten, oder mittelst eines Gespanns auf Wagen und schwereren Schlitten. Beim Brennholz erfolgt das Aufladen stückweis von Hand, bei schwererem Stammholz mittelst des Hebels, der Winde und der Hebelade.

Zu ganz schweren Stämmen muß man sehr solid gebaute Wagen, sogenannte Blockwagen, verwenden. Zu Schlitten empfehlen sich im Gebirg für den Transport des Scheitholzes durch Menschen die leichten Schlitten, welche bergaufwärts getragen werden können.

Gut angelegte und unterhaltene **Holzabfuhrwege** heben und 403 befördern den Holzabsatz außerordentlich, denn je mehr die Holzkäufer hiedurch an Transportkosten ersparen, um so höhere Preise können sie für das Holz im Wald bezahlen und um so mehr erweitert sich dessen Absatzgebiet. Eine zweckmäßige Weganlage ist deßhalb eine bleibende Melioration; es sind aber demungeachtet die Fälle nicht selten, wo die Anlagekosten eines neuen Weges sofort schon bei der erstmaligen Benützung durch höhere Holzerlöse aus den betr. Waldtheilen gedeckt werden. Es sei z. B. für einen 50 ha großen haubaren Waldbestand ein Abfuhrweg von 1000 m Länge zu 5 Mk. pro m herzustellen und der Haubarkeitsertrag auf 500 Festmeter pro ha anzunehmen, so trifft es von den 5000 Mk. Anlagekosten 0,20 Mk. auf den Festmeter und es ist leicht möglich, daß, wenn der Wegbau unterbleibt, die Mehrkosten der Abfuhr (ganz abgesehen von der stärkeren Beschädigung des Waldes, namentlich des Nachwuchses) 0,40—0,50 Mk. pro Festmeter betragen. — Außer dem unmittelbaren Nutzen ist aber auch noch zu erwähnen, daß die Wege die ganze Wirthschaftsführung erleichtern und bei sachgemäßer Anlage mit beitragen zu Verminderung von Feuersgefahr und Sturmbeschädigungen.

Der angebliche Verlust an produktivem Boden, welcher namentlich früher gegen die Anlage von Wegen ins Feld geführt wurde, existirt in der Wirklichkeit gar nicht, wenn man in Betracht zieht, daß da, wo regelmäßig angelegte Wege fehlen, fast jede Holzfuhre ihren eigenen

Weg fährt, und daß auf diese Weise ein unregelmäßiges Gewirr von Wegen entsteht, das meist noch mehr Fläche wegnimmt, als ein geordnetes Wegnetz, durch welches dann außerdem einer Unzahl von Bestandesbeschädigungen vorgebeugt wird, die bei jenem urwüchsigen Zustand unvermeidlich sind. Da nun außerdem die Randbäume zu beiden Seiten der Wege unter dem Einfluß eines größeren Licht= und Bodenraumes einen erheblich stärkeren Zuwachs haben, so wird dadurch ein etwaiger Verlust ganz oder doch nahezu wieder ausgeglichen.

Die Neuanlage zweckmäßiger Holzabfuhrwege begründet die bleibende Steigerung des Ertragsvermögens der betr. Forste und ist es deßhalb auch vollkommen gerechtfertigt, einen Theil der Kosten (für die Erdarbeiten und für Fundirung eines Steinkörpers) aus Grundstocksmitteln zu bestreiten. Es wird aber jeweils durch den Wegbau ein Theil des Grundstocksvermögens flüssig, indem die Wegfläche aus den (unmittelbar) produktiven Flächen ausscheidet, also auch für die Zukunft ein Holzvorrath auf derselben niemals mehr nöthig ist. Von diesen Gesichtspunkten ausgehend, wird im badischen Staatshaushalt das bei neuen Wegdurchhieben anfallende Holz als außerordentliche Nutzung behandelt und dadurch ein Theil der Wegbaukosten ausgeglichen.

404 Die Weganlagen müssen stets im größeren Zusammenhang aufgefaßt, es muß ein Wegnetz entworfen werden, bei dem natürlich an die bereits zu anderen Zwecken bestehenden öffentlichen Straßen, oder an die früher nach anderem System angelegten Waldwege, sofern sie ohne zu großen Nachtheil beibehalten werden können, ein passender Anschluß zu erwirken ist.

Wo eigentliche Wegbautechniker beigezogen werden, um die Plane zu entwerfen, da muß der Forstmann zunächst auf den wesentlichen Unterschied der Aufgabe hinweisen, daß im Wald nicht die kürzeste Linie, sondern diejenige, zu der das meiste Holz am leichtesten beigeschafft werden kann, die zweckmäßigste ist. Die Verlegung der Waldwege auf schmale Rücken des Terrains ist ganz ungeeignet, weil das Holz nur mit großem Aufwand bergaufwärts an die Wege angerückt werden kann. Zickzackwege an Hängen sind ebenfalls unzweckmäßig, weil sie nur einen schmalen Streifen des Hangs aufschließen. — Außerdem sind auch so weit möglich die Rücksichten auf eine correkte bleibende Waldeintheilung (Hiebszüge, Abtheilungen 2c.) beim Wegnetz zu beachten.

In erster Linie ist die Richtung des oder der Hauptwege festzustellen; dieselbe muß zusammenfallen mit der Richtung, in welcher die Mehrzahl der Waldprodukte auf kürzestem Wege an den Ort ihrer nächsten

Bestimmung gebracht werden kann. Hiebei hat man von den gegebenen festen Punkten auszugehen, z. B. von den Ueberfahrten über fremdes Eigenthum oder über Gewässer, oder von dem möglichen Anschlußpunkt an eine öffentliche Straße, von Holzlagerstätten an schiff- oder flößbaren Gewässern. Concurriren zwei Richtungen, so muß man dahin streben, daß beide möglichst lange auf e i n e m Wege vereinigt bleiben, was übrigens nur so weit zulässig ist, als sie nicht allzusehr auseinandergehen. Hierauf ist der A b s t a n d der einzelnen H a u p t - und N e b e n w e g e von einander zu bestimmen, wobei natürlich ein größerer Spielraum gelassen werden muß, um sich dem Terrain, den schon bestehenden Wegen und der Ausdehnung des betreffenden Waldeigenthums anschließen zu können. Zweckmäßig ist es besonders, den Weg auf Distrikts- und Abtheilungsgränzen zu verlegen, um diese dadurch kenntlicher und den Weg für die beiden angränzenden Bestände wirksam zu machen. In ebenem Terrain gehört kein Weg auf die Eigenthumsgränze, weil er hier nur einseitig wirkt, ebenso wenig an die Scheidelinie zwischen Berghang und Ebene. An den Hängen, wo die Wege alle nur einseitig wirken, hat man sie an die untere Gränze des Hanges zu legen. Der Abstand der Hauptwege von einander richtet sich in hügeligem und bergigem Terrain nach der Entfernung der Thaleinschnitte und nach der Höhe der Bergwände; der Abstand zweier Nebenwege dagegen mehr nach der Art und Zeit des Holztransports; geschieht letzterer bei Schnee auf Schlitten, so kann man die Entfernung größer machen, als da, wo das Holz getragen wird. Eine Entfernung von 3—500 m wird in der Regel genügenden Spielraum geben und den Transport ausreichend erleichtern.

D i e B r e i t e d e r W e g e ist ebenfalls verschieden; schmale Wege 405 kosten weniger in der Anlage, aber viel mehr in der Unterhaltung. Wo blos Brennholz auf Schlitten transportirt wird, hat man schmale, sogenannte Schlittwege bis zu 2 m Breite. Für Fuhrwerke nimmt man $2^{1}/_{2}$—3 m als die geringste, 5—6 m als die größte Breite an; bei jener Breite müssen Ausweichstellen für die sich begegnenden Fuhrwerke angelegt werden. Wo größere Stämme transportirt werden, muß man die g e r a d e L i n i e auch im bergigen Terrain möglichst lange beibehalten, und die Krümmungen mit größerem Halbmesser anlegen. Bei den Wendeplatten, wo der Weg seine bisherige Richtung in die entgegengesetzte verändert, ist die Länge des zu transportirenden Holzes ebenfalls maßgebend, doch ist dabei zu beachten, daß man da, wo blos abwärts gefahren wird, keine so große Länge der Wendeplatte nöthig hat, wie beim Transport bergaufwärts; die Breite bleibt natürlich bei beiden nahezu gleich der Länge des Holzes und des Gespanns.

Die Richtung der Wege in bergigem Terrain ist in der Art zu wählen, daß sie mit beladenem Wagen womöglich nur bergabwärts befahren werden dürfen; das Gefäll kann unter solchen Umständen bis zu 15 Prozent betragen, wogegen es da, wo der Holztransport bergaufwärts geht, höchstens 8 Prozent sein darf. Schlittwege, die nur bei Schnee benützt werden, dürfen nicht über 5 Prozent Gefäll bekommen, und es muß dasselbe möglichst gleichmäßig vertheilt sein. Allzuschwieriges, namentlich sumpfiges Terrain wird gern umgangen.

Hat man nach diesen verschiedenen Rücksichten ein Wegnetz entworfen, wobei gute Terrainkarten wesentliche Dienste leisten, so ist es nothwendig, die Reihenfolge zu bezeichnen, in der die Wegbauten in Angriff genommen werden sollen; dabei entscheidet zunächst die Dringlichkeit nach der früheren oder späteren Benützung des Wegs zur Abfuhr bedeutenderer Holzmassen; so daß die durch haubare Bestände beabsichtigten Wegbauten früher in Angriff genommen werden müssen, als die übrigen. Es ist jedoch zu beachten, daß die Wege womöglich nicht sogleich nach ihrer Herstellung strenge befahren werden sollen, daß sie vielmehr erst ein oder zwei Jahre sich gehörig setzen müssen, daß also die Weganlage um so viel früher ausgeführt werden muß.

Eine gründliche Anleitung über den Bau und die Anlage der verschiedenen Arten von Holzabfuhrwegen würde zu viel Raum beanspruchen und verweisen wir in dieser Beziehung auf die dießfallsigen Fachschriften. Karl, Waldwegbau. Stuttgart, Cotta. 1839. Dengler, Waldwegbau. Stuttgart, Schweizerbart. 1863. Schuberg, Waldwegbau. Berlin, J. Springer. 1873/74. Schenk, Unterhaltung der Straßen. Reutlingen. 1854.

406   Die fernere, fast ebenso wichtige Aufgabe, die gute Unterhaltung der Wege darf hier jedoch nicht ganz unberührt bleiben, weil ihr nur durch andauernde Aufmerksamkeit des Wirthschafters entsprechend genügt werden kann.

Bei der Unterhaltung der chaussirten Wege hat man hauptsächlich darauf zu sehen, daß die Wölbung oder die Ebene der Fahrbahn immer gleichmäßig erhalten wird, daß sich keine Leise und sonstige Vertiefungen bilden, daß nicht immer in Einem Geleise gefahren, daß der Morast und Staub zeitig abgezogen wird und daß die entstehenden Vertiefungen so bald als möglich wieder mit kleingeschlagenen Steinen ausgefüllt werden. Dieß geschieht nur bei nassem Wetter, damit sich das neu eingeworfene Geschläge um so besser mit dem alten verbindet; ein vollständiges Ueberschütten der Straße mit neuem Klein= geschläg ist nur dann nothwendig, wenn sich das Profil ihrer Wölbung verändert hat, oder wenn das Kleingeschläg durchgefahren ist. Das Kleingeschläg ist in der Art herzustellen, daß zu Ausgleichung von kleineren Unebenheiten im Weg 2—3 cm — für größere Vertiefungen 3—5 cm große Steine jeder Zeit in der Nähe parat sind. Die einzeln auf dem Weg herumliegenden Steine (Rollsteine) müssen sorgfältig beseitigt werden. Außerdem sind die Wasserausläffe stets offen zu erhalten, die Gräben, Dohlen 2c. zu reinigen, damit das Wasser ungehindert abfließen kann; die Böschungen sind vor Abrutschen zu sichern, die abgerutschte Erde zu entfernen. Auf Sandboden ist eine dichte Beschattung der Wege vortheilhaft; anderwärts aber sollte stets an frequenteren Wegen auf der Südseite ein Streifen des Be= standes abgeholzt werden, um die Austrocknung zu befördern. — Das Schleifen von geschälten Nadelholzstämmen darf erst gestattet werden, wenn sich das Kleingeschläg mit der Unterlage fest verbunden hat, oder bei Schneedecke.

Bei blos planirten Wegen ist die Wasserableitung fast noch wich= tiger; der hauptsächlichste Schutz, den man diesen Wegen angedeihen lassen kann, besteht aber darin, daß man sie nur bei trockenem, festem oder gefrorenem Boden befahren läßt; weßhalb man sie bei nassem Wetter mittelst Schlagbäumen absperrt. Eine etwa vor= handene Grasnarbe ist sorgfältig zu erhalten.

Die Unterhaltung der Wege wird in größeren Revieren meist an zuverlässige Leute in Akkord übergeben, es ist aber dabei Sorge zu tragen, daß diese Wegwärter ihre Schuldigkeit thun und ihre Stelle nicht blos für eine Versorgungsanstalt betrachten. Namentlich hat man Einer Person nicht zu viel Wege zu übergeben, weil sonst die Arbeiten nicht rechtzeitig überall vorgenommen werden. — In kleineren Bezirken verwendet man zu diesem Zweck Tagelöhner, welche dann sach= gemäß zu dieser Arbeit anzuleiten und zu beaufsichtigen sind.

Die Nebennutzungen.

Außer dem Holz bringt der Wald noch mancherlei Produkte her= 407 vor, welche wenigstens bei uns in Deutschland zwar nie die Bedeutung des Holzes erlangen, aber doch aus verschiedenen Rücksichten Beachtung verdienen und wovon die wichtigeren in Nachfolgendem noch besprochen werden sollen, so weit dieß nicht schon bereits oben geschehen ist.

Die Nebennutzungen werden in der Regel nicht vom Wald=
eigenthümer oder von seinen Arbeitern zugut gemacht, sondern von
den Empfängern direkt erhoben; so hinderlich dieß für den
Forstbetrieb sein kann, so läßt sich doch selten davon Umgang nehmen,
weil ihre Gewinnung auf Rechnung des Waldeigenthümers zu theuer
wäre, wogegen der Empfänger die dafür aufgewendete Zeit weniger in
Anschlag bringt. Man muß daher bei Gewinnung dieser Nutzungen
noch vorsichtiger sein als bei der Hauptnutzung, wo die Arbeiter vom
Waldeigenthümer eingestellt werden und deßhalb mehr an sein Interesse
gebunden sind, während dieß bei den mit Erhebung der Nebennutzungen
beauftragten Arbeitern nicht der Fall ist, da die Interessen des Em=
pfängers und des Waldeigenthümers meistens weit auseinander gehen;
man hat daher strenge Aufsicht zu führen, sich gegen Uebergriffe und
Unordnungen durch genügende Controle, durch Vertragsbedingungen 2c.
zu sichern. In vielen Fällen reichen die dem Waldeigenthümer in
seinem Eigenthumsrecht und in den Gesetzen gegebenen Sicherheitsmaß=
regeln nicht aus, um sich vor Uebergriffen und Entwendungen zu sichern,
und es muß daher oft die Nutzung auf den möglichsten Grad der Zu=
lässigkeit ausgedehnt werden, um den weit schädlicheren Diebstahl zu ver=
hindern.

408   Unter allen Nebennutzungen hat die Streugewinnung die
größte Bedeutung erlangt, weil sie den Waldboden am schnellsten er=
schöpft, andrerseits aber von vielen bäuerlichen Landwirthen allerdings
mit wenig stichhaltigen Gründen als unentbehrlich bezeichnet wird.

Unter den verschiedenen Erzeugnissen des Waldes, welche für
landwirthschaftliche Zwecke zur Einstreu und zur Düngervermehrung
begehrt werden, sind die abgefallenen trockenen Blätter der
Laubhölzer oder die trockenen Nadeln der Kiefer am ge=
suchtesten. Es ist vor der Abgabe stets das Bedürfniß zu ermitteln
und wo möglich zu untersuchen, wie weit ein solches wirklich vorliegt.
In vielen Gegenden wird die Laub= oder Rechstreu stürmisch verlangt,
unter dem Vorgeben, daß die Landwirthschaft ohne diesen Zuschuß an
Düngermaterial nicht bestehen könne, während ebendaselbst durch Gleich=
gültigkeit und Unkenntniß eine große Verschwendung von Dünger statt=
findet, so daß also die Abreichung von Laubstreu nur eine Prämie für
die Trägheit und Indolenz bildet und hiemit der landwirthschaftliche
Raubbau auch noch auf den Wald ausgedehnt wird.

Es kann durch passende Fruchtfolgen, durch Anbau von Futter=
pflanzen, Pflege und zweckmäßige Behandlung der Wiesen, Entwässerung

und Bewässerung derselben, durch Zusammenhalten des Grundbesitzes in größeren Höfen, Ankauf von Düngestoffen (Kalisalze, Phosphate, Knochenmehl, Guano, Gyps, Mergel 2c.) die Waldstreu ganz entbehrlich gemacht werden, und es ist ohne Zweifel von ebenso großem Vortheil für die Landwirthe, wenn sie vom Wald sich unabhängig machen können, wie es den Forsten nützen muß, wenn sie sich diese Last vom Hals schaffen.

Die abgefallenen Blätter und Nadeln sollen den Waldboden gegen zu starke Austrocknung, gegen Frost und Hitze sichern, eine gleichmäßige Lockerheit und Feuchtigkeit erhalten und außerdem noch bei ihrer Verwesung die nöthigen organischen und mineralischen Nahrungsstoffe für die Pflanzen wieder allmählig abgeben und im Boden löslich machen. Wo der Boden an und für sich sehr kräftig ist, namentlich wo er die Aschenbestandtheile der Waldbäume in löslichem Zustande und in genügender Menge enthält, wo er nicht leicht austrocknen und hart werden kann, wo viele Feuchtigkeit aus der Atmosphäre niederfällt oder Hitze und Trockenheit weniger schädlich werden, da verursacht also auch eine nicht allzuoft wiederkehrende Entziehung der Laubdecke keine so großen Nachtheile; es giebt sogar, freilich seltene Fälle, wo eine zu dichte Laubdecke der Verjüngung hinderlich ist, das Ankommen der Besamung erschwert, und das sichere Gedeihen der jungen Pflanzen in den ersten Jahren gefährdet.

So lange die Abgabe von Rechstreu (Laub, Nadeln oder Moos) 409 nicht zu umgehen ist, sind folgende Vorsichtsmaßregeln zur möglichsten Schonung des Waldes anzuwenden: Es müssen zunächst von dieser Nutzung ganz verschont bleiben die jüngeren Bestände während der Periode des stärksten Höhenwuchses, so lange gleichzeitig das Wurzelsystem noch nicht genügend in die Tiefe sich entwickelt und bis sich ein genügender Humusvorrath im Boden gesammelt hat. Diese Schonzeit soll beim Hochwald mindestens ein Drittel der ganzen Umtriebszeit betragen, steht diese aber unter 80 Jahren, so soll sie die erste Hälfte derselben umfassen, was auch für den Nieder- und Mittelwald gilt. — Es hat sodann etwa 5—10 Jahre vor Eintritt der Verjüngung die Nutzung wieder ganz aufzuhören. — Außerdem sind auch noch die schlechtwüchsigen, lückigen Bestände und die auf magerem Boden in sonnigen Lagen auszuschließen. — Die übrig bleibende Fläche ist dann in drei Theile zu bringen, wovon je ein Theil 4—6 Jahre der Streunutzung geöffnet bleibt und hernach wieder doppelt so lange Ruhe hat. —

Die zweckmäßigste Zeit der Gewinnung ist vom forstlichen Stand-

punkt aus der Nachsommer und Herbst vor Eintritt des Laubabfalls.
Dieser Termin paßt aber der Landwirthschaft weniger, weil es da nicht
an Streu fehlt; deßhalb wählt man das Frühjahr und zwar die Zeit
unmittelbar nach dem Laubausbruch. Häufig ist man aber genöthigt,
die Nutzung zu einer für den Wald noch ungünstigeren Zeit eintreten
zu lassen, um den Streudiebstählen vorzubeugen. — Die Erhaltung
eines vollen Bestandesschlusses ist sehr zu empfehlen, ebenso die Anzucht
gemischter Bestände. Als mehr indirekt wirkende Mittel sind hervor=
zuheben die Anlage von Rieselwiesen und von Streuwiesen auf geeigneten
Stellen.

Bei der Moosgewinnung gelten dieselben Schonzeiten, wie
oben angegeben; dagegen ist es nicht möglich, in unmittelbar nach
einander folgenden Jahren diese Nutzung zu beziehen, da die Moosdecke
durchschnittlich etwa 8—10 Jahre braucht, bis sie sich wieder erneuert
hat; man darf daher keinenfalls vor 12—15 Jahren auf derselben
Fläche wiederkehren. — Es empfiehlt sich aber mehr, wenn man nicht
die ganze Fläche gleichzeitig ihrer Decke entkleidet, sondern zunächst
nur 1—1,5 m breite Streifen wegnimmt und dazwischen ebenso breite
Streifen unberührt läßt. Letztere können dann etwa 4—5 Jahre später
weggenommen werden. Dieses Abwechseln in der Benützung hat die
günstige Folge, daß sich auf den zuletzt entblößten Streifen die Moos=
decke rascher wieder erneuert.

Die Gewinnung dieser Nutzungen ist nach ortsüblichem Gebrauch sehr
verschieden und findet danach eine mehr oder weniger starke Beraubung
des Bodens statt; hauptsächlich kommt es hiebei auf die in Benützung
stehenden Rechen (oder Harken) an; dieselben sollen jedenfalls keine
eisernen Zähne haben; die Zähne dürfen nicht zu enge (2,5 Zoll
= 65 mm ist in Preußen als Minimum vorgeschrieben) und zu schief
stehen, weil sonst der fruchtbarste humose Boden noch mitgenommen wird.
Der Trockenheitsgrad der Streu ist bei der Abgabe noch besonders zu
beachten, ist sie ganz dürr, so kann man sie nicht ordentlich in Bündel
zusammenschüren oder auf Wagen laden; ist sie zu naß, so ist sie
schwer zu transportiren, sie verdirbt theilweise noch unter den Händen
des Landwirths und der Forstmann riskirt, daß vom feuchten humosen
Boden des Waldes noch viel mitgenommen wird. Danach ist die
Bestimmung eines passenden Zeitpunktes für die Streugewinnung zu
treffen.

Die Art der Gewinnung betreffend, so hat sich die Streu=
einsammlung auf Kosten des Waldeigenthümers und deren Verkauf in

öffentlicher Versteigerung ganz gut bewährt, weil dadurch die Käufer zum Rechnen gezwungen werden, wes am ehesten auf Verminderung von eingebildeten Bedürfnissen hinweist. — Die Streusammlung durch die Empfänger ist allerdings noch sehr allgemein; theilweise begnügt man sich damit, ihnen in ihrer Gesammtheit, oder jeder Gemeinde besonders eine genau bestimmte Fläche anzuweisen, auf der man ihnen gestattet, ein oder zwei Tage lang die sämmtliche Streu, die sie bekommen können, zu sammeln und sich zuzueignen. Das Austheilen der Streu nach der Fläche unter die einzelnen Empfänger ist nicht rathsam, weil dann jeder glaubt, er müsse alle auf seinem Streuplatz vorhandene Streu vollständig, bis aufs letzte Blättchen abräumen. Bei großer Concurrenz ist die Zahl der zu Hülfe zu nehmenden Personen zu bestimmen, wobei bald die Zahl des Viehes, bald die Feldfläche, als Grundlage dient. Die betreffenden Personen können mittelst einzuhändigender Erlaubnißscheine controlirt werden. Will man den Streubezug noch strenger überwachen, so muß die einer jeden auf den Feldbau angewiesenen Familie, oder jedem Morgen der Feldfläche, oder jedem Stück Vieh zuzuweisende Streumenge, nachdem sie von den Empfängern gesammelt ist, speziell nachgemessen und genau eingehalten werden. Das Messen ist sehr leicht auszuführen mit Hülfe eines rechteckigen, leicht transportablen Kastens ohne Boden, der auf ebenem Terrain aufgestellt wird, und in den man die Streu sofort fest einbringen läßt. Zur Erleichterung der Controle ist nothwendig darauf zu halten, daß die Abfuhr so bald als möglich geschehe, was auch im Interesse der Empfänger liegt.

Die durch Entnahme der Bodendecke verursachten Ertragsverluste an Holzmasse wurden von Hundeshagen nach Versuchen bei der Buche auf 33 Prozent festgestellt, wobei die Streunutzung im 55. bezw. 65. Jahre begann und sich 25 Jahre lang alle 3—5 Jahre wiederholte. v. Wedekind veranschlagt diesen Verlust auf 25 Prozent, wenn im 50. Jahre begonnen und bis zum 120. Jahre je im vierten Jahre wiederholt wird. Jäger hat schon bei einer vierjährigen ununterbrochenen Laubstreunutzung einen Rückgang im Holzertrag um 17 Prozent nachgewiesen, welcher sich bei fortgesetzter Laubentziehung nach weiteren vier Jahren aufs Doppelte steigerte. Forstmeister von Plieninger in Schorndorf (einem außerordentlich stark heimgesuchten Forstbezirk) nimmt bei einer Jahresnutzung von 35 Prozent der Gesammtfläche den Holzertragsverlust auf 40 Prozent an. Grabner theilt, auf Versuche gestützt, folgende Zahlen mit: in 120jährigem Umtrieb, wenn im 60. Jahre

begonnen und jährlich gerecht wird, bei ſonſt günſtigen Verhältniſſen
ein Verluſt von 40 Prozent, bei Jahr um Jahr ausſetzender Streu=
gewinnung 30 Prozent, bei dreijähriger Wiederholung 24 Prozent, bei
vierjähriger 20 Prozent; bei früherem Beginn kann dieſer Ausfall am
Holzzuwachs aufs Doppelte ſteigen und gleichzeitig nimmt der Streu=
ertrag ab.

Aus Fichtenbeſtänden ſind nur wenige Verſuche veröffentlicht,
wovon zunächſt der in dem Brehmann'ſchen Bericht über Hochgebirgs=
aufforſtungen in den Subeten aufgenommene, von der Domäne Hrabin
mitgetheilt werden ſoll. Die betr. Stelle lautet: „Die in den
Hrabiner Forſten ausgemittelten Verſuchsflächen haben mit den im
Jahre 1850 angeſtellten Zuwachserhebungen nachgewieſen, daß die Fichte
auf einem aus der Verwitterung der Grauwacke entſtandenen Lehmboden
in weſtlichen Bergabbachungen durch die andauernde Entnahme der
Bodenſtreu bis zum 61. Lebensjahre, ungeachtet einer nachfolgenden
17jährigen Schonungsperiode, 52 Prozent an Holz und 67 Prozent an
Geldertrag verlieren kann." Die Holzvorrathsaufnahmen der beiden
verglichenen Beſtände ſind in der Oeſterreichiſchen Monatsſchrift für
Forſtweſen veröffentlicht, im einen Fall ſtellt ſich der Durchſchnitts=
zuwachs im 78. Jahre auf 122 c′ pro Joch, im andern Fall auf 60 c′.
Beſonders ſind noch die Analyſen der beiden Mittelſtämme intereſſant,
welche folgende Entwicklung nachwieſen:

	auf geſchontem Boden	auf nicht geſchontem Boden
im 78. Jahre	30,8 c′	7,5 c′
„ 68. „	24,8 „	5,6 „
„ 58. „	18,3 „	3,2 „
„ 48. „	13,5 „	1,9 „
„ 38. „	7,3 „	0,6 „
„ 28. „	3,8 „	0,4 „
„ 18. „	2,0 „	0,2 „
„ 8. „	0,2 „	0,02 „

Für die Kiefer iſt die Streunutzung am gefährlichſten, weil dieſe
Holzart die geringſten Böden einnimmt, und da mit der Erſchöpfung
derſelben eigentlich jede Produktion aufhört, ſo muß man an dieſer
unteren Grenze ſehr vorſichtig verfahren, wenn man nicht bleibend an
Terrain verlieren ſoll. In der böhmiſchen Forſtvereinsſchrift von 1866
ſind im 3. Heft ſehr inſtruktive vergleichende Verſuche von Forſtver=
walter Johann Kreß in Lukawitz veröffentlicht, welche auf ſandigem
Lehmboden in ebener Lage auf fünf Probeflächen von je einem halben Joch

in den Jahren 1852—1865 angestellt wurden; der Bestand war 1852 50 Jahre alt und blieb in der ersten Probefläche von der Streunutzung gänzlich verschont; die zweite wurde jährlich, die dritte jedes zweite Jahr, die vierte jedes dritte Jahr und die fünfte alle vier Jahre berecht; auf neues Maß reduzirt, ergaben sich folgende Vorräthe und Zuwachsquoten:

Berecht	1852 50 Jahre alt			1865 63 Jahre alt			In den letzten 13 Jahren			Verhältniß des Vorraths	
	Stammzahl	Vorrath	Durchschnittszuwachs Festm. pro ha	Stammzahl	Vorrath	Durchschnittszuwachs Festm. pro ha	Zuwachs pr. ha Fm.	auf 1 ha in 1 J.	Verhältniß	im 50. Jahre	im 63. Jahre
jährlich . .	1221	181,5	3,63	1136	214,6	3,41	33,1	2,55	69,2	104	96,7
alle 2 Jahre	1208	179,4	3,59	1126	215,6	3,42	36,2	2,79	75,7	103	97,1
„ 3 „	1263	160,8	3,21	1141	199,0	3,16	38,2	2,94	80,0	92,4	89,6
„ 4 „	1402	161,1	3,22	1239	205,3	3,26	44,2	3,40	92,5	92,6	92,1
nicht	1197	174,0	3,48	1096	221,8	3,52	47,8	3,68	100	100	100

Leider sind die Zwischennutzungserträge nicht angegeben und doch können dieselben, wie aus der Vergleichung der Stammzahlen hervorgeht, nicht unbeachtet gelassen werden; namentlich gilt dieß bei der vorletzten Versuchsstelle, bei welcher in 13 Jahren 163 Stämme pro ha abgingen. — Zur richtigen Würdigung des Einflusses der Streunutzung sind hauptsächlich die Verhältnißzahlen in der drittletzten senkrechten Spalte der Tabelle maßgebend.

Nach den im Tharandter Jahrbuch von 1869 mitgetheilten Zuwachsuntersuchungen haben Probestämme auf Versuchsstellen des Lausnitzer Reviers in den 6 Jahren von 1860/66 auf geschontem Boden in einer 45 Jahre alten Kiefernsaat 4,06 Prozent, in einer 44jährigen Pflanzung 4,09 Prozent Grundflächenzuwachs angelegt, während auf den berechten Stellen nur ein solcher von jährlich 2,34 und 3,50 Prozent erfolgt ist.

Nach amtlichen Erhebungen in den königl. bayr. Staatsforsten der Regierungsbezirke Oberfranken, Oberpfalz und Regensburg und Mittelfranken beträgt in den am stärksten berecht ausgerechten Beständen (82 338 ha) der Ausfall am Holzzuwachs gegenüber von geschonten Waldungen auf mittelgutem Boden zwei Drittheile des Ertrags dieser letzteren (statt 0,694 nur noch 0,232 Klft. pro Tagwerk). Auch die in den gleichen Bezirken gelegenen, minder stark angegriffenen 213 922 ha zeigen einen Minderertrag von nahezu einem Drittheil (statt 0,694 nur 0,482 Klft.). Der sich hieraus ergebende Verlust an der Jahreseinnahme wird nach sehr mäßigen Durchschnittspreisen auf 2 262 900 fl. berechnet. — Gleichzeitig ist erhoben worden, daß — allein nur im Regierungsbezirk Oberpfalz 11 410 ha — zuwachslose Krüppelbestände vorhanden und davon wiederum 3216 ha ganz steril geworden sind, auf denen jede Kultur versagt, — Alles in Folge der verderblichen Streunutzung!

Es ist aber nicht blos der Verlust an Holzmasse, sondern namentlich beim Nadelholz der Rückgang des Nutzholzausbringens, welcher die Gelderträge der durch das Streurechen entkräfteten Waldungen erheblich vermindert, wie zunächst schon aus der im vorigen § dargestellten Entwicklung zweier Mittelstämme ersichtlich wird. — Aehnliches ergiebt sich auch aus den Kreß'schen Aufnahmen daselbst; wo auf der geschonten Fläche die Stämme durchschnittlich in 13 Jahren im Verhältniß von 1 : 1,40 auf der jährlich berechten = 1 : 1,26, auf der alle 2 Jahre berechten = 1 : 1,29 zugewachsen sind.

Auf Grund genauer Aufnahmen berechnet der königl. bayr. Oberförster Edel in Bamberg den Rückgang des Holzertrags in Folge der Streunutzung bei mäßig berechtem Bestand = 1 : 0,729, bei stark berechtem Bestand = 1 : 0,4; wogegen der Geldertrag in ersterem Falle = 1 : 0,674, im zweiten Fall = 1 : 0,356 zurückgeht; obgleich es sich hier zunächst um Mittelwaldungen mit Kiefern, Fichten und Eichen im Oberholz handelt, so beträgt doch die Differenz beim Geldertrag $\frac{1}{9}$, beim Holzertrag dagegen nur $\frac{1}{13}$. Es ist aber natürlich nicht möglich, für die mannigfachen hiebei mitwirkenden Verhältnisse allgemein gültige Zahlen auszumitteln.

In Betreff der Größe der Streumasse sind sehr erhebliche Verschiedenheiten wahrzunehmen; es ist insbesondere die ortsübliche Art der Gewinnung von wesentlichem Einfluß darauf; sodann, wie sich von selbst versteht, die Wiederholung der Nutzung und die dadurch veranlaßte fortschreitende Bodenerschöpfung, welche eine Verminderung der Nutzung bald früher, bald später zur Folge hat; am raschesten beim Nadelholz, wo die mitbenutzte Moosdecke sich erst nach 8—12 Jahren wieder vollständig ersetzt. Im Buchenwald tritt die Ertragsverminderung bei der Blattmasse erst ziemlich spät ein, wie die von Krutzsch im Tharandter Jahrbuch von 1869 mitgetheilten Versuche beweisen; es war nemlich nach achtmaliger Laubentnahme noch eine zeitweilige Steigerung des Laubabfalls wahrzunehmen, welcher zwischen 888 kgr und 1872 kgr pro ha schwankte, wobei gerade im letzten Jahre die größte jährliche Blattmenge nachgewiesen war. In dieser wie in allen anderen Richtungen bietet sich der exacten Forschung noch ein weites Feld: obwohl unzweifelhaft feststeht, daß eine fortwährende, selbst in mäßigem Umfang ausgeübte Streuentziehung die Holzzucht aufs empfindlichste schädigt und auf den mittleren und geringeren Böden bald ganz unmöglich macht.

Die Schneidelstreu, Graß (Steyermark), Daxen (Bayern), [411] besteht aus den Nadeln und schwächeren Zweigen der Nadelhölzer; sie wird am unschädlichsten in den regelmäßigen Schlägen gewonnen, und man hat bei ihr besonders zu beachten, daß sie so bald als möglich abgegeben und abgeführt wird, weil sie namentlich in größeren Haufen rasch trocknet oder erstickt, und dann die Nadeln fallen läßt, wodurch sie bedeutend an Werth verliert. Im Sommer tritt der Nadelabfall bälder ein als im Winter. Man hat daher diese Art Streu erst kurz vor ihrer Verwendung zu gewinnen; freilich lassen sich die Holzhiebe oft nicht gerade danach verschieben, aber es wird dann von Seiten der Empfänger nicht an der Lust fehlen, die in den Schlägen stehenden Bäume einige Zeit vor dem Fällen zu entasten, was man ohne Anstand gestatten kann, wenn das Bedürfniß es erheischt. Die Ausnutzung der stärkeren Aeste wird in der Regel den Empfängern der Streu überlassen, weil die schwächeren Zweige für sich allein nicht so leicht zu transportiren sind.

In Durchforstungen und Reinigungshieben, oder bei Aufastungen kann ebenfalls ein bedeutendes Quantum Nadelreis gewonnen werden, ohne daß dem Wald oder Waldeigenthümer dadurch Schaden zugeht; es ist aber hier etwas schwieriger zu gewinnen, weil auf der gleichen Fläche viel weniger Material anfällt, dieses also weiter zusammengetragen werden muß.

Diese Art der Benützung des Nadelreises ist sehr vortheilhaft für den Land= und Forstwirth; weil dadurch ein meist werthloses Sortiment ohne bedeutende Aufbereitungskosten gut verwerthet wird, weil es rasch aus dem Wald kommt und somit der Schaden durch das längere Lagern im Wald vermieden wird, weil seine Benützung den Wald vor den schädlicheren Ansprüchen auf andere Streu sichert, und weil die bei der Zubereitung der Reisstreu abfallenden Aeste ein wohlfeiles und gutes Brennmaterial für die ärmeren Anwohner geben, wodurch mancher Holzfrevel verhindert wird.

Aber nicht in allen Gegenden begnügt man sich mit dem aus den Schlägen abfallenden Nadelreis, sondern steigert dessen Quantität noch durch stärkeres Entasten stehender, noch nicht zum Hieb bestimmter

Stämme. So lange man sich dabei an die Regeln der nothwendigen und nützlichen Entastung hält, und diese nicht zu weit ausdehnt, sind die angeführten Vortheile auch hieher gültig. Wenn aber einmal das Entasten Boden gewonnen hat, so beschränkt man sich häufig nicht allein auf das nützliche und nothwendige Maß, sondern überschreitet dasselbe gerne; wobei der vortheilhafte Schluß der Bestände gar zu leicht unterbrochen und das Wachsthum beeinträchtigt, oder der Stamm beschädigt und zu vielen Zwecken untauglich gemacht wird.

Das Reis der Tanne ist am beliebtesten; ihr steht die Fichte ziemlich nahe, während die Forche ein schlechteres Material giebt.

Wo das Erzeugniß an Reisstreu nicht ausreicht, wird es am besten im Ganzen an sämmtliche Empfänger überwiesen und ihnen die Austheilung im Einzelnen überlassen, oder es wird die Versteigerung in kleineren Parthien eingeführt.

Zur Köhlerei wird häufig ebenfalls Reis als Deckmaterial abgegeben; es ist in solchem Fall dafür zu sorgen, daß dieses Material in der Nähe der Kohlplatten immer in genügender Menge zu haben ist.

412	Ein großer Theil der Unkräuter, wie z. B. Heiden, Heidelbeeren, Sumpfmoose und dergleichen sind manchmal dem Wald oder dem Waldboden schädlich; indem sie die Verjüngung hindern, den Boden von den atmosphärischen Einflüssen abschließen und ihm Nahrungsstoffe entziehen, oder seine Beschaffenheit verschlechtern; in andern Fällen sind sie von Nutzen, um das Entführen der Laubdecke zu hindern und den jungen Pflanzen einigen Schutz zu geben, oder die oberflächlich streichenden Wurzeln gegen Austrocknung zu schützen. Wo sie schädlich sind, kann ihre zeitweilige, nicht zu oft wiederkehrende Entfernung erwünscht sein, und man hat blos darauf zu sehen, daß bei ihrer Gewinnung keine anderen Waldbeschädigungen vorkommen, oder Waldprodukte entwendet werden.

Bei den holzigen Unkräutern kann die Einsammlung selten durch Rupfen mit der Hand bewirkt werden, in den meisten Fällen ist das Ausschneiden derselben mittelst der Sichel oder der Sense die einzige mögliche Art sie unschädlich zu machen. Für den zu erhaltenden Nachwuchs ist die Sense am gefährlichsten, weil der Arbeiter die Fläche, die er mit seinem Instrumente bestreicht, nicht so nahe im Auge und den Hieb desselben nicht so in seiner Gewalt hat, daß er damit jederzeit einhalten könnte, wenn die Schonung einer Holzpflanze dieß erheischt. Bei der gewöhnlichen Sichel ist dieß schon eher der Fall,

namentlich wenn die Arbeiterinnen die Gewohnheit haben, das abzu=
schneidende Gras oder Unkraut vor dem Abschneiden büschelweise mit
der Hand zu fassen. Thun sie das nicht, so kann man zum besseren
Schutz der Pflanzen diese durch kleine Stäbe kenntlich machen, oder
vorher auf einem Umkreis von 10—15 cm um dieselben herum mit
der Hand das Unkrant entfernen und erst wenn dieß auf der ganzen
Fläche geschehen ist, die Anwendung der Sichel gestatten. Wenn man
den Gebrauch von gezahnten Sicheln, wie sie in den Niederlanden
und im Altenburg'schen zu Hause sind, verlangen kann, so ist dieß das
sicherste Instrument.

In vielen Fällen wird aber nicht blos das Unkraut, sondern auch
noch dazu die oberste Erdschicht, sogenannte Plaggen, Bülten oder
Palten verlangt. Diese Abgabe ist der Forstkultur außerordentlich
schädlich, da dann nur noch ein schlechter, magerer oder unverwitterter
Boden zurückbleibt und in Beständen die Wurzeln der Waldbäume
vielfach verletzt und bloßgelegt werden.

Das dürre abgestorbene Gras kann im Frühjahre leicht mit
dem Rechen zusammengezogen werden, und ist dessen frühzeitige Be=
seitigung schon wegen Verminderung der Feuersgefahr sehr zu empfehlen.

Die Zeit der Gewinnung richtet sich nach dem Bedarf und
nach den Zwecken des Waldbesitzers. Wünscht dieser, was in der Regel
der Fall ist, die Vertilgung oder Reduktion des Unkrauts, so ist die
erste Hälfte des Sommers am geeignetsten hiezu. Die Streu, welche
in Kulturen gewonnen wird, ist zu Schonung dieser Flächen an die
Wege zu tragen.

Der Werth der Waldstreu für die Landwirthschaft ist ein
verschiedener, je nach dem inneren Gehalt an düngenden Substanzen,
nach ihrem äußeren Zustand der Zerkleinerung und nach der Fähigkeit,
die Feuchtigkeit und Luft mehr oder weniger in sich aufzunehmen, also
im Stall ein trockenes Lager zu gewähren und im Ackerboden schneller
oder langsamer zu verwesen; ferner beurtheilt sich die Güte der Wald=
streu nach dem Boden, für welchen sie bestimmt ist, nach der Art und
Weise der Düngerbereitung und Behandlung, nach ihrem Volumen, nach
der geringeren oder größeren Leichtigkeit, sie beizuschaffen, endlich nach
dem allgemeinen Stand der Landwirthschaft.

Es läßt sich der Werth der einzelnen Streumaterialien als Düng=
mittel unter Zugrundlegung des Gewichts, gleichen Trockenheitsgrad
vorausgesetzt, etwa folgendermaßen vergleichen:

Waldstreu	Gattung	Werth für den leichten	Werth für den mittleren	Werth für den schweren	Kali und Natron	Kali und Bittererde	Phosphorsäure	Schwefelsäure
		Ackerboden						
Winterfruchtstroh ..		100	100	100	9,0	5,0	2,5	1,2
Besenpfrieme	zarte	75	75	75	6,8	5,0	1,5	0,6
"	holzige	25—33	35—40	40—45	—	—	—	—
Heide und Heidel=beere........	zarte ohne Erde ..	50—60	60—65	66—75	4,0	6,4	1,4	0,8
	holzige dto. ..	25—33	35—40	40—45	—	—	—	—
" " "	Plaggen	50—60	60—70	70—80	—	—	—	—
Nabelreis von Tannen und Fichten	zartes	50—60	60—65	66—75	—	—	—	—
Nabelreis von Tannen, Fichten und	grobes	25—33	40—45	45—50	2,2	23	2,1	0,7
Kiefern	....	—	—	—	2,2	7,0	1,2	0,5
Laub	von Buchen, Ahorn, Eschen, Linden ..	33	25	20	3,6	28	3,1	1,1
Laub	von Eichen, Birken, Erlen, Weiden ..	25	20	15	4,8	23	2,1	0,7
Nadeln........	Kiefern	50	45	40	—	—	—	—
"	Tannen	—	—	—	3,2	27	2,8	0,9
"	Lärchen	60—70	60—70	60—70	2,4	11	1,5	0,6
Moos	von trockenem Grund	75	65	50	9,0	8,0	4,8	1,6
"	vom Sumpfboden .	20	15	10	—	—	—	—
Farnkraut und Binsen	trocken geschnitten .	90	90	90	27	13	5,5	2,3
Farnkraut und Bin=sen	grün geschnitten und dann getrocknet .	100	100	100	26	8,0	5,0	1,6
Waldgras	trocken gewonnen ..	80—90	80—90	80—90	—	—	—	—
Rohrschilf	grün gemäht und getrocknet	50—60	75	90	8,6	5,0	2,8	0,7

Diese Tabelle enthält in der 3.—5. Spalte nur annähernde Ver=hältnißzahlen, denn in vielen Fällen wird die Gewohnheit und Lieb=haberei, die leichtere oder schwerere Art der Gewinnung und des Trans=ports dem einen oder andern Streumaterial in den Augen der Em=pfänger geringeren oder höheren Werth geben; auch die Viehgattung und der Viehschlag, sowie die übliche Düngerbehandlung sind nicht ganz ohne Einfluß darauf. Die Zahlen der vier letzten Spalten sind dem vortrefflichen Werk von Ebermayer entnommen; sie geben den Gehalt für 1 kgr wasserfreier Streusubstanz von den in der Ueberschrift genannten Aschenbestandtheilen in gr an. Wo in der 1. Spalte mehrere Streuarten genannt sind, beziehen sich die Zahlen der vier letzten Spalten jeweils auf die gesperrt gedruckte Art.

11 Ctr. waldtrockene Streu geben 5 Ctr. lufttrockene. Eine Kuh mittleren Schlages bedarf bei Stallfütterung täglich 4 Pfd. Streustroh.

Die Waldweide hat in vielen Gegenden sich überlebt und ist 414 durch eine bessere landwirthschaftliche Kultur, durch vermehrten Futterbau auf dem Acker und durch Einführung der Stallfütterung verdrängt worden.

So viele Nachtheile auch in den meisten Verhältnissen die Weidewirthschaft für den Landwirth mit sich bringt, so hat sie doch auch wieder manche Vortheile und ist in einzelnen Gegenden von großem Nutzen; dahin gehören besonders die eigentlichen Waldgegenden, wo eine größere Bevölkerung zwischen ausgedehnten Waldungen eine geringe landwirthschaftlich zu bebauende Fläche besitzt, und wo daher der nothwendige Viehstand nur durch solchen Zuschuß erhalten werden kann. Hier beruht oft die ganze Existenz, wenigstens der ärmeren Bewohner, auf der Gestattung dieser Nebennutzung und der Forstmann hat dann den richtigen Mittelweg zu finden, um die Weide möglichst unschädlich für den Wald und möglichst ausgiebig für die Viehzucht zu machen. In neuester Zeit wird die Forstwirthschaft intensiver betrieben, die Femelwirthschaft meist verlassen und eine möglichst rasche Anzucht vollkommener und regelmäßiger Waldungen als das Ziel der waldbaulichen Bestrebungen angesehen; deßhalb ist der Werth der Waldweide fast überall im Abnehmen begriffen.

Die Waldweide wird für die Waldungen schädlich, indem das Weidvieh die jungen Pflanzen durch den Tritt und durch Abbeißen beschädigt; das schwere Vieh tritt den Boden fest, was namentlich auf Thonboden die günstige Einwirkung der Atmosphärilien verhindert. An steilen Hängen wird der Bodenüberzug durch den Tritt des Viehes nicht selten verletzt und in seinem Zusammenhang unterbrochen, so daß dadurch dem Wasser Angriffspunkte geboten werden, und der gute, humose Boden seinen Halt verliert. Das Abbeißen der Gipfeltriebe, das Umdrücken, Eintreten, Abschälen der jüngeren und älteren Pflanzen, die unvermeidlichen Beschädigungen an Entwässerungsgräben, Böschungen, auf planirten und geschlagenen Wegen können in ihrer Gesammtheit immerhin ziemlich bedeutend genannt werden.

Die Laubhölzer heilen die Beschädigungen durch Biß und Tritt viel leichter wieder aus, und ebenso ist die Tanne weniger empfindlich dagegen, als die Fichte und Kiefer. In Reihenkulturen ist das Vieh unschädlicher, wenn es zwischen den Reihen gut gehen kann, was freilich in Saaten an steilen Berghängen nicht immer der Fall ist, wo es die Riesen als Pfade benützt. Ein oftmaliges Wiederholen des Abbeißens ist besonders schädlich.

Je jünger die betr. Bestände sind, um so schädlicher wird die Waldweide, man hat deßhalb das Zulassen des Viehes so lange hinauszuschieben, „bis das Holz dem Maul des Viehes entwachsen ist", bis die Gipfel nicht mehr von demselben erreicht werden können.

Bei einem regelmäßigen Gang der Verjüngung, namentlich bei rechtzeitiger künstlicher Nachhülfe können die Fichtenschonungen schon etwa 10 Jahre nach dem Abtrieb der Weide geöffnet werden; ähnlich bei den Weißtannen, wo die Verjüngungsperiode länger dauert. Wo der Kahlhieb Regel ist, werden hiezu 15—20 Jahre nöthig sein, was auch für Kiefern gelten mag. In Buchen werden 10—15 Jahre nach dem Abtrieb des Mutterbestandes ausreichen, wenn mit Nachbesserung der Lücken rechtzeitig vorgegangen wurde.

Im Niederwald, mit vorherrschend schnell wachsenden Weichhölzern, genügt eine Schonungszeit von 4—6 Jahren, bei Hainbuchen und Eichen von 5—8, bei Buchen von 6—10 Jahren. Für Mittelwaldungen sollten diese Schonzeiten wo möglich auf das Doppelte erhöht werden, damit die Samenpflanzen gehörig Zeit zur Entwicklung bekommen. Im Femelwald sind abwechselnd einzelne Abtheilungen 12 bis 20 Jahre lang nach geführtem Schlag der Weide zu verschließen, damit sich genügender Nachwuchs einfinden kann.

Die einzelnen Viehgattungen unterscheiden sich sehr nach ihrer Schädlichkeit; am schlimmsten hausen die, übrigens meist durch das Gesetz ganz ausgeschlossenen Ziegen, die gar nichts aufkommen lassen, und alles verderben; ihnen folgen die Pferde und Schafe, dann das Rindvieh und die Schweine. Letztere sind in vielfacher Beziehung nützlich, weil sie die meisten schädlichen Insekten und die Mäuse vertilgen helfen. — Am Harz, wo langjährige Erfahrungen darüber vorliegen, wird das Schaf für ebenso wenig oder sogar für weniger schädlich gehalten, als das Rindvieh, freilich kann dort die Ausübung der Weide von den Forstbeamten gehörig geregelt werden. Pfeil tritt dieser Ansicht über die geringere Schädlichkeit des Schafs bezüglich der Kiefernwaldungen bei. — Die Waldweide wirkt übrigens um so schädlicher je ungünstiger der Standort für die betr. Holzart ist, am schädlichsten im Hochgebirg an der oberen Baumgrenze.

Bei mäßigem Vieheintrieb wird die Waldweide namentlich auf unkrautwüchsigem Boden der Verjüngung förderlich durch Zurückdrängen der schädlichen Unkräuter, Verwundung des Bodens zur Beförderung der natürlichen Besamung (zu vergl. Baur, Monatsschrift 1868, S. 48, wo Beispiele aus dem Schwarzwald angeführt sind, die aber auch noch aus anderen Gegenden vermehrt werden könnten).

Die Zeit der Weidenutzung ist von großem Einfluß; treibt man zu frühe ein, ehe das Gras ausschlägt, so ist das Vieh aufs Holz angewiesen und wird deßhalb um so schädlicher; namentlich bekommt es dadurch für die ganze Saison eine Neigung, das Holz anzugehen, die besonders gefährlich wird, wenn die frischen Triebe noch recht saftig und markig sind. Ebenso geht das Vieh in nassen Jahren und bei nassem Wetter die jungen Triebe leichter an, als bei trockener Witterung. Am unschädlichsten wird die Weide betrieben, wenn einmal ein stärkerer Gras= und Kräuterwuchs dem Vieh genügende Nahrung bietet.

Bei Nacht wird das Vieh entweder in die Ställe heimgetrieben, oder in Haufen beisammen gehalten, an Stellen, wo es durch Bäume oder Felsen Schutz gegen Wind und Wetter hat, und sich nicht verlaufen kann.

Am meisten Weide in fährigen (nach forstwirthschaftlichen Rücksichten dem Vieh zur Weide geöffneten) Distrikten bietet der Niederwald und Femelwald, dann folgt der durch Pflanzung verjüngte Hochwald, hierauf der Mittelwald und endlich der durch Saat oder natürliche Besamung entstandene Hochwald. Der Kopfholz= und Schneidelbetrieb, welche beide die Weide sehr begünstigen, sind nicht mehr zu den forstlichen Betriebsarten zu zählen. — Unter den einzelnen Holzarten sind die Eiche, Birke, Aspe, Forche und Lärche diejenigen, die in höherem Alter einen stärkeren Unkräuterüberzug begünstigen und dadurch einen größeren Weidertrag gewähren.

Die Art des Weidebetriebs ist so zu regeln, daß die verschiedenen Viehgattungen in Heerden gesondert ausgetrieben werden. Jede Heerde hat ihren eigenen Hirten. Mehr als 50—80 Stück Rindvieh kann ein Hirte mit einem jüngeren Gehülfen je nach dem Terrain und der Bestockung nicht mehr gut im Auge behalten; größere Heerden sind auch deßhalb unzweckmäßiger, weil sie sich auf einer viel zu ausgedehnten Fläche ihre Nahrung suchen, also jeden Tag sehr weit gehen müssen; sie schaden aber auch dem Wald mehr, namentlich, wenn sie bei schlechtem Wetter in Haufen beisammen gehalten werden sollen. Hat man ausgedehnte Weideflächen, so theilt man sie in zwei oder drei Abtheilungen und wechselt mit dem Betreiben derselben in Perioden von zwei bis drei Wochen ab, es ist dies für das Vieh und den Wald gleich nützlich.

Der aufzustellende Hirte muß mit den Schonungsflächen genau

bekannt gemacht werden. Diese selbst sind durch besondere Zeichen auf=
fallend zu markiren, mit Stroh zu verhängen, zu bannen; die
nöthigen Wege und Triebe (Triften) durch die nicht geöffneten Bestände
sind ebenfalls speziell anzuweisen, sie müssen gehörig breit sein, und in
kürzester Richtung zum Ziele führen. Der Hirte muß sein Vieh auch
in der Hinsicht im Auge behalten, ob nicht einzelne Stücke für den
Wald besonders schädliche Gewohnheiten haben oder annehmen, z. B.
das Schälen der Stämme und Wurzeln; er soll das Vieh nie an einem
Ort zu lange festhalten, weil es dann in Ermanglung von Nahrung
solche Untugenden annimmt.

416   Die Zahl des aufzutreibenden Viehes ist besonders wichtig,
weil davon der größere oder geringere Schaden abhängt, den die Wald=
weide verursacht. Treibt man zu viel Vieh ein, so ist dieses auf Be=
schädigung des Holzes angewiesen. Es läßt sich trotzdem kein fester
Anhaltspunkt geben, weil die Weide nach Boden, Lage, Klima, Holz
und Betriebsart, nach den Ansprüchen der Viehgattung in Beziehung
auf Menge und Güte äußerst verschieden ist, so daß bald 2—3 ha,
bald 4—10 ha erforderlich sind, um ein Stück erwachsenes Rindvieh
mittleren Schlags den Sommer durch zu ernähren, wobei das Vieh
Abends wieder in den Stall kommt und hier noch etwas gefüttert wird.
Jener günstige Fall wird nur auf sehr üppigem Aueboden mit Nieder=
und Mittelwaldwirthschaft eintreten; der ungünstigste Fall, wo man gegen
10 ha für ein Stück Vieh rechnet, in dürftigen Kiefernwäldern oder
in sehr regelmäßigen und vollkommenen Hochwaldbeständen mit lang=
samer natürlicher Verjüngungszeit. — Bleibt das Vieh Tag und Nacht
auf der Weide, so braucht man in der Regel die ein und einhalbfache
bis doppelte Fläche. — Am Harz finden den Sommer über auf 7419 ha
Waldfläche über 20 000 Stück Vieh aller Gattungen (= etwa
10 000 Stück Kühen) ihre Nahrung in der Waldweide.

Treibt man (in Nothfällen) das Vieh, so lange es hungrig ist, in
die jüngeren Bestände, so wird der Schaden sehr vermindert, wenn
man es in schräger Richtung bergaufwärts gehen läßt.

Die Schweine finden verhältnißmäßig weniger Nahrung im
Wald, als die Grasfresser, sie sind auf Raupen, Puppen, Reptilien,
Mäuse, ferner auf Schwämme, Farnwurzeln u. dgl. angewiesen, bis
ihnen ein reichlicher Ertrag von Eicheln und Bucheln bessere Nahrung
in größerer Menge gewährt.

Bei jeder Weide hat man noch für Tränken des Viehes zu
sorgen und dazu solche Plätze auszuwählen, die leicht zugänglich sind,
und wo das Vieh nicht schaden kann.

Das Waldgras ist von geringerem Nahrungswerthe, als das 417
auf guten Wiesen und Aeckern erzeugte Viehfutter, es wird aber doch
vielfach gesucht und giebt in manchen Gegenden einen bedeutenden Beitrag zur Viehhaltung. — In mittelwüchsigen, geschlossenen Beständen
wird die geringste Menge und die schlechteste Qualität erzeugt, in
Kulturen und in Schlägen dagegen das beste und meiste. Unmittelbar
nach Entfernung des Schutzbestandes ist der Grasertrag in der Regel
nach Menge und Güte am höchsten und läßt dann nach etlichen Jahren
zuerst in der Menge, dann in der Güte nach, weil die Bodenkraft allmählig erschöpft wird, sich schlechte Gräser ansiedeln, und der Schatten
des aufwachsenden Holzes nachtheiliger wirkt.

Diese Nutzung entzieht dem Waldboden natürlich auch einen Theil
der mineralischen Bestandtheile, doch geschieht dieß auf diesem Wege
nicht in so empfindlicher Weise, wie bei der Streunutzung, und überdieß
hat man an unsern Wiesen die Erfahrung gemacht, daß sie auch ohne
Zufuhr von düngenden Stoffen nachhaltig einen Grasertrag liefern
können, ohne den Boden zu erschöpfen. Es ist ferner bei dieser Nutzung
noch der Umstand sehr günstig, daß sie nur auf eine verhältnißmäßig
kurze Zeit während und nach der Bestandesverjüngung beschränkt bleibt
und später fast gar nicht mehr ausgeübt werden kann. Vielfach wird
durch die Entfernung des Grases bei vorsichtiger Behandlung das
Wachsthum und Gedeihen des jungen Bestandes gefördert und schädlichen Thieren (Mäusen 2c.) ein günstiger Schlupfwinkel entzogen, auch
für das kommende Frühjahr die Feuersgefahr vermindert.

Das Gras wird entweder mit der Hand gerupft, oder mit
der Sichel, beziehungsweise mit der Sense geschnitten. Erstere
Methode ist nur ausführbar bei feineren, zarten Gräsern, oder beim
ersten Austreiben des Grases; die Sense ist nur da zulässig, wo sich
zwischen dem Gras gar keine zu schonenden Waldpflanzen finden (auf
Wegen, alten Blößen), oder wo die Waldpflanzen in größerer Entfernung regelmäßig in Reihen gestellt sind und eine freiwillige Ansiedlung von andern Holzarten zwischen den Reihen nicht gewünscht wird,
oder nicht möglich ist. Auch bei Anwendung der Sichel sind Vorsichtsmaßregeln geboten, sie darf gewöhnlich nur an solchen Orten gestattet
werden, wo die jungen Pflänzchen so erstarkt sind, daß sie nicht mehr
abgeschnitten werden können. Wo aber das Gras sehr gesucht ist, kann
man die einzelnen Pflanzen mit Stäben 2c. bezeichnen. Es dient sodann sehr zur Abwendung von Beschädigungen, wenn das Gras von
genau abgegrenzten Flächen je an bestimmte Personen überlassen wird

unter der Bedingung, daß sie für jede auf dieser Fläche vorkommende Beschädigung der Holzpflanzen Ersatz zu leisten haben.

Die Nutzung geschieht am besten in den Monaten Juli und August, weil das Gras zu dieser Zeit seinen vollen Werth hat und der Wald weniger beschädigt wird, indem die Triebe schon stärker verholzt sind.

In der Regel sind mit der Gewinnung des Grases die Empfänger betraut; um dann Ordnung in den Betrieb zu bringen, werden bestimmte Wochentage festgesetzt, in denen Gras gesammelt werden darf. Auch da, wo die Nutzung nicht gegen Bezahlung erfolgt, werden den einzelnen Personen Erlaubnißscheine ausgestellt, die sie im Wald stets bei sich zu tragen haben. Wenn die Nutzung besondere Sorgfalt erheischt, so kann man sie an ganz zuverlässige Personen vergeben, oder die Aufsicht entsprechend verstärken. Wo der Andrang groß wird, ist Vorsorge zu treffen, daß eine möglichst große Fläche der Nutzung geöffnet, oder die Zahl der Nutznießer oder der Wochentage, an denen das Grasen erlaubt ist, vermindert werde; es sind auch die Taxen für die Erlaubnißscheine nicht zu hoch zu stellen. Billig ist es und in diesem Falle selbst vortheilhaft, wenn die Verjüngung so eingerichtet wird, daß neben dem Hauptzweck noch die Erzeugung von Gras möglichst begünstigt wird. Häufig kann dadurch ein sehr erwünschter Beitrag zu den Kulturkosten gewonnen werden.

Wenn die Waldgrasnutzung und die dabei einzuhaltende Ordnung in einer Gegend einmal eingebürgert ist, so kann man auch den Grasertrag öffentlich versteigern, namentlich wenn man sich die Wahl unter den Steigerern vorbehält, um die dem Wald gefährlichen Personen ausschließen zu können.

Neben der Waldweide läßt sich diese Nutzung auf der gleichen Fläche nicht ausüben.

Ueber die durch die Grasnutzung zu erlangenden Gelderträge sind bereits oben (277 und 287) Zahlen mitgetheilt; hier ist nur noch bezüglich der Verarbeitung des Seegrases für den Handel auf Baur Monatsschrift 1873, S. 147 und 455 zu verweisen.

418 Die auf dem Stock dürr werdenden kleineren Stämmchen bis zu etwa 6 cm Durchmesser, die abfallenden Aeste und kleineren Zweige, die in den Schlägen zurückbleibenden Späne und sonstige Abfälle gehören zu dem Leseholz; eine Nutzung, die zwar in der Regel nichts einträgt, aber dennoch gestattet wird, weil sie den ärmeren Anwohnern der Forste unentbehrlich ist und im Fall ihrer Verweigerung die be-

deutenderen Holzfrevel mehr überhand nehmen würden. Es ist daher nothwendig, an dieser Holznutzung nur solche Leute Theil nehmen zu lassen, welche wirklich bedürftig sind und welche sich gröberer Holzfrevel enthalten. Ueber die zulässige Zahl der Leseholzsammler läßt sich nichts Bestimmtes angeben, es kommt dieß auf die Art der Waldbestockung, auf die Führung der Durchforstungen, auf die Gewohnheit, sich mit stärkerem oder schwächerem Holz zu begnügen, und auf den Holzbedarf an. Die betreffenden Personen müssen Erlaubnißscheine erhalten, welche sie bei Ausübung der Nutzung stets mit sich tragen sollen und welche nie von zwei oder mehreren Personen gleichzeitig benützt werden dürfen. Die Nutzung ist auf bestimmte Wochen- oder Monatstage zu beschränken; zweckmäßig ist es, wenn man den Winter durch einen öfteren Zutritt gestattet, als im Sommer, wo der Holzbedarf geringer ist und auch die nöthige Zeit dazu fehlt. Es ist wegen der etwa auf diese Holztage fallenden Feiertage Vorsorge zu treffen, daß dafür der folgende Tag gelte. Die Benützung von schneidenden Werkzeugen und von Fuhrwerken ist da, wo ein großer Zudrang zu dieser Nutzung stattfindet, nicht zu gestatten. Um das Freveln von Bindeweiden zu verhindern, kann verlangt werden, daß die Leseholzsammler Stricke mit in den Wald nehmen.

In der Regel sind die Schläge, während sie im Betrieb sind, den Leseholzsammlern zu verbieten, und Saaten oder Pflanzungen in den ersten 20—30 Jahren. Ebenso ist das Besteigen der Bäume nicht zu gestatten, namentlich nicht der Gebrauch von Steigeisen. Um die Bedürftigsten für diese Nutzung auswählen zu können, ist es gut, wenn man sich dieselben von der Gemeindebehörde bezeichnen läßt, doch darf man solche Verzeichnisse nicht ohne Kritik hinnehmen, und wenn zu Viele darin aufgenommen sind, so muß man die Zahl der Leseholztage vermindern. Kann man im Mai und Juni die Nutzung ganz aussetzen, so hat dieß manche Vortheile für den Wald und die Schonung der nützlichen Vögel.

Die zeitweilige landwirthschaftliche Benützung des Waldbodens ist bezüglich der Hackwaldungen bereits oben (296) besprochen; weßhalb hier nur noch der bei Hochwaldungen vorkommende Waldfeldbau oder Röderlandbetrieb zu erwähnen ist; dabei wird nach vorausgegangenem kahlem Abtrieb das Stock- und Wurzelholz vollständig gerodet und der Boden auf 10—20 cm Tiefe umgebrochen, worauf sodann der Einbau von Halm- oder Hackfrüchten erfolgt; nach Umständen (auf gutem kräftigem Boden) wird die forstliche Kultur bis

ins zweite Jahr nach dem Abtrieb verschoben und so lange die land=
wirthschaftliche Nutzung ausschließlich betrieben.   Auf minder kräftigem
Boden werden gleich mit dem ersten landwirthschaftlichen Einbau die
Waldpflanzen in Reihen eingesetzt (seltener gesäet) und dann zwischen
den Reihen noch einige Jahre landwirthschaftliche Gewächse gebaut.
Eine angemessene Abwechslung zwischen Halm= und Hackfrüchten ist
dabei besonders erwünscht und auch für die Waldpflanzen vortheilhaft,
weil dann während dieser Zeit das Unkraut nicht so überhand nehmen
kann.   Kommt die Kultur mehr in die Höhe, oder würde der Boden
zu sehr erschöpft, so hört der Einbau auf, nachdem er im Ganzen ein
bis vier Jahre gedauert hat.   Man läßt nun auf dem Boden eine
Grasnarbe sich bilden und benützt dann das Gras als Futter oder
Streu.

Diese Nutzungen werden mit Ein= oder Ausschluß der Stock=
und Wurzelholzgewinnung verpachtet, im letzteren Fall muß aber da=
für gesorgt werden, daß dasselbe in bestimmter, möglichst kurzer Frist
vollständig entfernt werde.

Bei der Verpachtung ist der zulässige Einbau genau vorzuschreiben,
und wegen der forstlichen Kulturen sind geeignete Vorbehalte zu machen;
namentlich ist dieß bei Saaten nothwendig, weil sie z. B. in Sommer=
frucht und zwischen Hackfrüchten besser gedeihen, als in Winterfrucht;
ferner in Beziehung auf Schonung der Kultur bei der Bearbeitung
und bei der Ernte.

Die Dauer der landwirthschaftlichen Nutzung ist nach
dem Kraftzustand des Bodens zu bemessen, jedenfalls nicht zu lange zu
gestatten, weil dieß sehr nachtheilig ist.   Derartige Fehler haben in
einzelnen Gegenden das ganze Verfahren in Mißkredit gebracht.

Wo man größere Sorgfalt in Behandlung der Kulturen verlangt,
kann man die einzelnen Parzellen an zuverlässige Personen abgeben;
oder man nimmt den ganzen Betrieb in Selbstverwaltung, wobei natür=
lich die größte Schonung und Rücksicht auf die Forstkultur möglich ist.

An steilen Hängen, auf felsigem sumpfigem Boden ist diese Neben=
nutzung nicht zulässig; ebenso nicht bei einzelnen Holzarten, z. B. der
Weißtanne.   Wo es an Arbeitern fehlt, und wo der Boden zu erschöpft
ist, muß ebenfalls davon Umgang genommen werden.

Neben der günstigen Einwirkung auf das Gedeihen der Kulturen
ergiebt sich auch noch ein schöner Geldertrag, im hessischen Revier Virn=
heim z. B. von 2—4 Jahre dauerndem Waldfeldbau 60—100 Mark
jährlich pro ha.

Eine der wichtigsten, aber nicht immer genügend beachtete Auf= 420
gabe des Forstwirths ist die möglichst gute **Verwerthung der Wald=
produkte,** insbesondere des Holzes, wofür unter dem Einfluß der ver=
schiedenen Verhältnisse sich eine größere Zahl von Verkaufsmethoden
entwickelt hat, von denen jeweils die geeignetste zu wählen ist, ohne
daß man dabei übrigens ganz freie Hand hätte, weil die berechtigten
Wünsche und Gewohnheiten der Consumenten und Käufer stets so weit
möglich zu berücksichtigen sind.

Die für den Waldbesitzer ungünstigste Art ist der Verkauf des
stehenden Holzes ganzer Schläge, wie solche in Frankreich
üblich ist. Aehnlich verhält sich der Verkauf des schlagbaren Holzes
pro Flächeneinheit, Morgen oder ha in den östlichen Provinzen Preußens.
Der Waldbesitzer kennt in diesen Fällen die Menge und den Werth
der zum Verkauf gestellten Holzmasse nie ganz genau, wogegen dem
Käufer eine langjährige Uebung und Erfahrung zur Seite steht, welche
ihm die Orientirung erleichtert; in irgend zweifelhaften Fällen bleibt
der Käufer mit der Schätzung genügend zurück und macht dem ent=
sprechend niedrigere Gebote, welche der Verkäufer nicht mit den nöthigen
beweiskräftigen gegentheiligen Zahlen entkräften kann. — Außerdem
ist die Concurrenz in solchen Fällen eine um so schwächere, je größer
die ausgebotenen Objekte sind und namentlich dann, wenn es sich um
mehrjährige Abstockungsverträge handelt. In letzterem Fall tritt noch
das Risiko hinzu, daß bei erheblichem Rückgang der Preise der Käufer
sich mit allen möglichen Mitteln den eingegangenen Verbindlichkeiten
zu entziehen sucht, besonders die Qualität des Holzes beanstandet,
während im entgegengesetzten Falle bei steigenden Holzpreisen der Ver=
käufer an sich schon im Nachtheil ist, zumal der Käufer gleich von
Anfang an nur solche Preise bieten wird, welche ihm auch bei un=
günstiger werdenden Absatzverhältnissen noch entsprechenden Gewinn
hoffen lassen. Am nachtheiligsten wirkt ein solcher Gesammtverkauf da,
wo die Walderzeugnisse in unmittelbarer Umgebung Absatz und Con=
sumenten finden, weil sich ein unnöthiger Zwischenhändler einschiebt,
der auf Kosten des Waldbesitzers oder auf Kosten der Consumenten lebt.

Bei dieser Art der Verwerthung ist man in der Wahl der Ver=
jüngungsmethoden beengt, beinahe ausschließlich auf den Kahlhieb an=
gewiesen; die pflegliche Behandlung des Waldes wird dadurch stark in
Frage gestellt, und dem Waldbesitzer — trotz aller sichernden Vertrags=
bedingungen — der nöthige Einfluß darauf viel zu sehr entzogen, was
namentlich dann der Fall ist, wenn, wie in Frankreich üblich, auch noch

die Wiederkultur der abgetriebenen Flächen dem Käufer des Holzes zur
Pflicht gemacht wird.

Als einzigen Vortheil läßt sich bei diesem Verfahren die Möglich=
keit anführen, welche dem Holzkäufer gegeben wird, die Ausscheidung
der einzelnen Sortimente sorgfältiger und mehr mit Rücksicht auf seine
oder der Consumenten spezielle Zwecke vorzunehmen und dadurch das
Material rationeller auszunützen, als es dem Verkäufer möglich wäre.
Wo nun allerdings Letzteres zutrifft, da hat diese Verkaufsweise einige
Berechtigung; aber bei einer umsichtigen Wirthschaftsleitung und auf=
merksamen Beobachtung des Holzmarkts und der lokalen Nachfrage soll
es auch dem Personal des Waldbesitzers gelingen, eine möglichst vor=
theilhafte Ausscheidung der Holzsortimente zu bewirken, wobei dann
der sonst daraus sich ergebende Unternehmergewinn des Holzhändlers
dem Waldeigenthümer zugut kommt.

421   Der Verkauf einzelner Stämme von besserer Qualität, welcher
dem Verkauf der Hauptbestandesmasse vorausgeht, sollte auch bei den
verlockendsten Preisen stets abgelehnt werden, weil dadurch die gute
Verwerthung des verbleibenden Bestandes erheblich und für längere
Zeit beeinträchtigt wird. Am nachtheiligsten wirkt ein solcher Verkauf,
wenn dabei dem Käufer die Auswahl der Stämme überlassen wird
(Wahlstämme), weil jeder folgende Kaufsliebhaber annimmt oder
doch vorschützt, daß das beste Material bereits vorweg genommen sei.

Anders verhält es sich, wenn der Verkäufer zum Voraus diejenigen
Stämme bezeichnet, welche zum Verkauf gestellt werden und bei deren
Auswahl nach wirthschaftlichen und ökonomischen Rücksichten verfährt;
ein solcher Verkauf bietet die Möglichkeit, bei ungenügendem Preisoffert
die Stämme ohne Nachtheil für deren Qualität noch stehen zu lassen
und bessere Käufer zu suchen; deßhalb eignet sich dieses Verfahren haupt=
sächlich für Zeiten des stockenden Absatzes. — Dabei kann man den
einzelnen Stamm ganz, mit Ast= und Reisholz oder nur das von dem=
selben zu gewinnende Nutzholz in voraus zu bestimmenden Dimensionen
und Sortimenten zum Verkauf bringen, und empfiehlt sich besonders
der Verkauf aufs Nachmeß zu voraus pro Festmeter vereinbarten
Preisen für die verschiedenen, genau zu bestimmenden Sortimente, wo=
bei nur gesunde, marktgängige Qualität vom Käufer zu übernehmen
ist. — Die Fällung und Aufbereitung des Holzes geschieht in solchem
Fall am besten auf Kosten des Waldbesitzers und unter dessen Aufsicht
und Leitung, wobei im Interesse des Käufers auf möglichste Be=
schleunigung der Arbeit hinzuwirken ist.

Zur Bestimmung des Kubikgehalts von stehenden 422 Stämmen hat man verschiedene Hülfsmittel, zunächst das Augenmaß, welches aber nur bei großer Uebung und langjähriger Erfahrung annähernd sichere Resultate giebt. Am sichersten geht man bei der Anwendung von Massentafeln, welche für die verschiedenen Stammstärken und Höhen den Kubikgehalt des ganzen Baumes bald mit, bald ohne Astholz angeben. Man hat also nur die Grundstärke des betr. Stammes bei Brusthöhe mit dem Gabelmaß abzunehmen und die Höhe desselben bis zur Gipfelspitze zu ermitteln, um dann in den betr. Spalten der Tafeln den Kubikgehalt abzulesen. Die Messung der Höhe geschieht mittelst eines Höhenmessers oder an gefällten Stämmen von ähnlicher Dimension, oder mittelst des Augenmaßes.

Im Fall man den Kubikgehalt nur von dem zu Nutzholz verwendbaren Theil des Stammes ermitteln will, hat man je nach der Beschaffenheit, Astreinheit 2c. desselben für den zu erwartenden Brennholzanfall einen verhältnißmäßigen Abzug zu machen. Ebenso für die Rinde, wo diese bei der Messung des aufbereiteten Stammes unbeachtet bleibt.

Da der Nutzholzkäufer in der Regel für das abfallende Brennholz und namentlich für die geringen Sortimente desselben keine Verwendung hat und sie als etwas Werthloses ansieht, so ist es viel zweckmäßiger, wenn der Waldbesitzer bei dieser Verkaufsmethode solche vorbehält und anderweitig verwerthet.

Der Verkauf des Holzes in aufbereitetem Zustande ist in 423 Deutschland die Regel und empfiehlt sich dieses Verfahren in beiderseitigem Interesse für Verkäufer und Käufer am meisten, wobei aber erstererseits den berechtigten Wünschen der Consumenten mit aller Aufmerksamkeit entgegenzukommen ist, namentlich hat Verkäufer stets das volle und richtige Maß zu geben, die geringwerthigeren Sortimente sorgfältig auszuscheiden und gesondert zu verwerthen, dem Nutzholz die richtigen Längen geben, das Brennholz gut und dicht aufschichten zu lassen 2c., überhaupt als reeller Geschäftsmann zu handeln, damit die Concurrenz sich erhält und womöglich vermehrt.

Bei jeder Art von Verkauf hat man die Wahl, Baarzahlung binnen wenigen Tagen zu verlangen, oder längere Zahlungsfristen zu gewähren. Letztere sind namentlich beim Großhandel allgemein üblich und der Waldbesitzer muß dieß beachten, weil in diesem Fall die Forderung von Baarzahlung die Kauflust und die Concurrenz schwächt, namentlich aber erheblich niedrigere Gebote zur Folge hat, als die Zinsdifferenz beträgt. — Andrerseits erfordert die Sicherstellung der

Zahlung viele Vorsicht und demungeachtet geht in kritischen Zeiten mancher Posten ganz verloren, so daß sich beiderseits Vor- und Nachtheile die Wage halten werden, während die sofortige Baarzahlung neben einer großen Geschäftsvereinfachung überhaupt die beste Sicherheit für den Verkäufer bietet; besonders empfiehlt sie sich da, wo Detailverkauf in vielen kleinen Losen Regel ist. In solchem Fall hat man aber den Verkauf zu einer Zeit vorzunehmen, wo die Mehrzahl der Abnehmer ihrerseits auf Einnahmen rechnen kann.

In allen Fällen darf das Holz vom Käufer erst dann in Besitz genommen, weiter verarbeitet, oder abgefahren werden, wenn entweder die verlangte Baarzahlung oder die Sicherstellung des Kaufschillings in befriedigender Weise geleistet ist, in welcher Richtung das Schutz- und Verwaltungspersonal eine strenge Controle zu führen hat, was namentlich bei Anborgung der Holzkaufgelder viele Mühe macht. Wird diese Controle vernachlässigt, so hat der säumige Diener etwaige Verluste zu ersetzen.

Der Abschluß von Kauf- und Bürgschaftsverträgen erfordert eine genaue Kenntniß des dießfallsigen Civilrechts und hat sich der Forstwirth deßhalb auch eingehend hiemit bekannt zu machen. Mit dem Geldeinzug und der gerichtlichen Beitreibung verfallener Gelder soll zwar derselbe nichts zu thun haben, er muß aber doch auch in letzterer Hinsicht die einschlägigen Bestimmungen des Klage- und Executionsverfahrens kennen, um durch ein correktes Verfahren bei der Ueberweisung des Holzes Einreden und Ausflüchten des Käufers vorzubeugen.

424 Die Verwerthung geschieht sodann entweder aus freier Hand oder im öffentlichen Aufstreich, oder durch Einschreibung, Submission. Im ersten Fall können die Preise nach einem feststehenden Tarif als Taxen für längere Zeiträume vorausbestimmt sein, oder es werden die Preise für jeden einzelnen Fall im Wege der Unterhandlung festgestellt, wobei es sich um einmalige oder um mehrjährig sich wiederholende Abgaben handeln kann. Diese Art der Verwerthung ist nur da zu empfehlen, wo man es mit einem oder wenigen Abnehmern, die sich gegenseitig keine Concurrenz machen, zu thun hat, oder wo es sich darum handelt, durch die Zusage eines größeren Holzquantums für mehrere Jahre ein neu zu gründendes industrielles Etablissement herbeizuziehen.

Die eigentlichen Taxen kommen zwar noch vielfach in Anwendung, haben aber viel von ihrer früheren Ungefügigkeit verloren, indem man jetzt allgemein nach Verschiedenheit der Absatzlage Erhöhung oder Ermäßigung eintreten läßt. Jedenfalls sind sie nur da noch anwendbar, wo das Holz in einer den lokalen Bedarf übersteigenden Menge zur Verfügung steht und sind auf diejenigen Sortimente zu beschränken, welche nicht auf den großen Markt kommen und nicht exportfähig sind.

Am besten fährt der Waldbesitzer da, wo der Verkauf an den Meistbietenden durchführbar ist, sei es nun, daß dieß im Wege der öffentlichen Steigerung oder im Wege der Submission durch Einschreibung geschehen kann. Letzteres Verfahren macht Verabredungen unter den Kaufliebhabern fast ganz unmöglich und verdient in allen Fällen, wo Derartiges zu befürchten ist, besondere Beachtung; ebenso da, wo die öffentlichen Steigerungen durch gesetzliche Formalitäten erschwert oder durch Steuern zu sehr belastet sind.

In allen Fällen ist dahin zu streben, daß zunächst das ganze ausgebotene Quantum gleichzeitig abgesetzt, oder, wo dieß nicht möglich ist, wenigstens nach der Nummernfolge verkauft werde, da jede Vorwegnahme auf die Verwerthung des verbleibenden Rests eine ungünstige Nachwirkung äußert. Auch müssen stets die Sortimente und Holzarten von geringerer Haltbarkeit (Reis, ungespaltene Prügel, Birken- und Buchenstammholz, unentrindetes Nadelholz 2c.) zuerst und so schnell wie möglich verwerthet werden.

Zum Zweck der möglichst besten Verwerthung ist zum Verkauf auch 425 die geeignetste Zeit zu wählen; wie schon oben erwähnt, zunächst die Zeit, wo die Käufer bei Geld sind, sofern nemlich Baarzahlung gefordert wird. Anderwärts muß die Transportzeit beachtet werden, daß nemlich der Verkauf beendigt ist, bevor mit dem Transport und Ausrücken begonnen werden kann; also bei Benützung der Schneebahn, vor Beginn des Winters, oder in ackerbautreibenden Gegenden vor Eintritt der arbeitsfreien Zeit zwischen der Frühjahrsbestellung und der Heuernte, bezw. nach der Herbstbestellung. Die Verkaufsverhandlung selbst soll an einem Tage stattfinden, wo die Kaufsliebhaber nicht durch sonstige Verrichtungen vom zahlreichen Erscheinen abgehalten sind, nicht während der Erntezeit, oder an Markttagen 2c. Die Verhandlung soll nicht zu früh beginnen und nicht zu lange dauern.

Die Bildung passender Verkaufslose wirkt ebenfalls günstig 426 auf das Ergebniß der Verkäufe ein. Hiebei ist Folgendes zu beachten: jedes Los darf nur ein einziges Sortiment enthalten, insbesondere ist das Zusammenziehen von gesundem und anbrüchigem Brennholz oder von schwachem und starkem Nutzholz unstatthaft. Bei großer Concurrenz Seitens der Kleinconsumenten ist der Verkauf in möglichst vielen und kleinen Losen zu empfehlen. Das Minimum eines solchen ist in der

Regel die ortsübliche ein= oder zweispännige Fuhre. Das Maximum eines Loses, der ganze Anfall eines Schlages, läßt sich nur dann an= wenden, wenn die Concurrenz eine sehr beschränkte ist und alle Kaufs= liebhaber annähernd gleichen, größeren Bedarf haben. Zwischen diesen beiden Extremen läßt sich auf Grund des Herkommens und der Wahr= nehmungen während des Verkaufs bald die für den gegebenen Fall richtige Größe eines Loses finden, welche übrigens an ein und dem= selben Verkaufstage verschieden sein kann, je nachdem die große Zahl der Kleinconsumenten, oder eine beschränkte Zahl von Großhändlern ausschließlich oder vorherrschend in Concurrenz tritt.

Manchmal ist auch das Minimum des Geldbetrages, um welches gesteigert wird, von Bedeutung; bei kleineren Losen ist ein Aufschlag von 50 Pfennigen oft noch zu viel; wogegen bei größeren Beträgen Auf= gebote von je 5—10 Mk. gefordert werden können. — Wie bei jedem reellen Geschäft, so ist es auch beim Holzverkauf geboten, die der Be= rechnung des Ausbotpreises zu Grunde gelegten Sortimentspreise vor Beginn des Verkaufs bekannt zu geben; zeigt sich dann eine steigende oder fallende Tendenz, so kann dem entsprechend immerhin noch nach= träglich der Ausbotpreis erhöht oder reduzirt werden, wovon aber den Kaufsliebhabern ebenfalls Mittheilung zu machen ist.

427   Vor Beginn des Verkaufs muß der Zeitpunkt, bis zu welchem das Holz aus dem Wald geschafft sein soll, der Abfuhrtermin, den Steigerern bekannt gegeben, event. dessen Nichtbeachtung mit einer Conventionalstrafe bedroht werden. Dieser Termin muß mit der orts= üblichen Transportweise in Einklang stehen und namentlich den Käufern größerer Quantitäten genugsam Spielraum geben, weil sie sonst höhere Fuhrlöhne bezahlen müssen, was den Holzerlös nachtheilig beeinflußt. — Außerdem darf man bei Benützung der Holzabfuhrwege nicht zu penibel verfahren und muß beachten, daß der Zweck derselben nicht erreicht werden kann, wenn sie unbedingt geschont werden sollen.

Pierer'sche Hofbuchdruckerei. Stephan Geibel & Co. in Altenburg.